U0149600

电力系统继电保护原理

贺家李　李永丽　董新洲　李斌　和敬涵　编

中国电力出版社
CHINA ELECTRIC POWER PRESS

内 容 提 要

本书着重阐述电力系统继电保护的基本原理、分析方法和应用技术。第一章绪论。第二章阐述作为继电保护硬件系统的几种主要继电器的作用原理、分析方法和整定原则。第三～七章阐述电网的相间短路的电流、电压保护，输电线路的接地保护，输电线路的距离保护、纵联保护和自动重合闸。第八～十一章阐述电力系统的主设备保护、母线保护和电动机保护。第十二章介绍直流输电和配电系统的保护与控制。在附录中介绍了继电保护装置的主要试验技术，如动态模拟试验和 RTDS 数字仿真试验的原理和方法，给出了 GB/T 14285—2006《继电保护和安全自动装置技术规程》关于继电保护可靠系数和灵敏系数的规定，给出了与继电保护有关的 IEEE 的设备代号和有关的中英文名词对照表。

本书可作为高等院校电气工程及其自动化相关专业本科教材和硕士生学位课参考书，亦可作为从事继电保护工作的科技人员自学或参考用书。

图书在版编目（CIP）数据

电力系统继电保护原理：典藏版 / 贺家李等编．—北京：中国电力出版社，2022.3（2023.10 重印）
ISBN 978-7-5198-5926-8

Ⅰ．①电…　Ⅱ．①贺…　Ⅲ．①电力系统—继电保护　Ⅳ．①TM77

中国版本图书馆 CIP 数据核字（2021）第 260238 号

出版发行：中国电力出版社
地　　址：北京市东城区北京站西街 19 号（邮政编码 100005）
网　　址：http://www.cepp.sgcc.com.cn
责任编辑：牛梦洁
责任校对：黄　蓓　常燕昆
装帧设计：张俊霞
责任印制：吴　迪

印　　刷：北京九天鸿程印刷有限责任公司
版　　次：2022 年 3 月第一版
印　　次：2023 年 10 月北京第二次印刷
开　　本：787 毫米 ×1092 毫米　16 开本
印　　张：28.25　　彩　　插：10 张
字　　数：540 千字
定　　价：115.00 元

作者寄语

本书是我们作者团队，包括已故的宋从矩教授，毕生讲授和研究电力系统继电保护心得体会的结晶，是对我国电力系统和读者们的微薄奉献。继电保护科学技术及其设备是电网安全的第一道防线，也是消除电网事故的有效措施。电力系统在不断扩大，输电电压不断提高，新能源的发展，通信网络的发展，负荷的增长，都使电网事故来源有增无已。继电保护的责任也不断加重。继电保护技术，横跨多个学科，涉及面很广，本书只是起个启蒙作用。望读者们学习继电保护时，要以保护电力系统安全为己任，认真学习，潜心研究，使继电保护科学技术不断发展创新，为电网安全作出贡献。感谢中国电力出版社为此书出版典藏版。感谢杨奇逊院士和各位专家、教授所写的寄语，给此书作出的评价，给作者和读者莫大的鼓励是作者们最大的荣幸。

——天津大学教授　贺家李

作者寄语

我 1980 年考入天津大学自动化系。那个年代讲“理想”，个人理想也很朴实、简单，就希望毕业后当个“穿着工装、手拿图纸、奔波于工地的女工程师”。大学专业课学习时，贺家李与宋从矩老师编写的《电力系统继电保护原理》一书，让我体会到了电力系统继电保护的“奇妙”：抓住电气量的本质特征，逻辑缜密地判定故障位置并实现故障的可靠消除。书中理论与实际应用的紧密结合，使我深深地被这个专业研究方向所吸引。大学毕业后，师从贺家李先生继续深造。我从一个学生，成长为一名教师，在先生们的言传身教中更加深刻参悟了书中内容。其后有幸参与到这本教材的内容更新修订中。这本教材伴随我的成长历程，对本人专业选择与个人发展产生了巨大影响。我最初受益于斯，现在与未来会为其传播与不断完善做出努力！

——天津大学教授　李永丽

是《电力系统继电保护原理》把我带进了继电保护殿堂，也是《电力系统继电保护原理》支撑了我数十年的继电保护教学科研工作。作为我国继电保护专业的第一本经典著作，它记录了贺先生一生的学识、心得和经验，也倾注了先生毕生的心血和汗水，历久而弥新。它是我国乃至世界电力系统继电保护理论和技术发展的浓缩和精华，是继电保护专业的“圣经”（经典著作）。从读者有幸成为合作作者，是贺先生对学生的爱护和信任，也是他对我从事继电保护工作最大的褒奖。感谢贺先生！感谢以贺先生为主编著的《电力系统继电保护原理》教科书。

——清华大学教授　董新洲

作者寄语

春风化雨，润物无声，贺家李教授主编的《电力系统继电保护原理》滋养和培育了新中国几代电力工作者。小到变量大到章节，这本教材承载了贺先生的精深专业造诣和拳拳爱国之心。这本书当年带领我开启了继电保护的探索之路，何其有幸，我从本书的读者变为一名编者，在贺先生丝丝入扣的指导下梳理知识结构与逻辑，感悟继电保护专业内涵。本书典藏版是对过去的致敬，更是对未来的期盼，愿与读者们一起努力，不负韶华，继往开来!

——天津大学教授　李　斌

一本好书带给人的选择和发展是深远的。我是通过学习贺家李和宋从矩先生的《电力系统继电保护原理》一书，了解、理解乃至走进了继电保护领域，有幸成为了贺先生的学生，毕业后一直从事继电保护教学科研 20 余年，贺先生在专业领域孜孜不倦和与时俱进的精神一直激励和鼓励着我，后来很荣幸参与了本书的修订工作。这本书始终同步于电力系统的发展并紧跟新技术应用，每一版的更新都结合了电力系统对继电保护的新要求，既体现了电力系统故障分析和继电保护的基础理论、基本原理，又融入了作者多年的科研创新思想和成果，既深入浅出，又体现了发展方向和前沿科技应用，特别有益于本研学生学习专业知识和科研工作者参考。

——北京交通大学教授　和敬涵

《电力系统继电保护原理（典藏版）》专家寄语

贺家李教授等作者编著的《电力系统继电保护原理(典藏版)》一书得到了几代电力工作者的爱戴。我认为此书最突出的是内容精简、突出重点，抓住了这些重要概念，其他的问题都迎刃而解了！

——中国工程院院士　杨奇逊

由我国继电保护学科开拓者贺家李教授等作者编著的《电力系统继电保护原理（典藏版）》，不仅全面系统地阐述了电力系统继电保护的原理，并且总结了我国继电保护学科的科研成果，为我国继电保护人才培养和技术发展做出了重大贡献，本书是继电保护工作者应读的一本经典著作。

——西安交通大学教授，继电保护资深专家　葛耀中

为了培育电力系统继电保护方面的人才，天津大学的贺家李教授、宋从矩教授等，自二十世纪七十年代末开始编写、出版《电力系统继电保护原理》全国统编教材。到九十年代出版了三版，本世纪又出版了第四、第五版，现在又出“典藏版”。迄今四十余年。期间，全国多数与电力系统有关专业的高等学校，都采用本书作为教材。为此，为我国相关领域培养了数以万计的继电保护专业人才，为我国与电力有关领域的发展作出了重要的贡献。

——华中科技大学教授，继电保护资深专家　陈德树

该书内容丰富广泛，既有理论，又有实践的知识技能。特别是本书理论结合实践，能够帮助读者解决实践中出现的问题，是从事理论和实际的工程技术人员经常参阅和学习的好书！

——山东大学教授，继电保护资深专家　江世芳

本书系统、全面、由浅入深地讲述电力系统继电保护的工作原理和应用基础，遵循继电保护的发展历史，反映继电保护的技术进步，注重理论与实际的结合，是一本难得的好教材和参考书。本书饱含作者几十年的知识沉淀、经验积累和科研成果，四十年推陈出新、经久不衰，培养了几代继电保护工作者，堪称同类教材中的经典作品。自八十年代初，我有幸亲身学习和使用本书系列版本，获益匪浅，感受良多。它伴随我走过本、硕、博求学之路，支撑我开启执教和科研之旅，更使我学到前辈求真务实、孜孜以求的治学精神。一书在手，终身受益。值此佳作入选“典藏版”之际，谨向作者致以崇高的敬意！

——山东大学教授　高厚磊

贺家李教授是新中国继电保护领域的先驱和权威，贺家李教授等作者编著的《电力系统继电保护原理》这本经典教材，历经四十余年细心打磨，既有扎实的理论分析，又反映了丰富的运行经验，对中国几代继电保护工程师的教育帮助甚多。

——中国电机工程学会继电保护专委会秘书长　赵希才

贺家李先生作为我国继电保护学科的开拓者和奠基者，其编著的《电力系统继电保护原理》培养了一代又一代继电保护工作者，促进了继电保护技术进步，为继电保护学科发展做出了卓越贡献。

——中国电工技术学会电力系统控制与保护专委会秘书长　韩万林

由贺家李老师等作者编著的《电力系统继电保护原理》一书是电力系统继电保护从业人员的基础性教材，从继电保护的基本原理、工程应用以及科研成果等方面进行了全面的阐述，为广大电力系统专业莘莘学子起到了启蒙作用，也为从事继电保护运行维护人员进一步夯实专业基础提供了条件，堪称继电保护专业一本优秀教材，为我国继电保护专业发展做出了突出贡献。

——国家电网调度通信中心继电保护处处长　吕鹏飞

《电力系统继电保护原理（典藏版）》一书是贺家李教授团队多年潜心研究继电保护理论技术的结晶，该书系统论述了继电保护的配置和原理，内容全面细致，论证科学严谨，形成了一套完整的知识体系。并与时俱进不断融合继电保护领域最新的成果，再版多次，是广大高校科研教学以及相关从业者的“良师益友”，该书带我们走进了继电保护深邃的世界，也将伴随我们攀登继电保护专业更高的山峰。

——南方电网调度通信中心继电保护处处长　丁晓兵

我是通过自学贺家李老师的《电力系统继电保护原理》，初识继电保护，并热爱上继电保护事业的。我从许继集团公司研究所的一名普通研发人员，逐步成长为继电保护装置的研发骨干、项目经理，到后来创办从事继电保护与控制技术产品的开发、销售及服务的专业化公司，先后参与、主持了集成电路型、微机型、基于 IEC 61850 型的线路、变压器、电动机、母线继电保护装置的开发。每当遇到继电保护实践中的技术问题，都会把床头的这本书再读读，每次都会有新的启发，这本书已成为我一生的良师益友。在新版《电力系统继电保护原理(典藏版)》出版之际，祝愿它能成为更多从事继电保护技术同仁们的良师益友。

——西安西瑞控制技术股份有限公司董事长　贠保记

电力系统
继电保护原理
(第四版)

·《电力系统继电保护原理》第一至五版

·1959 年“五一”在红场

• 1960 年部分留苏的电力博士生

• 继电保护教材编审小组在华中工学院会后合影

• 教材编审小组在重庆大学开会后合影

• 1985 年首届学术年会开幕式

• 1988 年第二次微机保护研讨会在天津大学举行

• 2002 年本书作者与俄罗斯教授讨论特高压输电线路保护

• 三位作者讨论书稿

• 2006 年本书作者在青岛讲课

• 2006 年本书作者在国网公司讲课

• 2007 年本书作者在兰州讲课后游黄河第一桥

• 2007 年本书作者在深圳讲课后游世界之窗

• 指导叙利亚博士留学生

• 2009 年 子曰：大道之行也，天下为公

• 2009 年在合肥讲课后

• 2009 年在许昌讲课

• 2010 年顾毓琇电机工程奖颁奖会

• 天津大学继电保护培训班开班典礼

• 接受俄罗斯工程院外籍院士证书

• 接受俄罗斯外籍院士证书后致辞

序言一

本书第一版是二十世纪八十年代由电力部教育司1962年所建立的“热能电力类教材编审委员会”负责教学计划、教学大纲和教材编审安排，在“继电保护与自动化教材编审小组”的领导下，由天津大学贺家李、宋从矩等老师负责编写的“全国统编教材”，随着电力科技的进步，不断推陈出新，至2018年已推出第五版。本书从1980年第一版出版到现在已经历了四十余年的历史，经过56次修改、重印，深受广大师生、读者的欢迎。本书内容丰富，叙述由浅入深，逻辑性强，故除了作为本科教材外，也作为研究生和电力部门技术人员自学参考书。

新中国成立前，经过多年战争的破坏，我国电力工业非常薄弱，破烂不堪。1949年后，百废待兴，尤其是为了恢复工农业生产，提高人民生活水平，需要大量的电力能源。为此，急需培养大量电力建设人才。1950年中华人民共和国教育部决定从1952年入学的年级起，进行教学改革，即实行五年制的“专业教育”，设立符合国家建设需要的各种专业，开设各种专业课。各校为这些课程编写了自编教材。但因过去没有开设过类似专业课，各校自编教材所参考的资料来源不同，所编教材良莠不齐，不能适应我国电力工业建设的需要。

有鉴于此，1962年电力部教育司决定集合全国高校教师集体的知识和智慧，编写专业课的“全国统编教材”。为此，设立了“热能电力类教材编审委员会”（当各门课程的统编教材完成后改为教学指导委员会），下设各门课的“教材编审小组”，包括发电厂电气部分，发电厂热能动力机械，电力网和电力系统，电力系统机电暂态过程（电力系统稳定），电力系统电磁暂态过程（短路电流），高电压工程，水能利用与水力机械，电力系统继电保护及电力系统自动化，动能经济等多个教材编审小组。由当时的华中工学院副院长刘乾才教授担任编委会主任委员，后由华中科技大学樊俊老师接任，西安交通大学孙启宏老师和天津大学的贺家李老师担任副主任委员。

1962年“热能电力类教材编审委员会”在华中工学院举行成立大会，制定了有关章程和工作计划，并召开了各教材编审小组的首次会议。此后各小组每年召开一次编审小组会，推举各门课程的编写学校，讨论各门课程的教学大纲，交流教学经验。小组会由各委员所在学校轮流主办。电力系统继电保护小组曾在武汉、天津、济南、青岛、合肥、西安、广州、重庆等地召开小组会，讨论制定了“电力系统继电保护原理”“电力系统继电保护原理与技术”

“电力主设备保护”“继电保护专题”等课程教材的大纲，讨论审查编写情况。

自二十世纪五十年代至今，我国继电保护技术有了飞速的发展。记得多年前，继电保护技术已居世界前列。本书的成功出版和四十余年的不断更新，广泛流传，对培养继电保护技术人才所起的作用密不可分。

本书出版之际，谨致祝贺，是以为序。

华中科技大学　陈德树

2020 年 7 月

序言二

本书是 1954 年作者在天津大学首次开设电力系统继电保护专业课时所编写的教材，随着科学技术的发展和国内外继电保护学者，包括本书作者们的研究成果的实践经验的不断更新完善，延续至今的本科教材，也作为研究生学位课教材和电力系统技术人员的参考书。

新中国成立前我国本科教学体制是“通才教育”，本科四年重在打基础，不分专业。学生毕业后，到了工作单位再根据所在工作岗位，进行实习或培训 1、2 年，才能独立承担技术工作。1950 年，教育部决定从 1952 年起进行教学改革，即按照苏联的模式，本科实行五年制“专业教育”。每个系（相当于现在的学院）设多个专业，学习苏联的教学计划（即每个专业的课程门数，各门课的教学大纲，教学内容和时数，下厂实习次数和实习大纲，对毕业论文的要求等）进行教学，学生毕业答辩通过后被授予工程师称号，即可承担所学专业的工程师工作。到了 1959 年，由于国家急需建设人才，学制压缩成四年，不再授予毕业生工程师称号，其他不变。

电机系设发电厂、电力网及联合输电系统（简称发配电）专业，工业企业电气化专业（简称企电）和电机与电器制造专业（简称电机）等。发配电专业在第四年又分成发电厂（分火力发电和水力发电两个分支）、电力网、继电保护及自动化、高电压工程等四个“专门化”。

为此，教育部聘请了很多苏联教授在哈尔滨工业大学办研究生班，培养各门专业课的教师，由各校派教师去学习。1950 年年底，北洋大学（天津大学的前身）派贺家李等 7 人去学习。学一年俄语后，跟苏联教授学习专业课。贺家李选择跟随鲁静教授、沙阔洛夫教授学习短路电流、系统稳定（即现在的电力系统电磁暂态和机电暂态）、继电保护和系统自动化等课，学习两年，通过答辩后毕业。第一批学习继电保护及自动化专业的只有 5 人，且只有贺家李一人经天津大学力争，获准回到天津大学，从事故障分析和继电保护的教学和科研工作。

贺家李 1953 年回到天津大学，1954 年讲授继电保护这门课，排在第六学期。这是国内首次开设的继电保护课，当时没有教材。贺家李根据所学并参考苏联教材编写了一本《电力系统继电保护原理》的教材。这是我国第一本继电保护教材。因其他各校还未开设这门课，该教材需要量不大，由学校自己印刷，满足当时教学需要，并向各兄弟学校交流，也接受兄弟院校的教师来天大进修，如成都工学院，太原工学院等。随着我国电力系统的发展、继电保护技术的发展，不断更新出版。在1959—1962年期间，贺家李去苏联进修，继电保护课由宋从矩讲授，这本教材由他继续更新修订。

1962年，当时的水利电力部教育司成立了“热能和电力类教材编审委员会”，由华中科技大学的樊俊任主任委员，天津大学的贺家李和西安交大的孙启宏任副主任委员。下设各门课程的“教材编审小组”，定期开会，推举各门课全国统编教材的编写学校。讨论通过教学大纲，按大纲编写，写完后组织编委会委员和电力部门专家与各校教师评审，评审通过后由出版社正式出版，全国通用，称为统编教材。当时《电力系统继电保护原理》这本书就推举天津大学编写。因历史原因，1978年“热能电力类教材编审委员会”停止十年后恢复活动，制定了“热能电力类高等学校和中等专业学校教材编审出版规划”。《电力系统继电保护原理》仍由天津大学编写，由天津大学提出这门课的全国统编教材的教学大纲，专门组织“继电保护及自动化教材编审小组会”，讨论通过了该教学大纲后，即按大纲进行编写。书稿完成后，由山东大学邵洪泮教授领导的多个学校继电保护任课教师和电力部门有关工程技术人员（见第一版前言）参加的审稿会议审查通过，1980年由中国电力工业出版社（现中国电力出版社）出版发行。这就是这本全国统编教材《电力系统继电保护原理》的第一版。

继电保护技术是电力学科中最活跃的分支。从二十世纪五十年代到八十年代的30年间，经历了机电式、晶体管式、集成电路式、微机式四个发展阶段，后又随着通信技术的发展，出现了微波通道和光纤通道的保护。由于电力系统的发展，机组容量由5万、10万kW增大到百万千瓦，最高交流输电电压由220kV达到1000kV，最高直流输电电压达到±1100kV，形成了一个巨型的交直流混联输电网。配电系统也从以交流为主发展到交直流混联配电网。一些新的保护原理也随之出现。对于新科技成果中成熟的、在实践中得到应用的，在教材中应及时加以反映，因此本书的作者们不断推陈出新，力求保持本书技术的先进性、理论的严密性、论述的逻辑性，既适用于本科教学，也可作为自学参考书。本书第二版曾获水利电力部优秀教材一等奖和国家优秀教材奖。2010年出版的第四版教材为普通高等教育“十一五”国家级规划教材。2018年出版的第五版教材为“十二五”普通高等教育本科国家级规划教材，并在2021年获得首届全国教材建设奖。本书的作者们将不遗余力，将本书的宗旨传承下去，代表我国继电保护的教学水平，为我国“继电保护技术的教学和研究人才的培养”作出贡献。

作者

2020/6/2

本书使用符号说明

本书所用名词符号基本上符合国家标准的规定，但由于继电保护的特殊性，有几个名词符号不同于国标。例如关于相量（phasor）和触点一词，对于继电保护不适合。因为继电保护中多用到对称分量和各种模分量。这些分量统称为模量，用相量代表相电流、相电压、相功率等以示区别。没有更好的方法区别这两种量，因此本书中仍沿用继电保护领域传统的区别方法。用相量（phase value）表示相全量以区别于模量或对称分量，用矢量代表其他书籍中的相量（phasor）。再者，对保护继电器的接点有特殊的要求，在保护动作时保护继电器不但要接通，还要有一定的压力，以免接通不良而产生火花把接点烧坏。此外，为了减少接触电阻有些接点要镀银，有的要放在真空中，用“触点”二字，不能体现出此特殊要求，故仍沿用接点一词。关于这些特殊名词的采用，曾在继电保护教材编审小组会上讨论过，得到了与会编审委员们的同意，敬请读者注意。其他不同于国标的名词符号都在第一次出现时作了说明。

一、设备、元件、名词符号

符号	名称	符号	名称
T	变压器	TAM	小型中间变流器，中间电流互感器
VTR	晶体三极管	TA	电流互感器
VU	半导体整流桥	M	电动机
C	电容器	SD	发电机灭磁开关
k、k1…	故障点	Y	断路器跳闸线圈
VD	二极管	VS	稳压管
TX	电抗互感器（又称电抗变压器）	TVM	小型中间变压器
QF	断路器	TV	电压互感器
G	发电机	AR	自动重合闸装置
K	继电器和保护装置	TS	隔离变压器或辅助变流器

二、电压类符号

符号	名称	符号	名称
E_A、E_B、E_C	系统等效电源或发电机的三相电动势	U_{A1}、U_{B1}、U_{C1}；U_{A2}、U_{B2}、U_{C2}；U_{A0}、U_{B0}、U_{C0}	保护安装处各相的正、负、零序电压
U_A、U_B、U_C	系统中任一母线或保护安装处的三相电压	U_N	额定相间电压
U_{kA}、U_{kB}、U_{kC}	故障点的三相电压	U_{unb}	不平衡电压
U_{k1}、U_{k2}、U_{k0}	故障点的正、负、零序电压	U_{φ}、$U_{\varphi\varphi}$	相电压和相间电压

三、电流类符号

符号	含义	符号	含义
I_A、I_B、I_C	三相电流	$I_{k\cdot max}$	最大短路电流
I_k	短路电流	$I_{k\cdot min}$	最小短路电流
I_1、I_2、I_0	正、负、零序电流	I_L	负荷电流
I_{kA}、I_{kB}、I_{kC}	故障点的各相短路电流	$I_{L\cdot max}$	最大负荷电流
I_{A1}、I_{B1}、I_{C1} I_{A2}、I_{B2}、I_{C2} I_{A0}、I_{B0}、I_{C0}	三相中的正、负、零序电流	I_N	额定电流
		$I_{N\cdot T}$	变压器的额定电流
		$I_{N\cdot G}$	发电机的额定电流
I_{k1}、I_{k2}、I_{k0}	故障点的正、负、零序电流	I_{unb}	不平衡电流
I_φ	相电流	I_e	励磁电流
$I_{\varphi\varphi}$	两相电流之差		

四、阻抗类符号

符号	含义	符号	含义
R	电阻	Z_T	变压器阻抗
X	电抗	Z_G	发电机阻抗
$Z=R+jX$	阻抗	$Z_{L\cdot min}$	最小负荷阻抗
Z_L	线路阻抗	Z_S	系统阻抗
Z_{LG}	“导线—地”回路阻抗	Z_Σ	综合阻抗
Z_M	互感阻抗	$Z_{1\Sigma}$、$Z_{2\Sigma}$、$Z_{0\Sigma}$	正、负、零序综合阻抗
R_t	过渡电阻		

五、保护装置及继电器的有关参数

符号	含义	符号	含义
I_{set}	根据保护设计预定的、不能随便改变的、输入到保护装置内的一次整定电流。分别用′、″、‴代表Ⅰ、Ⅱ、Ⅲ段的整定值	$I_{K\cdot re}$	保护装置的二次返回电流
		$I_{K\cdot bs}$	保护装置的二次闭锁电流
		I_{op}	差动保护的动作量
		I_{res}	差动保护的制动量
I_{act}	在故障时的实际动作电流	$U_{K\cdot set}$	输入到保护装置的二次整定电压
I_{re}	保护装置的一次返回电流	$U_{K\cdot re}$	保护装置的二次返回电压
U_{set}	输入到保护装置的一次整定电压	$Z_{K\cdot set}$	输入到保护装置的二次整定阻抗
U_{act}	在故障时的实际动作电压	$Z_{K\cdot re}$	保护装置的二次返回阻抗
U_{re}	保护装置的一次返回电压	Z_{set}	输入到保护装置的一次整定阻抗
Z_{set}	输入到保护装置的一次整定阻抗	I_K	加入保护装置中的电流
Z_{act}	在故障时实际的动作阻抗	U_K	加入保护装置中的电压
Z_{re}	保护装置的一次返回阻抗	$Z_K=\frac{U_K}{I_K}$	保护装置的测量阻抗
$I_{K\cdot set}$	输入到保护装置的二次整定电流		

六、常用的系数

符号	含义	符号	含义
K_{rel}	可靠系数	K_{aper}	非周期分量影响系数
K_{sen}	灵敏系数	K_{ss}	同型系数
K_{re}	返回系数	K_{met}	配合系数
K_c	接线系数	K_{Ms}	电动机自起动系数
K_{br}	分支系数	n_{TA}	电流互感器的变比
K_k	故障类型系数	n_{TV}	电压互感器的变比

目 录

第一章 绪论

一、电力系统继电保护的作用

电力系统在运行中，可能发生各种故障和不正常运行状态，最常见同时也是最危险的故障是发生各种型式的短路。发生短路时可能产生以下后果：

（1）通过故障点很大的短路电流和所燃起的电弧使故障元件损坏。

（2）由于发热和电动力的作用，短路电流通过非故障元件时引起其损坏或缩短其使用寿命。

（3）电力系统中部分地区的电压大大降低，破坏用户用电的稳定性或影响工厂产品的质量。

（4）破坏电力系统并列运行的稳定性，引起系统振荡，甚至使整个系统瓦解。

当电力系统中电气元件的正常工作遭到破坏，但没有发生故障，这种情况属于不正常运行状态。例如，因负荷超过电气设备的额定值而引起的电流升高（一般又称过负荷），就是一种最常见的不正常运行状态。过负荷使元件载流部分和绝缘材料的温度不断升高，加速绝缘的老化和损坏，可能发展成故障。此外，系统中出现功率缺额而引起的频率降低，发电机突然甩负荷而产生的过电压，以及电力系统发生振荡等，都属于不正常运行状态。

故障和不正常运行状态，都可能在电力系统中引起事故。所谓事故，就是指系统或其中一部分的正常工作遭到破坏，并造成对用户少送电或电能质量变坏到不能容许的地步，甚至造成人身伤亡和电气设备的损坏等。

系统事故的发生，除了由于自然条件的因素（如遭受雷击等）以外，一般都是由于设备制造上的缺陷、设计和安装的错误、检修质量不合格或运行维护不当而引起的。因此，只要充分发挥人的主观能动性，正确地掌握设备运行的客观规律，加强对设备的维护和检修，就可以大大减少事故发生的概率，把事故消灭在发生之前。

在电力系统中，除应采取各项积极措施消除或减少发生故障的可能性以外，故障一旦发生，必须迅速而有选择性地切除故障元件，这是保证电力系统安全运行的最有效方法之一。为了维持系统稳定运行，切除故障的时间常常要求在百分之几秒之内。实践证明只有在每个电气元件上装设保护装置后才有可能满足这个要求。这种保护装置长期以来是由单个继电器或继电器与其附属设备的组合构成的，故称为继电保护装置。在电子式静态保护装置和微机保护装置出现以后，虽然继电器已被电子元件或计算机所代替，但仍沿用此名称。电力部门常用的“继电保护”一词泛指继电保护技术或由各种继电保护装置组成的继电保护系统。继电保护装置一词则指各种具体的装置。

继电保护装置是指能反应电力系统中电气元件发生故障或不正常运行状态，并动作于断路器跳闸或发出信号的一种自动装置。它的基本任务是：

（1）自动、迅速、有选择性地将故障元件从电力系统中切除，使故障元件免于继续遭到破坏，保证其他无故障部分迅速恢复正常运行。

（2）反应电气元件的不正常运行状态，并根据运行维护的条件（例如有无经常值班人员），而动作于发出信号、减负荷或跳闸。此时一般不要求保护迅速动作，而是根据对电力系统及其元件的危害程度规定一定的延时，以免不必要的动作和由于干扰而引起的误动作。

顺便指出，因继电保护主要反应短路故障，故习惯上对“短路”和“故障”二词不加严格区分，本书也遵循此习惯。例如“单相接地”“单相短路”“单相故障”实际上指的是同一件事。严格地说，故障的含义较广，不只是指短路，也包括其他故障。

二、继电保护的基本原理和保护装置的组成

为完成继电保护所担负的任务，显然应该要求它能够正确地利用系统正常运行与发生故障或不正常运行状态之间的差别，以实现保护。

下面先以动作时间与短路距离成“阶梯形”时限特性的保护为例说明继电保护的基本原理。

图 1-1（a）所示的网络接线，在电力系统正常运行时，每条线路上都流过由它供电的负荷电流 I_L，越靠近电源端的线路上的负荷电流越大。同时，各变电站母线上的电压，一般都在额定电压的±(5%～10%）范围内变化，且靠近电源端母线上的电压较高。线路始端电压与电流之间的相位角决定于由它供电的负荷的功率因数角和线路的参数。由电压与电流之比值所代表的“测量阻抗”，则是在线路始端所感受到的、由负荷所反应出来的一个等效阻抗，其值一般很大。

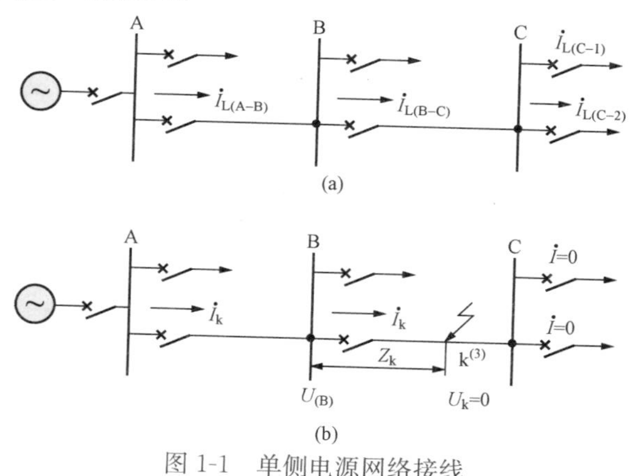

图 1-1 单侧电源网络接线

（a）正常运行情况；（b）k 点三相短路情况

当系统发生故障时，其状况如图 1-1（b）所示。假定在线路 BC 上发生了三相短路，则短路点的电压 $\dot{U}_k$ 降低到零，从电源到短路点之间均将流过很大的短路电流 $\dot{I}_k$，各变电站母线上的电压也将在不同程度上有很大的降低，距短路点越近时降低得越多。设以 Z_k 表示短路点到变电站 B 母线之间的阻抗，则母线上的残余电压应为 $\dot{U}_{(B)}=\dot{I}_k Z_k$。$\dot{U}_{(B)}$ 与 $\dot{I}_k$ 之间的相位角就是 Z_k 的阻抗角，在线路始端的测量阻抗就是复数 Z_k，此测量阻抗幅值的大小一般正比于短路点到变电站 B 母线之间的距离。

在一般情况下，发生短路之后总是伴随有电流的增大和电压的降低以及线路始端测量阻

抗的减小和电压与电流之间相位角的变化。因此，利用正常运行与故障时这些基本参数的区别，便可以构成各种不同原理的具有“阶梯形”时限特性的继电保护。例如：①反应于电流增大而动作的过电流保护；②反应于电压降低而动作的低电压保护；③反应于短路点到保护安装地点之间的距离（或测量阻抗的减小）而动作的距离保护（或低阻抗保护）等。

此外，就电力系统中的任一电气元件而言，如图 1-2 中的线路 AB，在正常运行时，在某一瞬间，负荷电流总是从一侧流入而从另一侧流出，如图 1-2（a）所示。如果我们统一规定电流的正方向都是从母线流向被保护线路（图 1-2 中所示电流方向是实际的方向，不是假定的正方向），那么，按照规定的正方向，AB 两侧电流的大小相等，相位相差 180°。A 侧电流为正，B 侧电流为负。当在线路 AB 的范围以外的 k1 点短路时，如图 1-2（b）所示，由电源 Ⅰ 所供给的短路电流 I'_{k1} 将流过线路 AB，此时 AB 两侧的电流仍然是大小相等相位相反，相差 180°，其特征与正常运行时一样。如果短路发生在线路 AB 的范围以内（k2），如图 1-2（c）所示，由于两侧电源均分别向短路点 k2 供给短路电流 I'_{k2} 和 I''_{k2}，因此，在线路 AB 两侧的电流都是由母线流向线路，此时两个电流的大小一般不相等，在理想情况下（两侧电动势相位相同且全系统的阻抗角相等），两个电流同相位，都为正。

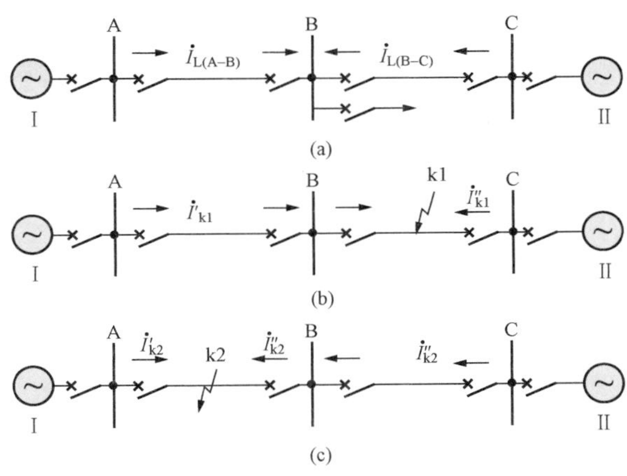

图 1-2　双侧电源网络接线

（a）正常运行情况；（b）k1 点短路时的电流分布；（c）k2 点短路时的电流分布

严格地说，故障方向的“方向”不是一个确定的量，要用相位角来详细定义。一般来说短路阻抗位于在以短路电流为实轴的第一、四象限内的短路称“正方向”故障，在第二、三象限内的短路称“反方向”短路。

利用每个电气元件在内部故障与外部故障（包括正常运行情况）时，两侧电流相位或功率方向的差别，就可以构成各种差动原理的保护，如电流差动纵联保护、相位差动纵联保护、方向纵联保护等。电流差动原理的保护只能在被保护元件的内部故障时动作，而不反应外部故障，因而被认为具有绝对的选择性。

在按照上述原理构成各种继电保护装置时，可以使它们的参数反应于每相中的电流和电压（如相电流、相或线电压），也可以使之仅反应于其中的某一个对称分量（如负序、零序或正序）的电流和电压。在正常运行情况下，负序和零序分量不会出现，而在发生不对称接地短路时，它们却具有较大的数值。在发生不接地的不对称短路时，虽然没有零序分量，但负序分量却很大。因此，利用这些分量构成的保护装置一般都具有良好的选择性和灵敏性，这正是这种保护装置获得广泛应用的原因。

此外，利用短路时电压和电流的突然变化可以做成各种突变量保护或工频变化量保护，利用短路时产生的行波及其反射特性可以做成各种行波保护等。利用短路点产生行波中的暂态分量通过阻波器时数值或波形的变化，还可以实现输电线的无通道快速保护，这是最理想的保护原理。

除上述反应各种电气量的保护以外，还有根据电气设备的特点实现反应非电量的保护。例如，当变压器油箱内部的绕组短路时，反应于油被分解所产生的气体而构成的瓦斯保护（现称气体保护）；反应于电动机绕组的温度升高而构成的过负荷或过热保护等。

以上各种原理的保护，可以由一个或若干个模拟式继电器连接在一起组成保护装置来实现，也可用微机实现。

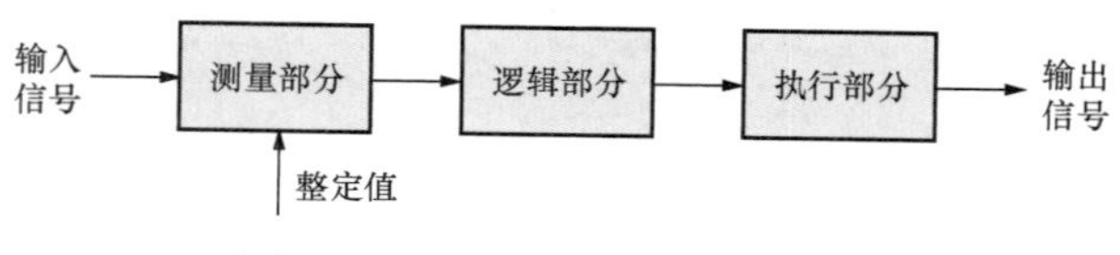

图 1-3　继电保护装置的原理结构

就一般情况而言，整套继电保护装置是由测量部分、逻辑部分和执行部分组成的，如图 1-3 所示。在微机保护中，这三部分不是截然分开的。测量部分又由数据采集、数据处理、保护判据运算等组成，详见第二章。现就保护装置的三个组成部分进行说明。

1. 测量部分

测量部分是测量从被保护对象输入的有关电气量，并进行计算，并与已给定的整定值进行比较，根据比较的结果，给出“是”“非”“大于”“不大于”，等于“0”或“1”性质的一组逻辑信号，从而判断保护是否应该起动。

2. 逻辑部分

逻辑部分是根据测量部分各输出量的大小、性质、输出的逻辑状态、出现的顺序或其组合，使保护装置按一定的逻辑关系工作，最后确定是否应该使断路器跳闸或发出信号，并将有关命令传给执行部分。继电保护中常用的逻辑回路有“或”“与”“非”“否”（闭锁）、“延时起动”“延时返回”及“记忆”等回路。

3. 执行部分

执行部分是根据逻辑部分输出的信号，最后完成保护装置所担负的任务。如被保护对象故障时，动作于跳闸；不正常运行时，发出信号，正常运行时，不动作等。

三、对电力系统继电保护的基本要求

动作于跳闸的继电保护在技术上一般应满足四个基本要求，即选择性、速动性、灵敏性和可靠性。

1. 选择性

继电保护动作的选择性是指电力系统中有故障时，应由距故障点最近的保护装置动作，仅将故障元件从电力系统中切除，使停电范围尽量缩小，以保证系统中的无故障部分仍能继续安全运行。

在图 1-4 所示的网络接线中，当 k1 点短路时，应由距短路点最近的保护 1 和 2 动作跳闸，将故障线路切除，变电站 B 则仍可由另一条无故障的线路继续供电。而当 k3 点短路时，保护 6 动作跳闸，切除线路 CD，此时只有变电站 D 停电。由此可见，继电保护有选择性的动作可将停电范围限制到最小，甚至可以做到不中断向用户供电。

在要求继电保护动作有选择性的同时，还必须考虑继电保护或断路器有拒绝动作的可能性，因而就需要有后备保护。如图 1-4 所示，当 k3 点短路时，距短路点最近的保护 6 本应动作切除故障，但由于某种原因，该处的继电保护或断路器拒绝动作，故障不能消除，此时如其上级线路（靠近电源侧的相邻线路）的保护 5 能动作，故障也可消除。能起保护 5 这种作用的保护称为相邻元件的后备保护。同理，保护 1 和 3 又应该作为保护 5 和 7 的后备保护。按以上方式构成的后备保护是在远处实现的，因此又称为远后备保护。

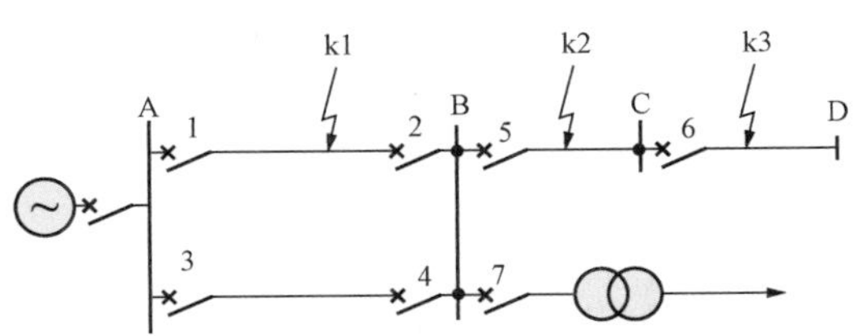

图 1-4 单侧电源网络中，有选择性的动作说明

一般情况下远后备保护动作切除故障时将使供电中断的范围扩大。在复杂的高压电网中，当实现远后备保护在技术上有困难（主要是灵敏系数不满足要求）时，应采用近后备保护的方式。这就是说，每个设备和线路等元件都有独立的主保护和后备保护，当本元件的主保护拒绝动作时，由其后备保护动作跳闸；当断路器拒绝动作时，由同一发电厂或变电站内的各有关断路器动作，实现后备作用。为此，在每一元件上应装设单独的主保护和后备保护，并装设必要的断路器失灵保护。由于这种后备作用是在主保护安装处实现，因此称为近后备保护。

应当指出，远后备的性能是比较完善的，它对相邻元件的保护装置、断路器、二次回路和直流电源所引起的拒绝动作，均能起到后备作用，同时其实现简单、经济。因此，在电压较低的线路上应优先采用这种方式，只有当远后备不能满足灵敏度和速动性的要求时，才考虑采用近后备的方式。

2. 速动性

快速地切除故障可以提高电力系统并联运行的稳定性，减少用户在电压降低情况下工作的时间，以及缩小故障元件的损坏程度。因此，在发生故障时，应力求保护装置能迅速动作切除故障。动作迅速而同时又能满足选择性要求的保护装置，一般结构比较复杂，价格比较昂贵。在一些情况下，允许保护装置带有一定的延时切除故障。因此，对继电保护速动性的具体要求，应根据电力系统的接线以及被保护元件的具体情况来确定。下面列举一些必须快速切除的故障：

（1）根据维持系统稳定的要求，必须快速切除的高压输电线路上发生的故障。

（2）为了限制特高压线路的过电压持续时间，必须快速从两端同时切除的故障。

（3）使发电厂或重要用户的母线电压低于允许值（一般为 0.7 倍额定电压）以下的故障。

（4）大容量的发电机、变压器以及电动机内部发生的故障。

（5）对于重要用户如医院、矿井、军事要塞以及不允许断的用户，一般都设计有多电源供电，在某一条供电线路上短路时应尽快切除，以保证其他线路继续供电。

（6）1～10kV线路导线截面积过小，为避免过热不允许延时切除的故障。

（7）可能危及人身安全、对通信系统或铁道信号系统有强烈干扰的故障等。

故障切除的总时间等于保护装置和断路器动作时间之和。一般的快速保护的动作时间为0.02～0.04s，最快的可达0.01～0.02s；一般的断路器的动作时间为0.06～0.15s，最快的可达0.02～0.04s。

3. 灵敏性

继电保护的灵敏性是指对于其保护范围内发生任何故障或不正常运行状态的反应能力。满足灵敏性要求的保护装置应该是在事先规定的保护范围内部故障时，不论短路点的位置、短路的类型如何，以及短路点是否有过渡电阻，都能敏锐感觉、正确反应。保护装置的灵敏性通常用灵敏系数来衡量，它主要取决于被保护元件和电力系统的参数和运行方式。在国家标准GB/T 14285—2006《继电保护和安全自动装置技术规程》中，对各类保护灵敏系数的要求都作了具体规定。关于这个问题在以后各章中还将分别予以讨论。灵敏系数的定义将在后面介绍。

4. 可靠性

保护装置的可靠性是指在该保护装置规定的保护范围内发生了它应该动作的故障时，它不应该拒绝动作，而在任何其他该保护装置不应该动作的情况下，则不应该误动作。

可靠性主要取决于保护装置本身的质量和运行维护水平。一般说来，保护的原理完善，装置组成元件的质量越高、接线越简单、模拟式保护回路中继电器的接点数量越少，保护装置的工作就越可靠。同时，精细的制造工艺、正确的调整试验、良好的运行维护以及丰富的运行经验，对于提高保护的可靠性也具有重要的作用。对于微机保护可靠性决定于微机硬件的质量、软件的正确性和整定的正确性。

继电保护装置的误动作和拒绝动作都会给电力系统造成严重的危害。但提高其不误动的可靠性和不拒动的可靠性的措施常常是互相矛盾的。由于电力系统的结构和负荷性质的不同，误动作和拒绝动作的危害程度有所不同，因而提高保护装置可靠性的着重点在各种具体情况下也应有所不同。例如，当系统中有充足的旋转备用发电容量、输电线路很多、各系统之间和电源与负荷之间联系很紧密时，由于继电保护装置的误动作，使发电机、变压器或输电线切除给电力系统造成的影响可能很小。但如果发电机、变压器或输电线故障时继电保护装置拒绝动作，将会造成设备的损坏或系统稳定的破坏，损失是巨大的。在此情况下，提高继电保护不拒动的可靠性比提高不误动的可靠性更为重要。但在系统中旋转备用容量小及各系统之间和电源与负荷之间的联系比较薄弱的情况下，由于继电保护装置的误动作将发电机、变压器或输电线路切除时，会引起对负荷供电的中断，甚至造成系统稳定的破坏，其损失是巨大的。而当某一保护装置拒动时，其后备保护仍可以动作而切除故障。因此，在这种情况下，提高保护装置不误动的可靠性比提高其不拒动的可靠性更为重要。由此可见，提高保护装置的可靠性应根据电力系统和负荷的具体情况有所侧重，采取适当的措施。

为了便于分析继电保护装置的可靠性，在有些文献中将继电保护不误动的可靠性称为“安全性”，而将其不拒动和不会非选择性动作的可靠性称为“可信赖性”，意指保护装置的动作行为完全依附于电力系统的故障情况。安全性和可信赖性基本上都属于可靠性的范畴，因此本书仍沿用我国传统的四个基本要求（或称“四性”）的提法。

以上四个基本要求是分析研究继电保护性能的基础，也是贯穿全课程的一个基本线索。在它们之间，既有矛盾的一面，又有在一定条件下统一的一面。继电保护的科学研究、设计、制造和运行的绝大部分工作也是围绕着如何处理好这四个基本要求之间的辩证统一关系而进行的，在学习这门课程时应注意学习和运用这样的思考和分析方法。

选择继电保护方式除应满足上述的基本要求外，还应该考虑经济条件。首先应从国民经济的整体利益出发，按被保护元件在电力系统中的作用和地位来确定保护方式，而不能只从保护装置本身的投资来考虑，这是因为保护不完善或不可靠给国民经济造成的损失，一般都远远超过即使是最复杂的保护装置的价格。但要注意对较为次要的、数量很多的电气元件（如低压配电线路、小容量电动机等），也不应该装设过于复杂和昂贵的保护装置。

四、电力系统继电保护工作的特点

继电保护在电力系统中的作用及其对电力系统安全连续供电的重要性决定了继电保护系统必须具有一定的性能、特点，同时对继电保护工作者也提出了相应的要求。继电保护的主要特点及对保护工作者的要求如下。

（1）电力系统是由很多复杂的一次主设备和二次保护、控制、调节、信号设备等辅助设备组成的一个有机的整体。每个设备都有其特有的运行特性和故障时的工况。任一设备的故障都将立即引起系统正常运行状态的改变或破坏，给其他设备以及整个系统造成不同程度的影响。因此，继电保护的工作牵涉到每个电气主设备和二次辅助设备。这就要求继电保护工作者对所有这些设备的工作原理、性能、参数计算和故障状态的分析等有深刻的理解，还要有广泛的生产运行知识。此外，对于整个电力系统的规划设计原则、运行方式制订的依据、电压及频率调节的理论、潮流及稳定计算的方法，以及经济调度、安全控制原理和方法等都要有清楚的概念。

（2）电力系统继电保护是一门综合性的科学，它奠基于理论电工、电机学和电力系统分析等基础理论，还与电子技术、通信技术、计算机技术和信息科学等新理论、新技术有着密切的关系。纵观继电保护技术的发展史，可以看到电力系统通信技术上的每一个重大进展都导致了一种新保护原理的出现，例如高频保护、微波保护和光纤保护等；每一种新电子元件的出现也都引起了继电保护装置的革命。机电式继电器发展到晶体管保护装置、集成电路式保护装置和微机保护就充分说明了这个问题。目前微机保护的普及及光纤通信和信息网络的实现，以及光电流互感器、光电压互感器的出现，正在使继电保护技术的面貌发生根本的变化，继电保护的设计、制造和运行方面都将出现一些新的理论、新的概念和新的方法。由此可见，继电保护工作者应密切注意相邻学科中新理论、新技术、新的数学工具、新材料的发展情况，积极而慎重地运用各种新技术成果，不断发展继电保护的理论，提高其技术水平和可靠性指标，改善保护装置的性能，以保证电力系统的安全运行。

（3）继电保护是一门理论和实践并重的学科。为掌握继电保护装置的性能及其在电力系统故障时的动作行为，既需运用所学课程的理论知识对系统故障情况和保护装置动作行为进行分析，又需对继电保护装置进行实验室试验、电磁兼容试验、故障的数字仿真、保护原理和动态性能的仿真分析、在电力系统动态模型和实时数字仿真系统（RTDS）上试验、现场人工故障试验以及在现场条件下的试运行。仅有理论分析不能认为对保护性能的了解是充分的。只有经过各种严格的试验，试验结果和理论分析基本一致，并满足预定的要求，才能在实践中采用。因此，要做好继电保护工作不仅要善于对复杂的系统运行和保护性能问题进行理论分析，还必须掌握科学的实验技术，尤其是在现场条件下进行调试和实验的技术。

（4）继电保护的工作稍有差错，就可能对电力系统的运行造成严重的影响，给国民经济和人民生活带来不可估量的损失。国内外几次电力系统瓦解，而导致广大地区工、农业生产瘫痪和社会秩序混乱的严重事故，常常是一个继电保护装置不正确动作引起的，因此继电保护工作者对电力系统的安全运行肩负着重大的责任。这就要求继电保护工作者具有高度的责任感、严谨细致的工作作风，并在工作中树立可靠性第一的思想；此外，还应有合作精神，主动配合各规划、设计和运行部门分析研究电力系统发展和运行情况，了解对继电保护的要求，以便及时采取相应的措施，确保继电保护满足电力系统安全运行的要求。

五、继电保护的发展简史

继电保护技术是随着电力系统的发展而发展起来的。电力系统中的短路是不可避免的。短路必然伴随着电流的增大，因而为了保护发电机免受短路电流的破坏，首先出现了反应电流超过一预定值的过电流保护。熔断器就是最早的、最简单的过电流保护。这种保护方式时至今日仍广泛应用于低压线路和用电设备。熔断器的特点是融保护装置与切断电流装置于一体，因而最为简单。由于电力系统的发展，用电设备的功率、发电机的容量不断增大，发电厂、变电站和供电网的接线不断复杂化，电力系统中正常工作电流和短路电流都不断增大，熔断器已不能满足选择性和快速性的要求，于是出现了作用于专门的断流装置（断路器）的过电流继电器。19 世纪 90 年代出现了装于断路器上并直接作用于断路器的一次式（直接反应于一次短路电流）的电磁型过电流继电器。20 世纪初随着电力系统的发展，二次式继电器才开始广泛应用于电力系统的保护。这个时期可认为是继电保护技术发展的开端。

1901 年出现了感应型过电流继电器。1908 年提出了比较被保护元件两端电流的电流差动保护原理。1910 年方向性电流保护开始得到应用，在此时期也出现了将电流与电压相比较的保护原理，并导致了 20 世纪 20 年代初距离保护装置的出现。随着电力系统载波通信的发展，在 1927 年前后，出现了利用高压输电线路上高频载波电流传送和比较输电线路两端功率方向或电流相位的高频（载波）保护装置。在20世纪50年代，微波中继通信开始应用于电力系统，从而出现了利用微波传送和比较输电线路两端故障电气量的微波保护。早在20世纪50年代就出现了利用故障点产生的行波实现无通道快速继电保护的设想和研究，经过20余年的研究，终于诞生了行波保护装置。目前，随着光纤通信在电力系统中的普及，利用光纤通道的继电保护已经得到广泛应用。

随着化石能源的逐渐匮乏和环境污染的日趋严重，以及燃煤电厂气体排放对全球气候变化的影响，燃煤电厂不能再大量发展，应大力开发可再生的清洁能源发电。近些年来，风力发电、太阳能光伏发电等得到大力发展，随之而来，建立起分布式发电和微型电网，与大电网并联运行，新能源发电设备和微电网的保护与控制技术也已取得巨大成就。我国在风力和光伏发电方面的研究与应用居于世界领先地位。

以上是继电保护原理的发展过程。与此同时，构成继电保护装置的元件、材料、保护装置的结构型式和制造工艺也发生了巨大的变革。20世纪50年代以前的继电保护装置都是由电磁型、感应型或电动型继电器组成的。这些继电器都具有机械转动部件，统称为机电式继电器。由这些继电器组成的继电保护装置称为机电式保护装置。机电式继电器所采用的元件、材料、结构型式和制造工艺在20世纪50、60年代，经历了重大的改进，积累了丰富的运行经验，工作比较可靠，因而在电力系统中曾得到广泛应用。但这种保护装置体积大，消耗功率大，动作速度慢，机械转动部分和接点容易磨损或粘连，调试维护比较复杂，不能满足超高压、大容量电力系统的要求。

20世纪50年代，由于半导体晶体管的发展，开始出现了晶体管式继电保护装置。这种保护装置体积小，功率消耗小，动作速度快，无机械转动部分，称为电子式静态保护装置。晶体管保护装置易受电力系统中或外界的电磁干扰的影响而误动或损坏，当时其工作可靠性低于机电式保护装置。但经过20余年长期的研究和实践，抗干扰和电磁兼容问题从理论上和实践上都得到了满意的解决，使晶体管继电保护装置的正确动作率达到了和机电式保护装置同样的水平。20世纪70年代是晶体管继电保护装置在我国大量采用的时期，满足了当时电力系统向超高压、大容量方向发展的需要。

集成电路技术的发展，可将数百个或更多的晶体管集成在一个半导体芯片上，从而出现了体积更小、工作更加可靠的集成运算放大器和其他集成电路元件。这促使静态继电保护装置向集成电路化方向发展。20世纪80年代后期，标志着静态继电保护从第一代（晶体管式）向第二代（集成电路式）的过渡，20世纪90年代开始向微机保护过渡。目前，微机保护装置已取代集成电路式继电保护装置，成为静态继电保护装置的唯一形式。

微机保护具有巨大的计算、分析和逻辑判断能力，有存储记忆功能，因而可用以实现任何性能完善且复杂的保护原理。微机保护可连续不断地对本身的工作情况进行自检，其工作可靠性很高。此外，微机保护可用同一硬件实现不同的保护原理，这使保护装置的制造大为简化，也容易实行保护装置的标准化。微机保护除了保护功能外，还兼有故障录波、故障测距、事件顺序记录和与调度计算机交换信息等辅助功能，这对简化保护的调试、事故分析和事故后的处理等都有重大意义。微机保护装置因其巨大优越性和潜力受到运行人员的欢迎，进入 20 世纪 90 年代以来在我国得到大量应用，已成为继电保护装置的主要型式，成为电力系统保护、控制、运行调度及事故处理的统一计算机系统的组成部分。

计算机网络的发展和在电力系统中的大量采用给微机保护提供了无可估量的发展空间。微机硬件和软件功能的空前强大、变电站综合自动化和调度自动化的实现和电力系统光纤通信网络的形成和完善使得微机保护不能也不应只是一个个孤立的、任务单一的、“消极待命”的装置，而应是积极参与、共同维护电力系统整体安全稳定运行的计算机自动控制系统的基本组成单元。因而 1993 年前后出现了测量、保护、控制和数据通信一体化的设想和研究工作。在此设想中，微机保护作为一体化装置将就近装设在室外变电站被保护设备或元件的附近，用光电流互感器（OCT）和光电压互感器（OPT）直接采集被保护设备的电流和电压，将其传到地面上，转换成数字化电信号，一方面用于保护功能的运算，另一方面通过计算机光纤网络送到本站主机和系统调度中心。同时，微机保护不仅根据故障情况实行被保护设备的切除或自动重合，还作为自动控制系统的终端，接受调度中心的命令实行跳、合闸等控制操作，以及故障诊断、稳定预测、安全监视、无功调节、负荷控制等监控功能。

此外，由于计算机网络提供的数据信息共享的可能性，微机保护可以占有全系统的运行数据和信息，应用自适应原理和人工智能方法可使保护原理、性能和可靠性得到进一步的发展和提高，使继电保护技术沿着网络化、智能化、自适应化和保护、测量、控制、数据通信一体化、电流电压变换光学化以及后备保护和安全自动装置集中化（广域保护和控制）的方向不断前进。

继电保护是电力学科中最活跃的分支，随着电力系统的快速发展，超大型机组和特高压交、直流输电和配电线路的出现，分布式发电和微电网的形成对继电保护提出更艰巨的任务，可以预计，继电保护学科必将不断发展从而达到更高的理论和技术高度。

第二章　继电保护的硬件构成——继电器

第一节　继电器的类别和发展历程

各种继电保护装置原理和算法的实现都建立在其硬件系统之上。继电保护最早的硬件称为继电器（relay），是一种能反应一个弱信号的变化而突然动作，闭合或断开其接点以控制一个较大功率的电路或设备的器件，故又称之为替续器或电驿器。继电保护也因此而得名，意指用继电器实现的电力系统的保护。

继电器按其输入信号性质的不同分为非电量继电器和电量继电器或电气继电器两类。非电量继电器有压力继电器、温度继电器、气体继电器、液面降低继电器、位置继电器及声继电器、光继电器等。非电量继电器用于各个工业领域，在电力系统中也有应用。本书将着重阐述电量继电器及其应用于电力系统的问题。

电力系统的飞速发展对继电保护不断提出更高要求，电力电子技术、电子技术、计算机技术与通信技术的不断更新又为继电保护技术的发展提供了新的可能性。因此继电保护技术在近百年的时间里经历了四个发展阶段，即机电式保护（电磁型、感应型）、晶体管式保护、集成电路式保护、数字式保护（亦称微机保护）。

一、电磁型继电器

电磁型电流继电器的工作原理可用图 2-1（a）说明。在线圈 1 中的电流 $\dot{I}_K$ 产生磁通 $\dot{\Phi}$，它将通过由铁芯、空气隙和可动衔铁组成的磁路。衔铁被磁化后，即与铁芯的磁极产生电磁吸力，吸引衔铁向左转动。在它上面装有继电器的可动接点 5，当电磁吸力大于弹簧 7 的拉力时，即可吸动衔铁并使接点接通且接点处具有一定的压力，称为继电器“动作”。

电磁吸力与 Φ^2 成正比。假定磁路的磁阻全部集中在空气隙中，设 δ 表示气隙的长度，则磁通 Φ 就与 I_K 成正比而与 δ 成反比。这样，由电磁吸力作用在衔铁上的电磁转矩即可表示为

$$M_e = K_1\Phi^2 = K_2\frac{I_K^2}{\delta^2} \tag{2-1}$$

式中：K_1、K_2 为比例常数。

正常情况下，线圈中流入负荷电流，为保证继电器不动作，可动衔铁受弹簧 7 反作用力的控制而保持在原始位置，此时弹簧产生的力矩 M_{th1} 称为初拉力矩，对应此时的空气隙长为 δ_1。由于弹簧的张力与其伸长成正比，因此当衔铁向左移动而使 δ 减小（例如当接点闭合使

δ 由 δ_1 减小到 δ_2）时，则由弹簧所产生的反抗力矩增大，可表示为

$$M_{th} = M_{th1} + K_3(\delta_1 - \delta_2) \tag{2-2}$$

式中：K_3 为比例常数。

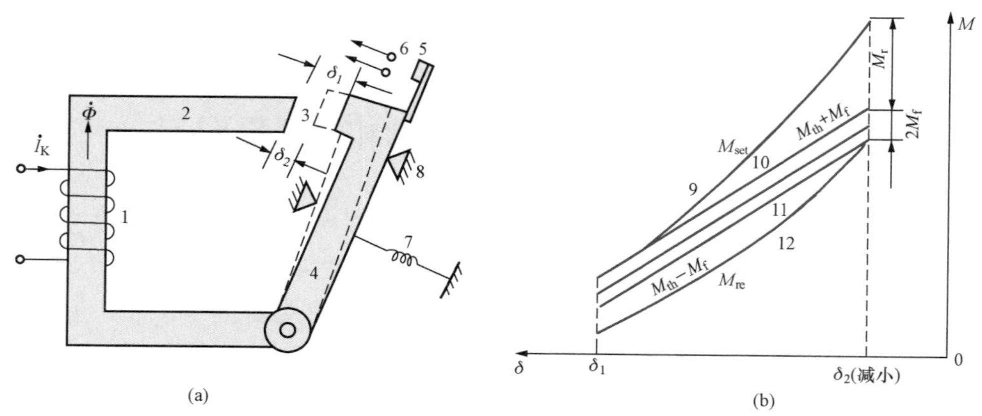

图 2-1　电磁型电流继电器的原理结构和转矩曲线

（a）原理结构图；（b）电磁转矩及反作用转矩与舌片行程的关系

1—线圈；2—铁芯；3—空气隙；4—被吸引的可动衔铁；5—可动接点；6—固定接点；7—弹簧；8—止挡；9—电磁转矩；10—反作用转矩；11—返回时的反作用转矩；12—返回时的电磁转矩

此外，在衔铁转动的过程中还必须克服由摩擦力所产生的摩擦转矩 M_f，其值可认为是一个常数，不随 δ 的改变而变化。因此，阻碍继电器动作的全部机械反抗转矩就是 $M_{th}+M_f$。

为使继电器起动并闭合其接点就必须增大电流 I_K，以增大电磁转矩 M_e。继电器能够动作（可靠闭合其接点）的条件是

$$M_e \geqslant M_{th} + M_f \tag{2-3}$$

满足这个条件并能使继电器动作的最小电流值，称为继电器的动作电流（习惯上又称为起动电流），以 $I_{K\cdot act}$（下标 K 代表继电器）表示，对应此时的电磁转矩，根据式（2-1）可表示为

$$M_{act} = K_2 \frac{I_{K\cdot act}^2}{\delta_1^2} \tag{2-4}$$

图 2-1（b）表示了当衔铁由起始位置（气隙为 δ_1）转动到终端位置（气隙为 δ_2）时，电磁转矩及机械反抗转矩与行程的关系曲线。当 $I_{K\cdot act}$不变时，随着 δ 的减小，M_{act} 与其平方成反比增加（按曲线 9 变化），而机械反作用转矩则按线性关系增加（如直线 10 所示），在行程的末端将出现一个剩余转矩 M_r，它用于保证继电器接点的可靠闭合，使两接点之间有一定的压力，以免产生火花，使接点烧坏。

在继电器动作之后，为使它重新返回原位，就必须减小电流以减小电磁转矩，然后由弹簧的反作用力把衔铁拉回来。在这个过程中，摩擦力又起着阻碍返回的作用。因此继电器能够返回的条件是

$$M_{e} \leqslant M_{th} - M_{f} \tag{2-5}$$

对应这一电磁转矩，能使继电器返回原位的最大电流值称为继电器的返回电流，以 $I_{K\cdot re}$ 表示，代入式（2-1），则得对应于此时的电磁转矩为

$$M_{re} = K_{2}\frac{I_{K\cdot re}^{2}}{\delta_{2}^{2}} \tag{2-6}$$

在返回过程中，转矩与行程的关系如图 2-1（b）中的直线 11 和曲线 12。

由以上的分析可见，当 $I_{K}<I_{K\cdot act}$时，继电器可靠不动作；而当 $I_{K}\geqslant I_{K\cdot act}$时，继电器能够迅速的动作，闭合其接点；继电器动作以后，只有当电流减小到 $I_{K}\leqslant I_{K\cdot re}$时，继电器才能立即返回原位，接点重新打开。无论起动和返回，继电器的动作都是明确干脆的，它不可能停留在某一个中间位置，这种特性称之为“继电特性”。

为了保证继电保护可靠动作，其动作特性要有明确的“继电特性”。对于反应电气量增大而动作的过量的继电器，如过电流继电器，流过正常状态下的电流时是不动作的，其接点处于打开状态，以电平值 L（电流或功率）表示；只有其流过的负荷电流大于继电器 K 的起动电流 $I_{K\cdot act}$时，继电器可迅速、可靠动作，闭合接点，以电平值 H 表示。在继电器动作后，只有当电流减小到小于返回电流 $I_{K\cdot re}$以后，继电器能立即可靠返回到原始位置，接点可靠打开。图 2-2 中给出用输出电平表示的过电流继电器动作与返回的继电特性曲线。高电平 H 表示继电器动作，低电平 L 表示其返回。为保证可靠返回，其返回电流应大于最大负荷电流 $I_{L\cdot max}$，为保证灵敏动作，其起动电流应小于最小短路电流 $I_{K\cdot min}$（见第三章）。

返回电流与起动电流的比值称为继电器的返回系数，可表示为

$$K_{re} = \frac{I_{K\cdot re}}{I_{K\cdot act}} \tag{2-7}$$

由于在行程末端存在剩余转矩，电磁型过电流继电器（以及一切反应于过量动作的继电器）的返回系数都小于 1。在实际应用中，常常要求过电流继电器有较高的返回系数，如 0.85～0.9。为此应采用坚硬的轴承以减小摩擦转矩，减小转动部分的重量，改善磁路系统的结构以适当减小动作所需功率和所需的剩余转矩等方法来提高返回系数。

图 2-3 所示为电网中实际使用了半个世纪的电磁型（旋转衔铁式）电流继电器的结构。

这种继电器用 Z 形旋转衔铁代替了图 2-1 中的转动衔铁，由于衔铁的 Z 形结构及磁极的特殊形状使得在 δ变化时，尤其是在 δ_{2} 附近时，磁阻变化较小，因此，这种继电器的动作所需转矩较小，返回系数较高。

继电器整定电流的调整，一般是利用改变线圈的匝数和弹簧的张力来实现。

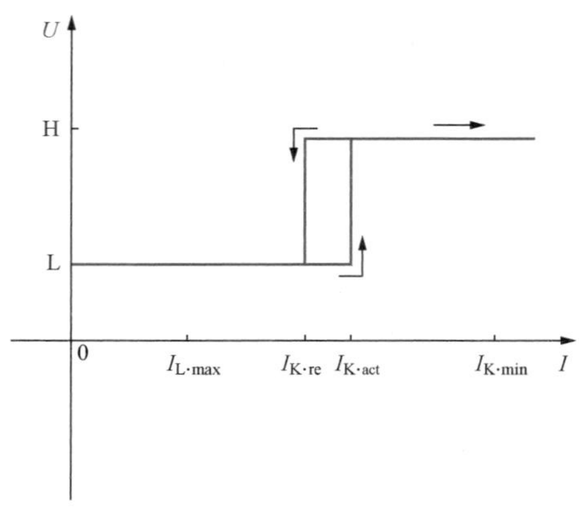

图 2-2 继电器的触发特性曲线（继电特性）

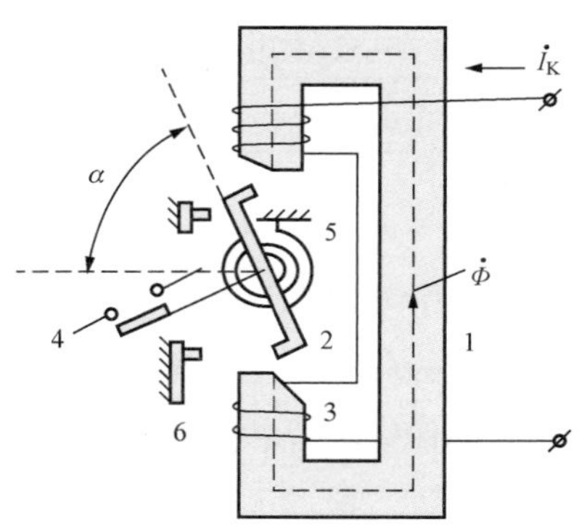

图 2-3 旋转衔铁式电流继电器结构

1—电磁铁；2—可动衔铁；3—线圈；4—接点；5—反作用弹簧；6—止挡

二、感应型继电器

感应型继电器是利用电磁感应原理做成的。它是用电磁铁的交变磁场在一铝质圆盘中或圆筒中感应产生电流，电流产生转矩使圆盘或圆筒转动，使接点闭合的继电器。前者称为感应圆盘式，它和电能表的原理相同，只是当电流小时，动接点被弹簧拉着，位于止挡板；当电流超过动作值时，电磁转矩大于弹簧转矩，使圆盘转动与静接点接通；电流越大，圆盘转动越快，动作时间越短。这种继电器长期以来用作电动机和低压线路的反时限电流保护。

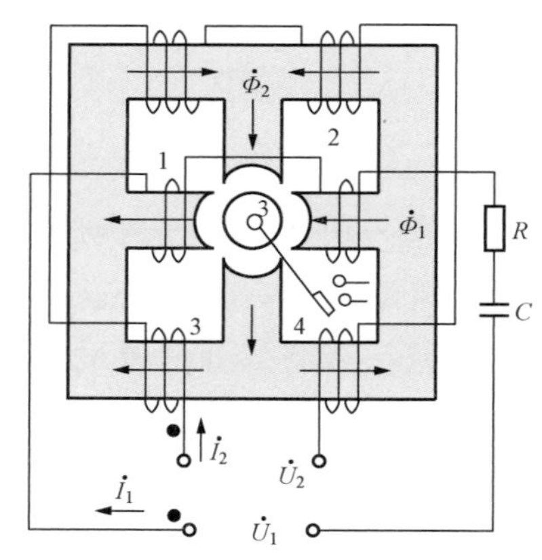

图 2-4 四极感应圆筒式继电器原理结构

图 2-4 所示为四极感应圆筒式继电器，其工作原理和笼型感应电动机相似。已知三相鼠笼式感应电机的三相绕组在空间布置上各差 120°，其中三相电流在时间上也相差 120°，即可在空气隙中产生一旋转磁场，此旋转磁场在转子中感生的电流产生出的旋转磁场被定子的旋转磁场吸引，随之转动。此处图2-4所示的四极感应圆筒式感应继电器相当于两相式的电动机，垂直方向两磁极的线圈和水平两极的绕组磁通在空间上相差 90°，如果垂直方向的磁通 $\dot{\Phi}_2$ 和水平方向的 $\dot{\Phi}_1$ 在时间上也相差 90°，则可产生一最大的旋转磁场，吸引铝筒转动。如果 $\dot{\Phi}_1$ 和 $\dot{\Phi}_2$ 的相位差不是 90°而是某一角度 θ，以 $\dot{\Phi}_1$ 超前 $\dot{\Phi}_2$ 为正，则圆筒上的转矩将为

$$M = K\Phi_1\Phi_2\sin\theta \tag{2-8}$$

显然当 $\theta=90°$时转矩最大。圆筒上带有动接点，在电流（电压）小于定值时被弹簧拉着靠在止挡板上；当电流大于定值且 θ 为正时，转矩大于弹簧反作用转矩，向超前方向转动，使接点闭合。转矩较大时可以快速动作。

前述的电磁型继电器只能反应一个输入量，而这种继电器可以反应两个电气量，如电压和电流，因而可以实现方向继电器、阻抗继电器、差动继电器、平衡继电器等功能，曾经得到广泛的应用。

＊三、晶体管型继电保护

晶体管型继电保护的核心部分是晶体管电子电路，它主要由晶体三极管、二极管、稳压管和电阻、电容等构成。晶体管型电流继电器的构成框图如图 2-5 所示。加入继电器的电流经中间变流器 TAM 和电阻 R，变换成整流回路中所需的电压信号。框图中的比较回路、时间回路都由晶体管等静止元件构成，相对于电磁型和感应型继电器，其动作迅速，灵敏度高。同时由于其工作的电流较小，因此抗干扰能力较差。为提高动作的可靠性，防止干扰引起的误动作，故考虑了必须使整流后电压的瞬时值在门槛电压值 U_g 以上的持续时间不小于2～3ms时才能动作于输出。在全波整流的条件下，这种输出信号每隔 10ms 发出一次，为了使执行元件得到一个稳定的信号，还需要一个将脉冲展宽为 12ms 的回路，将此输出信号展宽成连续的长信号输出。

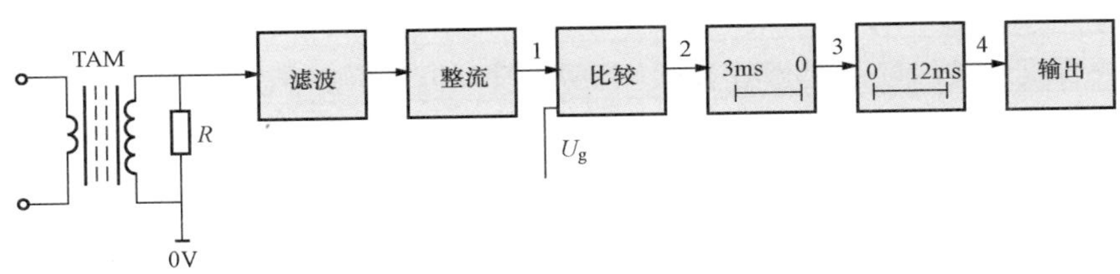

图 2-5　晶体管型电流继电器的构成框图

＊四、集成电路型继电保护

对于集成电路型继电保护，图 2-5 中各回路功能都由运算放大器和 CMOS 门电路等集成电路芯片构成。为消除暂态过程中非周期分量及各种谐波分量的影响，并同时考虑继电器应快速动作、快速返回的要求，一般都采用一个品质因数 $Q=0.8\sim1.5$、放大倍数 $K_M\approx1$、中心角频率 $\omega_0=100\pi$ 的带通有源滤波器。为了克服半导体二极管本身电压降以及非线性特性的影响，采用了由运算放大器构成的全波整流回路。在比较回路中设置有调节起动电流的分压回路和一个固定的门槛电压 U_g，并利用开环运算放大器进行比较，因此具有很高的灵敏度。

集成电路型继电保护集成度高，并且逻辑电路动作状态明确，提高了晶体管型继电保护的可靠性，调试和维护也更方便。晶体管保护装置和集成电路保护装置以及下面讲到的微机保护装置中，除了出口继电器和信号继电器外，均没有接点、机械转动部分等，故称为静态式继电保护。

五、微机保护

将反应故障电气量变化的数字式元件和保护中需要的逻辑元件、时间元件、执行元件等由一个或多个 CPU 统一控制实现保护功能，称为微机保护，是继电器发展的最高形式。

在 20 世纪 70 年代初、中期，计算机技术出现了重大突破，随着其价格的大幅度下降和可靠性的提高，开始了数字式保护的研究热潮。70 年代中、后期，国外已有少数样机在电力系统中试运行，数字式保护逐渐趋于实用。国内对微机保护的研究从 70 年代后半期开始，1984 年底第一套微机距离保护样机经试运行后通过电力部门的科研鉴定[1]。目前，在我国不同原理、不同机型的微机线路和主设备保护异彩纷呈，各具特色，为电力系统提供了一批新一代性能优良、功能齐全、工作可靠的继电保护装置。随着对微机保护的不断深入研究，在保护软件算法等方面也取得了很多新的理论成果，一些自适应原理和人工智能技术也逐渐引入到继电保护中来。实践证明，微机保护具有维护调试方便、可靠性高、灵活性大、易于实现等更优越的保护性能，人机界面清晰方便等优点，无论从动作速度还是可靠性方面都超过了传统保护。

第二节 微处理器简介

微机保护装置硬件的核心是微处理器。微处理器的选择遵循以下原则：一是速度，二是功能，三是通用性，四是工作环境。随着大规模集成电路芯片的发展，微处理器正在向两个方向发展：一方面，向功能强的方向发展（例如数字信号处理）；另一方面，在同样的集成度下，不是集成高功能、快速的微处理器，而是把许多其他功能如模数（A/D）转换、存储器、通信接口、定时器等集成在一个芯片上，往功能全的方向发展。由于继电保护对可靠性（安全性和可依赖性）要求很高，再加上保护装置工作环境恶劣，所以要尽可能选择工业级的微处理器。目前，国内外微机保护装置所用的微处理器主要有两大类：一类是单片机，另一类是数字信号处理器（DSP）。

一、单片机

单片机是把组成微型计算机的各功能部件，如中央处理器 CPU、随机存取存储器 RAM、只读存储器 ROM 或可擦除只读存储器 EPROM、I/O 接口电路、定时器/计数器以及串行通信接口等部件制作在一块集成芯片中，构成一个完整的微型计算机。由于它的结构与指令功能都是按照工业控制要求设计的，故又叫单片微控制器（Single Chip Microcontroller）或单片微型计算机（Single Chip Microcomputer）。

单片机的共有特点是控制功能强、体积小、功耗小、成本低。由于上述优越性，单片机已在工业、民用、军事等工程领域得到了广泛应用。特别是随着数字技术的发展，很大程度上改变了传统的设计方法，在软件和扩展接口支持下，单片机可以代替以往模拟式和数字式电路实现的系统，使原来很多电路设计问题化简为便于实现的程序设计问题。

随着单片机应用的进一步深入，单片机技术也在不断发展。除了提高计算速度、缩短指令周期和提高效率外，为了用户的需求，中断源、I/O口和定时器得到了充足的扩展，增加可编程的时钟输出、可编程的计数器阵列、“看门狗”定时器、I^2C串行总线接口等。随着单片机自身功能的不断提高，其适用范围亦更加广泛，主要表现在操作电压范围和温度范围的拓宽、晶振频率的提高、封装形式的多样化、片内程序和数据空间的加大。例如：有的芯片带有可擦除非易失性记忆元件——闪存存储器（FLASH），可以通过在系统中编程（ISP，In-system Programming）或在应用中编程（IAP，In-application Programming）以实现程序加载；有的芯片带有电可擦除只读存储器（EEPROM）。目前，新型单片机采用多流水线结构，CPU位数达32位，其运算速度比标准单片机高出10倍以上。因此，8位机和32位机将成为单片机领域中的两个主流[2]。

二、DSP

DSP是英文Digital Signal Processor的缩写，即数字信号微处理器[3]。DSP芯片专门用于完成各种实时数字信息处理。20世纪60年代和70年代是数字信号处理技术的理论研究阶段，在此阶段最具代表性的著作是美国A. V. Oppenheim（A. V. 澳本海姆）和R. W. Schafer（R. W. 沙佛）写的《Digital Signal Processing》，这是数字信号处理的经典著作。80年代初，随着微电子技术的发展而出现了DSP器件，这些器件的出现使得各种数字信号处理的算法得以实时实现。实际上，DSP器件不仅使数字信号处理从理论研究发展到实际应用，还从信号处理领域拓宽到系统控制领域，从而诞生了一大批新型的电子器件。

随着DSP技术的迅速普及，应用DSP器件的电子产品除了为今天的“信息高速公路”奠定基础外，也迅速地应用到如下领域。

（1）通用数字信号处理方面：数字滤波、卷积算法、相关算法、卡尔曼滤波、快速傅里叶变换（FFT）、希尔伯特变换、自适应滤波、窗函数、波形生成。

（2）通信方面：高速调制解调器、编/解码器、自适应均衡器、传真、蜂房网移动电话、数字留言机、语音信箱、回音消除、电视会议、扩频通信。

（3）声音/语音信号处理方面：语音信箱、语言识别、语音鉴别、语音合成、文字变声音、语音矢量编码等。

（4）图形/图像信号处理方面：三维图形变换处理、机器人视觉、模式识别、图像增强、动画、电子地图、桌面出版系统。

（5）控制方面：磁盘/光盘伺服控制、激光打印机伺服控制、机器人控制、发动机控制、电机调速、无刷直流电机。

（6）仪器方面：谱分析、函数发生、波形发生、数据采集、暂态分析、模态分析、石油/地质勘探、飞行器风洞试验等。

微处理器是数字式保护的核心。实践已经证明，基于高性能单片机，总线不出芯片的设计思想是提高装置整体可靠性的有效方法，对微机保护的稳定运行起到了非常重要的作用。

微处理器发展的重要趋势是单片机与DSP芯片的进一步融合。单片机除了保持本身适用于控制系统的要求外，在计算能力和运算速度方面不断融入DSP技术和功能，如具有DSP运算指令、高精度浮点运算能力及硬件并行指令处理功能等；与此同时专用DSP芯片也在向单片化发展；这些都为实现总线不出芯片的设计思想、改善保护的性能奠定了坚实的基础。

第三节　微机继电保护硬件系统的构成

微机继电保护装置硬件按功能可分为如下五个部分。

（1）数据采集单元：包括电压形成、模拟低通滤波ALF和模数（A/D）转换等功能块，完成将模拟输入量准确转换为数字量的功能。

（2）数据处理单元：包括微处理器、只读存储器、随机存取存储器、定时器以及并行口等。微处理器执行存放在只读存储器中的程序，对由数据采集系统输入至随机存取存储器中的数据进行分析处理，以完成各种继电保护的功能。

（3）开关量输入/输出单元：由若干并行接口、光电隔离器及中间继电器等组成，以完成各种保护的出口跳闸、信号报警、外部接点输入及人机对话等功能。

（4）通信接口：包括通信接口电路及接口以实现多机通信或联网。

（5）电源：供给微处理器、数字电路、A/D转换芯片及继电器所需的电源。

一种典型的微机保护装置硬件示意图如图2-6所示[4]。

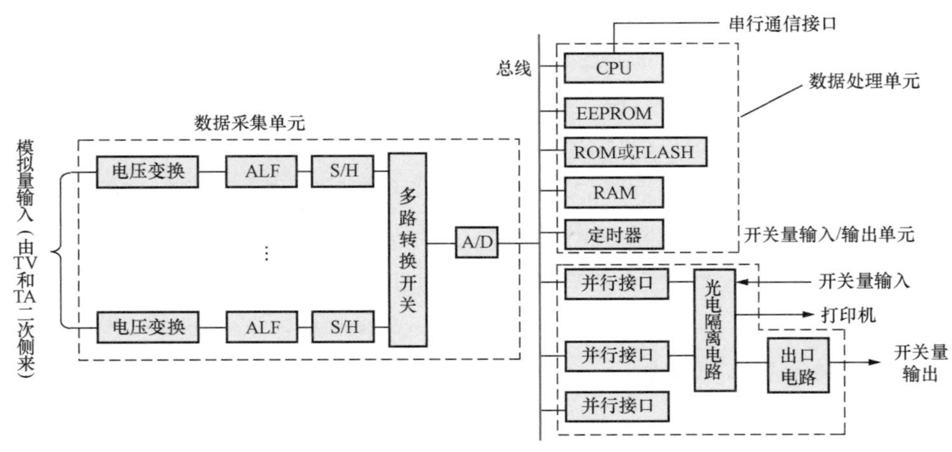

图2-6　微机保护装置硬件示意框图

下面分别介绍各子系统的电路构成原理。

一、数据采集单元

1. 电压变换

微机保护要从被保护的电力线路或设备的电流互感器、电压互感器或其他变换器上取得电气量信息，但这些互感器二次侧数值的变化范围与微机保护装置硬件电路并不匹配，故需要降低或变换。目前，通常采用电流变换器和电压变换器实现上述变换，如图 2-7 所示。

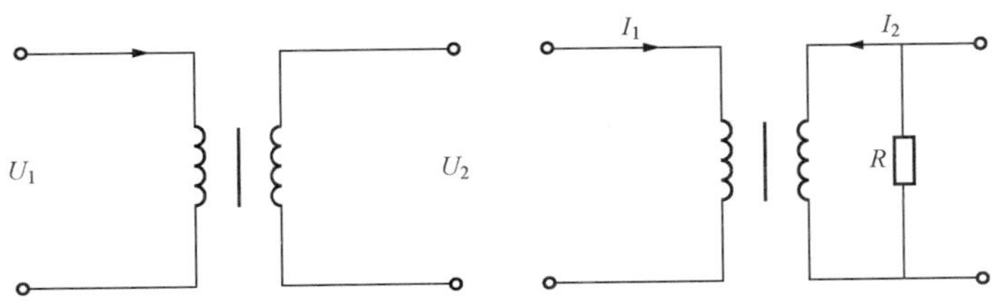

图 2-7　电压、电流变换器电路

通过在电流变换器二次侧并联电阻的方式可取得所需电压。应保证只要铁芯不饱和，其二次侧电流及并联电阻上电压的波形基本与一次侧电流成比例且同相，即做到不失真变换。这一点对微机保护是很重要的。因为只有在这种条件下作精确的运算与矢量分析才是有意义的。电流变换器的缺点是在非周期分量的作用下容易饱和，线性度差，动态范围也变小。电流变换器铁芯截面积、绕组匝数、电阻值要设计成在最大短路电流通过一次绕组时仍不饱和。

电流、电压变换器电路除了起电气量数值变换作用外，还起到隔离作用，使得微机保护装置在电路上与电力系统二次回路隔离。在变换器一次和二次绕组之间通常有接地的屏蔽绕组（图中未示出），以防止通过绕组间电容进入保护回路的电磁干扰。

2. 采样保持（S/H）电路及采样频率的选择

模拟信号进行数字量转换时，从起动转换到转换结束输出数字量，需要一定的时间。在这个转换时间内，模拟信号要基本保持不变，否则转换精度无法保证，特别当输入信号频率较高时会造成很大的转换误差。要防止这种误差的产生，必须在模数转换开始时将输入信号的电平保持住，而在转换结束后又能跟踪输入信号的变化。能完成这种功能的器件叫采样保持器。

采样保持器是一种具有信号输入、信号输出以及由外部指令控制的电子门电路。采样保持电路的作用是在一个极短的时间内测量模拟输入量在该时刻的瞬时值，并在模数转换器进行转换的期间内保持其输出不变，即把随时间连续变化的电气量离散化。采样保持电路的工作原理可用图 2-8 说明。

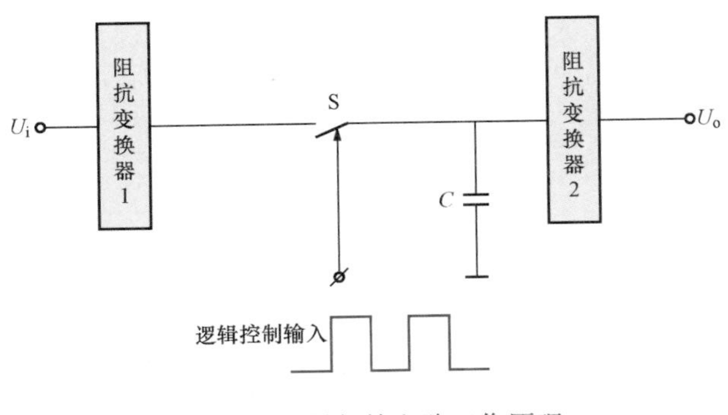

图 2-8　采样保持电路工作原理

它由一个电子开关S、保持电容 C 以及两个阻抗变换器组成。开关S受逻辑输入端电平控制。在高电平时开关S“闭合”，此时电路处于采样状态，电容迅速充电或放电，使其两端电压等于该采样时刻的电压值（U_i）。开关S的闭合时间应满足使电容 C 有足够的充电或放电时间，即采样时间。为了缩短采样时间，这里采用阻抗变换器1，其输入端呈现高阻抗，减小信号源的功率消耗，输出端呈现低阻抗，使电容 C 上电压能迅速跟踪等于 U_i 值。开关S“打开”时，电容 C 上保持住S打开瞬间的电压值，电路处于保持状态。同样，为了提高保持能力，电路中亦采用了另一个阻抗变换器2，它对保持电容 C 呈现高阻抗，使电容 C 上的电压保持较长时间。输入信号的采样保持的过程如图2-9所示。

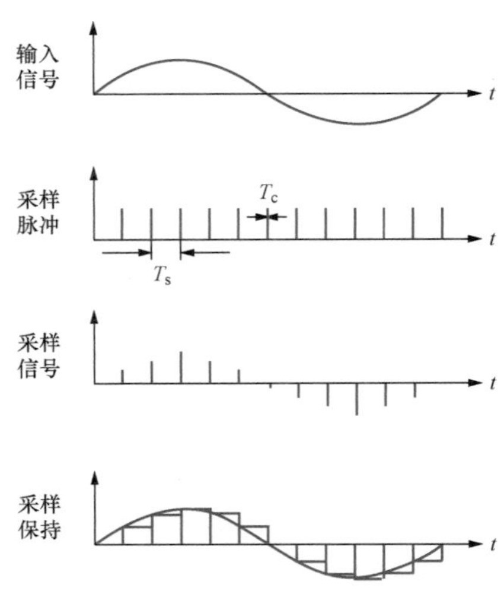

图2-9　采样保持过程示意图

图中，T_c 为采样脉冲宽度，T_s 为采样周期（或称采样间隔）。可见，采样保持输出信号已经是离散化的模拟量。

采样周期 T_s 的倒数称为采样频率 f_s。采样频率的选择是微机保护硬件设计中的一个关键问题。采样频率越高，要求微处理器的运算速度越高。因为微机保护是一个实时系统，数据采集单元以采样的频率不断地向微处理器输入数据，微处理器必须要来得及在一个采样间隔时间 T_s 内处理完对一组采样值所必须做的各种操作和运算，否则微处理器将跟不上时钟节拍而无法正常工作。相反，采样频率过低，将不能真实反映被采样信号的变化情况。

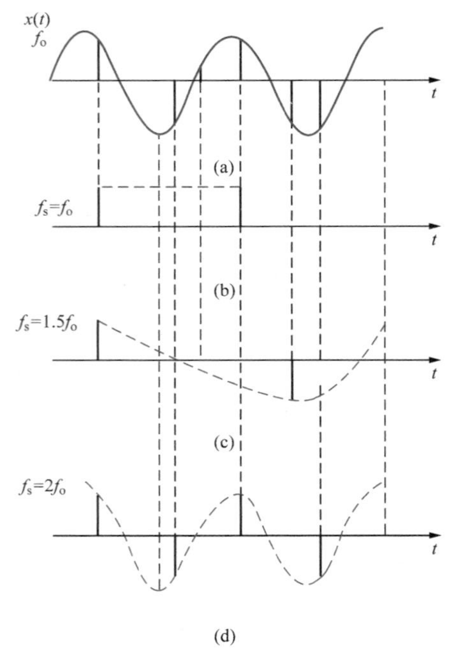

图2-10　采样频率选择的示意图

（a）被采样信号；（b）采样频率 $f_s=f_o$；（c）采样频率 $f_s=1.5f_o$；（d）采样频率 $f_s=2f_o$

微机保护所反应的电力系统运行参数是经过采样离散化和A/D转换之后的数字量。那么，连续时间信号经采样离散化成为离散时间信号后是否会丢失一些信息，也就是说离散信号能否还原成被采样的连续信号？为此可分析图2-10所示的采样频率选择的示意图。

设被采样信号 $x(t)$ 的频率为 f_o，对其进行采样。若每周波采样一个点，即 $f_s=f_o$，由图2-10（b）可见，把采样值连起来所得到的信号为一个直流量。若 $f_s=1.5f_o$，即两周波采样3个点时，采样得到的是一个频率比 f_o 低的低频信号，如图2-10（c）

所示。当 $f_s=2f_o$ 时，采样所得波形的频率为 f，如图 2-10（d）所示，即只有当 $f_s\geqslant 2f_o$，采样后所得到的信号才有可能较为真实地代表输入信号 $x(t)$。也就是说，一个高于 $f_s/2$ 的频率成分在采样后将被错误地认为是一个低频信号，只有在 $f_s\geqslant 2f_o$ 时才不会出现这种失真现象，这种失真现象称为频率混叠[5]。因此若要不丢失信息，完好地对输入信号采样，就必须满足 $f_s\geqslant 2f_o$ 这一条件。f_s 愈高，能反应的高频成分愈多，失真就愈小。这也就是基于"采样定理"对采样频率的要求。

采样定理可表述为：如果随时间变化的模拟信号（包括噪声干扰在内）所含的最高频率成分为 f_{max}，只要按照采样频率 $f_s\geqslant 2f_{max}$ 进行采样，由此所得出的采样值系列才能用以恢复原信号。对 50Hz 的正弦交流电压、电流来说，理论上只要每个周波采样两个点就可以表示其波形特点。但因故障电流中包含很多暂态分量，为了保证采样和计算的精度，通常需要更高的采样频率。

3. 模拟低通滤波器（ALF，Analog Low-pass Filter）[6]

滤波器是一种能使有用频率信号通过，同时抑制无用频率信号的电路。对微机保护装置来说，在故障初瞬间，电压、电流信号中可能含有相当高的频率分量，为防止频率混叠，采样率 f_s 不得不取值很高，从而对保护装置硬件速度提出过高的要求。但实际上目前大多数的微机保护原理都是反映工频或低频电气量的特征，在这种情况下，可以在采样前用一个模拟低通滤波器将高频分量滤掉，这样就可以降低采样率 f_s，从而降低对硬件速度提出的要求。

模拟低通滤波器通常分为两大类：一类是无源滤波器，由 RLC 元件构成；另一类是有源滤波器，主要由 R、C 元件与运算放大器构成。图 2-11（a）是常用的二阶 RC 无源低通滤波器的电路图，图中 R_1、R_2、C_1、C_2 为 RC 滤波器的参数。其传递函数由式（2-9）给出，对应的幅频特性曲线由图 2-11（b）所示。

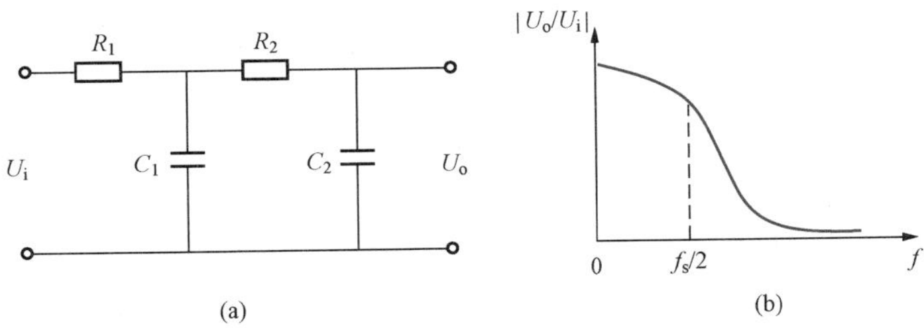

图 2-11 RC 无源低通滤波器原理电路及其特性

（a）电路图；（b）幅频特性曲线

通常 $R_1=R_2=R$，$C_1=C_2=C$，则

$$H(s)=\frac{1}{1+3RCs+(RCs)^2} \tag{2-9}$$

对于图中的无源低通滤波器，只要调整 RC 元件数值就可改变低通滤波器的截止频率。此时截止频率可设计为 $f_s/2$，以限制输入信号的最高频率。

这种滤波器接线简单，但电阻与电容回路对信号有衰减作用，并会带来时间延迟，对快速保护有不利影响，仅适用于对速度和性能要求不高的微机保护。对于要求高性能又快速的保护，必须采用有源低通滤波器。

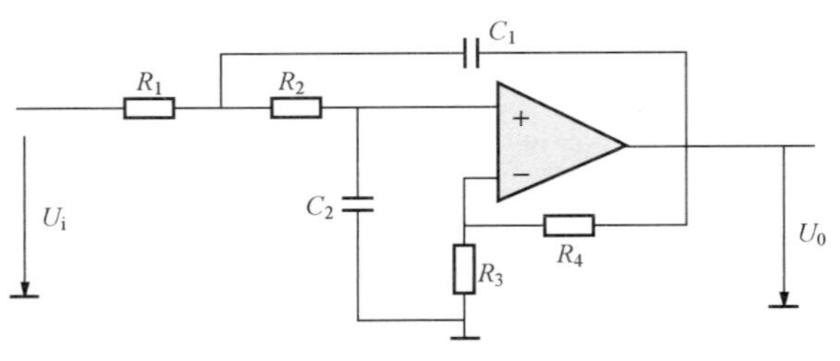

图 2-12　二阶有源低通滤波器电路

图 2-12 所示是一种常用的二阶有源低通滤波电路，称为单端正反馈低通滤波器。它的主要优点为仅用一个运算放大器、结构简单、RC 元件少。其缺点是元件参数的变化对滤波器滤波效果影响较大。该滤波器的传递函数为

$$H(s)=\frac{\dfrac{K}{R_1R_2C_1C_2}}{s^2+s\left(\dfrac{1}{R_1C_1}+\dfrac{1}{R_2C_1}+\dfrac{1-K}{R_2C_2}\right)+\dfrac{1}{R_1R_2C_1C_2}} \tag{2-10}$$

其中
$$K=1+R_4/R_3 \tag{2-11}$$

通过参数的合理选择，有源滤波器可以得到更理想的频率特性。

4. 模拟量多路转换开关

保护装置通常需对多个模拟量同时采样，以准确获得各个电气量之间的相位关系并使相位关系经过采样后保持不变，这就要对每个模拟输入量设置一套电压形成电路、模拟低通滤波电路和采样保持电路。所有采样保持器的逻辑输入端并联后由定时器同时供给采样脉冲。为了降低成本，数据采集系统硬件设计中常常采用多路采样保持通道共用一个模数变换器的方案。用多路转换开关实现通道切换，轮流由公用的模数转换器将模拟量转换成数字量。由于保护装置所需同时采样的电流、电压模拟量不会很多，只要模数转换器的转换速度足够高，此设计是能够满足要求的。

多路转换开关原理如图 2-13 所示。

这里的多路开关（1～N）是电子型的，通道切换受微机控制，它把多个模拟量通道按顺序赋予不同的二进制地址。在微机输出地址信号后，多路转换开关通过译码电路选通某一通道，对应此通道的开关也就接通。

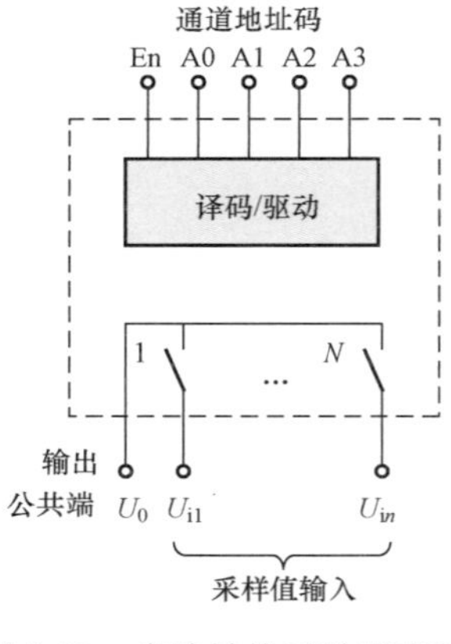

通道地址码
En A0 A1 A2 A3
译码/驱动
1 … N
输出公共端 U_0 U_{i1} U_{in}
采样值输入

图 2-13　多路转换开关原理图

5. 模数转换器

前面已提到，在单片机的实时测控和智能化仪表等应用系统中，常需将检测到的随时间连续变化的模拟量（如电压、电流、温度、压力、速度等）转化成离散数字量，才能输入到微处理器中进行计算处理。实现模拟量变换成数字量的硬件芯片称为模数转换器，也称为A/D 转换器。

根据 A/D 转换器的原理可将其分成两大类：一类是直接型 A/D 转换器，另一类是间

接型 A/D 转换器。在直接型 A/D 转换器中，输入的模拟电压离散值被直接转换成数字代码，不经任何中间变换；在间接型 A/D 转换器中，首先把输入的模拟电压转换成某种中间变量（如频率），然后再把这个中间变量转换成数字代码输出。目前 A/D 转换器的种类很多，这里仅就直接型的逐次逼近式 A/D 转换器和间接型的电压频率变换式 A/D 转换器（VFC）为例加以说明。

（1）逐次逼近式 A/D 转换器原理[7]。其工作原理为：将一待转换的模拟输入信号 U_{in} 与一个预测的输入模拟信号 U_i 相比较，根据预测信号大于还是小于输入信号来决定增大还是减小该预测信号值，使其向模拟输入信号逼近。预测信号由 D/A 转换器的输出获得。其预测值的取值方法：使二进制计数器中（输出锁存器）的每一位从最高位起依次置 1，尚未置位的较低各位为 0，每置一位时都要进行测试和比较；若模拟输入信号 U_{in} 小于预测信号 U_i，则比较器输出为零，同时使输出锁存器该位清零；若模拟输入信号 U_{in} 大于等于预测信号 U_i，比较器输出为 1，并使输出锁存器该位保持为 1；无论哪种情况，均应继续比较下一位，直到最末位为止，此时 D/A 转换器的数字输入即为对应模拟输入信号的数字量。图 2-14 所示为逐次逼近式八位 A/D 转换器工作原理图。

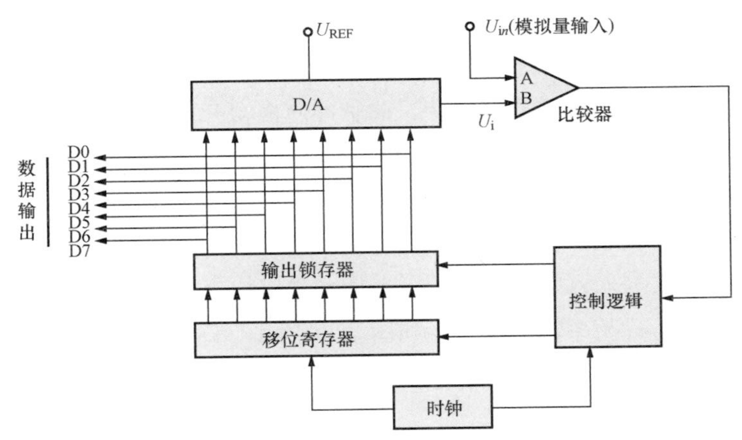

图 2-14　逐次逼近式八位 A/D 转换器工作原理图

例如，若转换的模拟量所对应的未知数字量应为二进制码 D0H，逐次逼近式 8 位 A/D 转换过程如下。

首先将输出锁存器的最高位第 7 位置为 1，输出锁存器输出数字是 10000000＝80H。经 D/A 转换为模拟量并与 U_{in} 相比较，由于预测值 80H 小于模拟输入信号 D0H，所以比较器输出为 1，则第 7 位置为 1。再将第 6 位置 1，锁存器输出为 11000000＝C0H。因为仍然小于 D0H，则第 6 位也置为 1。再将第 5 位置 1，锁存器输出为 11100000＝E0H。此时预测值大于 D0H，则第 5 位应置为 0。再将第 4 位置 1，锁存器输出为 11010000＝D0H，此时预测值等于 D0H，应保持第 4 位为 1。再将第 3 位置 1，锁存器输出为 11011000＝D8H，大于 D0H，则第 3 位置为 0，再将第 2 位置为 1，依次类推，可得转换结果为 11010000＝D0H。

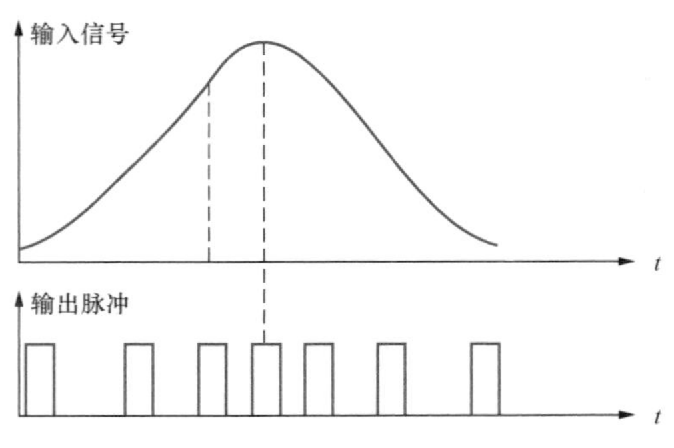

图 2-15　VFC 输入输出信号关系图

＊（2）VFC 变换式 A/D 转换器原理[8]。VFC 转换器是把电压信号转变为频率信号的器件，其输出为一个等幅脉冲串，重复频率随时正比于输入电压瞬时值，如图 2-15 所示。它有良好的精度和线性度。此外，其应用电路简单，对外围元件性能要求不高，对环境适应能力强。

将模拟电压转换成频率的方法很多，这里只介绍一种简单的电荷平衡式电压频率转换电路的工作原理。图 2-16 中，运算放大器 A1 和 A2 输入阻抗趋于∞，从其反向输入端“－”输入的电流可认为是零，其电位实际上亦为零，称为虚地。运算放大器 A1 和元件 R、C 构成一个积分器，A2 是零电压比较器或称零电压检测器。经稳压的恒压源 U_s 和电阻 R' 与模拟开关 S 构成积分器反向充电回路，反充电电流为 $I_R=\dfrac{U_s}{R'}$。故当模拟开关 S 处于位置 2 即接地时，积分器处于充电过程，通过电容 C 充电，因运算放大器 A2 的输入电流接近 0，其反向输入电位接近 0V，而开始充电时电容 C 相当于被短接，故充电电流为 $i_R=\dfrac{U_{in}}{R}$。充电时积分器输出电压开始时较高且不断下降，当积分器输出电压下降至为 0V 时，A2 发生跳变触发单稳定时器，使其产生一个脉宽为 t_{os} 的脉冲，此脉冲使模拟开关 S 接通至位置 1 与运算放大器 A1 的反相输入端导通 t_{os} 时间，对电容 C 进行反充电。反充电时，通过电容 C 的反充电电流为 $\left(I_R-i_R=I_R-\dfrac{U_{in}}{R}\right)$，反充电的时间为 t_{os}，此时电压上升。到 t_{os} 结束时又使模拟开关 S 处于 2 位置，电容 C 再次进入充电阶段，电压下降，当电压下降至 0V 又使单稳定时器产生一个 t_{os} 脉冲。如此反复形成频率输出，波形如图 2-17 所示。

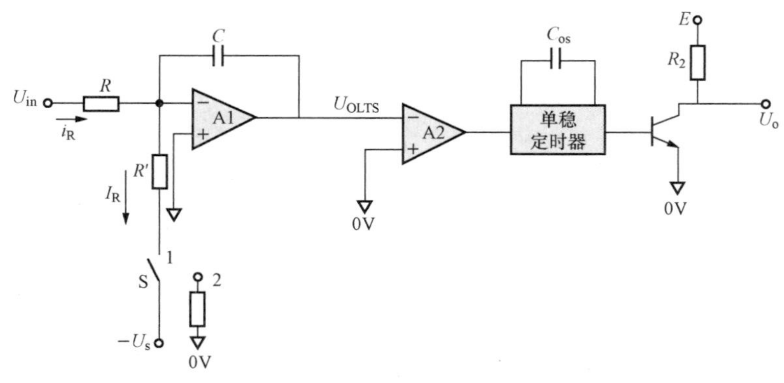

图 2-16　电荷平衡式 VFC 电路结构图

由充电电荷和放电电荷的平衡关系可知：充电电荷和放电（反充电）电荷应该相等。设充电和反充电的总时间为 T，即图 2-17 中脉冲的周期，做近似分析，可设在很短时间内充电

电流和反充电电流不变，则可得到

$$\left(I_{\mathrm{R}}-\frac{U_{in}}{R}\right)t_{\mathrm{os}}=\frac{U_{in}}{R}(T-t_{\mathrm{os}}) \tag{2-12}$$

$$T=\frac{I_{\mathrm{R}}t_{\mathrm{os}}R}{U_{in}} \tag{2-13}$$

由于 $f_{\mathrm{out}}=\frac{1}{T}$，VFC 输出的脉冲信号频率 f_{out} 与电路中输入电压的关系为

$$f_{\mathrm{out}}=\frac{U_{in}}{I_{\mathrm{R}}Rt_{\mathrm{os}}} \tag{2-14}$$

由式（2-14）可见，输出脉冲频率 f_{out} 与输入电压 U_{in} 呈线性关系，即输入电压越高，输出频率越高，反之亦然。

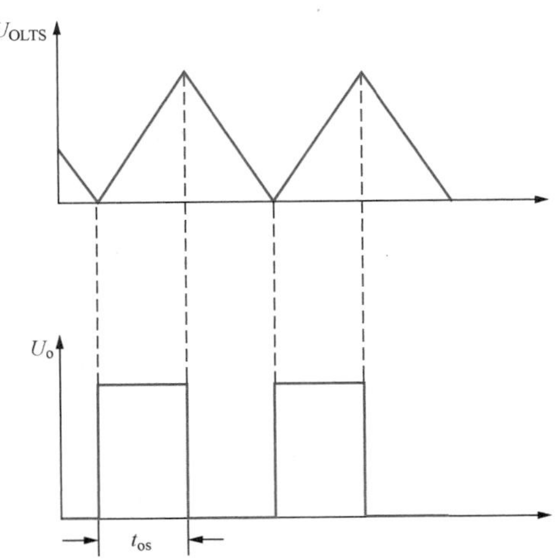

图 2-17　电荷平衡式 VFC 波形图

用 VFC 转换器实现 A/D 转换需要与脉冲计数器配合使用，原理框图如图 2-18 所示。

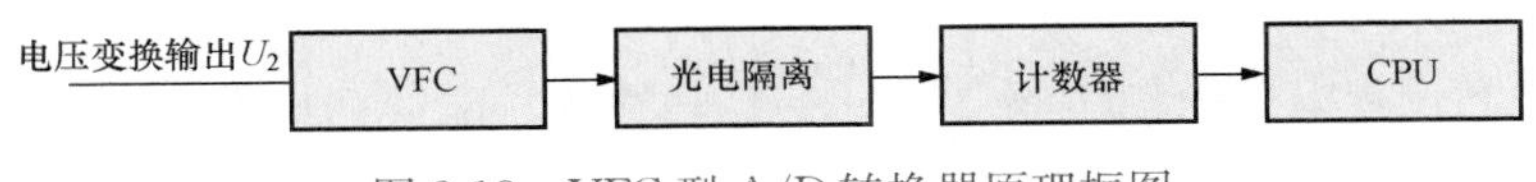

图 2-18　VFC 型 A/D 转换器原理框图

设 C_{k} 为 t_{k} 时刻读得计数器的数值，$C_{\mathrm{k}-N}$ 为 $t_{\mathrm{k}-N}$ 时刻读得的计数器的数值，采样间隔为 T_{s}，$NT_{\mathrm{s}}=t_{\mathrm{k}-N}-t_{\mathrm{k}}$ 为读取计数器的间隔时间，则有

$$D_{\mathrm{k}}=C_{\mathrm{k}-N}-C_{\mathrm{k}} \tag{2-15}$$

式中：D_{k} 为在 NT_{s} 期间内计数器计到的脉冲个数，此脉冲数对应于 NT_{s} 期间模拟信号的积分。

对式（2-15）两端乘以 dt 并从（$t_{\mathrm{k}}-NT_{\mathrm{s}}$）到 t_{k} 积分可得

$$D_{\mathrm{k}}=\int_{t_{\mathrm{k}-NT_{\mathrm{s}}}}^{t_{\mathrm{k}}}f_{\mathrm{out}}\mathrm{d}t=\int_{t_{\mathrm{k}-NT_{\mathrm{s}}}}^{t_{\mathrm{k}}}\frac{U_{in}(\mathrm{t})}{I_{\mathrm{R}}Rt_{\mathrm{os}}}\mathrm{d}t=\mathrm{INT}\left[K_{\mathrm{f}}\int_{t_{\mathrm{k}-NT_{\mathrm{s}}}}^{t_{\mathrm{k}}}U_{in}(t)\mathrm{d}t\right] \tag{2-16}$$

式中：INT 表示取整数，因为计数器的计数值只能是整数，而不可能有小于 1 的值；K_{f} 为 VFC 芯片的转换常数；$U_{in}(t)$ 为输入 VFC 芯片的模拟电压信号。

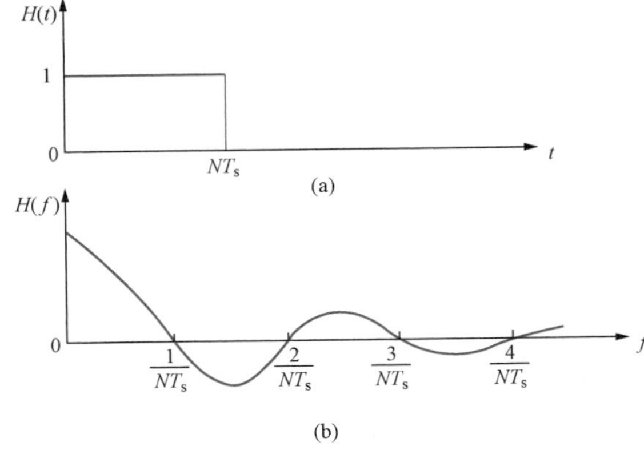

图 2-19　$H(t)$ 与 $H(f)$ 的对应函数图形

（a）矩形时间函数；（b）矩形时间函数的幅频特性曲线

当 K 变化时，D_{k} 是对输入电压的移动积分，每一次积分相当于一个宽度为 NT_{s}、高度为 1 的矩形函数 $H(t)$ 与输入电压 $U_{in}(t)$ 进行卷积分。由数字信号处理的知识可知，两个时间函数在时域的卷积分相当于其频谱函数在频域相乘。时间函数 $H(t)$ 的幅频特性 $H(f)$ 如图 2-19（b）所示。

由此看来，图 2-19（b）中曲线具有低通滤波器的特性，其截止频率为 $1/NT_s$。由以上分析可知，尽管 VFC 式数据采集系统中没有像直接型 A/D 数据采集系统中那样设置低通滤波器，但频率计数的效果相当于有一个等效低通滤波器。

根据采样定理，低通滤波器的截止频率应小于等于采样频率的一半，即

$$\frac{1}{N}f_s \leqslant \frac{1}{2}f_s \tag{2-17}$$

可见 N 应选取大于等于 2 的值，即为使 VFC 数据采集系统得到的数字信号不失真地代表模拟信号，在用于各种算法时至少要用 $2T_s$ 期间的脉冲数计算。

（3）A/D 转换器的主要技术指标。

1）分辨率。分辨率是指 A/D 转换器所能分辨模拟输入信号的最小变化量，即最低位的 1 所代表的模拟量的大小。设 A/D 转换器的位数为 n，满量程电压为 FSR，则 A/D 转换器的分辨率定义为

$$\text{分辨率} = \frac{FSR}{2^n}$$

例如，一个满量程电压为 10V 的 12 位 A/D 转换器，能够分辨模拟输入电压变化的最小值为 2.44mV。

可以清楚地看出，A/D 转换器分辨率的高低取决于其位数的多少，因此目前一般都简单的用 A/D 转换器的位数 n 来间接代表分辨率。

直接型 A/D 芯片以其输出的数字信号的位数来衡量分辨率。VFC 式数据采集系统的分辨率取决于两个因素：一是 VFC 芯片输出的最高频率，二是计算间隔 NT_s 的大小。在 NT_s 期间计数的最大值为

$$D_k = f_{max}NT_s \tag{2-18}$$

若 $T_s = 5/3\text{ms}$，$f_{max} = 500\text{kHz}$，当 $N = 2$ 时，$D_k = 1666$，相当于常规 10 位 A/D 芯片（不考虑信号极性）。

可见，提高 VFC 式数据采集系统的分辨率有两种方法：一是选择转换频率高的芯片，这要增加硬件成本；二是增大计算间隔 NT_s 的值，这很容易在软件参数设置中实现，但代价是增加了保护的延时。实际上任何控制系统的速度和精度总是一对矛盾。微机保护装置中可以根据故障的严重程度自适应地改变计算间隔。

2）量程。量程是指 A/D 转换器所能转换模拟信号的电压范围，如 0～5V，－5～＋5V，0～10V，－10～＋10V 等。

3）精度。A/D 转换器的精度分为绝对精度和相对精度两种。①绝对精度定义为对应于输出数码的模拟电压与实际的模拟输入电压之差。在 A/D 转换时，量化带内的任意模拟输入电压都能产生同一输出数码，上述定义则限定为量化带中点对应的模拟输入电压值。通常以数字量的最小有效位 LSB 之半表示绝对精度。绝对误差一般在 $\pm LSB/2$ 范围内。绝对误

差包括截断误差、增益误差、偏移误差、非线性误差，也包括量化误差。②相对精度定义为绝对精度与满量程 FSR 电压值之比的百分数，即

$$相对精度 = \frac{绝对精度}{FSR} \times 100\%$$

应注意，精度和分辨率是两个不同的概念。精度是指转换后所得的结果相对于实际值的准确度。分辨率是指转换器所能分辨的模拟信号的最小变化值。

由此可知，分辨率很高的 A/D 转换器可能因为温度漂移、线性不良等原因并不一定具有很高的精确度。

4）转换时间和转换速率。转换时间是指按照规定的精度将模拟信号转换为数字信号并输出所需要的时间，一般用微秒（μs）或毫秒（ms）来表示。

通常转换时间是根据模拟输入电压值来规定的。但对于某些转换器来说，例如逐次逼近型 A/D 转换器，其转换时间与输入的模拟电压大小无关，只取决于转换器的位数，因此转换时间是恒定的。对另一些转换器来说，其转换时间则与待转换信号的值有关。

转换速率是指能够重复进行数据转换的速度，即每秒钟转换的次数。

*（4）通过上述分析可知两种数据转换方式都可用于微机保护装置中实现模数转换功能，但在以下几个方面又有所区别。

1）直接型 A/D 数据采集系统中，A/D 转换结果可直接用于保护的有关算法；而 VFC 式数据采集系统属于计数式电压频率转换芯片，微处理器每隔一定时间读得的计数器的计数值不能直接用于计算，必须将相隔 NT_s 的计数值相减后才能用于各种算法的计算。

2）直接型 A/D 转换是瞬时值比较，抗干扰能力差，但转换速度快；VFC 式 A/D 转换是取采样间隔内的平均值，抗干扰能力强，但转换速度较慢。

3）直接型 A/D 芯片一经选定其数字输出位数不可改变，即分辨率不可能变化；而 VFC 数据采集系统中可通过增大计算间隔提高分辨率。

4）对直接型 A/D 数据采集系统而言，A/D 芯片的转换时间必须小于中断时间；而 VFC 数据采集系统是对输入脉冲不断计数，不存在转换速度问题，但应注意输入到 VFC 芯片的脉冲频率不能超过其极限计数频率。

5）直接型 A/D 数据采集系统中需由定时器按规定的采样间隔给采样保持芯片发出采样脉冲；而 VFC 式数据采集系统的工作根本不需 CPU 控制，只需按采样间隔读计数器的值即可。

6）VFC 式 A/D 转换器与计数器之间的光电耦合器，使数据采集系统与 CPU 系统在电气回路上完全隔离，抗干扰能力强。

二、数据处理单元

如前所述，一般的微处理器都有一定的内部寄存器、存储器和输入、输出口。但其用于实现保护功能时，首先遇到的问题就是存储器的扩展。微处理器内部虽然设置了一定容量的

存储器，但通常仍满足不了保护装置的实际需求，因此需要从外部进行扩展，配置外部存储器，包括程序存储器或数据存储器。为了满足继电保护定值设置的需求，通常还需配置电可擦除的可编程只读存储器。程序常驻于只读存储器（EPROM）中，计算过程和故障数据记录所需要的临时存储是由随机读写存储器（RAM）实现。设定值或其他重要信息则放在电可擦除可编程只读存储器（EEPROM）中，它可在5V电源下反复读写，无需特殊读写电路，写入成功后即使断电也不会丢失数据。微处理器通过其数据总线、地址总线、控制总线及译码器和存储器元件进行数据交换，根据不同保护功能和设计的要求一般还要扩展一些并行口或计数器等。

微处理器的数据总线、地址总线和控制总线是其与外扩存储器、输入/输出接口芯片进行信息交换的唯一通道。外扩芯片一般均为双步选通方式，即除了配置译码选通端外，还配置“使能选通端”。例如，作为程序存储器EPROM的74LS2764具有“片选端（CE)”，还需将“使能端（OE)”与微处理器的程序存储器读控制信号相连；作为数据存储器RAM的74LS6264除了片选端外，还应将“写使能端（WE)”与微处理器的写控制信号相连，将“读使能端（RD)”与微处理器的读控制信号RD相连。一个简单的单片机与外扩存储器的接线原理图如图2-20所示。

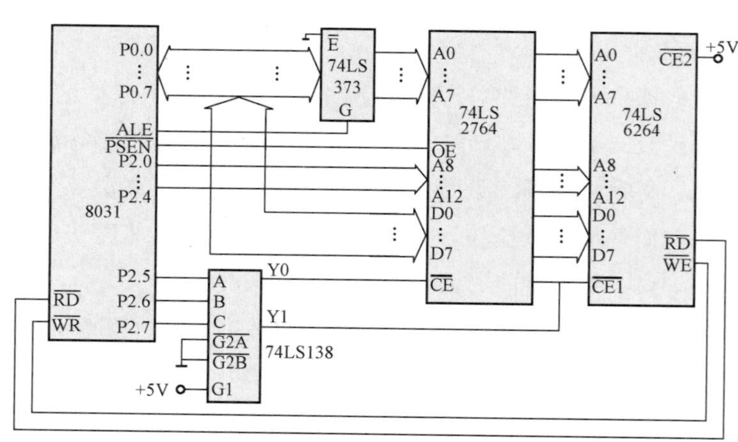

图2-20 简单的单片机与外部扩展存储器的接线原理图

三、开关量输入/输出接口

微机保护所采集的信息通常可分为模拟量和开关量。无论何种类型的信息，在微机系统内部都是以二进制的形式存放在存储器中。断路器和隔离开关、继电器的接点、按钮等都具有分、合两种工作状态，可以用0、1表示。因此，对它们的工作状态的输入和控制命令的输出都可以表示为数字量（开关量）的输入和输出。

1. 开关量输入回路

开关量的输入回路是为了读入外部接点的状态，包括断路器和隔离开关的辅助接点或跳合闸位置继电器接点、外部对装置的闭锁接点、气体继电器接点、压力继电器接点，还包括某些装置上连接片（压板）位置等。微机保护装置的开关量输入（接点状态的接通或断开）电路如图 2-21 所示。

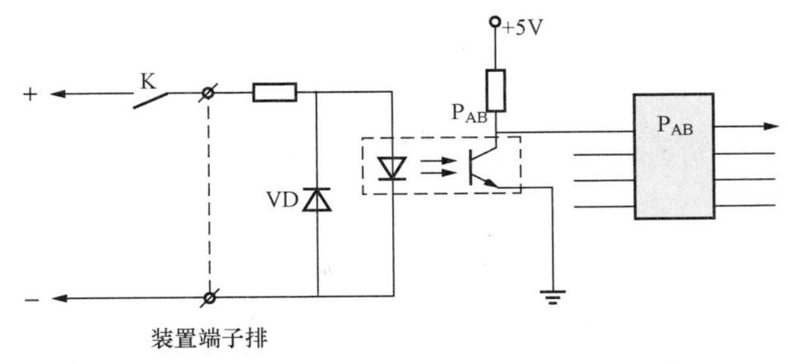

图 2-21　开关量输入电路

图 2-21 中，虚线框内是一个光电耦合器件，集成在一个芯片内。当外部接点 K 接通时，有电流通过光电耦合器件的发光二极管回路，使光敏三极管导通，P_{AB}点电位近似为 0。外部接点 K 打开时，光敏三极管截止，P_{AB}点电位为＋5V。因此光敏三极管的导通和截止完全反映了外部接点的状态。P_{AB}可以是微处理器的输入/输出口或外扩并行口。

光电隔离是由光电耦合器件来完成的。光电耦合器是以光为媒介传输信号的器件，其输入端配置发光源，输出端配置受光器，因而输入和输出在电气上是完全隔离的。由于光电耦合器的隔离作用，使夹杂在输入开关量信号中的各种干扰脉冲都被挡在耦合器的输入端一侧，所以其具有较高的电气隔离和抗干扰能力。光电耦合芯片通常由发光二极管和光敏三极管组成（如图 2-21 所示）。

由于一般光电耦合芯片发光二极管的反向击穿电压较低，为防止开关量输入回路电源极性接反时损坏光电耦合器，图 2-21 中二极管 VD 对光隔芯片起保护作用。

2. 开关量输出回路

开关量输出主要包括保护的跳闸出口信号以及反应保护工作情况的本地和中央信号等。一般采用并行接口的输出口去控制有接点继电器（干簧或密封小中间继电器）的方法，但为提高抗干扰能力，最好经过一级光电隔离，如图 2-22 所示。只要由软件使并行口的 PB0 输出“0”，PB1 输出“1”，便可使“与非门”H 输出低电平，光敏三极管导通，继电器 K 接点被吸合，信号输出。

在装置上电初始化和需要继电器 K 返回时，应使 PB0 输出“1”，PB1 输出“0”。设置反相器 B 及与非门 H 而不是将发光二极管直接同并行口相连，一方面是因为并行口带负载能力有限，不足以驱动发光二极管；另一方面因为采用与非门后要同时满足两个条件才能使继电器 K 动作，提高了其抗干扰能力。最后应当注意图 2-22 中的 PB0 经一反相器，而 PB1 却不经反相器，这样设计可防止拉合直流电源的过程中继电器 K 的短时误动。因为在拉合直流电源过程中，当 5V 电源处在中间某一暂态电压值时，可能由于逻辑电路的工作紊乱而造成保护误动作。特别是保护装置的电源往往接有电容器，所以拉合直流电源时，无论是 5V 电源还

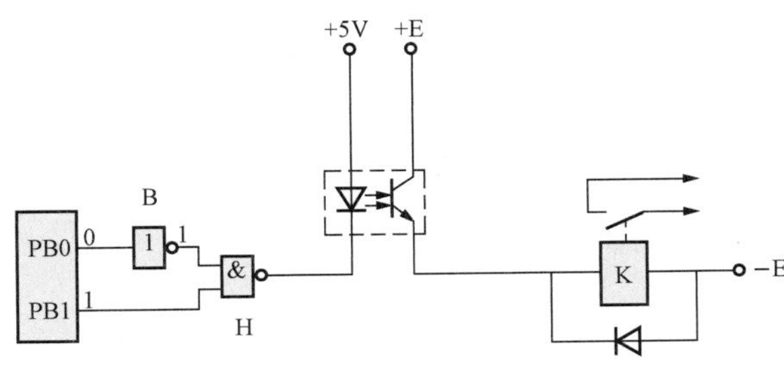

图 2-22　开关量输出回路接线图

是驱动继电器用的电源 E 都可能缓慢的上升或下降，从而造成继电器 K 的接点短时闭合。考虑到 PB0 和 PB1 在电源拉合过程中只可能同时变号的特性，在开关量输出回路中两个相反的驱动条件互相制约，可以可靠地防止继电器的误动作。

3. 打印机并行接口回路

打印机作为微机保护装置的输出设备，在调试状态下输入相应的键盘命令，微机保护装置可将执行结果通过打印机打印出来，以了解装置是否正常。在运行状态下，系统发生故障后，可将有关故障信息、保护动作行为及采样报告打印出来，为事故分析提供依据。

由于继电保护装置对可靠性要求较高，而其工作环境中电磁干扰比较严重，因此，微机保护装置与打印机数据线连接均需经光电隔离。

4. 人机对话接口回路

人机对话接口回路主要包括以下两部分。

（1）对显示器和键盘的控制，为调试、整定与运行提供简易的人机对话功能。通过人机对话接口可以显示一次回路的连接情况，查阅和修改定值，查阅存储器内数据；可以起动录波和查阅当前电流电压值，起动打印和通信；可以不断巡检 CPU 和各插件的工作情况等。

（2）由硬件时钟芯片提供日历与计时，可实现从毫秒到年月日的自动计时。

四、通信接口

随着微处理器和通信技术的发展，其应用已从单机逐渐转向多机或联网。而多机应用的关键在于微机之间的相互通信，互传数字信息。在微型计算机系统中，CPU 与外部通信的基本方式有两种[9]：并行通信——数据各位同时传送；串行通信——数据按照一位一位的顺序传送。

图 2-23 是这两种通信方式的示意图。前面涉及的微处理器与外扩存储器之间的数据传送，都是采用并行通信方式。从图 2-23 可以看到，在并行通信中，数据有多少位就需要多少根数据传送线。而串行通信可以分时使用同一传输线，故串行通信能节省传送线，尤其是当数据位数很多和远距离数据传送时，这一优点更加突出。串行通信的主要缺点是传送速度比并行通信要慢。

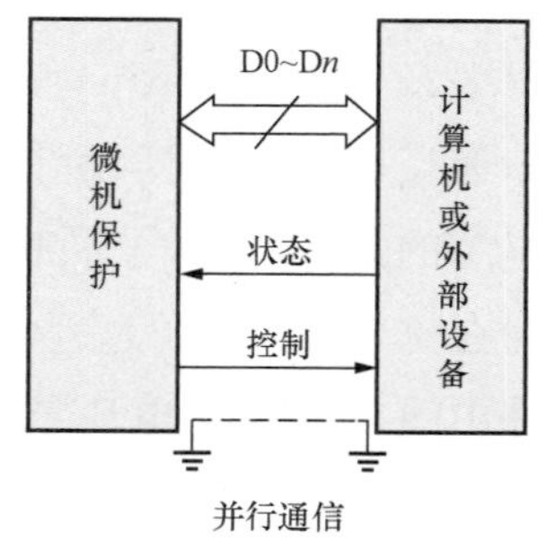

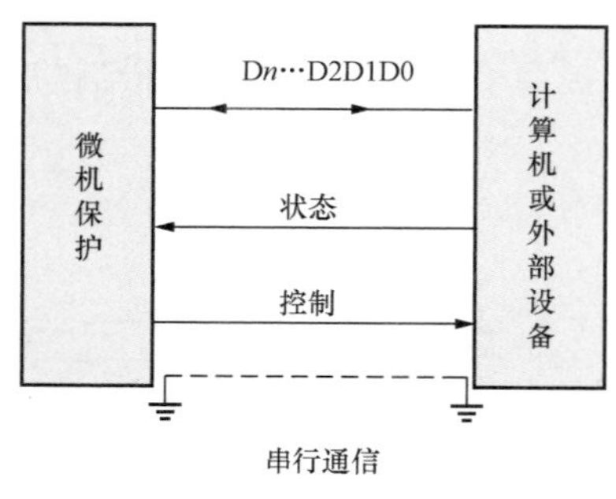

图 2-23　并行通信与串行通信

并行通信的硬件连接及数据传送比较简单。这里主要介绍串行通信。基于串行通信的特点，它常用于保护装置与其他硬件装置或上位机之间的数据传送。串行通信是指将构成字符的每个二进制数据位依据一定的顺序逐位进行传送的通信方法。在串行通信中有两种基本的通信方式。

1. 异步通信

异步串行通信规定了字符数据的传送格式，即每个数据以相同的帧格式传送。如图 2-24 所示，每一帧信息由起始位、数据位、奇偶校验位和停止位组成。

（1）起始位。在通信线上没有数据传送时处于逻辑“1”状态。当发送设备要发送一个字符数据时，首先发出一个逻辑“0”信号，这个逻辑低电平就是起始位。起始位通过通信线传向接收设备，当接收设备检测到这个逻辑低电平后就开始准备接收数码。因此，起始位所起的作用就是表示字符传送开始。

（2）数据位。当接收设备收到起始位后，紧接着就会收到数据位。数据位的个数可以是 5、6、7 位或 8 位的数据。在字符数据传送过程中，数据位从最小有效位（最低位）开始传送。

（3）奇偶校验位。数据位发送完之后，可以发送奇偶校验位。将数据中的“1”相加，如有奇数个“1”，则校验位为“1”；如有偶数个“1”，则校验位为“0”。发送到接收端后，用奇偶校验位检查接收到的数据是否正确。奇偶校验用于有限差错检测，通信双方在通信时需约定一致的奇偶校验方式。就数据传送而言，奇偶校验位是冗余位，但它表示数据的一种性质。这种性质用于检错，虽然检错能力有限但很容易实现。

（4）停止位。在奇偶校验位或数据位（当无奇偶校验时）之后发送的是停止位—逻辑高电平，可以是 1 位或 2 位。停止位是一个字符数据的结束标志。

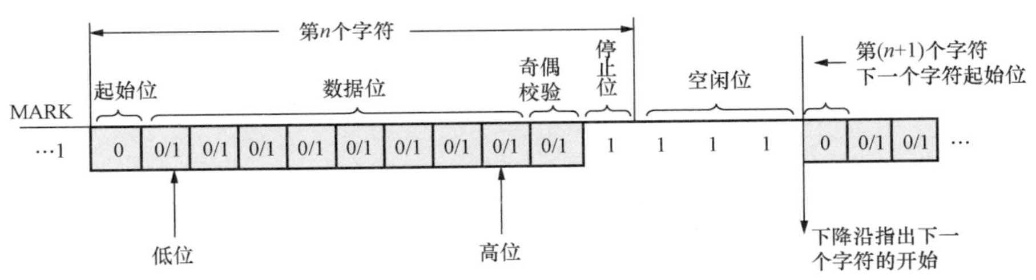

图 2-24　异步通信的数据传送格式

在异步通信中，字符数据以图 2-24 所示的格式一个接一个的传送。在发送间隙，即空闲时，通信线路总是处于逻辑“1”状态（高电平），每个字符数据的传送均以逻辑“0”（低电平）开始。

2. 同步通信

在异步通信中，每一个字符要用起始位和停止位作为字符开始和结束的标志，以致占用了通信时间。所以在数据块传送时，为了提高通信速度常去掉这些标志而采用同步传送。同步通信不像异步通信那样，靠起始位在每个字符数据开始时使发送和接收同步，而是通过同步字符在每个数据块传送开始时使收/发双方同步，同时要在数据码流中提取发送端的时钟脉冲，按发送端的时钟脉冲读取信息。其通信格式如图 2-25 所示。

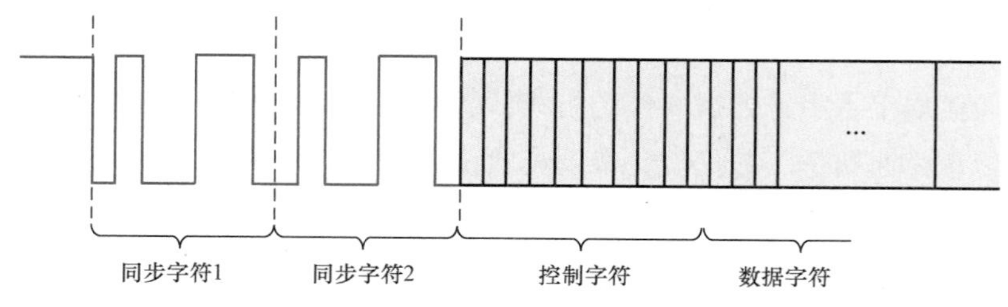

图 2-25　同步通信的数据传送格式

同步通信是以同步字符作为信息传送的开始，可选择一个或两个特殊的八位二进制码作为同步字符。字符中包含有数据量大小的信息，接收端据此信息接收数据。

异步通信常用于传输信息量不太大、传输速度比较低的场合。在信息量很大、传输速度要求较高的场合应采用同步通信。

对串行通信方式而言，通信线上的字符数据是按位传送的，每一位宽度（位信号持续时间）由数据传送速率确定。波特率即是对数据传送速率的规定，即单位时间内传送的信息量以每秒传送的位（bit）表示，单位为 Boud（波特），即

$$1\text{Boud} = 1\text{b/s}(\text{位} / \text{秒})$$

例如，电传打字机最快传送速率为 10 字符/s，每个字符 11 位，则波特率为

$$11\text{ 位} \times 10\text{ 字符} /\text{s} = 110\text{b/s} = 110\text{Boud}$$

波特率的倒数即位时间（每位宽）T_{d} 为

$$T_{\text{d}} = \frac{1}{110\text{Boud}} \approx 0.0091\text{s} = 9.1\text{ms}$$

在异步串行通信中，接收设备和发送设备保持相同的传送波特率，并使每个字符数据的起始位与发送设备保持同步。起始位、数据位、奇偶校验位和停止位的约定在同一次传送过程中必须保持一致，这样才能成功地传送数据。

实现串行通信方式的硬件电路称为串行通信接口电路芯片。从本质上讲，所有的串行接口电路都是以并行数据形式与 CPU 接口，而以串行数据形式与外部传输设备接口。它们的基本功能是从外部设备接收串行数据，转换成并行数据后传送给 CPU 或者从 CPU 接收并行数据，转变成串行数据后输出给外部设备。串行通信接口电路至少包括一个接收器和一个发送器，而接收器和发送器都分别包括一个数据寄存器和一个移位寄存器，以实现数据的“CPU 输出→并行→串行→发送或接收→串行→并行→CPU 输入”的操作。图 2-26 给出了异步通信硬件电路中发送数据操作的情况。

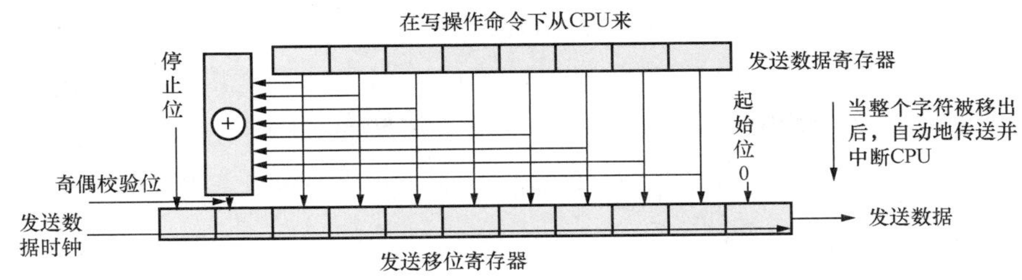

图 2-26　串行数据发送操作

选择通信接口必须考虑传输介质、电平转换等问题。为保证高可靠性的通信要求需注意以下两点。

（1）通信速度和通信距离。标准串行通信接口的电气特性一般都可满足可靠传输时的最大通信速度和传送距离指标。这两个指标之间具有相关性，适当地降低通信速度，可以提高通信距离，反之亦然。

（2）抗干扰能力。通常选择的标准接口在保证不超过其使用范围时都有一定的抗干扰能力，以保证可靠的信号传输。在高噪声污染环境中，通过使用光纤介质减少电磁干扰，经过光电隔离提高通信系统的安全性都是行之有效的办法。

五、电源

微机保护装置对电源要求较高，通常这种电源是逆变电源，即将直流逆变为交流，再把交流整流为保护装置所需的直流电压。它把变电站强电系统的直流电源与微机保护装置的弱电系统的直流电源完全隔离开。因而通过逆变后的直流电源具有很强的抗干扰能力，可以大大消除来自变电站中因断路器跳合闸等原因产生的强干扰。新型的微机保护装置的工作电源不仅允许输入电压的范围较宽，而且也可以输入交流电源电压。

目前，微机保护装置均按模块化设计，也就是说，对于各种线路保护、元件保护无论用于何种电压等级，都是由上述五个模块化电路组成的，所不同的是软件程序及硬件模块化的组合与数量不同。不同的保护原理用不同的软件程序来实现，不同的使用场合按不同的模块化组合方式构成。

第四节　微机保护软件构成

微机保护与传统保护的区别是增加了保护软件。不同的保护功能可由不同保护算法实现。

微机保护装置的软件通常可分为监控程序和运行程序两部分。所谓监控程序包括人机对话接口命令处理程序及为插件调试、定值整定、报告显示等所配置的程序。所谓运行程序就是指保护装置在运行状态下所需执行的程序。

微机保护运行程序软件一般可分为两个模块。

（1）主程序：包括初始化，全面自检、开放及等待中断等程序。

（2）中断服务程序：通常有采样中断、串行口中断程序等。前者包括数据采集与处理、保护起动判定等；后者完成保护 CPU 与保护管理 CPU 之间的数据传送，例如保护的远方整定、复归、校对时间或保护动作信息的上传等。采样中断服务程序中包含故障处理程序子模块。它在保护起动后才投入，用以进行保护特性计算、判定故障性质等。

一、主程序

给保护装置上电或按复归按钮后，进入主程序框图，见图 2-27 上方的程序入口。首先进行必要的初始化［初始化（一）］，如堆栈寄存器赋值、控制口的初始化。然后，CPU 开始运行状态所需的各种准备工作［初始化（二）］。首先是给并行控制口置位，使所有继电器处于正常状态。然后，按照用户存于 EEPROM 中的多套定值选定所需要的定值套号，放至规定的定值 RAM 区。准备好定值后，CPU 将对装置各部分进行全面自检，在确认一切良好后才允许数据采集系统开始工作。完成采样系统初始化后，开放采样定时器中断和串行口中断，中断发生后转入中断服务程序。若中断时刻未到，就进入循环自检状态，不断循环进行通用自检及专用自检项目。如果保护有动作或自检出错报告，则向管理 CPU 发送报告。全面自检内容包括 RAM 区读写检查、EPROM 中程序和 EEPROM 中定值求和检查、开出量回路检查等。通用自检包括定值套号的监视和开入量的监视等。专用自检项目依不同的被保护元件或不同保护原理而设置，例如超高压线路保护的静稳判定、高频通道检查等。

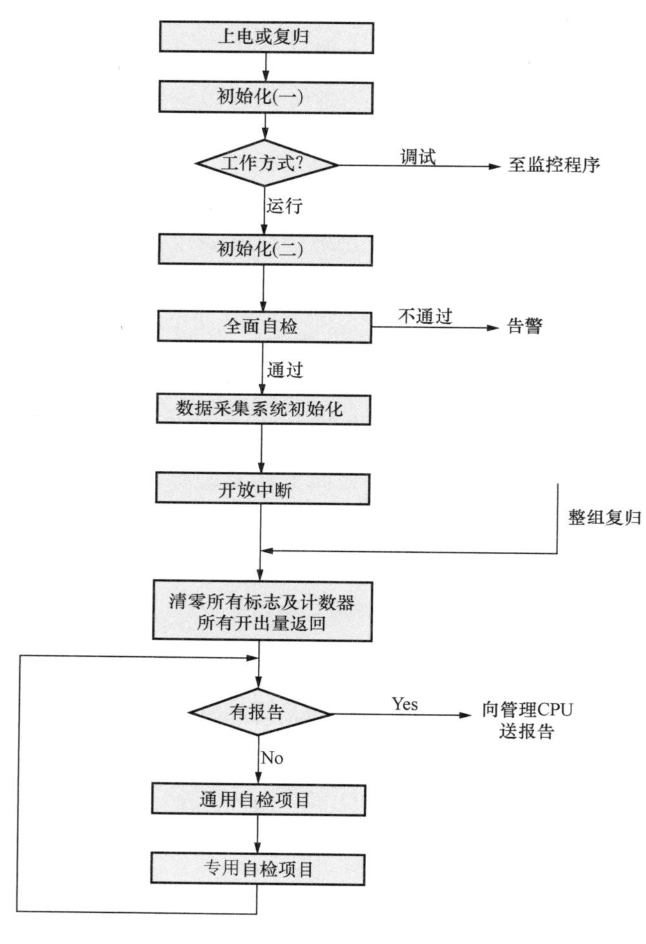

图 2-27　微机保护软件系统的主程序框图

二、采样中断服务程序

采样中断服务程序框图如图 2-28 所示。这部分程序主要有以下内容：

（1）数据采样、处理及存储。

（2）起动判定。

（3）故障处理。

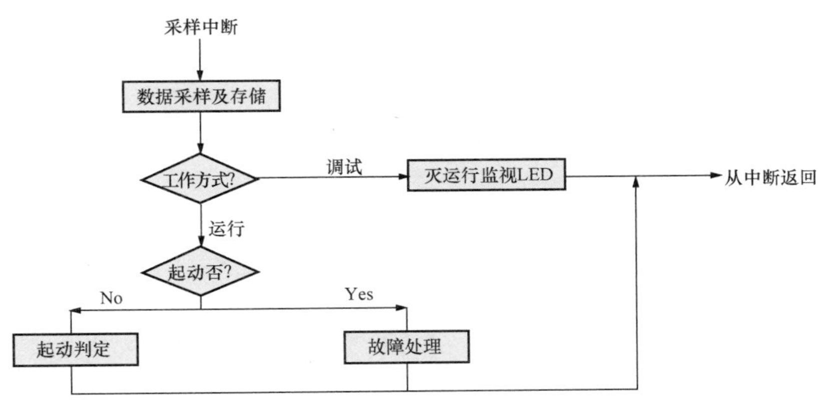

图 2-28　微机保护软件系统的采样中断服务程序框图

无论传统保护或微机保护，在完成硬软件设计和编程后需进行保护装置性能的测试。目前，保护装置的测试手段通常有两种，即动态模拟和数字模拟试验，详见附录一。

复习思考题

1. 什么是继电器的返回系数？采用什么方法可以提高电磁型过电流继电器的返回系数？

2. 微机保护装置微处理器选择遵循的原则是什么？

3. 微机型继电保护装置的硬件包括哪几部分？有何作用？

4. 微机保护的软件包括哪几部分？并分别说明它们的作用。

5. 微机型继电保护的运行软件包括哪些程序模块？并说明哪些或哪个模块的功能必须在一个采样间隔的时间内完成？

6. 如何选择微机保护的采样率？

主 要 参 考 文 献

[1]　华北电力学院．MDP-1 型微机继电保护装置（样机）原理说明．1984.

[2]　杨奇逊．微型机继电保护基础．北京：水利电力出版社，1988.

[3]　房小翠，等．单片机实用系统设计技术．北京：国防工业出版社，1999.

[4]　任丽香，等．TMS320C6000 系列 DPSs 的原理与应用．北京：电子工业出版社，2000.

[5]　周浩敏．信号处理技术基础．北京：北京航空航天大学出版社，2001.

[6]　王幸之，等．单片机应用系统抗干扰技术．北京：北京航空航天大学出版社，2000.

[7]　马明建，等．数据采集与处理技术．西安：西安交通大学出版社，1998.

[8]　陈德树．计算机继电保护原理与技术．北京：水利电力出版社，1992.

[9]　丁书文，等．变电站综合自动化原理及应用．北京：中国电力出版社，2003.

第三章　电网的相间电流、电压保护和方向性相间电流、电压保护

第一节　单侧电源网络的相间电流、电压保护

电流增大和电压降低是电力系统中发生短路故障的基本特征。利用此特征实现的保护是基本的，也是最早得到应用的继电保护原理。由于接地短路有很大的特殊性，将在下章中阐述，本章只讲述反应电网相间短路故障的电流、电压保护原理，其整定配合的基本原则也适用于主设备的电流、电压保护。

在单侧有电源的电网中发生短路时，通过保护装置的短路电流矢量只能是指向被保护设备的方向，因而不需考虑保护装置反方向，即背后短路的问题，不需配备方向元件，其构成最为简单。前面已提到电流、电压保护属于阶段式或具有阶梯型动作特征的多段式保护，其选择性依靠上、下级保护的整定值和动作时间的配合来保证。本书称靠近电源的保护为上级保护，离电源较远的保护为下级保护。电流、电压保护的段数根据整定配合的需要而定，但一般至少有三段。没有人为延时的，动作最快的一段称为电流或电压瞬时速断，最后一段按照正常运行时或不正常运行而无短路时不能误动的原则整定，称为过电流保护或低电压保护。

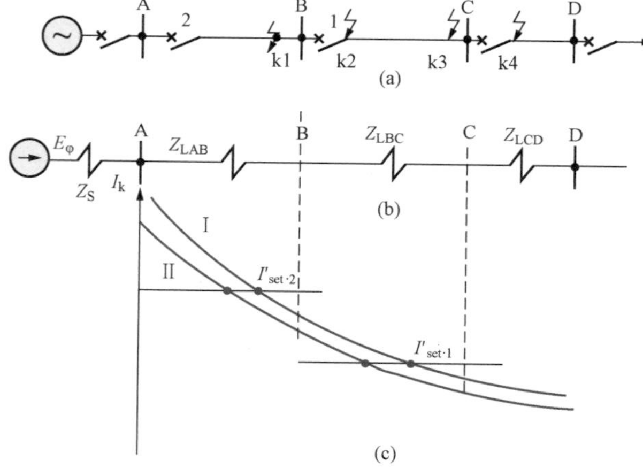

图 3-1　瞬时电流速断保护动作特性分析

（a）网络接线；（b）正序等效图；（c）$I_k=f(l)$ 的变化曲线

Ⅰ—最大方式；Ⅱ—最小方式下的两相短路

一、瞬时电流速断保护

根据对继电保护速动性的要求，保护装置动作切除故障的时间必须满足系统稳定和保证对重要用户供电的可靠性，对于特高压输电线路，还要满足限制过电压的要求，在简单、可靠和保证选择性的前提下，原则上总是越快越好。因此，在各种电气元件上，应力求装设快速动作的继电保护装置。仅反应于电流增大而瞬时动作的电流保护，称为瞬时电流速断保护。

以图 3-1（a）所示的网络接线为

例，假定在每条线路上均装有电流速断保护，则当线路 AB 发生故障时，希望保护 2 能瞬时动作，而当线路 BC 故障时，希望保护 1 能瞬时动作，它们的保护范围最好能达到本线路全长的 100%。但是这种愿望是否能实现，需要作具体分析。

以保护 2 为例，当本线路末端 k1 点短路时，希望速断保护 2 能够瞬时动作切除故障，而当相邻线路 BC 的始端（习惯上又称为线路出口处）k2 点短路时，按照选择性的要求，速断保护 2 就不应该动作，因为该处的故障应由速断保护 1 动作切除。但是实际上，k1 点和 k2 点短路时，通过保护 2 的短路电流的数值几乎是一样的。因此，希望 k1 点短路时速断保护 2 能动作，而 k2 点短路时它又不动作的要求就不可能同时得到满足。同样地，保护 1 也无法区别 k3 和 k4 点的短路。

为解决这个矛盾可以有两种办法。通常都是优先保证动作的选择性，即从保护装置起动参数的整定上保证下一条线路出口处短路时不起动，在继电保护技术中，这又称为按躲开下一条线路出口处短路的条件整定。另一种办法就是在个别情况下，当快速切除故障是首要条件时就采用无选择性的速断保护，而以自动重合闸来纠正这种无选择性动作，对此将在自动重合闸一章里进行分析。以下只讲有选择性的电流速断保护。

对反应于电流升高而动作的电流速断保护而言，能够使该保护装置动作的最小电流值可以人为预先整定，称为保护装置的一次整定电流或起动电流，以 I'_{set} 表示，显然必须当实际的短路电流 $I_k \geqslant I'_{set}$ 时，保护装置才能动作。保护装置的整定值 I'_{set} 是用电力系统一次侧的参数表示的，它所代表的意义是当在被保护线路的一次侧电流达到这个数值时，安装在该处的这套保护装置就能可靠动作。

现在来分析在单侧电源情况下瞬时电流速断保护的整定计算原则。根据电力系统短路的分析，在不考虑线路分布电容和分布漏电导情况下，当电源电动势一定时，短路电流的大小取决于故障类型以及短路点和电源之间的总阻抗 Z_Σ，一般可表示为

$$I_k = \frac{K_k E_\varphi}{Z_\Sigma} = \frac{K_k E_\varphi}{Z_S + Z_k} = \frac{K_k E_\varphi}{Z_S + \beta Z_L} \tag{3-1}$$

式中：K_k 为故障类型系数，如果假设系统的负序和正序阻抗相等，则在短路瞬间，两相短路电流是三相短路电流的$\sqrt{3}/2$ 倍，故对三相短路 $K_k=1$，对两相短路 $K_k=\sqrt{3}/2$；E_φ为系统等效电源的相电动势；Z_S 为保护安装处到背后系统等效电源之间的阻抗，此阻抗将随系统的运行方式而变化；Z_k 为保护安装处到短路点之间的阻抗；Z_L 为被保护线路全长的阻抗，如对线路 AB 可表示为 Z_{AB}等；β 为 Z_k 与 Z_L 之比值（$\beta=Z_k/Z_L$），表示故障点距离与线路全长之比，$0\leqslant\beta\leqslant 1$。

在一定的系统运行方式下，E_φ和 Z_S 是常数，此时 I_k 将随 Z_k 的增大而减小，因此可以经计算后绘出短路电流 I_k 随短路点距离 l 变化的曲线 $I_k=f(l)$，如图 3-1（c）所示。当系统运行方式及故障类型改变时，I_k 将随之变化。本书中对每一套保护装置来讲，通过该保护装置的短路电流为最大的方式称为系统最大运行方式，而短路电流为最小的方式则称为系统最小运行方

式。对不同安装地点的保护装置，应根据网络接线的实际情况选取其最大和最小运行方式。

在最大运行方式下（此时系统阻抗最小，$Z_S=Z_{S\cdot min}$）三相短路时，通过保护装置的短路电流为最大，而在最小运行方式下（此时系统阻抗最大，$Z_S=Z_{S\cdot max}$）两相短路时，则短路电流为最小，这两种情况下短路电流的变化如图 3-1（c）中的曲线Ⅰ和Ⅱ所示。

为了保证电流速断保护动作的选择性，对保护 1 而言，其动作电流整定值 $I'_{set.1}$ 必须整定得大于 k4 点短路时可能出现的最大短路电流，即在最大运行方式下变电站 C 母线上三相短路时的电流 $I_{k.C.max}$，即

$$I'_{set.1} > I_{k.C.max} \tag{3-2}$$

引入可靠系数 $K'_{rel}=1.2\sim1.3$，则式（3-2）即可写为

$$I'_{set.1}=K'_{rel}I_{k.C.max}=\frac{K'_{rel}E_{\varphi}}{Z_{S.min}+(Z_{AB}+Z_{BC})} \tag{3-3}$$

引入可靠系数的原因，是由于理论计算与实际情况之间存在着一定的差别，即必须考虑实际上存在的各种误差的影响，如：①由于阻抗参数不准确，实际的短路电流可能大于计算值；②对瞬时动作的保护还应考虑非周期分量使总电流增大的影响；③保护装置中电流继电器的实际动作电流可能小于整定值；④考虑必要的裕度。从最不利的情况出发，即使同时存在着以上几个因素的影响，也能保证在预定的保护范围以外故障时保护装置不非选择性的动作，因而必须乘以大于 1 的可靠系数。

对保护 2 而言，按照同样的原则，其起动电流应整定得大于 k2 点短路时的最大短路电流 $I_{k.B.max}$，即

$$I'_{set.2}=K'_{rel}I_{k.B.max}=\frac{K'_{rel}E_{\varphi}}{Z_{S.min}+Z_{AB}} \tag{3-4}$$

动作电流的整定值与 Z_k 无关，所以在图 3-1 上是一条水平线，它与曲线Ⅰ和Ⅱ各有一个交点。在交点以前短路时，由于短路电流大于整定电流，保护装置都能动作。而在交点以后短路时，由于短路电流小于整定电流，保护将不能动作。在交点处短路电流等于整定值，是保护动作的临界情况。由此可见，有选择性的瞬时电流速断保护不可能保护线路的全长。

因此，速断保护对被保护线路内部故障的反应能力（即灵敏性），只能用保护范围的大小来衡量，此保护范围通常用线路全长的百分数 α 来表示。由图 3-1 可见，当系统为最大运行方式时，瞬时电流速断的保护范围为最大；当出现其他运行方式或两相短路时，瞬时速断的保护范围都要减小；而当出现系统最小运行方式下的两相短路时，瞬时电流速断的保护范围为最小。一般情况下，应按这种运行方式和故障类型来校验其最小保护范围。

现以保护 2 为例进行进一步分析。在任一运行方式下系统阻抗为 Z_S，显然 $Z_{S.min}<Z_S<Z_{S.max}$，设其保护范围为 α，则在 αZ_{AB}（以下用 αZ_L 表示）处三相短路时，其短路电流应与保护的整定值相等，即

$$I_k=\frac{K_kE_{\varphi}}{Z_S+\alpha Z_L}=I'_{set.2}=\frac{K'_{rel}E_{\varphi}}{Z_{S.min}+Z_L} \tag{3-5}$$

因此，从式（3-5）解出

$$\alpha = \frac{K_k(Z_{S.min}+Z_L)-K'_{rel}Z_S}{K'_{rel}Z_L} = \frac{K_k}{K'_{rel}} - \frac{K'_{rel}Z_S - K_kZ_{S.min}}{K'_{rel}Z_L} \tag{3-6}$$

当用两相短路校验时 K_k 取$\sqrt{3}/2$。以上先假设保护范围 α 已知，然后列写方程，令在 α 处短路时的电流等于整定值，求出 α。这是计算任一运行方式下保护范围的普遍方法。

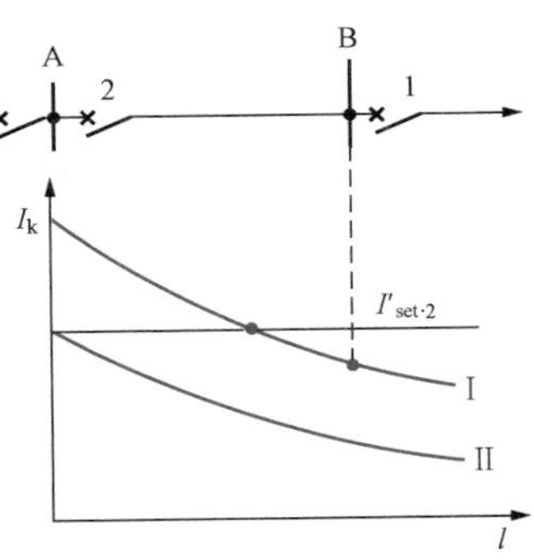

图 3-2　系统运行方式变化对电流速断保护的影响

由此可见，当系统运行方式变化越大，即 Z_S 比 $Z_{S\cdot min}$ 大得越多，或被保护线路越短，即 Z_L 越小时，α 就越小，甚至没有保护范围（$\alpha\leqslant0$）。这两种情况分别如图 3-2 和图 3-3 所示。

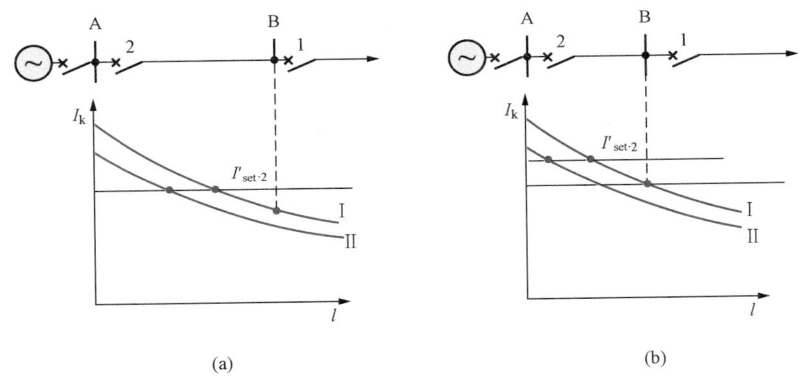

图 3-3　被保护线路长短不同时，对电流速断保护的影响

（a）长线路；（b）短线路

在系统最大运行方式下（$Z_S=Z_{S\cdot min}$）三相短路（$K_k=1$）时的保护范围最大，其值为

$$\alpha_{max} = \frac{1}{K'_{rel}} - \frac{(K'_{rel}-1)Z_{S\cdot min}}{K'_{rel}Z_L}$$

在系统最小运行方式下（$Z_S=Z_{S\cdot max}$）两相短路（$K_k=0.866$）的保护范围最小，其值为

$$\alpha_{min} = \frac{0.866}{K'_{rel}} - \frac{K'_{rel}Z_{S\cdot max}-0.866Z_{S\cdot min}}{K'_{rel}Z_L}$$

从式（3-6）知保护范围 $\alpha=0$ 的条件应为

$$Z_S \geqslant \frac{K_k}{K'_{rel}}(Z_{S.min}+Z_L) \tag{3-7}$$

设取 $K_k=\sqrt{3}/2$，$K'_{rel}=1.25$，代入式（3-7）可得 $\alpha=0$ 的条件为

$$Z_S \geqslant 0.69(Z_{S.min}+Z_L) \tag{3-8}$$

为了可靠快速地切除电源附近的短路，在双侧电源情况下，瞬时电流速断一般不配备方向元件以避免方向元件的死区（见后面分析）。在此情况下，其整定值还应躲过反方向短路

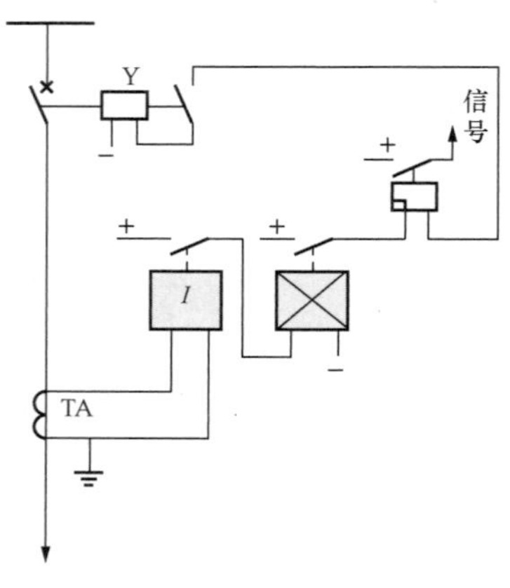

图 3-4 瞬时电流速断保护的单相原理接线图

的最大短路电流和最大的振荡电流。

以模拟式保护装置为例，瞬时电流速断保护的单相原理接线如图 3-4 所示，电流继电器接于电流互感器 TA 的二次侧，它动作后起动中间继电器，其接点闭合后，经串联的信号继电器接通断路器的跳闸线圈 Y，使断路器跳闸。接线中采用中间继电器的原因是：

（1）电流继电器的接点的断流容量比较小，不能直接通过跳闸线圈 Y 的跳闸电流，因此，应先起动中间继电器，然后再由中间继电器的接点（容量大）去跳闸。

（2）当线路上装有避雷器时，利用中间继电器来增大保护装置的固有动作时间，以防止避雷器放电时引起瞬时速断保护误动作❶。

（3）线路空投时线路分布电容的暂态充电电流很大，可能使瞬时速断误动，用中间继电器可以延长其动作时间以躲过充电的暂态过程。

电流速断保护的主要优点是简单可靠、动作迅速，因而获得了广泛的应用。它的缺点是不可能保护线路的全长，并且保护范围直接受系统运行方式变化的影响。只能作为辅助保护以快速切除使电压严重降低的电源附近的短路和在方向元件、距离元件的电压，死区内的短路，保证用户电动机的正常运行。为了克服这一缺点，可以考虑采用具有自适应功能的电流速断保护。

二、 自适应电流速断保护[1-2]

自适应继电保护是指能根据电力系统运行方式和故障类型的变化而实时地改变保护装置的动作特性或整定值的一种保护。其目的是使保护装置尽可能地适应这些变化，以改善保护的性能。

从瞬时电流速断保护来看，在按系统最大运行方式选择其整定值［式（3-4）］之后，遇到其他运行方式时其保护范围都要缩小［式（3-6）］，甚至为 0［式（3-7）］，这是它的主要缺点。如果能够实时地检测到发生故障瞬间的故障类型（确定实际的 K_k）和当时的系统阻抗 Z_S，就可按照这种方式计算出在线路末端短路的短路电流，并据此求出保护装置的整定电流。在自适应条件下的电流整定值为

$$I'_{set.1.S}=K'_{rel}\frac{K_kE_\varphi}{Z_S+Z_L} \tag{3-9}$$

---

❶ 避雷器放电时相当于瞬时发生接地短路，瞬时速断保护要动作于跳闸；但当避雷器放完电以后，线路即恢复正常工作，因此保护不应该误动作。为此，必须使保护的动作时间大于避雷器的放电时间。一般放电时间可能持续到0.04～0.06s。因此，在模拟式保护中，利用动作时间为 0.06～0.08s 动作的中间继电器即可满足这一要求。

从式（3-6）知，此时三相短路的保护范围为

$$\alpha_S = \frac{1}{K'_{rel}} - \frac{(K'_{rel1}-1)Z_S}{K'_{rel1}Z_L} \tag{3-10}$$

式（3-10）表明 α_S 虽然不是一个常数（通常随着 Z_S 的增大而减小），但却在相应的运行方式下，能满足对电流速断动作原理的基本要求而处于最佳状态。

为实现自适应的保护，必须实时监测电力系统运行中的有关参数，并在发生故障瞬间快速获得故障类型以及系统阻抗 Z_S 的信息，然后按照式（3-9）确定保护装置在当前运行方式下的整定值，再与实际的短路电流进行比较，以确定保护是否应该动作于跳闸。以上所需要的信息，可以就地获得也可以利用各种通道从系统调度或相邻变电站得到。电力系统调度自动化、变电站的综合自动化以及微机的智能化等，都为获得更多的有用信息并加以实时处理，提供了有利的条件。

前已提到瞬时电流速断保护不能保护线路全长，只能作为辅助保护应用。此保护能快速切除使母线电压严重降低的近处短路，这对用户电动机尤其是发电厂厂用电动机的可靠运行起着巨大作用，应尽量采用，尤其是用微机保护时增加瞬时电流速断功能并不增加投资，如果应用自适应原理可以在任何运行方式下，得到较大的保护范围。

三、限时电流速断保护

由于有选择性的瞬时电流速断保护不能保护本线路的全长，不能作为主保护，因此，应增加一段新的保护，用来切除本线路瞬时电流速断保护范围以外的故障，同时也能作为瞬时电流速断保护的后备，这就是限时电流速断保护，即电流保护的Ⅱ段。对限时电流速断保护的要求，首先是在任何情况下都能保护本线路的全长，并具有足够的灵敏度；其次是在满足上述要求的前提下力求具有最小的动作时限。

1. 工作原理和整定计算的基本原则

由于要求限时速断保护必须保护本线路的全长，因此它的保护范围必然要延伸到下一条线路中去，这样当下一条线路出口处发生短路时，它就要起动，在这种情况下，为了保证动作的选择性就必须使该保护的动作带有一定的延时（即时限），此时限的大小与其延伸的范围有关。为了使这一时限尽量缩短，照例都是首先考虑使它的保护范围不超出下一条线路瞬时速断保护的范围，而动作时限则比下一条线路的瞬时速断保护高出一个时间阶段，此时间阶段以 Δt 表示。

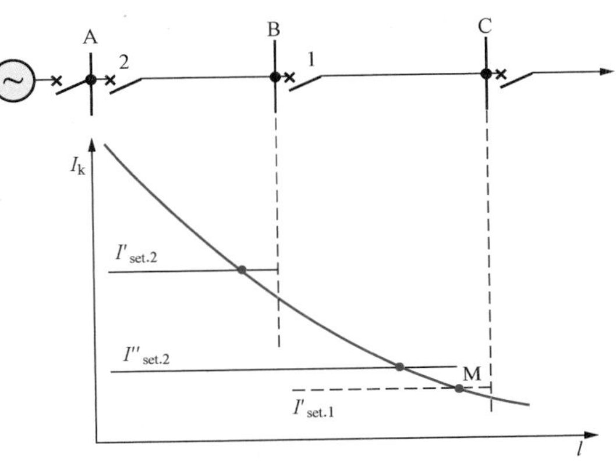

图 3-5　限时电流速断动作特性的分析

现以图 3-5 的保护 2 为例，说明限时电

流速断保护的整定方法。设保护 1 装有瞬时电流速断保护，其整定电流按式（3-3）计算后为 $I'_{set.1}$，它与短路电流变化曲线的交点 M 即为保护 1 瞬时电流速断的保护范围。当在此点发生短路时，短路电流即为 $I'_{set.1}$，是瞬时速断保护刚好能动作的电流。根据以上分析，保护 2 的限时电流速断不应超过保护 1 瞬时电流速断的保护范围，因此在单侧电源供电的情况下，它的整定电流就应该整定为

$$I''_{set.2} \geqslant I'_{set.1} \tag{3-11}$$

既然保护 2 的Ⅱ段比保护 1 的Ⅰ段动作晚一个 Δt，那么在式（3-11）中能否选取两个动作电流相等？如果选取相等，就意味着保护 2 限时速断的保护范围正好和保护 1 瞬时速断保护的范围相同，这在理想的情况下虽是可以的，但是在实践中却是不允许的。因为保护 2 和保护 1 安装在不同的地点，使用的是不同的电流互感器和继电器，因此它们之间的特性很难完全一样。如果正好遇到保护 1 的瞬时电流速断的整定电流出现正误差（其动作值增大），其保护范围比计算值缩小，而保护 2 限时速断的整定电流出现负误差（动作值减小），其保护范围比计算值增大，那么实际上，当计算的保护范围末端短路时，就会出现保护 1 的电流速断已不能动作，而保护 2 的限时速断仍然会起动的情况。由于故障位于线路 BC 的范围以内，当其瞬时电流速断不动时，本应由保护 1 的限时速断切除故障，而如果保护 2 的限时速断也动作了，其结果就是两个保护的限时速断同时动作于跳闸，因而保护 2 失去了选择性。为了避免这种情况的发生，不能采用两个整定电流相等的整定方法，而必须使 $I''_{set.2} > I'_{set.1}$，引入大于 1 的可靠系数（也称为配合系数）K''_{rel}，则得

$$I''_{set.2} = K''_{rel} I'_{set.1} \tag{3-12}$$

对于 K''_{rel}，考虑到短路电流中的非周期分量已经有所衰减，同时由于通过保护 1、2 的电流相同，短路电流计算的误差对两者的影响相同，故可选取得比瞬时速断保护的 K'_{rel} 小一些，一般取为 1.1～1.2。

2. 动作时限的选择

从以上分析中已经得出，限时速断的动作时限 t''_2 应选择得比下一条线路瞬时速断保护的动作时限 t'_1 高出一个时间阶段 Δt，即

$$t''_2 = t'_1 + \Delta t \tag{3-13}$$

从尽快切除故障的观点来看，Δt 越小越好，但是为了保证两个保护之间动作的选择性，其值又不能选择得太小。现以线路 BC 上发生故障时，保护 2 与保护 1 的配合关系为例说明确定 Δt 的原则如下：

（1）Δt 应包括故障线路断路器 QF 的跳闸时间 t_{QF1}（即从跳闸电流送入跳闸线圈 Y 的瞬间算起，直到电弧熄灭的瞬间为止），因为在这一段时间内故障并未消除，因此保护 2 在故障电流的作用下仍处于动作状态。

（2）Δt 应包括故障线路保护 1 中时间继电器（或微机保护中的计数器）的实际动作时间比整定值延迟 $t_{t.1}$ 才能动作（出现正误差 $t_{t.1}$）的可能性（当保护 1 为瞬时速断保护时，保护

装置中不用时间继电器，即可以不考虑这一项）。

（3）Δt 应包括保护 2 中时间继电器可能比整定的时间提早 $t_{t.2}$ 动作（出现负误差 $t_{t.2}$）的可能性。

（4）如果保护 2 中的测量元件（电流继电器）在外部故障切除后，由于惯性的影响而不能立即返回时，则 Δt 中还应包括测量元件延迟返回的惯性时间 $t_{in.2}$，对微机保护可不考虑此因素。

（5）考虑一定的裕度，再增加一个裕度时间 t_r，就得到 t''_2 和 t'_1 之间的关系为

$$t''_2 = t'_1 + t_{QF1} + t_{t.1} + t_{t.2} + t_{in.2} + t_r \tag{3-14}$$

或

$$\Delta t = t_{QF1} + t_{t.1} + t_{t.2} + t_{in.2} + t_r \tag{3-15}$$

对已广泛应用了半个多世纪的钟表结构的机电式时间继电器而言，由于其误差较大，因此 Δt 应选用 0.5～0.6s，而对于采用数字电路构成的静态型时间继电器和微机保护，由于精度极高，因而可以将 Δt 压缩到 0.2～0.35s。

按照上述原则整定的时限特性如图 3-6（a）所示。可见，在保护 1 瞬时电流速断范围以内的故障，将以 t'_1 的时间被切除，此时保护 2 的限时速断虽然可能起动，但由于 t''_2 较 t'_1 大一个 Δt，因而从时间上保证了选择性。又如当故障发生在保护 2 瞬时电流速断的范围以内时，则将以 t'_2 的时间被切除，而当故障发生在瞬时速断的范围以外同时又在线路 AB 的范围以内时，则将以 t''_2 的时间被切除。

由此可见，当线路上装设了瞬时电流速断和限时电流速断保护（其逻辑框图如图 3-7 所示）以后，它们的联合工作就可以保证全线路范围内的故障都能够在 0.5s 的时间以内予以切除，在一般情况下都能够满足速动性的要求。如果限时电流速断又能满足最小方式下线路末端短路最小短路电流时灵敏度的要求，则可作为线路的“主保护”。

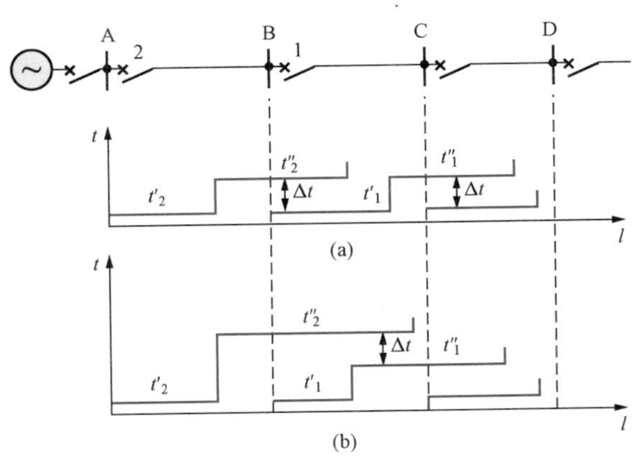

图 3-6　限时电流速断动作时限的配合关系

（a）和下一条线路的瞬时速断保护相配合；

（b）和下一条线路的限时速断保护相配合

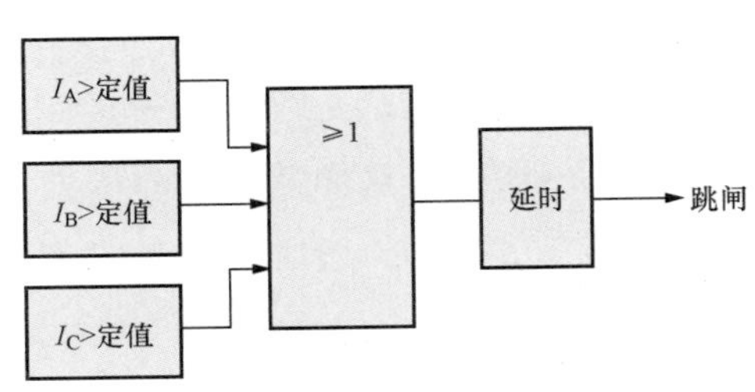

图 3-7　限时电流速断保护的逻辑框图

（I_A、I_B、I_C 代表 A、B、C 三相的短路电流）

3．保护装置灵敏性的校验

为了能够可靠保护本线路的全长，限时电流速断保护必须在系统最小运行方式下，线路末端发生两相短路时具有足够的反应能力，这个能力通常用灵敏系数 K_{sen} 来衡量。对反应于电气量数值上升而动作的过量保护装置，灵敏系数的含义是

$$K_{sen}=\frac{\text{保护范围内发生金属性短路时保护所反应的故障量的计算值}}{\text{保护装置的动作整定值}} \tag{3-16}$$

式中：故障量（如电流、电压等）的计算值应根据实际情况合理地采用最不利于保护动作的系统运行方式和故障类型来选定，但不必考虑可能性很小的特殊情况。

对保护 2 的限时电流速断而言，即应采用系统最小运行方式下线路 AB 末端发生两相短路时的短路电流作为故障量的计算值。设此电流为 $I_{k.B.min}$，代入式（3-16）中，则灵敏系数为

$$K_{sen}=\frac{I_{k.B.min}}{I''_{set.2}} \tag{3-17}$$

为了保证在线路末端短路时，保护装置一定能够动作，对限时电流速断保护应要求 $K_{sen}\geqslant 1.3\sim1.5$（参见附录二）。对于微机保护可稍低一些，例如 $K_{sen}\geqslant 1.25\sim1.5$。

为什么在进行校验时必须满足以上要求？这是考虑到当线路末端短路时，可能会出现一些不利于保护动作的因素，而在这些因素实际存在时，为使保护仍然能够动作就必须留一定的裕度。不利于保护动作的因素如下：

（1）故障一般都不是金属性短路，而是在故障点存在有过渡电阻 R_t，它将使实际的短路电流减小，因而不利于保护装置动作。

（2）实际的短路电流由于计算误差或其他原因而可能小于计算值。

（3）保护装置所使用的电流互感器，在短路电流通过时一般由于饱和都具有负误差，因此使实际进入保护装置的电流小于按额定变比折合的数值。

（4）保护装置中的继电器的实际整定数值可能具有的正误差。

（5）考虑一定的裕度。

当校验时如果灵敏系数不能满足规程规定的要求，那就意味着将来真正发生内部故障时由于上述不利因素的影响保护可能拒动，达不到保护线路全长的目的，这是不允许的。为了解决这个问题，通常都是考虑进一步延伸限时电流速断的保护范围，使之与下一条线路的限时电流速断相配合，这样其动作时限就应该选择得比下一条线路限时速断的时限再高一个 Δt，对于模拟式保护一般取为 0.7～1.2s，按照这个原则整定的时限特性如图 3-6（b）所示，此时

$$t''_2=t''_1+\Delta t \tag{3-18}$$

因此，保护范围的伸长必然导致动作时限的升高，这是为了保证灵敏性和选择性而对快速性所必须做出的牺牲。

4. 限时电流速断保护的单相原理接线

限时电流速断保护的单相原理接线图与瞬时电流速断相似，但在图 3-4 中应在电流继电器和中间继电器之间接入一个时间继电器（对于微机保护是要经过一个计数器）。

这样当电流继电器动作后，还必须经过时间继电器的延时 t''_2 才能动作于跳闸。而如果在 t''_2 到达以前故障已经切除，则限时速断电流继电器立即返回，整个保护随即复归原状，不会误动作。

四、定时限过电流保护

有别于电流速断，定时限过电流保护通常是指其整定电流按躲开最大负荷电流整定的一种保护装置，也是多段式电流保护的最后一段。它在正常运行时不应该起动，而在系统发生故障时能反应于电流的增大而动作，在一般情况下它不仅能够保护本线路的全长，而且也能保护相邻线路的全长，以起到远后备保护的作用。

1. 工作原理和整定计算的基本原则

为保证在正常运行情况下过电流保护绝对不动作，显然保护装置的整定电流必须整定得大于该线路上可能出现的最大负荷电流 $I_{L.max}$。由于保护带有很大延时，可不考虑系统的最大振荡电流。然而，在实际上确定保护装置的整定电流时，还必须考虑在外部故障切除后，保护装置是否能够返回的问题。例如在图 3-8 所示的接线中，当 k1 点短路时，短路电流将通过保护 5、4、3，这些保护都要起动，但是按照选择性的要求应由保护 3 动作切除故障，然后保护 4 和 5 由于电流已经减小而应立即返回原位。

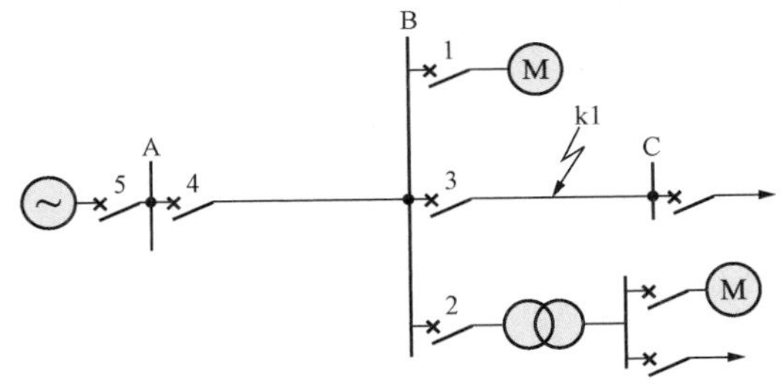

图 3-8　选择过电流保护动作电流和动作时间的网络图

当外部故障切除后，流经保护 4 的电流是仍然在继续运行中的负荷电流。但必须考虑到，由于短路时电压降低，变电站 B 母线上所接负荷的电动机被制动，因此，在故障切除后电压恢复时，电动机要有一个自起动的过程。电动机的自起动电流要大于其正常运行时的电流，因此，引入一个自起动系数 K_{Ms}来表示自起动时最大电流 $I_{Ms.max}$与正常运行时最大负荷电流 $L_{L.max}$之比，即

$$I_{Ms.max} = K_{Ms} L_{L.max}$$

保护 4 和 5 在这个电流的作用下必须能够立即返回。为此应使保护装置的返回电流 I_{re}大于 $I_{Ms.max}$。引入可靠系数 K_{rel}，则有

$$I_{re} = K_{rel} I_{Ms.max} = K_{rel} K_{Ms} I_{L.max} \tag{3-19}$$

由于保护装置的起动与返回是通过电流继电器来实现的，因此，继电器返回电流与起动

电流之间的关系也就代表着保护装置返回电流与起动电流之间的关系。根据第二章中的说明和继电器的类型引入继电器的返回系数 K_{re}，则保护装置的起动电流即为

$$I_{set}=\frac{1}{K_{re}}I_{re}=\frac{K_{rel}K_{Ms}}{K_{re}}L_{L.max} \tag{3-20}$$

式中：K_{rel}为可靠系数，一般采用 1.25～1.5；K_{Ms}为自起动系数，数值大于 1，应由网络具体接线和负荷性质确定；K_{re}为电流继电器的返回系数，对机电型继电器一般采用 0.85，而对静态型继电器则可采用 0.9～0.95。

对于微机保护，理论上 K_{re}可取为 1，但为了避免保护在动作临界情况下由于短路电流不稳定而发生振动，应取接近于 1 而小于 1 的返回系数。由这一关系可见，当 K_{re}越小时，则保护装置的整定电流越大，其灵敏性就越差，这是不利的。这就是要求过电流继电器应有较高的返回系数的原因。

2. 按选择性的要求整定过电流保护的动作时限

如图 3-9 所示，假定在每个电气元件上均装有过电流保护，各保护装置的起动电流均按照躲过被保护元件上各自的最大负荷电流来整定。这样当 k1 点短路时，保护 1～5 在短路电流的作用下都可能起动，但要满足选择性的要求，应该只有保护 1 动作，切除故障，而保护 2～5 在故障切除之后应立即返回。这个要求只有依靠使各保护装置带有不同的时限，即阶梯型时限特性来满足。

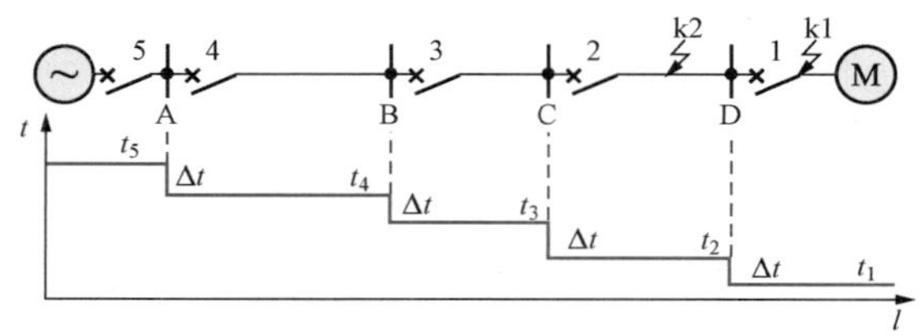

图 3-9 单侧电源放射形网络中过电流保护的阶梯型时限特性

保护 1 位于电网的最末端，只要电动机 M 内部故障它就可以瞬时动作予以切除，t_1 即为保护装置本身的固有动作时间。对于保护 2，为了保证 k1 点短路时动作的选择性，则应整定其动作时限 $t_2>t_1$。引入时间级差 Δt，则保护 2 的动作时限为

$$t_2=t_1+\Delta t$$

动作时限的选择说明保护 2 的时限确定以后，当 k2 点短路时，它将以 t_2 的时限切除故障。此时为了保证保护 3 动作的选择性，又必须整定 $t_3>t_2$。引入 Δt 以后则得保护 3 的动作时限应为

$$t_3=t_2+\Delta t$$

依此类推，保护 4、5 的动作时限分别为

$$t_4=t_3+\Delta t$$

$$t_5=t_4+\Delta t$$

一般说来，任一过电流保护的动作时限，应选择得比下级相邻各元件保护的动作时限均高出至少一个 Δt，只有这样才能充分保证动作的选择性。

例如在图 3-8 所示的网络中，对保护 4 而言即应同时满足以下要求

$$t_4 \geqslant t_1 + \Delta t$$

$$t_4 \geqslant t_2 + \Delta t$$

$$t_4 \geqslant t_3 + \Delta t$$

式中：t_1 为 1 号（电动机）保护的动作时间；t_2 为 2 号（变压器）保护的动作时间；t_3 为 3 号（线路 BC）保护的动作时间。

实际上 t_4 应取其中最大的一个。

这种保护的动作时限经整定计算确定之后，由专门的时间继电器（在微机保护中用专门的计数器）予以保证，其动作时限与短路电流的大小无关，因此称为定时限过电流保护。保护的功能框图与限时速断相同，所不同的只是时间元件的整定值不同。

当故障越靠近电源端时短路电流越大。而由以上分析可见，此时过电流保护动作切除故障的时限反而越长，这是一个很大的缺点。正是由于这个原因，在电网中广泛采用瞬时电流速断和限时电流速断来作为本线路的主保护，用以快速切除故障；用过电流保护作为本线路和相邻元件的后备保护，由于它作为相邻元件后备保护的作用是在远处实现的，因此是属于远后备保护。

由以上分析也可以看出，处于电网终端附近的保护装置（如 1 和 2），其过电流保护的动作时限并不长，因此在这种情况下它就可以作为主保护兼后备保护，而无需再装设瞬时电流速断或限时电流速断保护。

3. 过电流保护灵敏系数的校验

过电流保护灵敏系数的校验仍采用式（3-16），当过电流保护作为本线路的主保护时，应采用最小运行方式下本线路末端两相短路时的电流进行校验，要求 $K_{sen} \geqslant 1.3 \sim 1.5$；当作为相邻线路的后备保护时，则应采用最小运行方式下相邻线路末端两相短路时的电流进行校验，此时要求 $K_{sen} \geqslant 1.2$。

此外，在各个过电流保护之间还必须要求灵敏系数相互配合，即对同一故障点而言，要求越靠近故障点的保护应具有越高的灵敏系数。例如在图 3-9 的网络中，当 k1 点短路时，应要求各保护的灵敏系数之间具有下列关系

$$K_{sen.1} > K_{sen.2} > K_{sen.3} > K_{sen.4} \tag{3-21}$$

在单侧电源的网络接线中，由于越靠近电源端，保护装置的整定值越大，而发生故障后，各保护装置均流过同一个短路电流，因此上述灵敏系数应互相配合的要求是自然能够满足的，不必专门进行最后一段保护范围的校验。

在后备保护之间，只有当灵敏系数和动作时限都互相配合时，才能切实保证动作的选择性，这一点在复杂网络的保护中，尤其应该注意。以上要求同样适用于后面要讲的零序Ⅲ段或Ⅳ段和距离Ⅲ段保护。

当过电流保护的灵敏系数不能满足规程规定的要求时，应该采用性能更好的其他保护方式如距离保护等。

4. 自适应过电流保护

过电流保护的起动电流是按照躲过被保护元件的最大负荷电流整定的，而其灵敏度则要用最小运行方式下末端两相短路时的电流进行校验，因此往往难以满足要求。

如果能够实时地在线测出被保护元件的负荷电流 I_L，并随之按式（3-20）计算出保护装置的整定电流，即可使整定电流降低，使灵敏系数增大。同时在发生故障瞬间也可测出当时的系统阻抗 Z_S，并据此计算出线路末端的短路电流值，就能够求出在这种运行方式下保护装置的灵敏系数。

由于在大多数情况下，线路的负荷都在小于最大负荷条件下运行，同时在最小运行方式下在线路末端发生两相短路的概率也小于其他各种运行方式，因此按照上述自适应条件算出的保护整定电流和灵敏系数，就能显著地改善保护的性能。

五、阶段式电流保护的应用及评价

瞬时电流速断、限时电流速断和过电流保护都是反应于电流升高而动作的保护装置。它们之间的区别主要在于按照不同的原则来选择整定电流。瞬时速断是按照躲过被保护元件末端短路的最大短路电流整定，限时速断是按照躲过下级各相邻元件瞬时电流速断最小保护范围末端短路的最大短路电流整定，而过电流保护则是按照躲过最大负荷电流整定。

由于瞬时电流速断不能保护线路全长，限时电流速断又不能作为相邻元件的后备保护，因此，为保证迅速而有选择性地切除故障，常常将瞬时电流速断、限时电流速断和过电流保护组合在一起，构成阶段式电流保护，称为过电流保护的Ⅰ、Ⅱ、Ⅲ段。具体应用时，可以只采用瞬时速断加过电流保护，或限时速断加过电流保护，也可以三者同时采用。现以图 3-10 所示

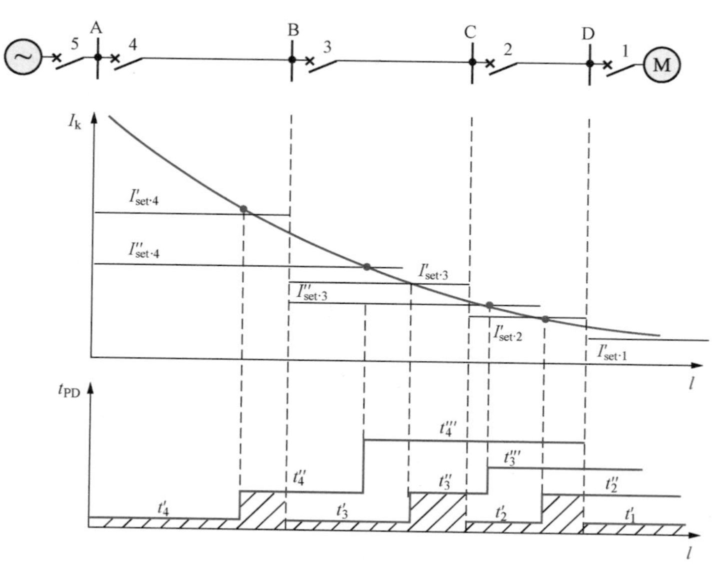

图 3-10　阶段式电流保护的配合和实际动作时间的示意图

的网络接线为例予以说明。在电网的最末端——用户的电动机或其他用电设备上，保护 1 采用瞬时动作的过电流保护即可满足要求，其整定电流按躲过电动机起动时的最大电流整定（如果电动机用手动经起动器起动，可不考虑自起动电流），与电网中其他保护在定值和时限上都没有配合关系。在电网的倒数第二级上，保护 2 应首先考虑采用 0.5s 的过电流保护，如果在电网中对线路 CD 上的故障没有提出瞬时切除的要求，则保护 2 只装设一个 0.5s 的过电流保护即可，而如果要求全线路 CD 上的大部分故障必须尽快切除，则可只增设一个瞬时电流速断，此时保护 2 就是一个速断加过电流的两段式保护。然后分析保护 3，其过电流保护由于要和保护 2 配合，动作时限要整定为 0.9～1.2s，一般在这种情况下就需要考虑增设瞬时电流速断或同时装设瞬时电流速断和限时速断，此时保护 3 可能是两段式，也可能是三段式。越靠近电源端，过电流保护的动作时限越长，因此一般都需要装设三段式的保护。当一级限时速断不能满足对主保护的灵敏度要求时也可设两级限时速断，构成四段式保护。前面已提到，在三段式或四段式电流保护中，瞬时速断是辅助保护，其作用是弥补主保护性能的缺陷，快速切除靠近保护安装处的使母线电压大幅度降低的短路；限时速断是主保护；过电流是本线路的后备保护，也作为下级线路保护的远后备。如果在下条线路末端短路时远后备灵敏度不足，则应设置近后备保护。

具有上述配合关系的保护装置配置情况及各点短路时实际切除故障的时间均相应地表示在图 3-10 中。由图可见，当全网任何地点发生短路时，如果不发生保护或断路器拒绝动作的情况，则故障都可以在 0.35～0.5s 的时间内予以切除。

使用Ⅰ段、Ⅱ段和Ⅲ段组成的阶段式电流保护，其最主要的优点是简单、可靠，并且在一般情况下也能够满足快速切除故障的要求，因此在系统中特别是在 35kV 及以下的较低电压的系统中获得了广泛应用。三段式电流保护的功能逻辑框图如图 3-11 所示。起动元件和方

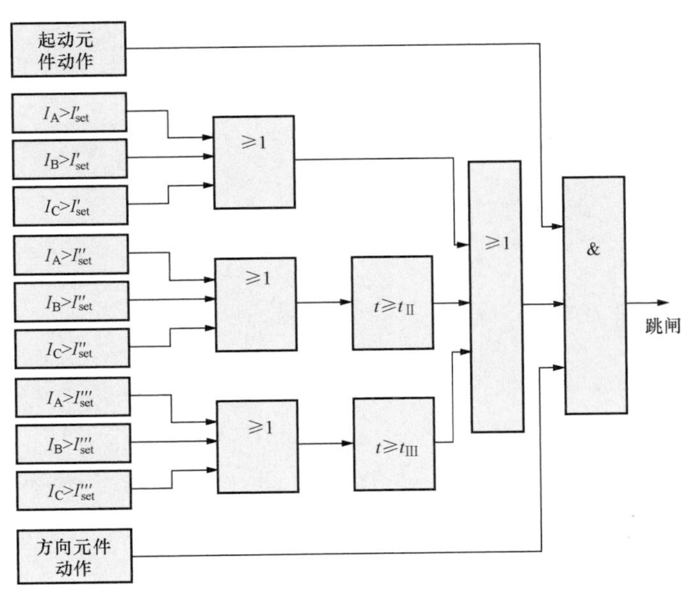

图 3-11 三段式电流保护的功能逻辑框图（≥表示或门，& 表示与门）

向元件见后面介绍。这种保护的缺点是直接受系统的接线以及电力系统运行方式变化的影响，例如整定值必须按系统最大运行方式来选择，而灵敏性则必须用系统最小运行方式来校验，这就使它往往不能满足灵敏系数或保护范围的要求。但用微机保护和自适应原理可以大大提高这种保护的性能和应用范围。

六、反时限过电流保护

1. 构成反时限特性的基本方法

反时限过电流保护是动作时限与被保护线路中电流大小有关的一种保护，当电流大时保护的动作时限短，而电流小时动作时限长，其动作特性曲线如图 3-12 所示。为了获得这种特性，在传统的保护装置中广泛应用了带有转动圆盘的感应型继电器或由静态电路构成的反时限过电流继电器。此时电流元件和时间元件的职能由同一个继电器来完成，其在一定程度上具有三段式定时限电流保护的功能，即近处故障时动作时限短，在远处故障时动作时限自动加长，可以同时满足速动性和选择性的要求。

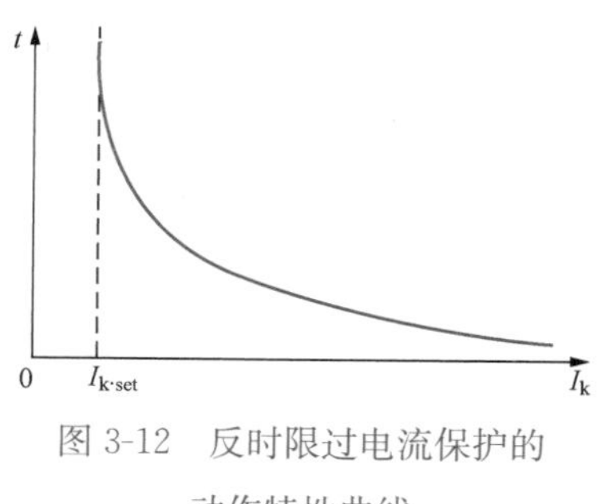

图 3-12　反时限过电流保护的动作特性曲线

在微机保护中可以用解方程的方法实现任何反时限特性，即反时限特性可以有任何曲率。国际大电网会议推荐了以下三种典型的反时限特性。

（1）常规反时限特性 NI（Normal Inverse Time），即

$$t=\frac{0.14}{I_0^{0.02}-1}K \tag{3-22}$$

（2）甚反时限特性 VI（Very Inverse Time），即

$$t=\frac{13.5}{I_0-1}K \tag{3-23}$$

（3）高度反时限特性 EI（Extreme Inverse Time），即

$$t=\frac{80}{I_0^2-1}K \tag{3-24}$$

其中

$$I_0=\frac{\text{短路电流}}{\text{整定电流}}=\frac{I}{I_{K.set}}$$

式中：K 为时间整定系数，用以使特性曲线上、下平移，可称为配合系数。

2. 反时限过电流保护的整定计算

一般情况下多用常规反时限特性式（3-22），如图 3-13 所示。当需要获得长延时的曲率更大的反时限特性，例如用于反应高阻接地的零序电流方向保护时，可用甚反时限特性详见第四章图 4-11。

反时限过电流保护装置的起动电流仍应按照式（3-20）的原则整定，同时为了保证各保护之

间动作的选择性，其动作时限也应按照阶梯型的原则确定。但是由于保护装置的动作时间与电流有关，因此其时限特性的整定和配合要比定时限保护复杂。现以图 3-14（a）所示的接线为例，说明如下。

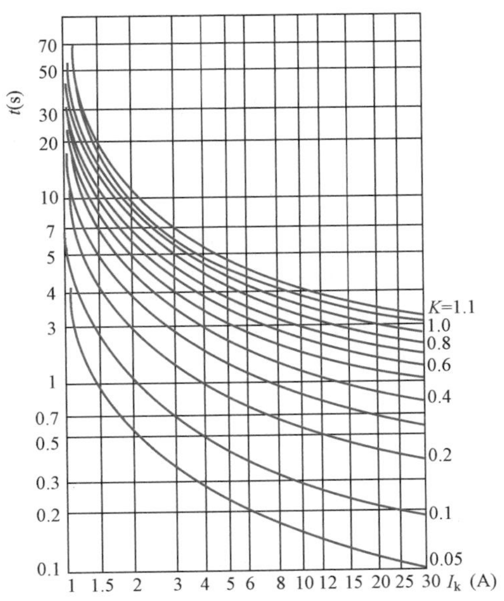

图 3-13 常规反时限特性的电流—时间曲线

图 3-14（b）为最大运行方式下短路电流随短路点位置的变化曲线，假设在每条线路始端短路（k1、k2、k3、k4 点）时的最大短路电流分别为 $I_{k1.max}$、$I_{k2.max}$、$I_{k3.max}$和 $I_{k4.max}$，则在此电流的作用下，各线路自身的保护装置的动作时限均应为最小。为了在各线路保护装置之间保证动作的选择性，各保护可按下列步骤进行整定。

以图 3-13 的常规反时限的电流—时间特性曲线为例，首先从距电源最远的保护 1 开始，其整定电流按式（3-20）整定为 $I_{set.1}$，可计算出在 k1 点短路时通过保护 1 的短路电流倍数 $I_{0.k1}$。当 k1 点短路时，在 $I_{k1.max}$的作用下，保护 1 可整定为瞬时动作，其动作时限即为保护装置的固有最小动作时间 $t_b=t_{min}$。这样，保护 1 的时限特性曲线即可根据 $I_{0.k1}$或 $I_{k1 \cdot max}$和 t_b 两个条件在图 3-13 中选定，如图 3-14（c）、（d）中的曲线①。在微机保护中，可将 $I_{0.k1}$和 t_b 代入式（3-22），求出 K 值，即可确定保护的动作方程。这样，在线路上其他点 k 短路时，测量到短路电流倍数 $I_{0.k}$，代入此动作方程即可得到保护的动作时间。图 3-14（c）、（d）中曲线①和其他各条曲线的渐近线就是保护动作电流。在此动作电流下保护处于临界动作状态，动作时间趋于无限大。

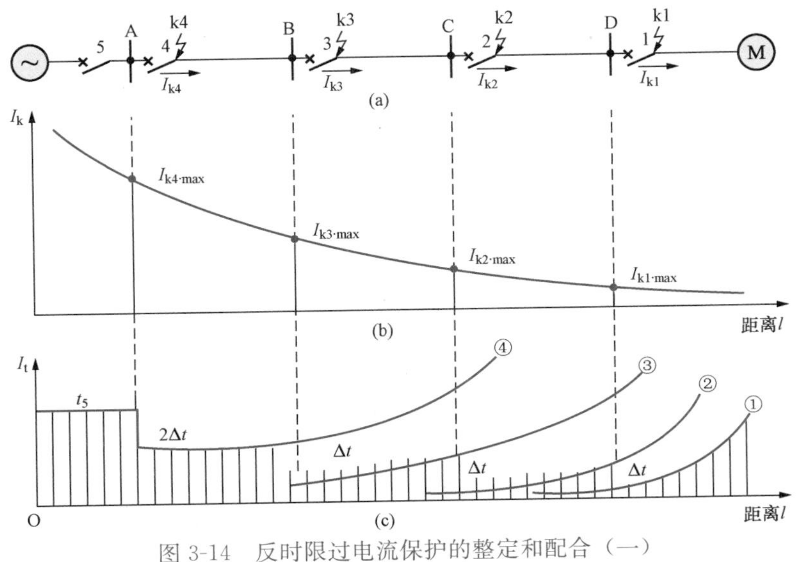

图 3-14 反时限过电流保护的整定和配合（一）

（a）网络接线；（b）短路电流分布曲线；（c）各保护动作的时限特性

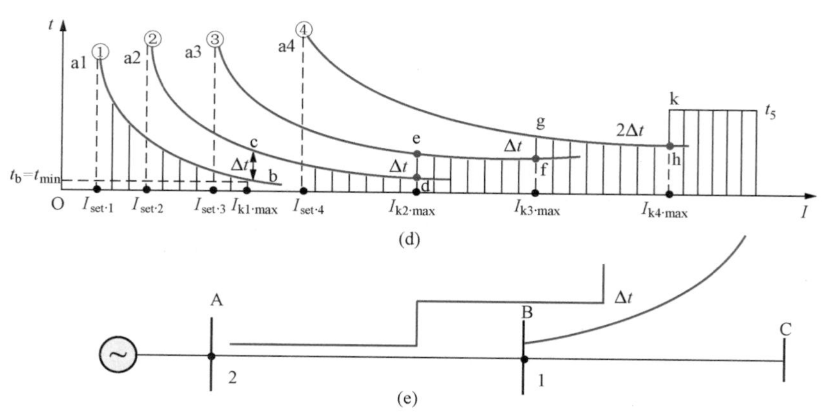

图 3-14 反时限过电流保护的整定和配合（二）

（d）整定值的选择与配合关系；（e）定时限保护和反时限保护的配合方法

现在再来整定保护 2，其整定电流仍按式（3-20）整定为 $I_{set.2}$。根据 k1 点短路时通过保护 2 的电流倍数为

$$I_{0.2}=\frac{I_{k1.max}}{I_{set.2}}$$

当 k1 点（相当于母线 D）短路时，为保证保护的选择性，就必须选择当电流为 $I_{k1.max}$ 时，保护 2 的动作时限比保护 1 高出一个时间级差 Δt，即

$$t_{2.k1}=t_b+\Delta t$$

按此时间 $t_{2.k1}$ 和电流倍数 $I_{0.2}$ 从式（3-22）中可算出一个 K 值，对应图 3-13 中的一条曲线，即图 3-14（c）、（d）中的曲线②。可见由于反时限特性，在保护 2 出口 k2 点短路时，其动作时间小于在 k1 点短路时的动作时间 $t_{2.k1}$，因此能较快地切除近处的故障，这是反时限保护的最大优点。

保护 3 的整定可按相似的步骤进行。对于反时限保护，上下两级保护的配合点是下级线路保护的出口，这是和定时限保护整定不同之处。

对比定时限和反时限两种保护的时限特性［图 3-10 和图 3-14（c）］可见，其基本整定原则相同，但反时限保护可使靠近电源端的故障具有较小的切除时间。

图 3-14（e）所示为定时限保护和反时限保护的配合方法。上级保护 2 的定时限Ⅱ段与下级反时限保护 1 的反时限配合时，因为定时限Ⅱ段是线路 AB 的主保护，在 AB 末端短路时其灵敏系数必须满足规程的要求，即其保护范围取决于灵敏系数，但其保护范围末端（与反时限特性最接近的一点）又必须比反时限保护的动作时限大一个级差 Δt。如果其间距离小于 Δt，则不得不抬高定时限Ⅱ段的动作时间满足两级保护动作时间配合的要求，即定时限和下级反时限保护的配合点是定时限Ⅱ段保护范围的末端。

反时限过电流保护的缺点是整定配合比较复杂，以及当系统最小运行方式下短路时，其动作时限可能较长。因此它主要用于单侧电源供电的线路和电动机上，兼作为本线路的主保

护和下一条线路的远后备保护。

此外，反时限特性与电气设备的温升和允许时间的关系非常相似。因此，对于大型发电机、变压器、电动机都用具有反时限特性的过电流、负序过电流和过负荷保护，将在有关章节详述。

3. 自适应反时限过电流保护

对反时限过电流保护的整定电流，如果按式（3-20）躲过最大负荷电流的条件进行整定，则整定值较大，短路电流倍数较小，动作时间较长；如果能实时地在线测出负荷电流，并按实际的负荷电流整定则短路电流倍数必然增大，发生短路时既能提高保护的灵敏度，又能缩短保护的动作时间。

七、电流保护的接线方式

电流保护的接线方式，就是指保护中电流继电器与电流互感器二次绕组之间连接方式。对相间短路的电流保护，目前广泛采用的是三相星形接线和两相星形接线这两种方式。三相星形接线电流保护接线图如图 3-15 所示。它是将三个电流互感器与三个电流继电器分别按相连接在一起，互感器和继电器均接成星形，在中线上流回的电流为 $\dot{I}_a+\dot{I}_b+\dot{I}_c$，正常时此电流约为零，在发生接地短路时则为三倍零序电流 $3\dot{I}_0$。三个继电器的接点是并联连接的，相当于“或”回路，当其中任一接点闭合后均可动作于跳闸或起动时间继电器等。由于在每相上均装有电流继电器，因此，它可以反应各种相间短路和中性点直接接地系统中的单相接地短路。

两相星形接线电流保护接线图如图 3-16所示。它用装设在 A、C 相上的两个电流互感器与两个电流继电器分别按相连接在一起，它和三相星形接线的主要区别在于 B 相上不装设电流互感器和相应的继电器，因此，它不能反应 B 相中所流过的电流。在这种接线中，中线上流回的电流是 $\dot{I}_a+\dot{I}_c$。因 $\dot{I}_a+\dot{I}_c=-\dot{I}_b$，如果在中线内接入一继电器，如图 3-16中虚线所示，这种接线就和三相星形接线的作用基本相同了。

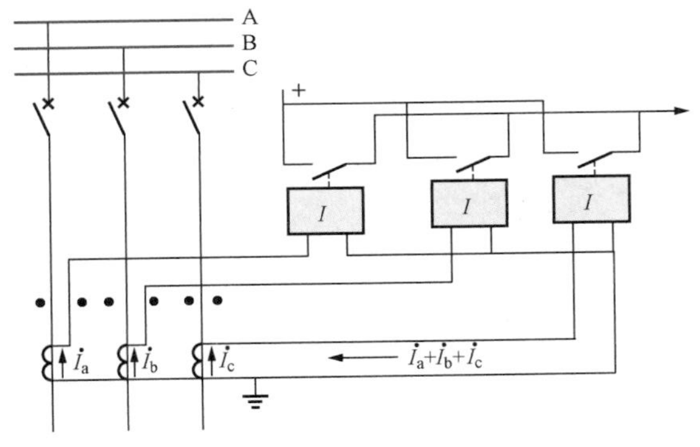

图 3-15　三相星形接线电流保护接线图

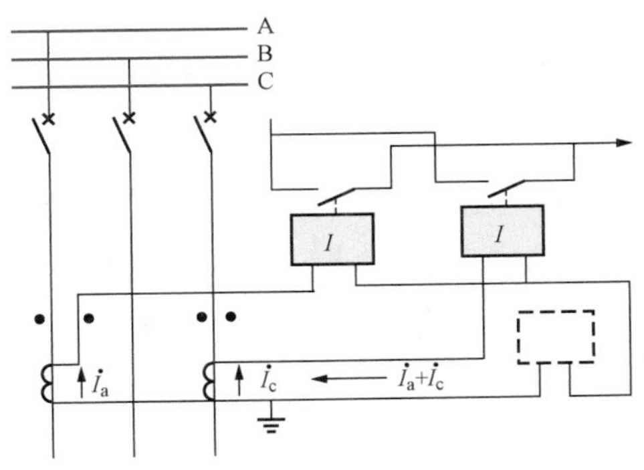

图 3-16　两相星形接线电流保护接线图

当采用以上两种接线方式时，流入继电器的电流 I_K 就是电流互感器的二次电流 I_2，设电流互感器的变比为 $n_{TA}=\frac{I_1}{I_2}$，则进入继电器电流 $I_K=I_2=\frac{I_1}{n_{TA}}$。因此，当保护装置的一次动作电流整定为 I_{set} 时，则反应到继电器上的二次动作电流即应为

$$I_{K.set}=\frac{I_{set}}{n_{TA}} \tag{3-25}$$

现对上述两种接线方式在各种故障时的性能分析比较如下。

1. 对中性点直接接地系统和非直接接地系统中的各种相间短路

如前所述，两种接线方式均能正确反应这些故障，不同之处仅在于动作的继电器数目不同，三相星形接线方式在各种两相短路时，均有两个继电器动作，而两相星形接线方式在 AB 和 BC 相间短路时只有一个继电器动作（中性线中有继电器者除外）。

2. 对于中性点非直接接地系统中的不同相两点接地短路

中性点非直接接地系统中（不包括中性点经小电阻接地的系统，下同），允许单相接地时短时间继续运行，因此希望只切除一个接地点。

例如，在图 3-17 所示的串联线路上发生不同线路不同相两点接地时，希望只切除距电源较远的那条线路 BC，而不要切除线路 AB，因为这样可以继续保证对变电站 B 的供电。当保护 1 和 2 均采用三相星形接线时，由于两个保护之间在定值和时限上都是按照选择性的要求配合整定的，因此就能够保证 100% 地只切除线路 BC。而如果是采用两相星形接线，则当线路 BC 上是 B 相接地时，则保护 1 不能动作，此时只能由保护 2 动作切除线路 AB，因而扩大了停电范围。由此可见，这种接线方式在不同线路不同相别的两点接地组合中，只能保证有 2/3 的机会（不包含线路 BC 的 B 相的四种不同线不同相的两点接地）有选择性地切除远处一条线路。

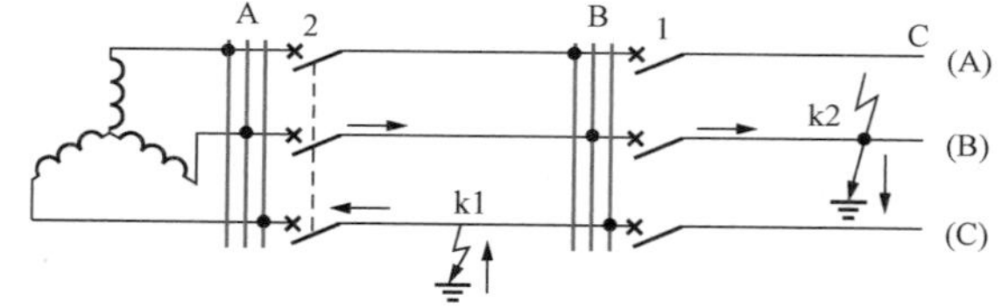

图 3-17　串联线路上不同相两点接地的示意图

又如图 3-18 所示，在变电站引出的放射形线路上发生不同线路不同相两点接地时，希望任意切除一条线路即可。当保护 1 和 2 均采用三相星形接线时，两套保护均将起动。如果保护 1 和保护 2 的时限整定得相同，即 $t_1=t_2$，则保护 1 和 2 将同时动作切除两条线路，因此不必要的切除两条线路的机会就比较多了。如果采用两相星形接线，即使是出现 $t_1=t_2$ 的情况，也能保证有 2/3 的机会（包含任一线路 B 相的四种不同线不

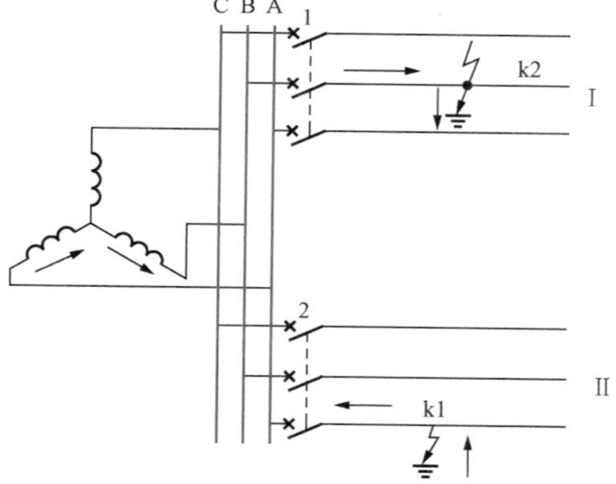

图 3-18　自同一变电站引出的放射形线路上两点接地的示意图

同相的两点接地）只切除一条线路。这是因为只要某一条线路上B相一点接地，由于B相未装保护该线路就不被切除。表3-1说明了在两条线路上两相两点接地的各种组合时，保护的动作情况。

表3-1　在图3-18所示系统中不同线路上两点接地时，两相式接线保护动作情况的分析

线路Ⅰ故障相别	A	A	B	B	C	C
线路Ⅱ故障相别	B	C	A	C	A	B
保护1动作情况	+	+	−	−	+	+
保护2动作情况	−	+	+	+	+	−
$t_1=t_2$ 时，停电线路数	1	2	1	1	2	1

注　“+”表示动作；“−”表示不动作。

3. 对于Yd接线变压器后面的两相短路

例如当Yd11接线的升压变压器高压（Y）侧BC两相短路时，在低压（△）侧各相的电流为 $\dot{I}_A^{\triangle}=\dot{I}_C^{\triangle}$ 和 $\dot{I}_B^{\triangle}=-2\dot{I}_A^{\triangle}$；而当Yd11接线的降压变压器低压（△）侧AB两相短路时，在高压（Y）侧各相的电流也具有同样的关系，即 $\dot{I}_A^{Y}=\dot{I}_C^{Y}$ 和 $\dot{I}_B^{Y}=-2\dot{I}_A^{Y}$。

现以图3-19所示的Yd11接线的降压变压器为例，图中示出两侧绕组的连接方式和电流的分布。现分析△侧发生AB两相短路时的电流关系。在故障点，$\dot{I}_A^{\triangle}=-\dot{I}_B^{\triangle}$，$\dot{I}_C^{\triangle}=0$，设△侧各相绕组中的电流分别为 $\dot{I}_a$、$\dot{I}_b$ 和 $\dot{I}_c$，则

$$\left.\begin{aligned}\dot{I}_a-\dot{I}_b&=\dot{I}_A^{\triangle}\\\dot{I}_b-\dot{I}_c&=\dot{I}_B^{\triangle}\\\dot{I}_c-\dot{I}_a&=\dot{I}_C^{\triangle}\end{aligned}\right\}\tag{3-26}$$

分别用式（3-26）中第一式减第二式、第一式减第三式、第二式减第三式，考虑到 $\dot{I}_a+\dot{I}_b+\dot{I}_c=0$，可求出

$$\left.\begin{aligned}\dot{I}_b&=-\frac{2}{3}\dot{I}_A^{\triangle}\\\dot{I}_a&=\dot{I}_c=\frac{1}{3}\dot{I}_A^{\triangle}\end{aligned}\right\}\tag{3-27}$$

设变压器的变比为 n_T，则 $\dot{I}_a=n_T\dot{I}_A^{Y}$，$\dot{I}_b=n_T\dot{I}_B^{Y}$，$\dot{I}_c=n_T\dot{I}_C^{Y}$，代入式（3-27）可知

$$\left.\begin{aligned}\dot{I}_A^{Y}&=\dot{I}_C^{Y}=\frac{1}{3n_T}\dot{I}_A^{\triangle}\\\dot{I}_B^{\triangle}&=-\frac{2}{3n_T}\dot{I}_A^{\triangle}\end{aligned}\right\}\tag{3-28}$$

即在Y侧有

$$\dot{I}_{A}^{Y}=\dot{I}_{C}^{Y}，\dot{I}_{B}^{Y}=-2\dot{I}_{A}^{Y}=-2\dot{I}_{C}^{Y}$$

也可用对称分量法和矢量图分析两相短路，得到同样结果。如图 3-19 所示的 Yd11 接线的变压器的△侧发生 A、B 两相短路，以 C 相为基准分解成对称分量，则

$$\dot{I}_{c}^{\triangle}=0，\dot{I}_{c1}^{\triangle}=-\dot{I}_{c2}^{\triangle}$$

因为这种接线的Y侧正序落后于△侧的正序 30°［如图 3-20（a）所示］，而 Y 侧的负序超前于△侧的负序 30°，故可得出Y侧的正、负序电流和三相电流矢量图如图 3-20（b）所示，即在△侧 AB 两相短路时，短路的落后相 B 在Y侧的电流是其他两相电流的 2 倍。同理，在 Y 侧 BC 两相短路时其超前相 B 在△侧的电流是其他两相的 2 倍，并与其相位相反。

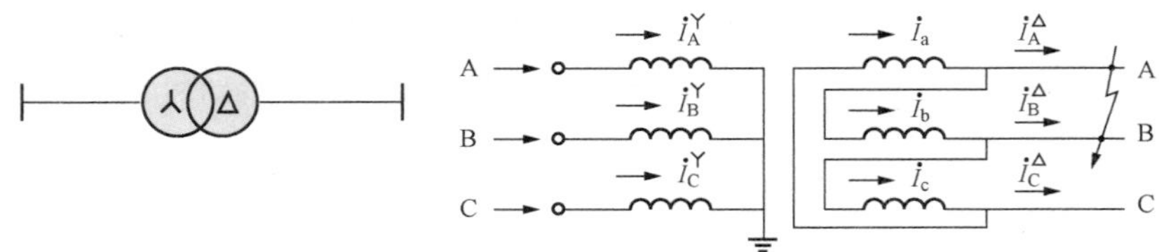

图 3-19　Yd11 接线变压器绕组接线和电流分布

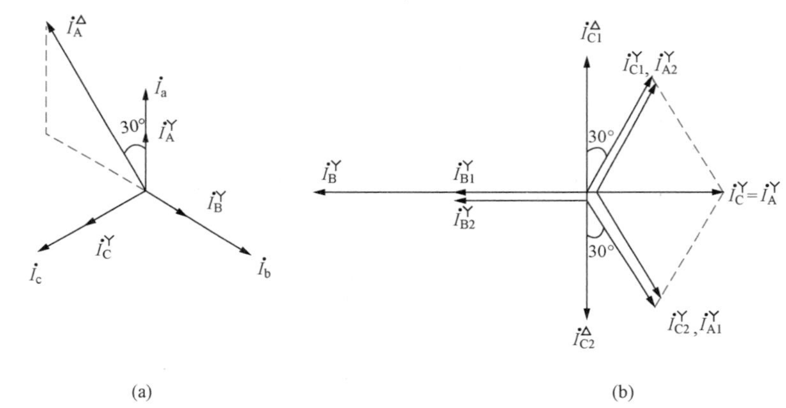

图 3-20　Yd11 接线变压器△侧两相短路时 Y 侧的电流分布

（a）两侧正序电流的相位关系；（b）Y 侧电流矢量图

当过电流保护接于降压变压器的高压侧以作为低压侧线路故障的后备保护时，如果保护是采用三相星形接线，则接于 B 相上的继电器，由于其电流较其他两相的电流大一倍，因此灵敏系数增大一倍，这是十分有利的。如果保护采用的是两相星形接线，则由于 B 相上没有装设继电器，因此灵敏系数只能由 A 相和 C 相的电流决定，在同样的情况下其数值要比采用三相星形接线时降低一半。前面提到，为了克服这个缺点，可以在两相星形接线的中性线上再接入一个继电器，其中流过的电流为 $(\dot{I}_{A}^{Y}+\dot{I}_{C}^{Y})/n_{TA}$，即为电流 $-\dot{I}_{B}^{Y}/n_{TA}$，因此利用这个继电器即可提高灵敏度。

4. 两种接线方式的经济性

三相星形接线需要三个电流互感器、三个电流继电器和四根二次电缆芯，相对来讲是复

杂和不经济的。

根据以上的分析和比较，两种星形接线方式的使用情况如下。

三相星形接线广泛应用于发电机、变压器等大型贵重电气设备的保护中，因为它能提高保护动作的可靠性和灵敏性。此外，它也用在中性点直接接地系统中，作为相间短路和单相接地短路的保护。但是实际上，由于单相接地短路照例都采用专门的零序电流保护，因此，为此目的而采用三相星形接线方式的并不多。

由于两相星形接线较为简单经济，因此在中性点直接接地系统和非直接接地电网中，都广泛地用作为相间短路的保护。此外，在分布很广的中性点非直接接地系统中，两点接地短路发生在图 3-18 所示线路上的可能性，要比发生在图 3-17 的可能性大得多。在这种情况下，采用两相星形接线就可以保证有 2/3 的机会只切除一条线路，这一点比用三相星形接线优越。当电网中的电流保护采用两相星形接线方式时，应在所有的线路上将保护装置安装在相同的两相上（一般都装于 A、C 相上），以保证在不同线路上发生各种两点及多点接地时，都能可靠切除故障。

八、低电压保护在系统中的应用

前面已提到，在发生短路之后，总是伴随有电流的增大和电压的降低。能反应于电压降低而动作的保护，称为低电压保护。和过电流保护一样，低电压保护也可作成多段式，有瞬时电压速断、限时电压速断和低电压保护。

1. 低电压保护的特点

与电流保护对比，电压保护有以下特点。

（1）电压保护反应于电压降低而动作，与反应于电流增大而动作的电流保护相反，其返回电压高于动作电压，返回系数大于 1。

（2）在最大运行方式下短路时，短路电流大，母线残余电压高，保护不容易动作，即与过电流保护相反，低电压保护在最大运行方式下灵敏度低，在最小运行方式下灵敏度高，两种保护性能优缺点互补。如将电压速断和电流速断的整定方法有机地结合起来还可以得到更好的效果。

（3）在多段串联单回线路上短路时，通过各段线路的电流相同，而电压保护接于所在变电站母线的电压互感器，各段线路电压保护所接入的电压不同，电压随短路点距离的变化曲线都是从零开始增大，因而瞬时电压速断保护总有一定的保护范围。

（4）在电网任何点短路时各个母线的电压都降低，反方向短路时亦然，低电压保护都会动作，即电压保护没有选择性，必须配以过电流闭锁或监视元件。电流闭锁元件一般按大于最大负荷电流整定，只在本线路上有故障时动作。

2. 瞬时电压速断保护

如图 3-21 所示的网络接线，相似于电流速断保护的分析，可以求出线路上各点短路时，

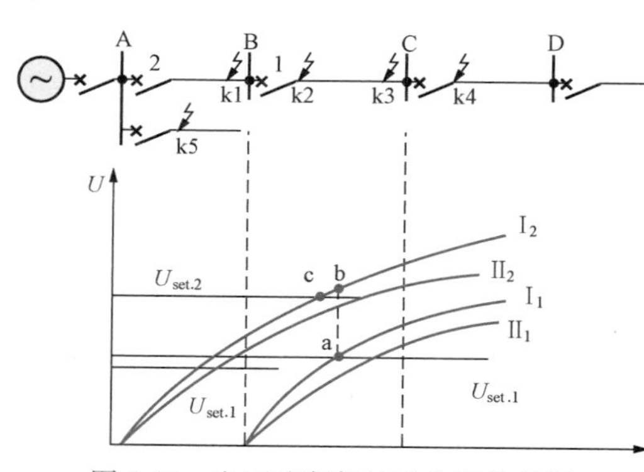

图 3-21　电压速断保护动作特性分析

母线 A 和 B 上的残余电压分布曲线，曲线Ⅰ表示最大运行方式，曲线Ⅱ表示最小运行方式。当系统最小运行方式时，由于 I_k 最小，因此其母线残余电压最低，而当最大运行方式时，残余电压最高。在此顺便指出，计算母线残余电压，无需考虑故障类型的影响，这是因为在同一地点发生三相短路和两相短路时，故障相间的残余电压是相同的，即三相短路时 $U_{AB}^{(3)}=\sqrt{3}I_k^{(3)}Z_L$，而 AB 两相短路时，$U_{AB}^{(2)}=2I_k^{(2)}Z_L=2\frac{\sqrt{3}}{2}I_k^{(3)}Z_L=\sqrt{3}I_k^{(3)}Z_L$。和三相短路一样。因此对电压保护整定计算时，不必考虑故障类型不同的影响。

对保护 1 而言，为了保证在 k4 点短路时可靠不动作，就必须选择其整定电压低于 k4 点（母线 C）短路时在 B 母线上的最小残余电压 $U_{k.C.min}$ 为（即在最小运行方式系统阻抗最大，等于 $Z_{S.max}$ 时的电压），即

$$U'_{set.1}=\frac{U_{k.C.min}}{K'_{rel}}=\frac{EZ_{L.BC}}{K'_{rel}(Z_{S.max}+Z_{L.AC})} \tag{3-29}$$

式中：K'_{rel} 为可靠系数，一般取 1.1～1.2；$Z_{S.max}$ 为最小运行方式下的系统阻抗；$Z_{L.BC}$ 为线路 BC 的阻抗；$Z_{L.AC}$ 为线路 A 到 C 的阻抗。

对保护 2 而言，按照同样的原则，其整定电压应小于在最小运行方式下 k2 点（母线 B）短路时，变电站母线 A 上的最低残余电压 $U_{k.B.min}$，即

$$U_{set.2}=\frac{U_{k.B.min}}{K'_{rel}}=\frac{EZ_{L.AB}}{K'_{rel}(Z_{S.max}+Z_{L.AB})} \tag{3-30}$$

将整定电压的直线画在图 3-21 上，它与曲线Ⅰ和Ⅱ各有一个交点，在交点以前短路时，母线残余电压均低于其整定电压，保护装置能够动作。因此瞬时电压速断保护在最小运行方式下的保护范围最大，而在最大运行方式下的保护范围则最小。由于在线路出口附近短路时，母线残余电压很低（甚至为零），因此，电压速断保护不论在任何运行方式下总会有一定的保护范围。

当运行方式为最大和最小之间的任一运行方式时，设系统阻抗为 Z_S，保护范围为 α，则在 $\alpha Z_{L.AB}$ 处短路时，母线 A 上的残余电压应与定值 $U_{set.2}$ 相等，从式（3-30）可知

$$\frac{E\alpha Z_{L.AB}}{Z_S+\alpha Z_{L.AB}}=\frac{EZ_{L.AB}}{K'_{rel}(Z_{S.max}+Z_{L.AB})} \tag{3-31}$$

解之可得在当前运行方式 Z_S 下，电压速断的保护范围 α 为

$$\alpha=\frac{Z_S}{K'_{rel}Z_{S.max}+(K'_{rel}-1)Z_{L.AB}} \tag{3-32}$$

可见 α 与 Z_S 成正比，在最小运行方式下 $Z_S=Z_{S.max}$ 最大，α 也最大，在其他运行方式下，$Z_S<$

$Z_{S.max}$，α 也减小。因此其保护范围总是要小于最小方式下的保护范围。

3. 自适应电压速断保护[3]

为了克服瞬时电压速断保护范围随运行方式的变化而减小的问题，类似于自适应瞬时电流速断的方法，也可以实现自适应的电压速断保护。以保护 2 为例，设系统为某一运行方式时，在线测得其系统阻抗为 Z_S（$Z_{S.min}<Z_S<Z_{S.max}$），则当母线 B 上短路时可求出从系统 S 流向母线 B 的电流为

$$I_{B.S}=\frac{E}{Z_S+Z_{L.AB}} \tag{3-33}$$

则母线 A 上的残余电压为

$$U_A=I_{B.S}Z_{L.AB}=E\left(\frac{Z_{L.AB}}{Z_S+Z_{L.AB}}\right) \tag{3-34}$$

按这一电压整定，其整定电压为

$$U'_{set.2.S}=\frac{E}{K'_{rel}}\left(\frac{Z_{L.AB}}{Z_S+Z_{L.AB}}\right) \tag{3-35}$$

设此时保护范围为 α_S，则在 $\alpha_S Z_{L.AB}$ 处短路时，母线 A 的残余电压应刚好与上述整定电压相等，即

$$E\left(\frac{\alpha_S Z_{L.AB}}{Z_S+\alpha_S Z_{L.AB}}\right)=\frac{E}{K'_{rel}}\left(\frac{Z_{L.AB}}{Z_S+Z_{L.AB}}\right)$$

由此可求出按自适应条件工作时的保护范围 α_S 为

$$\alpha_S=\frac{1}{K'_{rel}+(K'_{rel}-1)\dfrac{Z_{L.AB}}{Z_S}} \tag{3-36}$$

式（3-36）也可从式（3-32）中令 $Z_{S.max}=Z_S$ 得到。按自适应整定时，当前系统阻抗为 Z_S 时的保护范围为

$$\alpha_S=\frac{1}{K'_{rel}+(K'_{rel}-1)\dfrac{Z_{L.AB}}{Z_S}}$$

令 $Z_S=Z_{S.min}$ 即可得到自适应整定时的最小保护范围为

$$\alpha_{S.min}=\frac{1}{K'_{rel}+(K'_{rel}-1)\dfrac{Z_{L.AB}}{Z_{S.min}}} \tag{3-37}$$

比较式（3-36）和式（3-32）可知，采用当前实际的系统组抗 Z_S 可使保护范围 α_S 增大，大于式（3-32）中的 α。

由于自适应的瞬时电压速断保护能根据系统运行方式的变化而实时地在线测出 Z_S，然后自动地计算出保护装置的整定电压，从而使整定值在任何运行方式下均能处于最佳状态。

第二节　电网相间短路的方向性电流、电压保护

一、方向性电流保护的工作原理

第一节所讲的三段式电流保护是以单侧电源网络为基础进行分析的，各保护装置都安装在被保护线路靠近电源的一侧，在发生故障时，它们都是在短路功率矢量（一般指短路时按母线电压与短路电流所得到的功率，在无串联补偿电容也不考虑分布电容的线路上短路时，短路功率矢量从电源流向短路点，是感性的）短路功率矢量从母线流向被保护线路的情况下，按照选择性的条件和灵敏性的要求配合来协调工作的。

现代的电力系统实际上都是由很多电源组成的复杂网络，此时，上述简单的保护方式已不能满足系统运行的要求。

例如在图 3-22（a）所示的双侧电源网络接线中，由于两侧都有电源，因此，在每条线路的两侧均需装设断路器和保护装置。假设断路器 8 断开，电源 E_{II} 不存在，则发生短路时，

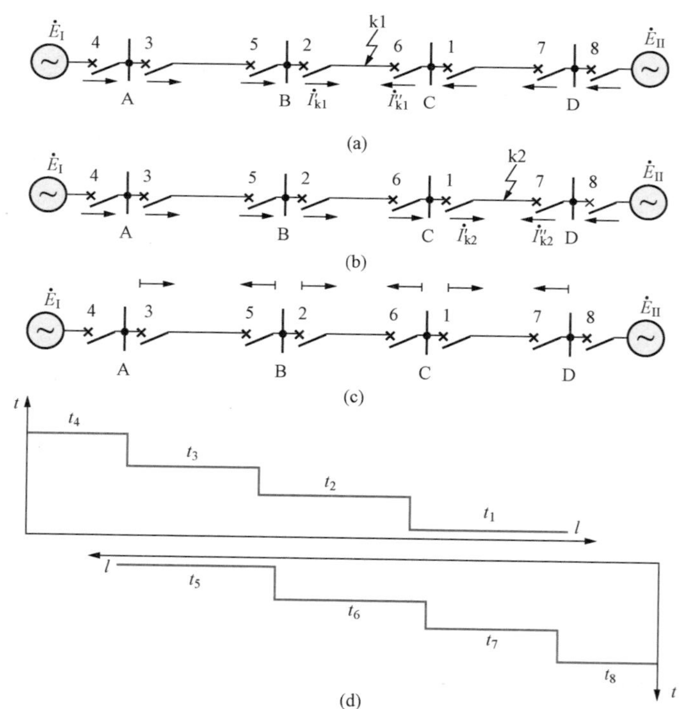

图 3-22　双侧电源网络接线及保护动作方向的规定

（a）k1 点短路时的电流矢量分布；（b）k2 点短路时的电流矢量分布；
（c）各保护动作方向的规定；（d）方向过电流保护的阶梯型时限特性

保护 1、2、3、4 的动作情况和由电源 E_{I} 单独供电时一样，按照前面所述的方法整定时，它们之间的选择性是能够保证的。同样，如果电源 E_{I} 不存在，则保护 5、6、7、8 由电源 E_{II} 单独供电，按照前面所述的方法整定时，它们之间也同样能够保证动作的选择性。如果两个电源同时存在，如图 3-22（a）所示，当 k1 点短路时，按照选择性的要求，应该由距故障点最近的保护 2 和 6 动作切除故障。然而，由电源 E_{II} 供给的短路电流 $\dot{I}''_{k1}$ 也将通过保护 1，如果保护 1 采用瞬时电流速断且 I''_{k1} 大于保护装置的整定电流 $I'_{set.1}$，则保护 1 的瞬时电流速断就要误动作；如果保护 1 采用过电流保护且其动作时限 $t_1 \leqslant t_6$，则保护 1 的过电流保护也将误动作。

同理当图 3-22（b）中 k2 点短路时，本应由保护 1 和 7 动作切除故障，但是由电源 E_{I} 供给的短路电流 $\dot{I}'_{k2}$ 将通过保护 6，如果 $I'_{k2} > I'_{set.6}$，则保护 6 的瞬时电流速断要误动作；如果过电流保护的动作时限 $t_6 \leqslant t_1$，则保护 6 的过电流保护也要误动作。同样地分析其他地点短路时，对有关的保护装置也能得出相似的结论。

分析双侧电源供电情况下所出现的这一新矛盾时可以发现，误动作的保护都是在自己所保护的线路反方向发生故障时由对侧电源供给的短路电流所引起的。对误动作的保护而言，实际短路功率的方向照例都是由被保护线路流向母线，显然与其所应保护的线路故障时的短路功率方向相反。因此，为了消除这种无选择的动作，就需要在可能误动作的保护上增设一个功率方向闭锁元件，该元件只当短路功率方向由母线流向被保护线路时动作，而当短路功率方向由线路流向母线时不动作，从而使继电保护的动作具有方向性。按照这个要求配置的功率方向元件及其规定的动作方向如图 3-22（c）所示。

当双侧电源网络上的电流保护装设方向元件以后，就可以把它们拆开看成两个单侧电源网络的保护，其中保护 1～4 反应于电源 E_{I} 供给的短路电流而动作，保护 5～8 反应于电源 E_{II} 供给的短路电流而动作，两组不同方向保护之间不要求有前述三段式电流保护定值和时间的配合关系，这样上节所讲的工作原理和整定计算原则仍然可以应用。

在图 3-22（d）中示出了方向过电流保护的阶梯型时限特性，它与图 3-9 所示的选择原则是相同的。由此可见，方向性电流保护的主要特点就是在原有保护的基础上增加一个功率方向的判别元件，以便在背后反方向故障时保证保护不致误动作。图 3-23 所示为方向过电流保护的原理接线图。由图可见，方向元件和电流元件都动作以后才能去起动时间元件，再经过预定的延时后动作于跳闸。此图也可看作是微机式方向性电流保护的示意图。

二、功率方向继电器的工作原理

在图 3-24（a）所示的网络接线中，对保护 1 而言，当正方向 k1 点三相短路时，如果短路电流矢量 $\dot{I}_{k1}$ 的规定正方向是从保护安装处母线流向被保护线路，则它滞后于该母线电压 $\dot{U}$ 一个相角 φ_{k1}（φ_{k1} 是从母线至 k1 点之间的线路阻抗角），其值为 $0° < \varphi_{k1} < 90°$，如图 3-24（b）

所示。当反方向 k2 点短路时，通过保护 1 的短路电流是由电源 E_{II} 供给的。此时对保护 1 如果仍按规定的电流正方向观察，短路电流矢量转过约 180°，则 $\dot{I}_{k2}$ 落后于母线电压 $\dot{U}$ 的相角将是 $180°+\varphi_{k2}$（φ_{k2} 为从该母线 $\dot{U}$ 至 k2 点之间的线路阻抗角），其值为 $180°<180°+\varphi_{k2}<270°$，如图 3-24（c）所示。如以母线电压（即加于保护 1 的电压）$\dot{U}$ 作为参考矢量，并设 $\varphi_{k1}=\varphi_{k2}=\varphi_k$，则 $\dot{I}_{k1}$ 和 $\dot{I}_{k2}$ 的相位相差 180°。即在正方向短路时，电流落后于电压的角度为一锐角，在反方向短路时为钝角。

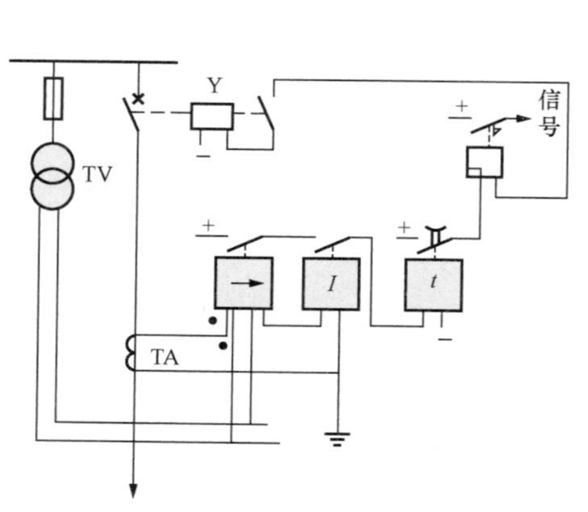

图 3-23　方向过电流保护的原理接线图

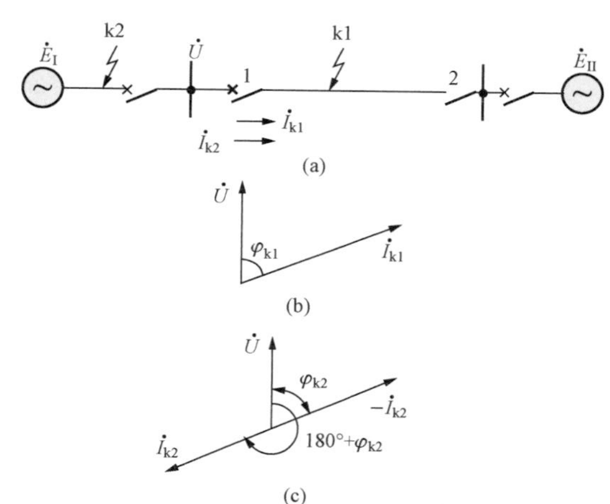

图 3-24　方向继电器工作原理的分析

（a）网络接线；（b）k1 点短路矢量图；（c）k2 点短路矢量图

因此，利用判别短路功率矢量的方向或电流、电压之间的相位关系，就可以判别发生故障的方向。用以判别功率方向或测定电流、电压间相位角的继电器或元件称为功率方向继电器或简称方向元件。由于它主要反应于加入继电器中电流和电压之间的相位关系而工作，因此用相位比较方式来实现最为简单。

对于传统模拟式保护，长期以来，方向元件用第二章所介绍的四极感应圆筒式继电器实现。在微机保护中应用某种算法计算短路功率的大小和方向或者只判断其方向，其基本原理是相同的，并且可以用记忆作用消除方向元件的死区，（即因短路接近保护安装处，使母线电压过低使方向元件不能动作的区域，称为电压死区）动作速度快，获得更好的特性。为直观起见，此处以模拟式保护为例说明方向继电器的原理。此原理同样适用于微机保护。

对继电保护中方向继电器或方向元件的基本要求是：

（1）应具有明确的方向性，即在正方向发生各种故障（包括故障点有过渡电阻的情况）时，都能可靠动作，而在反方向发生任何故障时可靠不动作。

（2）故障时继电器的动作有足够的灵敏度。

如果按电工技术中测量功率的概念，对 A 相的功率方向继电器或元件，加入电压 $\dot{U}_k(=\dot{U}_A)$ 和电流 $\dot{I}_k(=\dot{I}_A)$（习惯上称这种用同名相电压和电流的接线方式为 0° 接线），则当正方向短路时，如图 3-24（b）所示，A 相继电器中电压 $\dot{U}_A$ 超前电流 $\dot{I}_{k1.A}$ 的相角为

$$\varphi_A = \arg\frac{\dot{U}_A}{\dot{I}_{k1.A}} = \varphi_{k1} \tag{3-38}$$

反方向短路时，如图 3-24（c）所示，其相角为

$$\varphi_A = \arg\frac{\dot{U}_A}{\dot{I}_{k2.A}} = 180° + \varphi_{k2} \tag{3-39}$$

式中：符号 arg 表示矢量 $\dot{U}_A/\dot{I}_{k2.A}$ 的相角，即分子的矢量超前于分母矢量的角度。

如假设线路阻抗角 $\varphi_k=60°$，可画出矢量关系如图 3-25 所示。因为锐角的余弦是正的，钝角的余弦是负的，即正方向短路和反方向短路时通过保护的有功功率的方向不同，故可用有功功率的表示式作为方向继电器的动作方程，即

$$U_k I_k \cos\varphi > 0$$

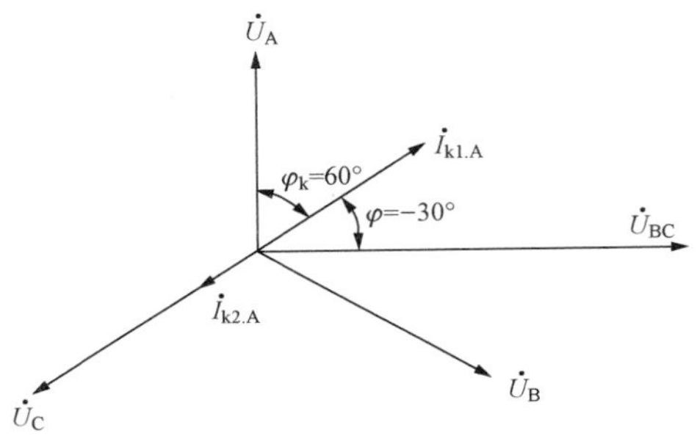

图 3-25　三相短路 $\varphi_k=60°$时的矢量图

式中：$\dot{U}_k$、$\dot{I}_k$ 为加于继电器的电压和电流；φ 为 $\dot{U}_k$ 超前 $\dot{I}_k$ 的角度。

但这个动作条件只能表示继电器能动作的条件，不是动作最灵敏，即不是上式中有功功率值最大的条件。一般的功率方向继电器当输入电压和电流的幅值不变时，其输出值（对模拟式保护为转矩或电压，对微机保护为计算值或判断结果，随所用的算法不同而不同）随两者之间相位差 φ 的大小而改变，输出为最大时的相位差角称为继电器的最大灵敏角 $\varphi_{sen.max}$。为了在最常见的短路情况下使继电器动作最灵敏，若采用上述接线的功率方向继电器应做成最大灵敏角，例如 $\varphi_{sen.max}=\varphi_k=60°$（如图 3-25 所示，$\dot{U}_A$ 和 $\dot{I}_{k1A}$ 的相对位置应是最灵敏的位置，此时继电器的输出量应为最大 $U_k I_k \cos 0°=1$），又为了保证正方向故障，φ_k 在 0°～90°范围内变化时，继电器都能可靠动作，继电器动作的角度范围通常定为（电压超前电流的角度，以横轴为 0°），在 $\varphi_{sen.max}\pm 90°$范围内为动作区。此动作特性在复数平面上是一条直线，如图 3-26（a）所示，有阴影线部分为动作区。其动作方程可表示为

$$\varphi_{sen.max} + 90° \geqslant \arg\frac{\dot{U}_k}{\dot{I}_k} \geqslant \varphi_{sen.max} - 90° \tag{3-40}$$

式（3-40）三端都减去 $\varphi_{sen.max}$，因 $-\varphi_{sen.max}=\arg e^{j\varphi_{sen.max}}$，可得动作方程为

$$90° \geqslant \arg\frac{\dot{U}_k e^{-j\varphi_{sen.max}}}{\dot{I}_k} \geqslant -90° \tag{3-41}$$

在此情况下应取 $\varphi_{sen.max}=\varphi_k$，故式（3-41）也可写成

$$90° \geqslant \arg\frac{\dot{U}_k e^{-j\varphi_k}}{\dot{I}_k} \geqslant -90° \tag{3-42}$$

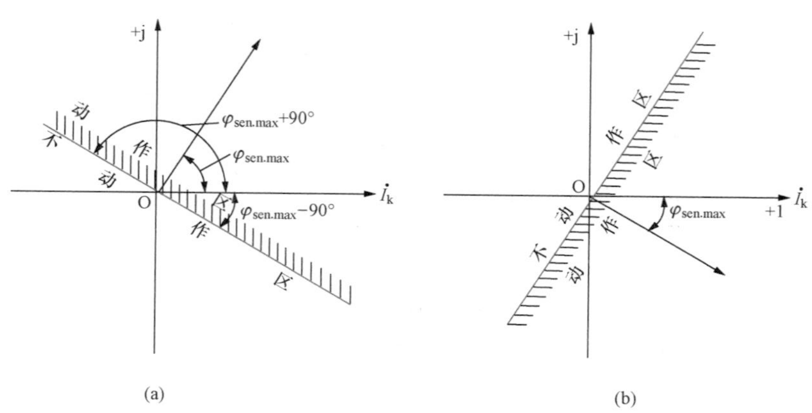

图 3-26 功率方向继电器的最灵敏角和动作范围

(a) 按式（3-38）的 0°接线（$\varphi_{sen.max}=\varphi_k$）构成；(b) 按式（3-44）的 90°接线（$\varphi_{sen.max}=\varphi_k-90°$）构成

式（3-40）表明，当选取 $\varphi_{sen.max}=\varphi_k=60°$时，以继电器电流 $\dot{I}_k$ 为参考矢量($\dot{I}_k$ 与横轴一致)，在继电器中电压 $\dot{U}_k$ 超前其 150°至落后其 30°的范围内，继电器都能动作。如用 φ 表示 $\dot{U}_k$ 超前 $\dot{I}_k$ 的角度，并用有功功率的形式表示动作条件，则式（3-41）可写成

$$U_k I_k \cos(\varphi-\varphi_{sen.max})>0 \tag{3-43}$$

当 $\varphi=\varphi_{sen.max}$时余弦项的值和 U_k、I_k 值越大时，左端的值也越大，继电器动作越灵敏，而任一项等于零或余弦项为零或负时，继电器将不能动作。此处着重指出式（3-43）为各种接线方式的方向继电器的通用动作方程。按照接线方式（接入继电器的电压电流相别）和线路阻抗角 φ_k，确定了最大灵敏角 $\varphi_{sen.max}$，将其代入式（3-43）即可得该继电器的动作方程。

从式（3-43）可见当加于保护装置的电压超前电流的角度 φ 等于最灵敏角 $\varphi_{sen,max}$时，余弦项为 1，功率输出最大。使功率为正即使继电器能够动作的角度范围为 $\varphi=\varphi_{sen,max}+90°\sim\varphi_{sen,max}-90°$，即最灵敏线左右 90°。

采用这种接线和特性的继电器时，在其正方向出口附近发生三相短路、AB 或 CA 两相接地短路及 A 相接地短路时，由于 $U_A\approx0$ 或数值很小，使继电器不能动作，这称为方向继电器的“电压死区”。当上述故障发生在死区范围以内时，整套保护将要拒动，这是一个很大的缺点。因此，实际上这种 0°接线方式很少应用，但在微机保护中可以记忆故障前瞬间故障相电压的相位，0°接线仍可应用。

为了减小和消除死区，在实用中广泛采用非故障的相间电压作为参考量去判别电流的相位。例如对 A 相的方向继电器加入电流 $\dot{I}_A$ 和电压 $\dot{U}_{BC}$（因所用电压 $\dot{U}_{BC}$ 落后于同名相电压 $\dot{U}_A$90°，故称为 90°接线），此时有

$$\varphi=\arg\left(\frac{\dot{U}_{BC}}{\dot{I}_A}\right)$$

因为 $\dot{U}_{BC}$ 比 $\dot{U}_A$ 落后 90°，则当正方向三相短路时，加于 A 相继电器的电压（$\dot{U}_{BC}$）超前其所加电流 $\dot{I}_{k1.A}$ 的角度 $\varphi=\varphi_k-90°=-30°$；反方向短路时，电流转过 180°，$\varphi=-30°+180°=150°$。在这种情况下，继电器的最大灵敏角应设计为 $\varphi_{sen.max}=\varphi_k-90°=-30°$，即所加电压超前所加电流的角度（以横轴为 0°）为 −30°（实为电压落后电流 30°）时继电器最灵敏，动作特性如图 3-26（b）所示，如果动作方程仍按式（3-41），因此时 $\varphi_{sen.max}=\varphi_k-90°$，动作方程应为

$$90° \geqslant \arg\frac{\dot{U}_k e^{j(90°-\varphi_k)}}{\dot{I}_k} \geqslant -90° \tag{3-44}$$

习惯上采用 $90°-\varphi_k=\alpha$，α 称为功率方向继电器的内角，则式（3-44）变为

$$90° \geqslant \arg\frac{\dot{U}_k e^{j\alpha}}{\dot{I}_k} \geqslant -90°$$

即

$$90° \geqslant (\varphi+\alpha) \geqslant -90° \tag{3-45}$$

或

$$90°-\alpha \geqslant \arg\frac{\dot{U}_k}{\dot{I}_k} \geqslant -(90°+\alpha) \tag{3-46}$$

如用有功功率的形式表示，则式（3-45）可写成

$$U_k I_k \cos(\varphi+\alpha) > 0 \tag{3-47}$$

对用 I_A 和 $\dot{U}_{BC}$ 结线的 A 相的功率方向继电器，可用有功功率形式表示为

$$U_{BC} I_A \cos(\varphi+\alpha) > 0 \tag{3-48}$$

由式（3-48）可见，当所加电压 $\dot{U}_{BC}$ 超前于所加电流 I_A 的角度 $\varphi=-\alpha$ 时（实际上是电压 $\dot{U}_{BC}$ 落后于 $\dot{I}_A$ 为 α 角），余弦项为 1，继电器动作最灵敏。此种结线除正方向出口附近发生三相短路时 $\dot{U}_{BC}\approx 0$，继电器具有电压死区以外，在其他任何包含 A 相的不对称短路时电流 $\dot{I}_A$ 很大、电压 $\dot{U}_{BC}$ 也很高。因此继电器不仅没有死区，而且动作灵敏度很高。为了减小和消除三相短路时的死区，可以采用电压记忆回路或微机的记忆功能（见本书第五章），尽量提高继电器动作时的灵敏度。

微机保护具有存储（记忆）功能，计算和判断能力很强，可以利用故障相故障前瞬间电压的相位和数值与故障后通过保护装置的短路电流计算出电压电流之间的相位夹角，判断故障的方向（亦即故障在保护装置的保护方向还是反方向），决定是否应闭锁保护动作，也可直接计算方向元件的动作判据式（3-46）。

关于模拟式方向继电器的特性，内角 α 的选择和动作情况的分析可参见《电力系统继电保护原理（第五版）》，此处从略。

三、双侧电源网络中电流保护整定的特点

1. 瞬时电流速断保护

为加快动作速度和避免死区，瞬时电流速断保护一般不设方向元件，其整定方法如下。对应用于双侧电源线路上的瞬时电流速断保护，也可用类似于图 3-1 的分析，画出线路上各点短路时短路电流随距离的变化曲线，如图 3-27 所示。其中曲线①为由电源 E_{I} 供给的电流；曲线②为由 E_{II} 供给的电流。由于两端电源容量不同，因此电流的大小也不同。

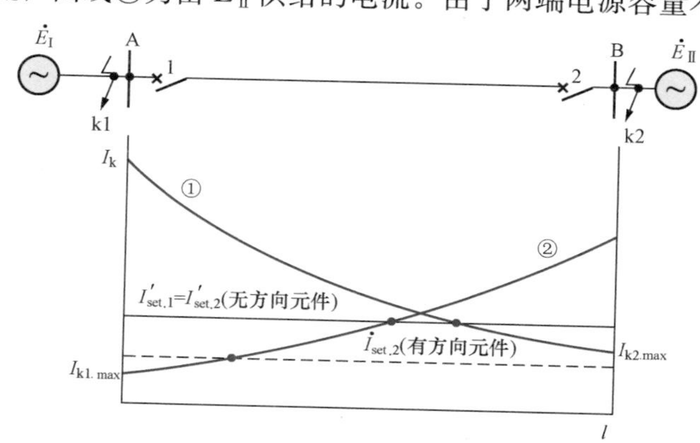

图 3-27　双侧电源线路上瞬时电流速断保护的整定

当任一侧区外（反方向）相邻线路出口处，（如图中的 k1 点和 k2 点）短路时，短路电流 $\dot{I}_{k1}$ 和 $\dot{I}_{k2}$ 要同时流过两侧的保护 1 和 2，此时按照选择性的要求两个保护均不应动作，因此两个保护的整定电流应选得相同，并按照较大的一个短路电流进行整定。例如当最大运行方式下 $I_{k2.max}>I_{k1.max}$ 时，则应取

$$I'_{set.1}=I'_{set.2}=K'_{rel}I_{k2.max} \tag{3-49}$$

这样整定的结果，将使位于弱电源侧保护 2 的保护范围缩小。当两端电源容量的差别越大时，对弱电端保护 2 的保护范围缩短就越大。

为了解决这个问题，就需要在双电源供电线路弱电源端的保护 2 处装设方向元件，使其只当在正方向短路时，即短路电流矢量从母线流向被保护线路时才动作，这样保护 2 的整定电流就可以按照躲过 k1 点短路时最大的短路电流 $I_{k1.max}$来整定，选择

$$I'_{set.2}=K'_{rel}I_{k1.max} \tag{3-50}$$

如图 3-27 中的虚线所示，其保护范围较前增加了很多。必须指出，在上述情况下，弱电源端的保护 1 处无需装设方向元件，因为它从定值上已经可靠地躲过了反方向 k1 点短路时流过保护的最大电流 $I_{k1.max}$。

应该指出，在实用上，作为切除母线附近的使电压严重降低的短路的辅助保护瞬时电流速断应尽可能不装方向元件，以免在方向元件的电压死区内三相短路时拒动。微机保护的方向元件无电压死区时可不考虑此问题。

2. 限时电流速断保护

对应用于双侧电源网络中的限时电流速断保护，其基本的整定原则同于图 3-5 的分析，仍应与下一级保护的瞬时电流速断相配合，但需考虑保护安装地点与短路点之间有电源或线路（通称为分支电路）的影响。对此可归纳为如下两种典型的情况。

（1）助增电流的影响。如图 3-28 所示，分支电路中有电源，此时故障线路中的短路电流

$\dot{I}_{BC}$ 将大于 I_{AB}，其值为 $I_{BC}=I_{AB}+I'_{AB}$。这种使故障线路电流增大的现象称为助增。有助增以后的短路电流分布曲线亦示于图 3-28 中。

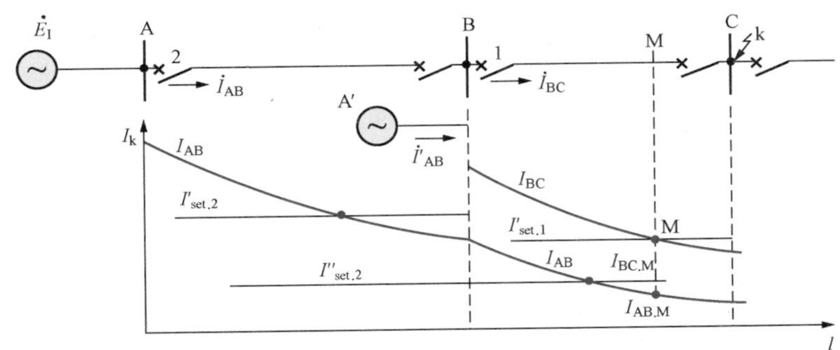

图 3-28　有助增电流时限时电流速断保护的整定（图中所有断路器都在闭合状态）

此时保护 1 瞬时电流速断的整定值仍按躲过相邻线路出口 k 点短路整定，整定为 $I'_{set.1}$，其保护范围末端位于 M 点。在 M 点短路情况下，流过保护 2 的电流为 $I_{AB.M}$，其值小于 $I_{BC.M}$，因此保护 2 限时电流速断的整定值应为

$$I''_{set.2}=K''_{rel}I_{AB.M} \tag{3-51}$$

引入分支系数 K_{br}，其定义为

$$K_{br}=\frac{\text{通过故障线路的电流}}{\text{通过上一级保护所在线路的电流}}$$

也可以说成是

$$K_{br}=\frac{\text{通过被配合的保护 1 的电流}}{\text{通过被整定的保护 2 的电流}} \tag{3-52}$$

在图 3-28 中，整定配合点 M 处短路时的分支系数为

$$K_{br}=\frac{I_{BC.M}}{I_{AB.M}}=\frac{I'_{set.1}}{I_{AB.M}},\ I_{AB.M}=\frac{I'_{set.1}}{K_{br}}$$

保护 2 限时速断的整定电流应大于保护瞬时速断保护范围末端 M 点短路时通过保护 2 的电流 $I_{AB.M}$，即按式（3-51）得

$$I''_{set.2}=K''_{rel}I_{AB.M}=\frac{K''_{rel}}{K_{br}}I'_{set.1} \tag{3-53}$$

与单侧电源线路的整定公式式（3-12）相比，在分母上多了一个大于 1 的分支系数的影响，使保护 2Ⅱ段的定值降低，使其在 AB 末端短路时的灵敏度提高。但必须考虑分支电源断开时短路的情况，因此，仍应按 K_{br}最小的情况整定，即取 $K_{br}=1$。

（2）外汲电流的影响。如图 3-29 所示，分支电路为一并联的线路，此时故障线路中的电流 I'_{BC}将小于 I_{AB}，其关系为 $I_{AB}=I'_{BC}+I''_{BC}$，这种使故障线路中电流减小的现象，称为外汲。此时分支系数 $K_{br}<1$，短路电流的分布曲线如图 3-29 所示。

有外汲电流影响时的分析方法同于有助增电流的情况，保护 2 限时电流速断仍应按式（3-51）整定，即按保护 1 瞬时速断保护范围末端 M 点短路时通过保护 2 的电流整定。因保护 3 所在的线路上无短路，电流小，故保护 2 只与保护 1 配合。

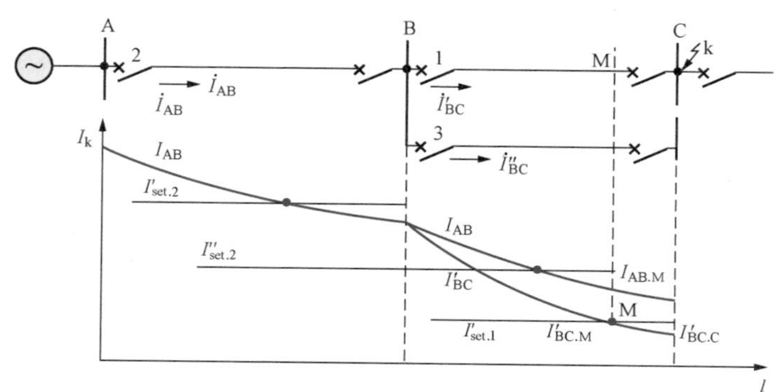

图 3-29　有外汲电流时，限时电流速断保护的整定（所有断路器都在闭合状态）

$I'_{BC.C}$—BC 线路末端 k 点亦即母线 C 上短路时流过保护 1 的电流。

（3）当变电站母线 B 上既有电源，又有并联线路时，其分支系数可能大于 1，也可能小于 1，此时应根据实际可能的运行方式，选取分支系数的最小值［即按式（3-52）计算的最小值］进行整定计算。对单侧有电源无分支的线路，$K_{br}=1$，是一种特殊情况。

四、方向性保护的死区

由以上分析可见，在具有两个以上电源的网络接线或环网中必须采用方向性保护才能保证各保护之间动作的选择性，这是方向保护的主要优点。但当继电保护中应用方向元件以后将使接线复杂、投资增加，同时保护安装地点附近正方向发生三相短路时，由于母线电压降低至接近零，方向元件将失去判别相位的依据，从而不能动作，其结果是导致整套保护装置拒动，出现方向保护的“死区”。

鉴于上述缺点的存在，在继电保护中应力求少用方向元件。实际上，能否取消方向元件而同时又不失去动作的选择性，将根据线路情况、电流保护的配置情况和具体的整定计算来确定。

（1）对于电流速断保护，以图 3-27 中的保护 1 为例。如果反方向线路出口处短路时，由电源 E_{II} 供给的最大短路电流小于本保护装置的整定电流 $I'_{set.1}$，则反方向任何地点短路时，由电源 E_{II} 供给的短路电流都不会引起保护 1 误动作，这实际上已经从整定值上躲过了反方向的短路，因此可以不用方向元件。

（2）对于第Ⅲ段的过电流保护，按最大负荷整定，一般都很难从电流的整定值躲过反方向短路，而主要取决于动作时限的大小。以图 3-22 中保护 6 为例，如果其过电流保护的动作时限 $t_6 \geqslant t_1+\Delta t$，其中 t_1 为保护 1 过电流保护的时限，则保护 6 就可以不用方向元件，因为当反方向线路 CD 上 k2 点短路时，它能以较长的时限来保证动作的选择性。但在这种情况下保护 1 必须有方向元件，否则当在线路 BC 上 k1 点短路时，由于 $t_1<t_6$，它将先于保护 6 而误动作。当 $t_1=t_6$ 时保护 1 和 6 都需要装设方向元件，以防止两个保护同时动作。

五、双侧电源网络中的方向性电压速断保护

如图 3-27 所示的网络接线，对保护 1 而言，当反方向线路出口附近 k1 点发生三相短路

时，A 母线上的残余电压很低，其电压速断保护肯定要误动。前已提到，为防止其误动须装设电流闭锁元件，由于受到对侧电源 E_{II} 供给的短路电流 $\dot{I}_{k1}$ 的影响，电流闭锁元件一般都能够动作，从而失去了闭锁的功能。为此必须增加方向闭锁元件，构成方向性电流闭锁的电压速断保护。同理，可分析 k2 点短路情况，对保护 2 而言，也必须增加方向元件来防止低电压保护误动作。

由此可见，在双侧电源网络中使用的电压速断保护，都必须装设方向闭锁元件来防止反方向短路时的误动作。

出现这些现象的原因是所有的低电压保护都是通过电压互感器来反应所在变电站母线电压的降低而动作的，前面已提到低电压元件本身的动作没有选择性。例如在一个变电站的母线上连接有 10 个回路，当任何一个回路在其出口附近发生短路时，所有 10 个回路的低电压保护都会起动，为此必须增加电流闭锁或电流方向闭锁元件才能保证动作的选择性。这是采用低电压保护的主要缺点，也是其没有像电流保护那样在电力系统中获得广泛应用的原因。

第三节　微机电流方向保护

在上一章所阐述的微机保护硬件系统的基础上配备不同的应用软件、不同的算法即可实现各种保护功能。所谓算法（Algorithm）指的是对采样数据的数字处理方法，根据保护原理实现的不同需求，包括保护起动、故障选相、故障性质和各种不正常状态判别的数字计算方法；也可以说是将模拟式保护原理中的故障量测定、动作方程、动作特性和与定值比较的功能用数字化实现的方法。下面首先结合过电流保护分别进行阐述。

一、采样数据处理

采样数据处理的主要工作是数字滤波。微机继电保护装置通常工作在故障发生后的最初瞬变过程中。这时的电压和电流信号由于包含衰减直流分量和复杂的谐波成分而发生严重的畸变。由于大多数保护装置的原理是基于故障后电气量中正弦基波或整数次谐波的特征，所以数据处理的作用首先是将 A/D 转换所得的故障量用数字滤波方法滤出基波和所需的谐波。因此，滤波器设计一直是继电保护装置的重要工作。在微机保护中采用的数字滤波算法主要有以下几种。

1. 半周积分算法

半周积分算法的依据是一个正弦信号在任意半个周期内其瞬时值的绝对值的积分正比于其幅值，如图 3-30 所示。以正弦电流为例

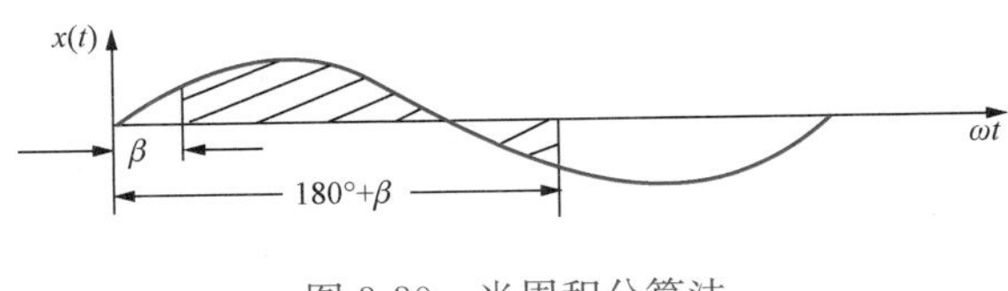

图 3-30　半周积分算法

$$S=\int_0^{\frac{T}{2}} I_{\mathrm{m}} \mid \sin(\omega t+\alpha) \mid \mathrm{d}t=\frac{2\sqrt{2}}{\omega}I$$

在微机保护中，此积分可利用梯形法近似求出，则有

$$S \approx \left[\frac{1}{2} \mid i_0 \mid + \sum_{K=1}^{N/2-1} \mid i_K \mid + \frac{1}{2} \mid i_{\frac{N}{2}} \mid \right] T_{\mathrm{s}}$$

式中：i_K 为第 K 次采样值；N 为每工频周期采样点数；T_{s} 为采样间隔。

求出积分值 S 后，可求出电流有效值为

$$I=\frac{S \times \omega}{2\sqrt{2}}$$

求出的有效值会包含误差，其误差由两个因素引起。

（1）由梯形法近似求面积引起。因此，误差值随采样频率的提高而减小。

设有一个正弦信号，其有效值 $I=1$。若 $N=12$，且第一个采样点的初相角为 0°，则求出的 S 值为 $6.22\sqrt{2} \times 10^{-3}$，有效值 I 为

$$I=\frac{6.22\sqrt{2} \times 10^{-3} \times 314}{2\sqrt{2}}=0.9765$$

相对误差为

$$\frac{1-0.9765}{1} \times 100\%=2.35\%$$

而当 $N=20$ 时，第一个采样点初相角仍为 0°，则

$$S=6.3137\sqrt{2} \times 10^{-3}$$

求出

$$I=\frac{6.3137\sqrt{2} \times 10^{-3} \times 314}{2\sqrt{2}}=0.991$$

相对误差为

$$\frac{1-0.991}{1} \times 100\%=0.9\%$$

（2）在同样的采样频率下计算出的 S 值与第一个采样点的初相角有关。

仍假设 $I=1$，$N=12$，第一个采样点的初相角分别为 0°、5°、10°、15°时，计算出的正弦信号的有效值分别为 0.9765、0.9965、1.007、1.011，则相对误差分别为 2.35%、0.44%、0.7%、1.1%。

半周积分算法需要的数据窗为 10ms。该算法本身具有一定的滤除高频分量的作用。因为在积分的过程中，某些谐波分量的正、负半周可相互抵消，但是该算法不能滤除直流分量。由于该算法运算量小，因而在一些对精度要求不高的电流、电压保护中可以采用此种算法，必要时可先用差分滤波器（软件算法）来减小信号的直流分量的影响。

2. 傅里叶算法

傅里叶算法的基本思路来自傅里叶级数，其本身具有滤波作用。它假定被采样的模

拟信号是一个周期性时间函数，除基波外还含有不衰减的直流分量和各次谐波，可表示为

$$x(t)=\frac{a_0}{2}+\sum_{n=1}^{\infty}[a_n\cos n\omega_1 t+b_n\sin n\omega_1 t]$$

式中：n 为自然数，代表谐波次数，$n=0$，1，2，…；a_n 和 b_n 分别为各次谐波的余弦项和正弦项的振幅，由于各次谐波的相位可能是任意的，所以把它们分解成有任意振幅的正弦项和余弦项之和，a_1 和 b_1 分别为基波分量的余、正弦项的振幅。

（1）全波傅里叶算法。根据傅里叶级数的公式，可以求出 a_1 和 b_1 分别为

$$a_1=\frac{2}{T}\int_0^T x(t)\cos\omega_1 t\mathrm{d}t$$

$$b_1=\frac{2}{T}\int_0^T x(t)\sin\omega_1 t\mathrm{d}t$$

对于基波分量有

$$X_1(t)=a_1\cos\omega_1 t+b_1\sin\omega_1 t$$

$$X_1(t)=\sqrt{2}X\cos(\omega_1 t+\alpha_1)$$

式中：X 为基波分量的有效值；α_1 为 $t=0$ 时基波分量的初相角。

用和角公式展开，不难得到 X 和 α_1 同 a_1、b_1 之间的关系为

$$a_1=\sqrt{2}X\cos\alpha_1$$

$$b_1=-\sqrt{2}X\sin\alpha_1$$

$$X=\sqrt{\frac{a_1^2+b_1^2}{2}}$$

$$\tan\alpha_1=-\frac{b_1}{a_1}$$

用计算机处理时离散化的公式为

$$\begin{cases}a_1=\dfrac{2}{N}\sum\limits_{k=0}^{N-1}x_k\cos k\dfrac{2\pi}{N}\\[2ex] b_1=\dfrac{2}{N}\sum\limits_{k=0}^{N-1}x_k\sin k\dfrac{2\pi}{N}\end{cases}$$

式中：N 为工频每周波采样点数。

傅里叶算法假定被采样信号呈现周期性变化特性，符合这一假定时它可以准确地求出基频分量的幅值与初相角。但实际上故障电流中的非周期分量不是纯直流，而是按指数规律衰减，如图 3-31（a）所示，其频谱特性如图 3-31（b）所示。频谱曲线的连续变化特征，表明衰减直流分量中不但含有纯直流分量，还有低频分量和分次谐波。由图可见，对于输电线路而言，由于线路分布电容而造成的暂态高频分量的主要频率成分取决于行波在故障点和保护安装处母线之间来回反射所需要的时间，它不一定是基频分量的

整数倍，而这些高频分量也都是随时间不断衰减的。因此，短路后的电流和电压都不是周期函数。

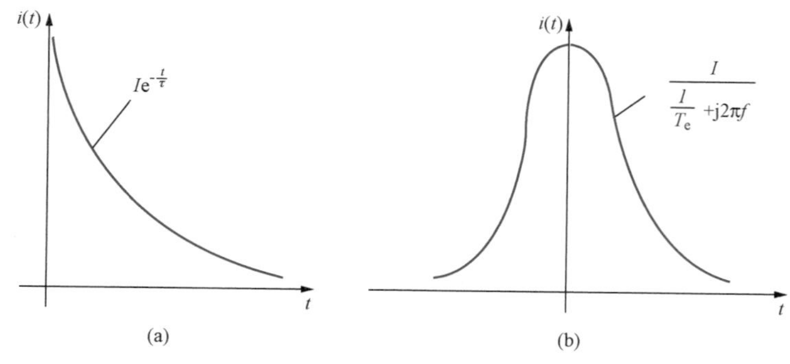

图 3-31　非周期分量的曲线及其频谱

（a）时域；（b）频域

图 3-32 为全波傅里叶算法的幅频特性。从图中看出傅里叶算法不仅能完全滤掉各种整次谐波和纯直流分量，且对非整次高频分量和按指数衰减的非周期分量中所包含的低频分量也有一定的抑制能力。它需要一个周波的数据窗长度，运算工作量中等。目前，微机保护装置中常采用差分傅里叶算法来削弱非周期分量对算法精度的影响。

傅里叶算法不仅可用于基波分量的计算，其谐波分量的计算公式为

$$\begin{cases} a_n = \dfrac{2}{N}\sum\limits_{k=0}^{N-1} x_k \cos nk\dfrac{2\pi}{N} \\ b_n = \dfrac{2}{N}\sum\limits_{k=0}^{N-1} x_k \sin nk\dfrac{2\pi}{N} \end{cases}$$

式中：n 为谐波次数。

（2）全波差分傅里叶算法。

全波差分傅里叶算法常被用于减小衰减直流分量对基波计算精度的影响。对基波分量的全波差分傅里叶滤波公式为

$$\begin{cases} a_1 = \dfrac{2}{N}\sum\limits_{k=0}^{N-1} (x_{k+1} - x_k)\cos k\dfrac{2\pi}{N} \\ b_1 = \dfrac{2}{N}\sum\limits_{k=0}^{N-1} (x_{k+1} - x_k)\sin k\dfrac{2\pi}{N} \end{cases}$$

由计算可知，全波差分傅里叶算法的幅值是全波傅里叶算法幅值的$\dfrac{1}{2\sin\dfrac{\pi}{N}}$倍。其幅频特性如图 3-33 所示。

由全波差分傅里叶算法的幅频特性曲线可见，该算法对低于 50Hz 的低频分量抑制效果较好，而对非整次谐波的抑制效果较差，甚至会有一定的放大作用。

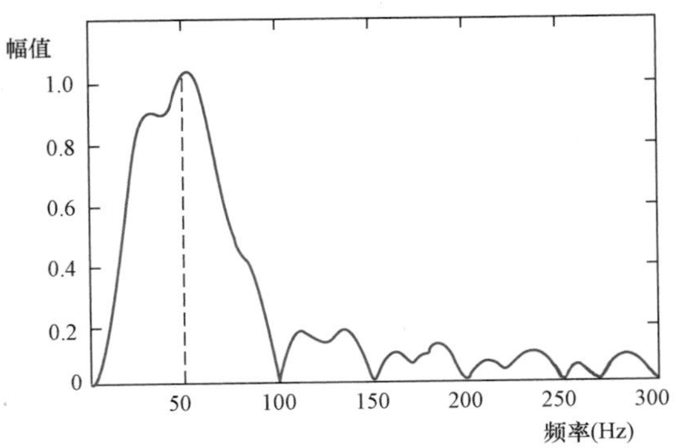

图 3-32 全波傅里叶算法的幅频特性

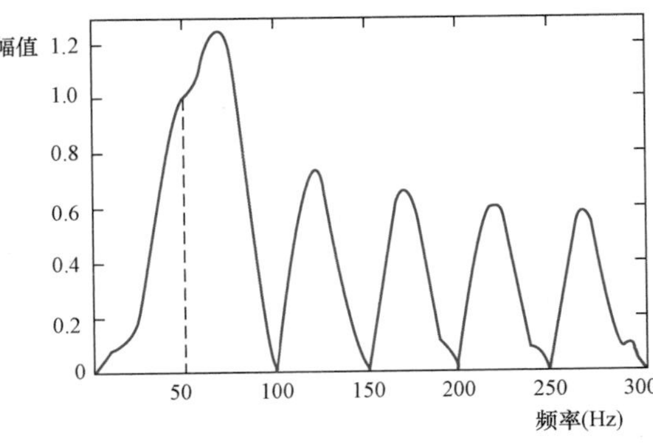

图 3-33 全波差分傅里叶算法的幅频特性

（3）半波傅里叶算法。

基于半波傅里叶滤波公式计算的基波分量为

$$a_1 = \frac{4}{N}\sum_{k=0}^{\frac{N}{2}-1} x_k \cos k\frac{2\pi}{N}$$

$$b_1 = \frac{4}{N}\sum_{k=0}^{\frac{N}{2}-1} x_k \sin k\frac{2\pi}{N}$$

半波傅里叶算法的幅频特性如图 3-34 所示。此算法仅需半个周波的数据窗长。

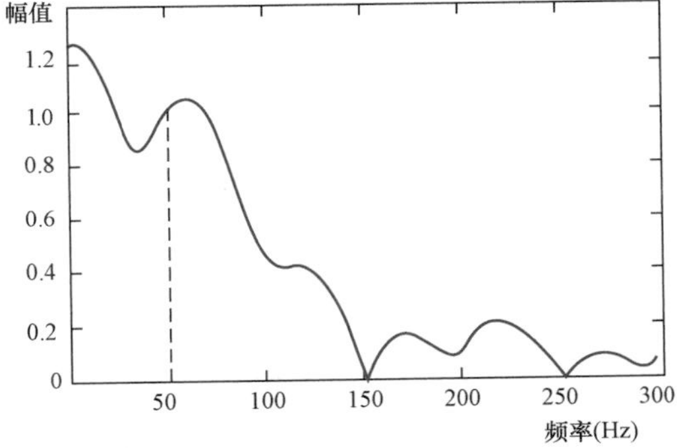

图 3-34 半波傅里叶算法的幅频特性

由半波傅里叶算法的幅频特性曲线可见，该算法能滤除奇次谐波，但不能滤除直流分量和各偶次谐波分量。

二、保护的起动判定

1. 相电流差瞬时值突变量起动元件

继电保护装置的起动元件用于反应电力系统中的扰动或故障。微机保护装置的起动判定由软件实现的，一般采用反应两相电流差的突变量起动判据。其公式为

$$\begin{cases}\Delta I_{AB} = \left|\,|i_{ABk} - i_{ABk-N}| - |i_{ABk-N} - i_{ABk-2N}|\,\right| \\ \Delta I_{BC} = \left|\,|i_{BCk} - i_{BCk-N}| - |i_{BCk-N} - i_{BCk-2N}|\,\right| \\ \Delta I_{CA} = \left|\,|i_{CAk} - i_{CAk-N}| - |i_{CAk-N} - i_{CAk-2N}|\,\right|\end{cases}$$

其中

$$\begin{cases}i_{ABk} = i_{Ak} - i_{Bk} \\ i_{BCk} = i_{Bk} - i_{Ck} \\ i_{CAk} = i_{Ck} - i_{Ak}\end{cases}$$

式中：N 为工频每周采样点数；i_{Ak}、i_{Bk}、i_{Ck} 为当前时刻 A、B、C 相的采样值；i_{ABk-N}、

i_{BCk-N}、i_{CAk-N}为两相电流差一周前对应时刻的采样值；i_{ABk-2N}、i_{BCk-2N}、i_{CAk-2N}为两相电流差两周前对应时刻的采样值。

以 ΔI_{AB}为例，正常运行时 i_{ABk}、i_{ABk-N}、i_{ABk-2N}的值近似相等，所以 $\Delta I_{AB}\approx 0$，起动元件不动作，如图 3-35 所示。

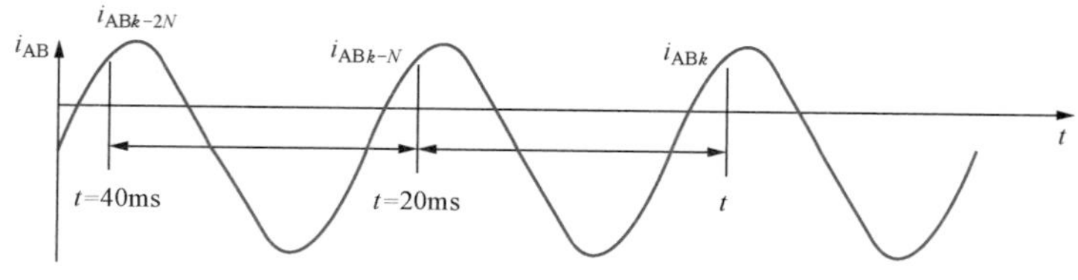

图 3-35　系统正常运行时采样值比较

当电力系统正常运行而频率偏离 50Hz 时，则 i_{ABk}、i_{ABk-N}、i_{ABk-2N}的值将不相等。这是因为采样是按等时间间隔进行的，频率变化时，i_{ABk}与 i_{ABk-N}两采样值将不是相差一个周期的采样值，于是 $i_{ABk}-i_{ABk-N}$将出现差值，但同样 $i_{ABk-N}-i_{ABk-2N}$也出现差值，且两差值接近相等，此时 ΔI_{AB}仍为零或很小。

系统发生故障时，对应的采样值序号为 k，因故障电流增大，于是 i_{ABk}将增大，i_{ABk-N}为故障前负荷电流，故 $i_{ABk}-i_{ABk-N}$反映出由于故障电流增大所产生的电流突变量，$i_{ABk-N}-i_{ABk-2N}$仍近似为零，所以 ΔI_{AB}反映了故障电流突变量，如图 3-36 所示。

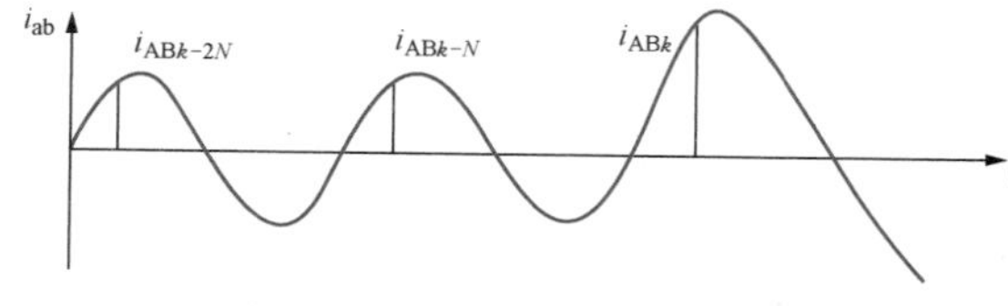

图 3-36　故障后电流的突变

采用相电流差突变量构成的起动元件比相电流突变量起动元件有两点好处。

（1）对各种相间故障提高了起动元件的灵敏度。例如对于两相短路灵敏度可提高一倍。

（2）抗共模干扰能力强。如果两个相的采样值都受到相同的干扰（共模干扰）影响，相减后干扰即被消除。

2. 相电流差有效值突变量起动元件

为防止电力系统振荡时保护的误起动，可用带浮动门槛的保护起动判定方法，有

$$\Delta I_{\varphi\varphi\max} > 1.25\Delta I_T + \Delta I_{set}$$

$$\Delta I_T = | I_{\varphi\varphi}(k-N) - I_{\varphi\varphi}(k-2N) |$$

式中：$\Delta I_{\varphi\varphi\max}$是相间电流差有效值的最大值；$\Delta I_{set}$为可整定的固定门槛；$\Delta I_T$ 为浮动门槛，取 1.25 的系数倍用来保证门槛始终略高于不平衡输出。

3. 零序电流辅助起动元件

在系统发生缓慢发展性故障和单相高阻接地故障时，相（或相间）电流突变量起动元件可能不满足起动条件，这时一般采用零序电流辅助起动元件，其起动判据为

$$\begin{cases} 3I_0 > I_{0.set} \\ |\dot{I}_A + \dot{I}_B + \dot{I}_C| > I_{0.set} \end{cases}$$

式中：$I_{0.set}$为零序电流起动元件的定值。

复习思考题

1. 为什么说对继电保护的四个基本要求是彼此矛盾的？试举二、三例子说明之。

2. 什么是主保护？什么是后备保护？什么是辅助保护？对它们的要求有何不同？

3. 瞬时电流速断（Ⅰ段）、限时电流速断（Ⅱ段或Ⅲ段）和过电流（Ⅲ段或Ⅳ段）哪个是主保护？哪个是后备保护？哪个是辅助保护？为什么？

4. 速断和过电流在整定条件方面有什么根本区别？

5. 什么是可靠系数？什么是配合系数？两者有何区别？它们是为了考虑什么情况而设置的？

6. 定时限Ⅱ段和定时限Ⅰ段的配合点在何处？瞬时速断的整定点在何处？定时限保护的动作时间级差是考虑哪些因素而确定的？

7. 各种反时限特性的区别是什么？目前反时限电流保护主要用在哪些场合？

8. 定时限保护和反时限保护如何配合？配合点在何处？

9. 为什么反时限保护能使网络整体的故障切除时间减小？

10. 反时限保护段和反时限保护段如何配合？配合点在何处？

11. 过电流保护段的整定公式中都应有哪些系数？

12. 电流保护哪一段的整定中要考虑返回系数？在微机保护中是否要考虑返回系数？为什么？

13. 和电流保护比较，低电压保护有哪些优点和缺点？

14. 三相星形结线和两相星形结线各有什么优点和缺点？

15. 灵敏系数是为了考虑什么情况而设置的？在采用两相星形结线的网络中 Y/△（Yd）结线的变压器对灵敏系数有何影响？

16. 短路电流中的暂态分量和电动机的自起动在保护整定时如何考虑？

17. 方向继电器（元件）的基本工作原理是什么？

18. 半周积分算法的优缺点是什么？

19. 全波傅里叶算法的优缺点是什么？

20. 全波差分傅里叶算法与全波傅里叶算法的区别是什么？请分别绘制出其幅频特性曲线。

21. 相电流差突变量起动元件是否能消除系统频率偏移的影响？为什么？

22. 假设输入电压信号为 $u(t)=10\sin(\omega_0 t+\pi/3)+2\sin(\omega_0 t+\pi/6)$，基频每周波采样点数为 24，用半周积分算法求出基波信号的有效值。

23. 假设输入电压信号为 $u(t)=10\sin(\omega_0 t+\pi/3)+2\sin(\omega_0 t+\pi/6)$，若基频每周波采样点数为 24，用全波傅里叶算法求出基波信号的有效值。

24. 假设输入电压信号为 $u(t)=5\mathrm{e}^{-t/\tau}+10\sin(\omega_0 t+\pi/3)+2\sin(\omega_0 t+\pi/6)$，这里 $\tau=20\mathrm{ms}$，若基频每周波采样点数为 24，用全波傅里叶算法求出基波信号的有效值。

25. 假设输入电压信号为 $u(t)=5\mathrm{e}^{-t/\tau}+10\sin(\omega_0 t+\pi/3)+2\sin(\omega_0 t+\pi/6)$，这里 $\tau=20\mathrm{ms}$，若基频每周波采样点数为 24，用全波差分傅里叶算法求出基波信号的有效值。

26. 微机保护装置上电后运行程序需进行什么内容的初始化?

主 要 参 考 文 献

[1] 葛耀中. 新型继电保护与故障测距原理与技术. 西安：西安交通大学出版社，1996.

[2] 陈皓. 自适应技术在电力系统继电保护中应用. 电力自动化设备，2001 (10)：56-61.

[3] 葛耀中. 微机式自适应电压速断保护的研究. 继电器，2001 (1)：5-7.

第四章　电网接地故障的电流、电压保护

第一节　电网接地故障种类及保护策略

接地故障是指导线与大地之间的不正常连接，包括单相接地故障和两相接地故障。据统计，单相接地故障占高压线路总故障次数的70%以上、占配电线路总故障次数的80%以上，而且绝大多数相间故障都是由单相接地故障发展而来的。因此接地故障保护对于电力线乃至整个电力系统安全运行至关重要。

接地故障与中性点接地方式密切相关，相同的故障条件但不同的中性点接地方式，接地故障所表现出的故障特征和后果、危害完全不同，因而保护策略也不相同。

一、中性点接地方式与接地故障种类

对于中性点接地方式有很多种分类方法，其中最常用的是按单相接地短路时接地电流的大小分为大电流接地系统和小电流接地系统两类，表示于图4-1中。

大电流接地方式：中性点直接接地、中性点经小电阻接地

小电流接地方式：中性点不接地、中性点经消弧线圈接地

图4-1　中性点接地方式分类

大电流接地方式也称有效接地方式，小电流接地方式称为非有效接地方式。国际上对大电流接地和小电流接地方式，有个定量的标准。因为接地点的零序综合电抗 $X_{0\Sigma}$ 比正序综合电抗 $X_{1\Sigma}$ 大得越多，则接地点电流越小。我国规定，当 $X_{0\Sigma}/X_{1\Sigma}\geqslant 4\sim 5$ 时，属于小电流接地系统，否则属于大电流接地系统。有的国家把这个比例定为3.0。

中性点采用哪种接地方式主要取决于供电可靠性（是否允许在一相接地时短期继续运行）和限制过电压两个因素。我国规定110kV及以上电压等级的系统采用中性点直接接地方式，35kV及以下的系统采用中性点不接地或经消弧线圈接地，对城市供电网络可采用小电阻接地方式。

对于图4-2所示中性点直接接地系统，接地故障发生后，接地点与大地、中性点N、相导线形成短路通路，因此故障相将有较大的短路电流流过。为了保证故障设备不损坏，断路器必须动作切除故障线路。结合单相接地故障发生的概率，这种接地方式对于用户供电的可靠性是最低的。另一方面，这种中性点接地系统发生单相接地故障时，接地相电压降低，非接地相电压几乎不变；而接地相电流增大，非接地相电流几乎不变。因此这种接地方式可以

不考虑过电压问题，但是故障必须排除。

对于图 4-3 所示中性点经小电阻接地系统，接于中性点 N 与大地之间的电阻 r 限制了接地故障电流的大小，也限制了故障后过电压的水平。这是一种在国外应用较多、在国内开始应用的中性点接地方式，也属于中性点有效接地系统。接地故障发生后依然有数值较大的接地故障电流产生，断路器必须迅速切除接地线路，同时也将导致对用户的供电中断。这种接地方式主要用于大城市电缆供电网络规模很大，接地时电容电流太大，用消弧线圈难以补偿的系统。

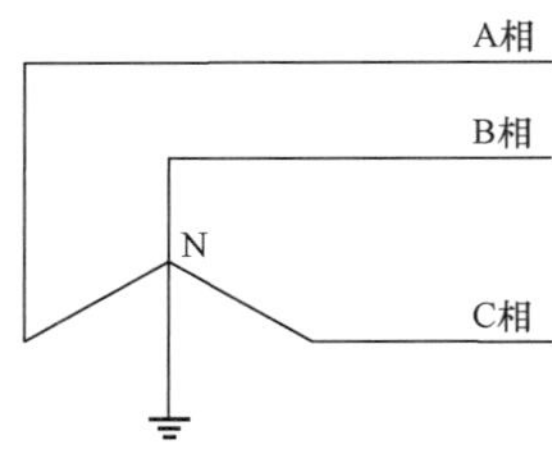

图 4-2 中性点直接接地

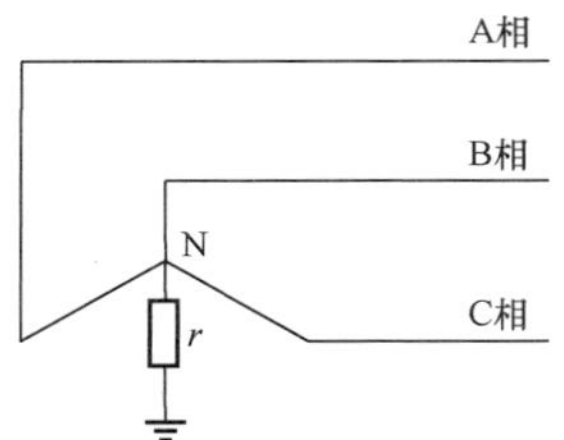

图 4-3 中性点经小电阻接地

对于图 4-4 所示的中性点不接地系统，单相接地故障发生后，由于中性点 N 不接地，所以没有形成短路电流通路，故障相和非故障相都将流过正常负荷电流，线电压仍然保持对称，可以短时不予切除，但应发出故障信号。这段时间可以用于查明故障原因并排除故障，或者进行倒负荷操作，因此该中性点接地方式对于用户的供电可靠性高，但是接地相电压将降低，非接地相电压将升高至线电压，对于电气设备绝缘造成威胁，单相接地发生后不能长期运行。事实上，对于中性点不接地系统，由于线路分布电容（电容数值不大，但容抗很大）的存在，接地故障点和导线对地电容还是能够形成电流通路的，从而有数值不大的电容性电流在导线和大地之间流通。一般情况下，这个容性电流在接地故障点将以电弧形式存在，电弧高温会损毁设备，引起附近建筑物燃烧起火，不稳定的电弧燃烧还会引起弧光过电压，造成非接地相绝缘击穿，进而发展成为相间故障，导致断路器动作跳闸，中断对用户的供电。

对于图 4-5 所示的中性点经消弧线圈接地系统，接于中性点 N 与大地之间的消弧线圈无电流流过，消弧线圈不起作用；当接地故障发生后，中性点将出现零序电压，在这个电压的作用下，将有感性电流流过消弧线圈并注入发生了接地的电力系统，从而抵消在接地点流过的电容性接地电流，消除或者减轻接地电弧电流的危害。需要说明的是，经消弧线圈补偿后，接地点将不再有容性电弧电流或者只有很小的电容性或电感性电流流过，但是接地确实发生了，接地故障可能依然存在；接地相电压降低而非接地相电压依然很高，长期接地运行依然是不允许的。

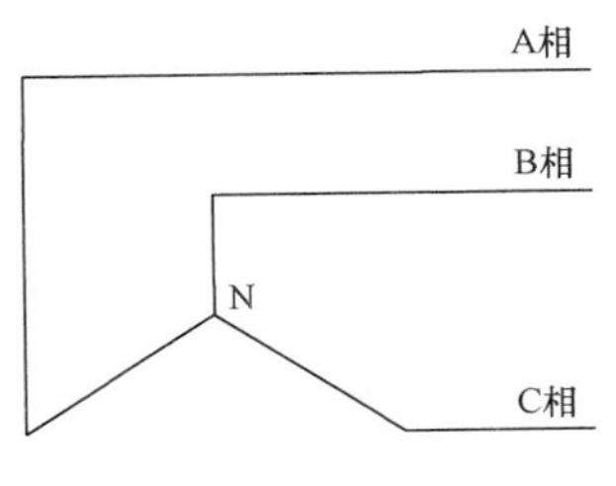

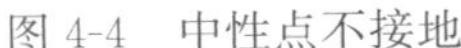
图 4-4　中性点不接地

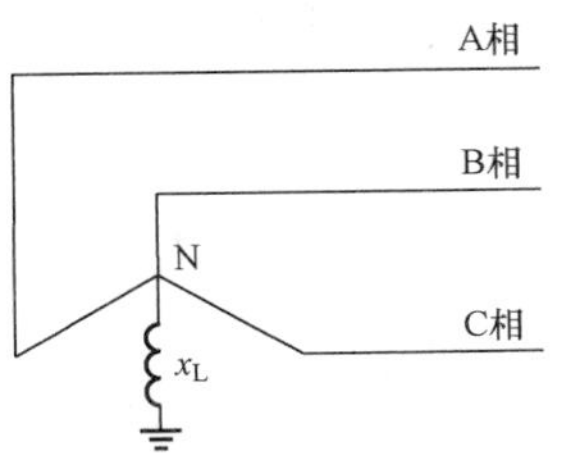

图 4-5　中性点经消弧线圈接地

上述四种接地故障类型是按照中性点结构区分的。实际上，接地故障点的状况也将影响接地电流的大小和性质。接地故障点可能是金属性接地，也可能是非金属性接地，一般非金属性接地包括经电弧接地，经树枝、杆塔接地或它们的组合接地。经非金属介质接地也包含着高阻接地，其主要特点是接地电流数值小，难以检测。

二、不同接地故障的保护方法

当中性点有效接地系统发生了接地故障后，必须快速检出并切除发生了接地故障的线路，因此合适的继电保护是不可缺少的。接地故障发生后会出现零序电压和零序电流，这是接地故障非常显著的特征，据此可以构造出基于零序电流和零序电压的接地保护，它甚至比用于相间故障的过电流保护和方向过电流保护更灵敏和快速。前者要与重负荷情况相区分，后者则没有这个问题。但是中性点经小电阻接地的系统发生了高阻接地故障后，因为接地回路阻抗大、接地电流小，保护构成困难。

不同于有效接地系统，非有效接地系统发生了单相接地故障后，除了出现零序电压外，接地电流普遍较小或者根本没有，故障特征不明显。比如中性点不接地的短线路（无分布电容，也无电容电流）故障、消弧线圈完全补偿的中性点接地系统发生单相接地故障等情况。这种系统发生了接地故障并不影响对于用户的正常供电，对于系统的直接危害也较小。但是当接地故障发生后，运行人员必须知道发生了接地故障，哪条线路发生了故障，即保护是必要的，此时保护动作后只是给出报警信号，而不需要跳闸。这也促使中性点非有效接地系统单相接地选线技术的研究和发展。

第二节　中性点有效接地系统中的接地保护

当中性点直接接地或者经过小电阻接地的电网发生接地故障时，将出现数值较大的零序电流，该电流在正常情况下是不存在的，这是接地故障的显著特征，据此可以构成有效的保护。

一、中性点有效接地系统发生接地故障时的零序电压、零序电流和零序功率

在中性点有效接地系统中发生接地故障时，可以利用对称分量法将电流和电压分解为正

序、负序和零序分量，并利用复合序网来表示它们之间的关系。图 4-6 和图 4-7 分别示出了中性点直接接地和经小电阻接地后零序网以及零序电压、电流关系。系统图如图 4-6（a）和图 4-7（a）所示，零序等效网络如图 4-6（b）和图 4-7（b）所示，零序电流可以看成是在故障点出现一个零序电压 $\dot{U}_{k0}$ 而产生的，它必须经过变压器接地的中性点构成回路。对零序电流矢量的方向仍然采用母线流向被保护线路为正，而对零序电压的方向是线路高于大地的电压为正，如图 4-6（b）和图 4-7（b）中的“↑”所示。

由上述等效网络可见，中性点有效接地系统零序分量的参数具有如下特点：

（1）故障点的零序电压最高，系统中距离故障点越远处的零序电压越低，零序电压的分布如图 4-6（c）和图 4-7（c）所示，在变电站 A 母线上零序电压为 U_{A0}，变电站 B 母线上零序电压为 U_{B0} 等。

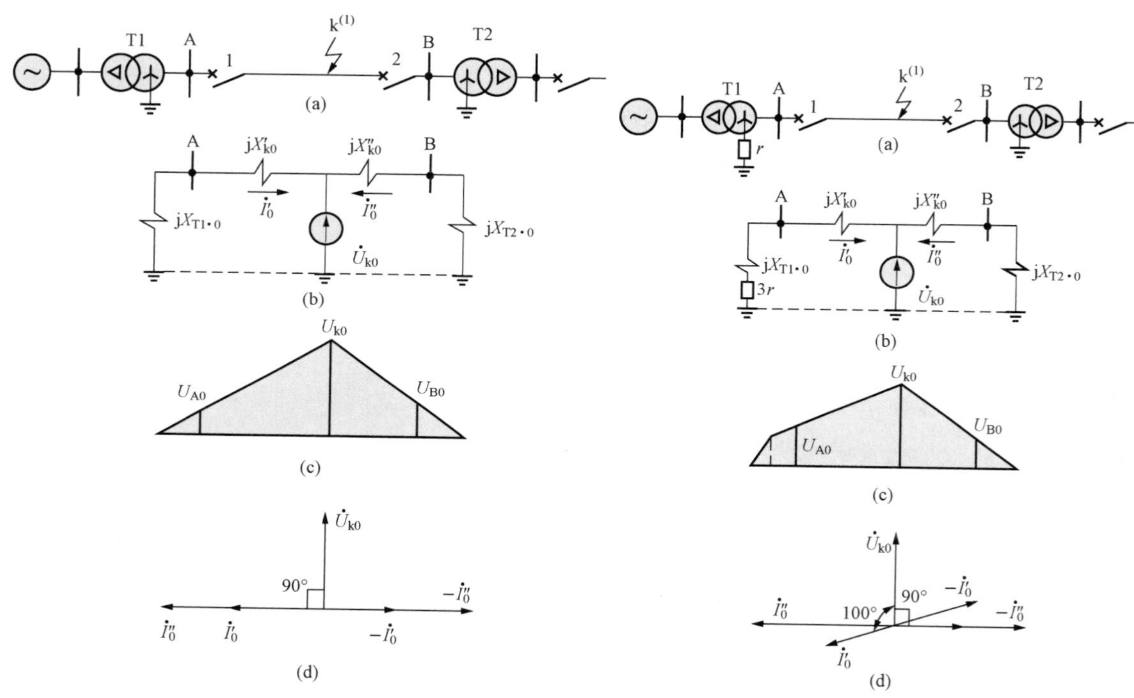

图 4-6　中性点直接接地系统发生接地故障时的零序等效网络图
（a）系统图；（b）零序网；
（c）零序电压分布；（d）矢量图

图 4-7　中性点经小电阻接地系统发生接地故障时的零序等效网络
（a）系统图；（b）零序网；
（c）零序电压分布；（d）矢量图

（2）由于零序电流是由 $\dot{U}_{k0}$ 产生的，对于中性点直接接地系统当忽略回路电阻时，按照规定的正方向画出零序电流和电压的矢量图，如图 4-6（d）所示。$\dot{I}'_0$和$\dot{I}''_0$将超前$\dot{U}_{k0}$ 90°。

对于中性点经电阻接地系统，零序电压、电流矢量图如图 4-7（d）所示。中性点接地电阻使得零序阻抗角为 $\varphi_{k0}=80°$，$\dot{I}'_0$将超前$\dot{U}_{k0}$ 100°。因为不考虑线路电阻，$\dot{I}''_0$依然超前$\dot{U}_{k0}$ 90°。

零序电流的分布，主要取决于输电线路的零序阻抗和中性点接地变压器的零序阻抗，而与电源的数目和位置无关，例如在图 4-6（a）和图 4-7（a）中，当变压器 T2 的中性点不接地时，则$\dot{I}_0''=0$。

（3）对于发生故障的线路，两端零序功率的方向与正序功率的方向相反，零序功率方向实际上都是由线路流向母线的。

（4）从任一保护（例如保护 1）安装处的零序电压与电流之间的关系看，A 母线上的零序电压$\dot{U}_{A0}$实际上是从该点到零序网络中性点之间零序阻抗上的电压降，由此可表示为

$$\dot{U}_{A0}=(-\dot{I}_0)Z_0 \tag{4-1}$$

式中：Z_0 为变压器的零序阻抗。

对于图 4-6，$Z_0=jX_{T1}$，它是变压器 T1 的零序电抗；对于图 4-7，$Z_0=3r+jX_{T1}$，它是变压器零序电抗与中性点电阻组成的合成阻抗。该处零序电流与零序电压之间的相位差也将由 Z_0 的阻抗角决定，而与被保护线路的零序阻抗及故障点的位置无关。

从上面的分析还可以看出，中性点电阻的接入会影响零序电流大小和电压、电流相位关系，但是总体上不影响零序电压的分布规律。因此，以后的介绍将只介绍中性点直接接地系统。

二、中性点有效接地系统的接地保护

1. 零序电流瞬时速断（零序Ⅰ段）保护

零序Ⅰ段保护反应测量点的零序电流大小而瞬时动作，为保证选择性，保护范围不超过线路全长。在发生单相或两相接地故障时，可先求出零序电流 $3I_0$ 随线路长度 l 变化的关系曲线，然后进行保护整定计算。

零序电流瞬时速断保护的整定原则如下：

（1）躲过下一条线路出口处单相或两相接地短路时可能出现的最大零序电流 $3I_{0\cdot max}$，引入可靠系数 K_{rel}'（一般取为 1.2～1.3），即为

$$I_{set}'=K_{rel}'\times 3I_{0\cdot max} \tag{4-2}$$

（2）躲过断路器三相触头不同期合闸时所出现的最大零序电流 $3I_{0\cdot ut}$，引入可靠系数K_{rel}'，即为

$$I_{set}'=K_{rel}'\times 3I_{0\cdot ut} \tag{4-3}$$

如果保护装置的动作时间大于断路器三相不同期合闸的时间，则可以不考虑这一条件。

整定值应选取其中较大者。但在有些情况下，如按照原则（2）整定将使起动电流过大，使保护范围过小时，也可以采用在手动合闸以及三相自动重合闸时使零序Ⅰ段带有一个小延时（约 0.1s），以躲开断路器三相不同期合闸的时间，这样在定值上就无需考虑原则（2）了。

（3）当线路上采用单相自动重合闸时，按照能够躲过非全相运行状态下又发生系统振荡时所出现的最大零序电流来整定。

按照原则（1）、（2）整定的零序Ⅰ段，往往不能躲过在非全相运行状态下又发生系统振荡时，所出现的最大零序电流；而如果按原则（3）整定，正常情况下发生接地故障时其保护范围又要缩小，不能充分发挥零序Ⅰ段的作用。

为了解决这个矛盾，通常设置两个零序Ⅰ段保护，一个是按原则（1）或（2）整定（由于其定值较小，保护范围较大，因此，称为灵敏Ⅰ段），它的主要任务是对全相运行状态下的接地故障起保护作用，具有较大的保护范围，而当单相自动重合闸起动时则将其自动闭锁，需待恢复全相运行时才能重新投入。另一个是按原则（3）整定（由于它的定值较大，因此称为不灵敏Ⅰ段），装设它的主要目的是在单相重合闸过程中，其他两相又发生接地故障时用以弥补失去灵敏Ⅰ段的缺陷，尽快地将故障切除。当然，不灵敏Ⅰ段也能反应全相运行状态下的接地故障，只是其保护范围较灵敏Ⅰ段小些。

2. 零序电流限时速断（零序Ⅱ段）保护

零序Ⅱ段保护也反应零序电流的大小而动作，其起动电流首先考虑与下一条线路的零序电流速断相配合，并带有一个动作时限，以保证动作的选择性。

但是，当两个保护之间的变电站母线上接有中性点接地的变压器时，如图 4-8（a）所示，由于这一分支电路的影响将使零序电流的分布发生变化，此时的零序等效网络如图 4-8（b）所示，零序电流的变化曲线如图 4-8（c）所示。当线路 BC 上发生接地短路时，流过保护 1 和 2 的零序电流分别为 $\dot{I}_{k0.BC}$ 和 $\dot{I}_{k0.AB}$，两者之差就是从变压器 T2 中性点流回的电流 $\dot{I}_{k0.T2}$。

显然可见，这种情况与相间短路故障有助增电流的情况相同，引入零序电流的分支系数 $K_{0.br}$ 之后，则零序Ⅱ段的起动电流应整定为

$$I''_{set.2}=\frac{K''_{rel}}{K_{0.br}}I'_{set.1} \tag{4-4}$$

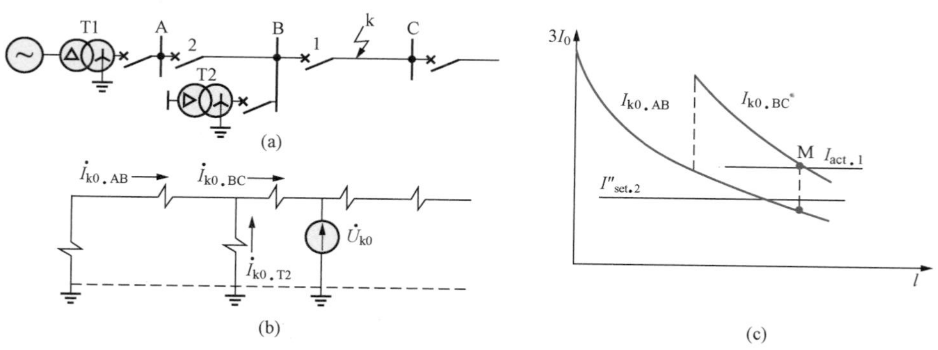

图 4-8　有分支电路时，零序Ⅱ段动作特性的分析

（a）网络接线图；（b）零序等效网络；（c）零序电流变化曲线

当变压器 T2 切除或中性点改为不接地运行时，则该支路即从零序等效网络中断开，此时 $K_{0.br}=1$。

零序Ⅱ段作为单相接地短路的主保护，其灵敏系数应按照本线路末端接地短路时的最小零序电流来校验，并应满足 $K_{sen} \geqslant 1.3 \sim 1.5$ 的要求。当由于下一线路比较短或运行方式变化比较大，不能满足对灵敏系数的要求时，可以考虑用下列方式解决。

（1）使零序Ⅱ段保护与下一条线路的零序Ⅱ段相配合，时限再抬高一级，取为0.7～1.2s。

（2）保留0.5s的零序Ⅱ段，同时再增加一个按原则（1）整定的保护，这样保护装置中，就具有两个定值和时限均不相同的零序Ⅱ段；一个是定值较大，能在正常运行方式和最大运行方式下，以较短的延时切除本线路上所发生的大部分接地故障；另一个则具有较长的延时，它能保证在各种运行方式下线路末端接地短路时保护装置具有足够的灵敏系数。

（3）从系统接线的全局考虑改用接地距离保护。

3. 零序过电流（零序Ⅲ段）保护

零序Ⅲ段保护的作用相当于相间短路的过电流保护，在一般情况下是作为后备保护使用的；但在大电流接地系统中的终端线路上，它能快速切除全线上的接地故障，也可以作为主保护使用。

在零序过电流保护中，对继电器的起动电流，原则上是按照躲过在下一条线路出口处相间短路时所出现的最大不平衡电流 $I_{unb.max}$ 来整定，引入可靠系数 K_{rel}，即为

$$I'''_{set} = K_{rel} I_{unb.max} \tag{4-5}$$

同时还必须要求各保护之间在灵敏系数上要互相配合，满足式（3-21）的要求。

在第三章中提到对于相间过电流保护最后一段，按躲过最大负荷电流整定，其选择性主要依靠时间配合，不要求校验各级保护的保护范围是否伸出下级保护范围之外。而对于零序保护最后一段定值都很低，灵敏度都很高，为了提高选择性，可以在定值上也按逐级配合的原则来考虑，具体说，就是本保护零序Ⅲ段的保护范围，不能超出相邻线路上零序Ⅲ段的保护范围。当两个保护之间具有分支电路时，参照图4-8的分析，保护装置的起动电流应整定为

$$I'''_{set.2} = \frac{K_{rel}}{K_{0.br}} I'''_{set.1} \tag{4-6}$$

式中：K_{rel} 为可靠系数，一般取为1.1～1.2；$K_{0.br}$ 为在相邻线路的零序Ⅲ段保护范围末端发生单相接地短路时，故障线路中零序电流与流过本保护装置中零序电流之比。

保护装置的灵敏系数，当作为相邻元件的后备保护时，应按照相邻元件末端单相接地短路时流过本保护的最小零序电流（应考虑分支电路使电流减小的影响）来校验。

按上述原则整定的零序过电流保护，其起动电流一般都很小（在二次侧约为2～3A），因此，在本电压级网络中发生接地短路时它都可能起动，这时为了保证保护的选择性，各保护的动作时限也应按照图4-9所示的原则来确定。图4-9所示的网络接线中，安装在受端变压器T1上的零序过电流保护4可以是瞬时动作的，因为在Yd接线变压器低压侧的任何故

障都不能在高压侧引起零序电流，因此，就无需考虑与保护 1～3 的配合关系。按照选择性的要求，保护 5 应比保护 4 高出一个时间段，保护 6 又应比保护 5 高出一个时间段等。

为了便于比较，在图 4-9 中也绘出了相间短路过电流保护的动作时限，它是从保护 1 开始逐级配合的。由此可见，在同一线路上的零序过电流保护与相间短路的过电流保护相比，将具有较小的时限，这也是它的一个优点。

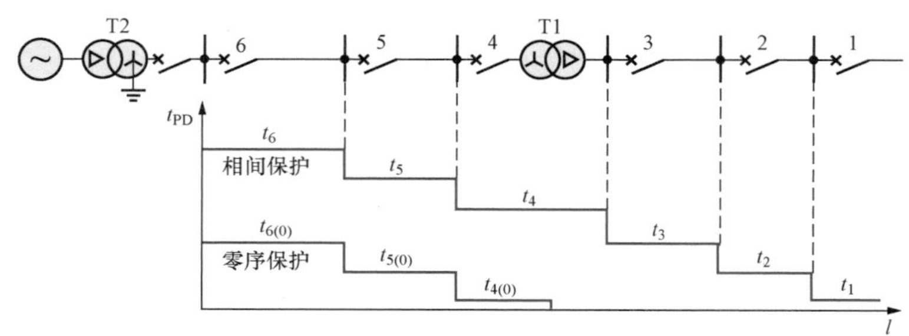

图 4-9　相间短路和接地短路时过电流保护和零序过电流保护的动作时限

4. 方向性零序电流保护

在双侧或多侧电源的网络中，电源处变压器的中性点一般至少有一台的中性点要接地，由于零序电流的实际流向是由故障点流向各个中性点接地的变压器，因此在变压器接地数目比较多的复杂网络中，就需要考虑零序电流保护动作的方向性问题。

如图 4-10（a）所示的网络接线，两侧电源处的变压器中性点均直接接地，这样当 k1 点短路时，其零序等效网络和零序电流分布如图 4-10（b）所示。按照选择性的要求，应该由保护 1 和 2 动作切除故障，但是零序电流 $\dot{I}''_{0.\mathrm{k1}}$ 流过保护 3 时就可能引起它的误动作；同样，当 k2 点短路时，如图 4-10（c）所示，零序电流 $\dot{I}'_{0.\mathrm{k2}}$ 又可能使保护 2 误动作。此情况类似于本书第三章中关于双端电源保护的分析，必须在零序电流保护上增加功率方向元件，利用正方向和反方向故障时零序功率方向的差别来闭锁可能误动作的保护，才能保证动作的选择性。

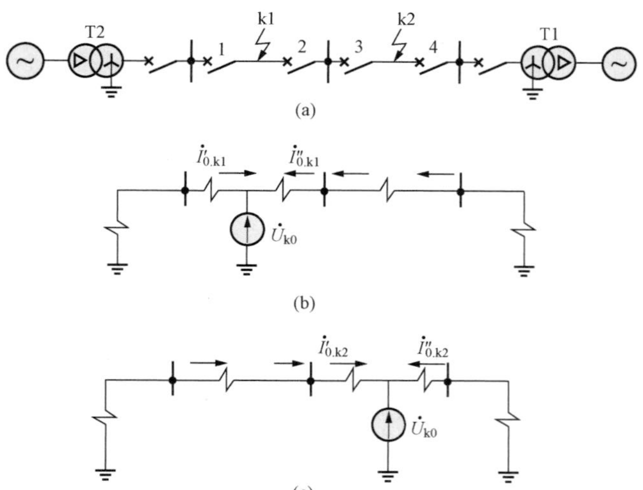

图 4-10　零序方向保护工作原理的分析

（a）网络接线；（b）k1 点短路的零序网络；（c）k2 点短路的零序网络

零序功率方向继电器接于零序电压 $3\dot{U}_0$ 和零序电流 $3\dot{I}_0$，反映零序功率的方向而动作。因为接地短路时零序电流是由接地点的零序电压产生的，故当保护范围内部故障时，按规定的电流、电压正方向，$3\dot{I}_0$ 超前于 $3\dot{U}_0$ 为 95°～110°（对应于保护安装地点背后的零序阻抗角为 85°～70°的情况），继电器此时应正确动作，并应工作在最灵敏的条件之下。

由于越靠近故障点的零序电压越高，因此零序方向元件没有电压死区。相反地，当故障点距保护安装地点很远时，由于保护安装处的零序电压较低，零序电流较小，继电器反而可能不起动。为此，必须校验方向元件在这种情况下的灵敏系数，例如当作为相邻元件的后备保护时，应采用相邻元件末端短路时在本保护安装处的最小零序电流、电压或功率（经电流、电压互感器转换到二次侧的数值）与功率方向继电器的最小起动电流、电压或起动功率之比来计算灵敏系数，并要求 $K_{sen}\geqslant 2$。

5. 对零序电流保护的评价

零序电流保护的优点有如下几点：

（1）零序过电流保护按照躲过不平衡电流的原则整定，整定值低；而当真正的接地故障发生时，故障相的电流数值一般都很大。因此，保护灵敏度高。

此外，由图 4-9 可见，零序过电流保护的动作时限也较相间保护短。尤其是对于两侧电源的线路，当线路内部靠近任一侧发生接地短路时，本侧零序保护Ⅰ段动作跳闸后，对侧零序电流增大，可使对侧零序保护Ⅰ段也相继动作跳闸，因而使总的故障切除时间更加缩短。

（2）零序电流保护受系统运行方式变化的影响小，零序保护Ⅰ段的保护范围大、稳定，零序保护Ⅱ段的灵敏系数也易于满足要求。

（3）当系统中发生某些不正常运行状态时，例如系统振荡、短时过负荷等，三相是对称的，相间短路的电流保护均将受它们的影响而可能误动作，因而需要采取必要的措施予以防止，而零序保护则不受它们的影响。

（4）在 110kV 及以上的高压和超高压系统中，单相接地故障约占全部故障的 70%～90%，而且其他的故障也往往是由单相接地发展起来的。因此采用专门的零序保护就具有显著的优越性。我国电力系统的实际运行经验也充分证明了这一点。

零序电流保护的缺点有如下几点：

（1）对于短线路或运行方式变化很大的情况，保护往往不能满足系统运行所提出的要求。对于复杂的双回线环网，灵敏度常常难以满足要求。

（2）随着单相重合闸的广泛应用，在重合闸动作的过程中将出现非全相运行状态，再考虑系统两侧的电机发生摇摆，则可能出现较大的零序电流，因而影响零序电流保护的正确工作。此时应从整定计算上予以考虑，或在单相重合闸动作过程中使之短时退出运行。

（3）当采取自耦变压器联系两个不同电压等级的网络时（例如 110kV 和 220kV 电网），则任一网络的接地短路都将在另一网络中产生零序电流，这将使零序保护的整定配合复杂化，并将增大零序第Ⅲ段保护的动作时限。

第三节 中性点经小电阻接地系统中的高阻接地故障检测

一、高阻接地故障

高阻接地故障是指电力线路通过非金属性导电介质所发生的接地故障，这些介质包括道路、土壤、树枝或者水泥建筑物等。其主要特点是非金属导电介质呈现高电阻特征，导致接地故障电流很小，而且故障呈现电弧性、间歇性、瞬时性特点，普通的零序电流保护难以检测。

高阻接地故障可以发生在各个电压等级的架空线路和电缆线路中。在220～500kV的高压线路上发生单相接地故障时，往往会有较大的过渡电阻存在，当导线对位于其下面的树木等放电时，接地过渡电阻可能达到100～300Ω。同样，该问题也出现在6～35kV中性点不接地、中性点经消弧线圈接地、中性点经小电阻接地的配电系统中。

经小电阻接地系统中发生接地故障时，中性点电阻限制了接地电流，这个电阻表现在中性点对地支路上，串联在中性点接地回路中，使得接地故障电流变小。

经小电阻接地系统发生接地故障和高阻接地故障具有类似的故障特征，因为不管是中性点电阻还是接地点的高电阻均使得接地电流减小，二者共同存在时接地电流更小。因此本节不加区别地一并予以讨论。

国际上普遍认可的高阻接地故障［比如IEEE和PSERC（Power System Engineering and Research Center)］是特指在中性点有效接地的配电系统（如北美的四线制系统）中，单相对地（不排除相间，但是情况较少）发生经过非金属性导电介质的短路时，故障电流低于过电流保护定值，因而保护无法反应的配电系统故障状态。

不论是哪种高阻接地，它们的共同点都是故障电流小，PSERC给出的12.5kV（7.2kV相对地）中性点接地系统高阻接地电流典型值见表4-1[1-2]。一般情况下，高阻接地故障的一次电流小于50A，低于一般过电流保护最小动作值。

表4-1　12.5kV中性点接地系统高阻接地电流典型值

介质	电流（A）	介质	电流（A）
干燥的沥青/混凝土/沙地	0	潮湿草皮	40
潮湿沙地	15	潮湿草地	50
干燥草皮	20	钢筋混凝土	75
干燥草地	25		

尽管接地电流很小，但它仍是故障。对于中性点有效接地系统此故障必须尽快清除；对于中性点非有效接地系统，保护必须给出接地告警信号。

目前，针对高阻接地故障的保护主要有以下三种。

（1）零序反时限过电流保护：它通过降低保护动作定值而检测微弱的零序电流，保护的选择性和可靠性通过长动作时间来保证。

（2）基于三次谐波电流或者三次谐波电流对系统电压相位差所构成的保护：因为过渡电阻、电弧等的非线性会引入三次谐波，检测三次电流谐波的幅值及相位关系可以构成接地保护。

（3）利用采样值突变量的保护：该保护检测高阻故障引起的高频扰动，依据是高阻故障电弧会产生高频分量。

二、零序反时限过电流保护

为了提高故障检测的灵敏度，继电器的起动电流可按照躲过正常运行情况下出现的不平衡电流 I_{unb} 进行整定，取为

$$I_{k.set}=\frac{K_{rel}}{K_{re}}I_{unb} \tag{4-7}$$

并应选择较长的动作时限。

适应接地故障的继电器动作特性通常采用甚反时限特性如图 4-11 所示，其动作方程为

$$t=\frac{13.5K}{\left(\frac{I}{I_{k.set}}\right)-1} \tag{4-8}$$

式中：$I_{k.set}$ 为继电器的整定电流；I 为流入继电器的电流；K 为时间整定系数；t 为动作时间。

由于起动电流整定得很小，因此在区外相间短路出现较大的不平衡电流以及本线路单相断开后的非全相运行过程中，继电器均可能起动，此时主要靠整定较大的时限来保证选择性，防止误动作。也可利用此保护切除长期存在的不允许的非全相运行的线路。

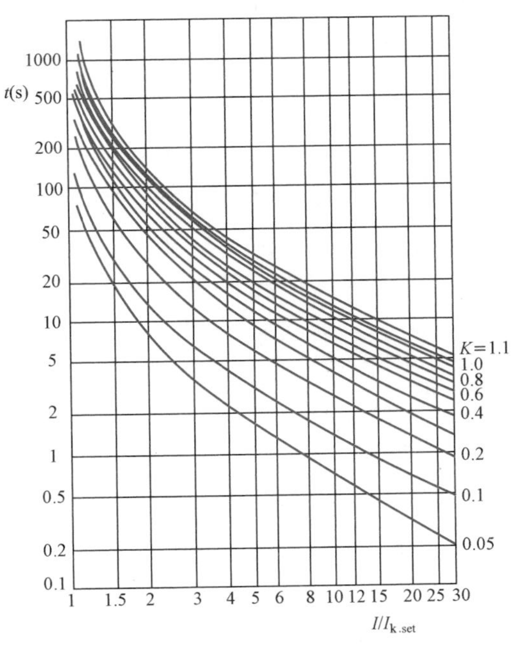

图 4-11　甚反时限过电流继电器的电流—时间特性曲线

＊三、基于三次谐波电流幅值和相位的接地保护

国外在该领域的研究，特别是针对中性点经小电阻接地的配电系统单相接地保护研究，主要集中在对于故障电压和故障电流的波形特征所进行的检测上。在这些基于波形特性的检测算法中，基于三次谐波电流的检测方法是较早被人们采用的方法之一[3]。

三次谐波电流方法是最早被采用且最早被

商品化的高阻接地检测算法，其主要依据是在配电系统中发生了高阻接地故障的时候，零序电流的波形会因为接地电阻的非线性而扭曲。这样的非线性一方面来源于电弧，另一方面来源于土壤等介质中化合物（如碳化硅）本身的非线性。由于非线性，三次谐波电流就产生了；也正是因为在高阻接地时基波电流很小，这样的非线性就表现得更为明显。

典型的单相接地故障电压和电流波形如图 4-12 所示，图 4-13 示出了三次谐波电流在故障电流中的含量[3]。大量的现场实测得出了类似的结论。

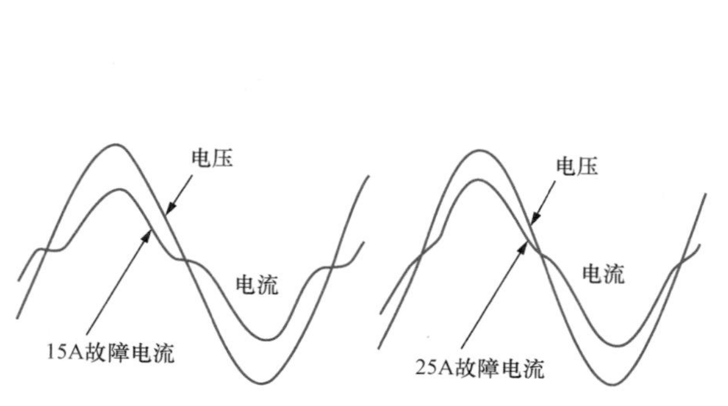

图 4-12　高阻单相接地故障电压和电流波形

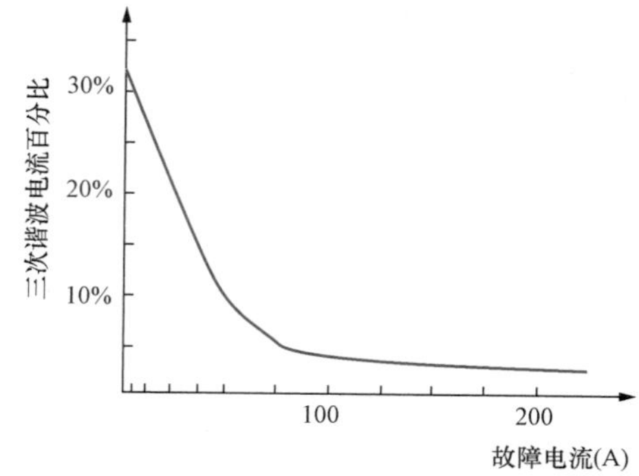

图 4-13　故障电流中三次谐波电流的含量

进一步分析图 4-12 所示的波形可以发现，在故障点，三次谐波电流的相位是系统电压瞬时值的函数，因为电阻的非线性故障电流呈现出“尖顶波”的形状。因此可以假设，在故障点，当基波电压达到最大值的时候，三次谐波电流和基波电流也都达到了最大值；那么在三次谐波电流和基波电压同时过零点后，三次谐波电流相对基波电压的相角差就是 180°（因为三次谐波矢量的转动速度是基波电压矢量转动速度的 3 倍），波形分解如图 4-14 所示。

从图 4-14 可见，在三次谐波电流过零点存在 180°左右的相角差，它来自故障点本身电阻的非线性，因此被认为是高阻接地故障的特性。而在变电站母线检测点（保护安装处），上述的相位关系会发生变化，如图 4-15 所示。但是这样的变化在系统属性（主要是线路长

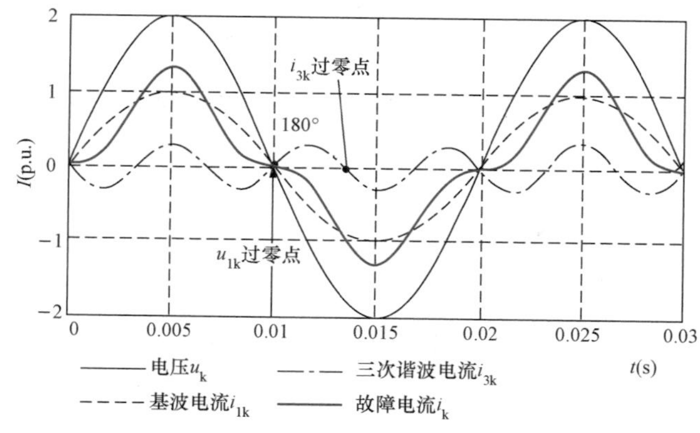

图 4-14　故障点电压电流及电流的谐波分解

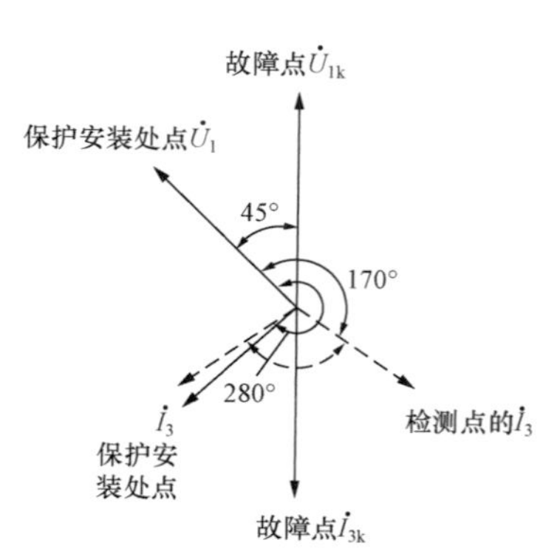

图 4-15　保护安装点和故障点电压、电流的相位关系

度、分布电容、并联设备）已知的情况下是可以确定的。因此，根据不同的系统可以确定一个相位范围，即在变电站母线检测点，如果三次谐波电流相对基波电压的相角差（如图 4-14 中的过零点的相角差）进入一定的角度范围，同时三次谐波的幅值对基波的比例达到一定的程度，那么就认为出现了高阻接地的特征谐波，保护装置就会进一步根据这样的特征谐波给出动作判别结果。

按照图 4-14 所示给出一个例子，如果故障点的三次谐波电流 $\dot{I}_{3k}$ 相对故障点的基波电压 $\dot{U}_{1k}$ 滞后 180°，那么在变电站母线检测点考虑到线路的分布电容和分布的容性负荷，三次谐波电流 $\dot{I}_3$ 相对基波电压 $\dot{U}_1$ 的相角将会滞后 170°～280°。

基于上述分析可以构造基于三次谐波电流幅值和相位的接地保护，其动作判据为

$$\begin{cases}\dfrac{I_3}{I_1} > R_\mathrm{I} \\ \varphi_{\mathrm{set2}} > \varphi_{\mathrm{U1}} - \varphi_{\mathrm{I3}} > \varphi_{\mathrm{set1}}\end{cases}$$

式中：I_3、I_1分别为变电站母线检测点的三次谐波电流和基波电流数值，R_I 为比率定值；φ_{set1}、φ_{set2} 为整定值；φ_{U1}、φ_{I3} 分别为变电站母线检测点的基波电压和三次谐波电流的相位。

另外应注意的是，因为系统中往往存在一些固有的谐波，因此上述的三次谐波电流的计算是基于三次谐波电流的增量得到的。

第四节　中性点不接地系统中的接地保护

中性点不接地系统发生接地故障时零序电流数值较小，这是由于接地回路的阻抗（容抗）较大，接地故障特征不如中性点有效接地系统明显。对于两相接地故障，相间电流保护将动作切除故障线路；对于单相接地故障，只要求保护有选择性地发出接地告警信号，一般情况下不需要跳闸。

一、中性点不接地系统中单相接地故障的特点

对于图 4-16 所示的最简单的网络接线，在正常运行情况下，其三相对地有相同的电容均为 C_0，在相电压的作用下，每相都有一超前于相电压 90°的电容电流流入地中，而三相电流之和等于零即没有零序电流。假设在 A 相发生了单相接地，则 A 相对地电压变为零，对地电容被短接而放电，而其他两相的对地电压升高$\sqrt{3}$倍，对地电容充电电流也相应地增大$\sqrt{3}$倍，其矢量关系如图 4-17 所示。在单相接地时，由于三相中的负荷电流和线电压仍然是对称的，可不予考虑，而只分析对地电容电流的变化。

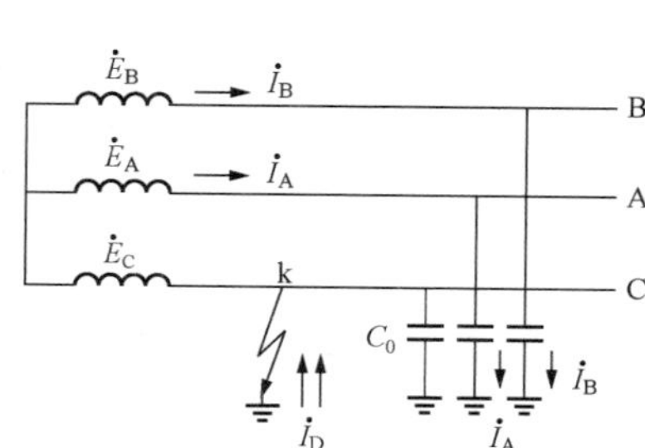

图 4-16　简单网络接线示意图

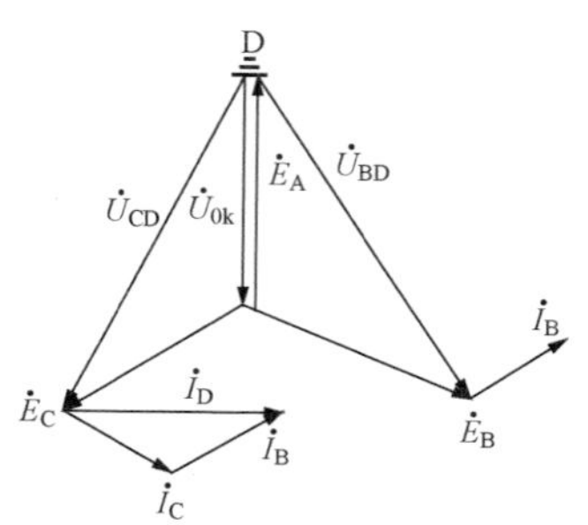

图 4-17　A 相接地时的矢量图

（D 代表大地）

在 A 相接地以后，各相对地的电压为

$$\dot{U}_{AD}=0$$

$$\left.\begin{aligned}\dot{U}_{BD}&=\dot{E}_B-\dot{E}_A=\sqrt{3}\,\dot{E}_A\mathrm{e}^{-\mathrm{j}150^\circ}\\ \dot{U}_{CD}&=\dot{E}_C-\dot{E}_A=\sqrt{3}\,\dot{E}_A\mathrm{e}^{\mathrm{j}150^\circ}\end{aligned}\right\}\tag{4-9}$$

故障点 k 的零序电压为

$$\dot{U}_{0k}=\frac{1}{3}(\dot{U}_{AD}+\dot{U}_{BD}+\dot{U}_{CD})=-\dot{E}_A\tag{4-10}$$

在非故障相中流向故障点的电容电流为

$$\left.\begin{aligned}\dot{I}_B&=\dot{U}_{BD}\mathrm{j}\omega C_0\\ \dot{I}_C&=\dot{U}_{CD}\mathrm{j}\omega C_0\end{aligned}\right\}\tag{4-11}$$

其有效值为

$$I_B=I_C=\sqrt{3}U_\varphi\omega C_0$$

式中：U_φ为相电压的有效值。

此时，从接地点流回的电流为 $\dot{I}_D=\dot{I}_B+\dot{I}_C$，由图 4-17 可见，其有效值为 $I_D=3U_\varphi\omega C_0$，即正常运行时三相对地电容电流的算术和，即从线路始端得到的零序电流 $3\dot{I}_0$ 等于三相对地电容电流之和。

当网络中有发电机 G 和多条线路存在时，如图 4-18 所示，每台发电机和每条线路对地均有电容存在，设以 C_{0G}、$C_{0\mathrm{I}}$、$C_{0\mathrm{II}}$ 等集中的电容来表示，当线路Ⅱ A 相接地后，如果忽略负荷电流和电容电流在线路阻抗上的电压降，则全系统 A 相对地的电压均等于零，因而各元件 A 相对地的电容电流也等于零，同时 B 相和 C 相的对地电压和电容电流也都升高$\sqrt{3}$倍，仍可用式（4-9）～式（4-11）的关系来表示，在这种情况下全系统的电容电流分布在图4-18 中用“→”表示。

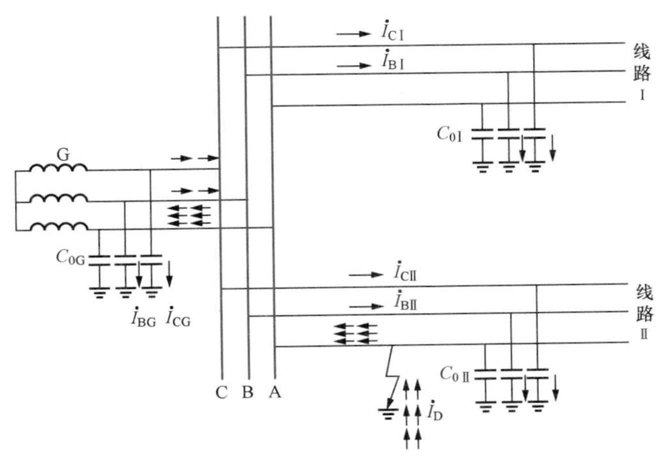

图 4-18　单相接地时用三相系统表示的电容电流分布图

由图 4-18 可见，在非故障的线路Ⅰ上，A 相电流为零，B 相和 C 相中流有本身的电容电流，因此在线路Ⅰ始端所测得的零序电流为本线路的全部电容电流

$$3\dot{I}_{0\,I} = \dot{I}_{B\,I} + \dot{I}_{C\,I}$$

参照图 4-17 所示的关系，$3\dot{I}_{0\,I}$ 表示三相的零序电流，其有效值为

$$3I_{0\,I} = 3U_{\varphi}\omega C_{0\,I} \tag{4-12}$$

即非接地线路Ⅰ的零序电流为其本身的三相电容电流，电容性无功功率的方向为由母线流向线路。

当电网中的线路很多时，上述结论可适用于每一条非故障的线路。

在发电机 G 上，首先流过它本身的 B 相和 C 相的对地电容电流 $\dot{I}_{BG}$ 和 $\dot{I}_{CG}$，但是，由于它还是产生其他电容电流的电源，因此，从 A 相中要流回从故障点流上来的全部电容电流，而在 B 相和 C 相中又要分别流出各线路上同名相的对地电容电流，此时从发电机出线端所流出的零序电流仍应为三相电容电流之和，由图可见，各线路的电容电流由于从 A 相接地点流入后又分别从 B 相和 C 相流出了，相加后互相抵消，只剩下发电机本身的电容电流，故对于发电机

$$3\dot{I}_{0G} = \dot{I}_{BG} + \dot{I}_{CG}$$

有效值为 $3I_{0G}=3U_{\varphi}\omega C_{0G}$，即零序电流为发电机本身的电容电流，其电容性无功功率的方向是由母线流向发电机，这个特点与非故障线路是一样的。

而发生故障的线路Ⅱ，在 B 相和 C 相上与非故障的线路一样流有它本身的电容电流 $\dot{I}_{B\,II}$ 和 $\dot{I}_{C\,II}$，而不同之处是在接地点要流回全系统 B 相和 C 相对地电容电流之总和，其值为

$$\dot{I}_D = (\dot{I}_{B\,I} + \dot{I}_{C\,I}) + (\dot{I}_{B\,II} + \dot{I}_{C\,II}) + (\dot{I}_{BG} + \dot{I}_{CG})$$

其有效值为

$$I_D = 3U_\varphi\omega(C_{0\mathrm{I}} + C_{0\mathrm{II}} + C_{0G}) = 3U_\varphi\omega C_{0\Sigma} \tag{4-13}$$

式中：$C_{0\Sigma}$ 为全系统每相对地电容的总和。

此电流要从 A 相流回去，因此从 A 相流出的电流可表示为 $\dot{I}_{A\mathrm{II}} = -\dot{I}_D$，这样在线路Ⅱ始端所流过的零序电流则为

$$3\dot{I}_{0\mathrm{II}} = \dot{I}_{A\mathrm{II}} + \dot{I}_{B\mathrm{II}} + \dot{I}_{C\mathrm{II}} = -(\dot{I}_{B\mathrm{I}} + \dot{I}_{C\mathrm{I}} + \dot{I}_{BG} + \dot{I}_{CG})$$

其有效值为

$$3\dot{I}_{0\mathrm{II}} = 3U_\varphi\omega(C_{0\Sigma} - C_{0\mathrm{II}}) \tag{4-14}$$

由此可见，由故障线路流向母线的零序电流，其数值等于全系统非故障元件对地电容电流之总和（但不包括故障线路本身），其电容性无功功率的方向为由线路流向母线，恰好与非故障线路上的相反。

根据上述分析结果可以作出单相接地时的零序等效网络，如图 4-19（a）所示，在接地点有一个零序电压 $\dot{U}_{k0}$，而零序电流的回路是通过各个元件的对地电容构成的，由于送电线路的零序阻抗远小于电容的容抗，因此可以忽略不计，在中性点不接地系统中的零序电流就是各元件的对地电容电流。其矢量关系如图 4-19（b）所示（图中 $\dot{I}'_{0\mathrm{II}}$ 表示线路Ⅱ本身的零序电容电流），这与直接接地系统是完全不同的。

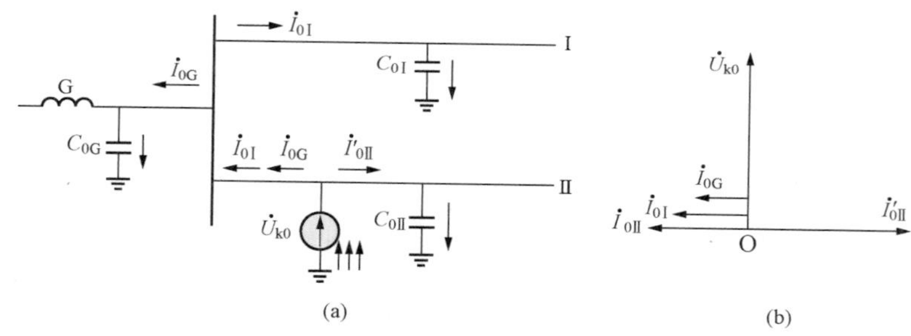

图 4-19　单相接地时的零序等效网络（对应图 4-18）及矢量图

（a）等效网络；（b）矢量图

对中性点不接地系统中的单相接地故障，利用图 4-18 的分析可以给出清晰的物理概念，但是计算比较复杂，使用不方便。而根据该图的分析方法得出如图 4-19 所示的零序等效网络以后，对计算零序电流的大小和分布则是十分方便的。总结以上分析的结果，可以得出如下结论。

（1）在发生单相接地时，全系统都将出现相同的零序电压。

（2）在非故障的元件上有零序电流，其数值等于本身的对地电容电流，电容性无功功率的实际方向为由母线流向线路。

（3）在故障线路上，零序电流为除本线路外全系统非故障元件对地电容电流之和，数值一般较大，其电容性无功功率的实际方向为由线路流向母线。

这些特点和区别将是构成保护方式的依据。

二、中性点不接地系统中的单相接地保护

根据网络接线的具体情况，可利用以下方式来构成单相接地保护。

1. 绝缘监视装置

在发电厂和变电站的母线上，一般装设电网单相接地的监视装置，它利用接地后出现的零序电压带延时动作于信号。为此，可用一过电压继电器接于电压互感器二次开口三角形的一侧构成网络单相接地的监视装置，如图 4-20 所示。

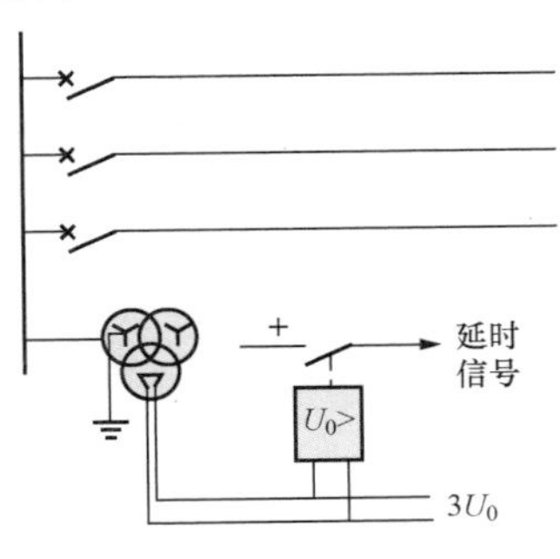

图 4-20　网络单相接地的监视装置原理接线图

只要本网络中发生单相接地故障，则在同一电压等级的所有发电厂和变电站的母线上都将出现零序电压，因此这种方法给出的信号是没有选择性的，要想发现故障是在哪一条线路上，还需要由运行人员依次短时断开每条线路，并继之以自动重合闸将断开线路投入，当断开某条线路时零序电压的信号消失，即表明故障是在该线路之上。

2. 零序电流保护

利用故障线路零序电流较非故障线路大的特点来实现有选择性地发出信号或动作于跳闸。

这种保护一般使用在有条件安装零序电流互感器的线路上（如电缆线路或经电缆引出的架空线路）；或当单相接地电流较大，足以克服由三相电流互感器构成的零序电流过滤器中不平衡电流的影响时，保护装置也可以接于三个电流互感器构成的零序回路中。

根据图 4-19 的分析，当某一线路上发生单相接地时，非故障线路上的零序电流为本身的电容电流。因此，为了保证动作的选择性，对保护装置整定的起动电流 I_{set} 应大于本线路的电容电流，参见式（4-12），即

$$I_{set}=K_{rel}3U_{\varphi}\omega C_0,\ K_{rel}>1 \tag{4-15}$$

式中：C_0 为被保护线路每相的对地电容。

按式（4-15）整定以后，还需要校验在本线路上发生单相接地故障时的灵敏系数，由于流经故障线路上的零序电流为全网络中非故障线路电容电流的总和，可用 $3U_{\varphi}\omega(C_{\Sigma}-C_0)$ 来表示，因此灵敏系数为

$$\begin{aligned}K_{sen}&=\frac{3U_{\varphi}\omega(C_{\Sigma}-C_0)}{K_{rel}3U_{\varphi}\omega C_0}\\&=\frac{C_{\Sigma}-C_0}{K_{rel}C_0}\end{aligned} \tag{4-16}$$

式中：C_{Σ} 为同一电压等级网络中，各元件每相对地电容之和，C_0 为所整定线路的三相电容校验灵敏度时应采用系统最小运行方式时，即线路投入最少时的电容电流，也就是 C_{Σ} 为最

小时的电容电流。

由式（4-16）可见，当全网络的电容电流越大或被保护线路的电容电流越小时，零序电流保护的灵敏系数就越容易满足要求。

3. 零序功率方向保护

它是利用故障线路与非故障线路零序功率方向不同的特点来实现有选择性的保护，动作于信号或跳闸。这种方式适用于零序电流保护不能满足灵敏系数的要求时和接线复杂的网络中。

为了提高零序方向保护动作的可靠性和灵敏性，可以考虑仅在发生接地故障时，零序电流元件动作并延时 50～100ms 之后，才开放方向元件的相位比较回路。原理如图 4-21 所示。

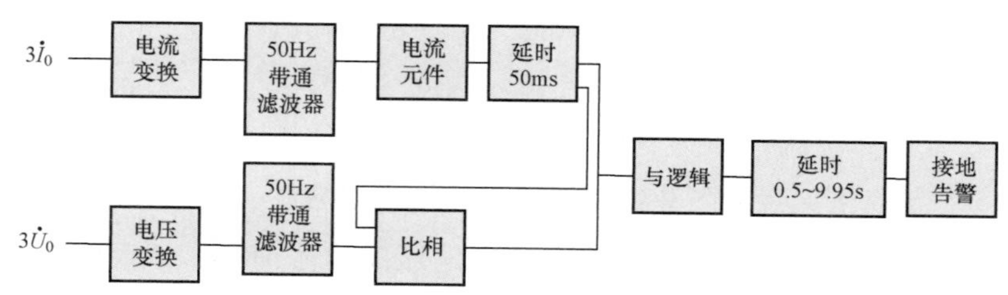

图 4-21　构成零序电流方向保护的原理框图

其中零序电流元件的起动电流按躲过相间短路时零序电流互感器的不平衡电流整定，而与被保护元件自身电容电流的大小无关，既简化了整定计算，又极大提高了保护的灵敏性。

对零序方向元件的灵敏角可选择为 $\varphi_{sen \cdot max}=90°$，即 $3\dot{U}_0$ 超前 $3\dot{I}_0$ 90° 时动作最灵敏，动作范围为 $\varphi_{sen \cdot max}\pm$（80°～90°）。

零序电流元件控制零序方向元件比相回路方案的特点如下：

（1）只在发生接地故障时才将方向元件投入工作，提高了工作的可靠性。

（2）不受正常运行及相间短路时零序电压及零序电流过滤器不平衡输出的影响。

（3）电流元件动作后延时 50～100ms 开放方向元件的比相回路，可有效地防止单相接地瞬间过渡过程对方向元件的影响。

（4）当区外故障时，流过保护的电流是被保护元件自身的电容电流，方向元件可靠不动作。

第五节　中性点经消弧线圈接地系统中的接地保护

中性点加装消弧线圈是为了减小单相接地故障发生后的接地点电容电流，使得电弧不得重燃。这也使得接地故障的危害更进一步减轻，同时也使有选择性的接地保护的构成更加困难，尽管该保护只需要给出接地发生的信号而不需要跳闸。

一、中性点经消弧线圈接地系统中单相接地故障的特点

1. 单相接地故障的稳态分析

根据上一节的分析，当中性点不接地系统中发生单相接地时，在接地点要流过全系统的

对地电容电流，如果此电流比较大，就会在接地点燃起电弧，如果弧光是间断性的，会引起弧光过电压，从而使非故障相的对地电压进一步升高数倍，使绝缘损坏，引起两点或多点的接地短路，造成停电事故。为了解决这个问题，通常在中性点接入一个电感线圈，如图 4-22（a）所示。当发生单相接地时，在接地点就有一个电感分量的电流通过，此电流和原系统中的电容电流相抵消，就可以减少流经故障点的电流，因此称之为消弧线圈。

在各级电压网络中，当全系统的电容电流超过一定数值（对 3～6kV 电网超过 30A，10kV 电网超过 20A，22～66kV 电网超过 10A）时应装设消弧线圈。

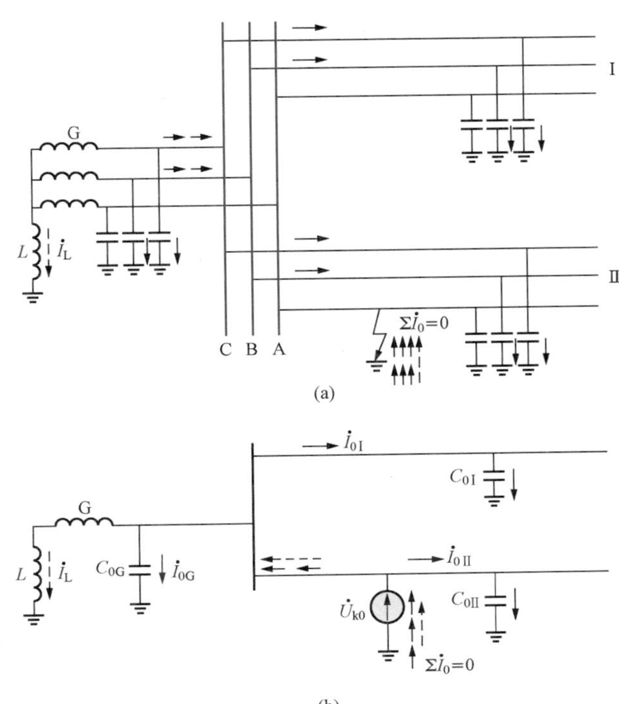

图 4-22　消弧线圈接地电网中单相接地时的电流分布

（a）用三相系统表示；（b）零序等效网络

当采用消弧线圈以后，单相接地时的电流分布将发生重大的变化。假定在图 4-22 所示的网络中，在电源的中性点接入了消弧线圈，如图 4-22（a）所示。当线路Ⅱ上 A 相接地以后，电容电流的大小和分布与不接消弧线圈时是一样的，不同之处是在接地点又增加了一个电感分量的电流 $\dot{I}_L$，因此从接地点流回的总电流为

$$\dot{I}_D = \dot{I}_L + \dot{I}_{C\Sigma} \tag{4-17}$$

$$\dot{I}_L = \frac{-\dot{E}_A}{j\omega L}$$

式中：$\dot{I}_{C\Sigma}$ 为全系统的对地电容电流，可用式（4-13）计算；$\dot{I}_L$ 为消弧线圈的电流，用 I_L 表示它的电感 L 产生的感性电流。

由于 $\dot{I}_{C\Sigma}$ 和 $\dot{I}_L$ 的相位大约相差 180°，因此 $\dot{I}_D$ 将因消弧线圈的补偿而减小。相似地，可以作出它的零序等效网络，如图 4-22（b）所示。

根据对电容电流补偿程度的不同，消弧线圈可以有完全补偿、欠补偿及过补偿三种补偿方式。

（1）完全补偿就是使 $I_L = I_{C\Sigma}$，接地点的电流近似为 0。从消除故障点的电弧，避免出现弧光过电压的角度来看，这种补偿方式是最好的，但是从其他方面来看则又存在有严重的缺点。因为完全补偿时，$\omega L = \frac{1}{3\omega C_{\Sigma}}$，正是电感 L 和三相对地电容 $3C_{\Sigma}$ 对 50Hz 交流串联谐振的条件。这样在正常情况时，如果架空线路三相的对地电容不完全相等，则电源中性点对

地之间就产生电位偏移。应用戴维南定理，当 L 断开时中性点的电压为

$$\dot{U}_{N}=\frac{\dot{E}_{A}j\omega C_{A}+\dot{E}_{B}j\omega C_{B}+\dot{E}_{C}j\omega C_{C}}{j\omega C_{A}+j\omega C_{B}+j\omega C_{C}}=\frac{\dot{E}_{A}C_{A}+\dot{E}_{B}C_{B}+\dot{E}_{C}C_{C}}{C_{A}+C_{B}+C_{C}} \tag{4-18}$$

式中：$\dot{E}_{A}$、$\dot{E}_{B}$、$\dot{E}_{C}$ 分别为三相电源电动势；C_{A}、C_{B}、C_{C} 分别为三相对地电容。

此外，在断路器合闸三相触头不同时闭合时，也将短时出现一个数值更大的零序分量电压。

在上述两种情况下所出现的零序电压都是串联接于 L 和 $3C_{\Sigma}$ 之间的，其零序等效网络如图 4-23 所示。稍有扰动就会产生 LC 串联谐振过电压，此电压将在串联谐振的回路中产生很大的电压降落，从而使电源中性点对地电压严重升高，这是不能允许的，因此在实际上不宜采取全补偿方式。

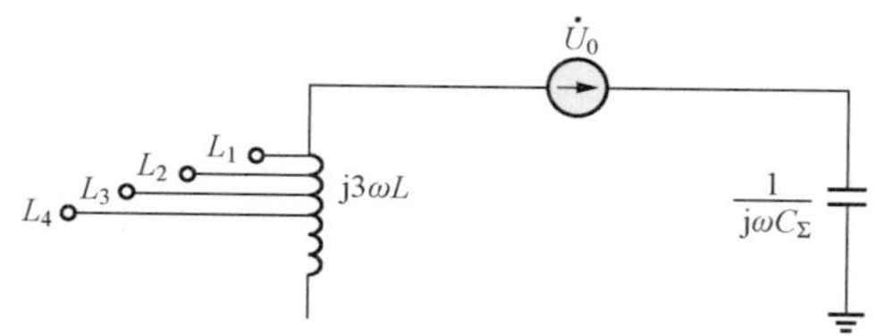

图 4-23 产生串联谐振的零序等效网络图

（2）欠补偿就是使 $I_{L}<I_{C\Sigma}$，补偿后的接地点电流仍然是电容性的。采用这种方式时，仍然不能避免上述问题的发生。因为当系统运行方式变化时，例如某条线路被切除或发生故障而跳闸，则电容电流将减小，这时很可能又出现 I_{L} 和 $I_{C\Sigma}$ 两个电流相等的情况而引起过电压，因此欠补偿的方式一般也是不采用的。

（3）过补偿就是使 $I_{L}>I_{C\Sigma}$，补偿后的残余电流是电感性的。采用这种方法不可能发生串联谐振的过电压问题，因此在实际中获得了广泛的应用。

I_{L} 大于 $I_{C\Sigma}$ 的程度用过补偿度 P 来表示，其关系为

$$P=\frac{I_{L}-I_{C\Sigma}}{I_{C\Sigma}} \tag{4-19}$$

一般选择过补偿度 $P=5\%\sim10\%$，而不大于 10%。

总结以上分析的结果，可以得出如下结论。

（1）当采用完全补偿方式时，流经故障线路和非故障线路的零序电流都是本身的电容电流，电容性无功功率的实际方向都是由母线流向线路（如图 4-22 所示）。因此在这种情况下，利用稳态零序电流的大小和功率方向都无法判断出哪一条线路上发生了故障。

（2）当采用过补偿方式时，流经故障线路的零序电流将大于本身的电容电流，而电容性无功功率的实际方向仍然是由母线流向线路，和非故障线路的方向一样。因此在这种情况下，首先无法利用功率方向的差别来判断故障线路，其次由于过补偿度不大，因此也很难像中性点不接地系统那样，利用零序电流大小的不同来找出故障线路。

实际电力系统所接线路的回路数会发生变化，导致全系统的对地电容电流发生变化，消弧线圈补偿可能出现过补偿，因此可采用可变消弧线圈自动跟踪补偿[4-6]解决此问题。

2. 单相接地故障的暂态分析

当发生单相接地故障时，接地电容电流的暂态分量可能较其稳态值大很多倍。

在一般情况下，由于电网中绝缘被击穿而引起的接地故障经常发生在相电压接近于最大

值的瞬间，因此可以将暂态电容电流看成是如下两个电流之和（如图 4-24 所示）。

（1）由于故障相电压突然降低而引起的放电电容电流。此电流在图中以“|→”表示，它通过母线而流向故障点。放电电流衰减很快，其振荡频率高达数千赫兹。振荡频率主要取决于电网中线路的参数（C 和 L 的数值）、故障点的位置以及过渡电阻的数值。

（2）由非故障相电压突然升高而引起的充电电容电流。此电流在图中以“→”表示，它要通过电源而成回路。由于整个流通回路的电感较大，因此，充电电流衰减较慢，振荡频率也较低（仅为数百赫兹）。接地故障点暂态电容电流的波形如图 4-25 所示。

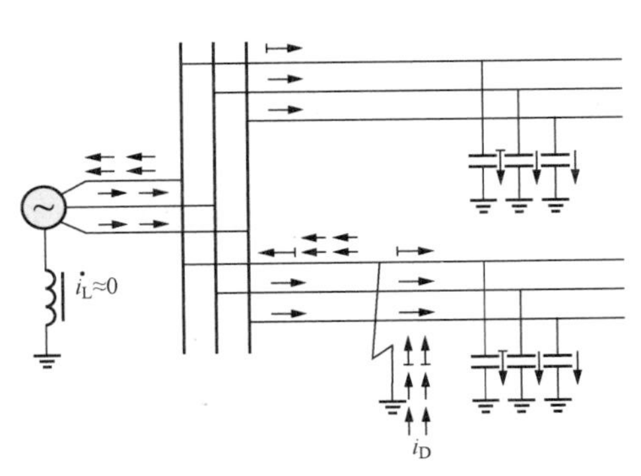

图 4-24　单相接地暂态电流的分布

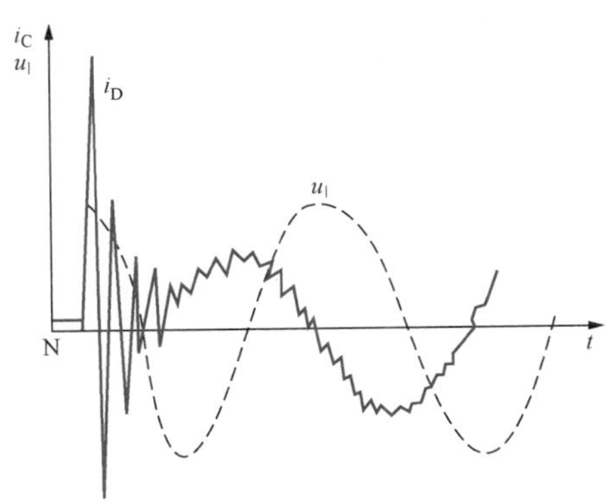

图 4-25　接地点故障暂态电容电流波形图

对于中性点经消弧线圈接地的系统，由于暂态电感电流的最大值应该出现在接地故障发生在相电压经过零值的瞬间，而当故障发生在相电压接近于最大瞬时值时$i_L \approx 0$，因此暂态电容电流较暂态电感电流大很多。所以在同一系统中，不论中性点不接地或是经消弧线圈接地，在相电压接近于最大值时发生故障的瞬间，其过渡过程是近似相同的。

在过渡过程中，接地电容电流分量的估算可以利用图 4-26 的零序等效网络来进行，图中表示了网络的分布参数 R、L 和 C，以及消弧线圈的集中电感 L_k。由于 $L_k \geqslant L$，因此不影响电容电流分量的计算，可以忽略。决定回路自由振荡衰减的电阻 R，应为接地电流沿途的总电阻值，它包括导线的电阻、大地的电阻以及故障点的过渡电阻。

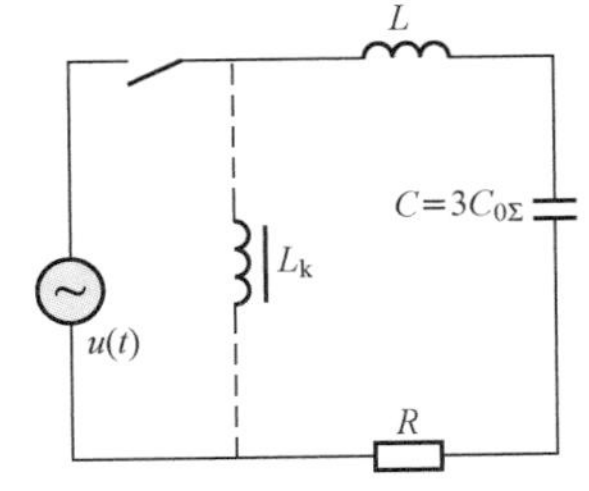

图 4-26　分析过渡过程的等效网络

在忽略 L_k 以后，对暂态电容电流的分析实际上就是一个 RLC 串联回路突然接通零序电压 $u(t)=U_m\cos\omega t$ 时的过渡过程的分析。此时流经故障点电流的变化形式主要取决于网络参数 RLC 的关系，当 $R<2\sqrt{\dfrac{L}{C}}$ 时电流的过渡过程具有衰减的周期特性，而当 $R>2\sqrt{\dfrac{L}{C}}$ 时，则电流经非周期性质的衰减而趋于稳态值。

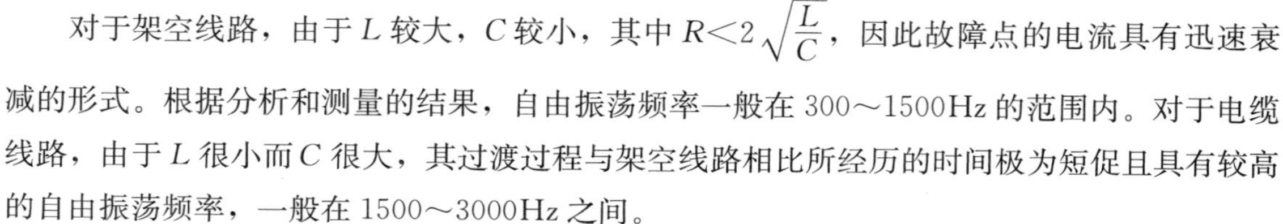

对于架空线路，由于 L 较大，C 较小，其中 $R<2\sqrt{\frac{L}{C}}$，因此故障点的电流具有迅速衰减的形式。根据分析和测量的结果，自由振荡频率一般在 300～1500Hz 的范围内。对于电缆线路，由于 L 很小而 C 很大，其过渡过程与架空线路相比所经历的时间极为短促且具有较高的自由振荡频率，一般在 1500～3000Hz 之间。

二、中性点经消弧线圈接地系统中单相接地的保护

根据本节第一部分的分析可知，经消弧线圈接地的系统发生接地故障时，由于消弧线圈的补偿作用，接地故障特征不够明显，这给接地保护带来极大困难。尽管如此，人们还是在不断努力，试图解决该问题。以下是几个中性点经消弧线圈接地系统接地保护的例子。

1. 绝缘监视装置

它利用接地故障发生后所出现的零序电压判断接地故障的发生，原理接线同本章第四节所述。

2. 利用单相接地故障瞬间过渡过程的首半波构成保护

在国内，1958 年就提出用暂态过程中的首半波实现接地保护的原理并研制出保护装置。其基本思想是：①暂态过程中首半波接地电流幅值很大；②接地线路首半波零序电压和零序电流极性相反。但是由于电容电流的峰值大小与发生接地故障瞬间相电压的瞬时值有关，因此很难保证保护装置的可靠动作。

3. 利用接地故障时检测消弧线圈中有功功率的方法构成保护[7]

此时非故障支路只有本身的电容电流，其相位超前零序电压 90°，有功功率 $P\approx 0$。当采用过补偿方式时，故障支路的电流按母线的零序电压和电流的假定正方向看虽呈电容性，但是超前的角度将小于 90°，因其中包含有消弧线圈的有功损耗。有功功率为

$$p_0=\frac{1}{T}\int_{t}^{t+T}u_0(t)i_0(t)\mathrm{d}t \tag{4-20}$$

式中：T 为基波分量的周期，$T=20\mathrm{ms}$。

设已知消弧线圈的功耗为 P_L。保护装置的起动功率整定为 $P_{set}=0.5P_L$，则故障支路的保护动作判据为 $P_0>P_{set}$，而非故障支路的保护动作判据为 $P_0\leqslant(0.2\sim0.3)P_{set}$。以上分析是按金属性接地故障进行的，如果故障点有过渡电阻存在，则一方面 U_0 将要减小，而另一方面，过渡电阻的功耗又使测量值增大，因此一般情况下，都是能够正确动作的。

※第六节　中性点非有效接地系统中的单相接地选线技术

对于中性点不接地或者经消弧线圈接地的系统（中性点非有效接地系统、小电流接地系统），当其发生单相接地故障时，由于接地电流小、故障特征不够明确、接地检测困难，迄

今为止，没有一个适合于该中性点接地方式的、理想的有选择性的接地保护，尽管只需要给出接地告警信号而不需要跳闸。

在我国的 6～35kV 配电网中，普遍采用中性点非有效接地方式，其中 6～10kV 配电网不接地，35kV 配电网经消弧线圈接地。由于配电网电压等级较低，导线间、导线对大地的距离近，配电线路单相接地故障时有发生。

确认接地故障发生、判断哪一条配电线路发生了单相接地故障就是配电线路单相接地选线问题。它和前述接地保护不尽相同，区别在于以下两点：

（1）接地选线专门解决“配电线路”的单相接地问题，这里的配电线路既包括一般意义上的中性点非有效接地系统，又包括发生了高阻接地故障的中性点经小电阻接地系统。

（2）习惯上的保护概念是针对“被保护元件”的，使用的电气量也是“被保护元件”的电气量，而“选线”本身存在从“多于一条”配电线路中选择出接地线路的问题，要使用这些“多于一条”配电线路的电气量。因此，对于配电线路单相接地故障这个特殊问题，选线是一个扩大了的保护概念，也注定了会有更多、更灵活的构成和实现方案[8]。

一、基于群体比幅比相原理的单相接地选线方法[9]

该方法是一个基于工频稳态故障信息的接地选线方法。

如本章第四节所述，中性点不接地系统发生单相接地故障时，非故障元件上有零序电流流过，其数值等于本身的对地电容电流，而流经故障线路的零序电流为全系统非故障元件对地电容电流之和，流经非故障线路和故障线路的零序电流是反方向的。这构成了群体比幅比相原理的基础。

基于群体比幅比相原理的接地选线法可以描述成：

第一步，检测零序电压，如果超过定值则认为接地故障发生。

第二步，计算发生了接地故障母线上各条线路的零序电流幅值，选出其中最大的三个。

第三步，比较三者的相位，相位相同者是非故障线路，剩余的一个是接地故障线路；若三者相位相同，则为母线故障。

对于中性点经消弧线圈接地系统，由于消弧线圈的完全补偿或者过补偿作用，故障线路和非故障线路的零序电流是相等或者接近相等的，电流矢量方向是相同的。因此，基于稳态工频电流的群体比幅比相原理失效。在这种场合，则需要使用 5 次谐波电流来构成接地选线判据。

二、单相接地故障后暂态电流行波的故障特征

1. 故障行波的产生与性质

众所周知，输配电线路具有分布参数特征，使用集中参数等效电路来代替分布参数电路，在距离不长的情况下是接近准确的，它大大简化了对于输电线路的分析和计算，迄今为止，电力系统故障分析、继电保护与故障检测技术都以该等值电路为基础。但对于应用

波过程的保护必须考虑分布参数。因为故障行波正是在分布参数电路上形成并传播的。

（1）故障行波源。根据叠加原理，故障后的电力系统可以等效为正常运行网络和故障附加网络的叠加。在故障附加网络中，附加电源是一个电压源，数值等于故障点故障前电压。正是在这个附加电压源的作用下，故障行波才得以形成。图 4-27 示出了单相故障网络等效为正常运行网络和故障附加网络之间的等效关系，图 4-27（a）是发生了故障的电力系统，图 4-27（b）是图 4-27（a）的等效电路，而图 4-27（b）可以表示为正常运行网络图 4-27（c）和故障附加网络图 4-27（d）的叠加。图中 $-e_k(t)$ 是故障附加网络中的附加电压源。

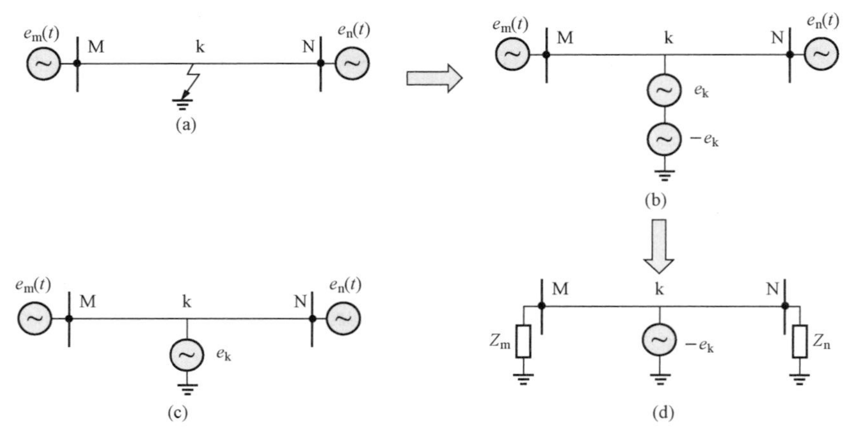

图 4-27　单相故障等效网络

（a）线路 MN 在 k 点发生了故障的电力系统；（b）等效电路；（c）正常运行网络；（d）故障附加网络

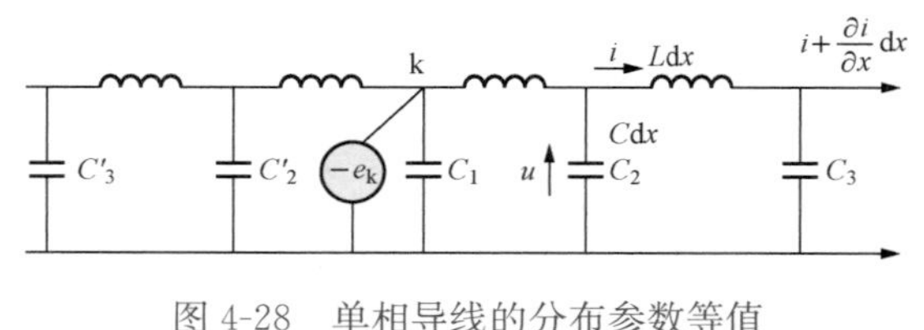

图 4-28　单相导线的分布参数等值电路和故障行波的传播

（2）故障行波的传播。故障发生时，在故障点附加电压源的作用下，附加电源要将自己的电压传递给其他非故障节点，但是由于分布参数电路中存在电感、电容等储能元件，而电感中的电流和电容上的电压是不能突变的，它们需要一个能量释放和转换过程，这个过程就是故障行波形成和传播的过程。显然它和雷电波的传播过程类似，如图 4-28 所示。

行波电压和电流与导线参数的关系对于无损线路可以表达为波动方程[10]，即

$$-\frac{\partial u}{\partial x}=L\frac{\partial i}{\partial t}$$

$$-\frac{\partial i}{\partial x}=C\frac{\partial u}{\partial t} \tag{4-21}$$

对式（4-21）再次对 x 微分可变为

$$\begin{cases}\dfrac{\partial^2 u}{\partial x^2}=LC\dfrac{\partial^2 u}{\partial t^2}\\[2ex]\dfrac{\partial^2 i}{\partial x^2}=LC\dfrac{\partial^2 i}{\partial t^2}\end{cases} \tag{4-22}$$

式中：L 为线路单位长度电感，H/km；C 为单位长度电容，F/km；u 和 i 分别为距离故障点 x 处的电压和电流，又是时间的函数。

式（4-22）的通解可以写成

$$\begin{cases} u = u_1\left(t-\frac{x}{v}\right)+u_2\left(t+\frac{x}{v}\right) \\ i = \frac{1}{Z_c}\left[u_1\left(t-\frac{x}{v}\right)-u_2\left(t+\frac{x}{v}\right)\right] \end{cases} \tag{4-23}$$

其中

$$Z_c = \sqrt{\frac{L}{C}}，v = \frac{1}{\sqrt{LC}}$$

式中：Z_c 为波阻抗；v 为波速度；$u_1\left(t-\frac{x}{v}\right)$为前行波或者正向行波，它的物理意义是随着时间增大，前行波沿正方向远离故障点传播；$u_2\left(t+\frac{x}{v}\right)$为反行波或者反向行波。

结合具体故障形式，可以写出波动方程的特解。

对于三相电路，沿导线传播的故障行波都是时间和位置的函数，由于耦合电感、电容的存在，它们不是独立的。在此情况下可以采用相模变换技术解耦，解耦后的模量是彼此独立的，可以采用上述方法进行波过程的分析和计算。常用的相模变换是凯伦贝尔变换，变换矩阵 $\boldsymbol{S}$ 和逆矩阵 $\boldsymbol{S}^{-1}$ 分别为

$$\boldsymbol{S} = \begin{bmatrix} 1 & 1 & 1 \\ 1 & -2 & 1 \\ 1 & 1 & -2 \end{bmatrix}，\quad \boldsymbol{S}^{-1} = \frac{1}{3}\begin{bmatrix} 1 & 1 & 1 \\ 1 & -1 & 0 \\ 1 & 0 & -1 \end{bmatrix} \tag{4-24}$$

相空间的行波分量 U_{ABC} 和 I_{ABC} 可以变换到模量空间 $U_{\alpha\beta0}$ 和 $I_{\alpha\beta0}$，有

$$\boldsymbol{U}_{\alpha\beta0} = \boldsymbol{S}^{-1}\boldsymbol{U}_{ABC} = \frac{1}{3}\begin{bmatrix} 1 & 1 & 1 \\ 1 & -1 & 0 \\ 1 & 0 & -1 \end{bmatrix}\begin{bmatrix} U_A \\ U_B \\ U_C \end{bmatrix}$$

$$\boldsymbol{I}_{\alpha\beta0} = \boldsymbol{S}^{-1}\boldsymbol{I}_{ABC} = \frac{1}{3}\begin{bmatrix} 1 & 1 & 1 \\ 1 & -1 & 0 \\ 1 & 0 & -1 \end{bmatrix}\begin{bmatrix} I_A \\ I_B \\ I_C \end{bmatrix} \tag{4-25}$$

$$\begin{cases} I_0 = \frac{I_A+I_B+I_C}{3} \\ I_\alpha = \frac{I_A-I_B}{3} \\ I_\beta = \frac{I_A-I_C}{3} \end{cases}，\quad \begin{cases} U_0 = \frac{U_A+U_B+U_C}{3} \\ U_\alpha = \frac{U_A-U_B}{3} \\ U_\beta = \frac{U_A-U_C}{3} \end{cases} \tag{4-26}$$

式中：U_α、I_α、U_β、I_β 分别为线模分量；U_0、I_0 分别为零模分量。

2. 单相接地故障电流行波的模量分析[11-12]

图 4-29 所示系统是单母线 N 回出线的配电系统模型。变压器一次侧中性点接地，二次侧中性点为非有效接地方式，通过开关 S1、S2 可将中性点分别设定为不接地、经消弧线圈接地和经电阻接地等不同接地方式。

当线路发生 A 相单相接地时，在故障附加电源 u_{kA}（可以分解为三个模量 $u_{k\alpha}$、$u_{k\beta}$、u_{k0}）的作用下，系统内将产生运动的行波。行波首先由接地点开始向接地线路两侧传播，其中到达母线的行波在母线处发生折射和反射，接地线路的反射波和入射波在本线路上叠加，形成接地线路的初始行波；来自接地点的初始行波经折射进入非接地线路，形成非接地线路的初始行波。行波在网络中传播过程可由图 4-30 简单示意。

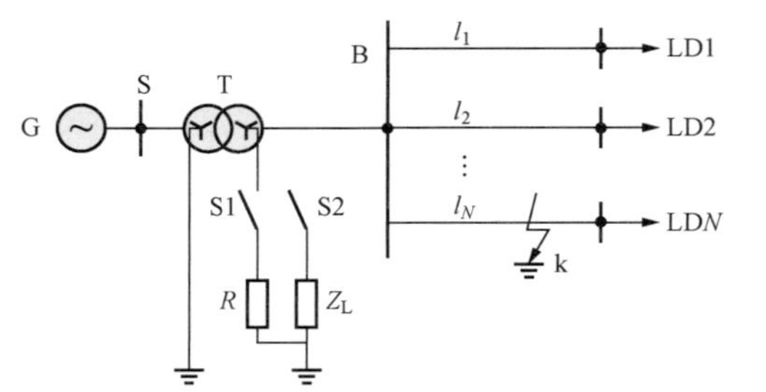

图 4-29 单母线 N 回出线配电系统

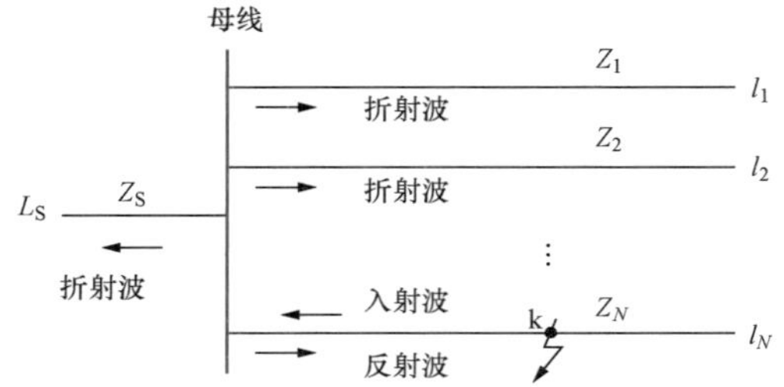

图 4-30 初始行波在母线处的折反射

针对图 4-29 的网络模型，图 4-31 给出了其模量等效电路。在零模等效电路图 4-31（c）中，Z_{eq}为中性点等效波阻抗，当中性点不接地时 Z_{eq}为无穷大；当中性点经电阻或消弧线圈接地时，Z_{eq}为中性点电阻或电抗的等效波阻抗。$i_{refl.0}$为 0 模的电流反射波。

在图 4-31 中，$u_{k\alpha}$、$u_{k\beta}$、u_{k0}分别对应于接地点故障附加电压源的模量电压

$$\begin{cases} u_{k\alpha}=\dfrac{u_{kA}-u_{kB}}{3}=-\dfrac{1}{3}u_{kA} \\ u_{k\beta}=\dfrac{u_{kA}-u_{kC}}{3}=-\dfrac{1}{3}u_{kA} \\ u_{k0}=\dfrac{u_{kA}+u_{kB}+u_{kC}}{3}=-\dfrac{1}{3}u_{kA} \end{cases} \tag{4-27}$$

从接地故障点出发向变电站母线运动的初始电流行波（反行电流波）$i_{k\alpha}$、$i_{k\beta}$、i_{k0}可以写成

$$\begin{cases} i_{k\alpha}=-\dfrac{u_{k\alpha}}{Z_C} \\ i_{k\beta}=-\dfrac{u_{k\beta}}{Z_C} \\ i_{k0}=-\dfrac{u_{k0}}{Z_C} \end{cases} \tag{4-28}$$

当出线 l_N 上的 k 点发生单相接地，从线路 l_N 向母线观察的波阻抗为所有非接地线路和变压器支路波阻抗的并联。即针对 x 模量（x 可以是 α、β 或 0 模分量），从接地线路向母线

看去的等效波阻抗 Z_{Bx} 可以表示为

$$Z_{Bx}=\frac{1}{\dfrac{1}{Z_{T2x}}+\sum\limits_{k=1}^{N-1}\dfrac{1}{Z_{1kx}}} \tag{4-29}$$

式中：Z_{T2x} 为变压器二次侧的等效波阻抗；Z_{lkx} 为线路 l_k（$k=1\sim N-1$）的等效波阻抗。

当发生 A 相单相接地时，电流行波的入射波 $i_{F.x}$（下标 x 表示模量）从接地点传播到母线时，由于母线处波阻抗不连续而发生折射和反射，其折射波 $i_{zhe.x}$ 和反射波 $i_{fan.x}$ 分别为

$$i_{zhe.x}=-\frac{2Z_{Bx}}{Z_{Bx}+Z_{Nx}}i_{F.x} \tag{4-30}$$

$$i_{fan.x}=\frac{Z_{Nx}-Z_{Bx}}{Z_{Bx}+Z_{Nx}}i_{F.x} \tag{4-31}$$

式中：$i_{F.x}$ 为入射电流波；Z_{Bx} 为母线的等效波阻抗；Z_{Nx} 为接地线路 l_N 的阻抗。

入射波和反射波叠加形成接地线路 l_N 的初始 x 模量电流行波为

$$i_{Nx}=-\frac{2Z_{Nx}}{Z_{Bx}+Z_{Nx}}i_{F.x} \tag{4-32}$$

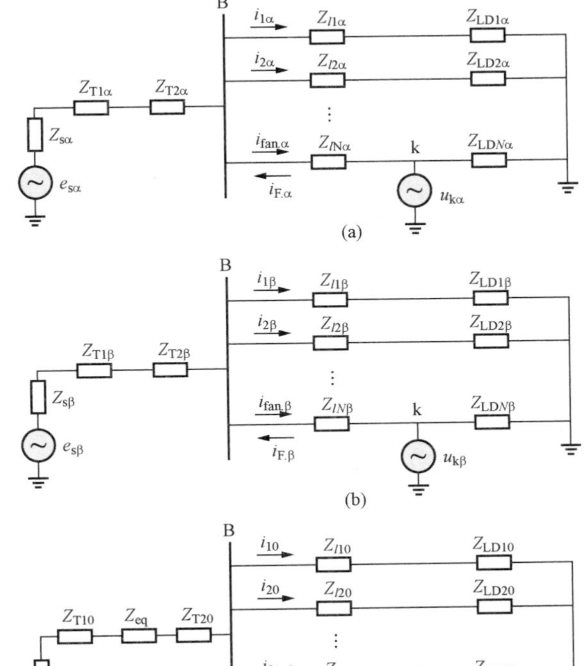

图 4-31　对应于图 4-29 的行波模量等值电路

（a）α 模等效网络；（b）β 模等效网络；（c）0 模等效网络

若设非接地线路 l_k 的波阻抗为 Z_k，则从接地线路折射到非接地线路的折射波在各非接地线路分流，形成非接地线路的 x 模量电流初始行波为

$$i_{k.x}=\frac{2Z_{Bx}^2}{Z_{kx}(Z_{Nx}+Z_{Bx})}i_{F.x}\quad[k=1\sim(N-1)] \tag{4-33}$$

对比式（4-32）和式（4-33）可以发现，由于一般配电站母线接有较多的出线回路，因此母线的等效波阻抗远小于非接地线路的波阻抗，即 $Z_{Bx}\ll Z_{kx}$。所以，接地线路的初始电流行波幅值远远大于非接地线路的初始电流行波的幅值，并且极性和非接地线路的相反；所有非接地线路的初始电流行波的幅值近似相等、极性相同。

上述推导过程证明了暂态初始行波与中性点接地方式无关，这为从根本上解决中性点非有效接地系统接地选线问题提供了新思路。

三、基于暂态电流行波的单相接地选线判据

1. 单相系统中的接地选线判据

从以上分析可以看出，接地线路和非接地线路的初始暂态行波具有明显的特性差异，因此，提出利用电流行波进行接地选线的思想就是很自然的事情。行波选线思想可以概括为利

用初始行波在各回线上所呈现的幅值和极性特征，根据各线路的初始行波的幅值和极性差异来确定接地线路。

选线判据为如果某条线路的初始电流行波的幅值最大，其极性和其他线路的初始电流行波的极性相反，则判为接地线路。

用公式可写为

$$\begin{cases}|I_f|>|I_k| & k\in Z\\ \operatorname{sgn}(I_f)\neq\operatorname{sgn}(I_k)\end{cases} \tag{4-34}$$

式中：I 为初始电流行波；f、k 分别为线路编号。

2. 三相系统中的单相接地选线判据

电力系统是三相系统，各相行波在系统中是相互耦合且不独立的，因此上述基于单相线路的选线方法不能直接适用。但是经过相模变换后，各模量如 0 模分量就相互独立了，可以采用单相线路选线方法进行选线。所以，针对三相系统的选线判据可以描述如下：

1）当系统安装有零序 TA 时，采用 0 模电流行波分量选择接地线路。

2）当系统安装有三相 TA 时，由于 α 模量包含了 A 相和 B 相行波信息，β 模量包含了 A 相和 C 相的行波信息，因此可利用行波 α 模量检测 A 相或 B 相接地，行波 β 模量检测 A 相或 C 相接地。

当采用 α、β 和 0 模量电流行波选择接地线路时，判据的表达式和式（4-33）是相同的，仅仅把前述的电流用对应的模量电流代替。

事实上，还可以构成基于 AC 两相行波电流的单相接地选线判据，也可以构成仅仅使用单相电流行波的单相接地选线判据，此处从略，可参阅有关文献[13]。

3. 评价

行波法与中性点接地方式无关，可以应用于各种中性点接地方式的接地选线。接地故障发生在电压过零时无行波，行波选线法将失效，但这种情况非常少见。

复习思考题

1. 试述我国电网中性点有哪几种接地方式？各有何优缺点？
2. 试述中性点直接接地系统的零序电流保护各段的整定原则。
3. 零序功率方向继电器的最灵敏角与相间功率方向继电器的最灵敏角是否相同？为什么？
4. 接地短路时零序电流的大小与系统运行方式是否有关？零序电流在电网中的分布与什么因素有关？
5. 大电流接地电网中变压器中性点接地方式（接地点的数目和位置）取决于哪些因素？
6. 什么是中性点经小电阻接地系统的高阻接地故障检测？有哪些高阻接地故障检测方法？
7. 简述针对中性点不接地系统的接地保护方法。

8. 为了抵消接地电容电流，常采用中性点经消弧线圈接地方式，请解释为什么常采用过补偿方式？

9. 行波选线技术和传统继电保护技术有何不同？

主 要 参 考 文 献

[1] PSERC Working Group D15. High Impedance Fault Detection Technology. March 1, 1996.

[2] B. M. Aucoin and R. H. Jones, High impedance fault detection implementation issues. Power Delivery, IEEE Transactions on, vol. 1.: 139-148, 1996.

[3] D. I. JEERINGS. J. R. LINDERSA Protective relay for down-conductor Faults. IEEE Transaction on Power Delivery, 62 (2). April 1991.

[4] 杜丁香，等. 配电网谐振接地方式的控制. 电力自动化设备，2001 (12).

[5] 王铁成. 智能接地补偿装置跟踪系统电容电流方法. 电力自动化设备，2002 (1).

[6] 陈晓宇，等. 电力系统接地电流自动补偿装置. 继电器，2002 (2).

[7] 杨顺义，等. 小电流接地系统接地检测（选线）的新判据. 电力自动化设备，2001 (8).

[8] 肖白，等. 小电流接地系统单相接地故障选线方法综述. 继电器，2001 (4).

[9] 郝玉山，杨以涵，任元恒. 小电流接地微机选线的群体比幅比相原理. 电力情报，1994 (2): 15-19.

[10] 贺家李、葛耀中. 超高压输电线故障分析与继电保护. 北京：科学出版社. 1987.

[11] Xinzhou Dong and Shenxing Shi. Identifying Single-phase-to-ground Fault Feeder in Neutral Non-effectively Grounded Distribution System Using Wavelet Transform. IEEE Transaction on Power Delivery, 23 (4). Oct 2008.

[12] 董新洲，毕见广. 配电线路暂态行波的分析和接地选线研究. 中国电机工程学报，2005 (04): 1-6.

[13] 毕见广，董新洲，周双喜. 基于两相电流行波的接地选线方法. 电力系统自动化，2005 (3): 17-21.

第五章　电网的距离保护

第一节　距离保护的作用原理

一、距离保护的基本概念

电流、电压保护的主要优点是简单、经济及工作可靠。但是由于这种保护整定值的选择、保护范围以及灵敏系数等方面都直接受电网接线方式及系统运行方式的影响，所以在35kV及以上电压的复杂网络中，它们都很难满足选择性、灵敏性以及快速切除故障的要求。为此，就必须采用性能更加完善的保护装置，而距离保护就是适应这种要求产生的一种保护原理。

距离保护是反应故障点至保护安装地点之间的距离（或阻抗），并根据距离的远近而确定动作时间的一种保护装置。该装置的核心部件为距离或阻抗继电器，或称距离或阻抗元件。对于单相补偿式，即所谓第Ⅰ类阻抗继电器，它可根据其端子上所加的一个电压和一个电流测知保护安装处至短路点间的阻抗值，此阻抗称为继电器的测量阻抗。对于多相补偿式，即所谓第Ⅱ类阻抗继电器，其端子上所加的是多相电压和电流，不能直接测知保护安装处至短路点间的阻抗值，但可根据其端子上所加的电压和电流值间接测定保护安装处至短路点间的距离。由这两种距离或阻抗继电器构成的距离保护都是在短路点距保护安装处近时，动作时间短；当短路点距保护安装处远时，动作时间长。这样就保证了保护有选择性地切除故障线路。

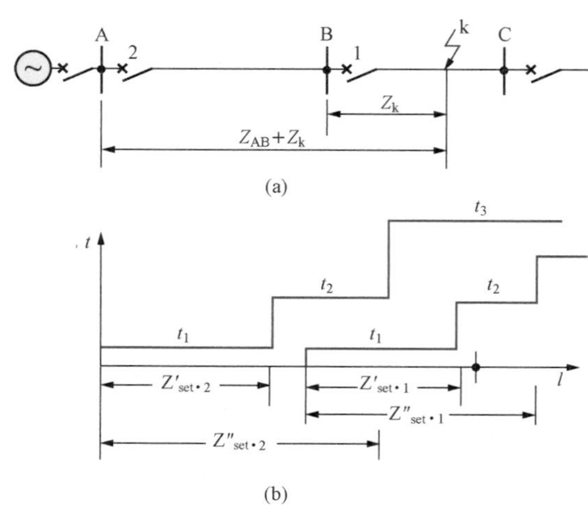

图5-1　距离保护的作用原理

（a）网络接线；（b）时限特性

如图5-1（a）所示，用第Ⅰ类阻抗继电器时，当k点短路，保护1测量的阻抗是Z_k，保护2测量的阻抗是$Z_{AB}+Z_k$。由于保护1距短路点较近，保护2距短路点较远，所以保护1的动作时间应该比保护2的动作时间短。这样，故障将由保护1切除，而保护2不致误动作。这种选择性的配合是靠适当地选择各个保护的整定值和动作时限来完成的。

二、距离保护的时限特性

距离保护的动作时间与保护安装地点至短路点之间距离的关系 $t=f(l)$，称为距离保护的时限特性。为了满足速动性、选择性和灵敏性的要求，目前广泛应用具有三段动作范围的阶梯形时限特性，如图 5-1（b）所示，并分别称为距离保护的Ⅰ、Ⅱ、Ⅲ段，和第三章所讲的瞬时电流速断、限时电流速断以及过电流保护相似。

距离保护的第Ⅰ段是瞬时动作的，t_1 是保护装置本身的固有动作时间。以保护 2 为例，其第Ⅰ段本应保护线路 AB 的全长，即希望其保护范围为全长的 100%，然而实际上不可能，因为当线路 BC 出口处短路时，保护 2 第Ⅰ段不应动作，为此其动作阻抗的整定值 $Z'_{set.2}$ 必须躲过这一点短路时所测量到的阻抗 Z_{AB}，即应使 $Z'_{set.2}<Z_{AB}$。考虑到阻抗继电器和电流、电压互感器的误差和保护装置本身的误差，需引入一个小于 1 的可靠系数 K_{rel}（一般根据各种误差的大小，取为 0.8～0.85 或 0.9），于是保护 2 的Ⅰ段整定值为

$$Z'_{set.2}=(0.8\sim0.9)Z_{AB} \tag{5-1}$$

同理，对保护 1 的第Ⅰ段整定值应为

$$Z'_{set.1}=(0.8\sim0.9)Z_{BC} \tag{5-2}$$

如此整定后，距离Ⅰ段就只能保护本线路全长的 80%～90%，这是一个严重缺点。为了切除本线路末端 10%～20%范围以内的故障，就需设置距离保护第Ⅱ段。

距离Ⅱ段整定值的选择与限时电流速断相似，即应使其不超出下一条线路距离Ⅰ段的保护范围，同时带有高出一个 Δt 的时限，以保证选择性。例如在图 5-1（a）单侧电源网络中，当保护 1 第Ⅰ段末端短路时，保护 2 的测量阻抗 Z_2 为

$$Z_2=Z_{AB}+Z'_{set.1}$$

引入可靠系数 K_{rel}，则保护 2 的Ⅱ段整定阻抗应为

$$Z''_{set.2}=K_{rel}(Z_{AB}+Z'_{set.1})=0.8[Z_{AB}+(0.8\sim0.9)Z_{BC}] \tag{5-3}$$

距离Ⅰ段与Ⅱ段的联合工作构成本线路的主保护。距离Ⅰ段和Ⅱ段可靠系数 K_{rel} 应根据保护装置的类型，考虑到线路的具体情况，按规程规定选取。

为了作为下级相邻线路保护装置和断路器拒绝动作时的后备保护，同时也作为本线路距离Ⅰ、Ⅱ段的后备保护，还应该装设距离保护第Ⅲ段。

对距离Ⅲ段整定值的考虑与过电流保护相似，其起动阻抗要按躲开正常运行时的最小负荷阻抗来选择，而动作时限整定的原则应使其比距离Ⅲ段保护范围内下级各线路保护的最大动作时限高出一个 Δt。

三、距离保护的主要组成元件

在一般情况下三段式距离保护装置的组成元件和逻辑框图如图 5-2 所示。

1. 起动元件

起动元件的主要作用是区分故障和正常状态，在发生故障的瞬间起动整套保护，并和距离元件动作后组成“与门”，起动出口回路动作于跳闸。因为在无故障时起动元件不起动保护，不会由于干扰或装置中元件损坏而使保护误动，从而提高了保护装置的可靠性。起动元件可由过电流继电器、低阻抗继电器或反应于负序和零序电流及相电流突变量或相电流差突变量等的继电器构成。具体选用哪一种，应由被保护线路的具体情况确定。

2. 距离元件（Z_{I}、Z_{II} 和 Z_{III}）

距离元件的主要作用实际上是测量短路点到保护安装地点之间的阻抗（一般情况下在不考虑线路分布电容时正比于故障点的距离），或间接反应于短路点到保护安装地点之间的距离，一般 Z_{I} 和 Z_{II} 采用方向阻抗继电器（或方向阻抗元件，下同），Z_{III} 采用具有偏移特性的阻抗继电器。

3. 时间元件

时间元件的主要作用是按照故障点到保护安装地点的远近，根据预定的时限特性确定动作的时限，以保证保护动作的选择性，一般采用时间继电器（或时间元件，下同），在微机保护中则用计数器实现。

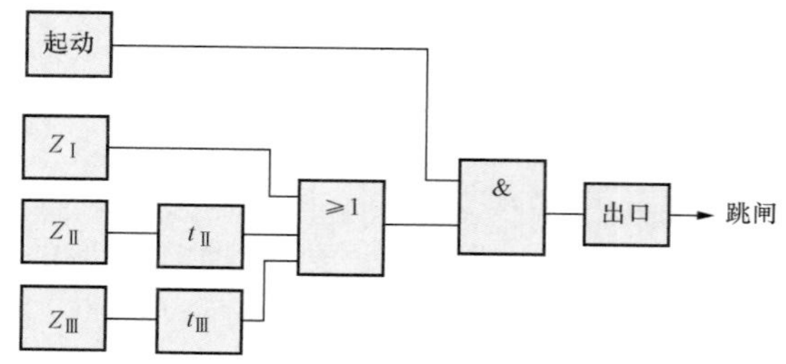

图 5-2　三段式距离保护装置的组成元件和逻辑框图

如图 5-2 所示，当发生故障时起动元件动作，如果故障位于第Ⅰ段范围内，则 Z_{I} 动作，并与起动元件的输出信号通过与门后，瞬时作用于出口回路，动作于跳闸。如果故障位于距离Ⅰ段保护范围外和Ⅱ段保护范围内，则 Z_{I} 不动而 Z_{II} 动作，随即起动Ⅱ段的时间元件 t_{II}，待 t_{II} 延时到达后，也通过“与门”起动出口回路动作于跳闸。如果故障位于距离Ⅲ段保护范围以内，则 Z_{III} 动作起动 t_{III}，在 t_{III} 的延时之内，假定故障未被其他的保护动作切除，则在 t_{III} 延时到达后仍通过“与门”和出口回路动作于跳闸，起到后备保护的作用。

第二节　单相补偿式距离继电器

由于微机数字式保护的巨大优越性，终将完全取代传统的模拟式继电保护装置。但继电保护技术中很多原理是在模拟式保护的基础上发展起来的，这些原理和技术有些直接应用于微机保护，有些对微机保护也有重要参考价值，为了不割裂技术发展的历史，也为了使初学者容易理解和掌握继电保护的基础知识，下面仍然在模拟式距离保护的基础上对这些原理进行阐述。

距离保护的基本任务是短路时准确测量出短路点到保护安装点的距离（阻抗），按照预定的保护动作范围和动作特性判断短路点是否在其动作范围内，决定是否应该跳闸和确定跳闸时间。模拟式距离保护将前两项任务结合在一起完成，由此发展成一整套距离保护技术，但微机保护有计算、方程式求解、存储、比较、逻辑判断等能力，因而将前两项任务分别独立完成更为简单、灵活和精确，下面将详细阐述。

距离继电器是距离保护装置的核心元件，其主要作用是直接或间接测量短路点到保护安装地点之间的阻抗，并与整定阻抗值进行比较，以确定保护是否应该动作，故又称阻抗继电器。除了按人工智能原理的神经网络构成的以外，距离继电器按其构成方式可分为单相补偿式（第Ⅰ类）和多相补偿式（第Ⅱ类）两种。

单相补偿式距离继电器是指加入继电器的只有一个电压 $\dot{U}_K$（可以是相电压或线电压）和一个电流 $\dot{I}_K$（可以是相电流或两相电流之差）的阻抗继电器，$\dot{U}_K$ 和 $\dot{I}_K$ 的比值称为继电器的测量阻抗 Z_K，即

$$Z_K=\frac{\dot{U}_K}{\dot{I}_K} \tag{5-4}$$

这种给继电器上只施加一种电压和一种电流，可以用测量阻抗的概念表示其动作特性的继电器，传统上称为“第Ⅰ类阻抗继电器”；施加两种以上电压和电流且不能用测量阻抗描述其动作特性的继电器，例如多相补偿式继电器则称为“第Ⅱ类阻抗继电器”。

由于 Z_K 可以写成 $R+\mathrm{j}X$ 的复数形式，因而可利用复数平面来分析这种继电器的动作特性，并用一定的几何图形把它表示出来，如图 5-3 所示。本节先讨论这种单相补偿式阻抗继电器。

必须指出：关于距离继电器的“测量阻抗”“整定阻抗”“动作特性”和“接线方式”等的概念是距离保护的基础，目前无论距离保护用什么装置（机电式、晶体管式、集成电路式或微机式）实现，除了人工智能式以外，其基本原理还都是建立在这些基本概念之上的。

一、构成距离继电器的基本原理

以图 5-3（a）中线路 BC 的保护 1 为例，将距离继电器的测量阻抗画在复数阻抗平面上，如图 5-3（b）所示。线路的始端 B 位于坐标的原点，正方向短路的测量阻抗在第一象限，反方向短路的测量阻抗则在第三象限，正方向短路测量阻抗与 R 轴之间的角度为线路 BC 的阻抗角 φ_K。对保护 1 的距离Ⅰ段，一次整定阻抗一般整定为 $Z'_{\mathrm{set.1}}=0.85Z_{BC}$，距离继电器的动作特性就应包括 $0.85Z_{BC}$ 以内的阻抗，可用图5-3（b）中阴影线所括的范围表示。

由于距离继电器都是接于电流互感器和电压互感器的二次侧，其测量阻抗与系统一次侧的阻抗之间存在如下关系

$$Z_K=\frac{\dot{U}_K}{\dot{I}_K}=\frac{\dot{U}_{(B)}/n_{TV}}{\dot{I}_{BC}/n_{TA}}=\frac{\dot{U}_{(B)}}{\dot{I}_{BC}}\frac{n_{TA}}{n_{TV}}=Z'_K\frac{n_{TA}}{n_{TV}} \tag{5-5}$$

式中：$\dot{U}_{(B)}$ 为加于保护装置的一次侧电压，即母线 B 的电压；$\dot{I}_{BC}$ 为接入保护装置的一次电流，即从 B 流向 C 的电流；n_{TV} 为电压互感器的变比；n_{TA} 为线路 BC 上电流互感器的变比；Z_K 为二次侧的测量阻抗；Z'_K 为一次侧的测量阻抗。

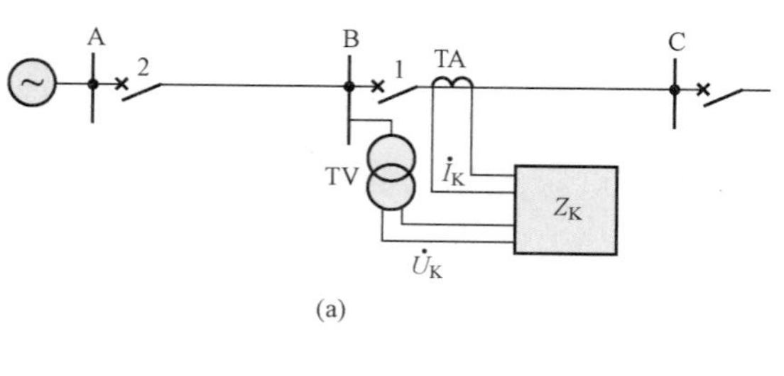

(a)

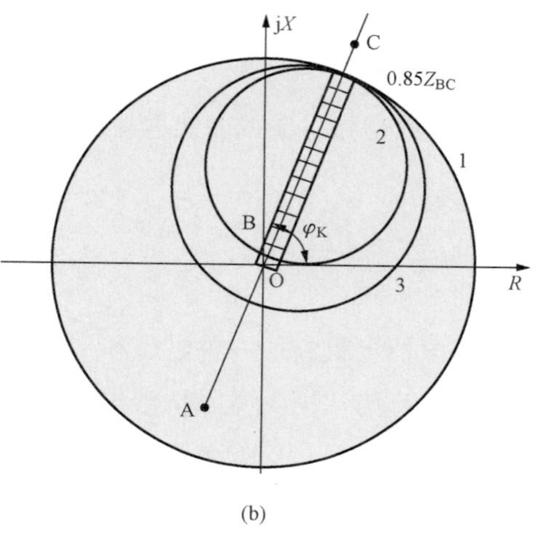

(b)

图 5-3 用复数平面分析距离继电器的特性

（a）网络接线；（b）被保护线路的测量阻抗及动作特性

如果保护装置的一次侧整定阻抗经计算以后为 Z'_{set}，则按式（5-5），其二次侧的整定阻抗应为

$$Z_{K.set} = Z'_{set}\frac{n_{TA}}{n_{TV}} \tag{5-6}$$

为了减少过渡电阻以及互感器误差的影响，尽量简化继电器的接线，并便于制造和调试，通常把距离继电器的动作特性扩大为一个圆或其他封闭曲线。图 5-3（b）所示为各种圆特性的阻抗继电器，其中 1 为全阻抗继电器的动作特性，2 为方向阻抗继电器的动作特性，3 为偏移特性的阻抗继电器的动作特性。此外尚有动作特性为透镜形、多边形、苹果形的继电器等。在微机距离保护中可实现任何形状的动作特性。

二、 距离继电器的接线方式

1. 对接线方式的基本要求

为了对距离继电器的构成原理先有一个感性认识，先以最简单的单相补偿式距离继电器为例介绍一下距离继电器的接线方式。所谓接线方式就是给距离继电器接入电压和电流的相别。

根据距离保护的工作原理，加入继电器的电压 $\dot{U}_K$ 和电流 $\dot{I}_K$ 应满足以下要求：

（1）继电器的测量阻抗应正比于短路点到保护安装地点之间的距离，对长距离特高压输电线，应采取相应措施消除分布电容的影响以满足这一要求。

（2）继电器的测量阻抗应与故障类型无关，也就是保护范围不随故障类型而变化。

类似于在功率方向继电器接线方式中的定义，当距离继电器加入的电压为线电压，电流为相应的相电流之差，如 $\dot{U}_{AB}$ 和$(\dot{I}_A - \dot{I}_B)$、$\dot{U}_{BC}$ 和$(\dot{I}_B - \dot{I}_C)$、$\dot{U}_{CA}$ 和$(\dot{I}_C - \dot{I}_A)$ 时称为 0°接线；而 $\dot{U}_{AB}$ 和 $\dot{I}_A$、$\dot{U}_{BC}$ 和 $\dot{I}_B$、$\dot{U}_{CA}$ 和 I_C 时则称之为 30°接线等。当采用三个继电器 K1、K2、K3 分

别接于三相时，常用的几种接线方式的名称及相应的电压和电流组合见表 5-1。

表 5-1　　距离继电器采用不同接线方式时接入的电压和电流关系

继电器 接线方式	K1		K2		K3	
	$\dot{U}_K$	$\dot{I}_K$	$\dot{U}_K$	$\dot{I}_K$	$\dot{U}_K$	$\dot{I}_K$
0°接线	$\dot{U}_{AB}$	$\dot{I}_A-\dot{I}_B$	$\dot{U}_{BC}$	$\dot{I}_B-\dot{I}_C$	$\dot{U}_{CA}$	$\dot{I}_C-\dot{I}_A$
30°接线	$\dot{U}_{AB}$	$\dot{I}_A$	$\dot{U}_{BC}$	$\dot{I}_B$	$\dot{U}_{CA}$	$\dot{I}_C$
−30°接线	$\dot{U}_{AB}$	$-\dot{I}_B$	$\dot{U}_{BC}$	$-\dot{I}_C$	$\dot{U}_{CA}$	$-\dot{I}_A$
带零序补偿的接线	$\dot{U}_A$	$\dot{I}_A+K\times 3\dot{I}_0$	$\dot{U}_B$	$\dot{I}_B+K\times 3\dot{I}_0$	$\dot{U}_C$	$\dot{I}_C+K\times 3\dot{I}_0$

2. 反应相间短路的距离继电器的 0°接线方式

反应相间短路的距离继电器的 0°接线方式是在距离保护中广泛采用的接线方式，根据表 5-1 所示的关系分析各种相间短路时继电器的测量阻抗。为简便起见，此处用电力系统一次侧的电压、电流和阻抗进行分析。推导一次侧测量阻抗的表示式。

（1）三相短路。如图 5-4 所示，三相短路时三相是对称的，三个继电器 K1、K2、K3 的工作情况完全相同，因此可以继电器 K1 为例分析。设短路点至保护安装地点之间的距离为 l，线路每公里的正序阻抗为 Z_1，则保护安装地点的电压 $\dot{U}_{AB}$ 应为

$$\dot{U}_{AB}=\dot{I}_A Z_1 l-\dot{I}_B Z_1 l=(\dot{I}_A-\dot{I}_B)Z_1 l$$

在三相短路时，继电器 K1 的测量阻抗 $Z_{K1}^{(3)}$ 为

$$Z_{K1}^{(3)}=\frac{\dot{U}_{AB}}{\dot{I}_A-\dot{I}_B}=Z_1 l \tag{5-7}$$

在三相短路时，三个继电器的测量阻抗都等于短路点到保护安装地点之间的阻抗，三个继电器都能正确测量短路点的距离。

（2）两相短路。如图 5-5 所示，设以 AB 相间短路为例，则故障环路的电压 $\dot{U}_{AB}$ 为

$$\dot{U}_{AB}=\dot{I}_A Z_1 l-\dot{I}_B Z_1 l=(\dot{I}_A-\dot{I}_B)Z_1 l$$

则继电器 K1 的测量阻抗为

$$Z_{K1}^{(2)}=\frac{\dot{U}_{AB}}{\dot{I}_A-\dot{I}_B}=Z_1 l \tag{5-8}$$

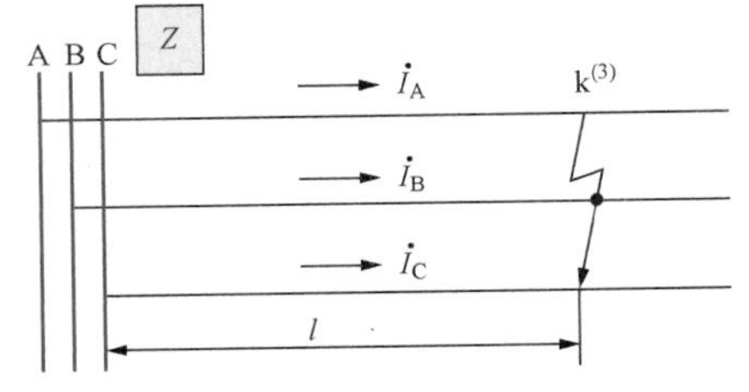

图 5-4　三相短路时测量阻抗的分析

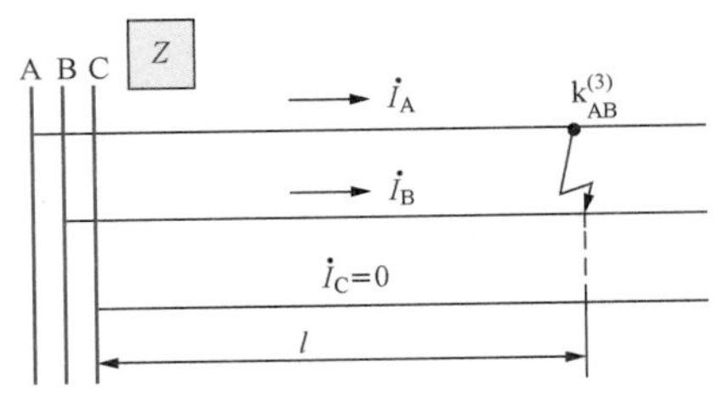

图 5-5　AB 两相短路时测量阻抗的分析

和三相短路时的测量阻抗相同，所以 K1 能正确动作。在 AB 两相短路的情况下，对继电器 K2 和 K3 而言，由于所加电压为非故障相间的电压，其数值比 $\dot{U}_{AB}$ 高，而电流又只有一个故障相的电流，其数值比 $\dot{I}_A-\dot{I}_B$ 小。因此，测量阻抗必然大于式（5-8）的数值，也就是说它们测量到的阻抗大于保护安装地点到短路点的阻抗，不会动作。

由此可见，在 AB 两相短路时只有 K1 能准确地测量短路阻抗而动作。同理，分析 BC 和 CA 两相短路可知，相应地只有 K2 和 K3 能准确地测量到短路点的阻抗而动作。这就是要用三个距离继电器分别接于不同相间的原因。

（3）中性点直接接地系统中的两相接地短路。如图 5-6 所示，仍以 AB 两相故障为例，它与两相短路不同之处是由于有一部分电流从地中流回，因此

$$\dot{I}_A \neq -\dot{I}_B$$

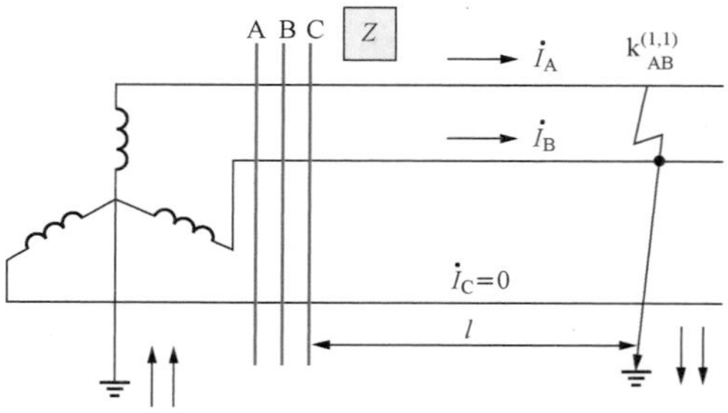

图 5-6　AB 两相接地短路时测量阻抗的分析

此时，可以把 A 相和 B 相看成两个“导线—地”的输电线路并有互感耦合在一起，设用 Z_{LG} 表示输电线每千米的自感阻抗或称“导线—大地阻抗”，Z_M 表示每千米的相间互感阻抗，则保护安装地点的故障相电压应为

$$\dot{U}_A = \dot{I}_A Z_{LG} l + \dot{I}_B Z_M l$$

$$\dot{U}_B = \dot{I}_B Z_{LG} l + \dot{I}_A Z_M l$$

因此继电器 K1 的测量阻抗为

$$Z_{K1}^{(1,1)} = \frac{\dot{U}_{AB}}{\dot{I}_A-\dot{I}_B} = \frac{(\dot{I}_A-\dot{I}_B)(Z_{LG}-Z_M)l}{\dot{I}_A-\dot{I}_B} = Z_1 l \tag{5-9}$$

Z_1 为线路每千米的正序阻抗。

由此可见，当发生 AB 两相接地短路时 K1 的测量阻抗与三相短路时相同，保护能够正确动作。

对相间短路距离继电器的 30°接线方式，因应用很少分析从略[1]。

3. 接地短路距离继电器的接线方式

在中性点直接接地的电网中，当零序电流保护不能满足灵敏性和快速性要求时应采用接地距离保护，它的主要任务是正确反映电网中的单相接地短路，所以对距离继电器的接线方式需要作进一步的讨论。

在单相接地时只有故障相的电压降低，电流增大，由于零序互感的作用非故障相电流也可能略有变化，这决定于短路点两侧零序阻抗与正序阻抗之比的差别，但任何相间电压都是很高的，原则上应该将故障相的电压和电流加入继电器中。例如对 A 相接地距离继电器采用

$$\dot{U}_K = \dot{U}_A,\ \dot{I}_K = \dot{I}_A$$

至于这种接线能否满足要求，分析如下：

将故障相短路点的电压 $\dot{U}_{kA}$ 和电流 $\dot{I}_A$ 分解为对称分量，则

$$\begin{cases}\dot{I}_A=\dot{I}_1+\dot{I}_2+\dot{I}_0\\ \dot{U}_{kA}=\dot{U}_{k1}+\dot{U}_{k2}+\dot{U}_{k0}=0\end{cases}\tag{5-10}$$

按照各序的等效网络，考虑到对于输电线路和任何静止元件，其 $Z_1=Z_2$，在保护安装地点母线上各对称分量的电压与短路点的对称分量电压之间应具有如下的关系

$$\begin{cases}\dot{U}_1=\dot{U}_{k1}+\dot{I}_1Z_1l\\ \dot{U}_2=\dot{U}_{k2}+\dot{I}_2Z_1l\\ \dot{U}_0=\dot{U}_{k0}+\dot{I}_0Z_0l\end{cases}\tag{5-11}$$

保护安装地点母线上的 A 相电压应为

$$\begin{aligned}\dot{U}_A&=\dot{U}_{A1}+\dot{U}_{A2}+\dot{U}_{A0}=\dot{U}_{k1}+\dot{I}_1Z_1l+\dot{U}_{k2}+\dot{I}_2Z_1l+\dot{U}_{k0}+\dot{I}_0Z_0l\\ &=Z_1l\left(\dot{I}_1+\dot{I}_2+\dot{I}_0\frac{Z_0}{Z_1}\right)=Z_1l\left(\dot{I}_A-\dot{I}_0+\dot{I}_0\frac{Z_0}{Z_1}\right)\\ &=Z_1l\left(\dot{I}_A+\dot{I}_0\frac{Z_0-Z_1}{Z_1}\right)\end{aligned}\tag{5-12}$$

如果采用 $\dot{U}_K=\dot{U}_A$ 和 $\dot{I}_K=\dot{I}_A$ 的接线方式时，则继电器的测量阻抗为

$$Z_K=\frac{\dot{U}_K}{\dot{I}_K}=Z_1l+\frac{\dot{I}_0}{\dot{I}_A}(Z_0-Z_1)l\tag{5-13}$$

此测量阻抗值与 $\dfrac{\dot{I}_0}{\dot{I}_A}$ 之比值有关，而这个比值因受中性点接地数目与分布的影响，并不是常数，故继电器不能准确地测量从短路点到保护安装地点之间的阻抗，因而不能采用。

从式（5-12）可知，为了使继电器的测量阻抗在单相接地时不受 $\dot{I}_0$ 的影响，根据以上分析的结果应该给距离继电器加入的电压和电流为

$$\begin{cases}\dot{U}_K=\dot{U}_A\\ \dot{I}_K=\dot{I}_A+\dot{I}_0\dfrac{Z_0-Z_1}{Z_1}=\dot{I}_A+K\times3\dot{I}_0\end{cases}\tag{5-14}$$

其中

$$K=\frac{Z_0-Z_1}{3Z_1}$$

K 称为零序补偿系数，一般可近似认为零序阻抗角和正序阻抗角相同，近似认为 K 是一个实数。在这样假设引起的误差较大时，应对电阻和电抗分别计算补偿系数 K。继电器的测量阻抗是

$$Z_K=\frac{\dot{U}_K}{\dot{I}_K}=\frac{Z_1l(\dot{I}_A+K\times3\dot{I}_0)}{\dot{I}_A+K\times3\dot{I}_0}=Z_1l$$

它能正确地测量从短路点到保护安装地点之间的阻抗，并与相间短路的距离继电器所测量的阻抗相同，因此这种带零序电流补偿的接线得到了广泛应用。

为了反映任一相的单相接地短路，接地距离保护也必须采用三个距离继电器，其接线方式分别为$\dot{U}_A$、$\dot{I}_A+K\times3\dot{I}_0$，$\dot{U}_B$、$\dot{I}_B+K\times3\dot{I}_0$，$\dot{U}_C$、$\dot{I}_C+K\times3\dot{I}_0$。这种接线方式同样能够反映两相接地短路和三相短路，此时接于故障相的距离继电器的测量阻抗亦为Z_1l。读者可自行推导证明。

三、 距离继电器的动作特性

1. 全阻抗继电器

全阻抗继电器的特性是以继电器安装点为圆心，以整定阻抗Z_{set}为半径所作的圆，如图5-7所示。当测量阻抗Z_K位于圆内时继电器动作，即圆内为动作区，圆外为不动作区。当测量阻抗正好位于圆周上时继电器刚好动作，对应此时的阻抗就是继电器的动作阻抗或起动阻抗$Z_{K.act}$。由于这种特性是以原点为圆心所作的圆，因此，不论加入继电器的电压与电流之间的角度φ为多大（由0°～180°之间变化），继电器的动作阻抗在数值上都等于整定阻抗，即$|Z_{K.act}|=|Z_{set}|$。具有这种动作特性的继电器称为全阻抗继电器，没有方向性。这种继电器以及其他特性的继电器，都可以采用两个电压幅值比较或两个电压相位比较的方式构成。现分别叙述如下。

（1）幅值比较式全阻抗继电器的动作特性如图5-7（a）所示。当测量阻抗Z_K位于圆内时，继电器能够动作，其动作条件可用阻抗的幅值来表示，即

$$|Z_K|\leqslant|Z_{set}| \tag{5-15}$$

式（5-15）两端乘以电流$\dot{I}_K$，因$\dot{U}_K=\dot{I}_KZ_K$，变成为

$$|\dot{U}_K|\leqslant|\dot{I}_KZ_{set}| \tag{5-16}$$

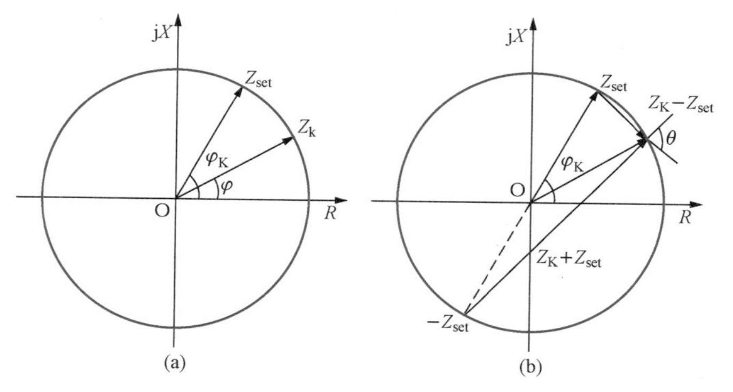

图5-7 全阻抗继电器的动作特性

（a）幅值比较式；（b）相位比较式

式（5-16）可看作两个电压幅值的比较，式中$\dot{I}_KZ_{set}$表示电流在某一个整定阻抗Z_{set}上的电压降落，可利用一种电抗互感器或其他补偿装置获得。电抗互感器目前已不应用，其原理可见《电力系统继电保护原理（第五版）》。

（2）相位比较式全阻抗继电器的动作特性如图5-7（b）所示。因$Z_K+Z_{set}=Z_K-(-Z_{set})$，故当测量阻抗$Z_K$位于圆周上时，矢量$Z_K+Z_{set}$超前于$Z_K-Z_{set}$的角度$\theta=90°$；而当$Z_K$位于圆内时，$\theta>90°$；$Z_K$位于圆外时，$\theta<90°$，如图5-8（a）和（b）所示。因此继电器的动作条件即可表示为

$$270°\geqslant\arg\frac{Z_K+Z_{set}}{Z_K-Z_{set}}\geqslant90° \tag{5-17}$$

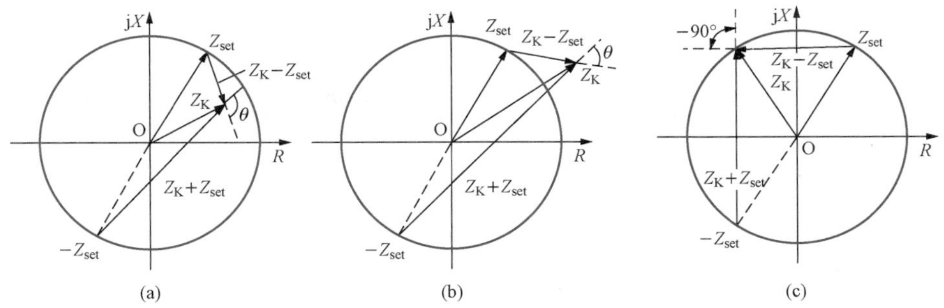

图 5-8　相位比较方式分析全阻抗继电器的动作特性

（a）测量阻抗在圆内；（b）测量阻抗在圆外；（c）Z_K 超前于 Z_{set}时的矢量关系

式中，$\theta \leqslant 270°$对应 Z_K 超前于 Z_{set}时的情况，当 Z_K 在圆周上，且超前于 Z_{set}时 $\theta=270°=-90°$，如图 5-8（c）所示。

将两个矢量均以电流 $\dot{I}_K$ 乘之，即可得到可比较其相位的两个电压分别为

$$\begin{cases}\dot{U}_P=\dot{U}_K+\dot{I}_K Z_{set}\\ \dot{U}'=\dot{U}_K-\dot{I}_K Z_{set}\end{cases}$$

以 $\arg\dfrac{\dot{U}_P}{\dot{U}'}$ 表示 $\dot{U}_P$ 超前 $\dot{U}'$ 的角度，则继电器的动作条件又可写成

$$270° \geqslant \arg\frac{\dot{U}_K+\dot{I}_K Z_{set}}{\dot{U}_K-\dot{I}_K Z_{set}} \geqslant 90° \text{ 或 } 270° \geqslant \arg\frac{\dot{U}_P}{\dot{U}'} \geqslant 90° \tag{5-18}$$

此时继电器能够动作的条件只与 $\dot{U}_P$ 和 $\dot{U}'$ 的相位差有关，而与其大小无关。式（5-18）可以看成继电器的作用是以电压 $\dot{U}_P$ 为参考矢量来测定故障时电压矢量 $\dot{U}'$ 的相位。一般称 $\dot{U}_P$ 为极化电压。$\dot{U}'$ 为补偿后的电压，简称补偿电压。关于 $\dot{U}'$ 的物理意义将在后面讨论。

上述动作条件，在其他书中也常常表示为

$$90° \geqslant \arg\frac{\dot{U}_K+\dot{I}_K Z_{set}}{\dot{I}_K Z_{set}-\dot{U}_K} \geqslant -90° \tag{5-19}$$

本书采用式（5-18）的表示方法。

（3）幅值比较方式与相位比较方式之间的关系可以从图 5-7 和图 5-8 所示几种情况的分析得出。由平行四边形和菱形的定则可知，如用被比较幅值的两个矢量组成平行四边形，则相应的进行相位比较的两个矢量就是该平行四边形的两个对角线。图 5-9 示出了三种情况下的幅值和相位关系。

1）当$|Z_K|=|Z_{set}|$时，如图 5-9（a）所示，由这两个矢量组成的平行四边形是一个菱形，因此其两个对角线 Z_K+Z_{set}和 Z_K-Z_{set}互相垂直，$\theta=90°$，正是继电器刚好起动的条件。

2）当$|Z_K|<|Z_{set}|$时，如图 5-9（b）所示，（Z_K+Z_{set}）超前（Z_K-Z_{set}）的角度 $\theta>90°$，继电器能够动作。

3）当$|Z_K|<|Z_{set}|$时，如图 5-9（c）所示，(Z_K+Z_{set})超前(Z_K-Z_{set})的角度$\theta<90°$，继电器不动作。

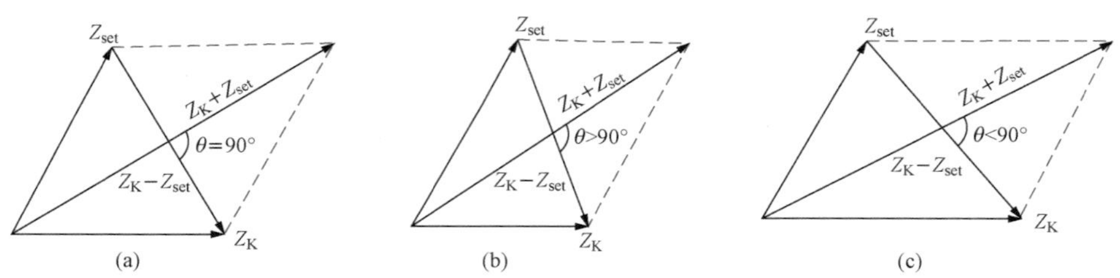

图 5-9　幅值比较与相位比较之间的关系

(a) $|Z_K|=|Z_{set}|$，$\theta=90°$；(b) $|Z_K|<|Z_{set}|$，$\theta>90°$；(c) $|Z_K|>|Z_{set}|$，$\theta<90°$

设以$\dot{A}$和$\dot{B}$表示被比较幅值的两个电压，且当$|\dot{A}|\geqslant|\dot{B}|$时继电器动作；又以$\dot{C}$和$\dot{D}$表示被比较相位的两个电压，当$270°\geqslant\arg\dfrac{\dot{C}}{\dot{D}}\geqslant90°$时继电器动作。它们之间的关系如下

$$\begin{cases}\dot{C}=\dot{B}+\dot{A}\\\dot{D}=\dot{B}-\dot{A}\end{cases}\tag{5-20}$$

因而已知$\dot{A}$和$\dot{B}$时，可以直接求出$\dot{C}$和$\dot{D}$。反之，如已知$\dot{C}$和$\dot{D}$也可以利用式（5-20）求出$\dot{A}$和$\dot{B}$，即$\dot{B}=\dfrac{1}{2}(\dot{C}+\dot{D})$，$\dot{A}=\dfrac{1}{2}(\dot{C}-\dot{D})$。由于$\dot{A}$和$\dot{B}$是进行幅值比较的两个矢量，因此可取消两式中的$\dfrac{1}{2}$而表示为

$$\begin{cases}\dot{B}=\dot{C}+\dot{D}\\\dot{A}=\dot{C}-\dot{D}\end{cases}\tag{5-21}$$

以上诸关系虽以全阻抗继电器为例导出，但其结果可以推广到所有比较两个电气量的继电器。

（4）幅值比较原理与相位比较原理的互换性。由上述分析可见，幅值比较原理与相位比较原理之间具有互换性。因此不论实际的继电器是由哪一种方式构成，都可以根据需要而采用任一种比较方式来分析其动作性能。但是必须注意：

1）只适用于$\dot{A}$、$\dot{B}$、$\dot{C}$、$\dot{D}$为同一频率的正弦交流量。

2）只适用于相位比较方式动作范围为$270°\geqslant\arg\dfrac{\dot{C}}{\dot{D}}\geqslant90°$，和幅值比较方式动作条件为$|\dot{A}|\geqslant|\dot{B}|$的情况，因为这里是分析继电器动作的条件，对于比幅式已设定$|\dot{A}|\geqslant|\dot{B}|$时继电器动作。

3）对于短路暂态过程中出现的非周期分量和谐波分量，以上转换关系显然是不成立的，因此不同比较方式构成的继电器受暂态过程的影响不同。

2. 方向阻抗继电器

方向阻抗继电器的动作特性是以整定阻抗Z_{set}为直径而通过坐标原点（保护安装点）的一

个圆，如图 5-10 所示，圆内为动作区，圆外为不动作区。当加入继电器的 $\dot{U}_K$ 和 $\dot{I}_K$ 之间的相位差 φ 为不同数值时，此种继电器的动作阻抗也将随之改变。当 φ 等于 Z_{set} 的阻抗角时，继电器的动作阻抗达到最大，等于圆的直径，此时阻抗继电器的保护范围最大，工作最灵敏。因此，这个角度称为继电器的最大灵敏角，用 $\varphi_{sen.max}$ 表示。

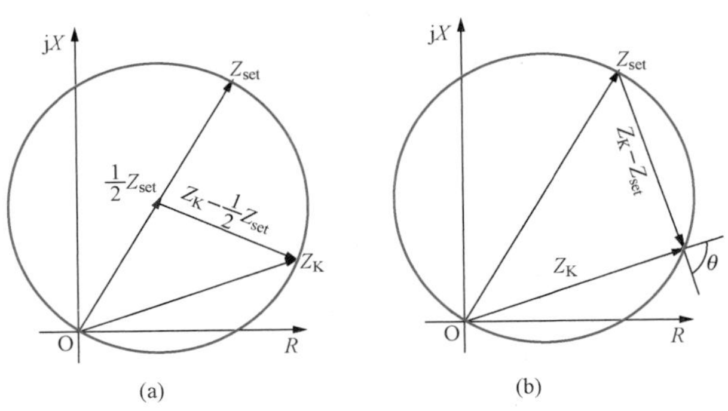

图 5-10 方向阻抗继电器的动作特性

（a）幅值比较式；（b）相位比较式

当保护范围内部故障时 $\varphi=\varphi_K$（为被保护线路的阻抗角），因此应该调整继电器的最大灵敏角使 $\varphi_{sen.max}=\varphi_K$，以便继电器工作在最灵敏的条件下。

当反方向发生短路时测量阻抗 Z_K 位于第三象限，继电器不能动作，因此它本身就具有方向性，故称为方向阻抗继电器。方向阻抗继电器也可由幅值比较或相位比较的方式构成，现分别讨论如下。

（1）用幅值比较方式分析如图 5-10（a)所示，继电器能够动作（即测量阻抗 Z_K 位于圆内）的条件是

$$\left|Z_K-\frac{1}{2}Z_{set}\right|\leqslant\left|\frac{1}{2}Z_{set}\right|$$

等式两端均乘以电流 $\dot{I}_K$，即变为如下两个电压幅值的比较

$$\left|\dot{U}_K-\frac{1}{2}\dot{I}_K Z_{set}\right|\leqslant\left|\frac{1}{2}\dot{I}_K Z_{set}\right| \tag{5-22}$$

（2）用相位比较方式分析如图 5-10（b）所示，当 Z_K 位于圆周上时，阻抗 Z_K 超前 Z_K-Z_{set} 的角度为 $\theta=90°$，相似于对全阻抗继电器的分析，同样可以证明 $270°\geqslant\theta\geqslant90°$ 是继电器能够动作（Z_K 在圆内）的条件。

将 Z_K 与 Z_K-Z_{set} 均乘以电流 $\dot{I}_K$，即可得到比较相位的两个电压为

$$\begin{cases}\dot{U}_P=\dot{U}_K\\ \dot{U}'=\dot{U}_K-\dot{I}_K Z_{set}\end{cases} \tag{5-23}$$

同样，$\dot{U}_P$ 称为极化电压，$\dot{U}'$ 称为补偿电压。继电器动作的方程为

$$270°\geqslant\arg\frac{\dot{U}_K}{\dot{U}_K-\dot{I}_K Z_{set}}\geqslant90° \tag{5-24}$$

式（5-24）表示当补偿电压落后于极化电压的角度在 90°～270°之间时继电器动作。

不难证明式（5-22）和式（5-24）也满足幅值比较和相位比较互换的规律。

3. 偏移特性的阻抗继电器

偏移特性阻抗继电器是指其圆特性与方向阻抗继电器比较向第三象限有所偏移。当正方

向的整定阻抗为 Z_{set}时，同时向反方向偏移一个 αZ_{set}，其中 $0<\alpha<1$。其动作特性如图 5-11 所示，圆内为动作区，圆外为不动作区。由图 5-11 可见，圆的直径为$|(1+\alpha)Z_{set}|$，圆心的坐标为 $Z_0=\frac{1}{2}(Z_{set}-\alpha Z_{set})$，圆的半径为 $|Z_{set}-Z_0|=\frac{1}{2}|Z_{set}+\alpha Z_{set}|$。

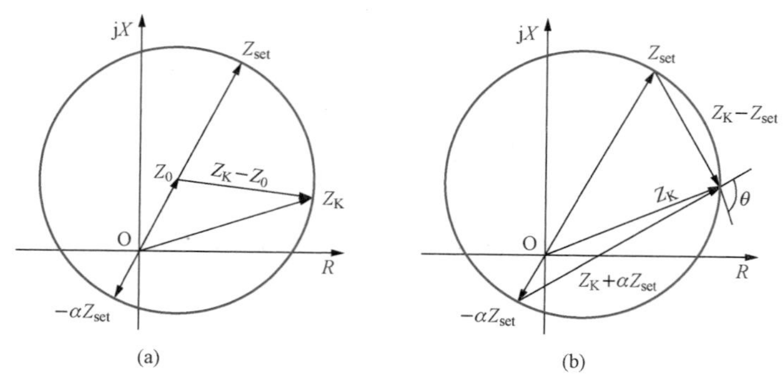

图 5-11　具有偏移特性的阻抗继电器

(a) 幅值比较式的分析；(b) 相位比较式的分析

这种继电器的动作特性介于方向阻抗继电器和全阻抗继电器之间。例如当采用 $\alpha=0$ 时，即为方向阻抗继电器；而当 $\alpha=1$ 时，则为全阻抗继电器。其动作阻抗 $Z_{K.act}$ 既与 φ 有关，但又没有完全的方向性，称其为具有偏移特性的阻抗继电器。实用上通常采用 $\alpha=0.1\sim0.2$，以便消除在保护安装处附近短路而电压等于零时方向阻抗继电器的死区。现对其构成方式分析如下。

(1) 用幅值比较方式分析。如图 5-11 (a) 所示，继电器能够动作（Z_K 在圆内）的条件为

$$|Z_K-Z_0|\leqslant|Z_{set}-Z_0|$$

等式两端均乘以电流 $\dot{I}_K$，即变为如下两个电压幅值的比较

$$|\dot{U}_K-\dot{I}_K Z_0|\leqslant|\dot{I}_K(Z_{set}-Z_0)| \tag{5-25}$$

或

$$\left|\dot{U}_K-\frac{1}{2}\dot{I}_K(1-\alpha)Z_{set}\right|\leqslant\left|\frac{1}{2}\dot{I}_K(1+\alpha)Z_{set}\right| \tag{5-26}$$

(2) 用相位比较方式的分析。如图 5-11 (b) 所示，当 Z_K 位于圆周上时，矢量（$Z_K+\alpha Z_{set}$）超前（Z_K-Z_{set}）的角度为 $\theta=90°$；同样可以证明，$270°\geqslant\theta\geqslant90°$也是继电器能够动作（$Z_K$ 在圆内）的条件。

将两个阻抗矢量 $Z_K+\alpha Z_{set}$和 Z_K-Z_{set}均乘以电流 $\dot{I}_K$，即可得到用以比较其相位的两个电压矢量为

$$\begin{cases}\dot{U}_P=\dot{U}_K+\alpha\dot{I}_K Z_{set}\\ \dot{U}'=\dot{U}_K-\dot{I}_K Z_{set}\end{cases} \tag{5-27}$$

式 (5-26) 和式 (5-27) 也符合幅值比较和相位比较的互换关系。至此，已介绍了电力系统中最常用的三种阻抗继电器的用圆表示的动作特性。几种阻抗继电器的构成方式汇总列于表 5-2。

表 5-2　　几种阻抗继电器的构成方式

所需电压 / 继电器特性	比较其幅值的两个电压		比较其相位的两个电压		起动特性的图形
	$\dot{A}$	$\dot{B}$	$\dot{C}=\dot{B}+\dot{A}$	$\dot{D}=\dot{B}-\dot{A}$	
全阻抗继电器	$\dot{I}_K Z_{set}$	$\dot{U}_K$	$\dot{U}_K+\dot{I}_K Z_{set}$	$\dot{U}_K-\dot{I}_K Z_{set}$	图 5-7
偏移特性的阻抗继电器	$\dot{I}_K(Z_{set}-Z_0)$	$\dot{U}_K-\dot{I}_K Z_0$	$\dot{U}_K+\alpha\dot{I}_K Z_{set}$	$\dot{U}_K-\dot{I}_K Z_{set}$	图 5-11
方向阻抗继电器	$\frac{1}{2}\dot{I}_K Z_{set}$	$\dot{U}_K-\frac{1}{2}\dot{I}_K Z_{set}$	$\dot{U}_K$	$\dot{U}_K-\dot{I}_K Z_{set}$	图 5-10
功率方向继电器	$\dot{U}_K+\dot{I}_K Z_0$	$\dot{U}_K-\dot{I}_K Z_0$	$\dot{U}_K$	$0-\dot{I}_K Z_0$	图 5-12
直线特性继电器	$2\dot{I}_K Z_{set}-\dot{U}_K$	$\dot{U}_K$	$\dot{I}_K Z_{set}$	$\dot{U}_K-\dot{I}_K Z_{set}$	图 5-13
电抗继电器	$2\dot{I}_K(jX_{set})-\dot{U}_K$	$\dot{U}_K$	$\dot{I}_K(jX_{set})$	$\dot{U}_K-\dot{I}_K(jX_{set})$	图 5-13（c）
起动条件	$\lvert\dot{A}\rvert\geqslant\lvert\dot{B}\rvert$		$270^\circ\geqslant\arg\frac{\dot{C}}{\dot{D}}\geqslant 90^\circ$		

最后，重复总结如下三个阻抗的意义和区别，以便加深理解。

1）Z_K 是继电器的测量阻抗，由加入继电器中电压 $\dot{U}_K$ 与电流 $\dot{I}_K$ 的比值确定，Z_K 的阻抗角就是 $\dot{U}_K$ 和 $\dot{I}_K$ 之间的相位差角 φ。

2）Z_{set} 是继电器的一次整定阻抗，一般取继电器安装点到预定的保护范围末端的线路阻抗作为整定阻抗。对全阻抗继电器而言就是圆的半径，对方向阻抗继电器而言就是在最大灵敏角方向上的圆的直径，而对偏移特性阻抗继电器则是在最大灵敏角方向上由原点到圆周上的矢量。

继电器的整定阻抗是一个矢量，一经确定并输入到微机保护或整定到继电器中，除非系统结构或运行方式发生变化不能轻易改变。

3）$Z_{K.act}$ 是继电器实际的二次动作阻抗或称起动阻抗，表示当继电器刚好能起动时的测量阻抗，即短路时加入继电器中电压 $\dot{U}_K$ 与电流 $\dot{I}_K$ 的比值。除全阻抗继电器以外，$Z_{K.act}$ 是随着 φ 的不同而改变的，当 $\varphi=\varphi_{sen.max}$ 时，$Z_{K.act}$ 的数值最大，等于 Z_{set}。由于过渡电阻和系统振荡等因素影响，动作阻抗一般不等于整定阻抗，在特性圆周上或四边形特性曲线上任一点都代表一个动作阻抗。

顺便指出，电流保护只反映通过继电器电流的幅值或有效值。比较简单，无须特别区分出动作电流和整定电流。

4. 功率方向继电器

在第三章里已作过分析，功率方向继电器的角度特性当用极坐标表示时，是垂直于最灵敏线的一条直线，如图 3-26（a）所示。如果用复阻抗平面分析其动作特性，也可把它看成是方向阻抗继电器的一个特例，即当整定阻抗 Z_{set} 趋于无限大时，原来的特性圆就趋

于和直径 Z_{set} 垂直的圆的一条切线，即直线 AA′，如图 5-12 所示。因此，如果从阻抗继电器的观点来理解功率方向继电器，那就意味着只要是正方向的短路（此时电压和电流的比值反应着一个位于第一象限的阻抗），而不管测量阻抗的数值有多大，继电器都能够起动，也就是正方向的保护范围理论上是无限大。而真正的方向阻抗继电器除了必须是正方向短路以外，还必须是测量阻抗小于一定的数值才能动作，这就是两者的区别。

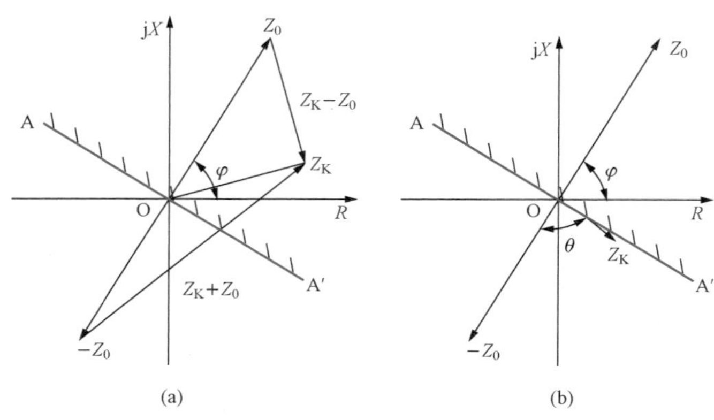

图 5-12　功率方向继电器的动作特性

（a）按幅值比较式分析；（b）按相位比较式分析

如图 5-12（a）所示，当用幅值比较的方式来分析功率方向继电器的动作特性时，在最大灵敏角的方向上任取两个矢量 Z_0 和 $-Z_0$。当测量阻抗 Z_K 位于直线 AA′以上时，它到 Z_0 的距离（即矢量幅值 $|Z_K-Z_0|$），必然小于到 $-Z_0$ 的距离（即矢量幅值 $|Z_K+Z_0|$）；而当正好位于直线上时，则到两者的距离相等。因此继电器能够动作的条件即可表示为

$$|Z_K-Z_0|\leqslant|Z_K+Z_0| \tag{5-28}$$

式（5-28）两端均乘以电流 $\dot{I}_K$，则变为两个电压幅值的比较式为

$$|\dot{U}_K-\dot{I}_KZ_0|\leqslant|\dot{U}_K+\dot{I}_KZ_0| \tag{5-29}$$

如用相位比较方式来分析功率方向继电器的特性，则如图 5-12（b）所示。只要 Z_K 超前 $-Z_0$ 的角度 θ 位于 $270°\geqslant\theta\geqslant90°$ 之间，就是能够动作的条件。将 Z_K 和 $-Z_0$ 都乘以电流 $\dot{I}_K$，即得到两个被比较相位的电压矢量分别为

$$\begin{cases}\dot{U}_P=\dot{U}_K\\ \dot{U}'=-\dot{I}_KZ_0\end{cases} \tag{5-30}$$

如用公式表示则与式（5-18）相同，即

$$270°\geqslant\arg\frac{\dot{U}_P}{\dot{U}'}\geqslant90°$$

此关系式也可以由式（5-24）直接导出。由于实际构成继电器时不可能做到 Z_{set} 等于无限大，但作为相位比较，只关心 $\dot{U}'$ 的相角。当 $Z_{set}\to\infty$ 时，$\dot{U}_K$ 为有限值，和无限大比较可看

作是零，在式（5-24）的分母 $\dot{U}_K-\dot{I}_K Z_{set}$ 中令 $\dot{U}_K=0$，而 Z_{set} 用与之同相位的任意有限矢量 Z_0 代表即可得到其动作特性为

$$270^\circ \geqslant \arg \frac{\dot{U}_K}{-\dot{I}_K Z_0} \geqslant 90^\circ$$

即被比较相位的两个电压如式（5-30）所示，也可写成

$$270^\circ \geqslant \arg \frac{Z_K}{-Z_0} \geqslant 90^\circ$$

5. 具有直线特性的继电器

如图 5-13 所示，当要求阻抗继电器的动作特性为任一直线时，由原点 O 作动作特性边界线的垂线，其矢量表示为 Z_{set}，测量阻抗 Z_K 位于直线的左侧为动作区，右侧为不动作区。

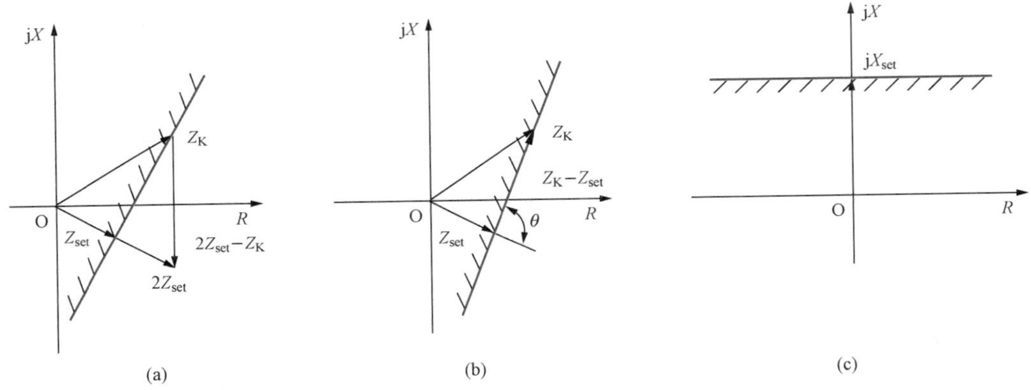

图 5-13　阻抗继电器的直线动作特性

（a）按幅值比较式分析；（b）按相位比较式分析；（c）电抗型继电器的直线动作特性

如图 5-13（a）所示，当用幅值比较方式分析继电器的动作特性时，继电器能够动作的条件可表示为

$$|Z_K| \leqslant |2Z_{set}-Z_K| \tag{5-31}$$

式（5-31）两端都乘以电流 $\dot{I}_K$，则变为两个电压幅值的比较为

$$|\dot{U}_K| \leqslant |2\dot{I}_K Z_{set}-\dot{U}_K|$$

如图 5-13（b）所示，当用相位比较方式分析继电器的动作特性，当 Z_K 落于特性直线上时继电器刚能起动，则继电器能动作的条件（Z_K 在特性直线左侧）是矢量 Z_{set} 超前 Z_K-Z_{set} 的角度为 $270^\circ \geqslant \theta \geqslant 90^\circ$，将 Z_{set} 和 Z_K-Z_{set} 都乘以电流 $\dot{I}_K$，即可得到可用于比较相位的两个电压为

$$\begin{cases} \dot{U}_P=\dot{I}_K Z_{set} \\ \dot{U}'=\dot{U}_K-\dot{I}_K Z_{set} \end{cases} \tag{5-32}$$

用公式表示为（下式右端对应于 Z_K 在 Z_{set} 下面，左端对应于 Z_K 在 Z_{set} 上面）

$$270° \geqslant \arg\frac{\dot{U}_P}{\dot{U}'} \geqslant 90°$$

在以上关系中，如果取 $Z_{set}=jX_{set}$，则动作特性如图 5-13（c）所示，即为电抗型继电器，此时只要测量阻抗 Z_K 的电抗部分小于 X_{set} 就可以动作，而与电阻部分的大小无关。具有直线特性继电器的构成方式亦列于表 5-2 中。

6. 具有多边形特性的阻抗继电器

继电器的动作特性在复数阻抗平面上可以是各种形状的多边形，多边形以内为继电器的动作区，多边形以外为不动作区，如图 5-14 所示。这种继电器的特性曲线通常是由一组折线和两个直线合成，有时也可由两组折线合成。

图 5-14 中的折线 AOC 广泛用于动作范围小于 180°的功率方向继电器，如图 5-15（b）所示。图 5-14 中多边形的 CD 为水平线，直线 DB 是一个电抗型继电器的动作特性，通常使其直线向右下倾斜 5°～8°，以防区外经过渡电阻短路时出现的稳态超越（见本章第六节，一）而引起误动。图 5-14 中的直线 BR 属电阻型继电器特性，它与 R 轴的夹角 β 通常取为 70°，可参照图 5-13（b）的方法构成。AR 为连接 A 和 R，平行于竖轴的直线，将上述几个特性的继电器组成“与门”输出，即可获得图 5-14 的多边形特性。

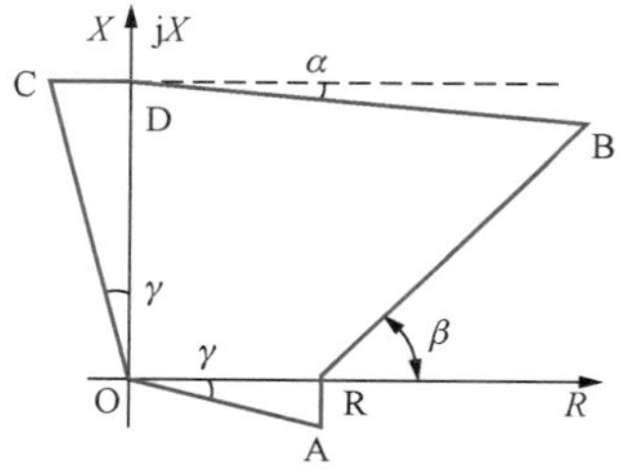

图 5-14 阻抗继电器的多边形动作特性

多边形特性的阻抗继电器整定灵活，BR 线可按承受较大过渡电阻的条件或按躲开最小负荷阻抗的要求灵活整定，在微机距离保护装置中得到广泛应用。

7. 动作角度范围变化对继电器特性的影响

在以上分析中均采用动作的角度范围为 $270° \geqslant \arg\frac{\dot{U}_P}{\dot{U}'} \geqslant 90°$，在复数平面上获得的是圆或直线的特性。如果使动作范围小于 180°，例如采用动作方程

$$240° \geqslant \arg\frac{\dot{U}_P}{\dot{U}'} \geqslant 120°$$

则圆特性的方向阻抗继电器将变成透镜形特性的阻抗继电器，如图 5-15（a）所示，是由两个圆周角等于 120°的圆弧组成的。而直线特性的功率方向继电器的动作范围则变为一个小于 180°的折线，如图 5-15（b）所示。

如果圆特性的角度范围大于 180°，例如采用动作方程

$$300° \geqslant \arg\frac{\dot{U}_P}{\dot{U}'} \geqslant 60°$$

则可得到苹果形特性，如图 5-15（c）所示，是由两个圆周角为 60° 的圆弧组成。

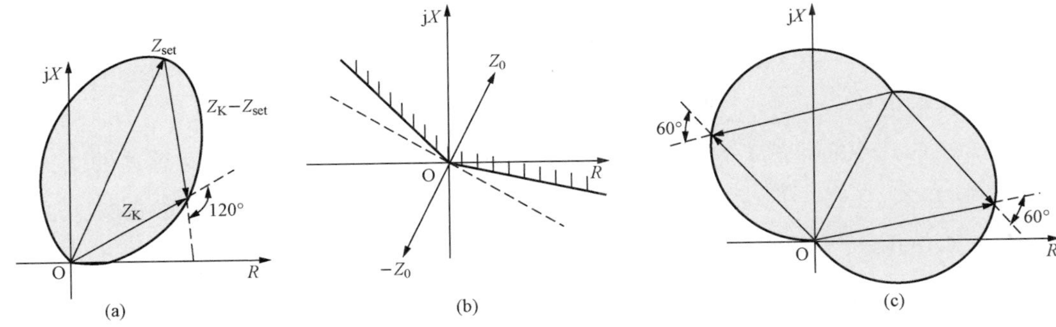

图 5-15　其他动作特性的继电器

(a) 透镜形特性（方向阻抗继电器）；(b) 小于 180°折线的特性（功率方向继电器）；(c) 苹果形特性

8. 继电器的极化电压 $\dot{U}_P$ 和补偿电压 $\dot{U}'$ 的意义和作用

由表 5-1 可见，各种圆或直线特性的继电器都可用极化电压 $\dot{U}_P$ 与补偿电压 $\dot{U}'$ 进行比相而构成。其中补偿电压 $\dot{U}'=\dot{U}_K-\dot{I}_K Z_{set}$ 在相间短路和接地短路时的具体表示为

$$\begin{cases}\dot{U}'_{AB}=\dot{U}_{AB}-(\dot{I}_A-\dot{I}_B)Z_{set}\\ \dot{U}'_{BC}=\dot{U}_{BC}-(\dot{I}_B-\dot{I}_C)Z_{set}\\ \dot{U}'_{CA}=\dot{U}_{CA}-(\dot{I}_C-\dot{I}_A)Z_{set}\end{cases} \tag{5-33}$$

$$\begin{cases}\dot{U}'_A=\dot{U}_A-(\dot{I}_A+K\times 3\dot{I}_0)Z_{set}\\ \dot{U}'_B=\dot{U}_B-(\dot{I}_B+K\times 3\dot{I}_0)Z_{set}\\ \dot{U}'_C=\dot{U}_C-(\dot{I}_C+K\times 3\dot{I}_0)Z_{set}\end{cases} \tag{5-34}$$

$$\begin{cases}\dot{U}'_{AB}=\dot{U}'_A-\dot{U}'_B\\ \dot{U}'_{BC}=\dot{U}'_B-\dot{U}'_C\\ \dot{U}'_{CA}=\dot{U}'_C-\dot{U}'_A\end{cases} \tag{5-35}$$

除了区内故障之外，在正常运行时正向区外故障以及反方向故障时，$\dot{U}'$ 电压实际上都是保护范围末端（Z_{set}处）的真实电压。因为在保护安装处的电压为 $\dot{U}_K$，因此 $\dot{U}'=\dot{U}_K-\dot{I}_K Z_{set}$ 即为补偿到 Z_{set}处的电压，这也是称之为补偿电压的原因。而当区内故障时，$\dot{U}_K=\dot{I}_K Z_K$，而 $Z_K<Z_{set}$，$\dot{U}'=\dot{I}_K(Z_K-Z_{set})$，其相位与正常运行时相比较变化了约 180°，不再是保护范围末端的真实电压。在内部短路时 $\dot{U}'$ 的相位变化约 180°，正是由于这个特点才使得可以利用 $\dot{U}'$ 构成各种特性的距离继电器。$\dot{U}'$相位的变化是以 $\dot{U}_p$ 为参考而衡量的，$\dot{U}_p$ 称为极化电压（亦即参考电压）。

根据这一个原理，可以在保护安装处通过电流补偿的方法来获得正常运行或区外短路时电网中任意地点的电压。例如（在图 5-1 中）要获得线路 AB 末端母线 B 的电压，则可用 $\dot{U}'=\dot{U}_K-\dot{I}_K Z_{1AB}=\dot{U}_B$ 来实现，而为了要获得等效电源的电动势时，则可用

$\dot{U}' = \dot{U}_K + \dot{I}_K Z_S = \dot{E}_\varphi$ 来实现。此处 Z_S 为保护安装处背后系统的阻抗，$\dot{E}_\varphi$ 为等效相电动势。

必须指出，只当一次系统中电流流经被补偿阻抗的全部时，这种补偿后得到的电压才是该补偿点真实的电压。

以图 5-1（a）中的保护 1 为例，当发生金属性短路时，设电流和电压互感器的变比均为 1，则 $\dot{U}_K = \dot{I}_K Z_K$，$\dot{U}' = \dot{I}_K(Z_K - Z_{set})$，前已述及，应选择继电器的最大灵敏角 $\varphi_{sen.max} = \varphi_K$，因此 Z_K 与 Z_{set} 的阻抗角相同。因而可得到：

（1）当保护范围外部故障时，$Z_K > Z_{set}$，$\dot{U}'$ 与 $\dot{U}_K$ 同相位。

（2）当保护范围末端故障时，$Z_K = Z_{set}$，$\dot{U}' = 0$，继电器应处于临界动作状态。

（3）当保护范围内部故障时，$Z_K < Z_{set}$，$\dot{U}'$ 与 $\dot{U}_K$ 相位差 180°。

由此可见，$\dot{U}'$ 相位的变化实质上反映了短路阻抗 Z_K 与整定阻抗 Z_{set} 相位关系的变化，距离继电器正是反应于这个电压相位的变化而动作，因此在任何特性的距离继电器中都包含有 $\dot{U}'$ 这个电压。

为了判别 $\dot{U}'$ 相位的变化必须有一个矢量作参考，这就是所采用的极化电压 $\dot{U}_P$。当 $\arg\dfrac{\dot{U}_P}{\dot{U}'}$（即极化电压超前补偿电压的角度）满足一定的角度范围时，继电器应该动作，参见式（5-23）和式（5-24），而当 $\arg\dfrac{\dot{U}_P}{\dot{U}'} = 180°$ 时，$\dot{U}_K$ 处于动作范围的中央，继电器动作最灵敏。从这一观点出发，对照几种不同动作特征的动作方程式，可以认为不同特性的距离继电器的区别只是在于所用的极化电压 $\dot{U}_P$ 不同。

（1）当以母线电压 $\dot{U}_K$ 作为极化量时，可得到具有方向性的圆特性［如图 5-10 和式（5-23）所示］阻抗继电器或直线特性［如图 5-12 和式（5-30）所示］的功率方向继电器。当保护安装处出口短路时 $\dot{U}_K = 0$，继电器将因失去极化电压而不能动作，从而出现电压死区。

（2）当以电流 $\dot{I}_K$ 作为极化量（以电流 $\dot{I}_K Z_{set}$ 作极化量时，因 Z_{set} 是常数不变，相当于以 $\dot{I}_K$ 作极化量）时，可得到动作特性为包括原点在内的各种直线［如图 5-13 和式（5-32）所示］，这些直线特性的继电器没有方向性，在反方向短路时（Z_K 转到第三象限）也能够动作。

（3）当以 $\dot{U}_K$ 和 $\dot{I}_K$ 的复合电压（例如 $\dot{U}_K + \alpha\dot{I}_K Z_{set}$）作为极化量时，则得到偏移特性的阻抗继电器，见式（5-27）和图 5-11，而偏移的程度则取决于 α，即偏移量所占 $\dot{I}_K Z_{set}$ 的比重。

此外，还可以采用非故障相的电压、正序电压、零序电流等作为极化量，来构成其他特性的各种阻抗继电器[1-2]。

＊四、 方向阻抗继电器的特性分析

由于方向阻抗继电器在距离保护中应用极为广泛，故须作进一步的分析。由此得出的结

论，一般也适用于其他特性的继电器。本节按传统的继电器接线进行分析，其基本原理也适用于微机保护。

1. 方向性继电器的死区及消除死区的方法

当在保护安装地点正方向出口处发生相间短路时，故障环路的残余电压将降到零。例如，在三相短路时 $\dot{U}_{AB}=\dot{U}_{BC}=\dot{U}_{CA}=0$，AB 两相短路时 $\dot{U}_{AB}=0$ 等。此时，任何具有方向性的继电器将因加入的电压为零而不能动作，从而出现保护装置的“死区”。

例如，对按幅值比较方式构成的继电器有 $\dot{U}_{K}=0$ 的情况时，则被比较的两个电压就变为相等的（见表 5-2 中的功率方向继电器和方向阻抗继电器），实际上由于机电式继电器具有弹簧反作用力矩和摩擦力矩，用晶体管放大器也需要一定的输入电压信号才能动作，因此没有一定的电压和功率，继电器是不能起动的。相位比较方式构成的继电器当有 $\dot{U}_{K}=0$ 的情况时，则因极化电压变为零从而失去了比较相位的依据，因而也不能起动。为了减小和消除死区可采用以下方法。

（1）记忆回路。对瞬时动作的距离Ⅰ段方向阻抗继电器，对于模拟式保护在极化电压 $\dot{U}_{P}$ 的回路中广泛采用了“记忆回路”的接线，即将电压回路作成对 50Hz 工频交流串联谐振的回路。图 5-16 所示是常用的接线之一，根据继电器构成原理的不同也可以采用其他形式的接线。对于微机保护可利用计算机的存储功能实现记忆作用。

模拟式距离保护的“记忆回路”的作用主要在于：当外加电压突然由正常运行时的数值降低到零时，该回路的电流不是突然消失而是按 50Hz 工频振荡，经几个周波的时间后逐渐衰减到零，如图 5-17所示。由于这个电流和故障以前的电压 $\dot{U}_{P}$ 基本上为同相位，同时在衰减的过程中维持相位不变，相当于“记住”了故障以前电压的相位，故称为“记忆回路”。利用这个电流或这个电流在电阻 R 上的电压降 $\dot{U}_{R}$（与 $\dot{U}_{P}$ 同相位），即可进行幅值或相位的比较。如果是正方向出口处短路就可以消除死区而动作，如果是反方向出口处短路就可以仍然不动作而保证其方向性。

关于记忆回路的参数选择和分析参见《电力系统继电保护原理（第五版）》[12]。

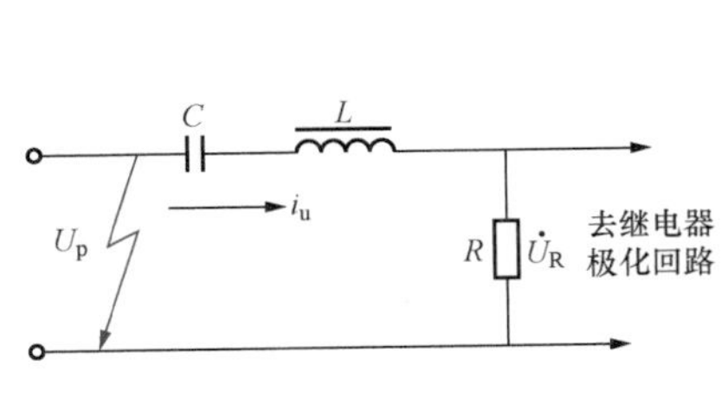

图 5-16 “记忆回路”的原理接线图

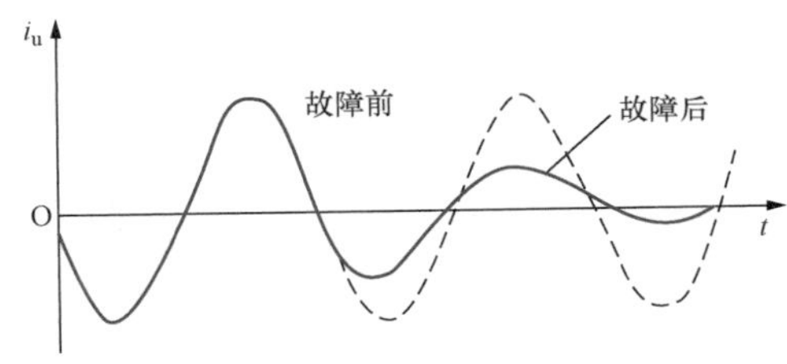

图 5-17 “记忆回路”中电流的变化曲线

（2）高品质因数 Q 值的 50Hz 带通有源滤波器。在集成电路保护中，可使极化回路的电压经一高 Q 值的 50Hz 带通有源滤波器之后再形成方波，接入比相回路。利用滤波器响应特性的时间延迟（Q 值越高，延迟时间越长），起到上述“记忆回路”的作用。详细分析见

《电力系统继电保护原理（第五版）》[12]。

（3）引入非故障相电压。在各种两相短路时，只有故障相间的电压降低至零，而非故障相间的电压仍然很高。因此，在继电器的接线方式上可以考虑直接利用或部分利用非故障相的电压来消除两相短路时的死区，例如功率方向继电器所广泛采用的“90°接线方式”，以及在方向阻抗继电器的极化回路中附加引入第三相电压的方法，都是这个原理。

以接于AB相间的阻抗继电器为例，在极化回路中可引入第三相电压$\dot{U}_C$。由于$\dot{U}_C$超前于$\dot{U}_{AB}$ 90°，故必须将$\dot{U}_C$的相位后移90°才能接入极化回路，其动作方程一般为

$$270° \geqslant \frac{\dot{U}_{AB} + a\dot{U}_C e^{-j90°}}{\dot{U}_{AB} - (\dot{I}_A - \dot{I}_B)Z_{set}} \geqslant 90° \tag{5-36}$$

式中：a为取用$\dot{U}_C$的百分数，约为10%左右。

但是这种方法对消除三相短路时的死区是无能为力的，因为此时三个相电压和相间电压均为零。

此外，装设辅助保护也是一项有效措施。辅助保护主要是瞬时电流速断，它可以在方向性保护的死区范围内，快速动作切除故障。此时速断保护的起动电流应按式（3-53）考虑双侧电源的情况整定。

2. 极化回路记忆作用对继电器动作特性的影响

根据图5-10（b）及式（5-24）分析，当不采用记忆回路时极化电压即为保护安装处的母线电压$\dot{U}_K$。当采用记忆回路后，极化电压将短时记忆短路前负荷状态下母线电压$\dot{U}_L$的相位，因此在短路的$t=0$s瞬间的继电器动作条件应为

$$270° \geqslant \arg\frac{\dot{U}_L}{\dot{U}_K - \dot{I}_K Z_{set}} \geqslant 90° \tag{5-37}$$

式中出现三个变量，$\dot{U}_L$、$\dot{U}_K$、$\dot{I}_K$类似于第Ⅱ类阻抗继电器，不能再简单地只用测量阻抗$Z_K = \dfrac{\dot{U}_K}{\dot{I}_K}$来表示。此时继电器的动作特性只能结合具体系统的接线参数和短路点位置进行分析如下。

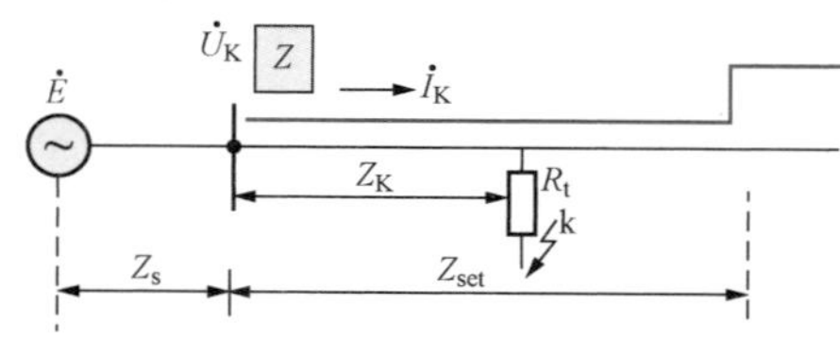

图5-18 保护正方向短路时，分析极化回路影响所用的系统接线（图中的Z表示距离保护安装处）

（1）保护正方向短路时。保护正方向k点短路时，系统的接线及其有关的参数如图5-18所示。设$n_{TA}=n_{TV}=1$，继电器应测到的测量阻抗包括短路阻抗Z_K和过渡电阻R_t，即$Z=Z_K+R_t$，则

$$\dot{U}_K = \dot{I}_K Z \tag{5-38}$$

$$\dot{E} = \dot{I}_K(Z_S + Z)$$

$$\dot{I}_K = \frac{\dot{E}}{Z_S + Z} \tag{5-39}$$

$$\dot{U}' = \dot{U}_K - \dot{I}_K Z_{set} = \dot{I}_K (Z - Z_{set}) = \frac{Z - Z_{set}}{Z + Z_S} \times \dot{E} \tag{5-40}$$

将式（5-40）代入式（5-37）中，可得继电器的动作条件为

$$270° \geqslant \arg \frac{Z + Z_S}{Z - Z_{set}} \frac{\dot{U}_L}{\dot{E}} \geqslant 90°$$

或

$$270° + \arg \frac{\dot{E}}{\dot{U}_L} \geqslant \arg \frac{Z + Z_S}{Z - Z_{set}} \geqslant 90° + \arg \frac{\dot{E}}{\dot{U}_L} \tag{5-41}$$

如果把 $\dot{E}$ 和 $\dot{U}_L$ 看作参变量，其值可由故障前的运行方式确定，则式（5-41）仅剩下一个变量 Z，因此仍可以在复数阻抗平面上进行分析。

假定短路前为空载，$\dot{U}_L = \dot{E}$，则继电器在 $t=0$s 时的动作条件为

$$270° \geqslant \arg \frac{Z + Z_S}{Z - Z_{set}} \geqslant 90° \tag{5-42}$$

此时继电器的动作特性为以 Z_{set}、$-Z_S$ 两矢量末端的连线为直径所作的圆，圆内为动作区，如图 5-19所示。此圆又称为方向阻抗继电器在 $t=0$s 时的动态特性圆。当记忆作用消失后，在稳态情况下继电器的动作特性仍是以 Z_{set} 为直径所作的圆，如图 5-19中虚线所示。

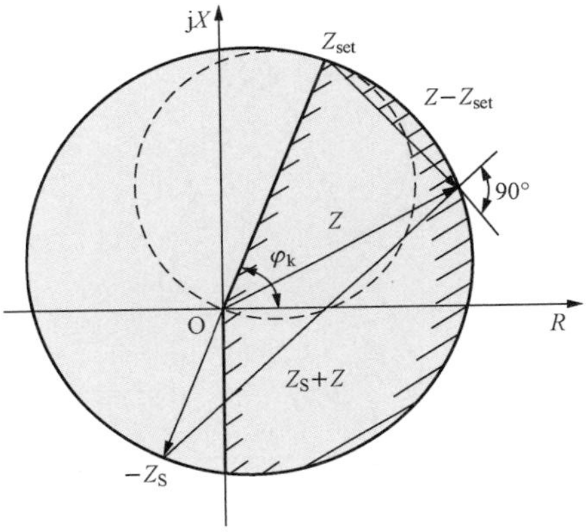

图 5-19　完全记忆作用下正方向短路时继电器的动作特性

由于 Z 是在保护正方向短路时的测量阻抗，包括过渡电阻，如图 5-19 所示，动作特性仍是一个圆，称为动态特性图，如图 5-19 中阴影线所示。动态特性圆虽然包括坐标原点在内，但并不意味着会失去方向性，因为式（5-41）是在保护正方向短路的前提下导出的，不适用于保护反方向短路的情况。

由以上分析可见，在记忆回路作用下的动态特性圆扩大了动作范围，而又不失去方向性，因此对消除死区和减小过渡电阻的影响都是有利的。

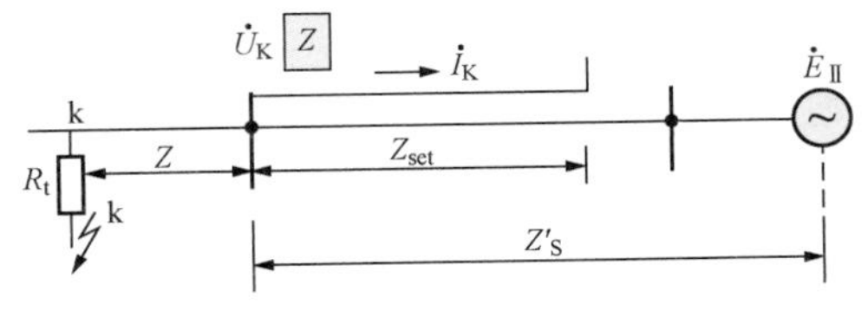

图 5-20　反方向短路时分析极化回路影响的系统接线

（2）保护反方向短路时。保护反方向 k 点短路时系统的接线及参数如图 5-20 所示。此时短路电流由 $\dot{E}_{II}$ 供给，仍假定 $n_{TA} = n_{TV} = 1$，且电流的正方向为从母线流向被保护线路，则电流是负的，即 $-\dot{I}_K$，而且短路在反方向，短路阻抗在阻抗平面的第三象限，应表示为 $-Z$，即

$$\dot{U}_K = (-\dot{I}_K)(-Z) = \dot{I}_K Z$$

式中，在反方向短路时，$\dot{I}_K$ 和 Z 都应表示为负的。而作为参考量的母线电压总是正的，则有

$$\dot{E}_{\mathrm{II}}=\dot{U}_{\mathrm{K}}-\dot{I}_{\mathrm{K}}Z'_{\mathrm{S}}=\dot{I}_{\mathrm{K}}(Z-Z'_{\mathrm{S}})$$

$$\dot{I}_{\mathrm{K}}=\frac{\dot{E}_{\mathrm{II}}}{Z-Z'_{\mathrm{S}}}$$

$$\dot{U}'=\dot{U}_{\mathrm{K}}-\dot{I}_{\mathrm{K}}Z_{\mathrm{set}}=\dot{I}_{\mathrm{K}}Z-\dot{I}_{\mathrm{K}}Z_{\mathrm{set}}=\dot{I}_{\mathrm{K}}(Z-Z_{\mathrm{set}})=\frac{Z-Z_{\mathrm{set}}}{Z-Z'_{\mathrm{S}}}\dot{E}_{\mathrm{II}} \tag{5-43}$$

将式（5-43）代入式（5-37），可得继电器在反方向短路时的动作条件为

$$270^\circ\geqslant\arg\frac{Z-Z'_{\mathrm{S}}}{Z-Z_{\mathrm{set}}}\frac{\dot{U}_{\mathrm{L}}}{\dot{E}_{\mathrm{II}}}\geqslant 90^\circ$$

或

$$270^\circ+\arg\frac{\dot{E}_{\mathrm{II}}}{\dot{U}_{\mathrm{L}}}\geqslant\arg\frac{Z-Z'_{\mathrm{S}}}{Z-Z_{\mathrm{set}}}\geqslant 90^\circ+\arg\frac{\dot{E}_{\mathrm{II}}}{\dot{U}_{\mathrm{L}}} \tag{5-44}$$

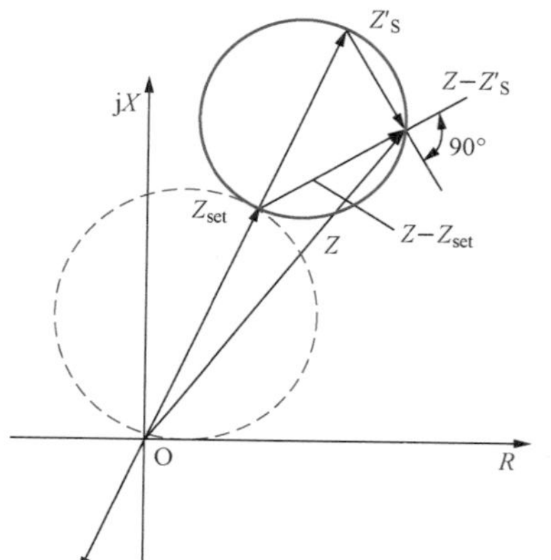

图 5-21　完全记忆作用下反方向短路时继电器的动态特性

仍假定短路前为空载，$\dot{U}_{\mathrm{L}}=\dot{E}_{\mathrm{II}}$，则继电器在 $t=0\mathrm{s}$ 时的动作条件为

$$270^\circ\geqslant\arg\frac{Z-Z'_{\mathrm{S}}}{Z-Z_{\mathrm{set}}}\geqslant 90^\circ \tag{5-45}$$

此时继电器的动作特性为以矢量（$Z'_{\mathrm{S}}-Z_{\mathrm{set}}$）为直径所作的圆，如图 5-21 所示，圆内为动作区。此结果表明当反方向短路时，必须出现一个位于第Ⅰ象限的短路阻抗 Z 才可能引起继电器动作，但是实际上在无串联电容补偿的线路上，在反方向 k 点短路时继电器测量到的是 $Z=-(Z_{\mathrm{K}}+R_{\mathrm{t}})$，位于第Ⅲ象限。因此在反方向短路时的动态过程中继电器不会动作，有明确的方向性。

当记忆作用消失后，在稳态情况下的继电器动作特性仍是以 Z_{set} 为直径所作的圆，如图 5-21 中虚线所示。

3. 阻抗继电器的精确工作电流

上面分析阻抗继电器的动作特性时，都是从理想的条件出发，即认为模拟式继电器的比相回路（或幅值比较回路中的执行元件）的灵敏度很高，补偿电压 $\dot{U}'=0$ 为继电器动作的临界条件，因此继电器的动作特性只与加入继电器的电压和电流的比值（即测量阻抗）有关，而与电流的大小无关。但实际上当计及执行元件的动作功率和各种误差时，需作进一步的分析。

例如对幅值比较式的全阻抗继电器，其实际的动作条件应为

$$|\dot{K}_{\mathrm{I}}\dot{I}_{\mathrm{K}}|-|\dot{K}_{\mathrm{U}}\dot{U}_{\mathrm{K}}|\geqslant U_0 \tag{5-46}$$

式（5-46）中 U_0 表示 $|\dot{K}_{\mathrm{I}}\dot{I}_{\mathrm{K}}|$ 必须比 $|\dot{K}_{\mathrm{U}}\dot{U}_{\mathrm{K}}|$ 高出 U_0 这个数值时，才能使执行元件动作。如果忽略执行元件的动作门槛 U_0，此式与式（5-16）相同，实践中为了调整继电器的整定值 $Z_{\mathrm{K.set}}$，给继电器所加的电流和通入的电压不是电流互感器和电压互感器二次的全部

电流和电压，而是其一部分。K_I 表示所取电流的分数并将其移相，K_U 则为所用电压的分数，在模拟式保护中可用电位器或电压变换器分接头调整。当忽略 U_0，即令 $U_0=0$，式（5-46）可写成继电器整定值为

$$\frac{\dot{U}_K}{\dot{I}_K}=\frac{K_I}{K_U}=Z_{K.set} \tag{5-47}$$

改变 K_I 和 K_U 即可调整继电器的整定值。

对幅值比较式的继电器，当 $\varphi_{sen.max}=\varphi_K$ 时，式（5-46）中两矢量相位相同，实际上 $U_0\neq 0$，故可得动作条件为

$$K_I I_K - K_U U_K \geqslant U_0 \tag{5-48}$$

式中表示 $K_I I_K$ 必须比 $K_U U_K$ 高出 U_0 这个数值时，才能提供比较回路和执行元件所需的起动功率或门槛电压。

将式（5-48）两端以 $K_U I_K$ 除之，又由于$\frac{U_K}{I_K}$是继电器刚好能起动时的电压与电流之比，即继电器的实际起动阻抗或动作阻抗 $Z_{K.act}$，因此可得

$$Z_{K.act}=\frac{K_I}{K_U}-\frac{U_0}{K_U I_K}=Z_{K.set}-\frac{U_0}{K_U I_K} \tag{5-49}$$

式中：$Z_{K.set}$为继电器的整定值；$Z_{K.act}$则为其实际起动值。可见实际动作阻抗小于整定阻抗。

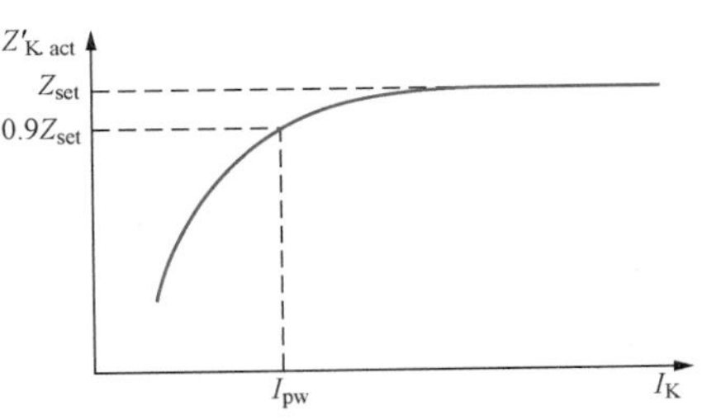

图 5-22　方向阻抗继电器的 $Z_{K.act}=f(I_K)$ 曲线

考虑 U_0 的影响后，绘出 $Z_{K.act}=f(I_K)$ 的关系曲线如图 5-22 所示。由图可见，当加入继电器的电流较小时，继电器的起动阻抗将下降，使阻抗继电器的实际保护范围缩短，这将影响到与上级相邻线路阻抗元件的配合，甚至引起非选择性动作。为了把动作阻抗的误差限制在一定的范围内，规定了精确工作电流 I_{pw}这一指标。

所谓精确工作电流 I_{pw}，就是指当加入继电器的电流 $I_K=I_{pw}$ 时的动作阻抗 $Z_{K.act}=0.9Z_{set}$，即比整定阻抗值缩小了 10%。因此，当 $I_K>I_{pw}$时就可以保证动作阻抗的误差在 10%以内，而这个误差在选择可靠系数时已经被考虑进去了。

当加入继电器的电流足够大以后，U_0 的影响就可以忽略，见式（5-49）。此时，$Z_{K.act}=Z_{K.set}$，继电器的动作特性才与电流无关。但当短路电流很大时，如果出现了将电流变换成电压的转换元件的饱和，则继电器的起动阻抗又将随着 I_K 的继续增大而减小，这也是不能允许的。

对于微机保护，由于不存在执行元件需要一定的起动功率和比较回路需要一定的门槛电压等问题，因而理论上没有精确工作电流问题。但是由于 A/D 转换的截断误差和最末 1、2

位数码受干扰影响的不确定性，在电流、电压数值很小时转换误差较大，使得计算的测量阻抗的误差较大。对于近处短路，电压较小、电流较大，由于此时短路阻抗远小于整定阻抗，电压数值上产生的误差不会影响保护的正确动作。而在保护范围末端短路时，处于临界动作状态，测量阻抗应等于整定阻抗，测量阻抗计算的精度决定了保护装置的精度。在此情况下电压数值大，转换误差小，而电流数值小，转换误差大，测量阻抗计算的精度取决于电流A/D转换的精度，因而也有一个使测量阻抗计算误差小于10%的最小电流，可以认为这是微机阻抗继电器的精确工作电流。所不同的是由于电流小而造成的误差可正可负，亦即可使保护范围缩短，也可使保护范围伸长。

关于模拟式保护装置实现的方法可参见《电力系统继电保护原理（第五版）》[12]。

4. 过渡过程对相位比较式继电器的影响

在以上分析相位比较式继电器的工作原理和构成方法时，比较相位的两个电压 $\dot{U}_{\mathrm{I}}$ 和 $\dot{U}_{\mathrm{II}}$ 均是采用在稳态条件下，具有正弦特性的工频50Hz交流电压。但是实际上，在发生故障瞬间，由于电流和电压的突然变化，在电力系统的一次侧以及电流、电压互感器的二次侧都要出现一个过渡过程。一般情况下，它的主要特点是出现非周期分量的电流，而对于超高压输电线路，由于分布电容、串联电容和并联电抗的影响，还可能出现高于和低于工频（50Hz）的谐波和谐间波分量。仅就非周期分量的影响而言，最严重的后果将是使继电器出现“超范围”动作，即在保护范围以外故障时它可能误动作。

例如在图5-23（a）中，稳态情况下 $\dot{U}_{\mathrm{I}}$ 和 $\dot{U}_{\mathrm{II}}$ 之间的相位差角 θ 大于 90°，其瞬时值同时为正或同时为负的时间均小于5ms，相当于保护范围外部故障，继电器不应该动作。但是，如果在 $\dot{U}_{\mathrm{II}}$ 中包含有非周期分量，如图5-23（b）所示，当非周期分量为正时，U_{II} 的曲线被抬高，则 $\dot{U}_{\mathrm{I}}$ 和 $\dot{U}_{\mathrm{II}}$ 瞬时值同时为正的时间就可能大于5ms，此时继电器将发生误动作；如果非周期分量为负，则当瞬时值同时为负时将发生误动作，这种情况就称为“超范围”动作，或称为“暂态超越”。

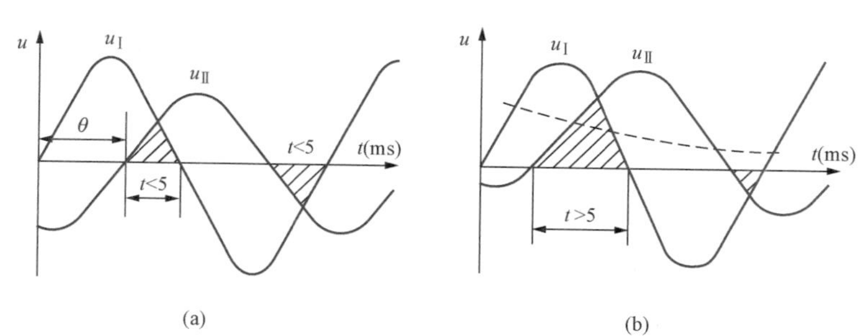

图5-23 非周期分量的影响的分析

（a）稳态情况；（b）有非周期分量的情况

在利用相位比较式继电器构成瞬时动作的保护时，必须考虑采取措施防止发生“暂态超越”，或把它限制在允许的范围以内。一般要求在最大灵敏角下“暂态超越”范围不大于

5%。通常采取的措施是对 $\dot{U}_{\mathrm{I}}$ 和 $\dot{U}_{\mathrm{II}}$ 进行滤波，或者采用正、负半周比相“与门”输出的方式，只有当两个电压瞬时值同时为正和同时为负的时间都大于 5ms 时，才允许保护装置动作，亦即采取两次比相的方法。在微机保护中应采取完善的模拟式滤波和数字式滤波方法，滤除或减小非周期分量和高次谐波。

第三节 多相补偿式距离继电器

多相补偿距离或阻抗继电器在原理上的主要特点是以另外一相（或相间）的补偿电压作为极化电压来判别故障相（或相间）补偿电压的相位变化。所以它实质上是对不同相别的补偿电压进行比相，可互相作为极化量。由于继电器的动作特性涉及非故障相的电压和电流，因此一般都不能再用测量阻抗的概念进行分析，而必须结合电力系统的实际参数，用绘制电压矢量图的方法或解析的方法来分析其动作特性。这种继电器传统上称为第Ⅱ类距离或阻抗继电器。

由于在发生对称过负荷、系统振荡及三相短路时，各相（或相间）补偿电压之间的相位变化相同，仍保持为三相对称，所以这种继电器在单纯的过负荷及系统振荡时不会误动作，当然也不能反应三相短路故障。这是各种多相补偿距离继电器的共同特点（利用故障分量者除外），因此只能利用它来反应各种不对称短路。

1. 用相位比较原理构成多相补偿式距离继电器

其基本的动作方程是比较两个相间补偿电压 $\dot{U}'_{\mathrm{AB}}$ 和 $\dot{U}'_{\mathrm{CB}}$ 之间的相位，动作的条件为

$$180^\circ \geqslant \arg\frac{\dot{U}'_{\mathrm{AB}}}{\dot{U}'_{\mathrm{CB}}} \geqslant 0^\circ \tag{5-50}$$

设以 θ 表示 $\dot{U}'_{\mathrm{AB}}$ 超前 $\dot{U}'_{\mathrm{CB}}$ 的角度，则式（5-50）也可表示为

$$U'_{\mathrm{AB}}U'_{\mathrm{CB}}\sin\theta \geqslant 0 \tag{5-51}$$

现用电压矢量图分析继电器在两相短路时的动作情况，分析时采用的系统接线如图 5-24 所示，假设短路以前为空载且全系统的阻抗角相等。

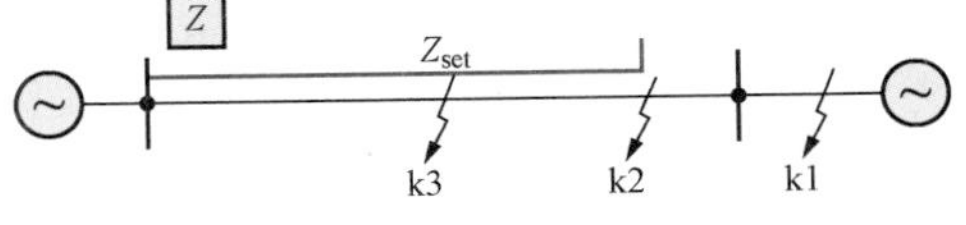

图 5-24 分析继电器动作时的系统接线图

（1）保护范围末端 k2 点 AC 两相短路。在短路点 $\dot{U}_{\mathrm{Ak}}=\dot{U}_{\mathrm{Ck}}$。此时短路阻抗 Z_{k2} 等于整定阻抗 Z_{set}，由矢量图 5-25（a）可见

$$\dot{U}'_{\mathrm{A}}=\dot{U}_{\mathrm{A}}-\dot{I}_{\mathrm{A}}Z_{\mathrm{set}}=\dot{U}_{\mathrm{Ak}}+\dot{I}_{\mathrm{A}}Z_{\mathrm{k2}}-\dot{I}_{\mathrm{A}}Z_{\mathrm{set}}=\dot{U}_{\mathrm{Ak}}-\dot{I}_{\mathrm{A}}(Z_{\mathrm{set}}-Z_{\mathrm{k2}})=\dot{U}_{\mathrm{Ak}}$$

$$\dot{U}'_{\mathrm{C}}=\dot{U}_{\mathrm{C}}-\dot{I}_{\mathrm{C}}Z_{\mathrm{set}}=\dot{U}_{\mathrm{Ck}}+\dot{I}_{\mathrm{C}}Z_{\mathrm{k2}}-\dot{I}_{\mathrm{C}}Z_{\mathrm{set}}=\dot{U}_{\mathrm{Ck}}-\dot{I}_{\mathrm{C}}(Z_{\mathrm{set}}-Z_{\mathrm{k2}})=\dot{U}_{\mathrm{Ck}}$$

$$\dot{U}'_{\mathrm{B}}=\dot{U}_{\mathrm{B}}=\dot{E}_{\mathrm{B}}$$

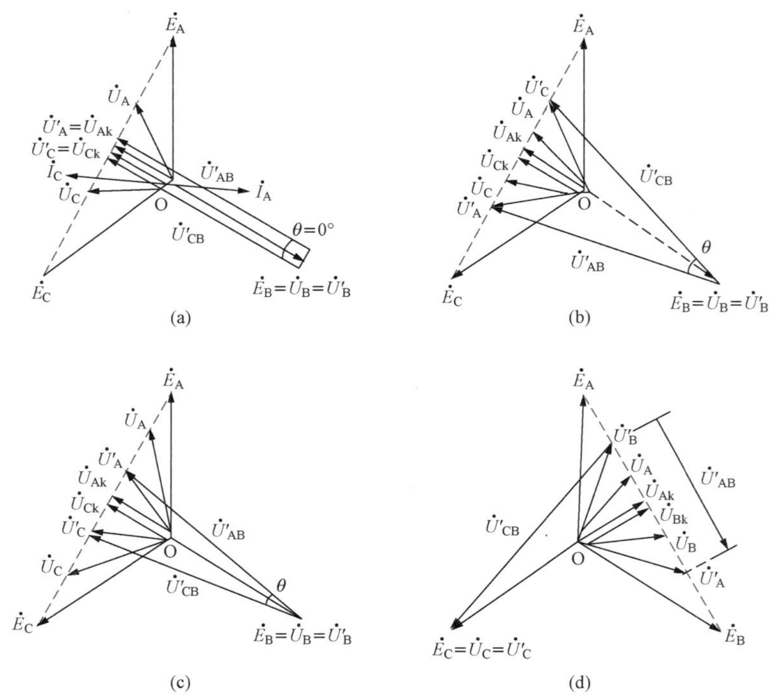

图 5-25　用相位比较原理构成的继电器在不同地点短路时的电压矢量图

（a）保护范围末端 AC 两相短路；（b）保护范围内部 AC 两相短路；

（c）保护范围外部 AC 两相短路；（d）保护范围内部 AB 两相短路

因此 $\dot{U}'_{AB}$ 和 $\dot{U}'_{CB}$ 同相位，$\theta=0°$，继电器处于临界动作状态。

（2）保护范围内部 k3 点 AC 两相短路。此时 $Z_{k3}<Z_{set}$，类似于上述推导，可得矢量图 5-25（b），$\dot{U}'_{AB}$ 超前 $\dot{U}'_{CB}$，继电器动作。$\dot{U}'_{CB}$、$\dot{U}'_{AB}$ 虽然均为非故障相的补偿电压，但是由于 AC 相内部故障时 $\dot{U}'_{CA}$ 的相位与 $\dot{U}_{AC}$ 比较变化了 180°，从而导致了 $\dot{U}'_{AB}$ 超前 $\dot{U}'_{CB}$，因此继电器仍能够动作。

（3）保护范围外部 k1 点 AC 两相短路。此时 $Z_{k1}>Z_{set}$，按照同上分析方法可得矢量图 5-25（c），$\dot{U}'_{AB}$ 落后于 $\dot{U}'_{CB}$，继电器不动作。

（4）保护范围内部 k3 点 AB 两相短路。按照同上分析方法可得矢量图 5-25（d），$\dot{U}'_{AB}$ 超前 $\dot{U}'_{CB}$，继电器同样可以动作。

同理可以分析各种区内、外的两相短路情况，所得结论同上，不再赘述。

2. 用判别补偿电压相序的方法构成多相补偿距离继电器

总结以上分析情况，如果从三相补偿电压 $\dot{U}'_A$、$\dot{U}'_B$、$\dot{U}'_C$ 的相序关系来看，还可得出如下的结论。

（1）在正常运行情况下以及对称三相短路时，三个补偿电压对称为正相序的关系。

（2）当保护范围末端 AC 两相短路时，三个相补偿电压位于一条直线上，以图 5-25（a）为例，其间的关系为 $\dot{U}'_A=\dot{U}'_C=-\frac{1}{2}\dot{U}'_B$，它们的相序处于由正变负的临界状态。

（3）当保护范围内部两相短路时，相序关系转变为以负序为主，而当保护范围外部两相短路时则仍以正序为主。因内部短路时以负序为主，故负序电压将大于正序电压。

因此用各种判别三个相补偿电压或相间补偿电压相序关系的方法，也可以构成这种继电器，此处不再赘述，可参考有关文献［4-5］。

3. 用幅值比较原理构成多相补偿距离继电器

多相补偿距离继电器的基本动作方程还可表示为比较补偿后负序电压 $\dot{U}'_2$ 和补偿后正序电压 $\dot{U}'_1$ 的幅值，动作条件为

$$|\dot{U}'_2|\geqslant|\dot{U}'_1| \tag{5-52}$$

以 $\dot{U}'_{AB}$ 为基准，将补偿后的相间电压分解成对称分量，则式（5-52）动作条件可证明为

$$\dot{U}'_{AB}=\dot{U}'_1+\dot{U}'_2$$

$$\dot{U}'_{BC}=a^2\dot{U}'_1+a\dot{U}'_2$$

$$\dot{U}'_{CB}=-a^2\dot{U}'_1-a\dot{U}'_2=\dot{U}'_1e^{j60°}+\dot{U}'_2e^{-j60°}$$

代入式（5-51）中可得[1]

$$U'_{AB}U'_{CB}\sin\theta=\frac{\sqrt{3}}{2}U'^2_2-\frac{\sqrt{3}}{2}U'^2_1\geqslant 0 \tag{5-53}$$

因此继电器的动作条件可表示为 $|\dot{U}'_2|\geqslant|\dot{U}'_1|$，即式（5-52）。以下用对称分量来分析在两相短路时 $\dot{U}'_2$ 和 $\dot{U}'_1$ 的变化及继电器的动作情况，且仍采用图 5-24 的系统接线及有关假定。

（1）保护范围外部两相短路。如图 5-26（a）所示，短路点 k1 的正序和负序电压 $\dot{U}_{k1}=\dot{U}_{k2}=\frac{1}{2}E$，设全系统的阻抗角相等，则正、负序电压沿线路的分布均为一直线，如图 5-26（a）所示。此时保护安装处的电压为

$$\begin{cases}\dot{U}_1=\dot{U}_{k1}+\dot{I}_1Z_k & (5\text{-}54)\\ \dot{U}_2=\dot{U}_{k2}+\dot{I}_2Z_k & (5\text{-}55)\end{cases}$$

---

[1] $U'_{AB}U'_{CB}\sin\theta=I_m|\dot{U}'_{AB}\overset{*}{\dot{U}}{}'_{CB}|=I_m|(\dot{U}'_1+\dot{U}'_2)(-\overset{*}{a}{}^2\overset{*}{\dot{U}}{}'_1-\overset{*}{a}\overset{*}{\dot{U}}{}'_2)|$

$=I_m|(\dot{U}'_1+\dot{U}'_2)(\overset{*}{\dot{U}}{}'_1e^{-j60°}+\overset{*}{\dot{U}}{}'_2e^{j60°})|=I_m|U'^2_1e^{-j60°}+U'^2_2e^{j60°}+\dot{U}'_1\overset{*}{\dot{U}}{}'_2e^{j60°}+\overset{*}{\dot{U}}{}'_1\dot{U}'_2e^{-j60°}|$

$=I_m|U'^2_1(\cos60°-j\sin60°)+U'^2_2(\cos60°+j\sin60°)+U'_1U'_2e^{j(60°+\theta_1-\theta_2)}+U'_1U'_2e^{-j(60°+\theta_1-\theta_2)}|$

$=-U'^2_1\sin60°+U'^2_2\sin60°=\frac{\sqrt{3}}{2}U'^2_2-\frac{\sqrt{3}}{2}U'^2_1$

式中：θ_1 为 $\dot{U}'_1$ 的相角；θ_2 为 $\dot{U}'_2$ 的相角；I_m 为表示取括号内的虚部；* 表示共轭矢量。

补偿电压为

$$\begin{cases}\dot{U}'_1=\dot{U}_1-\dot{I}_1Z_{set}=\dot{U}_{k1}+\dot{I}_1(Z_k-Z_{set})\\ \dot{U}'_2=\dot{U}_2-\dot{I}_2Z_{set}=\dot{U}_{k2}+\dot{I}_2(Z_k-Z_{set})\end{cases}\tag{5-56}$$

由于两相短路时 $\dot{I}_2=-\dot{I}_1$，且区外短路时 $Z_k>Z_{set}$，因此从式（5-56）所示关系以及电压分布图上均可以得出 $|\dot{U}'_2|<|\dot{U}'_1|$，继电器不动作。

（2）保护范围末端两相短路。此时 $Z_k=Z_{set}$，因此 $\dot{U}'_1=\dot{U}_{k1}$、$\dot{U}'_2=\dot{U}_{k2}$，电压分布如图 5-26（b)所示，$|\dot{U}'_2|=|\dot{U}'_1|$，继电器处于临界动作条件。

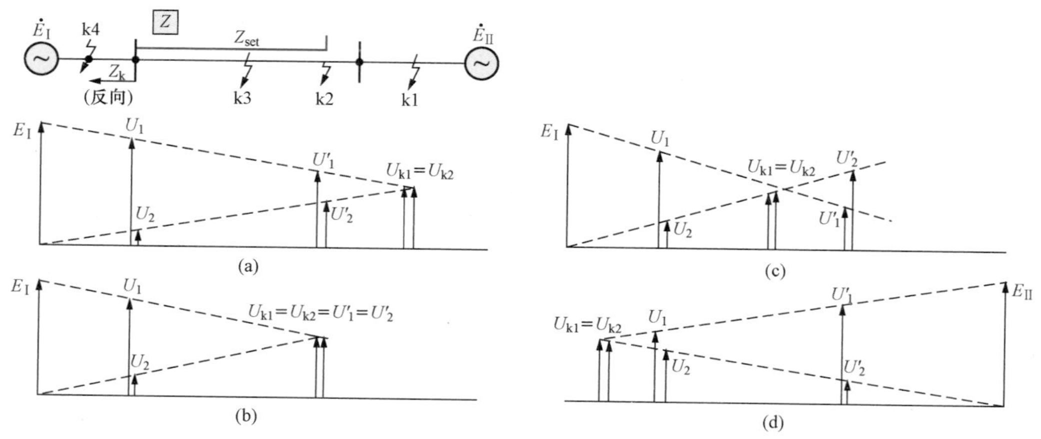

图 5-26　两相短路时正序和负序电压的分布图

（a）保护范围外部短路；（b）保护范围末端短路；（c）保护范围内部短路；（d）反方向短路

（3）保护范围内部两相短路。由于 $Z_k<Z_{set}$，因此按式（5-56）计算的 $|\dot{U}'_2|>|\dot{U}'_1|$，继电器动作。在图 5-26（c）中，这种情况相当于将电压分布线自短路点继续延长至整定的保护范围末端时的电压值，也就是假定电流能继续流到该点时所具有的两个补偿电压。

（4）保护反方向 k4 点两相短路。此时流过保护的电流是由电源 $\dot{E}_{\mathrm{II}}$ 供给的，因此电压分布线应以 $\dot{E}_{\mathrm{II}}$ 为依据绘制，如图 5-26（d）所示 $|\dot{U}'_1|>|\dot{U}'_2|$，继电器不动作，可见这种继电器的动作具有方向性。

＊第四节　工频故障分量距离继电器

一、故障分量的提取与特点

图 5-27 给出了一个简化电力系统图，线路上 k 点发生短路故障后的状态称为故障状态，利用叠加原理可以把故障状态进行分解。在图 5-27（a）中 k 点的故障支路中两个串联的大

小相等、方向相反的电压 $\dot{U}_{k[0]}$，$\dot{U}_{k[0]}$ 是故障发生之前 k 点的电压。根据叠加原理，故障状态［图 5-27（b）］可以等效为非故障状态［图 5-27（c）］与故障附加状态［图 5-27（d）］的叠加。故障附加状态的电气量称为故障分量，也称为突变量或变化量。

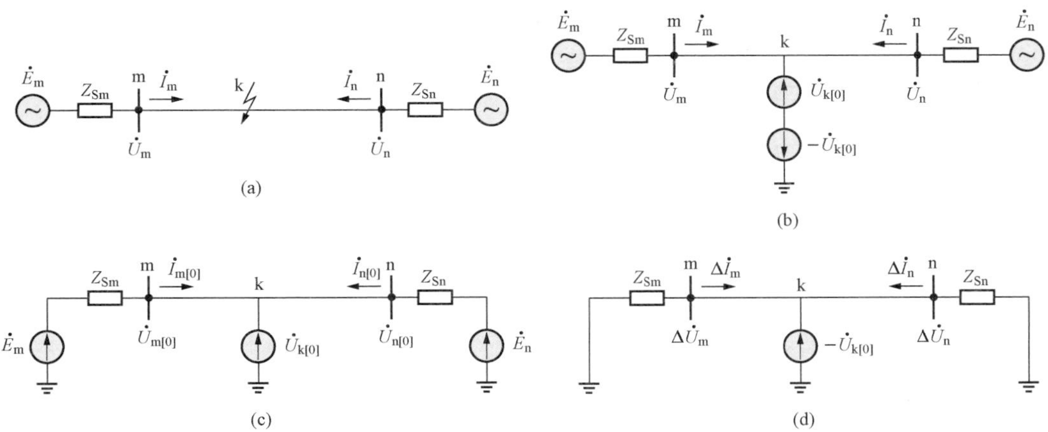

图 5-27　电力系统故障分解图

（a）故障状态；（b）等效故障状态；（c）故障前状态，以（0）表示各电气量；（d）故障附加状态

图 5-27 中，$\dot{U}_m$、$\dot{I}_m$ 分别为故障状态下 m 端的工频电压、电流；$\dot{U}_{m[0]}$、$\dot{I}_{m[0]}$ 分别为故障前状态下 m 端的正常运行电压和负荷电流；$\Delta\dot{U}_m$、$\Delta\dot{I}_m$ 分别为 m 端电压、电流的工频故障分量；Z_{Sm}、Z_{Sn}分别为 m、n 两端的等值系统阻抗。

电力系统设备中含有大量电感、电容、电阻，因此由故障附加状态产生的电压 u、i 一定包含有工频分量和各种频率的暂态分量。所谓工频故障分量是指故障分量中的正弦工频分量，也称为工频突变量或工频变化量。[6]

显然，故障分量提取需从故障量中减去负荷分量才能得到，以 m 端为例有

$$\Delta u_m = u_m - u_{m[0]} \tag{5-57}$$

$$\Delta i_m = i_m - i_{m[0]} \tag{5-58}$$

现代数字式保护强大的存储功能可以很方便地将故障前的电压、电流记忆存储下来，于是可计算得到故障后 k 时刻的故障分量（以 m 端为例）为

$$\Delta u_{m(k)} = u_{m(k)} - u_{m(k-nN)} \tag{5-59}$$

$$\Delta i_{m(k)} = i_{m(k)} - i_{m(k-nN)} \tag{5-60}$$

式中：k 为采样序列的序号；N 为每工频周期的采样个数；n 为任意整数，一般取 1 或 2。

在正常运行情况下，相差整倍数周期的各采样值大小相等，因此 $\Delta u_{m(k)}=0$、$\Delta i_{m(k)}=0$。只有在发生故障时，$\Delta u_{m(k)}$、$\Delta i_{m(k)}$ 才有输出。显然，n 越大可以保证故障发生后故障分量 $\Delta u_{m(k)}$、$\Delta i_{m(k)}$ 存在的时间延长。但事实上，故障的存在必然破坏了原来系统的功率平衡关系，系统中各个电源电动势相角发生变化，即负荷分量发生变化。系统功角变化后，微机保护中所存储的故障前的负荷分量就不再能代表按叠加原理从当前系统状态中分解出来的负荷

分量了，而变化后的负荷分量是无法测量和计算的。一般来讲，式（5-57）、式（5-58）所表示的故障分量仅在故障发生后一、两个周期内存在。因此，反映于工频故障分量 $\Delta\dot{U}_{m}$、$\Delta\dot{I}_{m}$ 的保护原理只能作为被保护元件的快速主保护。

由图 5-27 的分析可知，故障分量具有以下特点。

（1）故障分量仅在故障时出现，正常运行时为零，所以反应故障分量的保护在正常运行时不会起动，因而定值可以取得较小，灵敏度高。

（2）故障分量与正常运行的电气量无关，但仍受系统运行方式的影响（体现为系统阻抗 Z_{Sm}、Z_{Sn} 的数值）。

（3）故障点的电压故障分量最大（即 $-\dot{U}_{k[0]}$），系统中性点的电压为零。

（4）保护安装处的电压故障分量和电流故障分量间的矢量关系由保护安装处到系统中性点的阻抗决定（以 m 侧为例，$\Delta\dot{U}_{m}=-\Delta\dot{I}_{m}Z_{m}$），不受系统电动势和故障点过渡电阻的影响。

（5）线路两端故障分量电流之间的相位关系分别由故障点到两侧系统中性点的阻抗决定，不受两侧电动势和故障点过渡电阻的影响。

二、工频故障分量距离继电器的构成原理

常规距离保护反映的是补偿电压 $\dot{U}'=\dot{U}-\dot{I}Z_{set}$ 相位的变化，所谓工频故障分量距离保护反应的是补偿电压幅值的突变量 $\Delta\dot{U}'$，通常也称为工频变化量距离保护。下面分析输电线路上不同点故障时补偿电压幅值变化量 $\Delta\dot{U}'$ 的大小，从而构成工频故障分量距离保护。

如图 5-28（a）所示输电线路，设保护位于 m 侧，其保护范围末端为 y 点，即整定阻抗为 Z_{set}，保护安装处到故障点的测量阻抗为 Z_{k}。当在保护的正方向，即被保护输电线路上发生金属性短路时，故障分量网络如图 5-27（d）所示，短路点 k 的电压和电流工频变化量可以表示为

$$-\dot{U}_{k[0]}=-\Delta\dot{I}(Z_{Sm}+Z_{k}) \tag{5-61}$$

$\Delta\dot{I}$ 前的负号是因为其流向与电流的假定正方向相反。因此可得保护安装处的电压工频变化量为

$$\Delta\dot{U}=-\Delta\dot{I}Z_{Sm} \tag{5-62}$$

由式（5-61）、式（5-62）可得补偿电压的变化量为

$$\begin{aligned}\Delta\dot{U}'&=\Delta(\dot{U}-\dot{I}Z_{set})=\Delta\dot{U}-\Delta\dot{I}Z_{set}\\&=-\frac{Z_{Sm}+Z_{set}}{Z_{Sm}+Z_{k}}\dot{U}_{k[0]}\end{aligned} \tag{5-63}$$

金属性故障情况下设 Z_{k} 与 Z_{set} 阻抗角一致，当区外故障时（如 k1 点故障），$Z_{k}>Z_{set}$，所以 $|\Delta\dot{U}'|<|\dot{U}_{k[0]}|$，如图 5-28（b）所示；当保护范围末端故障时（如 k2 点故障），$Z_{k}=Z_{set}$，

所以 $|\Delta\dot{U}'|=|\dot{U}_{k[0]}|$，如图 5-28（c）所示；当区内故障时（如 k3 点故障），$Z_k<Z_{set}$，所以 $|\Delta\dot{U}'|>|\dot{U}_{k[0]}|$，如图 5-28（d）所示。

而当保护反方向故障时（如 k4 点故障），在故障点 $\dot{U}_{k[0]}$ 作用下，输电线路上电压故障分量的分布由故障点向对侧中性点逐渐降落，电流故障分量由母线流向被保护线路，即

$$-\dot{U}_{k[0]}=\Delta\dot{I}(Z'_{Sn}+Z_k) \tag{5-64}$$

$$\Delta\dot{U}=\Delta\dot{I}Z'_{Sn} \tag{5-65}$$

于是补偿电压的变化量为

$$\Delta\dot{U}'=\Delta\dot{U}-\Delta\dot{I}Z_{set}=-\frac{Z'_{Sn}-Z_{set}}{Z'_{Sn}+Z_k}\dot{U}_{k[0]} \tag{5-66}$$

显然，由式（5-66）可得，当在保护反方向发生故障时，恒有

$$|\Delta\dot{U}'|<|\dot{U}_{k[0]}| \tag{5-67}$$

保护不会动作。

保护安装处测量不到故障点 k 在短路之前的正常运行电压 $\dot{U}_{k[0]}$，而且故障点 k 也是不固定的。严格来讲，距离保护应根据预定的保护范围明确区分区内外故障，为此 $\dot{U}_{k[0]}$ 应取 $\dot{U}_{y[0]}$，即故障前保护范围末端的电压，该值可以用 U_{set} 来表示。综上所述，可得工频故障分量距离保护的动作方程为

$$|\Delta\dot{U}'|\geqslant U_{set} \tag{5-68}$$

式中：U_{set} 实际上为故障前补偿电压的记忆量 $\dot{U}'_{[0]}$，为方便起见该值一般也可取为 $1.15U_N$。U_N 为额定电压。

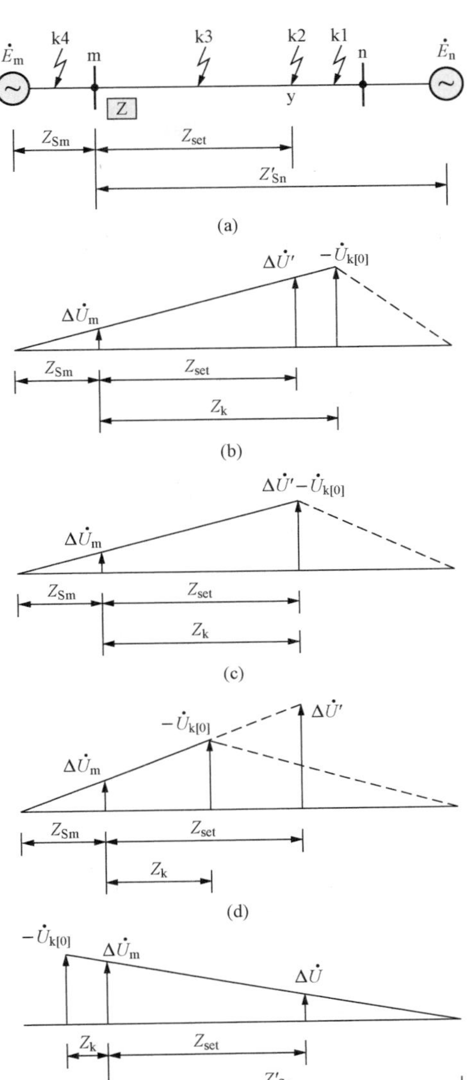

图 5-28　短路故障时故障分量电压分布图

（a）系统图；（b）正向区外故障；（c）正向保护范围末端故障；（d）正向区内故障；（e）反向区外故障

另外，为客观反应故障距离与测量阻抗之间的正比关系，工频故障分量的接地和相间距离保护中补偿电压变化量 $\Delta\dot{U}'$ 的表达式分别为

$$\Delta\dot{U}'_{\varphi}=\Delta\dot{U}_{\varphi}-\Delta(\dot{I}_{\varphi}+K\times3\dot{I}_0)Z_{set} \tag{5-69}$$

$$\Delta\dot{U}'_{\varphi\varphi}=\Delta\dot{U}_{\varphi\varphi}-\Delta\dot{I}_{\varphi\varphi}Z_{set} \tag{5-70}$$

式中：下标 φ 分别为 A、B、C 各相电压、电流；下标 φφ 分别表示 AB、BC、CA 各相间电

压和相电流之差。

三、工频故障分量距离继电器的动作特性

由前述分析可知，工频故障分量距离保护的补偿电压变化量 $\Delta\dot{U}'$ 在正方向、反方向故障时分别具有不同的表达式。因此，根据动作方程式（5-68）可分析正、反方向故障时工频故障分量距离保护动作特性。

1. 正方向故障时工频故障分量距离继电器的动作特性

正方向故障时补偿电压变化量 $\Delta\dot{U}'$ 表达式如式（5-63）所示。将该式中的 $\dot{U}_{k[0]}$ 用 U_{set} 代替后代入动作方程式（5-68），并整理得到

$$|Z_{Sm}+Z_{set}|\geqslant|Z_{Sm}+Z_{k}| \tag{5-71}$$

根据式（5-71），可得正方向故障时的距离保护的动作特性如图 5-29（a）所示，即以 $-Z_{Sm}$ 端点为圆心，以（$Z_{Sm}+Z_{set}$）为半径所画的圆。由图可见，正方向故障时，工频故障分量距离继电器比普通的以 Z_{set} 为直径的方向阻抗继电器具有更强的抗过渡电阻的能力。而且，故障点离保护安装处越近，保护灵敏度越高，即出口故障时保护无死区。

2. 反方向故障时工频故障分量距离继电器的动作特性

反方向故障时补偿电压变化量 $\Delta\dot{U}'$ 表达式如式（5-66），代入动作方程式（5-68），并整理得到

$$|Z'_{Sn}-Z_{set}|\geqslant|Z'_{Sn}+Z_{k}| \tag{5-72}$$

根据式（5-72），可得反方向故障时的距离保护的动作特性如图 5-29（b）所示。$-Z_k$ 的动作区是以 Z'_{Sn} 的末端为圆心，以 $|Z'_{Sn}-Z_{set}|$ 为半径的圆内。然而反方向短路时，$-Z_k$ 总是落在第三象限，因此工频故障分量距离保护在反向故障时不会动作，具有明确的方向性。

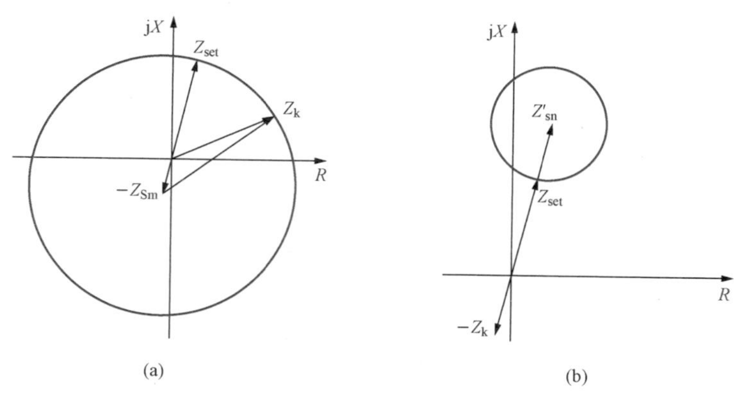

图 5-29 工频故障分量距离保护动作特性

（a）正向故障；（b）反向故障

※第五节　用于特高压长线路的距离保护

一、特高压长线路分布参数特性

如果不考虑分布电容和电导，将输电线路以集中电阻和电感等效，则线路阻抗与线路长度成正比。距离保护正是通过测量或计算短路点至保护安装处的线路阻抗来反映故障距离，从而区分区内、外故障。

我国建成百万伏级交流特高压长距离输电线路，特高压输电线为了提高自然功率，需要减小线路电感、增大电容。同时，因特高压线路分裂导线数目多，电容也必然大，这就使得特高压长线路的分布电容电流很大。因此，特高压长距离输电线路的保护需要考虑线路的分布参数特性。由描述输电线路波过程的微分方程推导可得线路两端的同一序分量电压、电流之间的关系为

$$\begin{bmatrix}\dot{U}_1\\ \dot{I}_1\end{bmatrix}=\begin{bmatrix}\mathrm{ch}\gamma l & z_c\mathrm{sh}\gamma l\\ \dfrac{\mathrm{sh}\gamma l}{z_c} & \mathrm{ch}\gamma l\end{bmatrix}\begin{bmatrix}\dot{U}_2\\ \dot{I}_2\end{bmatrix} \tag{5-73}$$

式中：$\dot{U}_1$、$\dot{I}_1$ 为线路始端电压、电流矢量；$\dot{U}_2$、$\dot{I}_2$ 为线路末端电压、电流矢量；z_c 为输电线路的波阻抗；γ 为线路的传播常数。

以超、特高压（EHV/UHV）典型线路参数为例，计算电容电流与其自然功率电流的大小关系见表 5-3。

表 5-3　　电容电流与其自然功率电流的大小

EHV/UHV 输电线路电压等级（kV）	500	765	1000	1500
传输自然功率时每相负荷电流（A）	1071	1666	2901	2904
每百千米每相电容电流（A）	113	178	309	309

由表 5-3 可见，超、特高压输电线路电容电流很大，尤其对于实现跨地区、跨流域输电的特高压输电线路，其输电距离很长。例如，600km 长的 1000kV 特高压输电线路全线路的电容电流高达线路输送自然功率时电流的 60%以上。可见特高压长距离输电线路的电容电流是不容忽视的。因此，忽略线路分布电容，将线路以电阻和电感集中阻抗等效对于特高压长距离输电线路的故障分析及建立在该基础上的保护原理都是不准确的。

二、特高压长线路距离继电器的测量阻抗[7]

如图 5-30 所示，以双端电源输电线路为例，距离保护安装于 m 侧，故障发生于 k 点。图中，$\dot{I}_m$ 是线路首端电流，$\dot{I}_k$ 是流入故障点的 m 侧电流；l_f 是故障距离。

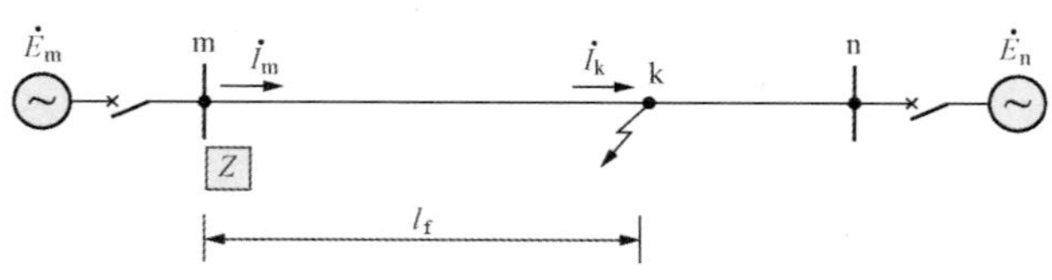

图 5-30　双端电源输电线路

1. 特高压长线路三相短路时线路首端的测量阻抗

考虑到特高压长线路的波过程，在长线路末端三相短路时，即 $\dot{U}_k=0$，由式（5-73）可知保护安装处所测得的测量阻抗为

$$Z_k=\dot{U}_m/\dot{I}_m=z_c\text{th}\gamma l \tag{5-74}$$

可见，长线路三相短路时的测量阻抗是故障距离的双曲正切函数。以 1000kV 特高压典型线路参数为例，计算保护安装处的测量阻抗随线路长度的变化关系如图 5-31 所示。

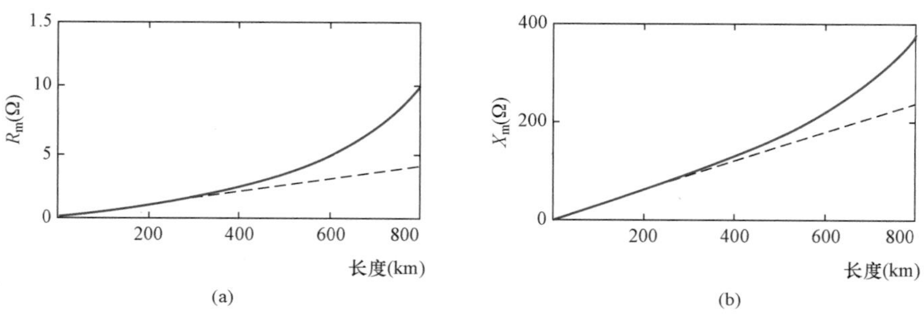

图 5-31　故障时测量阻抗随线路长度的变化曲线

（a）电阻；（b）电抗

图中实线表示实际测量阻抗随故障距离的变化关系，虚线表示线性化考虑线路阻抗时测量阻抗随距离的变化关系。由图 5-31 可见，在特高压长线路上距离保护安装处的实际测量阻抗比按线性化考虑的线路阻抗大，而且因为是双曲线正切函数，当线路很长时故障距离稍变化一点，将使测量阻抗有很大变化。例如对于 600km 长的 1000kV 输电线路末端金属性故障时，线性化整定的阻抗与其实际测量到的线路阻抗的电阻、电感分量的误差可分别达到 35.7%和 19.5%。

2. 相间距离继电器的测量阻抗

输电线路上发生相间或接地故障时，考虑输电线路分布参数特性后，以 AB 相接地故障为例（相间不接地故障没有零序分量，与以下推导的结论是一致的），$\dot{U}_{kAB}=0$。因线路的正序和负序参数相同，$\gamma_1=\gamma_2$，$z_{c1}=z_{c2}$，由式（5-73）可得保护安装处的电压、电流为

$$\begin{aligned}\dot{U}_{mAB}=&\dot{U}_{kA1}\text{ch}\gamma_1 l_f+\dot{I}_{kA1}z_{c1}\text{sh}\gamma_1 l_f+\dot{U}_{kA2}\text{ch}\gamma_2 l_f+\dot{I}_{kA2}z_{c2}\text{sh}\gamma_2 l_f\\&+\dot{U}_{kA0}\text{ch}\gamma_0 l_f+\dot{I}_{kA0}z_{c0}\text{sh}\gamma_0 l_f-\dot{U}_{kB1}\text{ch}\gamma_1 l_f-\dot{I}_{kB1}z_{c1}\text{sh}\gamma_1 l_f\\&-\dot{U}_{kB2}\text{ch}\gamma_2 l_f-\dot{I}_{kB2}z_{c2}\text{sh}\gamma_2 l_f-\dot{U}_{kB0}\text{ch}\gamma_0 l_f-\dot{I}_{kB0}z_{c0}\text{sh}\gamma_0 l_f\\=&\dot{U}_{kAB1}\text{ch}\gamma_1 l_f+\dot{I}_{kAB1}z_{c1}\text{sh}\gamma_1 l_f+\dot{U}_{kAB2}\text{ch}\gamma_2 l_f+\dot{I}_{kAB2}z_{c2}\text{sh}\gamma_2 l_f\end{aligned}$$

$$= \dot{I}_{kAB} z_{c1} \mathrm{sh}\gamma_1 l_f \tag{5-75}$$

$$\begin{aligned}\dot{I}_{mAB} = & \dot{U}_{kA1} \frac{\mathrm{sh}\gamma_1 l_f}{z_{c1}} + \dot{I}_{kA1} \mathrm{ch}\gamma_1 l_f + \dot{U}_{kA2} \frac{\mathrm{sh}\gamma_2 l_f}{z_{c2}} + \dot{I}_{kA2} \mathrm{ch}\gamma_2 l_f \\ & + \dot{U}_{kA0} \frac{\mathrm{sh}\gamma_0 l_f}{z_{c0}} + \dot{I}_{kA0} \mathrm{ch}\gamma_0 l_f - \dot{U}_{kB1} \frac{\mathrm{sh}\gamma_1 l_f}{z_{c1}} - \dot{I}_{kB1} \mathrm{ch}\gamma_1 l_f \\ & - \dot{U}_{kB2} \frac{\mathrm{sh}\gamma_2 l_f}{z_{c2}} - \dot{I}_{kB2} \mathrm{ch}\gamma_2 l_f - \dot{U}_{kB0} \frac{\mathrm{sh}\gamma_0 l_f}{z_{c0}} - \dot{I}_{kB0} \mathrm{ch}\gamma_0 l_f \\ = & \dot{I}_{kAB} \mathrm{ch}\gamma_1 l_f \end{aligned} \tag{5-76}$$

因此，相间阻抗元件的测量阻抗为

$$\frac{\dot{U}_{mAB}}{\dot{I}_{mAB}} = z_{c1} \mathrm{th}\gamma_1 l_f \tag{5-77}$$

可见，相间故障时测量阻抗与式（5-74）分析的三相短路故障一样，测量阻抗与故障距离呈双曲正切函数，不与故障距离成正比。因此，相间距离元件的阻抗定值整定须按距离的双曲正切函数整定。

*3. 接地距离继电器的测量阻抗

线路发生单相接地故障时，以 A 相接地故障为例，因 $\dot{U}_{kA} = \dot{U}_{kA1} + \dot{U}_{kA2} + \dot{U}_{kA0} = 0$，因 $\gamma_1 = \gamma_2$、$z_{c1} = z_{c2}$，由式（5-73）可得保护安装处的电压为

$$\begin{aligned}\dot{U}_{mA} = & \dot{U}_{kA1} \mathrm{ch}\gamma_1 l_f + \dot{I}_{kA1} z_{c1} \mathrm{sh}\gamma_1 l_f + \dot{U}_{kA2} \mathrm{ch}\gamma_2 l_f \\ & + \dot{I}_{kA2} z_{c2} \mathrm{sh}\gamma_2 l_f + \dot{U}_{kA0} \mathrm{ch}\gamma_0 l_f + \dot{I}_{kA0} z_{c0} \mathrm{sh}\gamma_0 l_f \\ = & \dot{I}_{kA} z_{c1} \mathrm{sh}\gamma_1 l_f + \dot{U}_{kA0} \mathrm{ch}\gamma_0 l_f + \dot{I}_{kA0} z_{c0} \mathrm{sh}\gamma_0 l_f \\ & - \dot{U}_{kA0} \mathrm{ch}\gamma_1 l_f - \dot{I}_{kA0} z_{c1} \mathrm{sh}\gamma_1 l_f \end{aligned} \tag{5-78}$$

由式（5-73）可知，$\dot{U}_{kA0} \mathrm{ch}\gamma_0 l_f + \dot{I}_{kA0} z_{c0} \mathrm{sh}\gamma_0 l_f = \dot{U}_{mA0}$，设 $\dot{U}_{kA0} \mathrm{ch}\gamma_1 l_f + \dot{I}_{kA0} z_{c1} \mathrm{sh}\gamma_0 l_f = \dot{U}'_{mA0}$，则式（5-78）可写为

$$\dot{U}_{mA} = \dot{I}_{kA} z_{c1} \mathrm{sh}\gamma_1 l_f + \dot{U}_{mA0} - \dot{U}'_{mA0} \text{❶} \tag{5-79}$$

同理，可得保护安装处的故障相电流为

$$\begin{aligned}\dot{I}_{mA} = & \dot{U}_{kA1} \frac{\mathrm{sh}\gamma_1 l_f}{z_{c1}} + \dot{I}_{kA1} \mathrm{ch}\gamma_1 l_f + \dot{U}_{kA2} \frac{\mathrm{sh}\gamma_2 l_f}{z_{c2}} + \dot{I}_{kA2} \mathrm{ch}\gamma_2 l_f + \dot{U}_{kA0} \frac{\mathrm{sh}\gamma_0 l_f}{z_{c0}} + \dot{I}_{kA0} \mathrm{ch}\gamma_0 l_f \\ = & \dot{I}_{kA} \mathrm{ch}\gamma_1 l_f + \dot{I}_{mA0} - \dot{I}'_{mA0} \end{aligned} \tag{5-80}$$

---

❶ 根据长线方程，图 5-30 中如已知短路点的零序 A 相电压 U_{kA0} 和电流 I_{kA0}，可求出始端 m 处的零序电压、电流

$$\dot{U}_{mA0} = \dot{U}_{kA0} \mathrm{ch}\gamma_0 l_f + \dot{I}_{kA0} Z_{CO} \mathrm{sh}\gamma_0 l_f, \dot{I}_{mA0} = \dot{I}_{kA0} \mathrm{ch}r_0 l_f + \frac{\dot{U}kA0}{Zco} \mathrm{sh}\gamma_0 l_f$$

反推回来可得 $\dot{U}_{kA0} = \dot{U}_{mA0} \mathrm{ch}\gamma_0 l_f - \dot{I}_{mA0} Z_{CO} \mathrm{sh}\gamma_0 l_f, \dot{I}_{kA0} = \dot{I}_{mA0} \mathrm{ch}\gamma_0 l_f - \frac{UmA0}{Zco} \mathrm{sh}\gamma_0 l_f$

如果用正序参数计算，有 $\dot{U}_{mA0} = \dot{U}_{kA0} \mathrm{ch}\gamma_1 l_f + \dot{I}_{kA0} Z_{C1} \mathrm{sh}\gamma_1 l_f, \dot{I}'_{mA0} = \dot{I}_{kA0} \mathrm{ch}\gamma_1 l_f + \frac{\dot{U}kA0}{Zc1} \mathrm{sh}\gamma_1 l_f$

反推回来可得 $\dot{U}_{kA0} = \dot{U}'_{mA0} \mathrm{ch}\gamma_1 l_f - \dot{I}'_{mA0} Z_{c1} \mathrm{sh}\gamma_1 l_f, \dot{I}_{kA0} = \dot{I}'_{mA0} \mathrm{ch}\gamma_1 l_f - \frac{\dot{U}'mA0}{Zc1} \mathrm{sh}\gamma_1 l_f$ 上面两个 $\dot{U}_{kA0}$ 的表达式右端应相等。

式中：$\dot{U}_{\mathrm{mA0}}$、$\dot{I}_{\mathrm{mA0}}$ 分别为保护安装处即线路始端的零序分量，它们是已知量；$\dot{U}'_{\mathrm{mA0}}$、$\dot{I}'_{\mathrm{mA0}}$ 分别为故障点零序分量 $\dot{U}_{\mathrm{kA0}}$、$\dot{I}_{\mathrm{kA0}}$ 按式（5-73）的线路正序二端口网络和正序参数计算得到的线路始端的零序分量，它们是未知量。

因为

$$\dot{U}_{\mathrm{kA0}}=\dot{U}_{\mathrm{mA0}}\mathrm{ch}\gamma_0 l_{\mathrm{f}}-\dot{I}_{\mathrm{mA0}}z_{\mathrm{c0}}\mathrm{sh}\gamma_0 l_{\mathrm{f}}=\dot{U}'_{\mathrm{mA0}}\mathrm{ch}\gamma_1 l_{\mathrm{f}}-\dot{I}'_{\mathrm{mA0}}z_{\mathrm{c1}}\mathrm{sh}\gamma_1 l_{\mathrm{f}} \tag{5-81}$$

所以 $\dot{U}_{\mathrm{mA0}}$、$\dot{I}_{\mathrm{mA0}}$ 与 $\dot{U}'_{\mathrm{mA0}}$、$\dot{I}'_{\mathrm{mA0}}$ 具有以下关系

$$\mathrm{ch}\gamma_1 l_{\mathrm{f}}[(\dot{U}_{\mathrm{mA0}}-\dot{U}'_{\mathrm{mA0}})+K_{\mathrm{u}}\dot{U}_{\mathrm{mA0}}]=z_{\mathrm{c1}}\mathrm{sh}\gamma_1 l_{\mathrm{f}}[(\dot{I}_{\mathrm{mA0}}-\dot{I}'_{\mathrm{mA0}})+K_{\mathrm{i}}\dot{I}_{\mathrm{mA0}}] \tag{5-82}$$

其中

$$K_{\mathrm{i}}=\frac{z_{\mathrm{c0}}\mathrm{sh}\gamma_0 l_{\mathrm{f}}-z_{\mathrm{c1}}\mathrm{sh}\gamma_1 l_{\mathrm{f}}}{z_{\mathrm{c1}}\mathrm{sh}\gamma_1 l_{\mathrm{f}}};\quad K_{\mathrm{u}}=\frac{\mathrm{ch}\gamma_0 l_{\mathrm{f}}-\mathrm{ch}\gamma_1 l_{\mathrm{f}}}{\mathrm{ch}\gamma_1 l_{\mathrm{f}}}$$

式中：K_{i}、K_{u} 分别为零序电流、电压补偿系数。

结合式（5-79）、式（5-80）、式（5-82），可得

$$\begin{aligned}\mathrm{ch}\gamma_1 l_{\mathrm{f}}(\dot{U}_{\mathrm{mA}}+K_{\mathrm{u}}\dot{U}_{\mathrm{mA0}})&=\mathrm{ch}\gamma_1 l_{\mathrm{f}}[\dot{I}_{\mathrm{kA}}\cdot z_{\mathrm{c1}}\mathrm{sh}\gamma_1 l_{\mathrm{f}}+(\dot{U}_{\mathrm{mA0}}-\dot{U}'_{\mathrm{mA0}})+K_{\mathrm{u}}\dot{U}_{\mathrm{mA0}}]\\&=z_{\mathrm{c1}}\mathrm{sh}\gamma_1 l_{\mathrm{f}}[\dot{I}_{\mathrm{kA}}\mathrm{ch}\gamma_1 l_{\mathrm{f}}+(\dot{I}_{\mathrm{mA0}}-\dot{I}'_{\mathrm{mA0}})+K_{\mathrm{i}}\dot{I}_{\mathrm{mA0}}]\\&=z_{\mathrm{c1}}\mathrm{sh}\gamma_1 l_{\mathrm{f}}(\dot{I}_{\mathrm{mA}}+K_{\mathrm{i}}\dot{I}_{\mathrm{mA0}})\end{aligned} \tag{5-83}$$

因此，单相接地故障时电压、电流之间的关系为

$$\frac{\dot{U}_{\mathrm{mA}}+K_{\mathrm{u}}\dot{U}_{\mathrm{mA0}}}{\dot{I}_{\mathrm{mA}}+K_{\mathrm{i}}\dot{I}_{\mathrm{mA0}}}=z_{\mathrm{c1}}\mathrm{th}\gamma_1 l_{\mathrm{f}} \tag{5-84}$$

显然，传统接地阻抗元件应用于特高压长线路时的测量阻抗与故障距离之间具有复杂的函数关系。式（5-84）所表示的接地测量阻抗与故障距离成双曲正切函数，与相间故障相同。但需要注意的是，零序补偿系数 K_{u}、K_{i} 随故障距离变化而变化。以 1000kV 线路为例，K_{u}、K_{i} 随故障距离的变化曲线如图 5-32 所示。

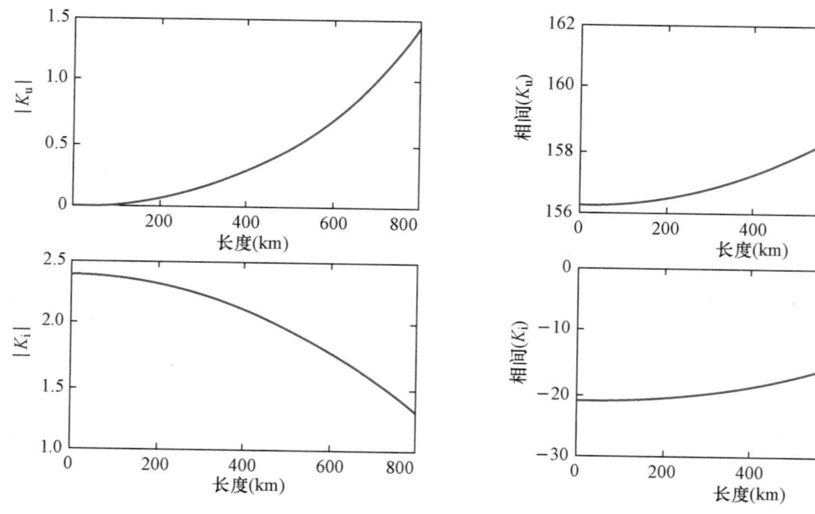

图 5-32　K_{u}、K_{i} 随故障距离的变化曲线

在实际保护计算中，必须将 K_u、K_i 作为已知量代入式（5-84）求解测量阻抗。因此可以将 K_u 和 K_i 的近似取值代入式（5-84）进行计算，近似取值的方法可以是：

（1）根据被保护线路长度取 K_u、K_i 为在全长内变化的平均值，这样可以保证在不同位置故障时式（5-84）所得测量阻抗的误差最小。

（2）根据保护范围的线路长度取 K_u、K_i 在保护范围末端发生故障时的值，这是因为在线路近端故障时距离保护的动作具有较大的裕度，而这种取值可以保证距离保护在保护范围末端故障时的计算精确度。

（3）故障发生后可以在近似估算故障距离后，根据此近似的故障距离取 K_u、K_i 的近似值，这样可以保证在不同位置故障时式（5-84）的计算结果都逼近实际的线路阻抗值。

式（5-84）中 K_u、K_i 的近似取值可以有多种方法，只要满足距离保护的计算精度要求即可。

第六节 影响距离保护正确工作的因素及防止方法

一、短路点过渡电阻对距离保护的影响

电力系统中的短路一般都不是金属性的，而是在短路点存在过渡电阻。此过渡电阻的存在，将使距离保护的测量阻抗发生变化，一般情况下是使保护范围缩短，但有时候也能引起保护的超范围动作或反方向故障时误动作。下面讨论过渡电阻的性质及其对距离保护工作的影响。

1. 短路点过渡电阻的性质

短路点的过渡电阻 R_t 是指当相间短路或接地短路时，短路电流从一相流到另一相或从相导线流入地的途径中所通过的物质的电阻，包括电弧、中间物质的电阻、相导线与地之间的接触电阻、金属杆塔的接地电阻等。国外进行的一系列实验证明，当故障电流相当大时（数百安以上），电弧上的电压梯度几乎与电流无关，大约可取为每米弧长上 1.4～1.5kV（最大值）。根据这些数据可知电弧实际上呈现的有效电阻为

$$R_t \approx 1050\,\frac{l_t}{I_t} \tag{5-85}$$

式中：I_t 为电弧电流的有效值，A；l_t 为电弧长度，m。

在一般情况下，短路初瞬间，电弧电流 I_t 最大，弧长 l_t 最短，弧阻 R_t 最小。几个周期后，在风吹、空气对流和电动力等作用下，电弧逐渐伸长，弧阻 R_t 有急速增大之势，如图 5-33（a）所示。图中弧阻较大的曲线属于低压线路的情况；弧阻较小的曲线则属于高压线路的情况。电压电流波形如图 5-33（b）所示。

在相间短路时，过渡电阻主要由电弧电阻构成，其值可按上述经验公式估计。在导线对铁塔放电的接地短路时，铁塔及其接地电阻构成过渡电阻的主要部分。铁塔的接地电阻与大

地导电率有关。对于跨越山区的高压线路，铁塔的接地电阻可达数十欧。此外，当导线通过树枝或其他物体对地短路时过渡电阻更高，难以准确计算。目前接地短路的最大过渡电阻，我国对 500kV 线路按 200Ω 估计，对 220kV 线路则按 100Ω 估计。

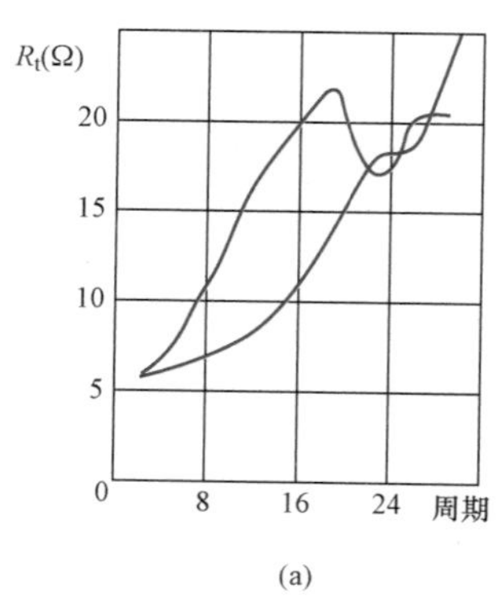

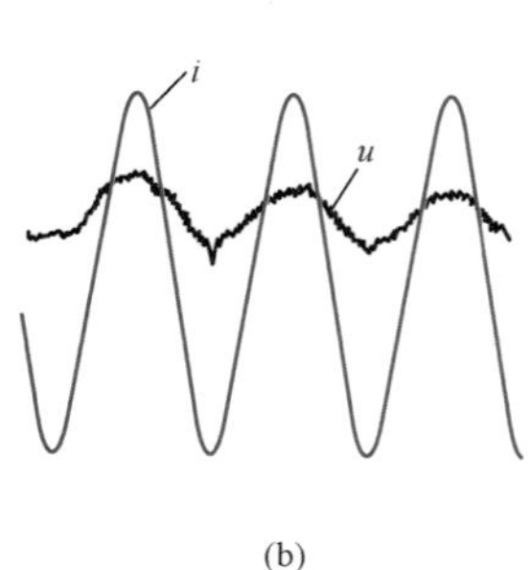

图 5-33 架空输电线短路时产生的电弧

（a）电弧电阻随时间变化举例；（b）经电弧短路时电弧上电流电压的波形

2. 单侧电源线路上过渡电阻的影响

如图 5-34 所示，对于单侧电源线路，短路点的过渡电阻 R_t 总是使继电器的测量阻抗增大，使保护范围缩短。然而，由于过渡电阻对不同安装地点的保护影响不同，因而在某种情况下，可能导致保护无选择性动作。例如，当线路 BC 的始端经 R_t 短路，则保护 1 的测量阻抗为 $Z_{K.1}=R_t$，而保护 2 的测量阻抗为 $Z_{K.2}=Z_{AB}+R_t$。由图 5-35 可见，由于 $Z_{K.2}$是 Z_{AB}与 R_t 的矢量和，因此其数值比无 R_t 时增大不多，也就是说测量阻抗受 R_t 的影响较小。这样当 R_t 较大时，就可能出现 $Z_{K.1}$已超出保护 1 第Ⅰ段整定的特性圆范围，而 $Z_{K.2}$仍位于保护 2 第Ⅱ段整定的特性圆范围以内的情况。此时两个保护将同时以第Ⅱ段时限动作，从而切除两条线路，失去了选择性。但是当保护 1 第Ⅰ段的极化电压有记忆回路时，则利用它的动态特性仍可保证动作的选择性。因为动态特性圆大于稳态特性圆保护 1 的Ⅰ段测量阻抗仍可能在动态特性圆内。

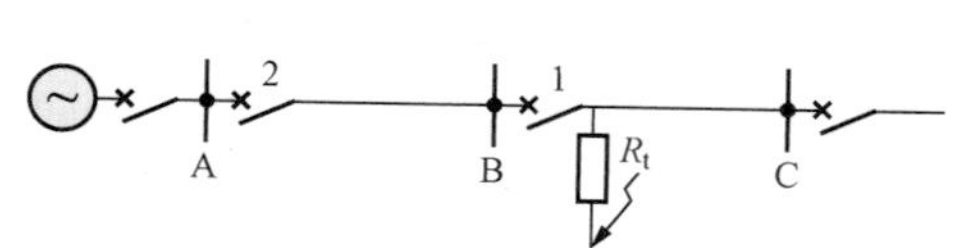

图 5-34 单侧电源线路经过渡电阻 R_t 短路的等效图

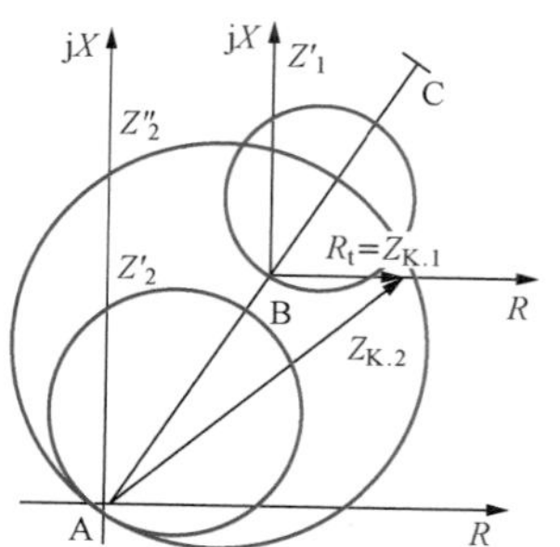

图 5-35 过渡电阻对不同安装地点距离保护影响的分析

由以上分析可见，保护装置距短路点越近时，受过渡电阻的影响越大；同时保护装置的整定值越小，则相对的受过渡电阻的影响也越大。因此对短线路的距离保护应特别注意过渡电阻的影响。

3. 双侧电源线路上过渡电阻的影响

如图 5-36 所示双侧电源线路上，短路点的过渡电阻还可能使某些保护的测量阻抗减小。如在线路 BC 的始端经过渡电阻 R_t 三相短路时，$\dot{I}'_k$ 和 $\dot{I}''_k$ 分别为两侧电源供给的短路电流，则流经 R_t 的电流为 $\dot{I}_k=\dot{I}'_k+\dot{I}''_k$，此时变电站 A 和 B 母线上的残余电压为

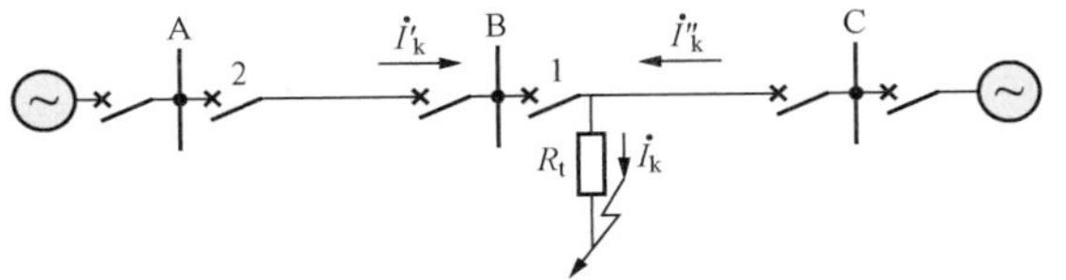

图 5-36　双侧电源通过 R_t 短路的接线图

$$\dot{U}_B=\dot{I}_kR_t \tag{5-86}$$

$$\dot{U}_A=\dot{I}_kR_t+\dot{I}'_kZ_{AB} \tag{5-87}$$

则保护 1 和 2 的测量阻抗为

$$Z_{K.1}=\frac{\dot{U}_B}{\dot{I}'_k}=\frac{\dot{I}_k}{\dot{I}'_k}R_t=\frac{I_k}{I'_k}R_te^{j\alpha} \tag{5-88}$$

$$Z_{K.2}=\frac{\dot{U}_A}{\dot{I}'_k}=Z_{AB}+\frac{I_k}{I'_k}R_te^{j\alpha} \tag{5-89}$$

式中：α 为 $\dot{I}_k$ 超前 $\dot{I}'_k$ 的角度。

当 α 为正时，测量阻抗 $Z_{K.2}$ 的电抗部分增大；使测量阻抗增大，越出动作特性而拒动；而当 α 为负时，测量阻抗 $Z_{K.2}$ 的电抗部分减小。使测量阻抗减小而在外部短路时进入动作特性内而使保护无选择性动作，这称为“稳态超越”。

顺便指出，在整定范围外短路时由于短路电压、电流中的暂态分量（非周期分量和高次谐波）可能使测量阻抗减小而误动，这称为“暂态超越”。

4. 过渡电阻对不同动作特性阻抗元件的影响

在图 5-37（a）所示的网络中，假定保护 2 的距离Ⅰ段采用不同特性的阻抗元件，它们的整定值选择得都一样，为 $0.85Z_{AB}$。如果在距离Ⅰ段保护范围内阻抗为 Z_k 处经过渡电阻 R_t 短路，则保护 2 的测量阻抗为 $Z_{K.2}=Z_k+R_t$。由图5-37（b）可见，当过渡电阻达到 R_{t1} 时，具有透镜形特性的阻抗继电器开始拒动；达到 R_{t2} 时，方向阻抗继电器开始拒动；而达到 R_{t3} 时，则全阻抗继电器开始拒动。可见阻抗继电器的动作特性在 R 轴正方向所占的面积越大，则受过渡电阻 R_t 的影响越小。

目前防止和减小过渡电阻影响的方法有以下几种。

（1）根据图 5-37 分析所得的结论，采用能容许较大的过渡电阻而不致拒动的阻抗继电器，可防止过渡电阻对继电器工作的影响。例如，对于过渡电阻只能使测量阻抗的电阻部分

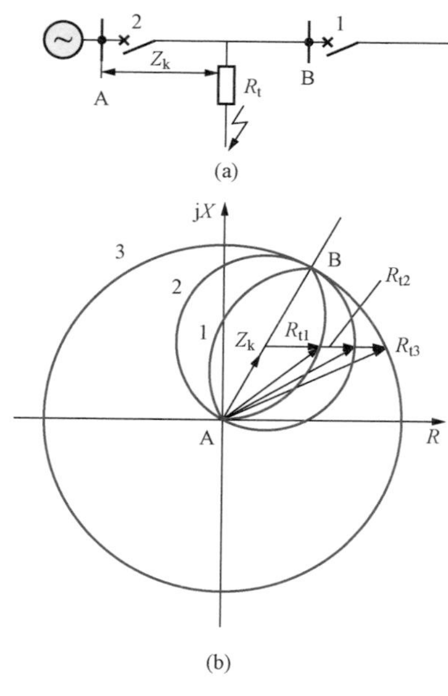

图 5-37　过渡电阻对不同动作特性阻抗元件影响的比较

（a）网络接线；（b）对影响的比较

增大的单侧电源线路，可采用如图 5-13（c）所示不反应有效电阻的电抗型阻抗继电器。在双侧电源线路上，可采用具有如图 5-14 和图 5-38 所示可减小过渡电阻影响的动作特性的阻抗继电器。图 5-14 所示的多边形动作特性的上边 DB 向下倾斜一个角度，以防止过渡电阻使测量电抗减小时阻抗继电器的稳态超越。右边 BR 可以在 R 轴方向独立移动以适应不同数值的过渡电阻。图 5-38（a）所示的动作特性既容许在接近保护范围末端短路时有较大的过渡电阻，又能防止在正常运行情况下，负荷阻抗较小时阻抗继电器误动作。图 5-38（b）所示为圆与四边形组合的动作特性。在相间短路时，由于过渡电阻较小，因此可以应用圆特性的继电器；在接地短路时，过渡电阻可能很大，此时利用接地短路出现的零序电流在圆特性上叠加一个四边形特性以防止阻抗继电器拒动。

（2）利用所谓瞬时测量回路来固定阻抗继电器的动作。相间短路时，过渡电阻主要是电弧电阻，从图 5-33（a）知，其数值在短路瞬间最小，大约经过 0.1～0.15s 后，就迅速增大。根据 R_t 的上述特点，通常距离保护的第Ⅱ段可采用瞬时测量回路，以便将短路瞬间的测量阻抗值固定下来，使 R_t 的影响减至最小。装置的原理接线如图 5-39 所示。在发生短路瞬间，起动元件 1 和距离Ⅱ段阻抗元件 2 动作，因而起动中间继电器 3。中间继电器 3 起动后即通过起动元件 1 的接点自保持，而与阻抗元件 2 的接点位置无关，这样当Ⅱ段的整定时限到达，时间继电器 4 动作，即通过中间继电器 3 的已经闭合的动合接点去跳闸。在此期间，即使由于电弧电阻增大而使第Ⅱ段的阻抗元件返回，保护也能正确动作。显然，这种方法只能用于反应相间短路

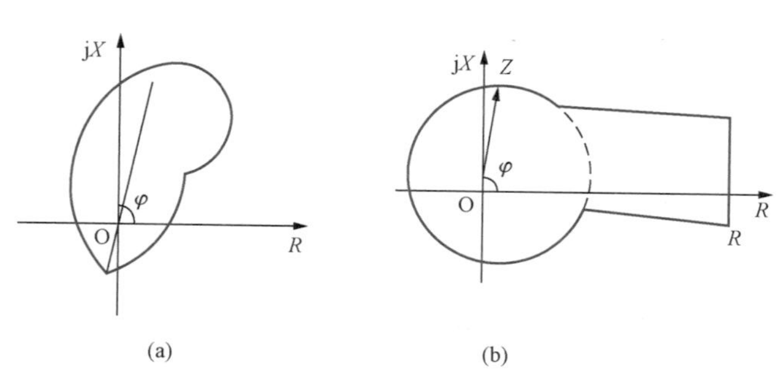

图 5-38　可减小过渡电阻影响的动作特性

（a）既允许末端短路时有较大过渡电阻又能防止负荷阻抗较小时误动的动作特性；（b）圆与四边形组合的动作特性

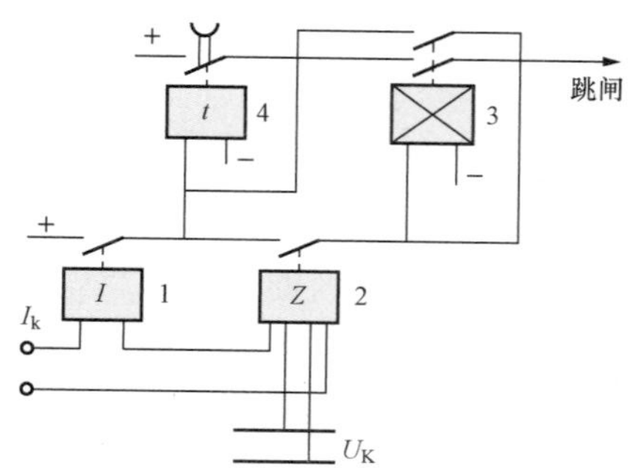

图 5-39　瞬时测量回路的原理接线图

1—保护装置的起动元件（或第Ⅲ段）；2—第Ⅱ段阻抗元件；3—瞬时测量用中间继电器；4—第Ⅱ段时间元件

的阻抗继电器。在接地短路情况下，电弧电阻只占过渡电阻的很小部分，这种方法不会起很大作用。在多段串联线路上，如果要采用瞬时测量技术，各段都要采用。否则，在某些情况下可能引起保护越级跳闸。在微机保护中只要用短路瞬间的数据即等于采用了瞬时测量技术。

二、电力系统振荡对距离保护的影响及振荡闭锁回路

当电力系统中发生同步振荡或异步运行时，各点的电压、电流和功率的幅值和相位都将发生周期性地变化。电压与电流之比所代表的阻抗继电器的测量阻抗也将周期性地变化。当测量阻抗进入动作区域时，保护将发生误动作。因此对于距离保护必须考虑电力系统同步振荡或异步运行（简称为系统振荡）对其工作的影响。

1. 系统振荡时电流、电压的分布与变化

在电力系统中，由于输电线路输送功率过大而超过静稳定极限，或由于无功功率不足而引起系统电压降低或由于短路故障切除缓慢或由于采用非同期自动重合闸不成功时，都可能引起系统振荡。

下面以两侧电源辐射形网络［如图 5-40（a）所示］为例，说明系统振荡时各种电气量的变化。如在系统全相运行（三相都处于运行状态）时发生系统振荡，由于三相总是对称的，故可以按照单相系统来分析。

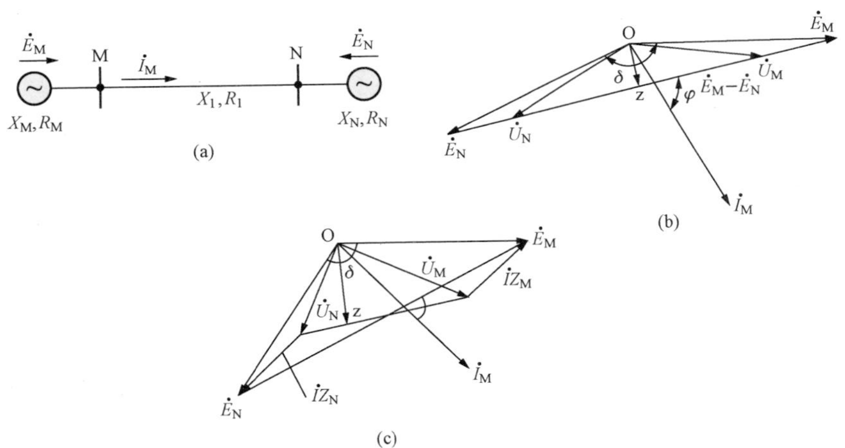

图 5-40　两侧电源系统中的振荡

（a）系统接线；（b）系统阻抗角和线路阻抗角相等时的矢量图；（c）阻抗角不等时的矢量图

在图 5-40（a）中给出了系统和线路的参数以及电动势、电流的假定正方向。如以电动势 $\dot{E}_M$ 为参考，使其相位角为零，则 $\dot{E}_M = E_M$。在系统振荡时，可认为 N 侧系统等值电动势 $\dot{E}_N$ 围绕 $\dot{E}_M$ 旋转或摆动。因此 $\dot{E}_N$ 落后于 $\dot{E}_M$ 之角度 δ 在 0°～360°之间变化

$$\dot{E}_N = E_M e^{-j\delta} \tag{5-90}$$

在任意一个 δ 角度时，两侧电源的电动势差可表示为

$$\begin{aligned}\Delta\dot{E} &= \dot{E}_{\rm M} - \dot{E}_{\rm N} = E_{\rm M}\left(1 - \frac{E_{\rm N}}{E_{\rm M}}{\rm e}^{-{\rm j}\delta}\right) = E_{\rm M}(1 - h{\rm e}^{-{\rm j}\delta}) \\ &= E_{\rm M}[(1 - h\cos\delta) + {\rm j}(h\sin\delta)] \\ &= E_{\rm M}\sqrt{(1 - h\cos\delta)^2 + (h\sin\delta)^2}\,{\rm e}^{{\rm j}\theta} \\ &= E_{\rm M}\sqrt{1 + h^2 - 2h\cos\delta}\,{\rm e}^{{\rm j}\theta}\end{aligned} \tag{5-91}$$

其中
$$h = \frac{E_{\rm N}}{E_{\rm M}}$$

$$\theta = \arg\frac{\Delta\dot{E}}{\dot{E}_{\rm M}} = \arctan\frac{h\sin\delta}{1 - h\cos\delta}$$

式中：h 为两侧系统电动势幅值之比；θ 为 $\Delta\dot{E}$ 超前 $\dot{E}_{\rm M}$ 的角度。

当 $h=1$ 时，因 $1-\cos\delta=2\sin^2\dfrac{\delta}{2}$，可得 ΔE 的幅值为

$$\begin{aligned}\Delta E &= E_{\rm M}\sqrt{2(1 - \cos\delta)} \\ &= 2E_{\rm M}\sin\frac{\delta}{2}\end{aligned} \tag{5-92}$$

由此电动势差产生的由 M 侧流向 N 侧的电流（又称为振荡电流）$\dot{I}_{\rm M}$ 为

$$\dot{I}_{\rm M} = \frac{\Delta\dot{E}}{Z_{\rm M} + Z_{\rm L} + Z_{\rm N}} = \frac{E_{\rm M}}{Z_{\Sigma}}(1 - h{\rm e}^{-{\rm j}\delta}) \tag{5-93}$$

此电流落后于 $\Delta\dot{E}$ 的角度为系统总阻抗 Z_{Σ} 的阻抗角 φ。

$$\varphi = \arctan\frac{X_{\rm M} + X_{\rm L} + X_{\rm N}}{R_{\rm M} + R_{\rm L} + R_{\rm N}} = \frac{X_{\Sigma}}{R_{\Sigma}}$$

因此振荡电流一般可表示为

$$\dot{I}_{\rm M} = \frac{\Delta\dot{E}}{Z_{\Sigma}} = \frac{E_{\rm M}}{Z_{\Sigma}}\sqrt{1 + h^2 - 2h\cos\delta}\,{\rm e}^{{\rm j}(\theta-\varphi)} \tag{5-94}$$

当 $h=1$ 时，振荡电流的幅值为

$$I_{\rm M} = \frac{2E_{\rm M}}{Z_{\Sigma}}\sin\frac{\delta}{2} \tag{5-95}$$

由此可知，振荡电流的幅值与相位都与振荡角度 δ 有关。只有当 δ 恒定不变时，$I_{\rm M}$ 和 δ 为常数，振荡电流才是纯正弦函数。图 5-41（a）所示为振荡电流幅值随 δ 的变化。当 δ 为 π 的偶数倍时，$I_{\rm M}$ 最小；当 δ 为 π 的奇数倍时，$I_{\rm M}$ 最大。

下面再来分析系统中各点电压的变化。

在振荡时，系统中性点电位仍保持为零，故线路两侧母线的电压 $\dot{U}_{\rm M}$ 和 $\dot{U}_{\rm N}$ 为

$$\dot{U}_{\rm M} = \dot{E}_{\rm M} - \dot{I}_{\rm M}Z_{\rm M} \tag{5-96}$$

$$\dot{U}_{\rm N} = \dot{E}_{\rm M} - \dot{I}_{\rm M}(Z_{\rm M} + Z_{\rm L}) = \dot{E}_{\rm N} + \dot{I}_{\rm M}Z_{\rm N} \tag{5-97}$$

此时输电线路上的电压降为

$$\dot{U}_{\rm MN} = \dot{U}_{\rm M} - \dot{U}_{\rm N} = \dot{I}_{\rm M}Z_{\rm L} \tag{5-98}$$

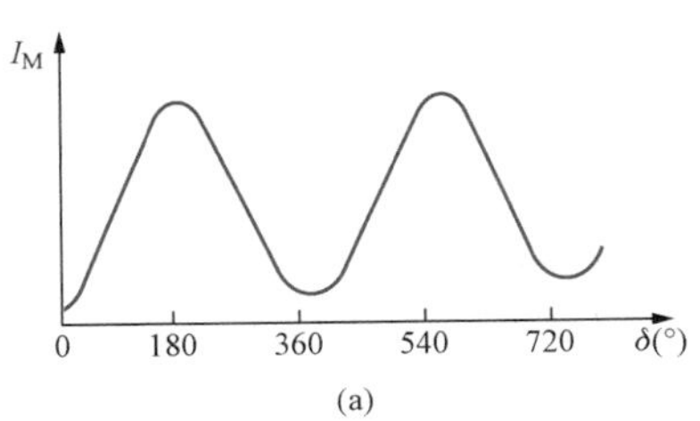

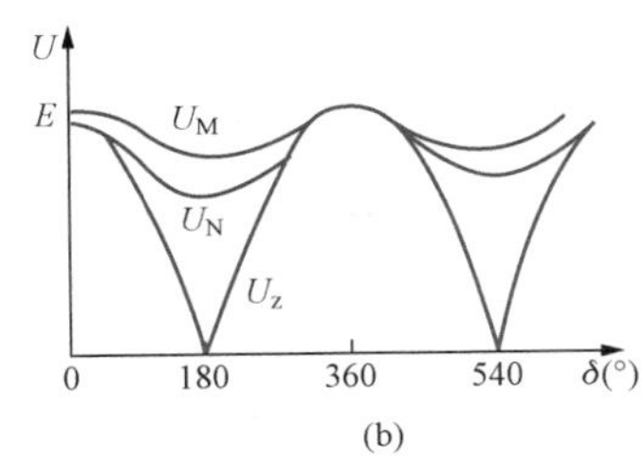

图 5-41　电力系统振荡时电压、电流的变化（全系统阻抗角相等，$h=1$）

（a）振荡电流幅值随 δ 的变化；（b）M、N、z 点电压幅值随 δ 变化的典型曲线

当全系统的阻抗角相同，且 $h=1$ 时，按照上述关系式可画出矢量图如图 5-40（b）所示。以 $\dot{E}_M$ 为实轴，$\dot{E}_N$ 落后于 $\dot{E}_M$ 的角度为 δ，连接 $\dot{E}_M$ 和 $\dot{E}_N$ 矢量端点得到电动势差 $\dot{E}_M-\dot{E}_N$。电流 $\dot{I}_M$ 落后于此电动势差的角度为 φ，从 $\dot{E}_M$ 减去 Z_M 上的降落 $\dot{I}_M Z_M$ 后得到 M 点电压 $\dot{U}_M$。$\dot{E}_N$ 加上 Z_N 上的电压降 $\dot{I}_M Z_N$ 得到 N 点电压 $\dot{U}_N$。由于设系统阻抗角等于线路阻抗角，也等于总阻抗的阻抗角，故 $\dot{U}_M$ 和 $\dot{U}_N$ 的端点必然落在直线 $\dot{E}_M-\dot{E}_N$ 上。矢量 $\dot{U}_M-\dot{U}_N$ 代表输电线路上的电压降落。如果输电线是均匀的（粗细相同、阻抗相同），则输电线上各点电压矢量的端点沿着直线（$\dot{U}_M-\dot{U}_N$）移动。从原点与此直线上任一点连线所作成的矢量即代表输电线路上该点的电压。从原点作直线 $\dot{U}_M-\dot{U}_N$ 的垂线所得的矢量最短，垂足 z 点所代表的输电线路上那一点在振荡角度 δ 下的电压最低，该点称为系统在振荡角度为 δ 时的电气中心或振荡中心。此时电气中心不随 δ 的改变而移动，始终位于系统纵向总阻抗 $Z_M+Z_L+Z_N$ 之中点，电气中心的名称即由此而来。当 $\delta=180°$，振荡中心的电压将降至零。从电压、电流的数值看，这和在此点发生三相短路无异。但是系统振荡属于不正常运行状态而非故障，继电保护装置不应动作切除振荡中心所在的线路。因此，继电保护装置必须具备区别三相短路和系统振荡的能力，才能保证在系统振荡状态下的正确工作。

图 5-40（c）为系统阻抗角与线路阻抗角不相等的情况。在此情况下电压矢量 $\dot{U}_M$ 和 $\dot{U}_N$ 的端点不会落在直线 $\dot{E}_M-\dot{E}_N$ 上。如果线路阻抗是均匀的，则线路上任一点的电压矢量的端点将落在代表线路电压降落的直线 $\dot{U}_M-\dot{U}_N$ 上。从原点作直线 $\dot{U}_M-\dot{U}_N$ 的垂线即可找到振荡中心的位置及振荡中心的电压。不难看出，在此情况下振荡中心的位置将随着 δ 的变化而变化。

图 5-41（b）为 M、N 和 z 点电压幅值随 δ 变化的典型曲线。

对于系统各部分阻抗角不同的一般情况，也可用类似的图解法进行分析[3]，此处从略。

2. 电力系统振荡对距离保护的影响

如图 5-42 所示，设距离保护安装在变电站 M，振荡电流为

$$\dot{I}_M=\frac{\dot{E}_M-\dot{E}_N}{Z_M+Z_L+Z_N}=\frac{\dot{E}_M-\dot{E}_N}{Z_\Sigma}$$

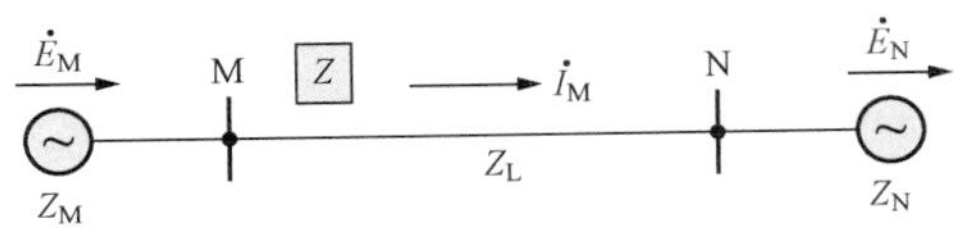

图 5-42　分析系统振荡用的系统接线图

按式（5-96）知，M 点的母线电压为

$$\dot{U}_M = \dot{E}_M - \dot{I}_M Z_M$$

因此安装于 M 点阻抗继电器的测量阻抗为

$$Z_{K.M} = \frac{\dot{U}_M}{\dot{I}_M} = \frac{\dot{E}_M - \dot{I}_M Z_M}{\dot{I}_M} = \frac{\dot{E}_M}{\dot{I}_M} - Z_M = \frac{\dot{E}_M}{\dot{E}_M - \dot{E}_N} Z_\Sigma - Z_M$$

$$= \frac{1}{1 - h e^{-j\delta}} Z_\Sigma - Z_M \tag{5-99}$$

在近似计算中，假定 $h=1$，系统和线路的阻抗角相同，则继电器测量阻抗随 δ 的变化关系是

$$Z_{K.M} = \frac{1}{1 - e^{-j\delta}} Z_\Sigma - Z_M = \frac{1}{2} Z_\Sigma \left(1 - j\cot\frac{\delta}{2}\right)^{❶} - Z_M$$

$$= \left(\frac{1}{2} Z_\Sigma - Z_M\right) - j\frac{1}{2} Z_\Sigma \cot\frac{\delta}{2} \tag{5-100}$$

将此继电器测量阻抗随 δ 变化的关系，画在以保护安装地点 M 为原点的复数阻抗平面上，当全系统所有阻抗角都相同时，如图 5-43 所示 Z_M、Z_L、Z_N 矢量将在一直线上。PM 为 Z_M，MN 为 Z_L，NQ 为 Z_N，PQ 为 Z_Σ，其中点为 Z，可以证明，Z_{KM}的端点将在 Z_Σ 的垂直平分线$\overline{OO'}$上移动。

绘制此轨迹的方法是：先从 M 点沿 MN 方向作出矢量 $\frac{1}{2} Z_\Sigma - Z_M = MZ$，然后再从其端点 Z 作出矢量 $-j\frac{1}{2} Z_\Sigma \cot\frac{\delta}{2}$，在不同的 δ 角度时，此矢量可能落后于或超前于矢量 Z_Σ 90°，其计算结果如表 5-4 所示。将后一矢量的端点与 M 连接即得 $Z_{K.M}$。

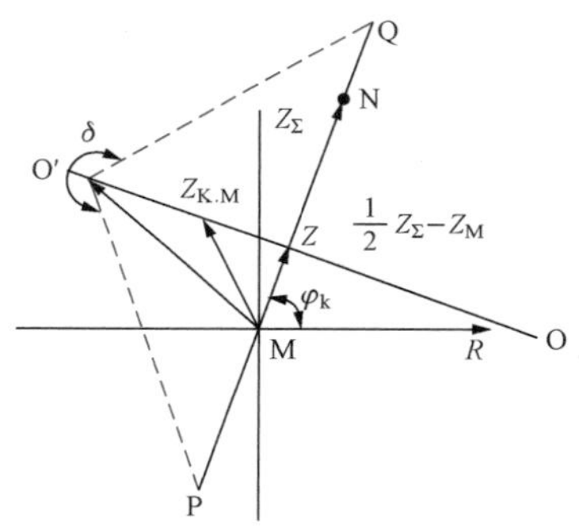

图 5-43 系统振荡时测量阻抗的变化

表 5-4 $j\frac{1}{2}Z_\Sigma\cot\frac{\delta}{2}$ 的计算结果

δ	$\cot\frac{\delta}{2}$	$j\frac{1}{2}Z_\Sigma\cot\frac{\delta}{2}$
0°	∞	$j\infty$
90°	1	$j\frac{1}{2}Z_\Sigma$
180°	0	0
270°	−1	$-j\frac{1}{2}Z_\Sigma$
360°	$-\infty$	$-j\infty$

---

❶ $1 - e^{-j\delta} = 1 - \cos\delta + j\sin\delta = 2\sin^2\frac{\delta}{2} + j2\sin\frac{\delta}{2}\cos\frac{\delta}{2} = 2\sin^2\frac{\delta}{2}\left(1 + j\cot\frac{\delta}{2}\right) = 2\sin^2\frac{\delta}{2} \times \frac{1+\cot^2\frac{\delta}{2}}{1 - j\cot\frac{\delta}{2}}$

$= \frac{2\sin^2\frac{\delta}{2} + 2\cos^2\frac{\delta}{2}}{1 - j\cot\frac{\delta}{2}} = \frac{2}{1 - j\cot\frac{\delta}{2}}$，因 $\left(1 + j\cot\frac{\delta}{2}\right)\left(1 - j\cot\frac{\delta}{2}\right) = 1^2 - \left(j\cot\frac{\delta}{2}\right)^2 = 1 - \left(1 - \cot^2\frac{\delta}{2}\right)$

$= 1 + \cot^2\frac{\delta}{2}$，故 $1 + j\cot\frac{\delta}{2} = \frac{1+\cot^2\frac{\delta}{2}}{1 - j\cot\frac{\delta}{2}}$。

由此可见，当 $\delta=0°$时，$Z_{K.M}=\infty$；当 $\delta=180°$时 $Z_{K.M}=\frac{1}{2}Z_{\Sigma}-Z_{M}$，即等于保护安装地点到振荡中心之间的阻抗。此分析结果表明，当 δ 改变时，测量阻抗不仅数值在变化，而且阻抗角也在变化，其变化的范围在（$\varphi_k-90°$）到（$\varphi_k+90°$）之间。

在系统振荡时，为了求出不同安装地点距离保护测量阻抗变化的规律，在式（5-100）中可令 Z_x 代替 Z_M，并假定 $m=Z_x/Z_{\Sigma}$，m 为小于 1 的变数，则式（5-100）可改写为

$$Z_{K.M}=\left(\frac{1}{2}-m\right)Z_{\Sigma}-j\,\frac{1}{2}Z_{\Sigma}\cot\frac{\delta}{2} \tag{5-101}$$

当 m 为不同数值时，测量阻抗变化的转迹应是平行于$\overline{OO'}$线的一直线族，如图 5-44 所示。当 $m=\frac{1}{2}$时，特性直线通过坐标原点，相当于保护装置安装在振荡中心处；当 $m<\frac{1}{2}$时，直线族与$+jX$ 轴相交，相当于图 5-43 所分析的情况，此时振荡中心位于保护范围的正方向；而当 $m>\frac{1}{2}$时，直线族则与$-jX$ 相交，振荡中心将位于保护范围的反方向。

当两侧系统的电动势 $E_M\neq E_N$，即 $h\neq1$ 时，继电器测量阻抗的变化将具有更复杂的形式。按照式（5-98）进行分析的结果表明，此复杂函数的轨迹应是位于直线$\overline{OO'}$某一侧的一个圆，如图 5-45 所示，当 $h<1$ 时，为位于$\overline{OO'}$上面的圆周 1；而当 $h>1$ 时，则为下面的圆周 2。在这种情况下，当 $\delta=0°$时，由于两侧电动势不相等而产生一个环流，因此测量阻抗不等于∞，则是一个位于圆周上的有限数值。

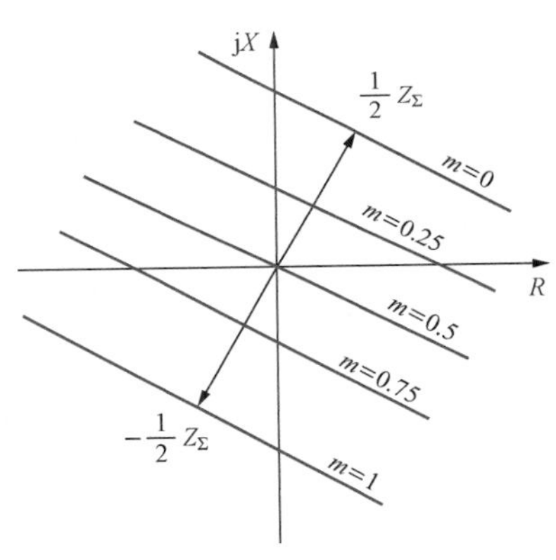

图 5-44　系统振荡时不同安装地点距离保护测量阻抗的变化

引用以上推导结果，可以分析系统振荡时距离保护所受到的影响。如仍以变电站 M 处的距离保护为例，其距离Ⅰ段整定阻抗整定为 $0.85Z_L$，在图 5-46 中以长度 MA 表示，由此可以绘出各种继电器的动作特性曲线，其中曲线 1 为方向透镜形继电器特性，曲线 2 为方向阻抗继电器特性，曲线 3 为全阻抗继电器特性。当系统振荡时，测量阻抗的变化如图 5-43 所示（采用 $h=1$ 的情况），找出各种动作特性与直线$\overline{OO'}$的交点 O′和 O″，其所对应的角度为 δ'和 δ''，则在这两个交点的范围以内继电器的测量阻抗均位于动作特性圆内，因此继电器就要起动，也就是说，在这段范围内距离保护受振荡的影响可能误动作。由图 5-46 中可见，在同样整定值的条件下，全阻抗继电器受振荡的影响最大，而透镜形继电器所受的影响最小。一般而言，继电器的动作特性在阻抗平面上沿$\overline{OO'}$方向所占的面积越大，受振荡的影响就越大。

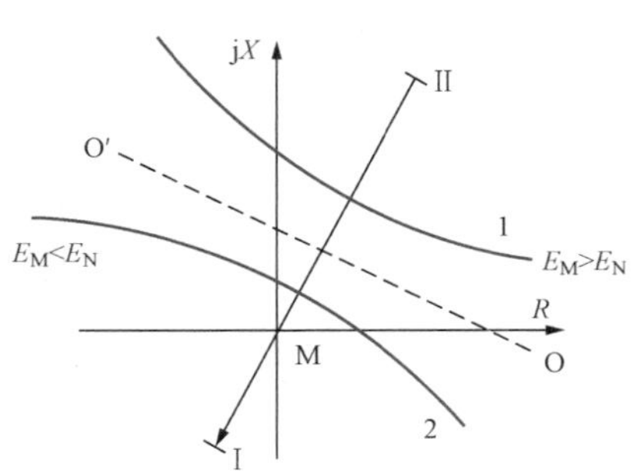

图 5-45 当 $h\neq1$ 时测量阻抗的变化

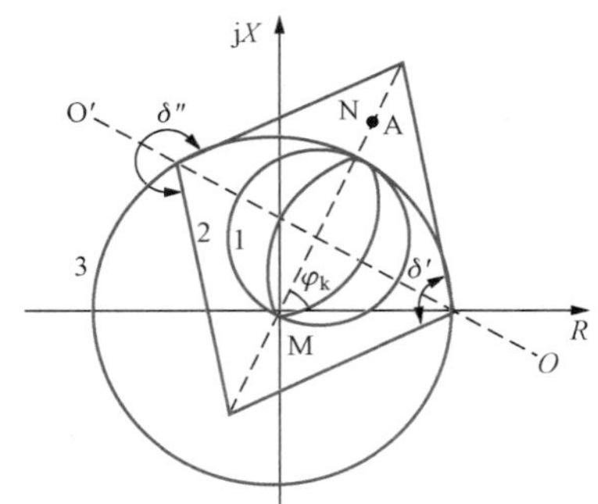

图 5-46 系统振荡的变电站 M 测量阻抗的变化图

此外，根据对图 5-43 的分析还可看到，距离保护受振荡的影响还与保护的安装地点有关。当保护安装地点越靠近于振荡中心时，受到的影响就越大，而振荡中心在保护范围以外或位于保护的反方向时，则在振荡的影响下距离保护不会误动作。

当保护的动作带有较大的延时（例如≥1.5s）时，如距离Ⅲ段，可利用延时躲开振荡的影响。

3. 振荡闭锁回路

对于在系统振荡时可能误动作的保护装置，应该装设专门的振荡闭锁回路，在微机保护中用振荡闭锁程序，以防止系统振荡时误动。当系统振荡使两侧电动势之间的角度摆到 $\delta=180°$时，保护所受到的影响与在系统振荡中心处三相短路时的效果是一样的，因此，就必须要求振荡闭锁回路能够有效地区分系统振荡和发生三相短路这两种不同情况。

电力系统发生振荡和短路时的主要区别如下。

（1）振荡时，电流和各点电压的幅值均作周期性变化（如图 5-41 所示），在 $\delta=180°$时出现最严重的现象；而短路后，短路电流和各点电压的值，当不计其衰减时是不变的。此外，振荡时电流和各点电压幅值的变化速度$\left(\frac{dI}{dt}和\frac{dU}{dt}\right)$较慢；而短路时电流是突然增大，电压也突然降低，变化速度很快。

（2）振荡时，任一点电流与电压之间的相位关系都随 δ 的变化而改变；而短路后，电流和电压之间的相位是不变的。

（3）振荡时，三相完全对称，电力系统中没有负序分量出现；而当短路时，总要长期（在不对称短路过程中）或瞬间（在三相短路开始时）出现负序分量。

根据以上区别，振荡闭锁从原理上可分为两种：一种是利用负序分量的出现与否来实现，另一种是利用电流、电压或测量阻抗变化速度的不同来实现。

构成振荡闭锁回路时应满足以下基本要求[8]。

（1）系统发生振荡而没有故障时，应可靠地将保护闭锁，且振荡不停息，闭锁不应解除。

（2）系统发生各种类型的故障（包括转换性故障），保护应不被闭锁而能可靠地动作。

（3）在振荡的过程中发生不对称故障时，保护应能快速地正确动作。对于对称故障则允许保护带延时动作。

（4）先故障而后又发生振荡时，保护不致无选择性的动作。

4. 实现振荡闭锁的方法

下面介绍几种实现振荡闭锁的原理。

（1）利用短路时出现的负序和零序分量开放保护。在系统振荡时，三相电压和电流是对称的，没有负序和零序分量；在相间不接地短路时将出现稳定的负序电压和电流；在接地短路时，还会出现零序分量。在三相短路时，理论上没有负序分量，但在短路初瞬间的暂态过程中，在模拟式负序和零序过滤器的输出端也会出现短暂的负序和零序分量。在微机保护中可在数字式滤序器中将任一相的电流电压数据在故障后的几个毫秒内取为零，亦可在三相短路时获得短暂的负序或零序分量。对于超高压和特高压线路由于相间距离大，不可能三相绝对同时短路（手合于接地线未拆除的故障除外），因此也可出现短暂的负序或零序分量。用此原理实行振荡闭锁时，距离保护Ⅰ、Ⅱ段（可由保护运行人员或微机保护中的控制字规定被闭锁的保护段）正常时被闭锁回路（在微机保护中可用标志字）闭锁，在发生短路时出现负序和零序或只出现负序即将闭锁解除一段时间，如果短路在保护范围内，在此时间内保护来得及动作。在此时间过后仍将保护闭锁，直到系统振荡消失为止。快速保护段在正常情况下是被闭锁的，振荡闭锁起动元件动作时将保护开放一定的时间。因此，振荡闭锁元件实际上是保护的开放元件或起动元件。当灵敏度要求相同时也可将两者合起来。为了提高接地短路时此保护开放元件的灵敏度，最好用负序分量和零序分量幅值之和实现振荡闭锁回路的起动。

这种方法的缺点是，这个振荡闭锁的负序、零序起动元件必须非常灵敏，在距离保护的后备段（例如Ⅲ段或Ⅳ段）动作范围末端短路时也应有足够的灵敏度，这是必需的。但是，如此灵敏的振荡闭锁起动元件在电力系统中拉合断路器、隔离开关或母线倒闸操作时产生的干扰影响下，将使振荡闭锁元件起动，开放快速保护段一定时间后又将其闭锁很长时间，在闭锁期间内发生本线路短路时保护快速段将不能动作。这是这种振荡闭锁的主要缺点。

为克服以上缺点，国外的经验是设置两套灵敏度不同的振荡闭锁起动元件，灵敏度高的起动元件要保证本保护最远后备段末端短路时有足够的灵敏度；灵敏度较低的一个起动元件只保证在本线路末端短路时有足够的灵敏度，且不会受系统操作产生干扰的影响而误起动。这样，当系统操作或远处短路使高灵敏的起动元件动作，开放快速保护段一定时间，在此时间内如果快速保护段不动作，即将其闭锁一固定时间，或直到系统振荡停止后。如果在闭锁期间内又发生本线路短路，则不灵敏起动元件动作，重新开放快速保护段，使其能快速切除短路故障。图 5-47 所示为振荡闭锁起动元件的原理框图，图 5-48 所示为两个灵敏度不同的振荡闭锁起动元件的原理框图。

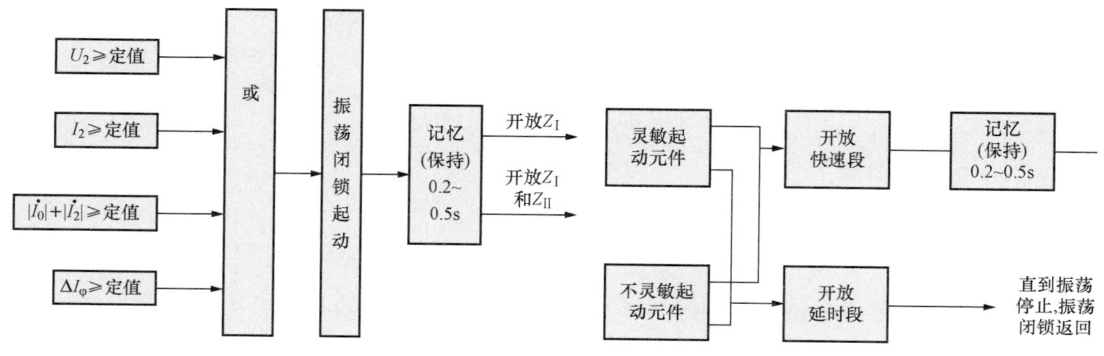

图 5-47　利用负序和零序电压或电流起动的振荡闭锁原理框图

I_2—负序电流；I_0—零序电流；U_2—负序电压；ΔI_φ—相电流突变量

图 5-48　两个灵敏度不同的振荡闭锁起动元件原理框图

（2）利用短路时负序和零序分量的突变量起动振荡闭锁回路。它与利用负序和零序电压或电流起动振荡闭锁的原理相同，但因不需要躲过正常运行时的稳态不平衡负序和零序分量，故可获得更高的灵敏度。关于负序和零序分量的突变量产生的原理可参看参考文献[10]。在微机保护中可用记忆的方法获得负序和零序分量的突变量。

（3）反应测量阻抗变化速度的振荡闭锁回路。如图 5-49 所示，在三段式距离保护中，当其Ⅰ、Ⅱ段采用方向阻抗继电器，其Ⅲ段采用偏移特性阻抗继电器时，根据其定值的配合，必然存在着 $Z_Ⅰ<Z_Ⅱ<Z_Ⅲ$ 的关系。可利用振荡时各段动作时间不同的特点构成振荡闭锁。

当系统发生振荡且振荡中心位于保护范围以内时，由于测量阻抗从负荷阻抗逐渐减小，因此 $Z_Ⅲ$元件先起动，$Z_Ⅱ$元件后起动，最后 $Z_Ⅰ$元件起动。而当保护范围内部故障时，由于测量阻抗突然减小，因此，$Z_Ⅰ$、$Z_Ⅱ$、$Z_Ⅲ$元件将同时起动。基于上述区别，实现这种振荡闭锁回路的基本原则是：$Z_Ⅰ$、$Z_Ⅱ$正常情况下未被闭锁，当 $Z_Ⅰ$～$Z_Ⅲ$元件同时起动时，允许 $Z_Ⅰ$、$Z_Ⅱ$元件动作于跳闸，而当 $Z_Ⅲ$元件先起动，经 t_0 延时后，$Z_Ⅱ$元件才起动时，则把 $Z_Ⅰ$元件和 $Z_Ⅱ$元件闭锁，不允许它们动作于跳闸。反应测量阻抗变化速度的振荡闭锁回路原理框图如图 5-50 所示[4]。

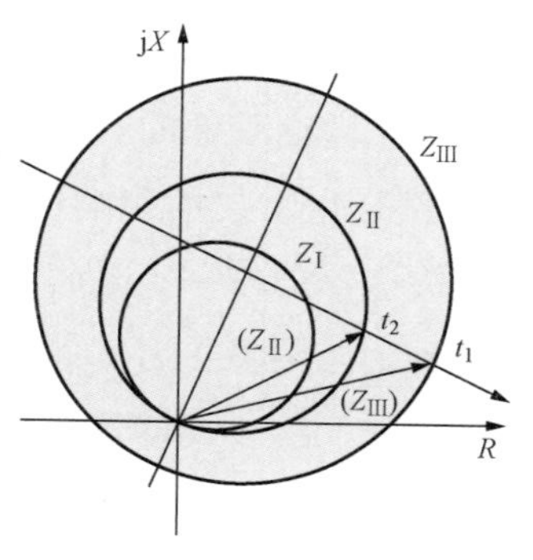

图 5-49　三段式距离保护的动作特性

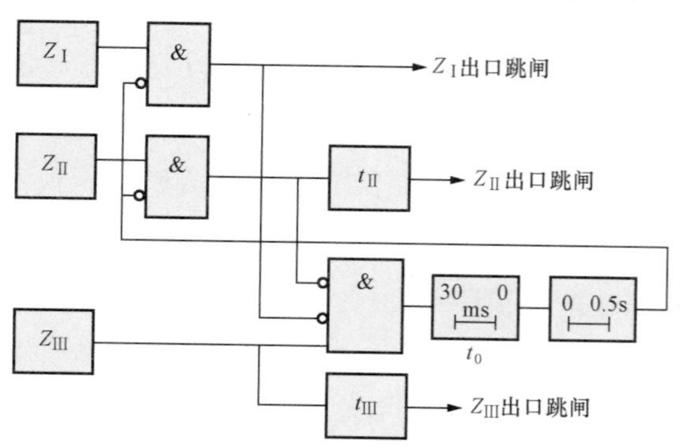

图 5-50　反应测量阻抗变化速度的振荡闭锁回路原理框图

（4）在微机保护中可用数字方法实现（2）中讲述的闭锁原理，还可用测量阻抗中电阻分量的变化率来判别振荡中的故障[11]。

三、电压回路断线对距离保护的影响

当电压互感器二次回路断线时，距离保护将失去电压，在负荷电流的作用下，阻抗继电器的测量阻抗变为零，因此可能发生误动作。对此，在距离保护中应采取防止误动作的闭锁装置。

对断线闭锁装置的主要要求是：当电压回路发生各种可能使保护误动作的故障情况时应能可靠地将保护闭锁，而当被保护线路故障时不因故障电压的畸变错误地将保护闭锁，以保证保护可靠动作，为此应使闭锁装置能够有效地区分以上两种情况下的电压变化。运行经验证明，最好的区别方法就是看电流回路是否也同时发生变化。

当距离保护的振荡闭锁回路采用负序电流和零序电流（或它们的增量）起动时，即可利用它们兼作断线闭锁之用，因为正常情况下发生电压回路断线时，电流不会变化，保护不会起动。这是十分简单和可靠的方法，因而获得了广泛的应用。

为了避免在断线的情况下又发生外部故障，造成距离保护无选择性的动作，一般还需要装设断线信号装置，以便值班人员能及时发现并处理之。在模拟式保护中，断线信号装置大都是反应于断线后所出现的零序电压。最早的电压二次回路用熔断器保护，其断线闭锁装置的原理接线如图 5-51（a）所示。断线信号继电器 KHO 有两组线圈，其工作线圈 W1（在 KHO 内）接于由 3 个相同电容 C 组成的零序电压过滤器的中线上。当电压回路断线时，通过三相 C 的电流不平衡因而产生零序电流，KHO 即可动作发出信号。这种反应于零序电压的断线信号装置，在系统中发生接地故障时也要动作，这是不能容许的。为此，将 KHO 的另一组线圈 W2 经 C_0 和 R_0 而接于电压互感器二次侧接成开口三角形的电压 $3\dot{U}_0$ 上，使得当电力系统中出现零序电压时，两组线圈 W1 和 W2 所产生的零序安匝大小相等方向相反，合

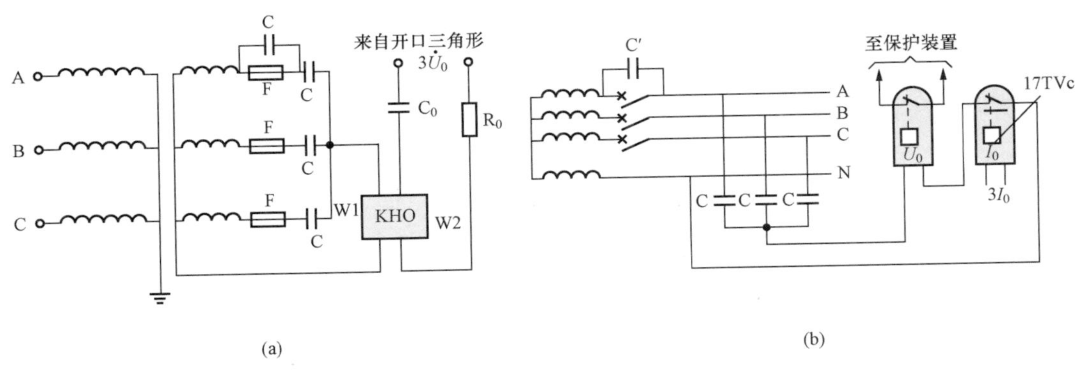

图 5-51　电压回路断线信号装置原理接线图

（a）用熔断器保护电压二次回路；（b）用快速开关保护电压二次回路

成磁通为零，KHO 不动作。此外，当三相同时断线时，上述装置又将拒绝动作，不能发出信号，这也是不能容许的。为此，可在电压互感器二次侧在一相的熔断器上并联一个电容器 C_1，平时不起作用，当三个熔断器同时熔断时，就可通过此电容器给 KHO 加入一相电压，使它动作发出信号。

目前微机保护都用快速动作的小开关保护电压二次回路，如图 5-51（b）所示，任一相故障时此开关瞬时动作断开三相。开关一相的断口并联一个电容，作用与上述相同。在接地短路时有零序电流出现，使零序电流继电器 I_0 动作，断开零序电压继电器绕组的线圈回路，使断线信号继电器 U_0 不能动作，不会误发信号。对断线闭锁的要求是动作迅速，在距离保护误动之前即须将其闭锁。

在微机保护中可按照同样原理比较用三相电压之和自产的 $3\dot{U}_0$ 和电压互感器 TV 开口三角绕组侧的 $3\dot{U}_0$ 来判别电压互感器 TV 断线，并用三相电压均小于一小电压（一般定为 8V），而三相电流对称且小于最小短路电流的方法来判别电压互感器 TV 三相断线。

*四、 串联电容补偿对距离保护的影响

高压输电线路的串联电容补偿可以大大缩短其连接的两电力系统间的电气距离，提高输电线的输送功率，对于提高电力系统运行的稳定性有很大作用，有重大的技术经济价值。然而它对于距离保护装置的工作将产生极为不利的影响。其影响与串联补偿电容器在线路上装设的位置及对线路电感的补偿度有关。

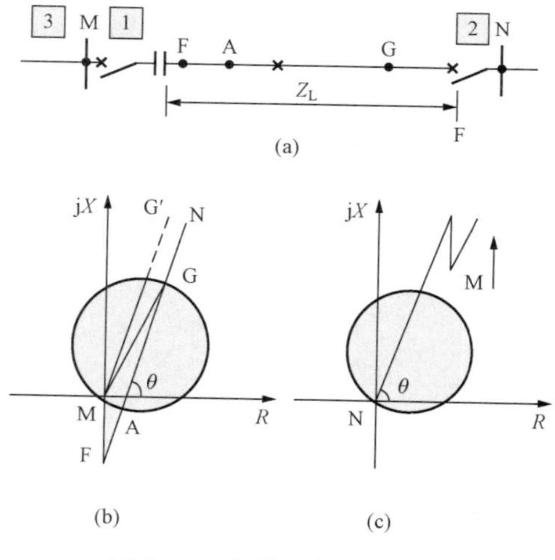

图 5-52 串补电容装于线路一端对距离保护的影响

（a）串补电容和保护装置位置示意图；（b）保护 1 的动作特性和测量阻抗；（c）保护 2 的动作特性和测量阻抗

1. 串补电容装于线路一侧

图 5-52 所示为串补电容装设于线路 M 侧出口的情况。对于装设于 M 侧的距离保护 1，其方向阻抗继电器Ⅰ段的动作特性和在电容器后的 F 点、保护范围末端的 G 点和对端母线 N 点短路时的测量阻抗示于图 5-52（b）。图中所示为电压互感器接于母线的情况。从图中可见，当在 F 点及其与电容器之间的一段线路上短路时，由于测量阻抗 Z_{MF} 为容性的，保护将拒动。在 G 点短路时，测量阻抗 $Z_{MG}=Z_{MF}+Z_{FG}$ 的端点正好位于特性圆上，保护能够动作。当对端母线或下级相邻线路出口短路时，测量阻抗 Z_{MN} 的端点位于特性圆外，保护不会动作。因此，为了保证保护动作的选择性，其Ⅰ段定值只能选择为

$$Z_{set}=K_{rel}(Z_L-jX_C) \qquad (5\text{-}102)$$

此处 Z_L 为线路全长的阻抗，可靠系数 K_{rel} 可取为 0.8～0.85。不难看到，在这样整定的情况下，当线路短路而且串补电容被其过电压保护短接时，测量阻抗将位于 MG′直线上时，保护范围将大大缩短。当串补电容未被短接时，则测得阻抗将位于 FAG 直线上，此时在 FA 段上短路时继电器将拒动。

图 5-52（c）所示为线路对侧保护 2 的动作特性和测量阻抗矢量图。为了保证保护动作的选择性，其Ⅰ段定值也应按式（5-102）选择。只有这样才能保证在母线 M 上短路时，保护可靠不动作。但如此整定将使得保护范围大大缩短。补偿度愈大时，X_C 愈大，则保护范围愈小。

2. 串补电容装设于线路中点

如图 5-53 所示，为了保证保护 1 和 2 的动作选择性，其Ⅰ段定值仍应按式（5-102）选择。此时，对于保护 1 而言，如果补偿度小于 50%，即 $X_C < \frac{1}{2} X_L$（X_L 为线路全长的感抗），则在电容器前后的 F 点和 H 点短路时，测量阻抗 Z_{MF} 和 Z_{MH} 都将位于圆内，保护能够动作。保护范围末端 G 点正好位于圆上，N 点位于圆外，因而保护动作的选择性是能够保证的。但如果线路上电容器后短路且电容器被短接时，则测量阻抗将沿虚线 FG′变化，保护范围将大大缩短。如果补偿度大于 50%，FH 将向下伸出圆外（图中未示出），电容器后 H 点附近将有一段线路不能保护。对于保护 2 可作同样的分析。

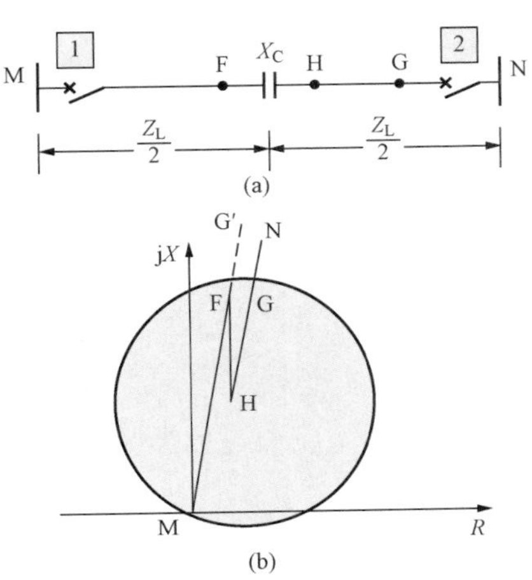

图 5-53 串补电容装于线路中点时对距离保护的影响

（a）串补电容和保护装置位置示意图；（b）保护 1 的动作特性和测量阻抗

串补电容设置于线路中点对保护工作较为有利，但为此应在线路中点处建立专门的补偿站，因而在经济上是不可取的。此外，串补电容装设的位置要从系统稳定、输电安全性等方面综合考虑确定。

3. 串补电容装设于变电站母线之间

当多段高压输电线串联，或高压输电线上设有开关站时，可将串补电容设置于高压变电站或开关站的母线之间。图 5-54（a）所示为系统接线图，图 5-54（b）则示出了装设于两条线路上的保护 1、2、3、4 的整定特性圆和测量阻抗。线段 AB 代表线路 AB 的阻抗 Z_{AB}，$\overline{BC}$ 代表串补电容的容抗 Z_{BC}，$\overline{CD}$ 则代表线路 CD 的阻抗 Z_{CD}。折线 DCBA 则可看作是从 D 点看向 A 点的各线段的阻抗。不过为了表示在同一图上，从 D 看向 A 的阻抗假定为负的，与从 A 看到 D 的阻抗矢量方向相反。保护 2 和 4 的整定圆也画在相反的方向（第三象限），因而结果仍是一样的。

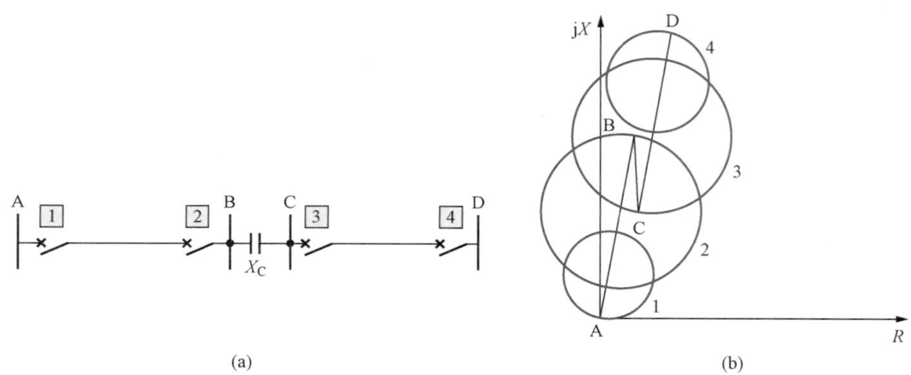

图 5-54　串补电容装于变电站或开关站母线之间时对距离保护的影响

（a）系统接线图；（b）各保护装置的动作特性和测量阻抗

从图中可见，保护 1 的整定圆 1 应通过保护 1 安装点 A 点。为了保证选择性，C 点应位于圆 1 之外。保护 3 的整定圆 3 应通过保护 3 安装点 C。因 B 点位于整定圆 3 之内，故在 B 点及其附近的相邻线路上短路时，保护 3 将误动，必须采取措施加以防止。保护 4 的整定圆 4 应通过保护 4 安装点 D 向下画。B 点应置于整定圆 4 之外，B 点短路保护 4 不会误动。保护 2 的整定圆 2 应通过保护 2 安装点 B 向下画。在反方向 C 点附近短路时，将要误动，须采取措施加以防止。

由上述可知，当串补电容设置于变电站或开关站母线之间时，在远离串补电容的两端，保护 1、4 距离保护Ⅰ段的保护范围将大大缩短。而在靠近电容器的两端（保护 2、3），距离保护Ⅰ段的保护范围虽较长，和没有电容器时一样，但在反方向电容器背后及其附近的相邻线路上短路时，保护将要误动，必须采取措施加以防止。

防止电容器后短路时保护误动作的措施有以下几种。

（1）用直线型阻抗继电器或功率方向继电器闭锁。图 5-55（a）示出当补偿度较小，误动作区域［如图 5-54（b）中 CB 线在整定圆 3 内或 BC 线进入整定圆 2 内的部分］不大时，可用一倾斜角较小的直线特性阻抗继电器切去直线以下的圆周。图 5-55（b）示出当补偿度

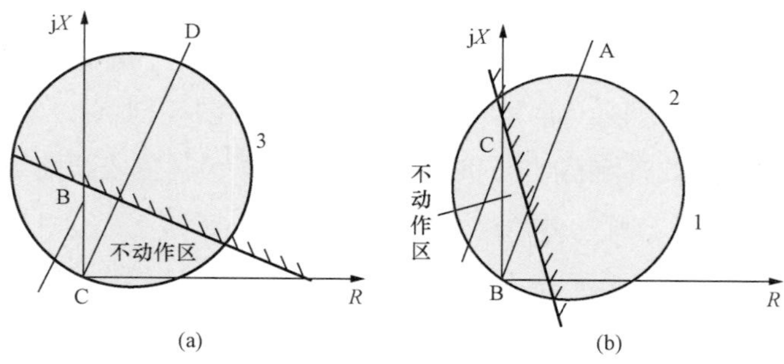

图 5-55　用直线型阻抗继电器防止电容器后短路时距离保护误动作的方法

（a）补偿度较小时用直线型阻抗继电器的闭锁方法；（b）补偿度较大时用直线型阻抗继电器的闭锁方法

较大时，用一倾斜角较大的直线特性切去误动作区域。用此方法可以可靠地消除反方向短路的误动区，但在正方向保护出口的一段线路上短路时，保护将要拒动。此拒动区域较小，可以用电流速断保护来补救。

(2) 用负序功率方向继电器闭锁。以图 5-54 (a) 中的线路 AB 上的保护 1、2 为例，在线路 AB 上发生不对称短路时，装设于线路两端的负序功率方向继电器所测量的实际上是从继电器安装点流向背后系统中性点的负序功率的方向。只要保护安装点至背后系统中性点之间的阻抗是感性的（在大多数情况下此条件是能够满足的），则负序功率也是感性的。在此情况下，使负序功率方向继电器不动作，不闭锁保护，使距离保护能够动作切除故障。在线路外部［例如图 5-54 (a) 的母线 C］发生不对称短路时，流经近故障点侧（例如保护 2）的负序功率方向继电器的负序功率方向与线路 AB 内部短路时相反，使负序功率方向继电器动作，从而将误动作的距离保护闭锁。这种闭锁方法是比较可靠的，其缺点是在三相短路时没有闭锁。

(3) 利用方向阻抗继电器的记忆作用和动态特性实现闭锁。利用方向阻抗继电器的记忆作用可消除上述距离保护 Ⅰ 段的拒动区和误动区。如图 5-56 (a)、(b) 所示，实线圆 2 为保护 3 的静态特性圆。在 k 点短路时，保护 3 安装点到故障点的阻抗为 $-\mathrm{j}X_C$，而其动态特性则为以 $-Z_S$ 和 $Z_{set.3}$ 端点连线为直径所作的虚线圆 1（直径未示出，也可参见图 5-19）。故在“记忆”作用消失前，保护 3 安装点到故障点 k 的阻抗 $-\mathrm{j}X_C$ 在动作区内，可以动作。$-Z_S$ 代表从保护 3 安装点至左侧系统中性点 a 的阻抗，$Z_{set.3}$ 则为保护 3 的 Ⅰ 段整定值。图 5-56 (c) 所示为 k 点短路时，保护 2 的动态特性虚线圆和静态特性实线圆（可参见图 5-21，为方便起见画在了第 1 象限）。Z_S 为从 c 点至左侧系统中性点 a 的阻抗。由图可见，在记忆作用消失前，保护 2 的测量阻抗 X_C 在动态特性圆外，不会误动。在记忆消失后，因 X_C 在静态特性圆内，保护 2 将要误动。如果加强其记忆作用，使其记忆的时间大于保护 3 的动作和切除故障的时间，或者当保护 3 动作时，通过其出口继电器接点将保护 2 闭锁，则可防止 k 点短路时保护 2 误动作。这是一种消除距离保护装置不正确工作的有效而简便的方法，早在我国工程实践中得到了应用。

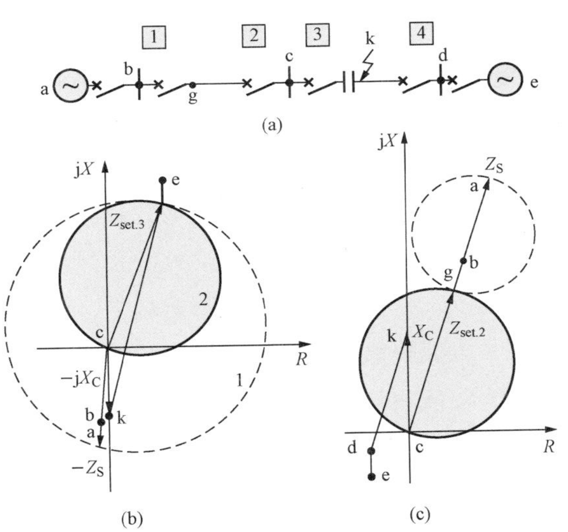

图 5-56 用“记忆”作用消除串补电容后（k 点）短路时距离保护误动和拒动的原理

(a) 串补电容和保护装置位置示意图；(b) k 点短路时保护 3 的静态特性（实线圆）和动态特性（虚线圆）；(c) k 点短路时保护 2 的静态（实线圆）和动态特性（虚线圆）

※五、其他影响距离保护正确工作的因素

除了上述四种影响因素外，还有几种因素也能影响距离保护的正确工作，如短路电流中的暂态分量、电流互感器的过渡过程、电容式电压互感器的过渡过程、输电线路的非全相运行等。对这些因素在此只能作一些简要说明。

1. 短路电流中暂态分量对距离保护正确工作的影响

电力系统中有集中式感性阻抗（如发电机、变压器、电抗器）、集中式电容（如串联补偿电容）和线路分布式感性阻抗、分布电容（特别是对于高压输电线），在突然短路时可产生各种随时间衰减的自由分量，它们将影响距离保护的正确工作。

（1）非周期自由分量对距离保护的影响。非周期自由分量使短路电流向时间轴的一侧偏移，因而使电流正、负半周不对称，也使半周期内电流的瞬时值和有效值增大或减小。前已讨论过正、负半周不对称将使相位比较式阻抗继电器超范围动作。瞬时值增大或减小将使反应瞬时值的阻抗继电器（例如数字式阻抗继电器）错误动作。非周期自由分量可用滤波器减小。磁路中有气隙的将电流变成电压的电抗互感器对非周期分量传变性能很差，对于减小非周期分量的影响也有良好的效果，可参见《电力系统继电保护原理（第五版）》[12]。

（2）周期性自由分量对距离保护的影响。周期性自由分量电流的幅值随着其频率的增高而减小。此外，一般的继电保护装置都有滤波回路，可以滤去距工频较远的高频分量和低频分量。因此，对继电保护影响最大的是频率接近工频的周期性自由分量。这些分量叠加于工频基波之上，将使其波形发生严重畸变，使其幅值和相位都将发生很大变化。因此，对于按反应工频电流幅值或相位原理做成的继电保护的工作有一定的影响。其影响大小与自由分量的频率、幅值和与工频分量的相对相位有关。一般而言，周期性自由分量对幅值比较式保护的影响较小，而对相位比较式保护影响较大。在保护范围末端附近不经过渡电阻短路时，被比较的工频电压（例如幅值比较式和相位比较式方向阻抗继电器中的 $\dot{U}_{K}$ 和 $\dot{I}_{K}Z_{set}$）接近于相互抵消时，进入执行元件的各种自由分量将起决定性作用。它可能使保护超范围动作（称为暂态超越），也可能使其保护范围缩短而误动，必须采取措施予以防范。减小或消除周期性自由分量影响的方法主要是在保护装置中设置无源或有源滤波器。在微机距离保护中，除了模拟式滤波器外，还应设置数字滤波器。

2. 电流互感器过渡过程对距离保护的影响

距离保护中的阻抗继电器通过电流互感器和电压互感器测量线路故障点的距离，因此电流互感器和电压互感器的精度直接影响距离保护的距离测量精度，尤其是在短路时电流大幅度增大并含有偏于时间轴一侧的非周期分量，可使电流互感器铁芯饱和，使精度进一步降低，由此造成的电流传变的幅度误差和相位误差都将影响距离保护的工作。因此，对于距离保护必须选用高精度和良好饱和特性的电流互感器。此外，在距离保护整定计算中要考虑电流互感器和电压互感器在线路短路时的传变误差。

3. 电容式电压互感器过渡过程对距离保护的影响

在中等电压等级的电网中，一般多采用电磁式电压互感器。这种电压互感器的时间常数很小，电力系统短路而使一次电压突然降到零时，在电压互感器电感中储藏的能量将迅速释放，因而产生的电压自由分量衰减很快。所以对于电磁式电压互感器的过渡过程，在一般情况下无须特别加以注意。但在超高压系统中，由于技术和经济方面的因素，目前已广泛采用电容式电压互感器或称电容分压器（简称为 CVT 或 CPD)，其简单的单相原理接线图如图5-57 所示。在短路前电容器 C_2 充有很高的电压，在电压过峰值短路时，电容器上所充的电压最大，如果电容式电压互感器附近发生接地短路时一次电压突降到零，但电容器上的残余电压通过回路的总等效电感和电阻放电，产生衰减的自由振荡电压，其频率配置约等于工频，相位也基本不变，但衰减较慢，影响距离保护和电压保护的快速动作。我国国家标准除了对电容式电压互感器在稳态运行下的精度有规定外，还规定了自由分量的衰减速度[8]。要求在一次侧接地短路时，二次输出电压在额定频率的一个周期内应衰减到短路前电压峰值的 10% 以下[9]。关于 CVT 暂态特性的分析可参阅有关参考文献［9］。

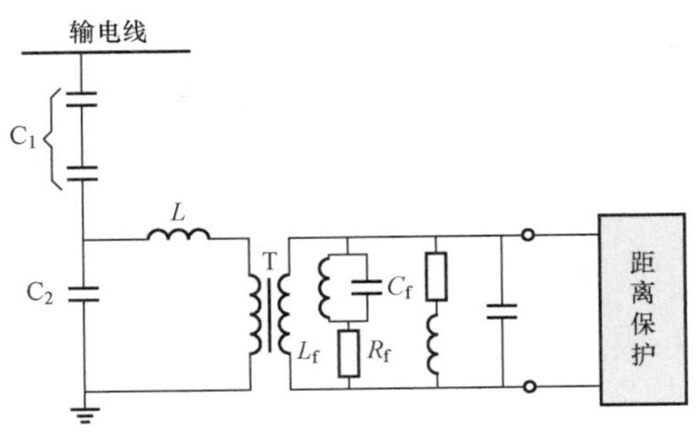

图 5-57　电容式电压互感器单相原理接线图

4. 输电线路非全相运行对距离保护正确工作的影响

输电线路一相断线时，或在单相自动重合闸周期中，均会出现短时间两相运行状态。在有些特殊情况下，为了保证向用户连续供电，允许输电线长期（数小时）两相运行。在两相运行状态下继电保护装置不应该动作，但在此状态下又发生短路故障时，则应由继电保护装置动作，切除尚在运行中的两相。但是，两相运行给各种继电保护装置都带来不利的影响，因此必须计算两相运行状态下的电压和电流以校验各种继电保护装置的动作行为。分析表明，在两相运行状态下系统振荡时，反应相间短路和反应接地短路的阻抗继电器都可能误动，而在两相运行状态下再发生短路时又可能拒动。因此，对于距离保护在非全相运行状态下的动作行为必须进行计算和校验。如果在此状态下距离保护不能正确工作，则应在进入非全相状态时使距离保护退出运行。

第七节　微机距离保护

上面所讲述的距离保护的基本原理、动作方程、动作判据、动作特性，影响其正确工作的因素等也适用于微机保护。距离保护的各个环节都可以用程序模块实现，由于微机的存储、计算、比较、逻辑判断的功能很强，因而用微机实现的保护各个环节更为准确、快速和可靠，还可以依据微机数字式数据处理的能力增加新的功能，如数字滤波、自适应在线整定、优化处理、循环比较、定义动作特性，以及人工智能的应用等，使微机距离保护的性能大大优于模拟式距离保护。下面仅介绍微机距离保护中几个主要环节的实现原理。

一、故障选相原理

1. 相电流差突变量选相元件

在突变量元件起动后的故障初期常采用突变量选相元件。选相元件测量两相电流之差的工频变化量 ΔI_{AB}、ΔI_{BC}、ΔI_{CA}的幅值。该选相方法具有以下特点。

（1）在单相接地时，反应两非故障相电流差的突变量选相元件不动作，故障相必然是其他一相。而对于多相短路的情况，三个选相元件都动作。因而在单相接地时可以准确选出故障相，而在多相故障时又能可靠给出允许跳开三相的信号。

（2）该选相方法只反应故障电流量，不需要躲过负荷电流，因此动作灵敏，并且具有较大的承受故障点经过渡电阻接地的能力。

（3）该选相方法仅在故障刚发生时可靠识别故障类型，因此还必须配以其他稳态量选相原理。

利用对称分量法的概念，假设正序、负序电流分配系数相等，故障点两侧零序阻抗与正序阻抗之比相同时，则非故障相没有电流突变量。以 A 相为基准，$\Delta\dot{I}_A=\Delta\dot{I}_1+\Delta\dot{I}_2$，可知两相电流差工频突变量可以表示为

$$\begin{cases}\Delta\dot{I}_{AB}=(1-a^2)\Delta\dot{I}_1+(1-a)\Delta\dot{I}_2\\ \Delta\dot{I}_{BC}=(a^2-a)\Delta\dot{I}_1+(a-a^2)\Delta\dot{I}_2\\ \Delta\dot{I}_{CA}=(a-1)\Delta\dot{I}_1+(a^2-1)\Delta\dot{I}_2\end{cases}\tag{5-103}$$

单相接地故障时，如 A 相接地故障，由故障边界条件可知 $\Delta\dot{I}_1=\Delta\dot{I}_2$，则有

$$\begin{cases}|\Delta\dot{I}_{AB}|=3|\Delta\dot{I}_1|\\ |\Delta\dot{I}_{BC}|=0\\ |\Delta\dot{I}_{CA}|=3|\Delta\dot{I}_1|\end{cases}\tag{5-104}$$

由此可见，与故障相无关的两相电流差突变量为零。

两相相间故障时，如 BC 相故障，以非故障相 A 相为基准，由故障边界条件可知 $\Delta\dot{I}_1=-\Delta\dot{I}_2$，则有

$$\begin{cases}|\Delta\dot{I}_{AB}|=\sqrt{3}|\Delta\dot{I}_1|\\ |\Delta\dot{I}_{BC}|=2\sqrt{3}|\Delta\dot{I}_1|\\ |\Delta\dot{I}_{CA}|=\sqrt{3}|\Delta\dot{I}_1|\end{cases}\tag{5-105}$$

因此三个相电流差变化量都有值，但与故障相直接相关的突变量最大。

两相接地故障时，如 BC 相接地故障，由故障边界条件可知 $k\Delta\dot{I}_1=-\Delta\dot{I}_2(0<k<1)$，分

析计算可知两相接地故障时突变量的本质特性与两相故障相同。另外，可根据系统是否存在零序电压来区分是否是两相接地故障。

三相故障时，由于 $\Delta\dot{I}_2=0$，因此三个两相电流差的工频突变量均相等，即

$$|\Delta\dot{I}_{AB}|=|\Delta\dot{I}_{BC}|=|\Delta\dot{I}_{CA}| \tag{5-106}$$

根据以上特征，可由此构成相电流差突变量选相元件，单相故障的判据为有两个相电流差突变量满足

$$\Delta I_{\varphi\varphi}>m\Delta I_{\varphi\varphi.\max} \tag{5-107}$$

式中：m 为小于一的制动系数，可以整定；$\Delta I_{\varphi\varphi.\max}$为三个突变量的最大者，当仅两个变化量均动作时选择与两个突变量都直接相关的相为故障相，当三个突变量元件都动作时为多相故障。

2. 序分量 $\dot{I}_0$ 与 $\dot{I}_{2A}$ 比相的选相元件

在非突变量元件起动或突变量元件起动 40ms 后，如果故障相仍未选定而突变量已不能获得，需采用稳态序分量选相元件继续选相。对于故障点两侧的保护装置来说，假设负序（正序）和零序电流的分配系数 $\dot{C}_{1m}$、$\dot{C}_{0m}$ 的相位相同，则满足以下关系。

（1）单相接地时，故障相的 $\dot{I}_0$ 与 $\dot{I}_2$ 同相位，A 相接地时，$\dot{I}_0$ 与 $\dot{I}_{2A}$ 同相；B 相接地时，$\dot{I}_0$ 超前 $\dot{I}_{2A}$ 的角度为 120°；C 相接地时，$\dot{I}_0$ 落后 $\dot{I}_{2A}$ 的角度为 120°。

（2）两相接地时，非故障相的 $\dot{I}_0$ 与 $\dot{I}_2$ 同相位，BC 相间接地故障时，$\dot{I}_0$ 与 $\dot{I}_{2A}$ 同相；CA 相间接地故障时，$\dot{I}_0$ 超前 $\dot{I}_{2A}$ 的角度为 120°；AB 相间接地故障时，$\dot{I}_0$ 落后 $\dot{I}_{2A}$ 的角度为 120°。

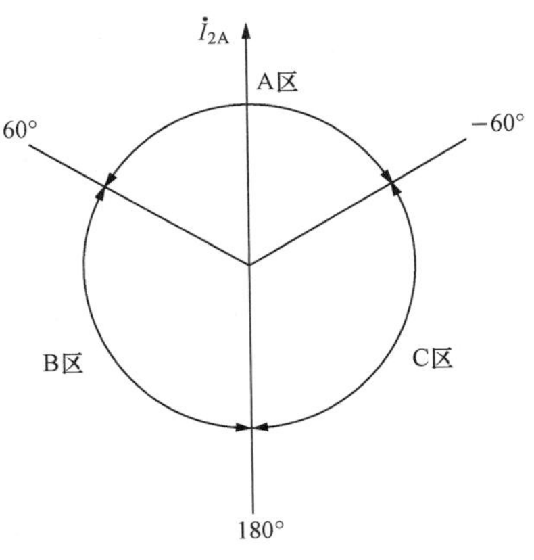

图 5-58　选相区域

选相元件根据 $\dot{I}_0$ 与 $\dot{I}_{2A}$ 之间的相位关系确定三个选相区域之一，如图 5-58 所示。

（1）当 $-60°<\arg\dfrac{\dot{I}_0}{\dot{I}_{2A}}<60°$ 时，选 A 区（A 相接地或 BC 两相接地故障）。

（2）当 $60°<\arg\dfrac{\dot{I}_0}{\dot{I}_{2A}}<180°$ 时，选 B 区（B 相接地或 CA 相间接地故障）。

（3）当 $180°<\arg\dfrac{\dot{I}_0}{\dot{I}_{2A}}<300°$ 时，选 C 区（C 相接地或 AB 相间接地故障）。

对于单相接地故障与两相接地故障，采用配合距离元件动作状况的方式做进一步判别。以进入 A 区为例，选相判定流程如图 5-59 所示。

3. 阻抗选相元件

距离保护通常由三个相间距离和三个接地距离元件实现。可根据距离保护各元件的动作

情况决定故障类型。

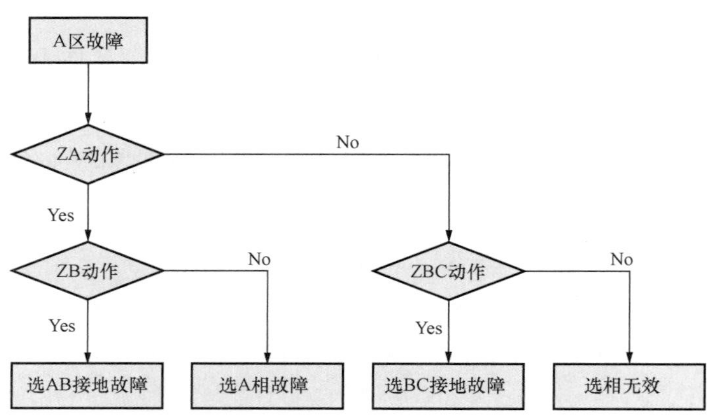

图 5-59　选相判定流程

二、振荡中短路故障的识别

距离保护在振荡过程中会发生误动，在正常运行和只有振荡情况下不开放可能误动的距离保护Ⅰ段和Ⅱ段。为保证距离保护在系统振荡情况下又发生短路时，能有选择性的动作，距离保护需配置振荡中短路故障的识别元件。

1. 不对称故障开放元件（振荡过程中不对称短路故障的识别）

计及负荷电流的影响，振荡过程中不对称短路识别元件的判据为

$$|\dot{I}_0|+|\dot{I}_2|>\gamma|\dot{I}_1| \tag{5-108}$$

式中：γ 的正确取值范围应该为 $0.5<\gamma<1$，一般可取 $\gamma=0.66$。

显然有以下几种情况。

(1) 系统振荡时，因无负序、零序电流，判据不满足，保护不开放。

(2) 振荡过程中发生不对称短路，且功角 δ 角较小时，有负序或兼有零序判据满足，保护可有选择性地切除故障。

(3) 振荡过程中发生不对称短路，当 δ 角较大时，正序电流 I_1 很大，判据不满足，保护不动作，但在 δ 角变小的过程中，判据满足条件，距离保护可有选择性地切除故障。

可见，此判据可以识别振荡过程中发生的不对称短路，而且该式满足的条件是系统振荡角 δ 较小的时候，因此阻抗元件受到控制，距离保护可以较为准确地区分区内外故障。但由此也能看出，若在 δ 角较大时短路，判据式的判定可能给保护动作带来延时。

2. 对称故障开放元件（振荡过程中对称短路的识别）

检测振荡中心电压在三相短路、系统振荡时变化的差别，可识别是系统振荡还是振荡过程中发生的三相短路，前者振荡闭锁不应开放保护，后者振荡闭锁应开放保护，则系统振荡中心电压 U_z 为

$$U_z = U_m\cos(\varphi + 90° - \varphi_{L.1}) \tag{5-109}$$

式中：U_m 为母线处的正序电压；φ 是正序电压和正序电流的夹角；$\varphi_{L.1}$是线路正序阻抗角。

一般线路三相故障时故障点的电弧电压 $U_{arc}<0.05U_N$，U_N 为额定电压，而系统振荡时振荡中心的电压 U_z 是不断变化的。由其变化特征可以判断振荡过程中是否发生了三相短路故障。

三、距离保护的实现

1. 测量阻抗

当输电线路上发生相间故障或接地故障时，安装于线路首端的第Ⅰ类距离保护的测量阻抗 Z_k 可分别表示为

$$Z_k = \frac{\dot{U}_{\varphi\varphi}}{\dot{I}_{\varphi\varphi}} \tag{5-110}$$

$$Z_k = \frac{\dot{U}_{\varphi}}{\dot{I}_{\varphi} + \dot{K} \times 3\dot{I}_0} \tag{5-111}$$

$$\dot{K} = \frac{Z_0 - Z_1}{3Z_1}$$

式中：下标 φφ 为相间，即 AB、BC、CA；下标 φ 为相，即 A、B、C；Z_0、Z_1 分别为单位长度线路的零序阻抗和正序阻抗。

传统的距离保护对中高压线路是将线路按集中阻抗考虑，所测得的测量阻抗大小与故障距离成正比。

2. 动作特性

在实际应用中，以测量阻抗为基础的距离保护的动作特性可采用多边形特性与小矩形动作区的结合。

如图 5-60（a）可见（其中 tan15°=1/4，tan7°=1/8，tan60°≈5/3），多边形特性中 R_{set} 独立整定可满足长、短线路的不同要求，以灵活调整对短线路承受过渡电阻的能力，以及对长线路避越负荷阻抗的能力，多边形上边的下倾角的适当选择可提高区外经过渡阻故障时预防稳态超越的能力。另外，还可以在振荡期间，通过自适应减小 R_{set} 的值来降低系统振荡对保护的影响。具体多边形的角度整定一般取值如图 5-60 所示。

$$X_{set} = \left(\sin\varphi_k + \frac{1}{8}\cos\varphi_k\right)|Z_{set}|$$

为保证线路出口短路明确的方向性，采用记忆电压，即用故障前母线电压同故障后电流比相，同样对于重合或手合到故障线情况，阻抗动作特性在原多边形的基础上加上一个包括坐标原点的小矩形特性［见图 5-60（b）］，以保证电压互感器 TV 在线路侧时也能可靠切除出口故障，这称为阻抗偏移特性动作区。

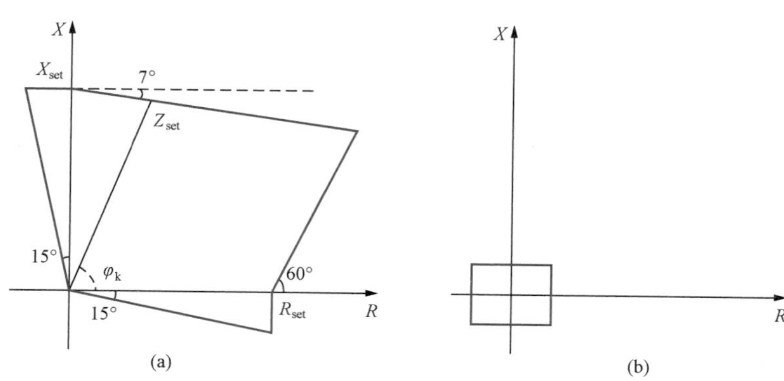

图 5-60 距离保护动作特性

（a）多边形特性；（b）小矩形特性

3. 距离保护的逻辑框图

如图 5-61 所示的距离保护逻辑框图共包含五部分。

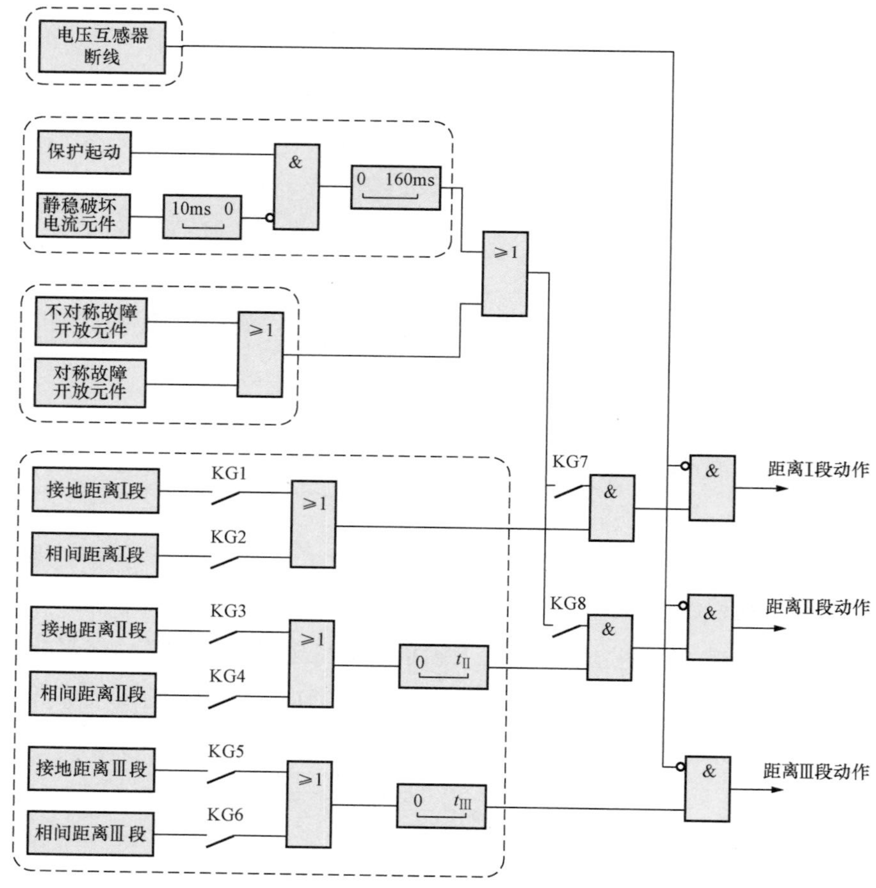

图 5-61 距离保护的逻辑框图

KG1—投入接地距离Ⅰ段的接点；KG2—投入相间距离Ⅰ段的接点；KG3—投入接地距离Ⅱ段的接点；KG4—投入相间距离Ⅱ段的接点；KG5—投入接地距离Ⅲ段的接点；KG6—投入相间距离Ⅲ段的接点；KG7—距离Ⅰ段经振荡闭锁的接点；KG8—距离Ⅱ段经振荡闭锁的接点；（KG—控制字）

（1）起动元件：包括保护起动判定和静稳条件破坏的判定（或其他振荡闭锁元件）。在下述情况下开放距离保护 160ms，用于判定故障并动作于跳闸：

1）当仅有保护起动判据动作时。

2）当保护起动元件先于反应静态稳定破坏的电流元件（或其他振荡闭锁元件）动作时。

3）当反应静态稳定破坏的电流元件先于保护起动元件动作的时间差不足 10ms 时。

（2）距离元件：包括距离Ⅰ、Ⅱ、Ⅲ段，每段有相互独立的接地距离段和相间距离段，并分别可由控制字控制其功能的投退状态。距离元件完成对故障点至保护安装处阻抗（即距离）的计算。

（3）振荡闭锁元件：包括不对称故障和对称故障的开放元件。当满足不对称故障或对称性故障的判定条件时，开放距离保护功能。

（4）电压互感器断线判定元件：距离保护在电压互感器断线时，阻抗计算结果为零，为防止距离保护误动，因此采取电压互感器断线的判定，并在判定断线后闭锁距离保护。

（5）逻辑部分：前述四部分已对部分逻辑关系进行了说明。由图 5-61 可见，当保护起动条件或振荡闭锁的开放条件满足时，投入距离保护功能。其中距离Ⅰ、Ⅱ段可由控制字选择是否经振荡闭锁元件闭锁；距离Ⅲ段由于其延时较长可躲过振荡周期，因此其动作逻辑不受系统振荡的影响。

第八节　距离保护的整定计算原则及对距离保护的评价

一、距离保护的整定计算原则

在距离保护的整定计算中，除了特高压输电线外都可设短路点距离与线路阻抗成正比，并假定保护装置具有阶梯式的时限特性，且认为保护具有方向性。

1. 距离保护第Ⅰ段的整定

一般按躲开下一条线路出口处短路的原则来确定，按式（5-1）和式（5-2）计算，在一般线路上，可靠系数取 0.8～0.85。

2. 距离保护第Ⅱ段的整定

如图 5-62 所示，应按以下两个原则来确定。

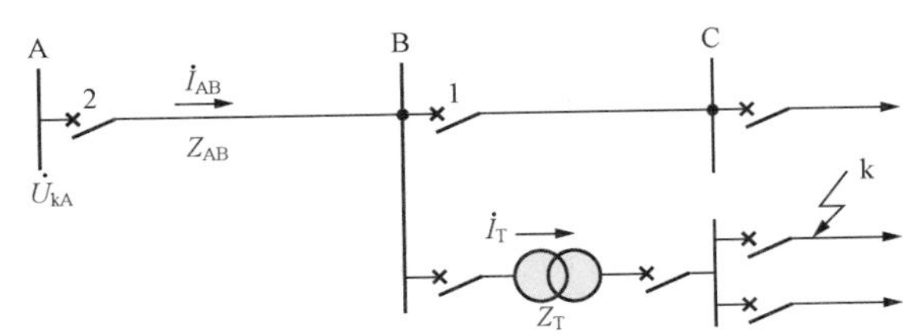

图 5-62　选择整定阻抗的网络接线

（1）与相邻线路距离保护第Ⅰ段相配合，参照式（5-3）的原则并考虑分支系数 K_{br} 的影响，可采用下式进行计算

$$Z'_{set2}=K_{rel}(Z_{AB}+K_{br}Z'_{set1}) \tag{5-112}$$

式中：可靠系数 K_{rel} 一般采用 0.8；K_{br} 应采用当保护 1 第Ⅰ段保护范围末端短路时，可能出

现的最小数值。

例如在图 3-28 所示的有助增电流影响时，在 k 点短路时变电站 A 距离保护 2 的测量阻抗将是

$$Z_2=\frac{\dot{U}_{kA}}{\dot{I}_{AB}}=\frac{\dot{I}_{AB}Z_{AB}+\dot{I}_{BC}Z_k}{\dot{I}_{AB}}$$

$$=Z_{AB}+\frac{\dot{I}_{BC}}{\dot{I}_{AB}}Z_k=Z_{AB}+K_{br}Z_k \tag{5-113}$$

此时 $K_{br}>1$，由于助增电流的影响，与无助增的情况相比，将使保护 2 安装处的测量阻抗增大。

在图 3-29 中，分支电路为一并联线路，由于外汲电流的影响，$K_{br}<1$，与无分支的情况相比，将使保护 2 处的测量阻抗减小。

因此，为充分保证保护 2 与保护 1 之间配合的选择性，就应该按 K_{br} 为最小的运行方式来确定保护 2 距离Ⅱ段的整定值，使之不超出保护 1 距离Ⅰ段的范围。这样整定之后，再遇有 K_{br} 增大的其他运行方式时，距离保护Ⅱ段的保护范围只会缩小而不可能失去选择性。

（2）躲开线路末端变电站变压器低压侧出口处（图 5-62 中 k 点）短路时的阻抗值，设变压器的阻抗为 Z_T，则起动阻抗应整定为

$$Z''_{set2}=K_{rel}(Z_{AB}+K_{br}Z_T) \tag{5-114}$$

式中：K_{rel} 为与变压器配合时的可靠系数，考虑到 Z_T 的误差较大，一般用 $K_{rel}=0.7$；$K_{br}=\frac{I_T}{I_{AB}}$ 采用当 k 点短路时可能出现的最小数值。

计算后，应取以上两式中数值较小的一个作为整定值。此时距离Ⅱ段的动作时限应与相邻线路的Ⅰ段相配合，一般取为 0.35～0.5s。

（3）校验距离Ⅱ段在本线路末端短路时的灵敏系数。由于是反应于测量值下降而动作的保护，其灵敏系数为

$$K_{sen}=\frac{\text{保护装置的整定阻抗}}{\text{保护范围内发生金属性短路时故障阻抗的最大计算值}} \tag{5-115}$$

对距离Ⅱ段来讲，在本线路末端短路时，其测量阻抗即为 Z_{AB}，因此，灵敏系数为

$$K_{sen}=\frac{Z''_{set2}}{Z_{AB}} \tag{5-116}$$

一般要求 $K_{sen}\geqslant 1.25$。当校验灵敏系数不能满足要求时，应进一步延伸保护范围，即采用Ⅲ段使之与下一条线路的距离Ⅱ段相配合，时限整定为 1～1.2s，考虑原则与限时电流速断保护相同。

3. 距离保护第Ⅲ段的整定

当第Ⅲ段采用阻抗继电器时，其整定阻抗一般按躲开最小负荷阻抗 $Z_{L.min}$ 来整定，它表示当线路上流过最大负荷电流 $\dot{I}_{L.max}$ 且母线上电压最低时（用 $\dot{U}_{L.min}$ 表示），在线路始端所测

量到的阻抗，其值为

$$Z_{L.min}=\frac{\dot{U}_{L.min}}{\dot{I}_{L.max}} \tag{5-117}$$

参照过电流保护的整定原则，考虑到外部故障切除后，在电动机自起动的条件下，保护第Ⅲ段必须立即返回的要求，应采用

$$Z'''_{L.set}=\frac{1}{K_{rel}K_{Ms}K_{re}}Z_{L.min} \tag{5-118}$$

式中：$Z_{L.set}$为按躲最小负荷阻抗条件的整定值，可靠系数K_{rel}、自起动系数K_{Ms}和返回系数K_{re}均为大于1的数值。

根据式（5-5）的关系，可求得继电器（保护装置）的二次整定阻抗为

$$Z'''_{k.set}=Z'''_{set}\frac{n_{TA}}{n_{VT}} \tag{5-119}$$

以输电线路的送电端为例，继电器感受到的一次负荷阻抗反应在复数阻抗平面上是一个位于第一象限的测量阻抗，如图5-63所示。它与R轴的夹角即为负荷的功率因数角φ_L，一般较小。而当被保护线路短路时，继电器的测量阻抗为短路点到保护安装地点之间的短路阻抗Z_k，它与R轴的夹角即为线路的阻抗角φ_k，在高压输电线上一般为60°～80°，也示于图5-63中。

当距离保护第Ⅲ段采用全阻抗继电器时，由于它的整定阻抗与角度φ_k无关，因此，以式（5-119）的计算结果为半径作圆，此圆即为它的动作特性，如图5-64中的圆1所示。

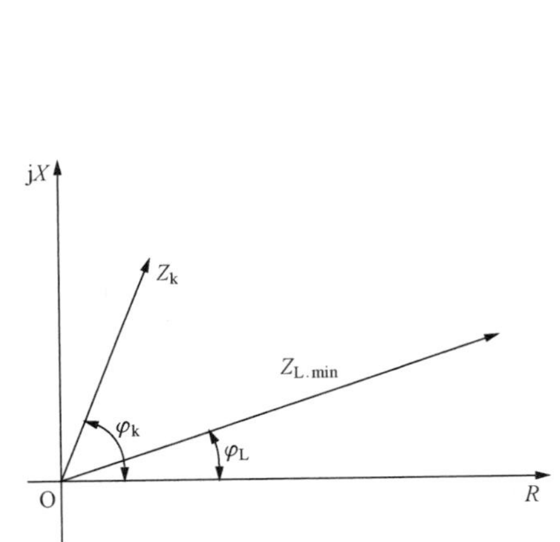

图5-63　线路始端测量阻抗的矢量图

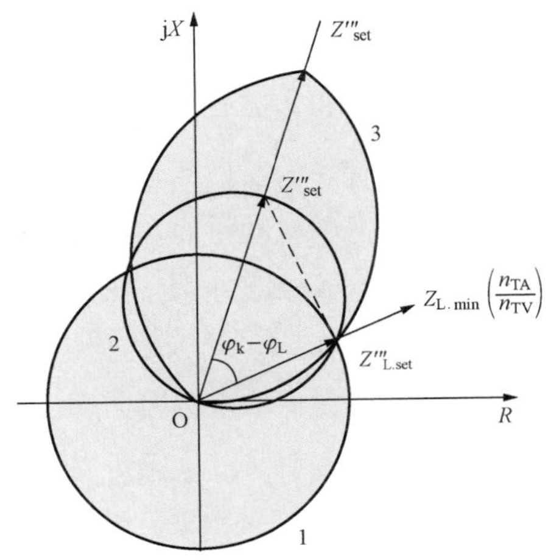

图5-64　第Ⅲ段的一次起动阻抗的整定

如果保护第Ⅲ段采用方向阻抗继电器，在整定其动作特性圆时尚须考虑其动作阻抗随角度φ_k的变化关系以及正常运行时负荷潮流和功率因数的变化，以确定适当的整定阻抗，例如选择继电器的最小灵敏角$\varphi_{sen \cdot max}=\varphi_k$，则圆的直径（即第Ⅲ段的整定阻抗）应为

$$Z'''_{set} = \frac{Z'''_{L.set}}{\cos(\varphi_k - \varphi_L)} \tag{5-120}$$

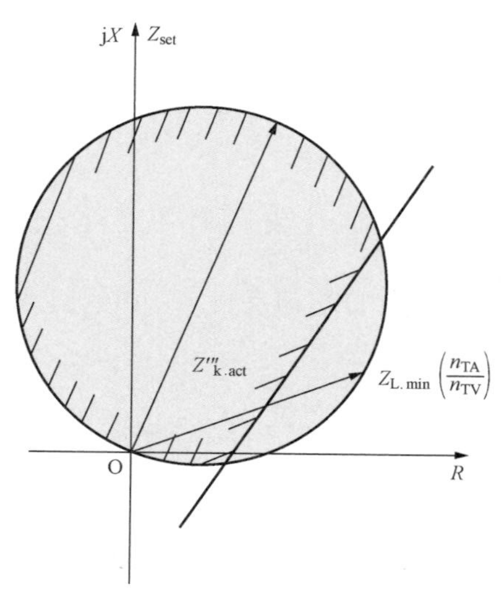

图 5-65 复合特性的阻抗继电器

如图 5-64 中的圆 2 所示。由此可见，采用方向阻抗继电器能得到较好的躲负荷性能。在长距离重负荷的输电线路上，如采用方向阻抗继电器仍然不能满足躲负荷的要求时，可考虑采用透镜形特性阻抗继电器（图 5-64 中的 3）、四边形特性阻抗继电器（图 5-60）或者是圆和直线配合在一起的复合特性阻抗继电器（图 5-65），利用直线特性来可靠地躲开负荷的影响等，但是这些继电器特性复杂，用模拟式继电器时制造比较困难，但在微机保护中实现并不困难。

距离Ⅲ段作为远后备保护时，其灵敏系数应按相邻元件末端短路的条件来校验，并考虑分支系数为最大的运行方式；当作为近后备保护时，则按本线路末端短路的条件来校验。

4. 阻抗继电器的精确工作电流的校验

在距离保护的整定计算中，应分别按各段保护范围末端短路时的最小短路电流校验各段阻抗继电器的精确工作电流。按照要求，此最小短路电流与继电器精确工作电流之比应为 1.5 以上。

二、对距离保护的评价

从对继电保护所提出的基本要求来评价距离保护，可以作出如下几个主要的结论。

（1）根据距离保护的工作原理，它可以在多电源的复杂网络中保证动作的选择性。

（2）距离Ⅰ段是瞬时动作的，但是它只能保护线路全长 80%～85%，因此，两端合起来就使得在 30%～40%的线路长度内的故障不能从两端瞬时切除，在一端须经 0.35～0.5s 的Ⅱ段延时才能切除，在 220kV 及以上电压的网络中，有时候这不能满足电力系统稳定运行的要求，因而不能作为主保护来应用。

（3）由于阻抗继电器同时反应于电压的降低和电流的增大而动作，因此距离保护较电流、电压保护具有较高的灵敏度。此外，距离Ⅰ段的保护范围不受系统运行方式变化的影响，其他两段受到的影响也比较小，因此保护范围比较稳定。

（4）由于在模拟式距离保护中采用了复杂的阻抗继电器和大量的辅助继电器，再加上各种必要的闭锁装置，因此接线复杂，在微机保护中程序比较复杂，可靠性比电流保护低，这也是它的主要缺点。

复习思考题

1. 构成输电线距离保护（或阻抗保护）的基本依据是什么？这种依据对特高压长距离输电线路是否成立？

2. 什么是第Ⅰ类阻抗继电器，什么是第Ⅱ类阻抗继电器，它们的区别是什么？带记忆作用的阻抗继电器在按记忆工作期间属于哪一类阻抗继电器？

3. 什么是方向阻抗继电器的动态特性？动态特性有何用途？

4. 什么是测量阻抗？什么是动作阻抗？什么是整定阻抗？为什么对第Ⅱ类阻抗继电器不能用测量阻抗的概念，不能用复阻抗平面表示其动作特性？

5. 相位比较方法和幅值比较方法在什么条件下有互换性？

6. 第Ⅰ类阻抗继电器动作的圆特性、多边形特性、椭圆特性、透镜型特性、苹果形特性各有何优缺点？多用于什么场合？在微机保护中是否能构成任何形状的动作特性？

7. 何谓阻抗继电器的暂态超越和稳态超越，它们是如何产生的？

8. 多边形特性的上边向右下方倾斜 5°～8°为什么能防止阻抗继电器的稳态超越？

9. 采用多边形特性时如何提高承受过渡电阻的能力？

10. 在微机距离保护中可以采用哪些动作特性提高保护承受过渡电阻的能力？

11. 多相补偿式（第Ⅱ类）阻抗继电器如何间接测量短路点与保护安装处间的阻抗（或距离）？

12. 在什么情况下第Ⅱ类阻抗继电器的动作特性也可表示在复阻抗平面上？

13. 工频故障分量距离保护与一般距离保护相比有何优缺点？

14. 对于特高压长距离输电线为什么不能用传统的方法构成距离保护？实现特高压长距离输电线的接地距离保护困难何在？

15. 系统振荡对距离保护的影响程度与哪些因素有关？根据哪些原理可实现对保护的振荡闭锁？

16. 电压回路断线对距离保护有何影响？对断线闭锁应提出哪些要求？

17. 串补电容器安装的位置有几种？哪种位置对距离保护的影响最大？有哪些方法可以预防串补电容引起的距离保护误动作？

18. 为什么需单独配置接地距离元件和相间距离元件？

19. 电力系统振荡期间发生不对称故障时距离保护的开放条件是什么？

20. 电力系统振荡期间发生对称故障时距离保护的开放条件是什么？

21. 距离保护的四边形动作特性为何通常在坐标原点处叠加一个小矩形？小矩形动作特性如何实现？

主要参考文献

[1] 天津大学. 电力系统继电保护原理. 北京：电力工业出版社，1980.

[2] 贺家李，葛耀中. 超高压输电线的故障分析与继电保护. 北京：科学出版社，1987.

[3] 许敬贤，张道民. 电力系统继电保护. 上册. 北京：中国工业出版社，1963.

[4] 朱声石. 高压电网继电保护原理与技术. 北京：电力工业出版社，1981.

[5] 陈德树. 计算机继电保护原理与技术. 北京：水利电力出版社，1992.

[6] 葛耀中. 新型继电保护与故障测距原理与技术. 西安：西安交通大学出版社，1996.

[7] 李斌，贺家李，杨洪平，等. 特高压长线路距离保护算法改进. 电力系统自动化，2007，31（1）：43-46，104.

[8] 王梅义，等. 高压电网继电保护运行技术. 北京：电力工业出版社，1981.

[9] 袁季修，等. 保护用电流互感器应用指南. 北京：中国电力出版社，2004.

[10] 贺家李，宋从矩. 电力系统继电保护原理. 增订版. 北京：中国电力出版社，2004.

[11] 杨奇逊，黄少峰. 微机型继电保护基础. 3版. 北京：中国电力出版社，2007.

[12] 贺家李，李永洲，董新洲，等. 电力系统继电保护原理. 5版. 北京：中国电力出版社，2018.

第六章　输电线路的纵联保护

第一节　基本原理与类别

输电线路的纵联保护，就是用某种通信通道（简称通道）将输电线路两端或各端（对于多端线路）的保护装置纵向连接起来，将各端的电气量（电流、功率的方向等）传送到对端并加以比较，以判断故障是在本线路范围内还是在本线路范围之外，从而决定是否切断被保护线路。

输电线路的纵联保护随着所采用的通道、信号功能及其传输方式的不同，装置的原理、结构、性能和适用范围等方面都有很大的差别。因此纵联保护有很多不同的类型。

国际大电网会议（CIGRE）继电保护工作组根据输电线路纵联保护构成的基本原理，在广泛的意义上将纵联保护分为单元式保护（unit protection scheme）和非单元式保护（non-unit protection scheme）两大类[1]。所谓单元式保护是将输电线路看作一个被保护单元，如同变压器和发电机一样。这种保护方式是从输电线路的每一端采集电气量的测量值，通过通信通道传送到其他各端。在各端将这些测量值进行直接比较，以决定保护装置是否应该动作跳闸。根据这一定义，比较电流相位的相位差动保护、比较电流波形（幅值和相位）的电流差动保护（current differential protection）都属于这一类；所谓非单元式保护也是在输电线路各端对某种或某几种电气量进行测量，但并不将测量值直接传送到其他各端直接进行比较，而是传送根据这些测量值得到的对故障性质（如故障方向、故障位置等）的某种判断结果。属于这类保护的有方向比较式纵联保护、距离纵联保护等。这种分类方法具有高度的概括法，但不能反应各种纵联保护性能具体的区别和优缺点。这种分类主要在欧洲得到了普遍的应用，在北美、俄罗斯、我国应用较少。根据我国的习惯，我们认为按照所应用的通信通道所传送信号的性质和所应用的保护原理分类，能比较具体地反应各类纵联保护的原理差别和优缺点，便于设计和运行人员选择和掌握。

任何纵联保护都是依靠通信通道传送的某种信号来判断故障的位置是否在被保护线路内。因此信号的性质和功能在很大程度上决定了保护的性能。信号按其性质可分为三种[2]，即闭锁信号、允许信号和跳闸信号。这三种信号可用任一种通信通道产生和传送。

以两端线路为例，所谓闭锁信号就是指“收不到这种信号是保护动作跳闸的必要条件”。即当发生外部故障时，由判定为外部故障的一端保护装置发出闭锁信号，将两端的保护闭锁；而当内部故障时两端都不发，因而也收不到闭锁信号，保护即可动作于跳闸。

所谓允许信号是指“收到这种信号是保护动作跳闸的必要条件”。因此，当内部故障时，两端保护应同时向对端发出允许信号，使保护装置能够动作于跳闸；而当外部故障时，则因接近故障点端判出故障在反方向而不发允许信号，对端保护不能跳闸，本端则因判断出故障在反方向也不能跳闸。

跳闸信号是指“收到这种信号是保护动作于跳闸的充要条件”。实现这种保护时，实际上是利用装设在每一端的瞬时电流速断、距离Ⅰ段或零序电流瞬时速断等保护，当其保护范围内部故障而动作于跳闸的同时，还向对端发出跳闸信号，可以不经过对端其他控制元件而直接使对端的断路器跳闸。采用这种工作方式时，两端保护的构成比较简单，无需互相配合，但是必须要求各端发送跳闸信号保护的动作范围小于线路全长，而两端保护动作范围之和应大于线路全长。前者是为了保证动作的选择性，而后者则是为了保证两端保护动作范围有交叉，在全线上任一点故障时都有一端能发出跳闸信号。

除了上述三种基本类型外还有一种解除闭锁信号，即在正常运行情况下两端用不同的频率互发一闭锁信号，闭锁对端保护，兼作通道的监视信号，当内部短路时两端同时取消此闭锁信号，使保护能够跳闸。这种方式主要用于方向比较式纵联保护。

应该指出，虽然任何通信通道都能产生和传送这三种信号，但是对于不同的通道，应用这三种信号所构成的保护的性能却有很大差别，将在后面详细分析。按照所利用的信号的性质，纵联保护可分为闭锁式（blocking）、允许式（permissive）、直接跳闸式（direct trip）和解除闭锁式（unblocking）。目前，可用于纵联保护的通信通道有导引线（pilot wire）、输电线路载波或高频通道（power line carrier）、微波通道（microwave）以及光纤通道（optical fiber）四种。因此按照所应用的通信通道，纵联保护可分为导引线保护、载波（高频）保护、微波保护和光纤通道保护。

按照输电线路两端（或多端）所用的保护原理分类，又可分为纵联差动保护（相位比较式差动和全电流差动保护）、方向比较式纵联保护和距离纵联保护三类。

这三种分类方法中的各种保护又可任意结合构成多种多样的纵联保护方式，而每种保护方式的性能和特点又都有很大差别，下面将详细进行分析。

第二节　纵联保护的通信通道

一、导引线通道

这是最早的纵联保护所使用的通信通道，是和被保护线路平行敷设的金属导线（导引线），用以传送被保护线路各端电气量测量值和有关信号。这种通道一般由两根金属线构成，也可由三根金属线构成，实际上是用铠装通信电缆的几根芯线，将铠装外皮在两端接地以减小电磁干扰的影响和输电线路或雷电感应引起的过电压。为减小电磁干扰，最好用良好导电材料（铝或铜）做成屏蔽层的屏蔽电缆，屏蔽层在电缆两端接地。如果在接地故障时，输电线路两端的地电位差很大，可能产生很大的电流流过屏蔽层将其烧坏，甚至会烧坏电缆铠装。因此在两端地电位差太大时，可一端接地或采取有效措施降低地电位差，例如可用与屏蔽层并联接地的裸导线等。在欧洲也有租用电话线作为导引线或租用电话线传送音频载波信号的导引线保护。这要和电话局签订专门的租用电话线的维护管理协议，由电话局负责维护以保证其在良好状态下连续工作。但即使如此，也难免发生所租用电话线停止运行的事故。因为电话局检修维护人员在线路上作业时，很难分清哪几根电缆或电缆芯是电力部门租用的，因而难免发生误操作使导引线断开和短路，造成保护拒动或误动。在我国不采用这种方式的导引线。

导引线本身也是具有分布参数的输电线，纵向电阻和电抗增大了电流互感器和辅助电流互感器的负担，影响电流的准确传变。横向分布电导和电容产生的有功漏电流和电容电流影响差动保护的正确工作，在有些情况下需要专门的补偿措施。为防止输电线路和雷电感应的过电压使保护装置损坏，还需要有过电压保护措施。此外，专门敷设导引线或租用电话线都需要很大的投资。由于这些技术上和经济上的困难，导引线保护只用于很短的重要输电线路，一般不超过 15～20km。

二、 输电线路载波（高频）通道

1. 输电线路载波通道的构成

输电线路的载波保护在我国和俄罗斯常称为高频保护，是利用高压输电线路用载波的方法传送 30～500kHz 的高频信号以实现纵联保护。高频通道可用一相导线和大地构成，称为“相—地”通道，也可用两相导线构成，称为“相—相”通道。

利用“导线—大地”作为高频通道是比较经济的方案，因为它只需要在线路一相上装设构成通道的设备，称为高频加工设备，在我国得到了广泛的应用。它的缺点是高频信号的能量衰耗和受到的干扰都比较大。

输电线路高频保护所用的载波通道的简单构成原理如图 6-1 所示，现将其主要元件及作用分述如下。

（1）阻波器。阻波器是由一电感线圈与电容器并联组成的回路，其并联后的阻抗 Z 与频率 f 的关系如图 6-2 所示。当并联谐振时，它所呈现的阻抗最大。利用这一特性做成的阻波器需使其谐振频率等于所用的载波频率。这样，高频信号就被限制在被保护输电线路的范围内，而不能穿越到相邻线路上去。但对 50Hz 的工频电流而言，阻波器基本上仅呈现电感线圈的阻抗，数值很小（0.04Ω 左右），并不影响其传输。

（2）结合电容器。结合电容器与连接滤波器共同配合将载波信号传送至输电线路，同时使高频收发信机与工频高压线路绝缘。由于结合电容器对于工频电流呈现极大的阻抗，故由它所导致的工频泄漏电流极小。

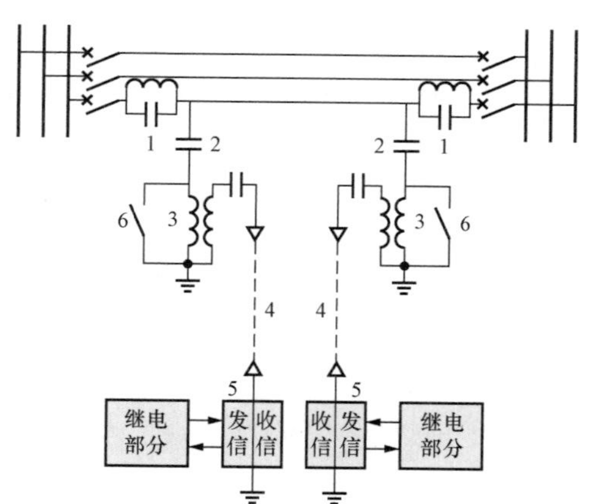

图 6-1　载波通道构成原理

1—阻波器；2—结合电容器；3—连接滤波器；

4—电缆；5—高频收、发信机；6—接地开关

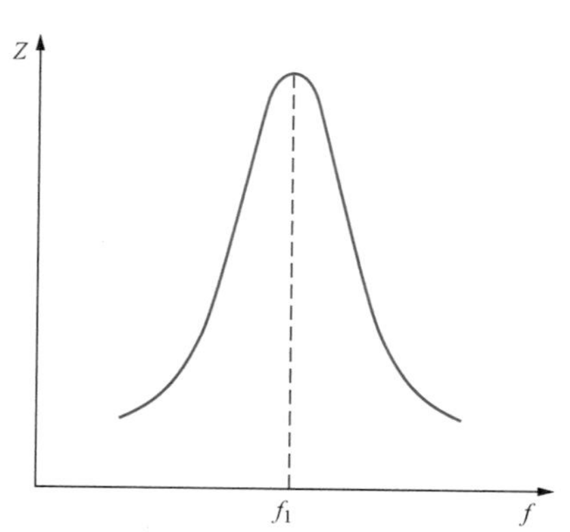

图 6-2　阻波器阻抗与频率的关系

（3）连接滤波器。连接滤波器由一个可调节的空心变压器及连接至高频电缆一侧的电容器组成。结合电容器与连接滤波器共同组成一个四端网络式的带通滤波器，使所需频带的高频电流能够通过。

带通滤波器从线路一侧看入的阻抗与输电线路的波阻抗（与输电线路的结构有关，对于220kV 线路约为 400Ω）匹配，而从电缆一侧看入的阻抗，则应与高频电缆的波阻抗（约为100Ω 或 600Ω）相匹配。这样，就可以避免高频信号的电磁波在传送过程中发生反射，从而减小高频能量的附加衰耗。

并联在连接滤波器两侧的接地开关 6，是当检修连接滤波器时作为结合电容器的下面一极接地之用，以保证检修人员的人身安全。

（4）高频收、发信机。发信机部分由继电保护部分控制，通常都是在电力系统发生故障、保护部分起动之后才发出信号，但有时也可采用长期发信，故障时停信或改变信号频率的方式。由发信机发出的信号，通过高频通道送到对端的收信机中，也可为自己的收信机所接收。高频收信机接收由本端和对端所发送的高频信号，经过比较判断之后再动作于继电保护，使之跳闸或将其闭锁。

“相—相”通道的构成原理与“相—地”通道相似，不过是在作为通道的两相上都要装设阻波器和结合电容器，亦即将图 6-1 中的接地端经过另一组结合电容器和连接滤波器接到另一相。

2. 高频通道的能量衰耗

根据理论分析，单相高频电流沿三相输电线路传输的途径及其能量衰耗可简要说明如下。如图 6-3 所示，M 端发信机发出的高频电流经结合电容器流入 A 相后，一部分通过 A 相对地分布电容从地中流回 M 端发信机。这部分高频电流称为地返波。其能量消耗在大地中，没有到达对端收

信机，代表M端的耦合能量损耗。在到达N端收信机之前，还有一部分信号电流通过A相对地的分布电容入地，然后从N端母线B、C相对地电容流上B、C相，这部分信号也没有通过收信机，是无用信号，是N端的地返波，其在地中的损耗即N端的耦合能量损耗。高频电流的其余部分则经过N端收信机后，由未加工的B、C两相母线对地电容流上B、C相，再经过B、C两相导线和M端B、C相对地电容及大地流回M端发信机。这部分电流为有用信号电流，因为是由相间流回的，故称为相间波。图6-3中为便于说明，用集中电容代表了A相导线和B、C相母线的分布对地电容，忽略了B、C两相导线的对地电容和A相导线及其他两相导线间的相间电容的影响。考虑这些因素时实际情况比图中所示复杂得多，但其基本原理相同。

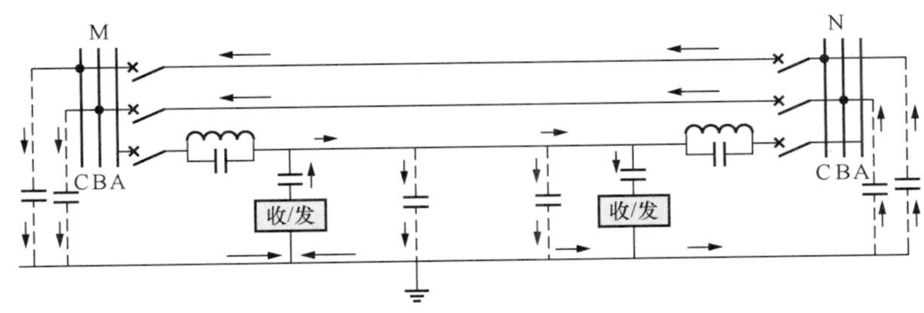

图6-3　高频电流沿三相输电线路的传输

由于大地中电阻较大，能量损耗较大，两端的地返波一般只能在约30km以内的大地中存在。

由于地返波的存在，“相—地”通道的能量衰耗较大，但是在正常天气情况下，按规程设计的通道加工设备和发信功率完全能保证高频保护的可靠工作。但在导线严重结冰、直径增大、对地电容增大时，或在加工相对地短路时，高频信号的衰耗大幅增大，可能使保护装置不能正确工作。故在收信电平（功率）低于最低允许值时，应将高频保护退出运行。

“相—相”通道不存在地返波，能量衰耗较小。其缺点是高频加工设备和投资要增加一倍，同时要占用两相导线，在载波通道需要量较大的情况下难以实现。“相—相”通道在国外用得较多。

3. 高频通道的信号形式

信号是一种信息的载体。必须将高频电流和高频信号区别开来。在正常时无高频电流的通道中，故障时起动发信机发出高频电流，此高频电流就是一种信号，或是闭锁信号、允许信号、跳闸信号，视保护原理而定。但在经常有高频（闭锁）电流的通道，故障时取消这种闭锁电流也是一种信号。此信号可以是允许信号或解除闭锁信号，视保护原理而定。此外，如果通道中经常有一种频率的高频电流用作闭锁保护或通道监视，在发生故障时将其改为另一种频率的电流，此频率的电流可作为允许信号或跳闸信号，视保护原理而定。因此频率移动也是一种信号，称为移频信号。频率移动一般为200Hz左右。

保护装置所使用的信号形式决定了其对高频发信机的控制方法。控制方法一般有以下两种。

(1) 键控 (on-off)：用这种方式控制发信机发出或停发高频电流，可以认为是对高频电流进行幅度调制。

(2) 移频 (frequency shift)：用这种方式控制发信机在正常时发出一种频率的电流，将保护闭锁或作为通道监视，而在故障时改发另一种频率的电流，用作允许信号或跳闸信号，可以认为是对高频电流进行频率调制。

这两种控制方法和相应的信号形式都得到了广泛的应用。应用高频信号的各种保护原理的特点将在下面详细阐述。以上所述的基本原理也适合于微波和光纤通道。

载波通道虽然有很多缺点，但对于超高压和特高压线路通道双重化要求（即采用两种不同原理的通道），选择光纤通道和载波通道还比较合理，因此载波通道仍有很大的应用前景。

三、 微波通道

利用频率为 150MHz～20GHz 的电磁波进行无线通信称为微波通信，在这样宽的频带内可以同时传送很多带宽为 4kHz 的音频信号，因此微波通道的通信容量很大。在输电线路两端实现了微波通道的情况下，应尽可能采用微波通道实现纵联保护。微波通道的组成如图 6-4 所示，先将输电线路两端保护的测量值和有关信息调制于一音频载波信号，再将此音频载波信号调制于微波信号，然后由微波收发器发送到对端。由收发器接收到的微波信号先经过微波解调器解调出音频信号，再由音频解调器解调出保护的测量值或有关信息。微波通道独立于输电线路之外，不受输电线路故障的影响，也不受输电线路结冰的影响，没有高频信号的反射、差拍等现象，可用于各种长度的线路，相当可靠。因而用微波通道可以实现传送允许信号和直接跳闸信号的保护方式。我国曾从国外引进的数字微波分相差动保护，它就是一种性能优良、工作可靠的保护装置。

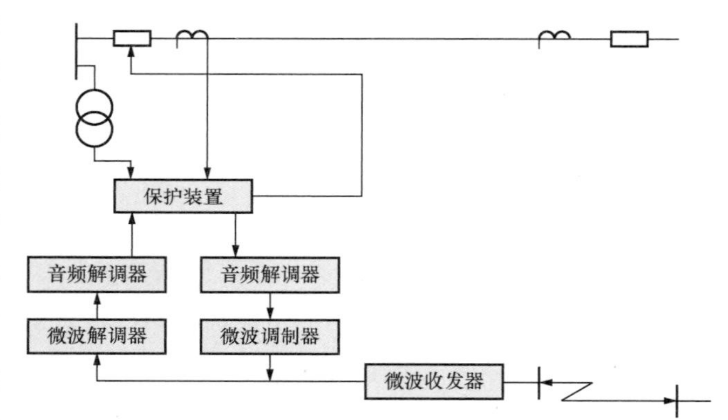

图 6-4 微波通道的组成原理示意

微波的直接传输限于视线可及的范围内，因此每隔一定距离（一般在 50km 左右）就需要建立一个中继站，将微波信号整形、放大后再转发出去。为了增大视线距离，中继站一般都在山顶或高层建筑的屋顶上。因此，输电线路两端间的微波线路和输电线路路径可能相距很远。微波信号传输的路程可以远大于输电线路的长度，因此微波信号的传输可能有一定的时延，这个延时是固定不变的，可以补偿掉。但是对于环状微波通信网络，可能正常时环中的信息传输为一个方向，而在环中某环节故障时临时改变传送方向。在此情况下微波信号传送的延时是可变的，这对于某些保护工作会带来影响，必须考虑。

微波通道的缺点之一是微波信号的衰耗与天气有关，在空气中水蒸气含量过大时信号衰耗增大，称为信号的衰落，必须加以注意。目前已有一些方法能够减小这种衰落的影响[3]，例如在接收塔上同时用两个接收天线，在垂直方向相距 10m，即可减小这种影响。

微波保护在国外应用得很多。有的特高压线路的保护要求通道双重化，在光纤通道尚未普及前即同时用载波通道和微波通道。我国电力系统微波通信非常发达，但微波保护应用得不多。这主要是由于微波通信和继电保护管理体制的差异，微波通道常常不能满足继电保护极高的可靠性要求，这种情况应该改变。

四、 光纤通道

1. 光纤传输光波的基本原理

先将光纤最基本的原理简述如下。

光纤通道是将电信号调制在激光信号上，通过光纤（optical fiber）来传送。光导纤维是由高纯度石英做成的，可以传输激光。在激光光谱上波长在 0.85、1.3μm 和 1.5μm 左右的激光，在光纤中传输时光能衰耗较小，称为三个工作窗口。由于激光的频率比微波高得多，故可传输更多的信息。单根光纤即可传送 7680 路双向电话，应用多根光纤构成的光缆可以传送更多的信号。图 6-5（a）为光纤横截面示意图。如图 6-5（a）所示，光纤由纤芯、包层、涂敷层和塑套四部分组成。纤芯位于光纤的中央，是光传输的主要途径，其主要成分是高纯度的二氧化硅（SiO_2），其纯度要达到 99.99999%，其余成分为掺入的杂质。常用的杂质有五氧化二磷（P_2O_5）和二氧化锗（GeO_2）。掺加此杂质的作用是提高纤芯的电介常数和折射率。纤芯的直径 $2a$ 一般为 5～50μm。包层也是掺加有少量杂质的高纯度二氧化硅，所用杂质为氟或硼，其作用是降低包层的电介常数和折射率。包层直径 $2b$ 一般约为 125μm。包层外面涂敷一层很薄的环氧树脂或硅橡胶，其作用是增加光纤的机械强度。涂敷层之外是用尼龙或聚乙烯做成的塑套，其作用也是加强光纤的机械强度。

当光从一种介质入射到另一种介质时，由于光在两种介质中传播的速度不同，在两种介质的分界面上要反射和折射。如果两种介质材料成分都是均匀的，则其物理常数如导磁率 μ 和电介常数 ε 也必然是均匀的。设用下标 1 和下标 2 分别表示两种介质，其导磁率都等于空气的导磁率，即 $\mu_1=\mu_0$、$\mu_2=\mu_0$，相对介电常数分别为 ε_1 和 ε_2，光在两种介质中传播速度各为 $v_1=\sqrt{1/\mu_1\varepsilon_1}$，$v_2=\sqrt{1/\mu_2\varepsilon_2}$，其对于光的折射率分别为 $n_1=\sqrt{\varepsilon_1}$、$n_2=\sqrt{\varepsilon_2}$。设光的入射角为 θ_1，反射角为 θ'_1，折射角为 θ_2，如图 6-5（b）所示，则根据斯奈尔（Snell）定律[32]有

$$\frac{\sin\theta_1}{\sin\theta_2}=\frac{n_2}{n_1} \tag{6-1}$$

如果上面所举的两种介质的折射率之间的关系为 $n_1>n_2$，则由式（6-1）可知 $\sin\theta_1/\sin\theta_2=n_2/n_1<1$，如果取 $\sin\theta_1>n_2/n_1$，则可以发生

$$\sin\theta_2 = \frac{\sin\theta_1}{n_2/n_1} > 1 \tag{6-2}$$

这是没有意义的，因为一个角度的正弦不可能大于 1。这说明折射角 θ_2 大于 90°，亦即光不会进入介质 2，而是全部反射回介质 1。这种现象就是光的全反射。光是依靠全反射原理在光纤中传输。从式（6-1）、式（6-2）可见，产生全反射与否不但与 n_2/n_1 有关，也与入射角 θ_1 有关。设产生全反射的临界入射角为 θ_c，则应有

$$\sin\theta_c = n_2/n_1$$

2. 光缆的结构

图 6-5（c）所示为光缆的结构。白圆圈代表光纤，图中所示为内有 6 根光纤的光缆，可以有 8 根或更多。光纤围绕一根多股钢丝绳排列，其作用是增强光缆的机械强度。此外，为了保证中继站之间的通信联系，有些情况下也为了给中继站提供电源，在光缆中常敷设一对塑料包皮的铜导线。外面的大圆圈代表塑料管，再外面是塑料护套，再外面是铝合金管，再外面用电镀的钢丝绳保护，进一步增强其机械强度。

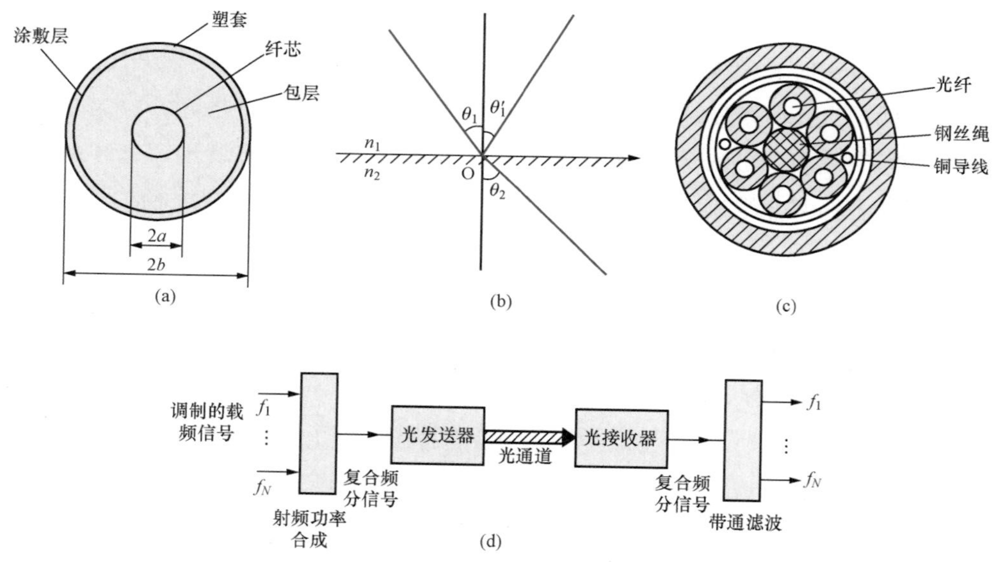

图 6-5 光纤、光缆的结构和光纤通道的组成示意图

（a）光纤横截面示意；（b）光的反射和折射；（c）光缆的结构；（d）光纤通道的组成

光纤有如下三种基本形式：

（1）多模（折射率）阶跃式，简称多模阶跃式。

（2）多模（折射率）渐变式，简称多模渐变式。

（3）单模（折射率）阶跃式，简称单模阶跃式。

3. 光在光纤中传输的途径

图 6-6 为在三种光纤中光传输途径的区别示意图。所谓阶跃式是指在纤芯中和包层中光

的折射率都是均匀分布的。包层的折射率小于纤芯的折射率。从纤芯到包层，在分界面上折射率突然减小。所谓渐变式是指在纤芯中从轴线沿着径向方向折射率逐渐减小。多模是指可传送多束光线，单模则是指沿轴线传送一束光线。在图 6-6（a）的多模阶跃式光纤中所能传输的光束数（模式）决定于纤芯的半径和纤芯与包层折射率的差别。由多个光束组成的光脉冲在多模阶跃式光纤中传输时，沿轴线传输的光束传输的路程最短，因而传输所需的时间也最短。与轴线夹角越大的光束在传输过程中来回反射的次数越多，经过的路程越长，传输到末端所需的时间也越长，因而各光束到达终端的时间也不同，使得信号光脉冲变宽。这种现象称为光的色散，这就使得各信号光脉冲之间的间隔不能太小，免得互相衔接使脉冲丢失，使信号发生错误。因此，多模阶跃式光纤的数据传输速率较低，只能用于短距离数据传输，也常用于图像传输。这种光纤的优点是直径较大，机械强度较大，光源和光纤的对准比较容易。

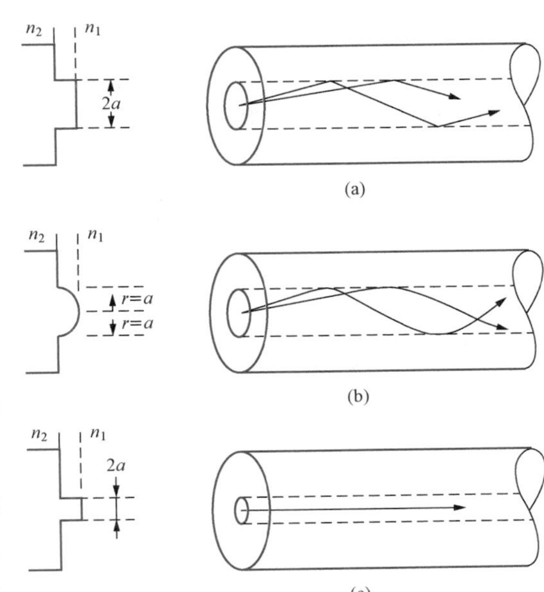

图 6-6　三种光纤中光传输途径的区别示意图

（a）多模阶跃式；（b）多模渐变式；（c）单模阶跃式

在图 6-6（b）中的多模渐变式光纤中，纤芯的折射率从轴线沿着径向方向逐渐减小。光束沿着轴线传输的距离虽短，但速度较慢，距中心线越远处光束的传输速度越快，这就部分补偿了由于路程不同而产生的时间差异，使光脉冲的变形较小。这种光纤用于中等距离、中等信号速率的数据传输。

图 6-6（c）的单模阶跃式光纤的纤芯半径较小，只传输沿中心线射入的一种光束，消除了色散现象，可用于远距离高数据速率的传输。其缺点是光纤太细，机械强度较小，需要非常精密的光源与光纤的对准工具，这些问题目前都已圆满解决。

4. 光缆敷设的方法

光缆敷设的方法有五种：

（1）包在架空地线的铝绞线内。

（2）绕在输电线路导线上。

（3）埋在沿线路的电缆沟中。

（4）挂在输电线路导线或架空地线导线上。

（5）专门敷设平行于输电线路的架空光缆线路。

上述五种敷设方法中，第一种方法最好，在国内外已得到大量应用。

光纤通道用于 50～70km 以下的短距离输电线路时不需要中继站，和导引线保护一样，但没有过电压、电磁干扰等问题。目前，对光纤的降低衰耗、现场焊接、对正等技术和工具问题都已解决，故可用于任何长距离的输电线路，只是与微波保护一样，每经过 50～70km 需要设立一个中继站。图 6-5（d）为光纤通道的组成示意图，与微波通道相似，只是将对微波的调制解调改成对光波的调制与解调。同时，光纤通信是单方向的，发送和接收分别用一根光纤。因光纤通信容量很大，也可与其他通信部门复用。

五、 继电保护通信通道的选择原则

纵联保护可以应用上述任一种通信通道，从目前情况看，对于各种线路应优先考虑采用光纤通道，尤其是在数字化变电站以及能和电信部门合建架空地线内包含的光纤通道（OPGW）的情况下。在以下一些具体条件下也可考虑采用其他通道。

1. 在下列条件下宜选用导引线通道

（1）有现成的金属通信线路可用。

（2）所需的金属导引线在 15km 以下。

（3）被保护线路为两端线路，或者每边长度不超过 3.7km，总长度不超过 11km 的三端线路。

（4）光纤通道短期内难以获得。

2. 在下列条件下宜选用高频载波通道

（1）输电线路太长，不能用导引线通道。

（2）专用于继电保护时光纤通道投资太大。

（3）除了保护信号外，不需要其他的数据传输。

（4）需要双重化的通信通道，即两种不同原理的完全独立的通信通道时。

3. 在下列条件下宜选用微波通道

（1）输电线路载波频段不够分配，不能用于保护。

（2）除了保护信号外需要传送其他数据和语言。

（3）光纤通道短期内难以获得，而有现成的微波通道可供保护应用。

第三节　输电线路的导引线电流纵联差动保护

一、 导引线纵联差动保护的工作原理

输电线路的导引线纵联差动保护（pilot wire current differential protection）即用金属导线作为通信通道的输电线路纵联电流差动保护。电流差动保护是反应从被保护元件各对外端口流入该元件的电流之和的一种保护，是最理想的保护原理，被誉为有绝对选择性的快速保护原理。因为其选择性不是靠延时、方向、定值来保证，而是根据基尔霍夫的电流定律，即

流向一个节点的电流之和等于零来保证。它已被广泛地用于电力系统的发电机、变压器、母线等重要电气设备的保护。可以说，凡是有条件应用这种保护原理的场合都使用了这种原理的保护，短距离输电线路也不例外。

用导引线实现的纵联差动保护是最早的输电线路电流纵联差动保护，在光纤通道普及后，导引线正在被光纤所取代，但其基本原理仍是纵联差动保护的基础，因此下面作一简单介绍。在应用光纤通道时还可实现各种制动原理，提高保护的可靠性。

图 6-7 所示为短距离输电线路纵联差动保护的基本原理。图中所示为两端线路，实际上这种原理同样适用于三端或多端线路。下面仅以两端线路为例进行说明。在线路的 M 和 N 两端装设特性和变比完全相同的电流互感器（变比不相同时也可用辅助电流互感器进行补偿），两侧电流互感器一次回路的正极性均置于靠近母线的一侧，二次回路的同级性端子相连接（标“•”号者为正极性）。差动继电器则并联连接在电流互感器的二次端子上，两侧电流互感器之间的线路是差动保护的保护范围。图 6-7 只是为了说明差动保护的原理，实际上保护装置应分别装设在线路两端，通过通道获得对端的电流后分别进行差动保护的判断。

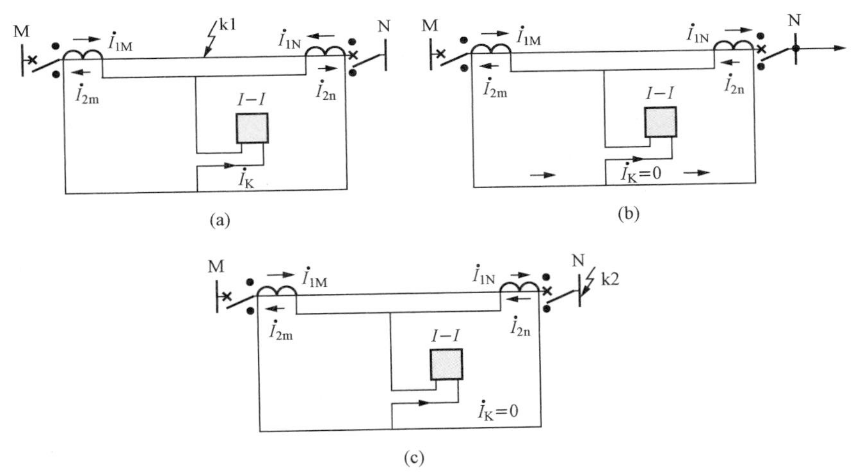

图 6-7　输电线路环流式纵联差动保护的原理示意

（a）内部故障情况；（b）正常运行情况；（c）外部故障情况

在线路两端，规定一次侧电流（$\dot{I}_{1M}$ 和 $\dot{I}_{1N}$）的正方向为从母线流向被保护的线路，在电流互感器采用图 6-7（a）连接方式时，流入继电器的电流 $\dot{I}_K$ 即为各互感器二次电流的总和，即

$$\dot{I}_K = \dot{I}_{2m} + \dot{I}_{2n} = \frac{1}{n_{TA}}(\dot{I}_{1M} + \dot{I}_{1N})$$

式中：n_{TA}为电流互感器的变比。

当忽略线路相间和相对地的分布电容和分布漏电导时，在正常运行以及保护范围外部故障情况下，实际上是同一个电流 $\dot{I}_{1M}$ 从线路的送电端 M 流入为正，又从另一端 N 流出为负，图 6-7（b）所示为正常运行状态下电流的实际流向，此时 $\dot{I}_{1N}$ 为负。如果不计电流互感器励磁电流的影响，则二次侧也流过相同的电流 $\dot{I}_{2m}$，此电流在导引线中形成环流，而流入继电器回路（或称差动回路）的电流 $\dot{I}_K=0$，继电器不动作。但实际上，由于电流互感器的误差和励磁电流的影响，在正常运行和外部短路情况下仍将有某些电流流入差动回路，此电流称为不平衡电流，将在下面详述。

在外部 k2 点故障时，按规定的电流正方向看，$\dot{I}_{1N}$ 为负则如图 6-7（c）所示 $\dot{I}_{1N}=-\dot{I}_{1M}$。当不计电流互感器励磁电流时，二次电流 $\dot{I}_{2n}=-\dot{I}_{2m}$，则流入继电器的电流 $\dot{I}_K=\dot{I}_{2m}+\dot{I}_{2n}=0$。继电器不动作。

二、 导引线纵联差动保护的接线

输电线路导引线纵联差动保护有两种接线原理：一种称为环流式接线，另一种称为均压式接线。图 6-7 所示为环流式接线。MN 为被保护线路，在正常运行及外部故障时两端电流大小相等、方向相反，在导引线中环流，故而得名。当保护范围内部［如图 6-7（a）的 k1 点］故障时，如果两侧都有电源，则两侧均有电流流向短路点，此时短路点 k1 的总电流为 $\dot{I}_{k1}=\dot{I}_{1M}+\dot{I}_{1N}$，因此流入继电器回路，即差动回路的电流为 $\dot{I}_K=\dfrac{1}{n_{TA}}\dot{I}_{k1}$，即等于短路点总电流归算到二次侧的数值。当 $I_K\geqslant I_{set}$ 时（I_{set} 为继电器整定电流），继电器即动作于跳闸。由此可见，在保护范围内部故障时，环流式纵联差动保护反应于故障点的总短路电流而动作。环流式纵联差动保护的实际接线如图 6-8（a）所示。TS 为将辅助导线中的环流电流减小的辅助变流器。

此外还有一种比较导引线两端电压的均压式差动保护如图 6-8（b）所示，将两端电流通过 TS 变换成电压，并将两侧的隔离变压器的极性连接成在正常运行和外部故障情况下导引线两端的电压大小相等、方向相反。此时导引线中没有电流，隔离变压器 TS 的二次侧相当于开路，其一次侧电流也很小，保护不会动作。但在内部故障情况下，导引线两端的电压大小一般不等但方向相同，导引线中将流过两侧电压之和产生的电流。此电流也出现在 TS 一次侧，使两侧继电器动作。

图 6-7 的接线只能用于变压器、发电机等电气设备和母线，不能用于输电线路。因为在正常情况下，它要求沿线路敷设流过电流互感器二次电流的四根导引线（A、B、C 三相和中线），在经济上是不可取的。

图 6-8 为传统的输电线路纵联差动保护的实际接线。图 6-8（a）为环流式纵联差动保护接线，图 6-8（b）为均压式纵联差动保护接线。应用线路两端的电流综合器（$\sum I$）将三相电流合成单相电流 $\dot{I}_m$ 和 $\dot{I}_n$ 后，经隔离变压器 TS 变换成电压 $\dot{U}_m$ 和 $\dot{U}_n$，然后用导引线按环流式或均压式原理连接起来。辅助变流器和隔离变压器 TS 是将保护装置回路与导引线回路隔离，以免导引线回路中被高压线或雷电感应出的过电压损坏保护装置中的元件，又便于对导引线的完好性进行监视。其次，隔离变压器 TS 还用于将电压升高到合适的数值，以减小长期正常运行状

态下导引线中的电流（对环流式）和功率消耗。

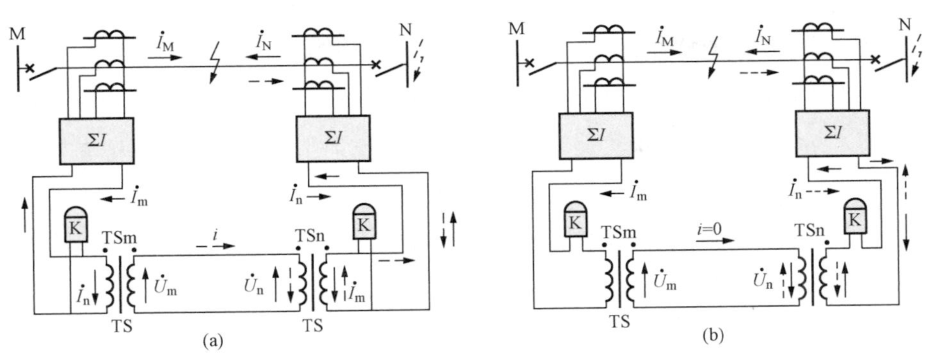

图 6-8　输电线路纵联差动保护的原理接线

（a）环流法接线（实线表示内部短路，虚线表示 N 侧外部短路）；（b）均压法接线

综上所述，用于环流式接线的 TS 是为了将导引线中环流的电流减小，以减小功率损耗，又称为辅助变流器。用于均压式接线的 TS 二次圈数很多，是为了将电流变换成电压，以便进行电压比较，又称为隔离变压器。两者都有将保护装置与导引线回路隔离的作用。

按照环流式接线，在正常无故障运行和 N 端外部故障情况下，按规定的正方向，线路两端的一次侧电流 $\dot{I}_M$ 和 $\dot{I}_N$ 大小相等，相位差 180°（N 端一次和二次电流转过 180°如图 6-8 中虚线所示）。因而导引线两端的电压 $\dot{U}_m$ 和 $\dot{U}_n$ 也是大小相等、相位相反，它们在导引线中彼此相加产生一环流。两端的隔离变压器 TS 工作于二次侧接近短路状态，因而其一次侧电压较小，不足以使跨接于其两端的继电器动作，保护不会动作跳闸。当被保护输电线路上发生内部短路时，导引线两端的一次电流 $\dot{I}_M$ 和 $\dot{I}_N$ 以及导引线两端的电压 $\dot{U}_m$ 和 $\dot{U}_n$ 不再大小相等、相位相反（一般情况是相位接近相同，如图 6-8 中实线箭头所示），在导引线中产生一较小的电流，两端的隔离变压器 TS 工作于接近二次侧开路状态，其一次侧电压升高，使继电器动作于跳闸。

对图 6-8（a）的环流式原理也可作另一种解释。在正常运行或 N 侧外部短路的情况下，$\dot{I}_N$ 实际方向为从线路指向母线，且大小等于 I_M，即

$$\dot{I}_N = -\dot{I}_M;\quad \dot{I}_n = -\dot{I}_m$$

如果忽略隔离变压器 TSn 和 TSm 的误差以及导引线的分布电容电流和漏电流，则 $\dot{I}_n$ 经过隔离变压器 TSn 和 TSm 两次变换到隔离变压器 TSm 一次侧时，仍等于 $\dot{I}_n$，但和 $\dot{I}_m$ 相位相同，没有电流进入继电器，亦即流入 M 侧继电器 K 的电流为

$$\dot{I}_K = \dot{I}_m + \dot{I}_n = 0$$

继电器不会动作。但在输电线路内部短路时，$\dot{I}_N$ 和 $\dot{I}_n$ 不再与 $\dot{I}_M$ 和 $\dot{I}_m$ 大小相等、方向相反，导引线中电流很小，工作于接近开路状态两端 TS 的一次侧电压升高，将有电流流入跨接于 TS 一次绕组两端的继电器 K，或者说流入差动回路，继电器将动作，跳开本端断路器。对 N 端保护

可作同样解释。实际上在外部短路时，由于各种误差的影响，$\dot{I}_m+\dot{I}_n\neq 0$，将有一不平衡电流流入继电器，继电器的起动整定值必须躲过最大的不平衡电流，才能保证保护不会误动作。

按照图 6-8（b）均压法接线时，同样在正常无故障运行和 N 侧外部故障情况下（如虚线箭头所示），线路两端的一次侧电流 $\dot{I}_M$ 和 $\dot{I}_N$ 大小相等相位相反。故导引线中无电流。两端隔离变压器 TS 工作于二次开路状态，其二次侧和一次侧电流都很小，不足以使串接于一次侧回路的继电器动作于跳闸。而当被保护线路上发生短路时（如实线箭头所示）$\dot{I}_M$ 和 $\dot{I}_N$、$\dot{U}_m$ 和 $\dot{U}_n$ 不再大小相等、相位相反，导引线中将有电流流通，隔离变压器 TS 的一次侧回路中也将有电流流入继电器，使保护动作于跳闸。

除了上述两种原理之外，还有其他实现导引线纵联差动保护的原理，可参阅参考文献［4］。

在采用微波通道或光纤通道时，因通道传输能力很强，可同时传送 A、B、C、N 四个电流，也没有感应过电压的问题，故ΣI 和 TS 都可不用。

三、无制动的纵联差动保护的动作特性及其分析方法

在传统的模拟式导引线电流差动保护中不容易设置制动量，采取无制动的动作特性。在采用其他通信通道时，可采用折线式制动特性，其第一段一般也是无制动的，因此下面对无制动的动作特性及其分析方法作一介绍。

无制动时动作特性表示为在保护动作的临界情况下线路两侧电流的关系。两侧电流的关系可以用幅值关系和相位关系表示，也可以用复数比综合表示。在有制动的情况下，动作特性表示为在保护动作的临界情况下动作电流和制动电流的关系（或称制动特性）。因此，动作特性有四种分析方法，即复数比分析法、幅值关系分析法、相位关系分析法和制动特性分析法。此处先介绍前三种分析方法，制动特性分析法将在下节介绍。

（1）两侧电流复数比分析法。这是同时考虑幅值和相位变化的分析方法。以无制动的电流差动继电器的动作特性为例。这时继电器的动作判据表达式为

$$|\dot{I}_{2m}+\dot{I}_{2n}|\geqslant I_{K.set} \tag{6-3}$$

式中：$\dot{I}_{2m}$、$\dot{I}_{2n}$ 分别为电流差动保护两侧的二次电流矢量，以从母线指向线路为正方向；$I_{K.set}$ 为电流差动保护的最小动作电流整定值，即整定电流。

为了在复数平面上画出电流差动继电器的动作轨迹，可将式（6-3）化简为

$$|\dot{I}_{2m}+\dot{I}_{2n}|=\left|\left[\frac{\dot{I}_{2m}}{\dot{I}_{2n}}+1\right]\dot{I}_{2n}\right|\geqslant I_{K.set}$$

或写成

$$|1+\dot{P}|\geqslant \frac{I_{K.set}}{I_{2n}} \tag{6-4}$$

式中：$\dot{P}$ 为两端电流的复数比。

式（6-4）都用标幺值表示时，左端代表动作量的标幺值，右端为定值的标幺值。画在

极坐标上时，当$\dot{I}_{2m}$和$\dot{I}_{2n}$的相位差角 φ 变化时左端是一个圆，称为特性圆，圆心在（1，0）点，半径是 P。当 $P=1$、$\varphi=180°$时（外部短路），圆周通过原点，动作量等于零。右端也可用一个小圆表示，称为整定圆。圆心在原点，半径为$\frac{I_{K.set}}{I_{2n}}$。两圆的交点即动作的临界情况。小圆之外为动作区，如图 6-9（a）所示。如果在外部短路时，由于 TA 饱和等原因使 $P\neq1$、$\varphi\neq180°$，但只要（$1+\dot{P}$）的端点仍在小圆内，则保护不会误动作。

内部短路时，$P\neq1$，$\varphi\neq180°$，大圆的半径随 P 的大小变化。$1+\dot{P}$ 的端点一般在第一象限的小圆外，保护将动作跳闸。但如果两侧电流相位差角 φ 很大，使 $1+\dot{P}$ 端点进入整定圆内，保护将拒动。

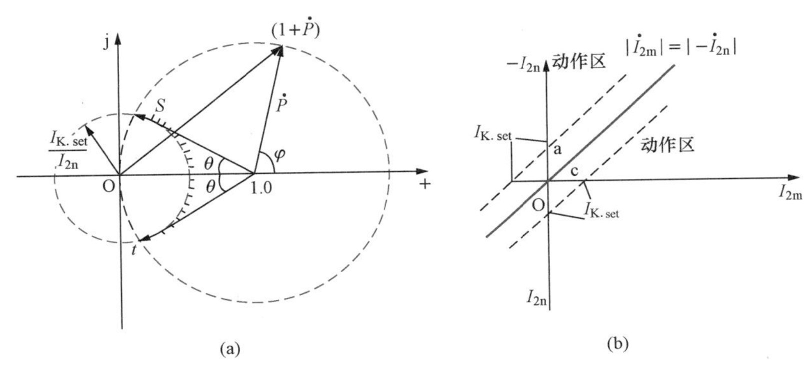

图 6-9 无制动的电流差动保护的动作特性

（a）在复平面上；（b）在直角坐标上的幅值特性（$\varphi=180°$）

必须指出，无制动的电流差动保护在外部穿越性短路电流很大时，整定圆的半径 $I_{K.set}/I_{2n}$ 随短路电流的增大而减小［如图 6-9（a）所示］，而电流互感器的误差随短路电流的增大而增大，$1+\dot{P}$ 的端点有可能越出整定圆外而误动。为了克服上述缺点，实际上常采用带制动特性的电流差动保护。

（2）幅值特性分析法。当两端电流间相位关系固定时，研究保护动作时两端电流的幅值关系可用幅值特性进行分析。设两端电流 $\dot{I}_{2m}$ 和 $\dot{I}_{2n}$ 相位差为 180°不变（正常负荷状态或穿越性外部故障），使保护动作的电流幅值关系表示于直角坐标平面上，如图 6-9（b）所示。为了把 N 侧外部短路时的动作特性表示在第一象限，用纵坐标向上表示 $-\dot{I}_{2n}$，用横坐标表示 $\dot{I}_{2m}$，满足式（6-3）的动作边界为两根平行的虚线，两根平行虚线之间为闭锁区（不动作区），其余为动作区。通过坐标原点与横坐标成 45°的直线称为外部故障线。在此实线上的任何一点都满足 $|\dot{I}_{2m}|=|-\dot{I}_{2n}|$，即 n 侧外部故障的理想情况。外部故障线正好处于闭锁区的中部。故当外部故障时，在理想情况下，电流差动可靠不动作。如果由于各种误差和电流互感器饱和使两端电流不等，两电流之差在第一象限超出两虚线，保护将误动。两虚线在坐标轴上的截距代表故障时若一端电流为零，则使保护动作所需的另一端电流的最小值，也就是

电流差动保护的整定值 $I_{\mathrm{K.set}}$。由于电流互感器饱和或其他原因，在第一象限当一侧电流幅值的误差大于此定值时，将进入动作区，保护将误动。在第四象限 $\dot{I}_{2\mathrm{m}}$ 和 $\dot{I}_{2\mathrm{n}}$ 皆为正，代表内部的故障。下面的虚线在两坐标轴上的截距代表内部故障时如果一端电流为零（单电源线路），使保护动作的另一端的最小电流，即整定电流。

（3）相位特性分析法。使保护动作的两侧电流幅值之比随其相位差变化的曲线称为相位特性。设 $\dot{p}=\dfrac{\dot{I}_{2\mathrm{m}}}{\dot{I}_{2\mathrm{n}}}$，$\varphi$ 为 $\dot{I}_{2\mathrm{m}}$ 超前于 $\dot{I}_{2\mathrm{n}}$ 的角度，则式（6-4）可写成

$$|p\mathrm{e}^{\mathrm{j}\varphi}+1|\geqslant\frac{I_{\mathrm{K.set}}}{I_{2\mathrm{n}}}$$

两端取绝对值，参考图 6-9 得

$$(1+p\cos\varphi)^2+(p\sin\varphi)^2\geqslant\frac{I_{\mathrm{K.set}}^2}{I_{2\mathrm{n}}^2}$$

即

$$p^2+2p\cos\varphi+\left(1-\frac{I_{\mathrm{K.set}}^2}{I_{2\mathrm{n}}^2}\right)\geqslant 0$$

左端配平方化简得

$$p^2+2p\cos\varphi+\cos^2\varphi-\cos^2\varphi+\left(1-\frac{I_{\mathrm{K.set}}^2}{I_{2\mathrm{n}}^2}\right)\geqslant 0$$

$$(p+\cos\varphi)^2\geqslant\cos^2\varphi-1+\left(\frac{I_{\mathrm{K.set}}}{I_{2\mathrm{n}}}\right)^2$$

只取等号"="，开方得

$$p+\cos\varphi=\pm\sqrt{\cos\varphi^2-1+\left(\frac{I_{\mathrm{K.set}}}{I_{2\mathrm{n}}}\right)^2}\tag{6-5}$$

这是保护动作临界情况下 p 与 φ 的关系，即图 6-9（a）中的动作临界点（两个圆交点）的极坐标关系式。

将上式两端平方再简化得[1]

$$\frac{I_{2\mathrm{m}}}{I_{\mathrm{K.set}}}=\left|1/\sqrt{1+\frac{2}{p}\cos\varphi+1/p^2}\right|\tag{6-6}$$

当 $\varphi=180°$时 $\cos\varphi=-1$，因 $\sqrt{1-\dfrac{2}{p}+\dfrac{1}{p^2}}=\sqrt{\left(1-\dfrac{1}{p}\right)^2}=1-\dfrac{1}{p}=\dfrac{p-1}{p}$

式（6-6）两端取倒数得

$$\frac{I_{2\mathrm{m}}}{I_{\mathrm{K.set}}}=\left|\frac{p}{p-1}\right|\tag{6-7}$$

[1] 将式（6-5）两端乘方得 $p^2+2p\cos\varphi+\cos^2\varphi=\cos^2\varphi-1+\left(\dfrac{I_{\mathrm{K.set}}}{I_{2\mathrm{n}}}\right)^2$，将 $I_{2\mathrm{n}}$换成 $I_{2\mathrm{m}}$得 $\left(\dfrac{I_{\mathrm{K.set}}}{I_{2\mathrm{m}}}\right)^2p^2=p^2+2p\cos p+1\Rightarrow\left(\dfrac{I_{\mathrm{K.set}}}{I_{2\mathrm{m}}}\right)^2=1+\dfrac{2}{p}\cos\varphi+\dfrac{1}{p^2}$，两端开平方取倒数得 $\dfrac{I_{2\mathrm{m}}}{I_{\mathrm{K.set}}}=\left|1\middle/\sqrt{1+\dfrac{2}{p}\cos\varphi+\dfrac{1}{p^2}}\right|$ （6-6）*

设 p 固定不变，由式（6-7）可画出使 m 端保护误动作的电流倍数 $\frac{I_{2m}}{I_{K.set}}$ 随 φ 变化的曲线，即相位特性，如图 6-10 所示。在 $\varphi=180°$时，使保护误动作的电流倍数为：

当 $p=1$ 时，$I_{2m}=I_{2n}$，则有　　$\frac{I_{2m}}{I_{K.set}}\to\infty$

当 $p=0.5$ 时　　$\frac{I_{2m}}{I_{K.set}}=1$

当 $p=\frac{1}{3}=0.33$ 时　　$\frac{I_{2m}}{I_{K.set}}=0.5$

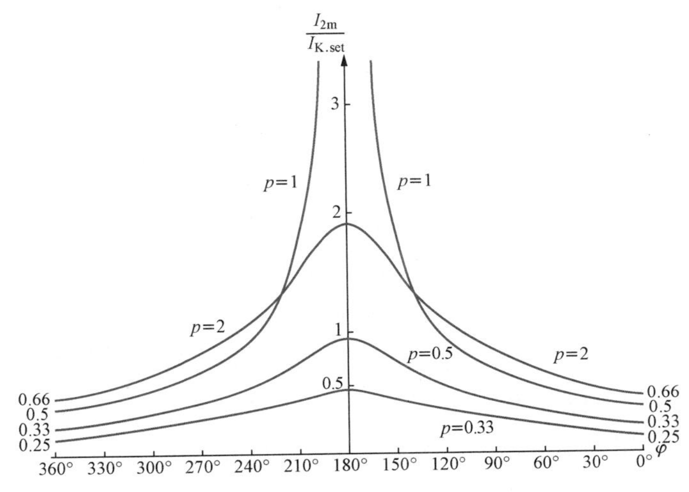

图 6-10　无制动电流差动保护的相位特性

对于两端输电线路，如果一端无电源，只有负荷电流，$\varphi=180°$线上的数值也代表线路内部经过渡电阻短路，而负荷端仍有负荷电流流出时的动作电流倍数。m 端外部短路时的动作特性分析与此相似。

在内部短路情况下，设 $\varphi=0°$或 360°，则从式（6-6）可知：

当 $p=1$ 时　　$\frac{I_{2m}}{I_{K.set}}=0.5$

当 $p=2$ 时　　$\frac{I_{2m}}{I_{K.set}}=0.66$

当 $p=0.5$ 时　　$\frac{I_{2m}}{I_{K.set}}=0.33$

当 $p=0.33$ 时　　$\frac{I_{2m}}{I_{K.set}}=0.25$

四、影响输电线路纵联差动保护正确工作的因素

影响输电线路纵联差动保护正确工作的主要因素有：

（1）电流互感器的误差和不平衡电流。

（2）输电线路的分布电容电流。

（3）通道传输电流数据（模拟量或数字量）的误差。

（4）通道的工作方式和可靠性。

这些影响因素中，电流互感器的误差和不平衡电流是最重要的，也是对各种通道的纵差保护都有影响的一个因素，下面和第八章将着重加以说明。线路分布电容电流主要影响超高压和特高压长距离输电线路的纵联差动保护，将在下面详细论述。关于通道的影响与所采用的通道类型有关，可参阅有关文献。

关于电流互感器的误差和不平衡电流的影响，从图 6-9 和图 6-10 的动作特性曲线可知，在外部短路情况下，输电线路两端一次电流虽然大小相等、方向相反、其和为零，但由于电流互感器传变的幅值误差和相位误差使其二次电流不再大小相等、方向相反，则可能使保护进入动作区，误将线路跳开。在此情况下二次电流之和不再等于零，此电流称为不平衡电流。二次侧产生的不平衡电流也可按电流互感器的额定变比折合到一次侧，称为一次不平衡电流。不平衡电流可假想是由于两端一次电流大小不等、相位差不等于 180°而造成的。在稳态情况下，不平衡电流实际上是由于电流互感器的磁化特性不一致、励磁电流不等造成的，稳态负荷情况下其值较小。在短路时短路电流很大，使电流互感器铁芯严重饱和，不平衡电流可能达到很大的数值。此外，由于两侧电流互感器的暂态特性不一致也会引起暂态不平衡电流。现对稳态不平衡电流分析如下，关于电流互感器的暂态特性详见第八章的分析。

（1）稳态情况下的不平衡电流。如果电流互感器具有理想的特性，按环流式接线构成的纵联差动保护，在正常运行和外部故障时两个电流互感器二次侧电流大小相等、相位差 180°，相加为零。但实际上，由于电流互感器总是有励磁电流，且励磁特性不会完全相同。因此，二次侧电流的数值应为

$$\left.\begin{aligned}\dot{I}_{2m} &= \frac{1}{n_{TA}}(\dot{I}_{M} - \dot{I}_{\mu M}) \\ \dot{I}_{2n} &= \frac{1}{n_{TA}}(\dot{I}_{N} - \dot{I}_{\mu N})\end{aligned}\right\} \tag{6-8}$$

式中：$\dot{I}_{\mu M}$ 和 $\dot{I}_{\mu N}$ 分别为两个电流互感器的励磁电流；$\dot{I}_{2m}$ 和 $\dot{I}_{2n}$ 分别为其二次电流；n_{TA} 为两电流互感器的额定变比。

在正常运行以及保护范围外部故障时，根据规定的电流正方向，$\dot{I}_{N} = -\dot{I}_{M}$，因此不平衡电流为

$$\dot{I}_{ub} = \dot{I}_{2m} + \dot{I}_{2n} = \frac{-1}{n_{TA}}(\dot{I}_{\mu M} + \dot{I}_{\mu N}) \tag{6-9}$$

因 $\dot{I}_{\mu N}$ 和 $\dot{I}_{\mu M}$ 符号也相反，故不平衡电流 $\dot{I}_{ub}$ 实际上是两个电流互感器励磁电流之差。因此，两个电流互感器励磁特性的差别和导致励磁电流增加的各种因素都将使 $\dot{I}_{ub}$ 增大。

根据图 6-11（a）所示电流互感器折合到二次侧的等效回路，可以求出二次侧电流与一

次侧电流的关系为

$$\dot{I}_2 = \dot{I}'_1 \frac{Z'_\mu}{Z'_\mu + Z_2}$$

则

$$\dot{I}'_\mu = \dot{I}'_1 \frac{Z_2}{Z'_\mu + Z_2} \tag{6-10}$$

式中：Z'_μ为折合到二次侧的励磁阻抗；$\dot{I}'_1$ 和 $\dot{I}'_\mu$ 分别为折合到二次侧的一次电流和励磁电流；Z_2为二次侧总阻抗，包括二次绕组的漏阻抗 $Z_{2\sigma}$和负载阻抗 Z_L。

图 6-11 中 $Z'_{1\sigma}$和 $Z'_{2\sigma}$为折合到二次侧的一次绕组漏阻抗和二次侧的漏阻抗。图 6-11（a）中电流互感器绕组是一个非线性元件，其励磁阻抗 Z'_μ 实际上是随着铁磁材料磁化曲线的工作点而变化的。当铁芯不饱和时，Z'_μ 的数值很大且基本不变，因此励磁电流很小，此时可认为 $\dot{I}_2$ 和 $\dot{I}'_1$ 成正比而且传变误差很小。当电流互感器的一次电流增大后铁芯开始饱和，则 Z'_μ 迅速下降，励磁电流增大，因而二次电流的传变误差也随之迅速增大，铁芯越饱和则误差越大，其关系如图 6-11（b）所示。铁芯的饱和程度主要取决于铁芯中的磁通密度。两侧电流互感器饱和程度的差异还与两个铁芯中剩磁的方向有关。因为短路后铁芯中的磁通是从剩磁开始变化的，如果上次发生内部短路，短路切除后两侧电流互感器铁芯中剩磁方向相同；而这次又发生了外部短路，则一侧铁芯中的磁通从剩磁开始增大，很快进入饱和，而另一侧则从剩磁开始减小，达到饱和较慢，甚至不会饱和。由于两侧电流互感器铁芯饱和程度和剩磁方向的差异相当于增大了图 6-11（b）中两个电流互感器磁化曲线的差异，使不平衡电流增大。

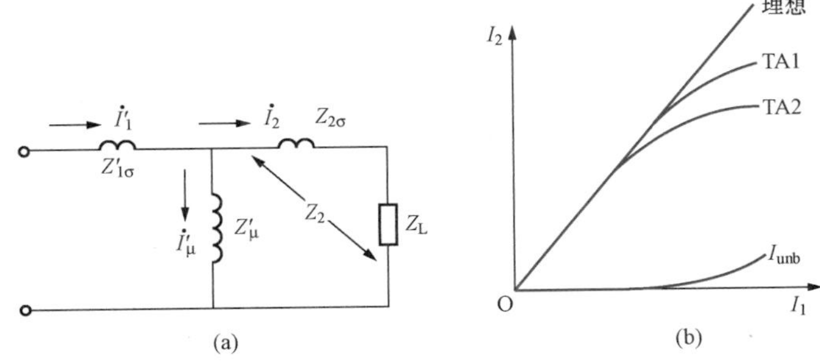

图 6-11　电流互感器的等效回路和磁化特性

（a）等效回路；（b）磁化特性

对于已知的电流互感器，影响其误差的主要因素有以下几点：

1）当一次侧电流 $\dot{I}'_1$ 一定时，二次侧的总阻抗 Z_2 越大，则要求二次侧的感应电动势越大，因而要求铁芯中的磁通密度越大，铁芯就容易饱和。

2）当二次侧总阻抗已确定后，一次侧电流的升高也将引起铁芯中磁通密度增大。因此，一次侧电流越大时，二次侧电流的误差也增大。

为了保证继电保护的正确工作，要求电流互感器在流过最大短路电流时应保持一定的准确度。实际工作中都是按照电流互感器在最大稳态短路电流情况下的 10%误差曲线配置二次总阻抗。当电流互感器的容量和二次阻抗满足 10%误差曲线的要求时，则在最大短路稳态电流情况下的二次侧电流误差就不会大于 10%，相应的角度误差不大于 7°[5]。

对用于纵差保护中的电流互感器，只需考虑外部故障时出现不平衡电流的问题。因此，在考虑一次侧电流最大倍数时，只需计算外部故障时，流过电流互感器的最大短路电流 $I_{k.max}$，并保证在这种最大的一次电流情况下，配置适当的二次侧负载电阻使二次电流的误差不大于10%。这样在纵联差动保护中，不平衡电流的稳态值就可以计算为

$$I_{unb}=0.1K_{SS}I_{k.max}/n_{TA} \tag{6-11}$$

式中：K_{SS}为电流互感器的同型系数，当两侧电流互感器的型号、容量均相同时可取为0.5。

（2）暂态过程中的不平衡电流。由于差动保护是瞬时动作的，因此，还需要进一步考虑在外部短路暂态过程中，差动回路中出现的不平衡电流。这时，在一次侧短路电流中包含有非周期分量（如图8-8所示）。由于它对时间的变率$\left(\frac{di}{dt}\right)$远小于周期分量的变率，因此很难传变到二次侧，而大部分成为电流互感器的励磁电流。又由于电流互感器励磁回路电感中的电流不能突变，而二次回路和负载中也有电感，故还将在二次回路中引起自由非周期分量电流。所以，在暂态过程中励磁电流将大大超过其稳态值，并含有大量缓慢衰减的非周期分量，这将使不平衡电流大为增加，这对变压器差动保护的影响最大（详见第八章和参考文献［5］）。

为了保证纵差动保护的选择性，其整定值必须躲过上述最大不平衡电流。因此，$I_{ub.max}$越小，则保护的灵敏性越好。故如何减小不平衡电流就成为一切差动保护的中心问题。为减小不平衡电流，对于输电线路纵联差动保护以及其他纵联差动保护应采用型号相同、磁化特性一致、铁芯截面较大、饱和磁通对工作磁通的倍数大、剩磁小的高精度的电流互感器，如TPS或TPX级，T表示考虑暂态的影响，P表示用于保护，S和X表示不同的变比误差等级[5]；为了减小剩磁，有时需要采用铁芯中带有较小的空气隙（TPY级）或较大空气隙（TPZ级）的电流互感器[5]。

影响导引线纵联差动保护正确工作的因素还有导引线的阻抗和分布电容、导引线的故障及感应过电压、输电线路两侧地电位差引起的干扰等，可参阅有关文献[3]。

第四节　分相电流纵联差动保护

一、概述

前面提到，差动保护的原理以基尔霍夫电流定律为基础，如果不考虑输电线路分布电容、分布电导和并联电抗器等，则电流纵联差动保护原理对任何故障都是适用的。导引线纵差保护充分利用了这一优势。在不考虑电流互感器传变误差和饱和的影响时可以不要任何制动，就能保证保护在任何故障情况下都能正确工作。但是限于导引线的通信能力和通信距离，只能用于短线路。应用载波通道，本来可以仿照导引线保护传送被比较电流的时间函数（波形）进行直接比较，但由于载波信号在传送过程中的巨大衰耗，同时因幅度调制如同调幅式广播一样，受干扰影响大，抗扰度低，不能正确传送电流幅值，因而发展了相位差动原

理。相位差动原理有很多优点，但只利用了被比较电流的相位特征，没有充分利用电流的全部信息。在某些特殊故障情况下判别故障能力不足。因此在 20 世纪 60 年代曾出现过对电流的幅值和相位分别传送的高频幅、相差动保护原理的研究，提出用抗扰度最大的频率调制，如同调频式广播传送电流的幅值，用方波调制传送电流相位。20 世纪 80 年代在数字通信普遍采用后，利用微波或光纤通道同时传送四个电流瞬时采样值数字量的数字微波或数字光纤电流纵联差动保护原理已得到应用，成为超高压长距离输电线路的重要保护原理。

二、 分相电流差动保护的动作特性

用于低压配电网中短距离输电线路的导引线纵联差动保护，由于线路短、分布电容电流小，如果两端电流互感器正确选择和匹配，在外部短路时不会产生很大的不平衡电流，因此一般不需要制动。

对用于长距离高压输电线路的分相电流差动保护，则因线路分布电容电流大，并联电抗器电流以及短路电流中非周期分量使电流互感器饱和等原因，在外部短路时可能引起的不平衡电流较大，必须采用某种制动方式才能保证保护不误动。在有制动的差动保护中首先要规定保护的动作量和制动量的构成方式。促使保护动作的量称为动作量，以 I_{op} 表示，阻止保护动作的量称为制动量以 I_{res} 表示。使保护刚能起动的最小动作量称为保护的起动电流或称动作电流用 $I_{K.act}$ 表示。和无制动的差动保护一样，动作量即两侧电流矢量和的绝对值

$$I_{op}=|\dot{I}_m+\dot{I}_n|$$

制动量 I_{res} 则有不同的形式。保护的动作电流 $I_{K.set}$ 随着制动电流 I_{res} 的增大而增大，两者之间的关系曲线称为保护的制动特性。图 6-12 为一典型多段折线式制动特性，横坐标表示制动电流。因制动电流一般正比于外部短路时的短路电流，故横坐标也反映外部短路时的短路电流。纵坐标为不平衡电流和保护的动作量。曲线表示不平衡电流随短路电流变化的曲线，折线则为保护的整定电流，亦即制动特性。其动作判据可表示为

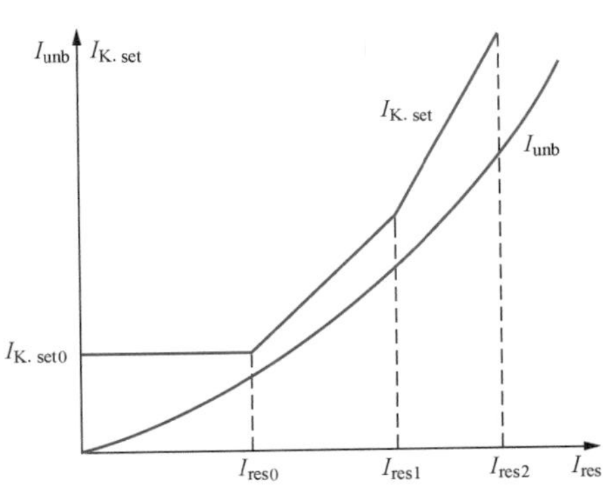

图 6-12 典型多段折线式制动特性

$$I_{K.set}\geqslant I_{K.act0}+K_1(I_{res1}-I_{res0})+K_2(I_{res2}-I_{res1}) \tag{6-12}$$

式中：$I_{K.act0}$ 为最小整定电流；K_1、K_2 分别为一级和二级制动系数。

折线式制动特性的第一段是水平线，为无制动段，因为短路电流小时，不平衡电流小，不需要制动，$I_{K.act0}$ 按最大负荷电流下的不平衡电流整定即可。第二段为制动作用较小的制动段，其斜率 K_1 较小，按制动电流在 I_{res0} 和 I_{res1} 之间时最大的不平衡电流整定。第三段为制动作用较大的制动段，其斜率 K_2 较大，可按制动电流在 I_{res1} 和 I_{res2} 之间时最大的不平衡电流整

定。这样整定时，保护的动作电流总是大于不平衡电流，保护不会误动。

由于所采用的制动量不同可以有不同的制动特性，常用的制动量有以下几种。

1. 以两侧电流矢量差为制动量

制动量的选择方式很多，各有不同的特性。首先分析以两端电流矢量差为制动量的电流差动保护的动作特性。实际使保护动作的电流量 $I_{K.act}$ 表达为

$$I_{K.act} = |\dot{I}_m + \dot{I}_n| - K|\dot{I}_m - \dot{I}_n| \geqslant I_{set} \tag{6-13}$$

式中：K 为制动系数，$0<K<1$；I_{set} 为保护的整定电流值。

如果内部故障时两端电流大小相等、相位相同，制动量为零。一般情况下，其大小不等而相位则接近相同，这种制动方式可使内部故障时制动量最小。而外部故障时 $\dot{I}_m$ 和 $\dot{I}_n$ 反相，制动量很大。

（1）用极坐标表示的制动特性。与前面的复数比分析法相似，设

$$\dot{P} = \frac{\dot{I}_m}{\dot{I}_n} = a + jb$$

在进行原理分析时，为方便起见先忽略相对很小的整定电流 I_{set}，仿照式（6-4），将式（6-13）除以 $\dot{I}_n$ 得

$$|(a+jb)+1| - K|(a+jb)-1| \geqslant 0 \tag{6-14}$$

取绝对值化简后，得

$$(a+1)^2 + b^2 \geqslant K^2[(a-1)^2 + b^2]$$

$$a^2(1-K^2) + 2a(1+K^2) + b^2(1-K^2) + (1-K^2) \geqslant 0$$

即

$$a^2 + 2\frac{1+K^2}{1-K^2}a + b^2 + 1 \geqslant 0$$

整理得❶

$$\left(a + \frac{1+K^2}{1-K^2}\right)^2 + b^2 \geqslant \left(\frac{2K}{1-K^2}\right)^2 \tag{6-15}$$

式（6-15）在复数平面上也是一个圆，如图 6-13（a）所示，圆外为保护动作区。其圆心坐标为 $\left(-\frac{1+K^2}{1-K^2}, 0\right)$，其半径 r_0 为 $\frac{2K}{1-K^2}$。

在极坐标上，圆心的矢量 $\dot{Q}_0$ 为 $\frac{1+K^2}{1-K^2}e^{j180°}$，如图 6-13（a）所示。从图中可见，在复数

---

❶ $a^2 + 2\frac{1+K^2}{1-K^2}a + \left(\frac{1+K^2}{1-K^2}\right)^2 - \left(\frac{1+K^2}{1-K^2}\right)^2 + b^2 + 1 \geqslant 0$

$$\left(a + \frac{1+K^2}{1-K^2}\right)^2 + b^2 + 1 - \frac{(1+K^2)^2}{(1-K^2)^2} \geqslant 0$$

$$\left(a + \frac{1+K^2}{1-K^2}\right)^2 + b^2 + \frac{(1-K^2)^2 - (1+K^2)^2}{1-K^2} \geqslant 0$$

$$\left(a + \frac{1+K^2}{1-K^2}\right)^2 + b^2 \geqslant \left(\frac{2K}{1-K^2}\right)^2 \tag{6-15}$$

平面上电流差动保护的特性圆半径为常数 $\dfrac{2K}{1-K^2}$，不再随短路电流的增大而缩小。圆周上任一点对原点所作的矢量 $\dot{P}$ 代表保护动作边界情况下两侧电流的复数比 $\dot{I}_m/\dot{I}_n$。$\dot{P}$ 的坐标 a,b 满足式(6-15)。

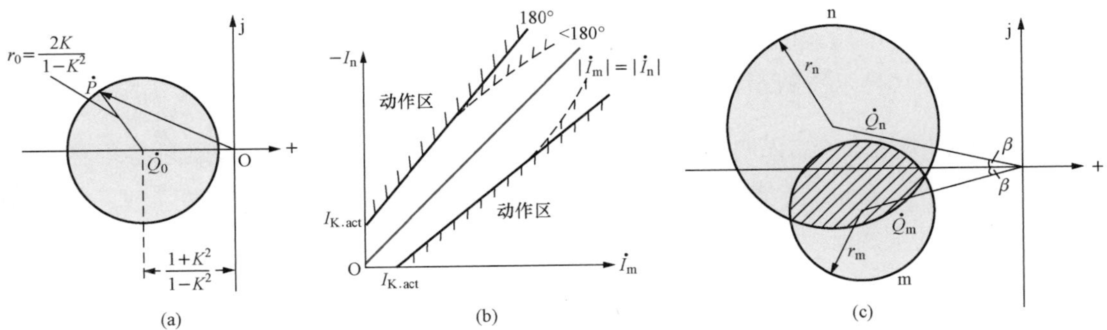

图 6-13　带制动量的电流差动保护动作特性

(a) 在极坐标上；(b) 在直角坐标上；(c) 考虑分布电容时两侧保护的公共闭锁圆

(2) 用直角坐标表示的制动特性。这种制动方式的制动特性也可用直角坐标表示。仍以式 (6-13) 为基础，忽略电流定值 I_{set}，对于某一固定的相差角，求得保护处于临界动作条件下一侧电流和另一侧电流的关系（幅值特性）。设外部短路时两侧电流的相差角为 φ，则

$$\dot{P}=\frac{\dot{I}_m}{\dot{I}_n}=\frac{I_m}{I_n}e^{j\varphi}=Pe^{j\varphi}$$

代入式 (6-13) 得

$$|Pe^{j\varphi}+1|-K|Pe^{j\varphi}-1|\geqslant 0$$

或
$$|P(\cos\varphi+j\sin\varphi)+1|-K|P(\cos\varphi+j\sin\varphi)-1|\geqslant 0$$

$$\sqrt{(P\cos\varphi+1)^2+P^2\sin^2\varphi}\geqslant K\sqrt{(P\cos\varphi-1)^2+P^2\sin^2\varphi}$$

化简得

$$I_m^2+2\frac{1+K^2}{1-K^2}I_mI_n\cos\varphi+I_n^2\geqslant 0$$

当 $\varphi=180°$，$I_m\neq I_n$ 得

$$I_m^2-2\frac{1+K^2}{1-K^2}I_mI_n+I_n^2\geqslant 0$$

通过配平方得（见本章末❶）

$$\left(I_m-\frac{1+K^2}{1-K^2}I_n\right)^2-\left(\frac{1+K^2}{1-K^2}\right)^2I_n^2+I_n^2\geqslant 0$$

化简后得一直线方程为

$$I_m-\frac{1+K}{1-K}I_n=0$$

此即$\varphi=180°$时的制动特性，其斜率为$\frac{1+K}{1-K}$，比没有制动（$K=0$）时的斜率增大了，此即设置制动的作用。在外部短路（$\varphi=180°$）时，使保护误动可需的电流增大了，提高了保护的可靠性。此制动线与竖轴和横轴的截距即保护的最小动作电流，可在式（6-13）中令一侧电流为零得到。令$I_n=0$，得$I_m(1-K)\geqslant I_{set}$，$I_m=\frac{I_{set}}{1-K}=I_{K.act}$。令$I_m=0$，得$I_n=\frac{I_{set}}{1-K}$。此二制动特性示于图6-13（b）中上面有阴影线的直线。同样的方法将下标m和n对调可以得到下面的直线。当无制动时，$K=0$，m侧的$I_{K.act}=I_{set}$，即动作电流就等于整定值。

如果$\varphi=180°$，$I_m=I_n$，即理想的外部短路情况，忽略I_{set}时其制动特性为图中通过原点、倾角为45°的直线。

当$\varphi<180°$时，制动量减小，制动特性不再是一直线，如图6-13（b）中的虚线所示。证明从略。

*（3）考虑线路分布电容影响时的制动特性。以上的分析没有考虑输电线路分布电容的影响，亦即是假设在理想情况下电流传输无误差时的特性。但实际上由于分布电容或传输通道中的衰耗，即使在外部短路时两端电流也可能不等。设由于电容电流或电流在传输过程中产生的幅值衰耗和相位偏移，可用线路的传输常数$\gamma=\alpha e^{j\beta}$表示[7]，即

$$\dot{I}'=\dot{I}\gamma=\dot{I}\alpha e^{j\beta}$$

式中：$\dot{I}'$表示$\dot{I}$经长线路传输到达对端之矢量。

设在m侧收到n侧传来的电流是$\gamma\dot{I}_n$。因此，当忽略I_{set}，m侧的电流差动继电器的动作表达式为

$$|\dot{I}_m+\gamma\dot{I}_n|-K|\dot{I}_m-\gamma\dot{I}_n|\geqslant 0 \tag{6-16}$$

仍令$\dot{P}=\frac{\dot{I}_m}{\dot{I}_n}=a+jb$（$a$、$b$为变量，与$\varphi$有关），并令$\gamma=c+jd$（$c$、$d$为常量，与线路距离有关），代入式（6-16）得

$$|(a+jb)+(c+jd)|-K|(a+jb)-(c+jd)|\geqslant 0$$

化简后得

$$a^2+b^2+\left(2c\frac{1+K^2}{1-K^2}\right)a+\left(2d\frac{1+K^2}{1-K^2}\right)b+(c^2+d^2)\geqslant 0$$

经整理得

$$\left(a+c\frac{1+K^2}{1-K^2}\right)^2+\left(b+d\frac{1+K^2}{1-K^2}\right)^2=\left(|\gamma|\frac{2K}{1-K^2}\right)^2 \tag{6-17}$$

式（6-17）在以a为实轴、b为虚轴的复数平面上是一个圆。在极坐标上圆心的矢量为

$$\dot{Q}_m=-\frac{1+K^2}{1-K^2}(c+jd)=\alpha\frac{1+K^2}{1-K^2}e^{j(180°+\beta)}$$

圆的半径为

$$r_{\mathrm{m}}=\frac{2K}{1-K^2}\left|r\right|=\alpha\frac{2K}{1-K^2}$$

下面再讨论 n 侧的电流差动继电器的动作特性。装设在 n 侧的纵差动保护的动作表达式为

$$\left|\dot{I}_{\mathrm{n}}+\gamma\dot{I}_{\mathrm{m}}\right|-K\left|\dot{I}_{\mathrm{n}}-\gamma\dot{I}_{\mathrm{m}}\right|\geqslant 0 \text{ 或} \left|\dot{I}_{\mathrm{m}}+\frac{1}{\gamma}\dot{I}_{\mathrm{n}}\right|-K\left|\dot{I}_{\mathrm{m}}-\frac{1}{\gamma}\dot{I}_{\mathrm{n}}\right|\geqslant 0 \tag{6-18}$$

用同样的方法经简化整理后得

$$\left(a+\frac{c}{c^2+d^2}\times\frac{1+K^2}{1-K^2}\right)^2+\left(b-\frac{d}{c^2+d^2}\times\frac{1+K^2}{1-K^2}\right)^2=\left(\left|\frac{1}{\gamma}\right|\frac{2K}{1-K^2}\right)^2 \tag{6-19}$$

式（6-19）在复数平面上也是一个圆。在极坐标上圆心的矢量为

$$\dot{Q}_{\mathrm{n}}=-\frac{1+K^2}{1-K^2}\left(\frac{c-\mathrm{j}d}{c^2+d^2}\right)=-\frac{1}{c+\mathrm{j}d}\frac{1+K^2}{1-K^2}=-\frac{1}{\gamma}\frac{1+K^2}{1-K^2}=\frac{1}{\alpha}\frac{1+K^2}{1-K^2}\mathrm{e}^{\mathrm{j}(180^{\circ}-\beta)}$$

圆的半径为

$$r_{\mathrm{n}}=\frac{2K}{1-K^2}\left|\frac{1}{\gamma}\right|=\frac{1}{\alpha}\frac{2K}{1-K^2}$$

根据以上分析，考虑了电流幅值在通道上的衰减和相角的偏移后，m 侧特性圆在极坐标上的圆心矢量 $\dot{Q}_{\mathrm{m}}$ 为

$$Q_{\mathrm{m}}=\alpha\frac{1+K^2}{1-K^2}\mathrm{e}^{\mathrm{j}(180^{\circ}+\beta)}$$

其半径 r_{m} 为

$$r_{\mathrm{m}}=\alpha\frac{2K}{1-K^2}$$

而 n 侧特性圆在极坐标上的圆心矢量 $\dot{Q}_{\mathrm{n}}$ 为

$$\dot{Q}_{\mathrm{n}}=\frac{1}{\alpha}\frac{1+K^2}{1-K^2}\mathrm{e}^{\mathrm{j}(180^{\circ}-\beta)}$$

其半径 r_{n} 为

$$r_{\mathrm{n}}=\frac{1}{\alpha}\frac{2K}{1-K^2}$$

此两圆如图 6-13（c）所示。

如果无电流衰减和相角偏移（$\alpha=1$，$\beta=0$），此时的电流差动继电器的特性圆的参数是：在极坐标上圆心的矢量 $\dot{Q}_0=\frac{1+K^2}{1-K^2}\mathrm{e}^{\mathrm{j}180^{\circ}}$，其半径 $r_0=\frac{2K}{1-K^2}$，已示于图 6-13（a）中。以此特性圆为标准，考虑了传输误差后，m 侧的特性圆心矢量为 $Q_{\mathrm{m}}=\gamma Q_0$，半径为 $r_{\mathrm{m}}=\alpha r_0$，即 m 侧特性圆的圆心矢量逆时针旋转了 β 角，而半径缩小为 $\alpha r_0(\alpha<1)$。n 侧特性圆的圆心矢量 $\dot{Q}_{\mathrm{n}}=\frac{1}{\gamma}\dot{Q}_0$，半径为 $r_{\mathrm{n}}=\frac{1}{\alpha}r_0$，即 n 侧特性圆的圆心矢量顺时针旋转了 β 角，而半径扩大为 $\frac{1}{\alpha}r_0$。

在外部故障情况下，当被保护线路两侧的电流差动继电器同时处在共同闭锁区，才能保证整套线路纵差动保护不误动作。所谓共同闭锁区就是圆 m 和圆 n 的公共重叠区，如图 6-13（c）

中的阴影线区。很明显，共同闭锁区的面积小于未考虑传输误差时的特性圆的面积，如图 6-13（a）所示。随着线路长度和传输误差的增加，相位移 β 也随着增加，整个保护的共同闭锁区也减小。为了使电流差动保护在外部故障时能可靠地不误动，选取电流差动保护特性圆的半径应该考虑到传输误差的影响。

在外部短路时 $\dot{I}_n=-\dot{I}_m$，制动量等于外部短路电流的 2 倍，将其除以 2 作为横轴，即可用图 6-12 中多段折线的制动特性表示，但用此特性曲线难以表示电流沿线路传输误差的影响。

2. 以两侧电流幅值之和为制动量

这种制动方式的特点是在任何情况下都有一定的制动量。当外部故障而由于某种原因使得两侧电流的相位差和 180°相差较大时，如果用式（6-13）的制动方式，则制动量可能大大减小，有误动可能，但用这种制动方式较为可靠，其表达式用二次电流表示为

$$|\dot{I}_{2m}+\dot{I}_{2n}|-K_1(|\dot{I}_{2m}|+|\dot{I}_{2n}|)\geqslant I_{K.act} \tag{6-20}$$

与上述相同，令 $\dot{P}=\dfrac{\dot{I}_{2m}}{\dot{I}_{2n}}$，则式（6-20）变为 $|\dot{P}+1|-K_1(|\dot{P}|+1)\geqslant\dfrac{I_{K.act}}{I_{2n}}$

或
$$|\dot{P}+1|\geqslant K_1(1+P)+\frac{I_{K.act}}{I_{2n}}=K_1+\frac{K_1I_{2m}+I_{K.act}}{I_{2n}}$$

对于外部故障 $I_{2m}\approx I_{2n}$，则可得

$$|\dot{P}+1|\geqslant 2K_1+\frac{I_{K.act}}{I_{2n}}$$

这和式（6-4）相似，因此相位特性圆也与图 6-9（a）相似，对于内部故障也与此相似，只是因 $\dot{I}_{2m}\neq\dot{I}_{2n}$，特性圆的半径与两侧电流幅值都有关系。画在直角坐标上的制动特性则与图 6-13（b）相似，电流幅值愈大时，制动愈强制动区域愈大。但这种制动方式也同时降低了保护在区内故障时的动作灵敏度，这对于反应高阻接地故障是不利的。这只有依靠适当地选择制动系数 K 或用折线式多级制动特性来解决。

除了这两种常用的制动方式外，还有几种增强型的制动方法，不在这里赘述，可参阅参考文献[6-7]。

*三、电流数据采样同步

对于数字式电流纵差保护来说，它所比较的是线路各端的电流采样值。而线路各端保护装置的电流采样，是各自独立进行的。为了保证差动保护算法的正确性，保护必须比较同一时刻各端的电流值，这就要求线路保护装置对各端电流采样数据进行同步化处理。到目前为止，已经提出的电流采样同步化的方法有采样数据修正法、采样时刻调整法、时钟校正法、基于参考向量的同步法、基于 GPS 的同步法。下面仅介绍前三种方法，其余两种方法可参阅参考文献[8-9]。

1. 采样数据修正法

此方法的基本思想是：线路各端的保护装置在各自的晶体振荡器控制的时钟控制下，以

相同的采样频率独立地进行采样，然后在进行差动保护算法之前作同步化修正。

具体的修正方法可以用一个两端系统为例简述如下。如图 6-14 所示，两端的保护装置都在本端的采样时刻开始向对端发送对应本次采样时刻的电流数据帧。每帧中除了电流矢量数据等信息外，还有同步处理中所需的时间信息。设 $M(i)$ 和 $N(j)$ 表示相对于某个采样时刻参考点（序号为 0）的采样点序号。对于 M 端装置而言，当 N 端装置于 $N(j)$ 时刻发送的数据传到 M 端时，已在 $M(i')$ 采样时刻之后。显然，此帧电流数据应与 M 端的采样时刻 $M(i'')$ 或 $M(i''+1)$ 的采样值比较。为了实现这一同步处理，数据帧 $N(j)$ 应包含的时间信息有：

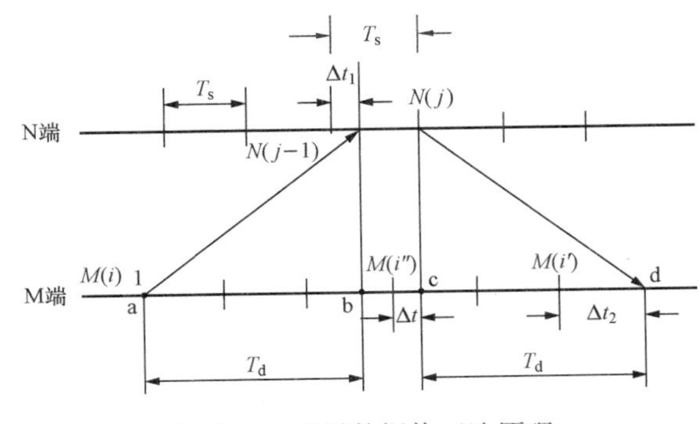

图 6-14 采样数据修正法原理

1—采样点；T_s—采样间隔

(1) $N(j)$ 发送前 N 端最近一次收到的 M 端信息的帧序号 $M(i)$。

(2) 收到 $M(i)$ 的时间与 $N(j-1)$ 采样时刻的时间差为 Δt_1。

假设两端数据在通道中传输的时间延迟相等，则由图所标的各个时间关系不难导出数据传输的时延 T_d 为

$$2T_d = ad - bc, ad = [M(i') - M(i)]T_s + \Delta t_2, bc = T_s - \Delta t_1$$

即

$$T_d = \frac{[M(i') - M(i)]T_s + \Delta t_2 - (T_s - \Delta t_1)}{2} \tag{6-21}$$

式中，Δt_2 与 Δt_1 相似，是 M 端收到 N 端的第 $N(j)$ 帧的时刻与本端的采样时刻 $M(i')$ 的时间差。因此，M 端在已知收到 N 端的第 $N(j)$ 帧的时刻 d 和 M 端采样时刻 $M(i')$ 之差 Δt_2 后，即可根据这一帧的时间信息，由式（6-21）计算出数据的传输时延 T_d。求得 T_d 后，在收到 $N(j)$ 的时刻 d 中减去 T_d，即可以求出刚收到的第 $N(j)$ 帧的采样时刻 $N(j)$ 在 M 端的时间坐标中所对应的时刻 c 点，即 $M(i'')T_s + \Delta t$。其中 T_s 的整倍数部分 $M(i'')$ 就是刚收到的这一帧的电流数据应同 M 端（本端）的电流数据对齐的序号。非整倍数部分 Δt 则是应将 N 端（对端）电流数据矢量修正的旋转角度。因 M 端只能在采样时刻 $M(i'')$ 发送数据，故只能将对端 $N(j)$ 时刻发出的数据进行这种修正。经过这样的旋转修正处理后，两端的采样数据才是同一时刻的数据，才可进行差动保护的计算。

这种方法允许各端保护装置独立采样，而且对每次采样数据都进行 T_d 的计算和同步化修正，故当通信受干扰或通信中断时，基本上不会影响采样同步。只要通信恢复正常，保护根据新接收到的电流数据，可立即进行差动保护的计算。这对于差动保护的快速动作较为有利。其缺点就是每次的差动保护算法都要进行数据修正处理，且总离不了通道延迟时间 T_d 的计算，比较复杂。而且，电网频率的变化也会影响其相位修正的结果。此外，它只能用在传送电流矢量的方式，不能用于传送电流采样瞬时值的方式。

2. 采样时刻调整法

此方法是设定一端保护装置的采样时刻作为基准，其余各端的装置通过不断的调整，以使所有的保护装置的采样时刻一致，如图 6-15（a）所示。

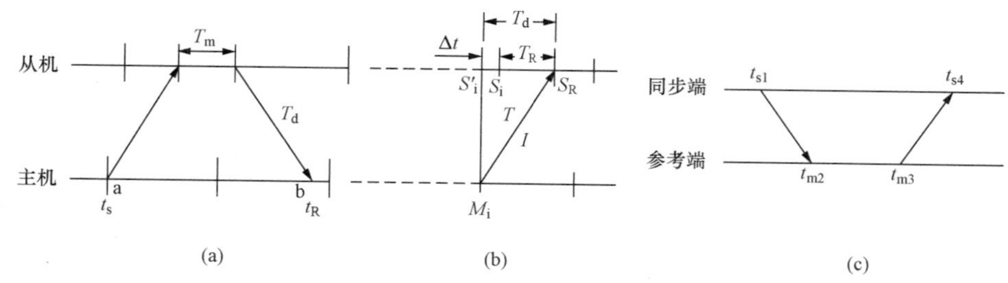

图 6-15　采样时刻同步法和时钟校正法原理

（a）采样时刻同步法原理；（b）采样时刻调整法；（c）时钟校正法

在线路两端的保护装置中，任意设定一端为主机，另一端为从机。两端的采样速率相同，采样间隔均为 t_s，但由各自的晶振控制实现。为了实现两端装置的同步采样，在正式开始采样之前，主机在 t_s时刻首先向从机发出通道延时 T_d的计算命令。从机收到此命令后，将命令码延迟时间 T_m，在从机的采样时刻回送给主机。假设两个方向的信息传送延时相同，则主机可在 t_R时刻收到从机的回答信息后，算出通道的传送延时为

$$2I_d = ab - T_m, ab = t_R - t_s$$

故

$$T_d = \frac{t_R - t_s - T_m}{2} \tag{6-22}$$

最后，主机再将计算结果的 T_d送给从机。求出 T_d后即可进行采样时刻的调整。主机的采样独立，从机的采样时刻在原固有采样时刻的基础上，根据通信测量的两端采样时刻的差别进行调整。从图 6-15（b）可以看出，设 M_i为主机端采样并发出信息 I 的时刻（按主机侧时钟），S_R为从机端收到此信息的时刻（按从机侧时钟），S_i为 S_R之前一个采样的时刻，设 $S_R - S_i = T_R$，如果两端时钟同步，即从机的采样点 S_1 与主机的采样点 S_i'重合，则 $T_R = T_d$，如果两端时钟不同步，则从机与主机的采样时刻差为

$$\Delta t = T_d - T_R \tag{6-23}$$

若 $\Delta t > 0$ 说明从机的采样时刻 S_i 落后于主机的 S'_i，若 $\Delta t < 0$ 说明从机的采样时刻超前于主机。根据这一结果，应将从机的下次采样的采样间隔 T_k调整为 $T_k = T_s - \Delta t$ 以达到两端装置的采样时刻同步。为了保证调整的稳定，实际上的调整不可能一次到位，而应按上述步骤多次调整，取其平均值。调整完成后即可进行采样和保护计算了。

本方法的优点在于采样同步后的差动保护算法处理较为简单，运算中与通道延迟时间 T_d无直接的关系。在整个通信处理中，采样同步处理与电流数据的处理是分开的。由于产生采样时刻的晶振一般都稳定性好，精度高，只要采样同步完成之后，在正常的情况下这一同步能保持一段较长的时间，前后两次采样时刻的误差测量和调整的时间间隔也可以较长。因此，它真正受

通道媒介的误码干扰的影响，还是较少的；保护装置用于采样同步的处理时间也较少，有利于提高传送电流数据的效率。另外，它既能用在传送电流矢量的方式，也能用于传送电流采样瞬时值的方式。其缺点是调整过程的时间较长，不利于一旦采样失步后的快速恢复采样同步；在测量保护装置之间的采样时刻的误差时仍然与通道延迟时间有关，不能适应收发路由不同的通信系统。

3. 时钟校正法

这种方法是将线路两端的保护装置分别设为参考端和同步端。以参考端的时钟作为基准，保持同步端的时钟与参考端的时钟同步。如图 6-15（c）所示，假设 t_s 和 t_m 分别表示同步端的时钟与参考端的时钟。一帧附有标号的命令报文在时间 t_{s1} 时刻由同步端发向参考端。参考端于 t_{m2} 时刻收到这一帧报文，然后又在 t_{m3} 时刻反送一帧应答报文给同步端，并将以参考端时钟表示的 t_{m2} 和 t_{m3} 告知同步端，同步端于 t_{s4} 时刻收到这一应答报文。

目前，利用 GPS 和北斗全球定位系统可以很方便、很准确地调整全系统的时钟。也可直接用它的准确时间制定输电线两端或各端的采样时刻。但必须知道，全球定位系统首先是为军事、航海、航空服务的。在发生战争或其他特殊事件时，它可能中断或被干扰。因此继电保护应该有自己能够控制的数据同步系统作为备用。以上三种同步方法都可应用。此外，电力系统的调度、通信、调节、控制、保护系统不能过分依赖互联网。利用攻击互联网使别国电力系统瘫痪的事故已有先例。平时可以利用互联网，但是要有措施在危急时使电力系统的重要系统与互联断开，独立运行，不受影响。这是目前需要研究的重要课题。

因为两端时钟本身都是很准确的，只是显示不同（不同步），故相对时间（$t_{s4}-t_{s1}$）和（$t_{m3}-t_{m2}$）在两端时间坐标上是正确的，因此不管两端时钟的显示误差有多大，只要通信的收发路由距离相等，则通信的传输延迟时间 T_d 可由同步端算出

$$T_d=\left|\frac{(t_{s4}-t_{s1})-(t_{m3}-t_{m2})}{2}\right| \tag{6-24}$$

算出通道传输延时 T_d 后即可算出两端时钟显示的偏差 Δt。因为如果两端时钟显示无偏差，则从数值上 $T_d=t_{m2}-t_{s1}$；如有偏差则不相等，因此

$$\Delta t=T_d-(t_{m2}-t_{s1})=\frac{(t_{s4}-t_{s1})-(t_{m3}-t_{m2})}{2}-\frac{2(t_{m2}-t_{s1})}{2}=\frac{(t_{s1}+t_{s4})-(t_{m2}+t_{m3})}{2} \tag{6-25}$$

同步端可以根据这个时间偏差 Δt 来校正自己的时钟，消除同步端与参考端时钟之间的差别。时钟同步后，在传送电流数据时带上时钟标签，在进行电流差动保护计算时应根据时间标签相同的采样数据进行计算，即可保证采样数据的同步和电流差动保护算法的正确性。

在本方法中，时钟的测量和校正与采样时刻调整法中的采样时刻误差的测量和调整相似，在与这些因素有关的方面完全与采样时刻调整法一致。保护装置用于时钟校正的时间也较少，有利于传送电流数据效率的提高；既能用在传送电流矢量的方式，也能用于传送电流采样瞬时值的方式。其缺点和采样时刻调整法相似，是时钟的校正过程较长，不利于通信中

断又恢复后时钟的快速同步；在测量保护装置之间的时钟误差时仍然与通道延迟时间 T_d 有关，并要求收发路由距离相等，不能适应收发路由不同的通信系统。

* 第五节　输电线路微机自适应分相电流纵联差动保护

以两侧电流矢量差为制动量的电流差动保护［见式（6-13）］和以两侧电流幅值之和为制动量的电流差动保护［见式（6-20）］都能保证外部短路时有很强的制动量。但对于以两侧电流矢量差作制动的方式，在内部短路而两侧电流相位不同、大小不等，制动量不能完全消失。而对于用两侧电流幅值之和作为制动的方式，在内部故障时制动量仍然存在，限制了保护的灵敏度。即常规基于制动特性的电流差动保护都不能既保证在外部短路时有很强的制动作用，而内部短路时又能保证很高的灵敏度。这个问题只有靠自适应原理，按照两侧电流间夹角的大小改变动作方程才能得以解决。

一、保护的动作判据及其分析方法

1. 保护的动作判据

如图 6-16 所示，M 端一相的自适应电流差动保护动作判据是[33]

$$I_m + K_2 I_n \cos\varphi \geqslant I_{set} \tag{6-26}$$

式中：I_m、I_n 分别为 M 端（本端）和 N 端（对端）电流互感器二次侧的一相电流的幅值，φ 为电流矢量 $\dot{I}_m$ 超前于电流矢量 $\dot{I}_n$ 的相角，K_2 为比例系数，必须大于 1。

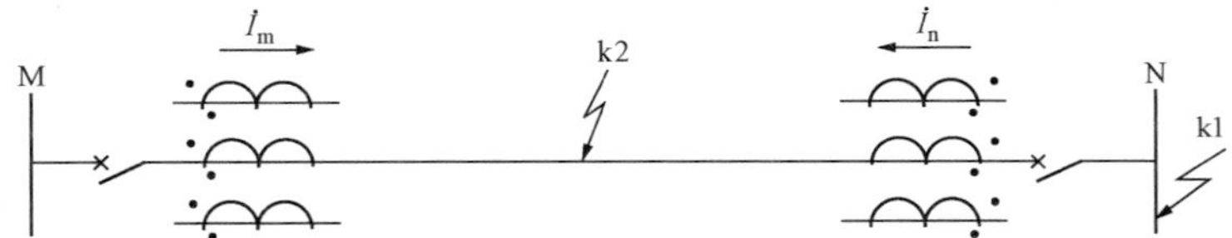

图 6-16　被保护输电线路示意图

式（6-26）判据中引入了线路两侧电流矢量的相角差。因此，在外部 k1 点故障情况下，$\cos\varphi<0$，增大比例系数 K_2 可以增大外部故障时的制动量；在内部 k2 故障情况下，一般 $\cos\varphi>0$，增大比例系数 K_2 可以增大内部故障时保护的动作量。从理论上说，式（6-26）所表示的自适应电流差动保护可以选取任意大的比例系数 K_2，且该值的选取，自然地满足外部故障可靠性与内部故障灵敏性的统一。

2. 保护的动作特性

当输电线路区外发生故障时，$\dot{I}_m=-\dot{I}_n$，短路电流对于差动保护而言属于穿越性电流。该穿越电流的幅值为 $I_m=I_n$，一般情况下此时的 $\varphi=180°$，$\cos\varphi=-1$，则式（6-26）所表示的差动保护实际动作判据为

$$I_m - K_2 I_n = (1-K_2) I_m \geqslant I_{set} \tag{6-27}$$

自适应电流差动保护的比例系数 K_2 选取得越大，制动性能越强，只要 $K_2>1$，外部故障时自适应电流差动保护的动作量为负值，正比于 I_m，随着穿越电流 I_m 的增大而减小，因此保护可靠不误动，如图 6-17（a）所示。

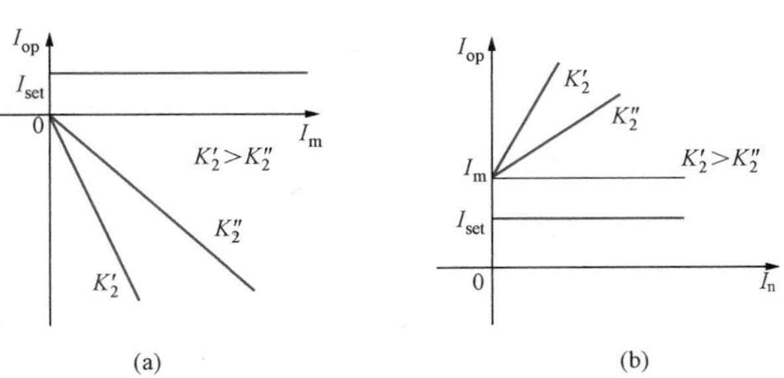

图 6-17　自适应电流差动保护动作特性

（a）区外故障时的制动特性；（b）区内故障时的动作特性

在内部故障时一般 $\varphi<90°$，$\cos\varphi$ 为正，式（6-26）左端的动作量为正，且随着 I_n 的增大而增大，如图 6-17（b）所示。可见比例系数 K_2 越大，动作量越大，保护动作越可靠。

二、保护动作特性的分析

1. 自适应电流差动保护的动作行为的分析

上述分析是在假设外部故障是两端电流相位夹角 180°，而内部故障 $\varphi=0°$的理想情况下得到的，如果将动作判据写成复数形式

$$|\dot{I}_m|+k_2|\dot{I}_n|\cos\varphi\geqslant I_{set} \tag{6-28}$$

并忽略 I_{set}，则可在复数坐标平面上来分析本原理的动作行为。设 $I_{set}=0$，令 $I_m=|\dot{I}_m|$，$I_n=|\dot{I}_n|$，式（6-26）可写成

$$\left|\frac{\dot{I}_m}{\dot{I}_n}\right|+K_2\cos\varphi\geqslant 0 \tag{6-29}$$

令 $\dot{P}=\dot{I}_m/\dot{I}_n=a+jb$，代入式（6-29）可得

$$\sqrt{a^2+b^2}+K_2\frac{a}{\sqrt{a^2+b^2}}\geqslant 0 \tag{6-30}$$

化简后可得

$$\left(a+\frac{K_2}{2}\right)^2+b^2\geqslant\left(\frac{K_2}{2}\right)^2 \tag{6-31}$$

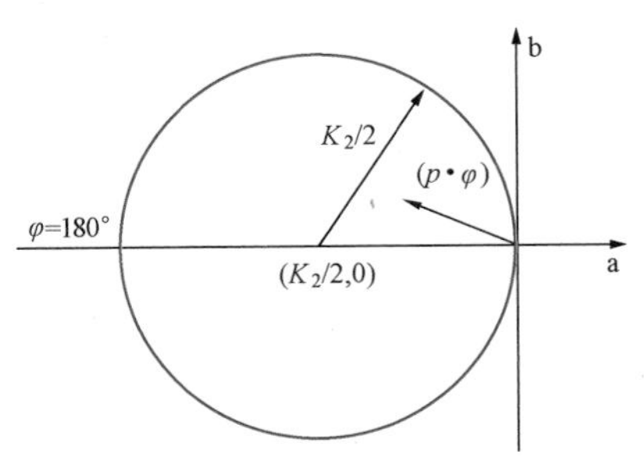

图 6-18　电流差动保护新原理在极坐标下的动作特性

由式（6-31）可见，本原理的动作特性在 $\dot{I}_m/\dot{I}_n$ 的复平面上是一个以（$-K_2/2$，0）为圆心，$K_2/2$ 为半径的圆，圆外为动作区，圆内是不动作区。如图 6-18 所示。

从图中可看出，自适应电流差动保护的动作特性是一个与虚轴相切的圆，且圆的半径随着比例系数 K_2 的增大而增大。对比图 6-13 可知，常规以两侧电流矢量差为制动量的电流差动保护动作特性都是一个位于虚轴左

侧的圆，随着制动系数的增大，圆心位置左移，半径增大，圆的边界趋近于虚轴。显然，无论是自适应电流差动保护判据，还是常规电流差动保护判据，增大系数 K（或 K_2）就可以增大制动区，从而提高外部故障时保护的安全性。

*2. 电流互感器饱和对电流差动保护的影响

电流互感器（TA）饱和是造成差动保护误动的主要原因之一。假设 m 端电流互感器发生饱和，而 n 端电流互感器正常，可将实际测量得到的 m 侧电流表示为 $\dot{I}'_m=\rho\dot{I}_m$，为简单起见，这里以实数 ρ 来表示饱和系数，$\dot{I}_m$ 是指未发生饱和的情况下 m 侧的电流。将 $\dot{I}'_m$ 的表达式代入式（6-26），推导可得 TA 饱和时自适应电流差动保护的动作特性为

$$\left(a+\frac{K_2}{2\rho}\right)^2+b^2>\left(\frac{K_2}{2\rho}\right)^2 \tag{6-32}$$

动作特性是一个以（$-K_2/2\rho$，0）为圆心，$K_2/2\rho$ 为半径的圆，如图 6-19（a）所示。图中虚线、实线分别表示 TA 未饱和和饱和时保护的动作特性。

同样的，TA 饱和时式（6-13）所表示的矢量差制动的电流差动保护的动作特性为

$$\left(a+\frac{1+K^2}{1-K^2}\cdot\frac{1}{\rho}\right)^2+b^2>\left(\frac{2K}{1-K^2}\cdot\frac{1}{\rho}\right)^2 \tag{6-33}$$

它是一个以$\left(\frac{1+K^2}{1-K^2}\cdot\frac{1}{\rho}，0\right)$为圆心，$\frac{2K}{1-K^2}\cdot\frac{1}{\rho}$为半径的圆，如图 6-19（b）所示，实虚线的意义同前。

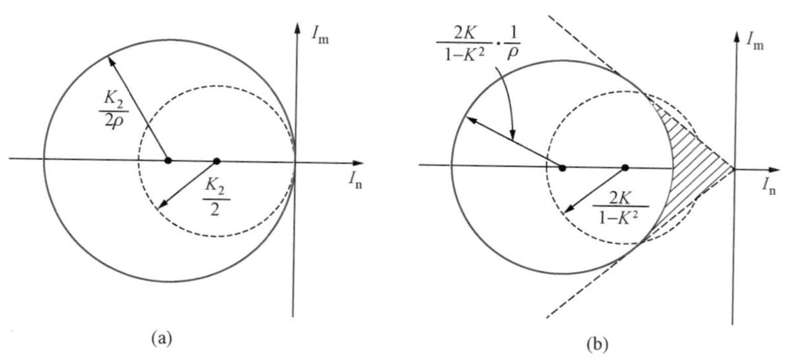

图 6-19 CT 饱和时电流差动保护在极坐标下的动作特性

（a）自适应电流差动保护；（b）矢量差制动的电流差动保护

由于 $\rho<1$ 可知，自适应电流差动保护与常规电流差动保护在 TA 饱和时制动圆变大了。但本原理的制动区仍然是一个与虚轴相切的圆，且圆的直径比未发生 TA 饱和时增大了 $1/\rho$ 倍。由图 6-19（a）清晰可见，自适应电流差动保护可靠不误动。而常规电流差动保护在 TA 饱和时制动圆虽然变大了，但却距离虚轴比未饱和时更远了 $1/\rho$ 倍。由于在外部故障且 m 侧 TA 饱和时 $\dot{I}'_m/\dot{I}_n$ 位于虚轴左侧且靠近虚轴，即很可能落入图 6-19（b）所示的阴影区内，造成电流差动保护误动。因此，区外故障且 TA 饱和时自适应电流差动保护性能优于常规电

流差动保护。

*三、自适应电流差动保护的其他形式

为提高自适应电流差动保护的可靠性，判据形式可以采用当式（6-34）同时满足时才动作[34]。

$$\begin{cases}|\dot{I}_{\mathrm{m}}|+K|\dot{I}_{\mathrm{n}}|\cos\varphi>I_{\mathrm{set}}\\|\dot{I}_{\mathrm{n}}|+K|\dot{I}_{\mathrm{m}}|\cos\varphi>I_{\mathrm{set}}\end{cases}\tag{6-34}$$

参照前文中对动作特性的分析，式（6-33）在复数平面上的动作特性如图 6-20 所示。显然，式（6-33）的自适应电流差动保护在系数 K 调整变化时，与（$-K$，0）垂直的直线总与制动圆相切，即 K 的变化总能保证电流差动保护具有较大的制动区域。

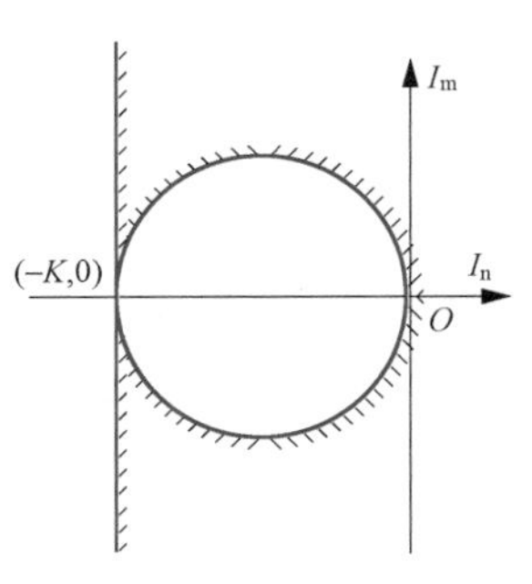

图 6-20　式（6-33）电流差动保护的动作特性

式（6-26）所表示的电流差动保护认为在内部短路时，一般情况下两端电流间的相位差 $\varphi<90°$。但由于两侧电动势相角差、线路阻抗角和系统阻抗角之差和电流互感器误差等原因，内部故障时两侧电流相角差也可能大于 90°，最严重情况下有 $\varphi\leqslant114°$（设两端电动势最大相角差 70°，两端电流互感器总误差 14°，短路点两侧总阻抗角之差 30°），外部故障时只有电流互感器的误差引起的相位差、分布电容电流引起的相位差和保护装置本身的相位误差，相位差不会小于 120°。因此，式（6-26）所示的电流差动保护还可以通过判断两侧电流矢量的相角差 φ 的大小，决定差动保护判据。当 $0°\leqslant\varphi\leqslant90°$或 $120<\varphi\leqslant180°$时，采用式（6-26）所示判据；当 $90°<\varphi\leqslant120°$时，将式（6-26）所示的差动保护计算式变号即可，即

$$|\dot{I}_{\mathrm{m}}|-K|\dot{I}_{\mathrm{n}}|\cos\varphi>I_{\mathrm{set}}\tag{6-35}$$

当自适应电流差动保护采用故障分量时，其判据形式可写为

$$|\Delta\dot{I}_{\mathrm{m}}|+K|\Delta\dot{I}_{\mathrm{n}}|\cos\varphi>I_{\mathrm{set}}\tag{6-36}$$

由第五章第四节可知，工频故障分量 $\Delta\dot{I}_{\mathrm{m}}$ 与 $\Delta\dot{I}_{\mathrm{n}}$ 之间的相角差主要取决于故障点两侧的阻抗角之差，在内部故障时可以保证 $\varphi<90°$，因此式（6-34）的工频故障分量差动保护有更好的适用性。

自适应电流差动保护具有多种判据形式，并且定值整定简便，比例系数 K 的选择比较灵活，解决了内部故障灵敏性与外部故障可靠性之间的矛盾。

*第六节　特高压长距离输电线路的分相电流差动保护

上面提到电流差动保护的基础是基尔霍夫电流定律。但是输电线路的分布电容电流破坏

了基尔霍夫定律应用的前提。对于超高压以下的输电线，分布电容电流可以用保护的定值躲过，或按线路的集中参数模型进行补偿。但对于1000kV及以上的特高压线路，分布电容电流非常大，用这种补偿方法不能补偿短路暂态情况下的电容电流，不能保证在外部短路时保护工作的可靠性。下面介绍一种完全不受电容电流影响的基于贝瑞隆模型的分相电流纵联差动保护。

由贝瑞隆（Bergeron）提出的输电线路贝瑞隆模型[11]（Bergeron Model）是一种比较精确的输电线路模型，它反映了输电线路内部无故障时（包括稳态运行和区外故障）两端电压电流之间的关系，而线路内部故障时相当于在故障点增加了一个节点，这个模型被破坏。利用这一差别可以区分线路内部和外部故障，这种保护原理自动地考虑了电容电流的影响，不再需要进行电容电流的补偿[12]。

一、 输电线路贝瑞隆模型简介

1. 单相无损线路的贝瑞隆模型

在分布参数线路上任何一点的对地电压和导线中的电流是距离 x 和时间 t 的函数，是电磁波沿线路传播的过程。假设线路单位长度的电阻为 R_0、电感为 L_0、电导为 G_0、电容为 C_0，则单导线线路上的波过程可以用以下的偏微分方程来描述，第四章中对于故障分量的行波方程已作了初步介绍，此处再对一般情况下的波动方程详述如下

$$\left.\begin{aligned} -\frac{\partial u}{\partial x} &= R_0 i + L_0\frac{\partial i}{\partial t} \\ -\frac{\partial i}{\partial x} &= G_0 u + C_0\frac{\partial u}{\partial t} \end{aligned}\right\} \tag{6-37}$$

若忽略损耗不计则可有如下的无损线的偏微分方程

$$\left.\begin{aligned} \frac{\partial u}{\partial x} &= -L_0\frac{\partial i}{\partial t} \\ \frac{\partial i}{\partial x} &= -C_0\frac{\partial u}{\partial t} \end{aligned}\right\} \tag{6-38}$$

对以上方程进行合并得到有以下的二阶偏微分波动方程

$$\left.\begin{aligned} \frac{\partial^2 u}{\partial x^2} &= \frac{1}{v^2}\frac{\partial^2 u}{\partial t^2} \\ \frac{\partial^2 i}{\partial x^2} &= \frac{1}{v^2}\frac{\partial^2 i}{\partial t^2} \end{aligned}\right\} \tag{6-39}$$

其中

$$v = \frac{1}{\sqrt{L_0 C_0}}$$

式中：v 为行波沿线路的传播速度，对无损架空线路近似等于光速，即电磁波在真空中的传播速度。

以上单根无损线波动方程的电压和电流的解可以写为

$$\left.\begin{aligned}u(x,t)&=u_1\left(t-\frac{x}{v}\right)+u_2\left(t+\frac{x}{v}\right)\\ i(x,t)&=i_1\left(t-\frac{x}{v}\right)+i_2\left(t+\frac{x}{v}\right)\end{aligned}\right\}\tag{6-40}$$

式中：u_1、i_1 分别为以速度 v 沿着 x 正方向传播的前行电压波和电流波；u_2、i_2 分别为以速度 v 沿着 x 反方向传播的反行电压波和电流波。将式（6-40）直接代入式（6-39）即可证明其正确性。

前行电压波和前行电流波之间，以及反行电压波和反行电流波之间是通过波阻抗联系的，则有

$$\left.\begin{aligned}i_1(x,t)&=\frac{u_1(x,t)}{Z_0}\\ i_2(x,t)&=-\frac{u_2(x,t)}{Z_0}\end{aligned}\right\}\tag{6-41}$$

$$Z_0=\sqrt{\frac{L_0}{C_0}}$$

式中：Z_0 为无损线路的波阻抗。

如果将式（6-41）代入式（6-40），分别消去 u_2 和 u_1 就可以得任一点 x 和任一时刻 t 的电压，电流方程为

$$u(x,t)+Z_0i(x,t)=2u_1\left(t-\frac{x}{v}\right)\tag{6-42}$$

$$u(x,t)-Z_0i(x,t)=2u_2\left(t+\frac{x}{v}\right)\tag{6-43}$$

在线路 m 端，由图 6-21 可知 $x=0$。将 $x=0$ 代入式（6-42）可以得到

$$u_m(t)+Z_0i_m(t)=2u_1(t)\tag{6-44}$$

式中：u_m、i_m 分别为 m 端的电压、电流。

在线路 n 端，$x=l$。将 $x=l$ 代入式（6-42）可以得到

$$u_n(t)-Z_0i_n(t)=2u_1\left(t-\frac{l}{v}\right)=2u_1(t-\tau)\tag{6-45}$$

式中：u_n、i_n 分别为 n 端的电压、电流；τ 为波从线路 m 端传播到 n 端所需的时间。

因为图 6-21 中 $i_n(t)$ 的正方向设为与式（6-42）中 $i(x,t)$ 的方向相反，故 $Z_0i_n(t)$ 前取负号。因为这些方程式对任何时刻都是成立的，现将式（6-44）中以 $t-\tau$ 代替 t 得

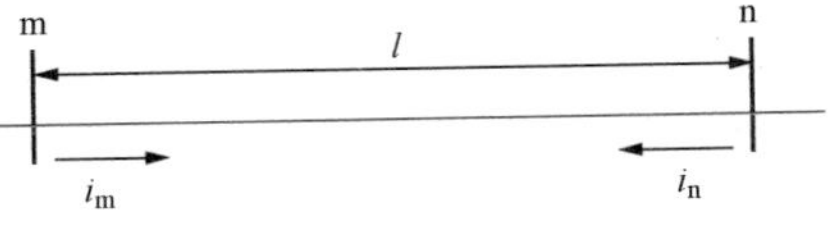

图 6-21　单相均匀输电线路

$$u_m(t-\tau)+Z_0i_m(t-\tau)=2u_1(t-\tau)\tag{6-46}$$

联立解式（6-45）和式（6-46），因两式的右端相等，左端也必然相等，可得

$$u_n(t)-Z_0i_n(t)=u_m(t-\tau)+Z_0i_m(t-\tau)\tag{6-47}$$

移项得
$$i_n(t)=\frac{u_n(t)}{Z_0}-\frac{u_m(t-\tau)}{Z_0}-i_m(t-\tau) \tag{6-48}$$

令
$$I_{nm}(t-\tau)=-\frac{u_m(t-\tau)}{Z_0}-i_m(t-\tau) \tag{6-49}$$

则可简写为
$$i_n(t)=\frac{u_n(t)}{Z_0}+I_{nm}(t-\tau) \tag{6-50}$$

式（6-48）是在 n 端根据通过通道传过来的 m 端（$t-\tau$）时刻的电压电流采样值 $u_m(t-\tau)$、$i_m(t-\tau)$（波到达 n 端为 t 时刻）和 n 端的电压 $u_n(t)$ 计算得到的 n 端 t 时刻的电流。此电流是根据波的传播过程计算的，其中包含了线路分布电容电流的影响。其物理意义是：按图 6-22 所规定的正方向，在 t 时刻 n 端的前行波电流 $i_n(t)$ 等于由 t 时刻 n 端电压和波阻抗产生的前行波电流 $\frac{u_n(t)}{Z_0}$，减去（$t-\tau$）时刻 m 端的电压和波阻抗产生的、经过 τ 时间传到 n 端的前行波（对于 n 端而言是反行波）电流 $\frac{u_m(t-\tau)}{Z_0}$，再减去（$t-\tau$）时刻 m 端的前行波（对于 n 端而言是反行波）电流 $i_m(t-\tau)$ 在 t 时刻到达 n 端的电流。

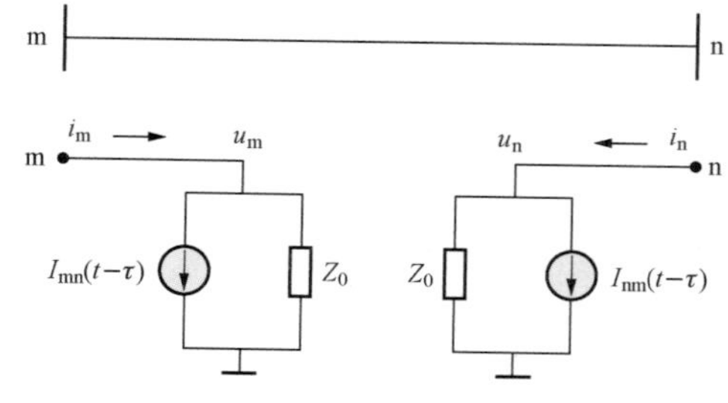

图 6-22　单相无损输电线的贝瑞隆等值计算电路

同理可得
$$i_m(t)=\frac{u_m(t)}{Z_0}-\frac{u_n(t-\tau)}{Z_0}-i_n(t-\tau) \tag{6-51}$$

令
$$I_{mn}(t-\tau)=-\frac{u_n(t-\tau)}{Z_0}-i_n(t-\tau) \tag{6-52}$$

式（6-51）可简写为
$$i_m(t)=\frac{u_m(t)}{Z_0}+I_{mn}(t-\tau) \tag{6-53}$$

其物理意义与式（6-48）相似，只是将 n 端换成了 m 端。

因此可得图 6-22 所示的单相无损输电线路贝瑞隆等值计算电路，即输电线路解耦的算法。图中 I_{mn} 和 I_{nm} 是等值电流源，代表从对端来的反行波。

式（6-49）、式（6-50）和式（6-52）、式（6-53）称为无损输电线路的贝瑞隆方程。

2. 有损线路的贝瑞隆模型

线路的有功损耗在贝瑞隆模型中一般只作近似的考虑，即将线路从中点分成两段，假设将全线路电阻 R 看作集中参数分成三部分，在线路始端和末端各接入 $\frac{R}{4}$，在线路中点接入 $\frac{R}{2}$，不考虑漏电导 G_0，如图 6-23 所示，此即考虑电阻损耗时的输电线路贝瑞隆模型。

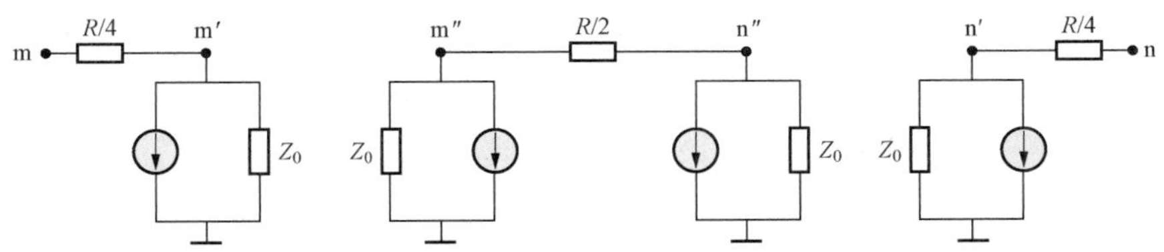

图 6-23　考虑电阻损耗的输电线路贝瑞隆模型

在此情况下波阻抗应修正为

$$Z = Z_0 + \frac{R}{4}$$

τ 仍为

$$\tau = \frac{l}{v} = l\sqrt{L_0C_0} \tag{6-54}$$

设 $h = \dfrac{Z_0 - \dfrac{R}{4}}{Z_0 + \dfrac{R}{4}}$，贝瑞隆方程变为

$$i_{\mathrm{m}}(t) = \frac{u_{\mathrm{m}}(t)}{Z} + I_{\mathrm{mn}}(t-\tau) \tag{6-55}$$

$$I_{\mathrm{mn}}(t-\tau) = -\frac{1-h}{2}\left[\frac{u_{\mathrm{m}}(t-\tau)}{Z} + hi_{\mathrm{m}}(t-\tau)\right] - \frac{1+h}{2}\left[\frac{u_{\mathrm{n}}(t-\tau)}{Z} + hi_{\mathrm{n}}(t-\tau)\right] \tag{6-56}$$

$$i_{\mathrm{n}}(t) = \frac{u_{\mathrm{n}}(t)}{Z} + I_{\mathrm{nm}}(t-\tau) \tag{6-57}$$

$$I_{\mathrm{nm}}(t-\tau) = -\frac{1-h}{2}\left[\frac{u_{\mathrm{n}}(t-\tau)}{Z} + hi_{\mathrm{n}}(t-\tau)\right] - \frac{1+h}{2}\left[\frac{u_{\mathrm{m}}(t-\tau)}{Z} + hi_{\mathrm{m}}(t-\tau)\right] \tag{6-58}$$

其他不变，可以看出当 $R=0$ 时，$Z=Z_0$、$h=1$，式（6-56）和式（6-58）即变成式（6-52）和式（6-49）。

3. 三相输电线路的贝瑞隆模型

类似于式（6-37），三相输电线路上的波过程可描述（在超高压和特高压线路上可忽略电导）为

$$\left.\begin{aligned} -\frac{\partial \boldsymbol{u}}{\partial x} &= \boldsymbol{Ri} + \boldsymbol{L}\frac{\partial \boldsymbol{i}}{\partial t} \\ -\frac{\partial \boldsymbol{i}}{\partial x} &= \boldsymbol{C}\frac{\partial \boldsymbol{u}}{\partial t} \end{aligned}\right\} \tag{6-59}$$

式中：$\boldsymbol{u}$、$\boldsymbol{i}$ 分别为三相输电线路电压电流瞬时值列向量；$\boldsymbol{R}$、$\boldsymbol{L}$ 和 $\boldsymbol{C}$ 分别为电阻、电感和电容的参数矩阵。

输电线路的各相之间都是有耦合的，这表现在式（6-59）中电阻 $\boldsymbol{R}$、电容 $\boldsymbol{C}$、电感 $\boldsymbol{L}$ 参数矩阵中有非零非对角元素。无论是完全换位的平衡线路还是不平衡线路，都可以通过一定的转换矩阵使其参数矩阵完全对角化即转化为模分量，从而形成相互之间没有耦合的模分量。其中线路的每一模分量的一相都满足贝瑞隆模型，和单导线相似。

设 $\boldsymbol{S}$ 和 $\boldsymbol{S}^{-1}$ 分别是电压和电流列向量 $\boldsymbol{u}$ 和 $\boldsymbol{i}$ 的变换矩阵，则有

$$\left.\begin{aligned}\boldsymbol{u}&=\boldsymbol{S}\boldsymbol{u}_{\mathrm{m}}\\ \boldsymbol{i}&=\boldsymbol{Q}\boldsymbol{i}_{\mathrm{m}}\end{aligned}\right\}\tag{6-60}$$

对于完全换位的平衡线路 $\boldsymbol{S}=\boldsymbol{Q}$，对不完全换位的输电线路 $\boldsymbol{S}=\boldsymbol{Q}^{-\mathrm{T}}$，其中 $\boldsymbol{u}_{\mathrm{m}}$ 和 $\boldsymbol{i}_{\mathrm{m}}$ 分别为模量上的电压电流列向量。

将式（6-60）代入式（6-59），忽略电阻值，则有

$$\left.\begin{aligned}\frac{\partial \boldsymbol{u}_{\mathrm{m}}}{\partial x}&=-\boldsymbol{L}_{\mathrm{m}}\frac{\partial \boldsymbol{i}_{\mathrm{m}}}{\partial t}\\ \frac{\partial \boldsymbol{i}_{\mathrm{m}}}{\partial x}&=-\boldsymbol{C}_{\mathrm{m}}\frac{\partial \boldsymbol{u}_{\mathrm{m}}}{\partial t}\end{aligned}\right\}\tag{6-61}$$

$$\boldsymbol{L}_{\mathrm{m}}=\boldsymbol{S}^{-1}\boldsymbol{L}\boldsymbol{Q}\quad \boldsymbol{C}_{\mathrm{m}}=\boldsymbol{Q}^{-1}\boldsymbol{C}_{\mathrm{m}}\boldsymbol{S}\tag{6-62}$$

其中 $\boldsymbol{L}_{\mathrm{m}}$ 和 $\boldsymbol{C}_{\mathrm{m}}$ 为对角矩阵，因此经过上述变换后各模电路之间是没有耦合的，对于每一模电路都可以采用图 6-23 的贝瑞隆模型进行计算。计算结果再转换为相量（phase value）。

常用的三维模变换矩阵有以下三种。

（1）对称分量变换矩阵为

$$[\boldsymbol{S}]=\begin{bmatrix}1&1&1\\1&a^2&a\\1&a&a^2\end{bmatrix},\ [\boldsymbol{S}]^{-1}=\frac{1}{3}\begin{bmatrix}1&1&1\\1&a&a^2\\1&a^2&a\end{bmatrix}\tag{6-63}$$

（2）Clarke 变换矩阵为

$$[\boldsymbol{S}]=\begin{bmatrix}1&1&1\\1&-2&0\\1&1&-1\end{bmatrix},\ [\boldsymbol{S}]^{-1}=\frac{1}{6}\begin{bmatrix}2&2&2\\1&-2&1\\3&0&-3\end{bmatrix}\tag{6-64}$$

（3）Karranbauer 变换矩阵为

$$[\boldsymbol{S}]=\begin{bmatrix}1&1&1\\1&-2&1\\1&1&-2\end{bmatrix},\ [\boldsymbol{S}]^{-1}=\frac{1}{3}\begin{bmatrix}1&1&1\\1&-1&0\\1&0&-1\end{bmatrix}\tag{6-65}$$

本书采用 Karenbauer 变换矩阵求模分量，矩阵中的元素都是实数，运算方便。对于非均匀换位线路不能使用固定的模变换矩阵，可以根据线路参数在实域或复数域中求解模变换矩阵[11]。

二、 保护的实现方法和动作判据

1. 比较同侧采样值和计算值的方法

首先将两端采样得到的三相各时刻的电流电压瞬时值用光纤通道传到对端。两端各将对

端传来的瞬时值变换成模分量。对于特高压线路可以不考虑有功损耗，按图 6-22 的贝瑞隆模型和式（6-49）、式（6-50）和式（6-52）、式（6-53）的贝瑞隆方程进行计算，计算结果为模分量的计算值。将计算出的模分量电流变换成三相电流的计算值，再用半周或全周傅里叶算法计算出三相电流的矢量的计算值，用下标 js 表示为：

m 端为 $\dot{I}_{js.ma}$，$\dot{I}_{js.mb}$，$\dot{I}_{js.mc}$。

n 端为 $\dot{I}_{js.na}$，$\dot{I}_{js.nb}$，$\dot{I}_{js.nc}$。

因为计算中考虑了分布电容，计算值是准确无误的。故在被保护线路内部无故障情况下，计算值应该等于实测的经过傅里叶算法计算出的三相电流的矢量 $\dot{I}_{ma}$、$\dot{I}_{mb}$、$\dot{I}_{mc}$、$\dot{I}_{na}$、$\dot{I}_{nb}$、$\dot{I}_{nc}$。在被保护线路内部有故障时肯定不相等。可将两者之差作为保护的动作量。

在 m 端有

$$dI_{ma}=|\dot{I}_{ma}-\dot{I}_{js.ma}|;dI_{mb}=|\dot{I}_{mb}-\dot{I}_{js.mb}|;dI_{mc}=|\dot{I}_{mc}-\dot{I}_{js.mc}| \tag{6-66}$$

在 n 端有

$$dI_{na}=|\dot{I}_{na}-\dot{I}_{js.na}|;dI_{nb}=|\dot{I}_{nb}-\dot{I}_{js.nb}|;dI_{nc}=|\dot{I}_{nc}-\dot{I}_{js.nc}| \tag{6-67}$$

保护的动作判据为

在 m 端：$dI_{ma}\geqslant I_{K.set}$；$dI_{mb}\geqslant I_{K.set}$；$dI_{mc}\geqslant I_{K.set}$。

在 n 端：$dI_{na}\geqslant I_{K.set}$，$dI_{nb}\geqslant I_{K.set}$；$dI_{nc}\geqslant I_{K.set}$。

顺便指出，在两端都有本端的和对端的电流电压瞬时值，在各端都可计算两端的动作量和判据。因此可实现本端动作判据满足就跳闸（通过或门输出）或两端判据都满足才跳闸（通过与门输出）。前者已是可靠的，后者将更为可靠。

2. 用线路上任一参考点两侧电流之和作为动作量

由于用贝瑞隆模型和算法可以计算输电线路上任一点的电流和电压，故可在线路上选一参考点，例如在线路中点或串补电容或并联电抗安装点，用上述方法计算出从本端流入该点各相的电流，并将计算结果通过光纤通道传至对端。因而两端保护都掌握了从参考点两侧流入该点的电流，两侧电流之和就是纵联差动保护的动作量。因为这样就把输电线路变成了一个点，求出从各侧流入一个节点的电流之和，以其大于某一整定值作为动作判据，完全符合基尔霍夫定律，消除了线路分布电容的影响。

如图 6-24 所示，k 为所选择的参考点。在线路没有内部短路时，从两端计算到 k 点的电流 i_{mk}和 i_{nk}应该大小相等、相位差 180°、相加等于零。图 6-25 所示在 k 到 n 端线路上的 f 点发生短路，此时线段 kn 的贝瑞隆模型被破坏，按上述方法计算得到的 i_{nk}不再与 i_{mk}大小相等相位相反了，用两者之和作为动作量，保护能够可靠动作。

关于以上两种方法实现的保护在内部短路时的灵敏度分析此处从略，可参阅参考文献[12]。

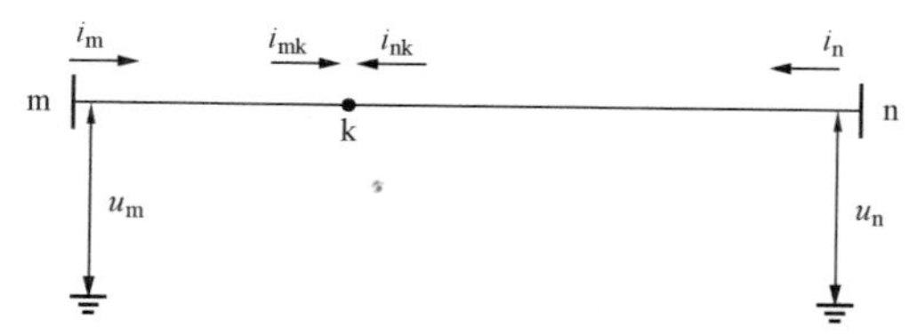

图 6-24 线路内部无故障时的情况

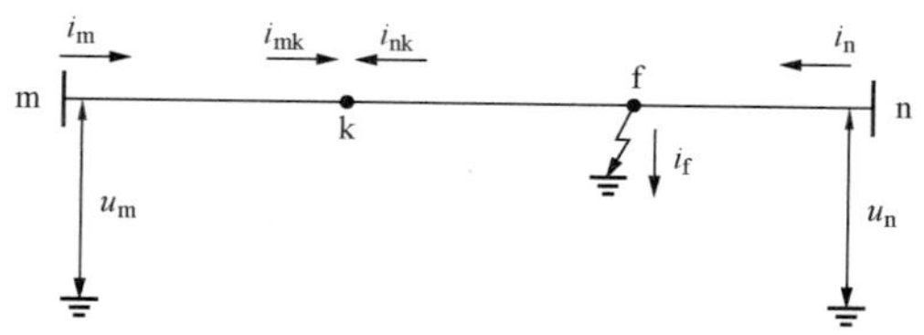

图 6-25 线路内部有故障时的情况

第七节 电流相位比较式纵联保护

一、 相位比较式纵联保护的基本原理

在只有载波通道可用作长距离输电线通信通道的年代里，传送电流瞬时值或幅值比较困难，上面介绍的电流纵联差动保护难以实现，因此广泛应用了只传送和比较输电线路两端电流相位的电流相位比较式纵联保护。

电流相位比较式纵联保护，或称相差纵联保护是借助于通信通道比较输电线路两端电流的相位，从而判断故障的位置。其中用高频（载波）通道实现的，称为相差高频保护。由于其结构简单（不需要电压量），不受系统振荡影响等优点曾得到广泛应用。但用微机实现时，为了达到较高的精度需要很高的采样率，因此目前应用较少，但由于有了光纤通道，这仍然是一种重要的保护原理。有广阔的应用前景，图 6-26 示相差高频保护的工作原理。在此仍采用电流的假定正方向是由母线流向被保护线路。因此，装于线路两端的电流互感器的极性应如图 6-26（a）所示。这样，当保护范围内部（k1 点）故障时，在理想情况下两端电流相位相同，如图 6-26（b）所示，两端保护装置应动作，使两端的断路器跳闸。而当保护范围外部（k2 点）故障时，两端电流相位相差 180°，如图 6-26（c）所示，保护装置则不应动作。

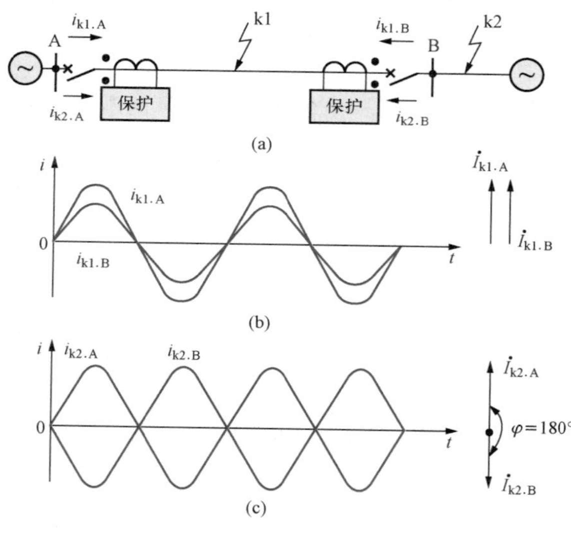

图 6-26 相差高频保护工作的基本原理

（a）接线示意图；（b）k1 点内部故障的电流相位；（c）k2 点外部故障时的电流相位

为了满足以上要求，当采用高频通道经常无电流，而在故障时发出高频电流的方式来构成保护时，实际上可以做成使短路电流的正半周控制（或称操作）高频发信机发出高频电流，而在负半周则不发，如此不断地交替进行。

当保护范围外部故障时两端电流相位相反，如图 6-27 中的（a）和（b）所示。两端电流仍然在它自己的正半周发出高频电流。因此，两端高频电流发出的时间相差 180°，如图（c）、（d）和（e）所示。这样两端收信机所收到的就是一个连续不断的高频电流［如图 6-27（e）所示］。两端发出的这种填充对端所发高频电流间隙的高频电流实际上就是一种闭锁信号，有此闭锁信号存在，高频电流就没有间隙，收信机就没有输出［如图 6-27（f）所示］，保护就不能跳闸。由于高频电流在传输途中有能量衰耗，因此如图 6-27（e）所示，收到对端的高频电流幅值要小一些。

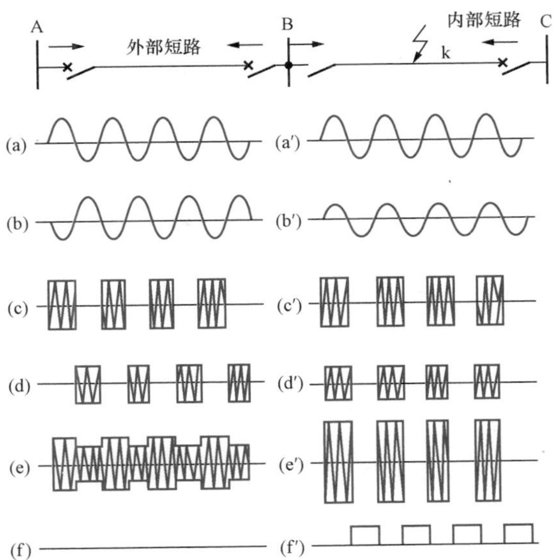

图 6-27　相差高频保护动作的原理说明

（a）、（a′）A 端滤过器的输出电流 I_{A1}；（b）、（b′）B 端滤过器的输出电流 I_{A2}；（c）、（c′）由 I_{A1}操作发出的高频信号；（d）、（d′）由 I_{A2}操作发出的高频信号；（e）、（e′）收信机所接收的信号；（f）、（f′）收信机的输出信号

当保护范围内部故障时，由于两端的电流基本上同相位，如图 6-27 中的（a′）和（b′）所示，它们将同时发出半周期的高频电流脉冲，如图 6-27（c′）和（d′）所示。因此，两端收信机所收到的高频电流都是间断的，没有填满其间隙的闭锁信号［如图 6-27（e′）所示］。经过收信机检波输出一电流如图 6-27（f′）所示，使保护出口动作跳闸。

由以上分析可以看出，对于相差高频保护，在外部故障时，由对端送来的高频脉冲电流正好填满本端高频脉冲的空隙，使本端的保护闭锁。填满本端高频脉冲空隙的对端高频脉冲就是一种闭锁信号。而在内部故障时没有这种填满空隙的脉冲，就构成了保护动作跳闸的必要条件。因此相差高频保护是一种传送闭锁信号的保护。

传送闭锁信号的保护装置都有一共同的缺点，就是为了保证在外部故障时，只要判断为正方向故障一端（即远离故障点的那一端）保护中控制跳闸回路的起动元件能够起动，则判断为反方向故障的一端（即接近故障点那一端）就要可靠地发出闭锁信号。因此，必须有两个灵敏度不同的起动元件。灵敏度较高（定值低）的起动元件起动发信机发出闭锁信号如图 6-28（a）所示，灵敏度较低（定值高）的起动元件起动跳闸回路如图 6-28（b）所示。两套起动元件定值之比不应小于 1.25～2（视线路长度而定，对于 150km 以下的线路可选 1.25）。因此，传送闭锁信号的保护装置总的灵敏度低于传送跳闸信号或传送允许跳闸信号保护装置的灵敏度。

闭锁式保护还有一个共同的缺点，就是在外部故障同时伴随通道故障或失效时，远离故障点一端收不到闭锁信号，必然误动作。但闭锁式保护的这个缺点和其最大的优点相互依存。

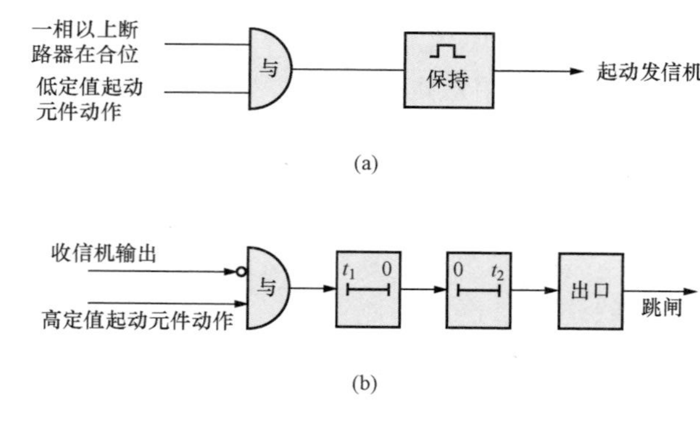

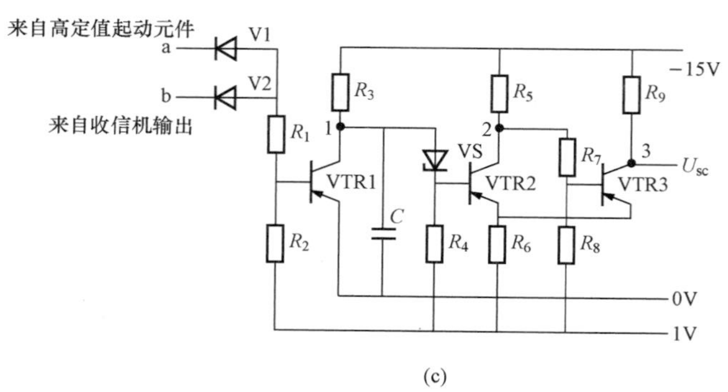

图 6-28　发信机控制和比相原理

（a）发信机起动逻辑；（b）比相逻辑框图；（c）比相回路原理图举例

即在内部故障伴随着通道破坏时不会拒动，对于传送跳闸信号和允许跳闸信号的保护正好相反，在外部故障伴随通道故障或失效时，保护不会收到干扰造成的错误的允许或跳闸信号而误动，但在内部故障伴随通道破坏时，收不到允许信号，保护将拒动。如果使载波通道用移频的方法，在外部故障时发出闭锁频率（填满高频信号间隙），在内部故障时发出允许跳闸频率（和对端电流正半周重叠），对端在电流正半周内收到本端允许信号频率才能跳闸，亦即将闭锁式和允许式结合起来。这可免除在外部故障伴随通道破坏时误动，但是又使得在内部故障伴随通道破坏时拒动，得不偿失。显然对于独立于输电线路之外的微波通道保护和光纤通道保护，可不考虑故障时通道破坏的影响，可以应用这种方法。

图 6-28（a）所示起动发信机回路的框图，可见如果至少有一相断路器在合位（线路在运行状态），并且灵敏（低定值）起动元件动作，则立刻起动发信机，发出高频闭锁信号。为了在外部故障时使闭锁信号一直保持到外部故障切除和保护装置返回后，应使发信机一经起动，只要停信元件不动作在自动返回时要带有一定的返回延时，使保护装置各个部分都恢复正常状态后闭锁信号才停止发送。

前面已提到，传送闭锁信号的保护有一共同的优点，那就是在内部故障同时伴随通信通道失效（通道故障、设备损坏或信号衰耗增大等）时，不影响保护的正确动作。这是因为在内部故障时不需要传送闭锁信号。这一优点对于使用高频载波通道的保护特别重要，因为载波通道是用高压输电线路本身作为信号传输介质，在输电线路上作为通道的一相对地或对其他相短路时信号衰耗增大，可能使信号中断，但不影响内部故障时保护的正确动作。

用来鉴别高频电流是连续的还是有间断以及间断角度大小的回路，称为相位比较回路。相位比较回路可以用各种原理做成，如晶体管、集成电路或微机软件等。但是用晶体管电路最容易说明其原理。图 6-28（b）所示相位比较逻辑框图，图 6-28（c）为用晶体管实现的相位比较回路原理图。在发生故障时，灵敏度不同的两套起动元件都应动作。灵敏度低的高定值起动元件动作，有输出。如果是外部故障，收信机收到对端的高频闭锁电流时，使比相回路无输出，“与门”不开放如图 6-28（b）所示。出口回路闭锁。无输出，保护不会动作。在内部故障时无闭锁信号，收信机收到间断的高频电流，在高频电流间断期间收信机输出为负，“与”元件有输出。当间断时间大于一定的角度（为防止外部故障时，由于各种误差使保护误动而设置的闭锁角）时，延时 t_1 的元件有输出，此输出脉冲被展宽元件展宽 t_2 并作用于出口跳闸。从原理图 6-28（c）可见，正常无故障时，高定值起动元件不动作，a 点为负电位，使 PNP 型三极管 VTR1 导通，延时元件的电容 C 被短接。晶体管 VTR2 不导通外部故障时，a 点电位变正，但收信机收到连续高频电流，使 b 点变负，VTR1 仍保持导通。在内部故障时，在高频电流的间断期间，b 点电位也变正，使 VTR1 截止，C 通过 R_3 充电。如果高频电流间断角度等于或大于人为整定的闭锁角，则电容 C 上的充电电压使 1 点的负电位达到使稳压管 VS 击穿的值。稳压管 VS 击穿后使 PNP 型三极管 VTR2 导通，2 点电位升高，使 PNP 型三极管 VTR3 截止，3 点输出负电位，使保护动作。PNP 型三极管 VTR2 和 VTR3 构成发射极反馈的触发器，使其翻转迅速。同理，相位比较回路也可用 NPN 型晶体管或其他原理构成。

相差高频保护可用各种硬件实现，如机电式、晶体管式、集成电路式和微机式，其基本原理相同。用单个机电式继电器组成的方式为分离式如图 6-29 所示，最容易说明其主要环节及其相互关系。其主要环节有起动元件、操作元件和电流相位比较元件。

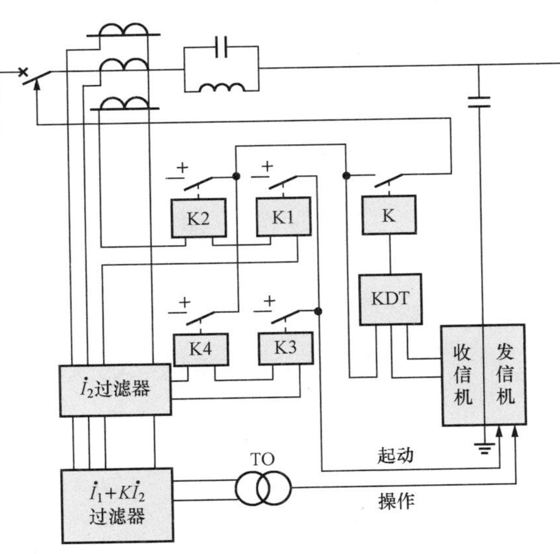

图 6-29　相差高频保护的主要环节

如前所述，采用两个起动元件，由继电器 K1～K4 组成，其中继电器 K1 和 K2 接于一相电流，作为三相短路的起动元件；继电器 K3 和 K4 接于负序电流过滤器，作为不对称短路的起动元件。继电器 K1 和 K3 的整定比较灵敏，动作后去起动发信机，继电器 K2 和 K4 则较不灵敏，动作后开放相位比较回路 KDT，并给出口继电器 K 的接点加上正电源，准备好经过继电器 K 的接点去跳闸。此外，当相电流起动元件的灵敏度不能满足三相短路的要求时，也可以采用低电压或低阻抗继电器来实现起动。在微机保护中则可采用相电流突变量或相电流差实变量作为起动量。

操作元件由 $\dot{I}_1+K\dot{I}_2$ 的复合过滤器和操作互感器 TO 组成，复合过滤器将三相电流复合成一个单相电流 $\dot{I}_1+K\dot{I}_2$，它能够正确地反应各种故障。过滤器输出的电流经过操作互感器 TO 变成电压去操作（控制）发信机，使它在正半周时发出高频信号，负半周时不发信号。因此，实际上在高频保护中进行相位比较的就是这个复合以后的电流 $\dot{I}_1+K\dot{I}_2$。

电流相位比较元件用 KDT 表示，其工作原理已如上述。当起动元件 K2（或 K4）和 K 都动作时，保护装置即可瞬时动作于跳闸。

二、 相差高频保护的相位特性和相继动作区

在电力系统运行中，由于线路两侧电动势的相位差、系统阻抗角的不同、电流互感器和保护装置的误差，以及高频信号从一端传送到对端的时间延迟等因素的影响，在内部故障时收信机所收到的两个高频信号并不能完全重叠，而在外部故障时也不会正好互相填满。因此，需要对下述几种情况作进一步分析。

（1）在最不利的情况下保护范围内部故障。在内部对称短路时，复合过滤器输出的只有正序电流 $\dot{I}_1$，即三相短路电流。如图 6-30 所示，设在短路前两侧电动势 $\dot{E}_M$ 和 $\dot{E}_N$ 具有相角差 δ。根据系统运行稳定性储备的要求 δ 角一般不超过 70°。在此取 $\dot{E}_N$ 滞后于 $\dot{E}_M$ 的角度 $\delta=70°$。设短路点靠近于 N 侧，则电流 $\dot{I}_M$ 滞后于 $\dot{E}_M$ 的角度由发电机、变压器以及线路的总阻抗决定，对于 220kV 及以下线路可取总阻抗角 $\varphi_k=60°$。在 N 侧，电流 $\dot{I}_N$ 的角度则只决定于发电机和变压器的阻抗，一般由于其电阻很小，故取阻抗角 $\varphi'_k=90°$。这样，在内部短路时，两侧电流 $\dot{I}_M$ 和 $\dot{I}_N$ 相位差的角度总共可达到 $90°+70°-60°=100°$。当一次侧电流经过电流互感器转换到二次侧时还可能产生角度误差，如果互感器的负载是按照 10%误差曲线选择的，则最大的误差角是 $\delta_{TA}=7°$；此外，根据试验结果，现有常规保护装置本身的误差角可达 $\delta_{PD}=15°$。考虑到上述各因素的影响，如果只考虑一侧的电流互感器和保护装置有误差，则 M 侧和 N 侧高频信号之间的相位差最大可达 $100°+7°+15°=122°$。此外，对 M 侧而言，N 侧发出的高频信号经输电线路传送时，还要有一个时间的延迟。对于 50Hz 工频电流，则每 100km 的延时等于工频 6°，如果线路长度为 l（km），则总的延迟角度为 $\delta_L=\frac{l}{100}\times 6°$。这样 M 侧高频收信机所收到的信号就可能具有（$122°+\delta_L$）的相位差；但对 N 侧而言，由于它本身滞后于 M 侧，因此，这个传送信号的

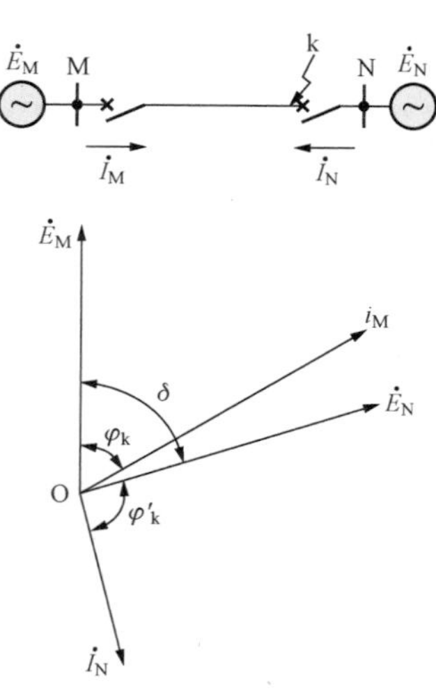

图 6-30 线路内部短路时的矢量图

延迟反而能使收信机所收高频信号的相位差变小，其值最大可能为（$122°-\delta_L$）。

在上述诸因素影响下，在内部对称短路时，收信机中高频信号间断的时间将要缩短，这对保护的动作是不利的，而对电动势超前的 M 侧保护工作的情况较为严重。由于故障是在保护范围以内，因此希望保护装置即使在两端高频信号严重不重叠，而是具有 $122°+\delta_L$ 的相位差时，也应该正确动作。

在内部不对称短路时，利用 K 倍 $\dot{I}_2$ 分量，只要 K 取得足够大就可以保证两端电流的相位接近于同相。这是因为两端的 $\dot{I}_2$ 是由短路点的同一负序电压产生的，除了电流互感器和保护装置本身的相位误差外，其相位的差别仅由两侧阻抗角的不同所引起。故当内部不对称短路时，由于利用了负序分量的电流就可以大大改善保护的工作条件，提高保护的灵敏性。因此，在选择系数 K 时应使 I_2 分量在过滤器输出中占主要地位，一般可取为 $K=6\sim8$。由于在高压电网中发生三相短路的概率很小，因此实际上保护工作的条件要比上述最不利的情况好得多。

（2）保护范围外部的故障。当保护范围外部故障时，从一次侧看，如果暂不考虑线路分布电容电流所引起的两端电流的相位差，则电流 $\dot{I}_M$ 和 $\dot{I}_N$ 相差 180°。与以上的分析相同。考虑到电流互感器和保护装置的误差，以及信号传送的时间延迟，则两侧高频信号也不会相差正好 180°，在最不利的情况下可能达到 $180°\pm(22°+\delta_L)$。因此，收信机所收到的高频信号就不是连续的，有一个高频信号的间歇断角 φ_{int}。这样在相位比较回路中的晶体管 VTR1（如图 6-29 所示），在此间断角 φ_{int} 时间内将有短时间的输出，由于是保护范围外部的故障，因此在此最不利情况下也要求保护装置可靠不动作。

（3）闭锁角的整定。综合上述分析可见，在内部故障时，由于各种原因可使两端高频信号的相位差增大，使相位比较元件 VTR1 的输出脉冲变窄，这将使保护装置动作的灵敏度降低。而在外部故障时，由于高频信号的相位偏移，出现间断，可使 VTR1 管输出相应宽度的脉冲，可能引起保护误动作。为了使保护装置在这两种故障情况下都能可靠工作，并首先保证外部故障时的选择性，必须对相位比较回路进行合理的整定。

令相位比较回路中电容器 C 上的充电电压 U_C 对两侧工频电流的相位差角 φ 的关系为 $U_C=f(\varphi)$，则根据被比较的工频电流相位差 φ 和 φ_{int} 的关系（$\varphi=180°-\varphi_{int}$），可得出如图 6-31 所示的相位特性曲线，在理想情况下，在外部故障时 $\varphi=180°$，$\varphi_{int}=0$，高频信号是连续的，无间断。设 $E=15$V 为电源电压，t 为 VTR1 管截止的时间，T 为工频的周期 20ms，则

$$U_C=E(1-e^{-\frac{t}{RC}})$$

将 t 用高频信号的间断角度 φ_{int} 表示为

$$t=\frac{\varphi_{int}}{360}T$$

则有

$$U_C=E(1-e^{-\frac{\varphi_{int}}{360RC}T})$$

当 $\varphi_{int}=0$ 时，括号内第 2 项为 1，$U_C=0$。

图 6-31 所示当 C 固定不变时对于不同的 R 所画出的相位特性即电容器上的充电电压与两端工频电流相角差 φ 的关系曲线，因 R 愈大时，电容器充电愈慢，故可知

$$R' < R < R''$$

相位特性曲线与稳压管 VS 击穿电压的直线 U_{VS} 的交点对应于刚能使保护动作的两端工频电流相角差 $\varphi=180°\pm\varphi_b$。在此范围内保护不能动作。φ_b 称为保护的闭锁角。当被比较的两端工频电流的相位差 φ 在

$$180°-\varphi_b<\varphi<180°+\varphi_b$$

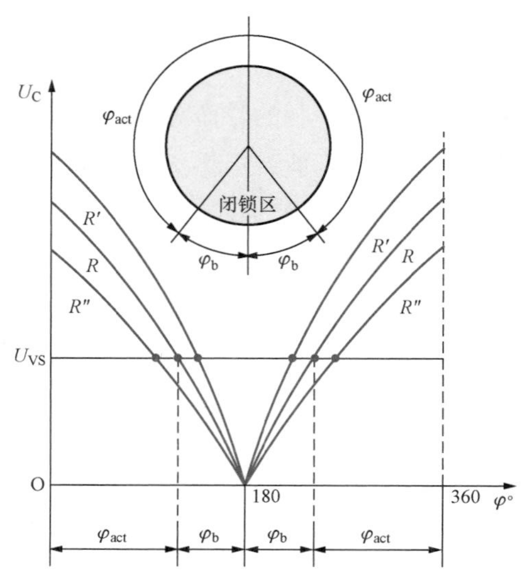

图 6-31　相位特性曲线和闭锁角选择

范围内时保护装置不能动作。此范围之外则为保护的动作区。闭锁角 φ_b 可通过改变 R 的值来整定。闭锁区为 $2\varphi_b$，动作区为 $2\varphi_{act}$。

确定保护闭锁角的原则是必须在外部故障时保证保护动作的选择性。当外部故障时，将一切不利因素考虑在内时两端高频信号的相位差可达

$$\varphi=180°\pm(\delta_{TA}+\delta_{PD}+\delta_L)=180°\pm\left(\frac{l}{100}\times6°+22°\right) \tag{6-68}$$

式（6-68）中第二项为信号传输的延迟角，电流互感器误差角 7°加上装置误差角 15°等于 22°。

因为此时保护不应动作，所以必须选择保护的闭锁角 $\varphi_b\geqslant22°+\frac{l}{100}\times6°$，即

$$\varphi_b=22°+\frac{l}{100}\times6°+\varphi_y \tag{6-69}$$

式中：φ_y 是为可靠起见设置的裕度角，对模拟式保护装置，取为 15°，对微机保护可酌减。

式（6-69）表明，线路越长，闭锁角的整定值就越大。按此计算，对于 400km 的线路应取 $\varphi_b=61°$。对于微机保护可不考虑装置的角度误差，但可考虑一侧电流互感器的角度误差 +7°，另一侧电流互感器的角度误差为 −7°。在此情况下，对于 400km 的线路 $\varphi_b\approx53°$。因为高频信号在输电线路上传输所需要的时间只决定于线路的长度，是固定不变的，故对于长距离输电线路在比相时可人为地使本端的电流方波延时以补偿对端高频信号在通道中传播的延时。当按照上述原则确定闭锁角之后，还需要检验保护装置在内部故障时动作的灵敏性。根据以前的分析，以三相短路为例，在最不利的情况下对位于电动势相位超前的一端（例如 M 端）的相位差可达

$$\varphi_M=122°+\frac{1}{100}l\times6°$$

对电动势相位落后的一端（N）有

$$\varphi_N = 122° - \frac{1}{100} l \times 6°$$

式中：l 为输电线的长度，km。

为保证保护装置可靠动作，则要求 φ_M 和 φ_N 均小于保护装置的动作角，即保护装置能够动作的角度，如图 6-31 中 φ_{act}，并且要有一定的裕度。

（4）保护的相继动作。由以上分析可见，当线路长度增加以后，闭锁角的整定值必然加大，因此动作角 φ_{act} 就要随之减小；而另一方面，当保护范围内部故障，M 端高频信号的相位差 φ_M 也随线路长度而增大。因此，当输电线的长度 l 超过一定值以后就可能出现 $\varphi_M > \varphi_{act}$ 的情况，此时 M 端的保护将不能动作。

但在上述情况下，由于 N 端所收到的高频信号的相位差 φ_N 是随着线路长度的增加而减小的，因此 N 端的相角差必然小于 φ_{act}，N 端的保护仍然能够可靠动作。

为了解决 M 端保护在内部故障时可能不能跳闸的问题，在保护的接线中采用了当 N 端保护动作跳闸后，停止自己发信机所发送的高频信号，在 N 端停信以后，M 端的收信机就只收到自己所发的信号。由于这个信号是间断的，间断角接近 180°，因此，M 端的保护即可立即动作跳闸。保护装置的这种工作情况——即必须一端的保护先动作跳闸以后，另一端的保护才能动作跳闸，称之为“相继动作”。当然也可在 N 端保护发出跳闸命令的同时即刻停止其高频发信机，以加快 M 端保护的动作；或者在 N 端跳闸的同时，通过通道直接跳对端的断路器。以上关于闭锁角的原理及整定方法也适用于微机保护，在微机保护中用程序实现。

*三、影响相差高频保护正确工作的因素及预防措施

1. 长距离输电线路的分布电容对相差高频保护的影响

在超高压和特高压长距离输电线路上，由于采用分裂导线，使相间和相对地的电容增大，同时由于线路长、电压高，因而线路的充电电流也很大。尤其是故障引起暂态充放电电流比稳态电容电流大很多。可引起暂态电压的各种谐波和谐间波，线路分布电容呈现的容抗与频率成反比，产生的充放电电流更大。这样，当线路处于不同运行状态时，其两端电流的大小和相位均将受到电容电流的影响而变化，尤其当线路在重负荷状态下负荷电流很大时，由于负荷电流和电容电流间相位差角很大，使得两端电流间产生很大相位差，这种影响就更为严重，甚至可能造成相差高频保护的误动作。

双回线或环网中一回线内部不对称短路时，短路点的负序电压产生流向两侧的负序电流。此负序电流在线路两侧母线上产生负序电压，负序电压同时向另一回非故障线路的分布电容充电，两侧的充电电流相位基本相同，和线路内部故障的情况相似，可能使非故障线路的相差高频保护误动作。

2. 线路空载合闸

如果线路一端断开，从另一端进行三相合闸充电时则由于断路器三相触头不同时闭合，将出现一相或两相先合的情况，这时线路电容电流中将出现很大的负序和零序分量，可能引起高频保护的误动作，使空投失败。

3. 短路暂态过程的影响

在短路暂态过程中，除了工频电流增大外，还将出现非周期分量和高次谐波分量电流。非周期分量电流将使工频电流以非周期分量为对称轴向时间轴的一侧偏移，因而使工频分量电流的正负半周不相等。如果是外部短路而两侧的非周期分量不等，则两侧发信机发出的高频信号可能不能相互填满，造成保护误动作。高次谐波分量电流很强时，可能使工频分量的波形出现间隙，将控制发信机的方波“切碎”，使高频信号出现间隙，使保护误动作。

4. 防止保护误动作的措施

在上述各种情况下，如果电容电流有可能引起起动元件误动作时，可适当考虑提高整定值以躲过。为防止过渡过程中误动作，也可以考虑增加适当的延时。但这些方法都会影响保护的速动性和灵敏性，而且不能解决相位比较回路误动作的问题。因此，根本的解决办法是在保护装置中加进消除分布电容影响的补偿措施，以抵消电容电流的影响。对于相差高频保护，一般在线路长度超过 250～300km 时，应考虑采用补偿措施。在从一端空载合闸瞬间，考虑到电容电流由一端供给以及过渡过程的影响，应短时补偿大于线路全长的电容，例如 1.2～1.4 倍的线路总电容电流。在传统的保护中一般用硬件的方法进行补偿，在微机保护中也可用软件的方法进行补偿。如前所述，用贝瑞隆模型和贝瑞隆方程可以完全消除分布电容的影响。为了消除非周期分量和高次谐波分量电流使保护误动，应进行两次比相，两次比相都判断为内部故障时才允许保护跳闸。

关于影响相差高频保护正确工作因素及预防措施的详细分析详见参考文献[15]。以上论述也适用于微机保护。

* 四、 相差高频保护的缺点及其改进

相差高频保护原理上只反应故障时线路两端电流的相位，与电流的幅值无关，不需引入电压量，不受电力系统振荡的影响，能允许较大的过渡电阻，不用零序电流作操作量时不受平行线零序互感的影响，在线路非全相运行状态下也能正确工作，结构简单、工作可靠，曾经是高压输电线路的主要保护方式，在纵联保护发展过程中起了重要作用。但上面介绍的传统的相差高频保护结构也存在一些严重的缺点。

（1）动作速度较慢。传统的相差高频保护只在电流正半周时发出高频电流，一周期内只进行一次比相。这样，如果内部故障发生在两端电流进入负半周后，则要等到下一个负半周出现有足够宽度的高频电流间隙，再经过半个周期，即最快也要约一个半周期（30ms），才能判断出故障的性质［在图 6-29（f′）的输出回路才出现第一个电流脉冲］；如果采用两次比

相，所需时间更长。

对于机电式保护，输出回路中要出现几次脉冲和间隙，出口继电器才能动作。因此保护动作时间最短也要大于 5～6 个周波。

（2）在短路后几个周波内，短路电流中可能含有很大的非周期分量和种种高频分量，由于线路两侧电流互感器的特性、饱和程度等可能不同，加上 $\dot{I}_1+K\dot{I}_2$ 复合过滤器的过渡过程，可能使操作电压的波形发生严重畸变。两侧畸变程度也不相同，在外部短路情况下有可能出现线路一侧操作电压的正半周变窄，而另一侧操作电压的正半周正常或者也变窄，两侧的高频电流脉冲不能相互填满而出现间隙，使保护误动作。在内部短路情况下，也可能使两侧操作电压的正半周变宽而使高频脉冲间隙变窄，使保护不能快速动作。

（3）相差高频保护从原理上在线路非全相状态下可以正确工作，不受非全相状态下系统振荡时产生的负序、零序分量的影响，但在非高频加工相发生断线并在断口一侧接地时，由于不接地侧无故障电流，操作电压很小而发出连续的高频电流使保护拒动。

（4）传统的相差高频保护应用 $|\dot{I}_2|+|\dot{I}_0|$ 作为高频发信机和出口回路的起动元件，$|\dot{I}_2|$ 由单相负序电流过滤器产生。由于单相负序过滤器产生的电流 $\dot{I}_2$ 整流后要经过 RC 滤波，将脉动电流变成直流，才能作用于起动元件。而 RC 滤波器的时间常数较大，使起动元件动作缓慢。此外保护装置中必须设有灵敏度不同的两套起动元件，其定值之比应不小于 1.25～2.0，这对于长距离输电线路短路电流较小，常常出现起动元件灵敏度不足的问题。

针对以上问题，我国继电保护工作者曾作了大量研究，在静态相差高频保护中作了一些改进。

（1）利用发信机远方起动原理解决必须两套起动元件的问题[13]。所谓高频发信机的远方起动是用一端发信机发出的高频信号去起动另一端的发信机发信，并保持一预定时间。这种方法一直用于闭锁式方向高频保护中，以解决长距离输电线路外部短路时由于短路电流小，应该发出闭锁信号一端的发信机不能起动而失去闭锁信号问题。在传统的相差高频保护中不用此方法。研究表明，如将此方法应用于相差高频保护中可减少一套起动元件，提高保护起动的灵敏度。采用发信机远方起动时，发信机的起动和出口回路的起动采用同一个起动元件。在外部故障时只要有一侧的起动元件起动即可由所发出的高频信号去起动对侧的发信机，对侧发信机一经起动即可保持一预定的时间。在此时间内两侧发信机互相连锁，保持在起动状态。因此不会出现由于一侧起动元件灵敏度不足，没有起动，不发出填满另一侧高频信号间隙的闭锁信号而使保护误动。对于内部短路，只要两侧的起动元件都能起动，操作电流的相位差在保护的动作角度范围内，即可保证保护可靠动作。

（2）应用三相负序起动，加快起动元件动作。应用三相负序过滤器产生三相负序电流，整流后波纹很小，用很小的电容滤波即可。从而减小了起动元件的时间常数，提高了起动元件的动作速度，减小了返回延时。

（3）应用两个半周波比相，提高比相速度。线路两端的保护都用移频的方法控制发信机，在故障电流正半周时发送一种频率 f_1 的高频信号，在负半周发送另一种频率 f_2 的高频电流。传送到对端后，M 端用其故障电流正半周与 N 端传送来的正半周高频信号 f_1 比相，用其负半周与 N 端传送来的负半周高频信号 f_2 比相。两个半周波比相的结果通过“或”门输出，提高保护动作速度，也可通过“与”门输出实现两次比相，可避免由于非周期分量和操作过滤器的过渡过程使保护在外部故障时误动作，因为暂态过程不会使正、负半周波形都发生同样畸变，使比相给出错误判断。

（4）高频信号在通道中传播时间的补偿。应用本端电流方波与对端传来的高频电流脉冲比相时，只要将方波相位向落后方向移动即可补偿对端高频信号传播到本端的时间延迟。设不考虑线路分布电容的影响，两端电流相位一致，则移相的角度应为 $\frac{1}{100}l\times 6^\circ$。此处 l 为输电线路的长度，以 km 表示。

以上这些改进措施曾在我国 330kV 线路的静态相差高频保护中得到部分应用，效果良好。在微机相差高频保护中用数字负序过滤器、数字滤波、数字式起动元件、数字式比相方法代替了相应的模拟式电路，但这些问题仍然存在，这些改进措施仍有其现实意义。

五、 对相差高频保护原理的评价

如上所述，相差高频保护原理有一系列重要优点，在输电线路纵联保护发展过程中起了重要作用。目前在国外仍有应用，例如俄罗斯的 1150kV 的特高压输电线路静态保护中，仍然用相差高频保护作为输电线路单相重合闸周期中两相运行状态下的保护[14]。在我国实现保护微机化后，因相差高频保护比相的分辨率决定于采样率，在采样率为每周 20 次时，两次采样之间的间隔为 18°，亦即比相的分辨率为 18°。这大大影响了相差高频保护的性能，因而没有得到应用。随着微机保护技术的发展，高采样率硬件在性能价格比逐渐提高后，微机相差高频保护以及其他微机相差纵联保护必将重新得到广泛应用。尤其是当用贝瑞隆算法消除电容电流影响，用数字式光纤通道实现分相相位差动保护原理时，对通信容量、通信速率的要求不高，仍是一种优越的保护原理，详见参考文献[15]。

第八节　方向比较式纵联保护

以上介绍的几种保护原理都是用通信通道直接传送输电线路各端电气量的测量值并进行直接比较以判断故障的位置，都属于“单元式”保护一类。下面将介绍的方向比较式纵联保护和距离纵联保护并不直接传送和比较测量值，而是传送各端对故障位置各自判断的结果或有关信息，每端综合这些判断结果和信息决定保护是否应该动作。这些都属于“非单元式”保护一类。

方向比较式纵联保护，不论采用何种通信通道，都是基于被保护线路各端根据对故障方向的判断结果（在被保护线路方向还是在反方向）向其他各端发出相应信息。各端根据本端和其他各端对故障方向判断的结果综合判断出故障的位置，然后独立做出跳闸或不跳闸的决定。

方向比较式纵联保护可以按闭锁式实现，也可按允许式实现，不能用远方跳闸式实现，因为方向元件只能判断故障的方向，不能确定故障的位置。所谓闭锁式就是在被保护线段之外短路时由方向元件判断为反方向故障的一端发出闭锁信号，闭锁两端保护，而在判断为正方向故障时不发闭锁信号；所谓允许式是指短路时任一端如果判断为正方向故障，则向对端发出允许跳闸信号。两种方式的优缺点正好相反。下面以在我国应用较广的、可与载波（高频）通道配合工作的高频闭锁方向保护为例介绍方向比较式纵联保护的基本原理，同时也指出用允许式实现时的特点。这些基本原理也适用于微机保护。

一、 高频闭锁方向保护基本原理

高频闭锁方向保护是在外部故障时发出闭锁信号的一种保护。此闭锁信号由短路功率方向为负（指向被保护线路的反方向）的一端发出，这个信号被两端的收信机所接收，而将保护闭锁。现利用图 6-32 所示的故障情况来说明保护装置的作用原理。设故障发生在线路 BC 范围内，则短路功率 S_k 的方向如图 6-32 所示（此处指相功率而非对称分量功率或故障分量功率）。此时安装在线路 BC 两端的高频保护 3 和 4 的功率方向皆为正，故保护 3、4 都不发出高频闭锁信号。因而，在保护起动后，等待几个毫秒仍收不到对端发来的闭锁信号时即可动作，跳开两端的断路器。但对非故障线路 AB 和 CD，其靠近故障点一端的功率方向系由线路流向母线，即功率方向为负，则该端的保护 2 和 5 发出高频闭锁信号。此信号一方面被自己的收信机接收，同时经过高频通道送到对端的保护 1 和 6，使保护装置 1、2 和 5、6 都被高频信号闭锁，保护不会将线路 AB 和 CD 错误地切除。

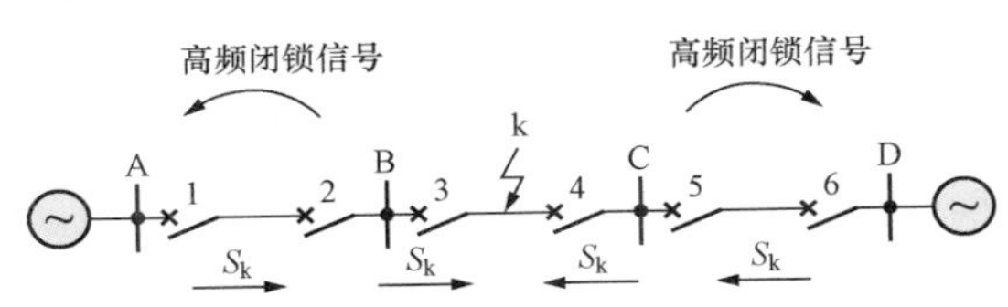

图 6-32　高频闭锁方向保护的作用原理

这种保护工作原理是利用非故障线路的一端发出闭锁该线路两端保护的高频信号，而对于故障线路，两端不需要发出高频闭锁信号，这样就可以保证在内部故障并伴随高频通道破坏时（例如通道所在的一相接地或断线）保护装置仍然能够正确地动作，这是闭锁式方向保护的主要优点，也是这种高频闭锁式原理在过去得到广泛应用的主要原因。

为清晰起见，图 6-33（a）用机电式继电器表示接于被保护线路一端的半套高频闭锁方向保护的原理和主要环节。这些环节在集成电路保护和微机保护中也是必须有的，只是实现方法不同而已。另一端的半套保护与此完全相同，故略之。其逻辑框图则示于图 6-33（b），保护装置由以下主要元件组成：起动元件 I_1 和 I_2，其灵敏度选择得不同，灵敏度较高的起动

元件 I_1 只用来起动高频发信机，发出闭锁信号，而灵敏度较低的起动元件 I_2 则用于给出口继电器以正电源，准备好跳闸回路，功率方向元件 S 用以判别短路功率的方向；中间继电器 KM4 用于在内部故障时其接点打开，停止发出高频信号；带有工作线圈和制动线圈的极化继电器 KM5 用以控制保护的跳闸回路。在正方向短路时，极化继电器 KM5 的工作线圈由线路本端保护的方向元件动作后供电，制动线圈在收信机收到高频闭锁信号时，由高频电流整流后供电。继电器作成当只有工作线圈中有电流而制动线圈中无电流时才动作，其接点闭合，实行跳闸。而当制动线圈有电流或两个线圈同时都有电流时都不动作。这样，就只有在内部故障，两端都不发送高频闭锁信号的情况下，极化继电器 KM5 才能动作。现将发生各种故障时保护的工作情况分述如下。

1. 外部故障

如图 6-32 所示保护 1 和 2 的情况，在 k 点短路时，A 端的保护 1 功率方向为正，B 端的保护 2 功率方向为负。此时，两侧的起动元件 1 都动作，经过中间继电器 KM4 的动断接点将起动发信机的命令加于发信机上。发信机发出的闭锁信号，一方面为自己的收信机所接收，一方面经过高频通道，被对端的收信机接收。当收到信号后，极化继电器 KM5 的制动线圈中有电流，其接点保持断开，即把保护闭锁。此外，起动元件 2 也同时动作，闭合其接点，准备了跳闸回路。在短路功率方向为正的一端（保护 1），其方向元件 3 动作，于是使中间继电器 KM4 起动，使其动断接点断开，停止发信，同时给 KM5 的工作线圈中加入电流。在方向为负的一端（保护 2），方向元件不动作，发信机继续发送闭锁信号。在这种情况下，保护 1 的 KM5 中是两个线圈都有电流，而保护 2 的 KM5 中只有制动线圈有电流。如上所述，两个继电器都不能动作，保护就一直被闭锁。待外部故障切除，起动元件返回以后，保护即恢复原状。

按图 6-33（b）所示的逻辑框图，在反方向故障时，近故障点一端方向元件 S 不动作，低定值起动元件 I_1 动作后，因“与 1”无输出，可通过“与 2”去起动发信机，发出高频闭锁信号，闭锁两端保护。收信机收到本端或对端发出的闭锁信号，使“与 3”无输出，闭锁了跳闸回路。远离故障点一端，高定值起动元件 I_2 和方向元件 S 动作，使“与 1”有输出。但因起动元件 I_1 动作比 I_2 和 S 快，故已先发出很短时间的高频信号，此很短时间的高频信号已足够使对端的发信机远方起动（远方起动回路图中未示出），使两端的发信机和收信机联锁，保持在发信状态一固定的时间，将两端的保护闭锁。当方向元件 S 动作后立即使“与 2”返回，停止发信。但收信机已接到对端发来的闭锁信号，使“与 3”停止输出。由于发信机起动和在通道中传输都需要有一定的时间，为了等待对端信号的到来，在“与 3”后经过一延时元件才去跳闸回路。其延时应大于从故障开始到对端闭锁信号到达本端所需的时间。在对端闭锁信号到达后，收信机的输出使“与 3”闭锁，此后虽然“与 1”仍有输出也不会通过“与 3”去跳闸。

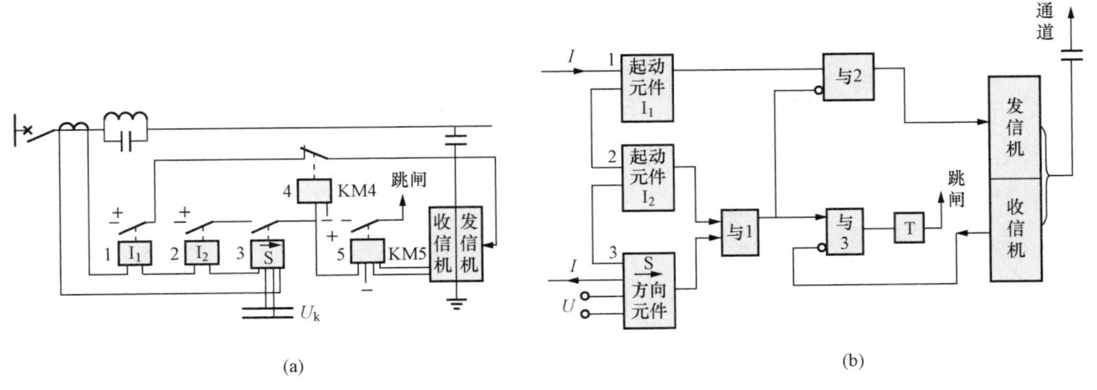

图 6-33 高频闭锁方向保护的原理接线和逻辑框图

(a) 原理接线图；(b) 逻辑框图

两套灵敏度不同的起动元件也可用两个动作方向不同的方向元件（或阻抗元件）代替。在反方向（非保护方向）故障时动作的方向元件（反向元件，相当于 I_1）动作时起动发信机发出闭锁信号；在正方向（保护方向）故障时动作的方向元件（正向元件，相当于 I_2）动作时准备好跳闸回路。两者的配合要求和对 I_1、I_2 的要求相同。同时要求“反向元件”在反方向的动作范围要远于对侧“正向元件”所能到达的范围并具有一定的裕度。亦即在反方向故障时，只要对侧的“正向元件”能够动作，本侧的“反向元件”必须能够动作，以保证能发出闭锁信号。这种起动方式在国外用的较多，其优点是起动元件的动作可以限制在合理的范围内，避免保护频繁起动而降低了保护的可靠性，因主保护没有必要反应远处的故障。

2. 两端供电线路内部故障

两端供电的线路内部故障时，两端的起动元件 1 和 2 都动作，其作用同上。之后，两端的方向元件 S 和中间继电器 KM4 也动作，立即停止了发信机的工作。这样，极化继电器 KM5 中就只有工作线圈中有电流。因此，它们能立即动作，分别使两端的断路器跳闸。

从逻辑框图看，在内部故障时，元件 I_1、I_2、S 都动作，但起动元件 I_1 动作快，先使发信机起动发信，随即因元件 2 和 3 动作，“与 1”将“与 2”闭锁，使发信机停止发信。输电线路两端发信机都停止发信，收信机无输出，使“与 3”动作，经延时元件 T 的延时（3～5ms，视线路长度而定）后发出跳闸脉冲。

3. 单端供电线路内部故障

当单端供电线路内部故障时，在受电端的半套保护的发信机也将起动（例如用负序电压或零序电流起动时），发送高频闭锁信号，而将电源端的保护闭锁，将使保护拒动。在此情况下应在受电端装设弱电端保护，即当电压、电流都小于预定值时动作，使受电端保护能够动作停信，有电源端的保护能够动作跳闸。

4. 系统振荡

对接于相电流和相电压（或线电压）上的功率方向元件，当系统发生振荡且振荡中心位于保护范围以内时，由于两端的功率方向均为正，保护将要误动，这是一个严重的缺点，因而这种方向元件不能应用，或配以振荡闭锁元件。而对于反应负序或零序功率的方向元件，或工频变化量、正序突变量或相电压补偿式的方向元件都不受振荡的影响。

由以上分析可以看出，在外部故障时，距故障点较远一端的保护所感觉到的情况和内部故障时完全一样（因为故障在正方向），此时主要利用靠近故障点一端的保护发出闭锁信号，来防止两端保护的误动作。因此，在外部故障时保护可靠不动作的必要条件是靠近故障点一端的高频发信机必须起动，而如果两端起动元件的灵敏度不相配合时，就可能发生误动作。

假如，在图 6-34 中，线路 MN 每端只有一个起动元件，其整定值为 $I_{k.act}=100A$，在 k 点短路时短路电流的二次值也正好应是 100A，但由于电流互感器的误差，进入 N 端起动元件中电流可能是 95A，而进入 M 端的则可能是 105A。因而 M 端的保护 1 起动，而 N 端的保护 2 不能起动，由于 N 端不能发出高频闭锁信号，因此，保护 1 在起动之后就会误动作。为防止这种误动作的发生，如上面所述，在每端采用了两个灵敏度不同的起动元件，一般选择 $I_{k.set.2}=(1.6\sim2)I_{k.set.1}$，使灵敏起动元件 1 动作后，只起动高频发信机，而不灵敏的起动元件 2 动作后才能够跳闸。这样，在上述情况下，保护就不可能误动作。

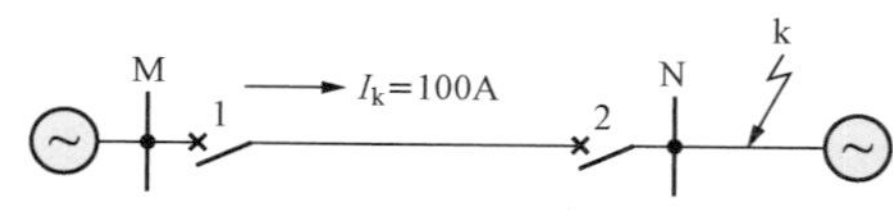

图 6-34　起动元件灵敏度不相配合时可能误动的情况

由于采用了两个灵敏度不同的起动元件，在内部故障时，必须在较不灵敏的起动元件 2 动作后才能跳闸，因而降低了整套保护的灵敏度，同时也使接线复杂化。

此外，对于这种工作方式，当外部故障时在远离故障点一端的保护为了等待对端发来的高频闭锁信号，必须要求起动元件 2 的动作时间大于起动元件 1 的动作时间。此外，还要考虑对端闭锁信号传到本端所必需的通道传输时间，此延时随着输电线路距离的增大而增大，这都使整套保护的动作速度降低。以上就是这种闭锁式保护的主要缺点。如果采用允许式或解除闭锁式可以避免这个缺点。

根据所采用的方向元件的构成原理不同，高频闭锁方向保护又有很多不同类型，其基本原理相同，一些具体性能如灵敏度、对过渡电阻反应的能力、受系统振荡的影响、在非全相状态下的工作情况等稍有差异，将在后面对方向元件的叙述中讨论。下面仅以历史最悠久、有丰富运行经验的负序（零序）方向高频保护为例说明方向比较式纵联保护的各种构成方式。距离元件也具有方向性，也可用于构成方向比较式纵联保护。但因距离保护除了有方向性之外还有固定的动作范围，作成方向高频保护具有更多的特点，这将在后面专门讨论。

二、 高频闭锁负序方向保护

负序方向纵联保护是最早出现的方向比较式纵联保护，长期以来与载波（高频）通道结合，用闭锁式，称为“高频闭锁负序方向保护”，结合此保护的构成原理可以说明方向比较式纵联保护的各种问题。

利用负序功率方向元件构成的高频闭锁方向保护可以反应各种不对称短路。对于超高压和特高压线路，由于三相短路的开始瞬间总有一个不对称的过程，如果负序方向元件能够在这个过程中来得及起动和正确判断故障的方向，可用记忆回路或程序把它们的动作固定下来，则可以反应三相短路。国外的经验[16]是用负序功率方向元件经短时记忆后和一个反应相间短路的阻抗元件并联（通过与门）来反应三相短路。这种接线的优点是：由于在反方向短路时有负序功率方向元件把关，因而对阻抗元件可采取向反方向偏移的特性，不必应用可靠性不高的记忆回路。其次，由于负序功率方向元件不受系统振荡的影响，故对阻抗元件可不设振荡闭锁装置。在手动合闸于未拆除的三相地线造成的三相短路时，由手合信号控制使阻抗元件独立工作切除故障。这种保护方式经过 20 余年运行考验，没有发生三相短路时保护拒动的情况。

1. 负序功率方向元件的工作原理和性能

负序方向纵联保护中的方向元件反应负序功率的方向，亦即反应负序电压 $\dot{U}_2$ 和负序电流 $\dot{I}_2$ 之间的角度 φ，简称负序方向元件。如图 6-35（a）、（b）所示，在线路 M 端保护的正方向 k1 点发生不对称短路时，进入 M 端保护的负序电流 $\dot{I}_{2m}$ 超前于母线负序电压 $\dot{U}_{2m}$ 的角度为（$180°-\theta_S$），θ_S 为保护安装处背后系统阻抗的阻抗角，设为 70°，即 $-\dot{I}_{2m}$ 落后于 $\dot{U}_{2m}$70°，或 $\dot{I}_{2m}$ 超前 $\dot{U}_{2m}=110°$ 如图 6-35（c）所示。在此情况下方向元件应该动作。在 M 侧的被保护线路反方向 k2 点发生不对称短路时，设系统中各元件的阻抗角相同，则进入保护的 $\dot{I}_{2m}$ 转过 180°，与图 6-35（c）所示相反，将落后于 $\dot{U}_{2m}$70°。在此情况下方向元件不应动作。

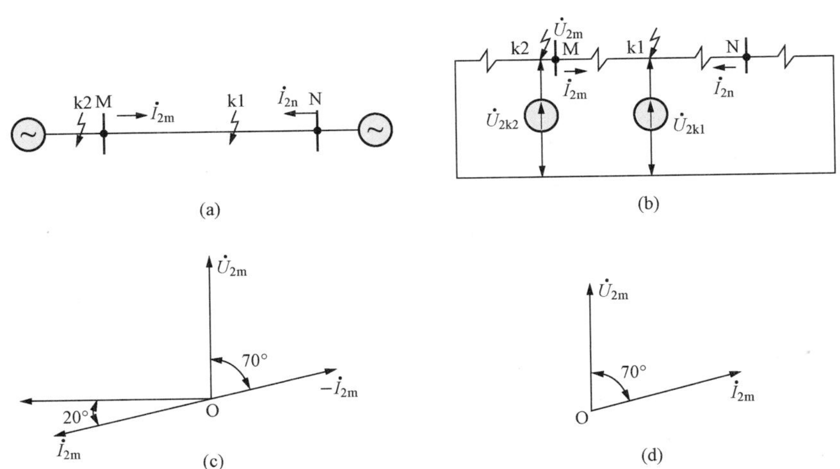

图 6-35 在被保护线路正、反方向不对称短路时负序电压和电流的矢量图
（a）系统接线；（b）不对称短路时负序等效网络；（c）正方向 k1 点不对称短路时负序电压和电流的矢量图；（d）反方向 k2 点不对称短路时负序电压和电流的矢量图

对于高频闭锁负序方向保护，需要一个在此角度附近（具体数值决定于线路和系统阻抗角）最灵敏的负序方向元件，即方向元件的最大灵敏角应在70°左右。在模拟式保护硬件中负序电流和负序电压是由模拟式负序电流、电压过滤器产生的[28]，将其输出的$\dot{U}_2$和$\dot{I}_2$分别接入一个方向继电器的电压线圈和电流线圈即可组成负序方向继电器，其最大灵敏角在继电器内部调整，一般有30°、45°、70°三种。在微机保护中则用数字式负序电流、电压过滤程序产生，灵敏角由程序实现。

为了提高负序方向纵联保护反应接地短路的灵敏度，尤其是当线路一端无电源而且负荷较小，负序阻抗较大、线路内部接地短路时，无电源端负序电流很小，保护不能可靠动作，但可通过Yd接线变压器的中性点接地线流过零序电流，故常常在负序方向纵联保护中配置一零序方向元件专门反应接地短路。零序方向元件也可按相似的原理构成。

2. 负序方向纵联保护的构成

图6-36用继电器回路说明装设在线路一端的这种保护组成的原理。其主要组成元件包括双方向动作的负序功率方向元件KW2、具有工作线圈和制动线圈的极化继电器KM2、串接于起动发信机回路中带延时返回的中间继电器KM1以及出口跳闸继电器KM3。

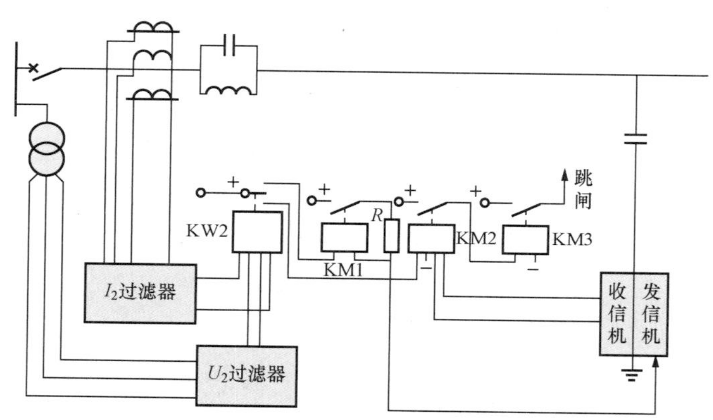

图6-36 高频闭锁负序方向纵联保护的原理接线图

构成保护的基本原则和动作情况与图6-33的框图相似，不同点在于这里用了双方向动作的负序功率方向元件，发信机由反方向动作的方向元件起动。当内部故障时两端KW2的接点都向下闭合，使KM2工作线圈带电，同时两端的发信机都不起动，由于发信机不起动，收信机收不到闭锁信号，因此，KM2的接点闭合，即可动作于跳闸；而当外部故障时，靠近故障点一端的KW2接点向上闭合，经KM1的电流线圈起动发信机。KM1的接点向上闭合后又经电阻R实现对发信机的附加起动，发出闭锁信号，从而把两端的保护闭锁。由于KM1带有返回延时，使高频发信机发出的闭锁信号在保护返回后仍能保持一段时间，防止保护误动作。为了保证这个闭锁作用的可靠性，必须要求负序方向元件KW2向上闭合接点起动发信机时的灵敏度较高、速度较快，而向下闭合接点起动极化继电器时的灵敏度较低、速度较慢，以便在灵敏度和动作时间方面都能得到很好的配合。

三、 长期发信的闭锁式方向高频保护

根据高频载波通道的特点，也可以实现长期发信闭锁式方向高频保护[17]。长期发信闭锁式是在正常运行情况下，线路两端保护控制发信机长期连续发出闭锁信号，闭锁两端保护。在发生内部故障时两端方向元件都判为正方向短路，都停发此闭锁信号，保护可以跳闸；在外部短路时近故障点一端的保护判断为反方向短路，不停止闭锁信号，两端保护都不能跳闸。闭锁信号同时作为通道工作状态监视用。如果收不到此信号，经过一定时间而保护起动元件未动，则证明通道有故障而将保护闭锁，并发出告警信号。长期发信闭锁式和故障时发信闭锁式不同，前者在内部故障时停止闭锁信号，在外部故障时不停止已发出的闭锁信号。这种方式也可认为是一种特殊的允许式。停止闭锁信号可以理解为发出了允许信号。因为这种方向高频保护在内部故障时不需要传送高频电流，故本线路短路伴随高频通道破坏时不影响保护的正确动作。在正常运行时通道破坏，相当于发出了允许信号，但保护没有起动不会误动作。可是在外部短路伴随通道破坏时将使保护误动作。但因外部故障历时很短，这种两者同时发生的几率较小。

由于这种保护方式连续不断地发送高频闭锁信号，不需要在故障时专门起动发信机的起动元件，因而可免除故障时发信闭锁式保护中必须有两套灵敏度不同的起动元件互相配合给整定造成的困难，并使保护起动元件的灵敏度提高。此外，由于在故障时不必等待对端发来的闭锁信号，不需要给保护跳闸附加人为的延时，可以提高保护的动作速度。

长期传输高频电流会给附近的通信线路和铁路号志系统造成一定的干扰，这是其唯一的缺点。在不会对通信产生干扰（例如通信用微波或光纤通道）的情况下，用这种方式最为理想。也可采用正常时将闭锁信号功率降低以减小对通信的干扰，外部短路时提高闭锁信号的功率，以便更可靠地闭锁保护。用光纤通道实现长期发信闭锁式方向纵联保护具有速度快、灵敏度高、通道有监视、对外无干扰等突出优点，图 6-37 所示为这种保护方式的逻辑框图。图 6-37 与图 6-33（b）相似，只是取消了起动元件，给“与 2”上面的输入端长期加以正电源，使发信机长期发信，其余相同。

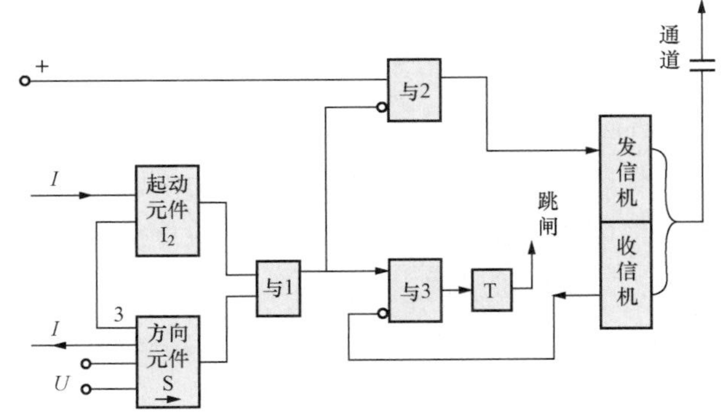

图 6-37　长期发信闭锁式方向高频保护逻辑框图

四、 高频发信机远方起动与弱电源端保护

对于闭锁式保护，在外部故障时靠近故障点一端发出闭锁信号是至关重要的。但在某些

情况下，可能由于起动发信机的起动元件灵敏度不足或其他原因使发信机未能起动，不能发出闭锁信号，而远离故障点一端准备跳闸回路的起动元件能够起动，这将造成该端保护误动作跳闸。为了消除这种现象，闭锁式保护一般都设有高频发信机远方起动回路，即在外部故障时只要有一端的发信机短时起动，发出很短时间的高频信号便可通过通道去起动对端的发信机，并保持一固定的时间。这样，在外部故障时，如果靠近故障点一端的发信机由于起动元件灵敏度不足不能起动，仍可被远离故障点一端的发信机远方起动发信。亦即在远端发信机已起动而方向元件尚未动作停信之前的很短时间内，通过通道使对端发信机起动发信，如果被远方起动一端的方向元件始终不动，则两端发信机、收信机相互联锁并保持一个固定时间，使两端保护闭锁。但为了防止在线路一端断开而从另一端手动投入于故障时，由于断开端发信机被远方起动发出闭锁信号使投入端保护在线路上有故障时不能立即跳闸起见，在三相断路器都断开的情况下（表示线路停运）自动断开发信机的远方起动回路。

对于一端电源功率较弱的线路，在内部短路时由于弱电源端不能提供足够大的短路电流使应该动作于停信的方向元件动作停信，而使得被强电源端远方起动的发信机发出的闭锁信号不能停止，使两端的保护都不能跳闸。为此，对于这种线路应设置弱电源端保护。弱电源端保护一般由电流、电压保护构成。当反应内部短路的方向元件不动作，但同时电流、电压都低于预定的定值时此保护动作，跳开弱电源端断路器，并停止发信机发信，使强电源端保护也能跳闸。弱电源端保护功能对于强电源端没有用，反而可能由于保护和高频信号间的配合不当而引起误动作，因此，我国继电保护反事故措施中规定在强电源端不应投入弱电源端保护功能。

五、 移频解除闭锁式方向高频保护[18]

对于方向纵联保护也可以采用“移频解除闭锁式”。这种方式要求在正常运行状态下两端保护控制发信机发出一种闭锁频率的信号，将对端保护闭锁。在内部短路时，两端保护的方向元件都判断为正方向短路，应立即将信号频率偏移到另一功率较强的解除闭锁信号频率，允许对端保护跳闸，于是两端保护同时跳闸。在外部短路时，靠近短路点一端保护的方向元件判断出外部短路，则保持这种闭锁频率信号不变，并将其功率加强，将对端保护可靠闭锁。本端因反应正方向故障的方向元件不动，虽有对端发来的解除闭锁频率信号也不会跳闸。对于这种方式，只有当接收到对端发来的解除闭锁信号、本端的正向方向元件或其他判断正方向有故障的元件也动作时才能跳闸。因此这种解除闭锁信号实际上就是允许信号，就是利用载波通道实现的一种特殊的允许式高频方向保护 POTT（Permissive Overreach Transfer Trip）。正常运行状态下的闭锁频率信号功率小一些，也作为通道监视用。因为功率小对附近通信线路的干扰较小。如果在正常运行情况下由于某种原因使监视频率信号消失时，经过一定延时（例如 150ms）将保护退出，发出警告信号。每端都要有一个可产生两个不同频率（相差约 200Hz 左右）的音频通道的收发信机。

图 6-38 为移频解除闭锁式方向高频保护逻辑框图。在正常运行状态下，反应正方向短路的方向元件 M_+ 不动作，正电源通过"与 4"使发信机向对端发出闭锁频率信号 f_1。"与 3"从收信机收到从对端发来的闭锁频率信号 f_3，且无解除闭锁频率信号 f_4，故无输出，收信继电器 R 不动作，它在跳闸回路内的接点断开。如果由于某种原因例如通道破坏使闭锁信号 f_3 消失，"非 1"无输入而有输出。但因无解除闭锁信号 f_4，"与 1"的两个输入端都有信号，其输出经过一延时元件 T（延时 150～300ms）发出告警信号，同时使闭锁继电器 B 动作。T 为一延时起动并保持的延时元件，在其延时到达后有输出，使在跳闸回路中的闭锁继电器 B 的动断接点断开，将保护闭锁。本方式的主要特点是：在延时元件 T 的延时未到达前，收信机能短时自动发出解除闭锁信号 f_4，如果通道是由于内部故障而破坏，闭锁频率信号已停发而解除闭锁频率信号不能到达则因反应内部故障的方向元件 M_+ 动作，此自动发生的短时的解除闭锁信号 f_4 将使"与 3"有输出，使收信继电器 R 动作。由于方向元件 M_+、收信继电器 R 都动作，B 尚未动作，故保护仍可跳闸。

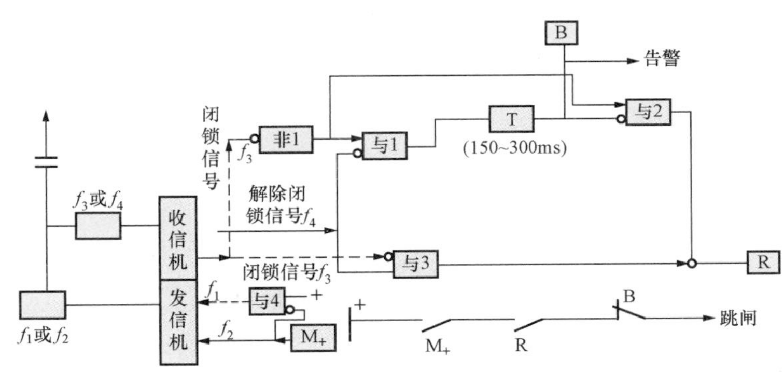

图 6-38　移频解除闭锁式方向高频保护逻辑框图

f_1—向对端发出的闭锁信号频率；f_2—向对端发出的解除闭锁信号频率；

f_3—对端发来的闭锁信号频率；f_4—对端发来的解除闭锁信号频率

B—闭锁继电器；R—收信继电器

在外部短路时，靠近短路点一端的方向元件 M_+ 不动作，发信机的闭锁信号不停止，使远端保护的"与 3"不能有输出，收信继电器 R 不能动作，远端保护不会误动作。近故障点一端的方向元件 M_+ 不会动作，保护也不会跳闸。

在内部短路时，两端的方向元件 M_+ 都动作，将发信频率切换到解除闭锁频率 f_2 和 f_4，两端的"与 3"都有输出，收信继电器 R 都动作，闭锁继电器 B 都不断开其接点，两端都可跳闸。

这种方式的又一优点是通道有经常的监视，遇有通道故障时可经过一定延时将保护闭锁，并发出告警信号。对于前面讲的闭锁式保护，如果通道故障不能及时发现，当外部短路发生时闭锁信号不能通过，将使保护误动；而对于此种方式，如果通道是由于内部短路而破坏，保护仍能自动发出短时间的解除闭锁信号，使保护动作跳闸。但在通道破坏后的 T 延时未到达前发生外部故障时，这种保护也要误动。但因 T 延时很短，这种概率很小，而内部故障引起通道破坏的概率很大，故优点大于缺点。和长期发信解除闭锁式相比，因移频解除闭锁式兼有闭锁式和允许式的功能，故在通道破坏情况下（除了在通道破坏后的150ms内）发生外部短路时保护不会误动作。

由于闭锁信号是不断发出的，故发信机不需要专门的起动元件，也免除了两套起动元件灵敏度和时间需要配合所引起的问题。

*六、具有“回声”功能的解除闭锁式方向高频保护[19]

当解除闭锁式方向高频保护用于一端为弱电源端或断路器断开的输电线路时，当线路内部发生短路，弱电端或断开端电流很小，用于停止闭锁信号和切换发信机改发解除闭锁（允许）信号的正方向元件 M_+ 可能不能动作，不能切换闭锁信号为解除闭锁信号，致使两端保护都不能跳闸，在此情况下解除闭锁式方向保护也可采用具有“回声”（echo）功能的接线，图6-39所示为这种保护方式的逻辑框图。

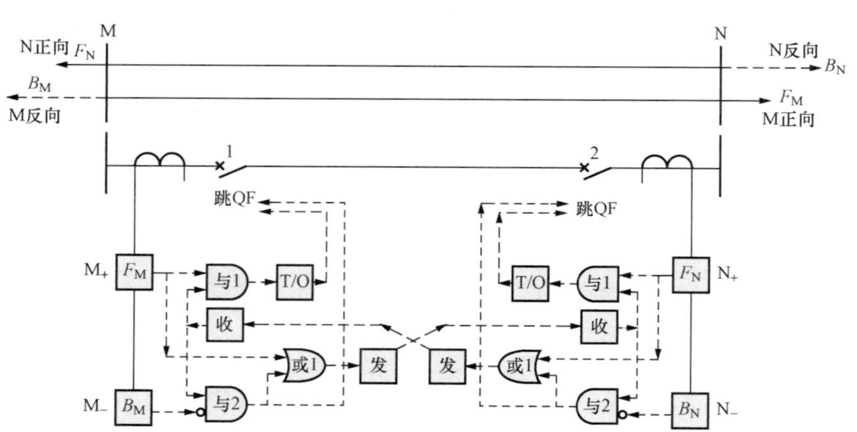

图6-39 具有“回声”功能的解除闭锁式方向高频保护逻辑框图

如图6-39所示，线路两端都设有动作范围超过线路全长的正方向元件 M_+ 和 N_+，其动作范围用实线 F 表示。在外部故障时，反方向元件 M_- 或 N_- 动作，不停止向对端发的闭锁信号，其动作范围用虚线 B 表示。M端反向动作范围 B_M 应超过对端正向动作范围 F_N，如图6-39所示。N端与此相似。保护的工作原理和解除闭锁式相似。在正常运行时两端都向对端发出闭锁频率信号（图中未标出）。在内部故障时，两端的正方向元件 M_+、N_+ 都动作，停止闭锁频率信号且都向对端发出解除闭锁频率信号。两端都收到对端发来的解除闭锁频率信号，则“与1”动作，通过一定延时，去跳本端断路器。但在内部故障时如果一端，例如N端断路器断开（线路空载），或该端为弱电源端，所能提供的短路电流很小，其正向方向元件 N_+ 不能动作，不能将闭锁频率切换成解除闭锁频率。但当N端收信机收到M端发来的解除闭锁频率时，如果反应反方向故障的方向元件 N_- 没有动作（因为是正方向故障)，则收信机收到的解除闭锁信号和反方向元件 N_- 的无输出两个条件满足，使“与 2”有输出，一方面跳开断路器 QF2，一方面通过“或 1”切换本端发信机频率，向对端发出解除闭锁频率信号，使对端 QF1 跳闸。“回声”功能对强电源端没有用，如前所述，在强电源端不应投入“回声”功能。

＊七、构成方向比较式纵联保护的其他方向元件

1. 相电压补偿式方向元件[17]

相电压补偿式方向元件是利用两两比较补偿后的相电压 $\dot{U}'_A$、$\dot{U}'_B$、$\dot{U}'_C$ 相位的原理构成的。如图 6-40 所示，$\dot{U}_A$、$\dot{U}_B$、$\dot{U}_C$ 为保护安装处的相电压，$\dot{I}_A$、$\dot{I}_B$、$\dot{I}_C$ 为线路上三相电流，取从母线指向被保护线路为正方向。

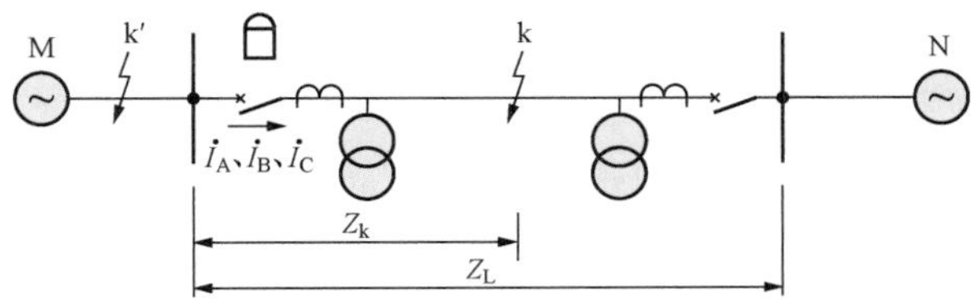

图 6-40　相电压补偿式方向元件工作示意图

令 $\dot{U}'_A$、$\dot{U}'_B$ 和 $\dot{U}'_C$ 为补偿到大于线路全长直到对端系统中性点的相电压，则有

$$\begin{aligned}\dot{U}'_A &= \dot{U}_A - (\dot{I}_A + n\dot{I}_0)KZ_{1L} \\ \dot{U}'_B &= \dot{U}_B - (\dot{I}_B + n\dot{I}_0)KZ_{1L} \\ \dot{U}'_C &= \dot{U}_C - (\dot{I}_C + n\dot{I}_0)KZ_{1L} \\ n &= (Z_{0L} - Z_{1L})/Z_{1L}\end{aligned} \tag{6-70}$$

式中：Z_{1L}为线路全长的正序阻抗；Z_{0L}为线路全长的零序阻抗；$Z_{2L}=Z_{1L}$；n 为零序补偿系数；KZ_{1L}为补偿阻抗；K 为大于 1 的系数，或称灵敏系数，由线路正向末端单相接地短路时方向元件的灵敏度和保证系统振荡伴有反方向故障时方向元件不误动等条件决定。

KZ_{1L}一般应取约等于保护安装处到对端系统中性点的正序阻抗。如果对端系统容量很小，这样选取时补偿阻抗可能过大，则应适当减小，但 K 值不应小于 1.25，以保证末端短路的灵敏度不小于 1.25。补偿阻抗的阻抗角可取等于线路阻抗角的值，在个别情况下也可小于线路阻抗角，以增大允许过渡电阻的能力，这要根据系统具体情况而定。

假定线路各相阻抗角都相同，在正常运行情况下三个补偿后电压对称，彼此相位差 120°。为了保证正确反应非全相状态下的故障，本保护的方向元件采用三个单相式，即 F_{AB} 为比较 $\dot{U}'_A$ 和 $\dot{U}'_B$ 相位的方向元件、F_{BC}为比较 $\dot{U}'_B$ 和 $\dot{U}'_C$ 相位的方向元件、F_{CA}为比较 $\dot{U}'_C$ 和 $\dot{U}'_A$ 相位的方向元件。

令 $\dot{U}'_A$ 超前 $\dot{U}'_B$ 的相位角为 θ_{AB}，$\dot{U}'_B$ 超前 $\dot{U}'_C$ 的相位角为 θ_{BC}，$\dot{U}'_C$ 超前 $\dot{U}'_A$ 的相位角为 θ_{CA}。方向元件的动作条件是

$$210° \leqslant \theta_{AB} \text{ 或 } \theta_{BC} \text{ 或 } \theta_{CA} \leqslant 390° \tag{6-71}$$

当A相在正方向接地短路时，$\dot{U}'_A$ 偏离 $\dot{U}_A$ 位置根据短路情况的不同向左或右旋转，当转过90°时即进入动作区如图6-41所示。F_{AB}动作范围为影线所示的半个平面。F_{BC}和 F_{CA}动作范围可按照类似方法画出。

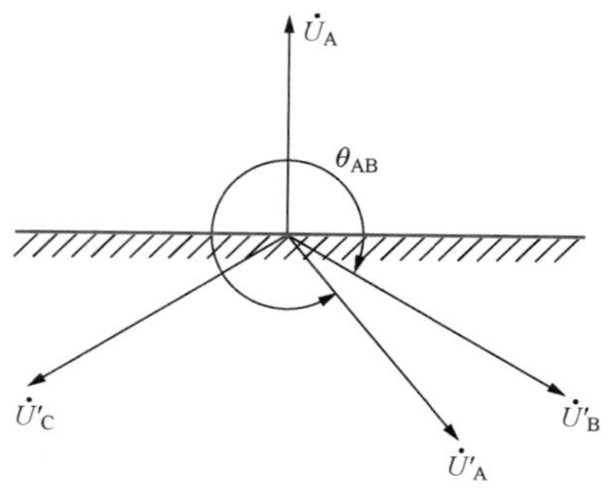

图6-41 方向元件的动作范围

在非全相运行状态下，例如A相断开时，如果电压取自断路器外侧线路上的电压互感器，则此时电压消失，与 $\dot{U}'_A$ 有关的方向元件 F_{AB}和 F_{CA}由于 $\dot{I}_0$ 的影响可能处于动作状态，因此，必须将其闭锁，只留下 F_{BC}继续运行，反应B相和C相的故障。如果电压取自母线上的电压互感器，则在非全相运行状态下系统振荡时，F_{AB}和 F_{CA}也可能误动，也应将其闭锁。

这种方向元件在各种故障状态下的动作行为分析如下。

（1）正常负荷状态、三相短路稳态或系统振荡状态。三相电压和电流是对称的，三相补偿后电压 $\dot{U}'_A$、$\dot{U}'_B$ 和 $\dot{U}'_C$ 也是对称的，则有

$$\theta_{AB}=\theta_{BC}=\theta_{CA}=120°$$

不满足式（6-71）条件，方向元件 F_{AB}、F_{BC}和 F_{CA}都不动作。其矢量关系如图6-42（a）所示。因此，本方向元件在重负荷和系统振荡状态下不误动。这是其一个很重要的优点。对于三相短路虽然从原理上也不能反应，但是只要采取措施使三相补偿后电压 $\dot{U}'_A$、$\dot{U}'_B$ 和 $\dot{U}'_C$ 不要同时翻转即可反应三相短路[19]。在集成电路保护中可以稍微加大一个补偿后电压回路的时间常数，使其电压变化比其他两相慢一些，相当于短路开始时是不对称的然后发展成对称短路，在此情况下方向元件即可动作。在微机保护中可在短路后第一个周期对一个补偿后电压使用短路前的电压数据，同样可以达到这个目的。这些措施不影响保护的动作性能和动作速度。

（2）线路单相接地短路。当线路正方向 Z_k 距离处发生单相接地短路时，短路点k的A相电压为 $\dot{U}_{kA}=0$，因线路的正序和负序阻抗相等，$\dot{I}_A=\dot{I}_1+\dot{I}_2+\dot{I}_0$，故保护安装处电压为

$$\dot{U}_A=\dot{I}_1Z_{k1}+\dot{I}_2Z_{k2}+\dot{I}_0Z_{k0}=\dot{I}_AZ_{k1}+\dot{I}_0(Z_{k0}-Z_{k1})=(\dot{I}_A+n\dot{I}_0)Z_{k1}$$

$$n=(Z_{k0}-Z_{k1})/Z_{k1}$$

其补偿后电压为

$$\begin{aligned}\dot{U}'_A&=\dot{U}_A-(\dot{I}_A+n\dot{I}_0)KZ_{1L}=(\dot{I}_A+n\dot{I}_0)Z_{k1}-(\dot{I}_A+n\dot{I}_0)KZ_{1L}\\&=(\dot{I}_A+n\dot{I}_0)(Z_{k1}-KZ_{1L})\end{aligned}$$

在保护范围内短路时 $Z_{k1}\leqslant KZ_{1L}$，则 $(Z_{k1}-KZ_{1L})$ 为负值，补偿后电压 $\dot{U}'_A$ 的相位转过大约180°，与 $\dot{U}_A$ 相反。因BC两项电流很小，$\dot{U}'_B$、$\dot{U}'_C$ 相位和 $\dot{U}_B$、$\dot{U}_C$ 相位很接近，如图6-42（b）所示。图中近似设故障相电流落后电压90°，角度为其他值时也相似。其他两相电流为负荷电流。可知 θ_{AB}和 θ_{CA}均大于210°和小于390°，故方向元件 F_{AB}和 F_{CA}都动作。

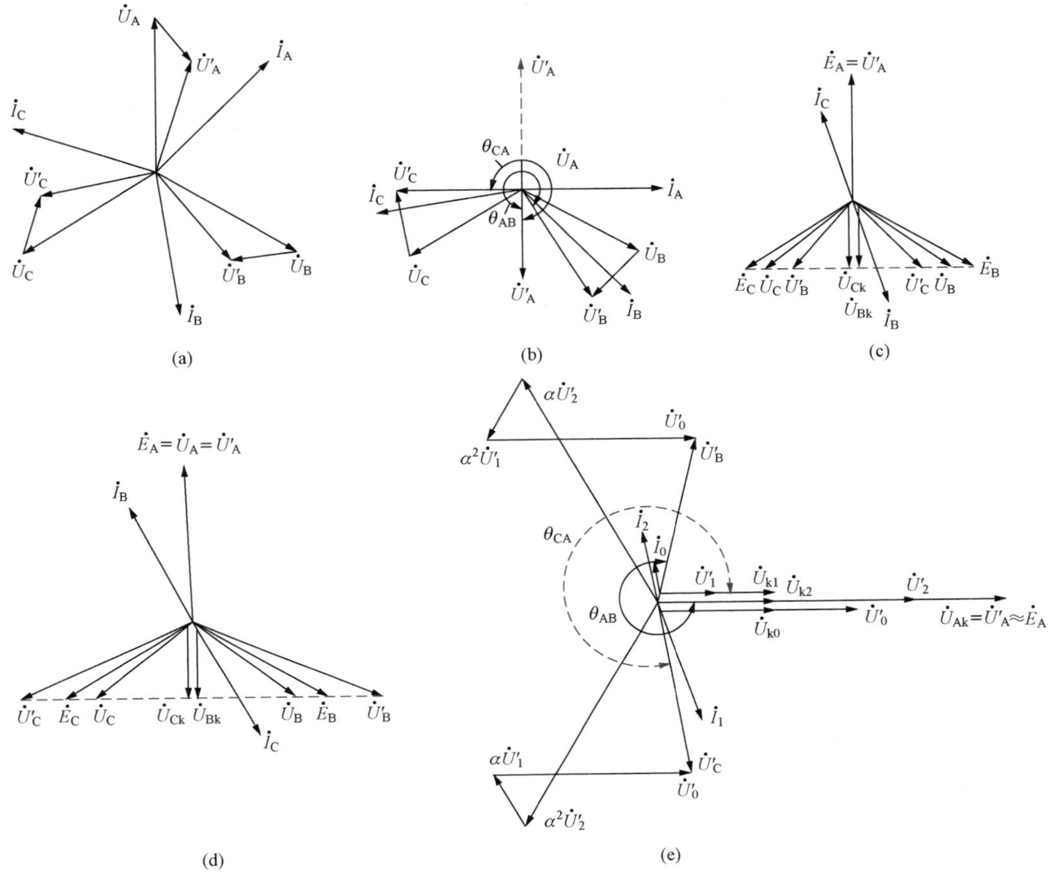

图 6-42　各种状态下方向元件矢量图

（a）正常负荷状态和系统振荡；（b）正、反方向 A 相接地；（c）正方向 BC 两相短路；
（d）反方向 BC 两相短路；（e）正方向 BC 两相短路接地

在反方向 k′处发生 A 相接地时，可近似认为 A 相电流 $\dot{I}_A$ 相位比正方向短路时相位转过约 180°，则 A 相补偿后电压为

$$\dot{U}'_A = \dot{U}_A + (\dot{I}_A + n\dot{I}_0)KZ_{1L}$$

其相位与 $\dot{U}_A$ 相位基本相同，如图 6-42（b）中虚线所示。此时三相补偿后电压虽然不对称，但 θ_{AB}、θ_{BC}、θ_{CA}都小于 210°，不会动作，亦即 F_{AB}、F_{BC}和 F_{CA}具有方向性。理论上，如果将 $\dot{U}'_A$、$\dot{U}'_B$、$\dot{U}'_C$ 补偿到对端系统中性点，则在反方向经任何过渡电阻、任何短路情况下，无论系统有无振荡，无论线路是三相运行还是两相运行，三个补偿后电压都等于对端系统等值发电机的电动势，总是三相对称的，方向元件不会误动。因此本方向元件具有很强的方向性，这是其最大的优点。

一相断开情况下发生其他两相的单相接地和两相短路时，由该两相电压构成的方向元件的动作情况和全相情况下故障相同。因此，本方向元件在非全相运行情况下仍可正确反应其他两健全相的故障，这是其又一很大的优点。

（3）线路三相运行情况下的两相短路。图 6-42（c）所示为正方向 BC 两相短路的矢量图。短路点电压 $\dot{U}_{Ck}=\dot{U}_{Bk}$，$\dot{I}_B$ 落后于（$\dot{E}_B-\dot{E}_C$）约 90°。$\dot{U}_{Bk}$ 加上 $\dot{I}_B Z_{k1}$、$\dot{U}_{Ck}$ 加上 $\dot{I}_C Z_{k1}$ 即得保护安装处电压 $\dot{U}_B$、$\dot{U}_C$，由 $\dot{U}_B$ 减去 $\dot{I}_B KZ_{1L}$、$\dot{U}_C$ 减去 $\dot{I}_C KZ_{1L}$，得补偿后电压 $\dot{U}'_B$ 和 $\dot{U}'_C$。

以方向元件 F_{BC} 为例，由图 6-42（c）可知，$\dot{U}'_B$ 和 $\dot{U}'_C$ 的相角差 $\theta_{BC}>210°$因而方向元件 F_{BC} 动作，不难证明 F_{AB}、F_{CA} 也将动作。

当短路点向保护安装处移动时，如在保护安装处出口短路，$\dot{U}_B$、$\dot{U}_C$ 与 $\dot{U}_{Ck}$、$\dot{U}_{Bk}$ 重合，如果 $\dot{I}_B$ 和 $\dot{I}_C$ 都很大，θ_{BC} 减小，可能小于 210°，F_{BC} 不能动作，但方向元件 F_{AB} 和 F_{CA} 仍能保证动作。

在反方向 BC 两相短路时 $\dot{I}_B$ 和 $\dot{I}_C$ 转过约 180°，如图 6-42（d）所示。$\dot{I}_B Z_{k1}$ 和 $\dot{I}_C Z_{k1}$ 相位与正方向短路比较约转过 180°，θ_{BC} 小于 210°，方向元件 F_{BC} 不会动作。不难证明 F_{AB}、F_{CA} 也不会动作。

A 相断开的非全相状态下，将 F_{AB} 和 F_{CA} 闭锁。正方向 BC 两相短路时，F_{BC} 动作，反方向短路不动作。其矢量图与图 6-42（c）、（d）相似。

（4）线路三相运行情况下的两相短路接地。例如在被保护线路的正方向 k 点（图 6-40）发生 BC 两相接地短路，忽略非故障相 A 中的电流，则正、负、零序电压、电流、补偿后电压等的矢量关系如图 6-42（e）所示。短路点电压 $\dot{U}_{Ck}=\dot{U}_{Bk}=0$，则有

$$\dot{U}_{k1}=\dot{U}_{k2}=\dot{U}_{k0}=\frac{1}{3}\dot{U}_{Ak}$$

保护安装处各序电压为

$$\left.\begin{aligned}\dot{U}_1&=\dot{U}_{k1}+\dot{I}_1 Z_{k1}\\ \dot{U}_2&=\dot{U}_{k2}+\dot{I}_2 Z_{k1}\\ \dot{U}_0&=\dot{U}_{k0}+\dot{I}_0 Z_{k0}\end{aligned}\right\}\tag{6-72}$$

因非故障相的负荷电流只会略有变化，可不考虑，可近似设其补偿后电压仍接近等于电动势，三相补偿后电压可计算为

$$\left.\begin{aligned}\dot{U}'_A&=\dot{U}'_1+\dot{U}'_2+\dot{U}'_0\approx\dot{U}_A\approx\dot{E}_A\\ \dot{U}'_B&=a^2\dot{U}'_1+a\dot{U}'_2+\dot{U}'_0\\ \dot{U}'_C&=a\dot{U}'_1+a^2\dot{U}'_2+\dot{U}'_0\end{aligned}\right\}\tag{6-73}$$

其中

$$\left.\begin{aligned}\dot{U}'_1&=\dot{U}_1-\dot{I}_1 KZ_{1L}=\dot{U}_{k1}+\dot{I}_1(Z_{k1}-KZ_{1L})\\ \dot{U}'_2&=\dot{U}_2-\dot{I}_2 KZ_{1L}=\dot{U}_{k2}+\dot{I}_2(Z_{k1}-KZ_{1L})\\ \dot{U}'_0&=\dot{U}_0-\dot{I}_0 KZ_{0L}=\dot{U}_{k0}+\dot{I}_0[Z_{k0}-(n+1)KZ_{1L}]^{❶}\end{aligned}\right\}\tag{6-74}$$

❶ $\dot{U}'_0=\dot{U}_0-\dot{I}_0 KZ_{0L}=\dot{U}_{k0}+\dot{I}_0 Z_{k0}-I_0 KZ_{0L}+\dot{I}_0 KZ_{1L}-\dot{I}_0 KZ_{1L}=\dot{U}_{k0}+\dot{I}_0\left(Z_{k0}-\frac{KZ_{0L}-KZ_{1L}}{KZ_{1L}}\cdot KZ_{1L}-KZ_{1L}\right)$
$=\dot{U}_{k0}+\dot{I}_0(Z_{k0}-nKZ_{1L}-KZ_{1L})=\dot{U}_{k0}+\dot{I}_0[Z_{k0}-(n+1)KZ_{1L}]$，$n=\frac{KZ_{0L}-KZ_{1L}}{KZ_{1L}}$

也可直接用下式求出，结果一样

$$\left.\begin{aligned}\dot{U}'_{A}&=\dot{U}_{A}-(\dot{I}_{A}+n\dot{I}_{0})KZ_{1L}\\\dot{U}'_{B}&=\dot{U}_{B}-(\dot{I}_{B}+n\dot{I}_{0})KZ_{1L}\\\dot{U}'_{C}&=\dot{U}_{C}-(\dot{I}_{C}+n\dot{I}_{0})KZ_{1L}\end{aligned}\right\}\tag{6-75}$$

从图 6-42（e）中的θ_{AB}和θ_{CA}值可知，M 端方向元件F_{AB}和F_{CA}都能够动作。用同样方法分析可知 N 端保护也能动作。

在反方向 k′点发生 BC 两相接地时可按相同方法分析，因电流与短路前比较都转过约 180°，因而补偿后电压相位和补偿前电压基本一致，三个方向元件都不动作。

在 A 相断开的非全相状态下，如发生 BC 两相接地时，BC 两相补偿后电压$\dot{U}'_{B}$和$\dot{U}'_{C}$与故障前比较约转过 180°，θ_{BC}基本不变，方向元件F_{BC}不能动作。F_{AB}和F_{CA}被闭锁也不动作，这是本保护从原理上不反应非全相状态下两相接地的原因。如上所述，在微机保护中，可以人为地使比断开相落后的一相的补偿后电压在故障后第一个周期仍使用其故障前数据，即可保证保护动作，这相当于 B 相和 C 相接地的时间相差 20ms 左右，方向元件F_{BC}仍能动作停信，跳闸。

（5）非全相状态下系统振荡。以 A 相断开的非全相状态下系统振荡为例，分析方向元件F_{BC}的动作行为，图 6-43 为这种情况下系统等效图。图中，Z_{SM}、Z_{SN}分别为 M 侧和 N 侧系统的等效阻抗；Z_{1L}、Z_{M}分别为被保护线路的正序阻抗和相间互感阻抗；δ为两侧电源电动势的相角差。

很明显，图 6-43（a）的等效图可简化为图 6-43（b），后者与 BC 两相接地的等效图相似，只是电源电动势的大小和相位随角度δ而变化。因此，非全相状态下系统振荡可按两相短路接地的方法进行分析。显然非全相状态下系统振荡和非全相状态下两相接地一样，方向元件不会误动。顺便指出，使一相的补偿后电压翻转稍慢的方法不会使方向元件在系统全相振荡和非全相振荡时误动，因为振荡发展很慢，补偿后电压的变化也是非常缓慢的，一相补偿后电压变化慢一个周期不会使方向元件动作。利用电压、电流变化速度的差别区分短路和振荡是继电保护技术中常用的手段。

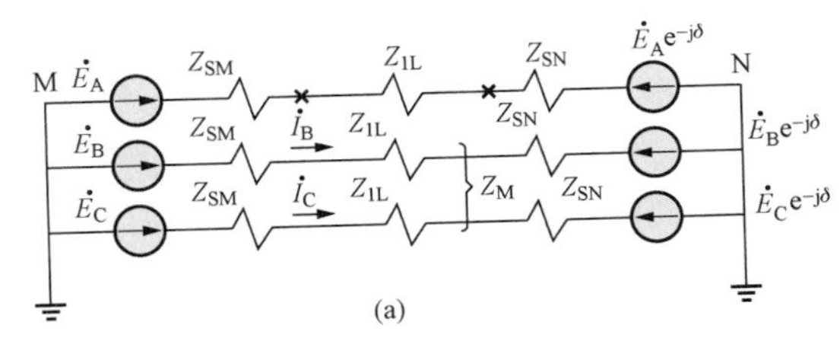

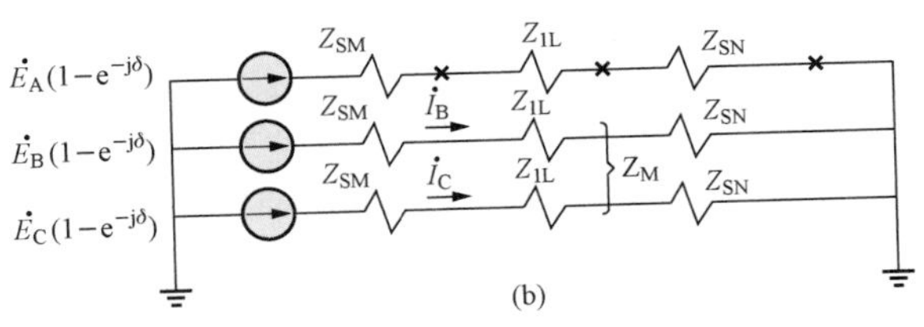

图 6-43　A 相断开的非全相状态下系统振荡的等效图

应用相电压补偿式方向元件构成的晶体管式、集成电路式方向高频保护装置在 20 世纪

70到90年代曾在我国220～500kV线路上得到大量应用，这种微机保护也在220kV线路上得到过应用。其优点是从原理上具有很强的方向性，不反应于系统振荡，在非全相运行时仍能正确工作；其缺点是线路末端单相接地短路时承受过渡电阻的能力较差，两端保护可能出现相继动作。如果用其专门反应两相短路和两相接地短路，另配以单相接地距离保护反应单相接地短路和三相短路，则可得到良好的保护性能。

2. 工频变化量方向元件[20]

工频变化量方向元件是利用故障时电压电流中故障分量中的工频正序和负序分量判断故障方向的一种方向元件。由于这种分量不只是在故障时产生，在系统操作或其他状态突变时也会产生，故称为工频变化量。

这种方向元件动作速度很快，介于常规保护和行波方向保护之间，动作时间在10ms以下。其工作原理如下。

以图6-44（a）的系统为例说明其工作原理。在MN线路上，对于M侧的保护，当正方向k1点故障时，相当于故障附加状态的等效网络中在k1点接入一个新电源，如图6-44（b）所示，变化量即由k1点的新电源产生。这时继电器所感受的电压变化即故障分量为

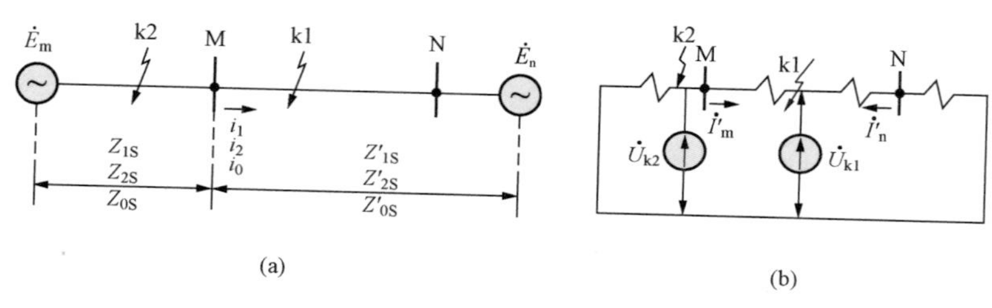

图6-44 工频变化量方向元件原理

（a）系统接线；（b）等效图

$$\left.\begin{aligned}\dot{U}_A &= -(\dot{I}_1 Z_{1S} + \dot{I}_2 Z_{2S} + \dot{I}_0 Z_{0S})\\ \dot{U}_B &= -(a^2 \dot{I}_1 Z_{1S} + a\dot{I}_2 Z_{2S} + \dot{I}_0 Z_{0S})\\ \dot{U}_C &= -(a\dot{I}_1 Z_{1S} + a^2 \dot{I}_2 Z_{2S} + \dot{I}_0 Z_{0S})\\ \dot{U}_0 &= -\dot{I}_0 Z_{0S}\end{aligned}\right\} \tag{6-76}$$

这里的$\dot{U}$、$\dot{I}$均表示M端母线处电压、电流的故障分量。当故障点在反方向k2点时，相当于在k2接入一电源，故障分量由此电源产生。这时由式（6-76）得到

$$\left.\begin{aligned}\dot{U}_A &= (\dot{I}_1 Z'_{1S} + \dot{I}_2 Z'_{2S} + \dot{I}_0 Z'_{0S})\\ \dot{U}_B &= (a^2 \dot{I}_1 Z'_{1S} + a\dot{I}_2 Z'_{2S} + \dot{I}_0 Z'_{0S})\\ \dot{U}_C &= (a\dot{I}_1 Z'_{1S} + a^2 \dot{I}_2 Z'_{2S} + \dot{I}_0 Z'_{0S})\\ \dot{U}_0 &= \dot{I}_0 Z'_{0S}\end{aligned}\right\} \tag{6-77}$$

故障分量的电流可普遍表示为

$$\left.\begin{aligned}\dot{I}_A &= \dot{I}_1 + \dot{I}_2 + \dot{I}_0 \\ \dot{I}_B &= a^2\dot{I}_1 + a\dot{I}_2 + \dot{I}_0 \\ \dot{I}_C &= a\dot{I}_1 + a^2\dot{I}_2 + \dot{I}_0\end{aligned}\right\} \tag{6-78}$$

故障分量中减去零序分量得到方向元件所反应的正、负序成分，用上标“′”表示，称为工频变化量

$$\left.\begin{aligned}\dot{U}'_A &= \dot{U}_A - \dot{U}_0 \\ \dot{U}'_B &= \dot{U}_B - \dot{U}_0 \\ \dot{U}'_C &= \dot{U}_C - \dot{U}_0 \\ \dot{I}'_A &= \dot{I}_A - \dot{I}_0 \\ \dot{I}'_B &= \dot{I}_B - \dot{I}_0 \\ \dot{I}'_C &= \dot{I}_C - \dot{I}_0\end{aligned}\right\} \tag{6-79}$$

方向元件的动作判据是

$$\left.\begin{aligned}\varphi_1 < \arg\frac{\dot{U}'_A}{-\dot{I}'_A Z_d} < \varphi_2 \\ \varphi_1 < \arg\frac{\dot{U}'_B}{-\dot{I}'_B Z_d} < \varphi_2 \\ \varphi_1 < \arg\frac{\dot{U}'_C}{-\dot{I}'_C Z_d} < \varphi_2\end{aligned}\right\} \tag{6-80}$$

式中：Z_d 为方向元件的模拟阻抗，阻抗角调整为 80°。φ_1 和 φ_2 为设置的表示保护动作范围的两个角度。

Z_d 实际上是一个参考阻抗。在正方向故障时，方向元件所测量到的是保护安装处到背后系统中性点的阻抗 Z_S，而在反方向故障时方向元件所测量到的是保护安装处到对侧系统中性点的阻抗 Z'_S，都与此参考阻抗比相，即可判断故障的方向。

将式（6-76）、式（6-77）代入式（6-79）得到：

正向故障时有

$$\left.\begin{aligned}\dot{U}'_A &= -(\dot{I}_1 Z_{1S} + \dot{I}_2 Z_{2S}) \\ \dot{U}'_B &= -(a^2\dot{I}_1 Z_{1S} + a\dot{I}_2 Z_{2S}) \\ \dot{U}'_C &= -(a\dot{I}_1 Z_{1S} + a^2\dot{I}_2 Z_{2S})\end{aligned}\right\} \tag{6-81}$$

反方向故障时有

$$\left.\begin{aligned}\dot{U}'_{\mathrm{A}} &= (\dot{I}_1 Z'_{1\mathrm{S}} + \dot{I}_2 Z'_{2\mathrm{S}})\\ \dot{U}'_{\mathrm{B}} &= (a^2 \dot{I}_1 Z'_{1\mathrm{S}} + a\dot{I}_2 Z'_{2\mathrm{S}})\\ \dot{U}'_{\mathrm{C}} &= (a\dot{I}_1 Z'_{1\mathrm{S}} + a^2 \dot{I}_2 Z'_{2\mathrm{S}})\end{aligned}\right\} \tag{6-82}$$

在电力系统的暂态过程中正、负序阻抗一般很接近，假定

$$Z_{1\mathrm{S}} = Z_{2\mathrm{S}},\quad Z'_{1\mathrm{S}} = Z'_{2\mathrm{S}}$$

代入式（6-81）、式（6-82）则得：

正方向故障时有

$$\left.\begin{aligned}\dot{U}'_{\mathrm{A}} &= -(\dot{I}_1 + \dot{I}_2) Z_{1\mathrm{S}} = -\dot{I}'_{\mathrm{A}} Z_{1\mathrm{S}}\\ \dot{U}'_{\mathrm{B}} &= -(a^2 \dot{I}_1 + a\dot{I}_2) Z_{1\mathrm{S}} = -\dot{I}'_{\mathrm{B}} Z_{1\mathrm{S}}\\ \dot{U}'_{\mathrm{C}} &= -(a\dot{I}_1 + a^2 \dot{I}_2) Z_{1\mathrm{S}} = -\dot{I}'_{\mathrm{C}} Z_{1\mathrm{S}}\end{aligned}\right\} \tag{6-83}$$

同理，反方向故障时有

$$\left.\begin{aligned}\dot{U}'_{\mathrm{A}} &= \dot{I}'_{\mathrm{A}} Z'_{1\mathrm{S}}\\ \dot{U}'_{\mathrm{B}} &= \dot{I}'_{\mathrm{B}} Z'_{1\mathrm{S}}\\ \dot{U}'_{\mathrm{C}} &= \dot{I}'_{\mathrm{C}} Z'_{1\mathrm{S}}\end{aligned}\right\} \tag{6-84}$$

将式（6-83）、式（6-84）代入式（6-90），分子分母消去 $\dot{I}'$ 项，三相的方向元件的判别式实际上变成了下式，对于三相是相同的：

$$\left.\begin{aligned}&\text{正向故障时相当于比较 } Z_{1\mathrm{S}} \text{ 和 } Z_{\mathrm{d}} \qquad \varphi_1 < \arg\frac{Z_{1\mathrm{S}}}{Z_{\mathrm{d}}} < \varphi_2\\ &\text{反向故障时相当于比较 } Z'_{1\mathrm{S}} \text{ 和 } Z_{\mathrm{d}} \qquad \varphi_1 < \arg\frac{Z'_{1\mathrm{S}}}{-Z_{\mathrm{d}}} < \varphi_2\end{aligned}\right\} \tag{6-85}$$

式（6-85）是构成工频变化量方向元件的理论基础。从此式可以得到以下五点结论。

（1）判别式（6-85）中只决定于保护安装处两侧的线路和系统阻抗，没有故障点过渡电阻，因此这种方向元件一般不受故障点过渡电阻的影响。但如果过渡电阻过大，使故障分量减得很小时，将影响其灵敏度。

（2）式（6-85）中没有电源助增的因素（例如三端线路），因此，这种方向元件一般不受电源助增的影响。但如果助增作用过大，即助增电源侧阻抗过小，对其灵敏度也有一定影响。

（3）由于 $Z_{1\mathrm{S}}$、$Z'_{1\mathrm{S}}$是系统的综合正序阻抗，在一般情况下电力系统综合阻抗的阻抗角总是在 80°左右。因此，从式（6-85）中可见，正方向故障时 $Z_{1\mathrm{S}}$和 Z_{d} 完全同相位；反方向故障时$-Z'_{1\mathrm{S}}$与 Z_{d} 完全反相位，方向元件有极其明确的方向性。

(4) 由于三相方向元件得到同一个方向判别式，即有着完全相同的方向性，非故障相没有附加电源，因此非故障相不会误判方向。

(5) 式 (6-85) 推导过程中，并没有假定发生了什么故障，因此，继电器可判别出任何接地和相间故障的方向，有着完全相同的方向性。

由于上述一系列优点，由这种方向元件构成的方向纵联保护得到了广泛的应用。其缺点是和所有应用故障分量的保护一样，只能在故障后 2～3 个周波内工作，不能反应故障的全过程。为了反应故障转换、重合闸不成功等情况，需要配备其他的保护。

关于这种方向元件的灵敏度分析可参阅参考文献[15]。

*3. 正序故障分量方向元件[21]

上面介绍的工频变化量方向元件的优点之一是只要从相量中减去零序分量即可得到工频变化量，且零序滤序比较简单。但是该原理须假设电力系统中的正序阻抗等于负序阻抗，这在大多数情况下是成立的，但也有些 $Z_1 \neq Z_2$ 的特殊情况，在这些情况下该原理将产生误差，参考文献[21]中分析了误差的大小。

利用正序故障分量也可实现方向判别，称为正序故障分量方向元件。其优点是该原理利用正序故障分量电流，不存在 $Z_1 \neq Z_2$ 产生的误差。不过，滤出正序比滤出零序较为复杂。

将工频变化量方向元件的工频变化量式 (6-79)～式 (6-83) 中的负序电压、电流取消即可得到反映正序故障分量方向元件的相应公式和判据，则有：

$$\left.\begin{array}{ll}\text{正方向故障} & 0 < \arg\dfrac{\dot{U}_{1g}}{-\dot{I}_{1g}} < 180^\circ \\ \text{反方向故障} & 180^\circ < \arg\dfrac{\dot{U}_{1g}}{-\dot{I}_{1g}} < 360^\circ\end{array}\right\} \tag{6-86}$$

$\dot{U}_{1g}$ 为母线上的正序故障分量电压，$\dot{I}_{1g}$ 为流经保护的正序故障分量电流，以从母线流向被保护线路为正。

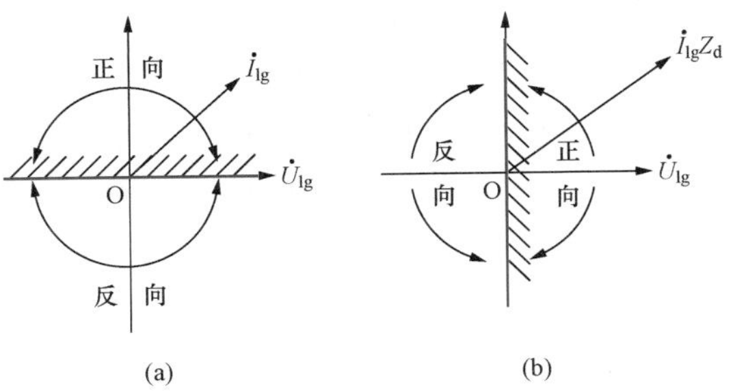

图 6-45　正序故障分量方向元件的动作判据

(a) 正方向故障用 $\dot{I}_{1g}$ 和 $\dot{U}_{1g}$ 表示；

(b) 正方向故障用 $\dot{I}_{1g}Z_d$ 和 $\dot{U}_{1g}$ 表示

从式 (6-86) 可知，反应正序故障分量方向元件的动作判据可用图 6-45 (a) 表示，其中有阴影线的半个平面表示正方向动作区。无阴影线的半个平面为反方向动作区，也就是说故障分量电流 $\dot{I}_{1g}$ 超前电压 $\dot{U}_{1g}$ 时判定为正方向故障，$\dot{I}_{1g}$ 落后于 $\dot{U}_{1g}$ 时判定为反方向故障。

当不采用直接测量 $\dot{U}_{1g}$ 和 $\dot{I}_{1g}$ 之间的相位角时可用式 (6-87)。Z_d 是模拟阻抗，应取其阻抗角与系统阻抗角相同。设 Z_d 的阻抗角为 90°，则方向判据的另一种表达式如图 6-45（b）所示。

$$\left.\begin{array}{ll}\text{正方向故障} & -90° < \arg\dfrac{\dot{U}_{1g}}{-\dot{I}_g Z_d} < 90° \\ \text{反方向故障} & 90° < \arg\dfrac{\dot{U}_{1g}}{-\dot{I}_{1g} Z_d} < 270°\end{array}\right\} \tag{6-87}$$

在应用中应该考虑实际情况下可能出现的相位误差，为了不使方向元件出现误判断，可采用缩小正、反方向动作区的做法，例如正向判据为

$$\theta < \arg\frac{\dot{U}_{1g}}{-\dot{I}_{1g}} < 180° - \theta \tag{6-88}$$

反向判据为

$$180° + \theta < \arg\frac{\dot{U}_{1g}}{-\dot{I}_{1g}} < 360° - \theta \tag{6-89}$$

式中：θ 为方向元件的闭锁角。

在上述判据中，正、反向判据的动作范围都不是 180°，而是 180°－2θ，式中 θ 可由实际情况决定。

反应正序故障分量的方向元件在各种故障情况下动作行为的详细分析可参阅参考文献[20]。

应用正序故障分量方向元件构成的方向高频保护目前在我国也有大量应用。

＊4. 暂态能量方向元件[22-24]

暂态能量是指在短路时的故障附加网络中由短路点接入的假想电源注入到线路和系统的能量。如果在线路内部短路则通过两端保护的能量是此单一电源注入到两侧系统的，其方向（极性）必然相同。在外部短路时，通过两端保护的能量是此电源从短路点注入到线路和另一侧系统的，通过两端保护能量的方向必然相反。因此可按两端能量的方向判断是内部故障还是外部故障。

在短路时，短路点接入的假想电源产生电压和电流行波 Δu、Δi，行波功率的大小、方向和短路的具体情况有关。例如在电压过零点附近发生短路，或者当短路是由于绝缘逐渐破坏引起时，行波特征不大明显，行波功率将很小。这些都使得利用行波功率的方向元件的可靠性不如利用行波能量的方向元件。一般认为行波存在的时间很短，但根据统一行波理论[25]，从短路（或其他形式的系统运行方式突变）瞬间到稳态到达之前的暂态过程都是不断衰减的行波过程。因此，行波能量或称暂态能量即在无源的故障附加网络中由短路点注入到网络的能量，包括工频、非周期分量和各种频率分量的能量。三相的暂态能量可用 $\Delta u\Delta i$ 的积分求出

$$S = \int (\Delta U_A \Delta i_A + \Delta U_B \Delta i_B + \Delta U_C \Delta i_C) \mathrm{d}t \tag{6-90}$$

在微机保护中可用求和代替积分为

$$S = \sum (\Delta U_{Ai} \Delta i_{Ai} + \Delta U_{Bi} \Delta i_{Bi} + \Delta U_{Ci} \Delta i_{Ci}) \tag{6-91}$$

$$i = 1,2,3,\cdots,N$$

如果用半周积分，N 即为半个周期的采样点数。

积分的符号正、负即代表了暂态能量的方向。反应暂态能量符号的元件即称为暂态能量方向元件。下面介绍暂态能量方向元件的基本性能。

图 6-46（a）为线路正方向短路时的故障附加状态系统。k 为故障点，P_M、P_N 为故障附加状态下 M、N 两端系统的等效无源网络，Δu 和 Δi 为线路电流故障分量和电压故障分量。此处的故障分量是指故障附加网络中的电流、电压、功率等，在到达稳态之前为暂态量，包含各种频率。图中的故障分量系统是一个具有零起始条件的单激励网络，激励源为故障时（$t=0$）在故障点上突然加上的一个假想电源$-U_k(0)$，通过 M 端保护的暂态能量为

$$S_M(t) = \int_{-t_2}^{t_1} \Delta u \Delta i \mathrm{d}t \qquad t_1 \geqslant 0 \tag{6-92}$$

式中：t_1为任意正数，$-t_2$ 为故障前的某一时间；$S_M(t)$ 称为 M 端 t 时刻通过保护的能量函数；同时 $S_N(t)$ 为通过 N 端保护的相应能量函数。

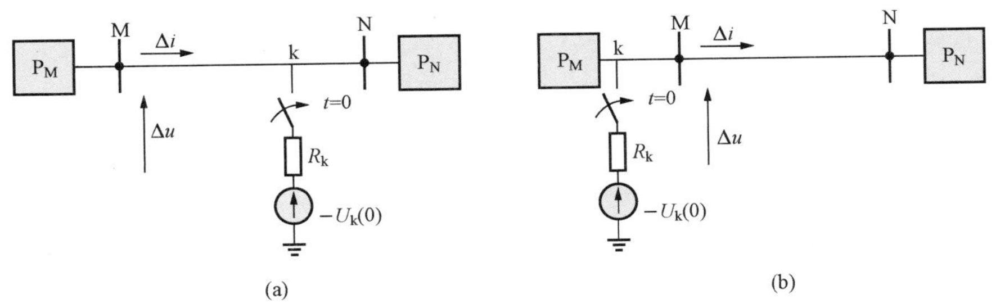

图 6-46　故障时的故障附加状态系统

（a）正方向故障；（b）反方向故障

在保护正方向故障时，对于初始值为零的无源网络，$S_M(t)$ 为电源 $-u_k(0)$ 向 P_M 提供的能量。设 $S_{PM}(t)$ 为系统 P_M 在故障后所吸收的能量，考虑到 Δi 的假定正方向，可得

$$S_M(t) = -S_{PM}(t) \tag{6-93}$$

图 6-46（b）表示在被保护线路反方向故障时的故障附加状态，此时有

$$S_M(t) = S_x(t) + S_{PN}(t) \tag{6-94}$$

式中：$S_x(t)$、S_{PN} 分别为线路和系统 P_N 所吸收的能量。

同理得

$$S_N(t) = -S_{PN}(t) \tag{6-95}$$

由于 P_M、P_N 及线路在短路后的很短时间内（系统中的静电场和磁场的储藏能量达到最大值

之前）都只能吸收能量，故 $S_{PM}(t)$、$S_{PN}(t)$ 及 $S_x(t)$ 的绝对值都大于零。在此时间内，能量函数 $S_M(t)$ 具有如下特性：

$$\left.\begin{array}{ll}\text{当正向故障时} & S_M(t)<0 \\ \text{当反向故障时} & S_M(t)>0\end{array}\right\} \tag{6-96}$$

但实际上，计算得到的 $S_M(t)$ 和 $S_N(t)$ 中包含了噪声（干扰）能量，这些噪声主要来源于频率变化、系统振荡、负荷波动等使叠加原理被破坏、假想的电源变化等因素。因此动作判据应为

$$\left.\begin{array}{ll} S_M(t)-S_{set}(t)<0 & \text{判定为正向故障} \\ S_M(t)+S_{set}(t)>0 & \text{判定为反向故障}\end{array}\right\} \tag{6-97}$$

式中：$S_{set}(t)$ 为动作整定值，按大于最大的噪声能量确定。关于噪声能量的估算参见有关参考文献［24］。式（6-96）成立的充分条件是系统只需满足叠加原理。较之其他原理的故障分量方向保护，其数学模型与实际系统更加接近，因而在理论上更加严密，不受线路分布电容引起的暂态过程的影响。

第九节　距离纵联保护

第八节中讨论的各种方向比较式纵联保护都是以只反应短路点的方向（被保护线路方向还是反方向）的方向元件为基础构成。这些方向元件的动作范围都必须超过线路全长并留有相当的裕度，称为超范围整定。因为方向元件没有固定的动作范围，故所有用于方向比较式纵联保护的方向元件都只能是超范围整定。然而距离元件则不然，它不但具有方向性、能够判断故障的方向，而且还有固定的动作范围，可以实现超范围整定，也可实现欠范围整定，这就给方向比较式纵联保护提供了多种可供选择的接线方案，本节将详细介绍和分析各种接线方案，仍然以载波（高频）通道的保护为例进行介绍，其原理也适用于其他通信通道。

一、高频闭锁距离保护（超范围闭锁式）

如前所述，阶梯式距离保护Ⅰ段的动作范围小于被保护线路全长的 80%～90%，即是一种欠范围整定的方向元件，在此范围内的故障可瞬时切除。所谓超范围闭锁式（overreach blocking scheme）是利用超范围整定的Ⅱ段判断故障的方向。在正方向短路时动作并停止发出闭锁信号。在反方向短路时不动作，不停止由起动元件控制发出的闭锁信号，将两端保护闭锁。Ⅱ段动作范围应大于线路全长并具有一定裕度，就是一种超范围整定的方向元件。将其与高频通道结合起来构成的高频闭锁距离保护，与前面所讲的高频闭锁方向保护的功能基本一样。其Ⅲ段一般作为下段线路保护的后备，也是超范围整定，也可与高频通道结合构成高频闭锁距离保护。这样就形成了一种主保护和后备保护结合的完整的高频闭锁距离保护。其原理和主要环节的功能用机电式继电器组成的示意图 6-47 说明比较清晰。设图 6-47（a）的线路两端都装设有三段式距离保护。其Ⅰ段能保护线路全长的 80%～90%，其Ⅱ段应保护

线路全长并具有足够的裕度，作为正方向故障的判别元件和停止发信元件，动作时停发闭锁信号；Ⅲ段可作为相邻线路保护的后备。距离部分和高频部分配合的关系是发生故障时，反应负序和零序电流或其突变量或负序、零序电压的起动元件 KS 动作，起动发信机，发出闭锁信号。Ⅱ段距离元件 Z_{II} 动作时则起动 KM1，断开其接点停止高频发信机。距离Ⅱ段动作后一方面起动时间元件 T_{II}，可经Ⅱ段延时后跳闸，同时还可经过一收信闭锁继电器 KM2 闭锁接点在无闭锁信号时不经过 t_{II} 接点快速跳闸。Z_{III} 动作时经过Ⅲ段延时跳闸。当保护范围内部故障时（如 k1 点），两端的起动元件动作，起动发信机，但两端的距离Ⅱ段也动作，又停止了发信机。当收信机收不到高频信号时，KM2 接点闭合，使距离Ⅱ段可快速动作于跳闸。而当保护范围外部故障时（如 k2 点），靠近故障点的 N 端距离Ⅱ段不动作，不停止发信，M 端Ⅱ段动作停止发信，但 M 端收信机可收到 N 端送来的高频信号使闭锁继电器动作，KM2 接点打开，因而断开了Ⅱ段的瞬时跳闸回路，使它只能经过Ⅱ段时间元件去跳闸，从而保证了动作的选择性。这种保护方式的主要缺点是使主保护（高频纵联保护）和后备保护（距离或零序保护）的接线互相连在一起，不便于运行和检修，例如当距离保护需要做定期检验而退出运行时，则高频保护不能独立工作，因此灵活性较差。当用微机实现时，不同的保护作在不同的插件上，某一保护故障时只需更换该保护插件，退出保护的时间很短，使这个缺点得到部分克服。

为了简单起见，图 6-47（b）中的阻抗继电器画成接于相电压和相电流的示意图。实际上反应相间短路应用接于线电压和两相电流之差的接线，为反应接地短路应采用按零序电流补偿接线，即相电压和相电流加 K 倍零序电流，亦即按接地距离接线；如果选择性、灵敏度和动作时间满足要求，也可用零序电流矢量方向反应单相接地，构成高频闭锁零序方向保护，工作原理与高频闭锁负序方向保护相同，只需用三段式零序电流方向元件代替上述三段式距离元件并和高频部分相配合即可实现。

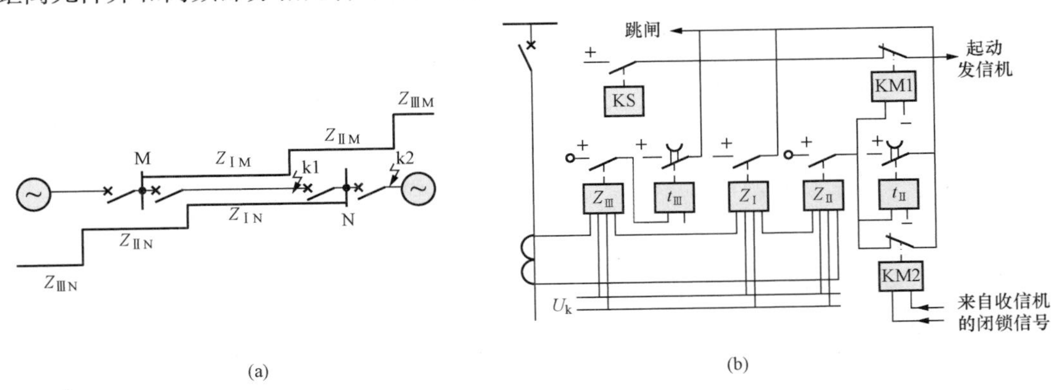

图 6-47 高频闭锁距离保护的原理说明

（a）系统接线；（b）原理接线示意

这种主要控制跳闸的元件按大于线路全长整定称为超范围整定。上述配合方式称为超范围传送闭锁信号方式，简称超范围闭锁式。超范围闭锁式中也常用距离元件起动发信机，其整定方式如图 6-48 所示。在 M 端发闭锁信号用指向反方向的距离元件 Z_{bM}，停止闭锁信号和跳闸则用正方向距离元件 Z_{TM}。在外部 k2 点短路时，N 端反方向阻抗元件 Z_{bN}动作向两端发出闭锁信号，通过 M 端收信机将 M 端比较元件“与”闭锁，使 M 端不能跳闸。N 端则因跳闸元件 Z_{TN}不动作，又收到本端发的闭锁信号，比较元件“与”也不动作，保护不会跳闸。

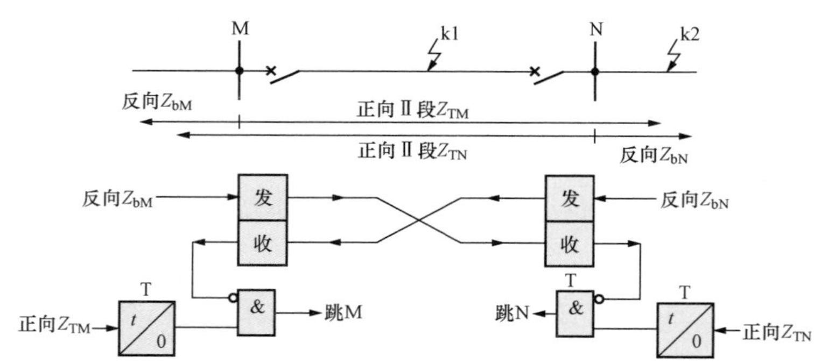

图 6-48　超范围闭锁式距离纵联保护框图

在内部 k1 点短路时，两端的反方向闭锁发信元件 Z_{bM}和 Z_{bN}都不动作，不发闭锁信号，而两端的跳闸元件 Z_{TM}和 Z_{TN}都动作，起动延时元件 T 开始计时，在其动作延时到达后若无对端来的闭锁信号，则通过与门跳闸。T 是延时动作、瞬时返回的时间元件，其延时 t 很短是为了等待对端闭锁信号的到来所必需的。为了在反方向短路时只要远离故障点一端超范围跳闸元件能够动作，近故障点一端都要保证发出闭锁信号，因此反向闭锁元件在反方向的动作范围必须大于对端正方向跳闸元件的动作范围。而且反向元件的动作速度应快于正向跳闸元件的动作速度。对于这种方式，在线路内部故障时不需要反方向起动发信元件动作和发信机工作，也不需要停止发信，对提高保护动作的可靠性有利。如果采用正方向元件动作后、一方面去跳闸同时停止发信的原理（图 6-48 中未示出），则为了保证外部故障时发闭锁信号的可靠性，反向闭锁元件 Z_{bM}和 Z_{bN}也可采用包含原点在内的无方向性阻抗元件，其特性配合如图 6-49 所示。这种特性的阻抗元件动作较快（非微机式阻抗元件）而且在保护安装处附近反方向短路时动作可靠，允许过渡电阻的能力较强。但在内部短路时也将发出高频闭锁信号，不过随即被正方向跳闸元件停止，不影响保护动作。正方向跳闸元件可用方向阻抗特性，按一般阶梯型特性的要求整定，作为相邻线路保护Ⅰ段的后备。作为相邻线路全线路的后备可专设距离Ⅲ段。

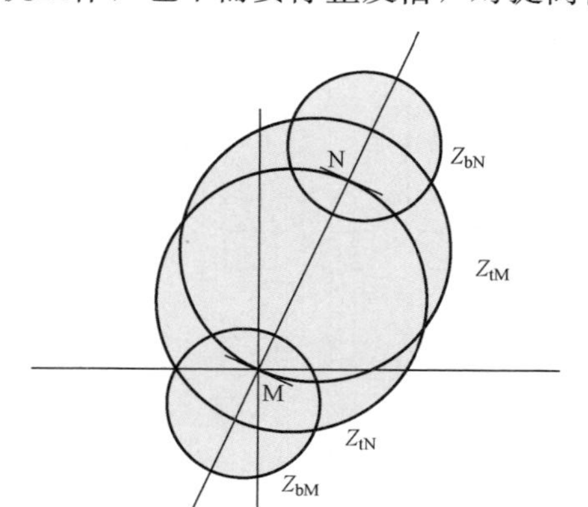

图 6-49　超范围闭锁式距离纵联保护的特性配合（M、N 为两端保护安装处）

二、 超范围解除闭锁式距离纵联保护

用距离保护实现解除闭锁式（unblocking scheme）和图 6-38 用方向元件实现的移频解除闭锁式原理完全相同，只是将方向元件 M_+ 换成距离元件 Z_{II}。在正常运行方式下发信机连续不断发出闭锁和通道监视信号。在线路内部故障时，两端超范围整定的距离Ⅱ段都将发信频率切换成解除闭锁频率，解除对对端保护的闭锁，允许对端保护跳闸，因此两端保护都可跳闸。在外部故障时靠近故障一端的距离Ⅱ段不动作，闭锁信号不停，闭锁远离故障点端的保护。远离故障点一端保护的作用和内部故障时相同，将闭锁信号切换成解除闭锁信号，解除对近故障点端保护的闭锁，但因该端的正向跳闸元件 Z_{II} 不动，不会跳闸。

在这种方式下不需要专用于起动发信机的起动元件，可设距离Ⅰ段在近处短路时直接跳闸，同时解除对对端的闭锁，也可设距离Ⅲ段作为相邻线路保护的后备。

三、 欠范围直接跳闸式 （DUTT）

欠范围直接跳闸式（Direct Underreach Transfer Trip，DUTT）逻辑框图如图 6-50 所示，两端没欠范围整定的距离Ⅰ段 Z_{I}，两端的 Z_{I} 动作范围要相互交叉。在正常运行状态下两端的发信机各发出一种闭锁对端和通道连续监视的闭锁频率信号（图中未示出）。在线路内部任一点发生故障时，总有一端的距离Ⅰ段 Z_{I} 可以动作。动作后一方面立即直接跳开本端线路断路器，另一方面控制发信机将闭锁频率信号切换成跳闸频率信号。不能跳闸一端接收到此跳闸频率信号时，可通过“或”门跳开线路本端断路器。[18]

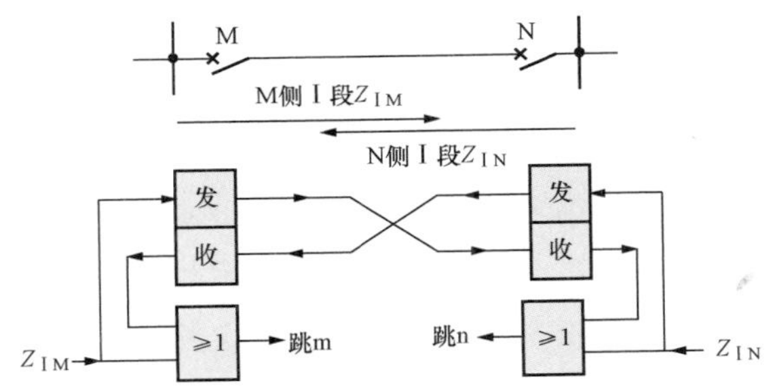

图 6-50　欠范围直接跳闸式（DUTT）逻辑框图

在这种方案中，接收到对端发来的跳闸频率信号时，可不经过本端的正方向跳闸元件 Z_{I} 的监控，直接跳闸，故称为欠范围传送直接跳闸信号方式，简称为欠范围直接跳闸式（DUTT）。本方案的优点是使用的元件最少，内部故障时保护动作速度快。在正常状态下有闭锁频率信号，不会由于通道中或外界的干扰信号使保护误动作。本方案的缺点有：①若在一端断路器断开的情况下或一端为弱电源端，则在该端附近短路时，其欠范围正向跳闸元件 Z_{I} 不能动作跳闸和向对端发出跳闸频率信号；因短路点在对端欠范围跳闸元件动作范围外。对端也不能动作；在此情况下对端只能依靠后备保护（距离Ⅱ和Ⅲ段，图中未示出）切除故障，设置弱电源保护可消除此缺点；②两端都要能发两种不同频率的信号，用频率偏移方法使信号频率一端向上偏移，一端向下偏移；在有的情况下为了防干扰将跳闸频率信号双重化，即同时用两个通道发出两个跳闸频率信号，只有当两个跳闸频率信号都收到时才能跳闸。

四、欠范围允许跳闸式（PUTT）

图 6-51 所示为欠范围允许跳闸式（PUTT）的逻辑框图。这种方式既有按欠范围整定的跳闸元件 Z_{I}，也有按超范围整定的跳闸元件 Z_{II}。内部短路时，如果短路点在欠范围元件 Z_{I} 动作范围内，则 Z_{I} 动作，直接跳闸并将闭锁频率信号切换成允许跳闸频率信号。但当故障点靠近一端，而另一端的 Z_{I} 不能动时，只有当收到近故障点一端发来的允许跳闸频率信号，同时本端的超范围元件 Z_{II} 也动作，才能通过“与”门跳闸，故称为欠范围整定传送允许跳闸信号方式（Permissive underreach transfer trip），简称欠范围允许跳闸式（PUTT）。显然本方案在安全性方面比欠范围直接跳闸方式好，不容易受干扰而误跳，但接线比 DUTT 方式复杂一些，内部故障时动作的可靠性和远故障点一端的动作速度比 DUTT 方式稍差。

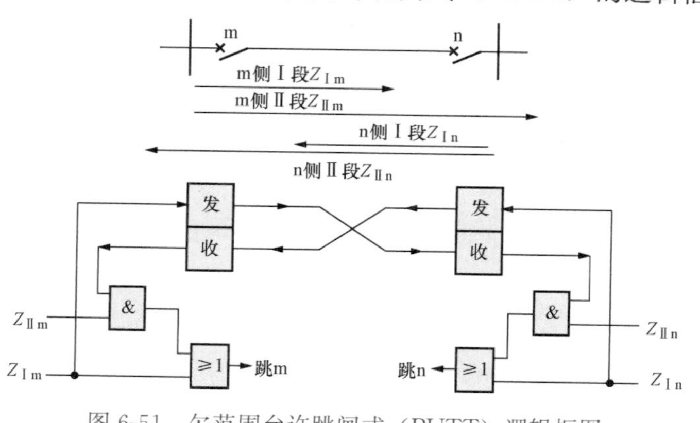

图 6-51 欠范围允许跳闸式（PUTT）逻辑框图

五、超范围允许跳闸式（POTT）

超范围允许跳闸式（POTT）的逻辑框图如图 6-52 所示。本方案与超范围闭锁式（如图 6-48 所示）相似但作用相反。超范围闭锁式是在外部（反方向）短路时靠近故障点一端发出闭锁信号，闭锁对端保护，而超范围允许式则是在判为正方向短路时向对端发出允许信号，允许对端保护跳闸，只应用超范围整定的允许跳闸元件 Z_{II}。内部故障时两端的 Z_{II} 都动作，将闭锁频率切换成允许跳闸频率。在 Z_{II} 动作又收到对端发来的允许跳闸信号时才能跳闸，故称为超范围传送允许跳闸信号方式（Permissive overreaching transfer trip），简称超范围允许跳闸式（POTT）。这种方案的优点是外部故障同时伴随通道故障或失效时因为收不到允许跳闸信号不会误动，安全性较好。相反地，在内部故障同时伴随通道故障或失效时，将要拒动。因此不能用输电线载波通道。其次，对于这种方式在任何内部故障时，只有当两端或各端（对于多端线路）都判为内部故障，各端的 Z_{II} 都动作，保护才能切除故障。保护动作时间取决于动作最慢的那一端 Z_{II} 动作的时间。当一端断路器断开或为弱电源端，在内部故障时，该端 Z_{II} 不会动作，不会发出允许跳闸信号，其他端保护也不能动作。为解决此问题可设置弱电

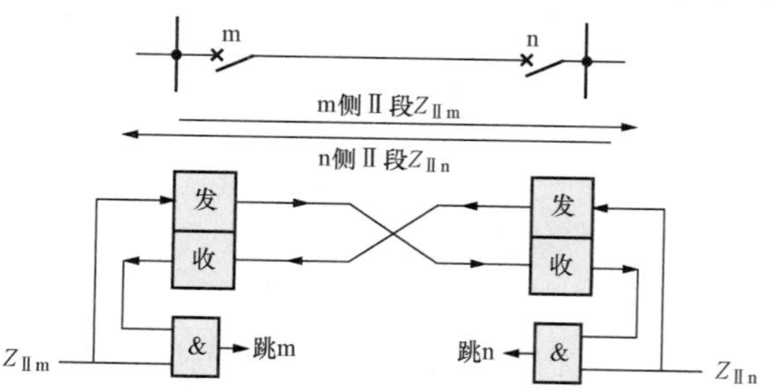

图 6-52 超范围允许跳闸式（POTT）逻辑框图

源保护。对于断路器断开情况，也可利用断路器动断辅助接点在断路器断开时自动将发信机频率切换成允许跳闸频率。用断路器辅助动断接点切换发信机频率时动作较慢，自然带有1～2周波的延时，这可以防止当背后母线故障时母线保护动作使本线路断路器跳闸，立即切换成允许跳闸信号而使 Z_{II} 尚未返回的对端保护误动作。

六、对距离纵联保护的评价

距离元件不仅可带有方向性，而且动作范围基本上是固定的，很少受系统运行方式、网络结构和负荷变化的影响。故用距离元件构成方向比较式纵联保护可以实现多种不同的保护逻辑，用户可根据通道的情况进行选择，具有很大的优越性，并在欧美各国得到了广泛应用，几乎成为高压、超高压输电线路基本的保护方式。距离纵联保护的缺点主要是受系统振荡、电压回路故障的影响，用于有串补电容线路上整定困难，以及接地距离元件受零序互感的影响等。对于这些问题各国继电保护工作者做了大量的研究工作[29-31]，也取得了巨大成果，在一般情况下这些问题都能得到解决，但都将使保护接线复杂化。

距离纵联保护的另一优点是可以兼作本线路和相邻线路的后备保护，对于常规（非微机）保护，这种优点又带来主保护和后备保护彼此牵制，造成维护、检修、调试等方面的困难。但对于微机保护，主保护和后备保护可装设在独立的插件上，这个缺点并不严重。尤其是高压、超高压输电线路一般要求主保护双重化，亦即必然还要有另一套保护与此装置互为备用，并且不在一个保护盘上，则调试维护、检修可以分别进行，不会有什么困难。因此，距离纵联保护应是高压、超高压和特高压输电线路的基本保护原理之一。

第十节　微机纵联电流差动保护

前面所介绍的各种纵联保护都可用微机实现。下面仅以电流差动保护为例说明用微机实现的方法。

一、瞬时值（采样值）电流差动保护

采样瞬时值（简称瞬时值）电流差动保护的动作方程为

$$i_{\text{op}} > I_0$$

$$i_{\text{op}} > K i_{\text{res}}$$

$$i_{\text{op}} = |i_{\text{M}} + i_{\text{N}}|;\ i_{\text{res}} = |i_{\text{M}} - i_{\text{N}}|$$

式中：i_{M}、i_{N} 为线路两端的电流采样瞬时值；i_{op}为动作量；i_{res}为制动量；K 为制动系数；I_0 为整定值（是一常数）。

R 个连续采样点中 S 个满足动作条件，即判定为故障。

采样值是随时间的变化而呈现周期性变化的，因此差动电流、不平衡电流、制动电流也都是随时间的变化而周期性变化的，瞬时值电流差动保护的制动方程对不同的采样点制动效

果是不一样的，有一些采样点的制动效果比较好，而有一些采样点的制动效果比较差。

假设一个周期内的采样点数为 N 点，为了能够达到与矢量电流差动保护同样的制动效果，保证可靠性，瞬时值电流差动保护的数据窗应该大于 90°。简要证明如下。

设两侧电流相等并可表示为

$$i_{\mathrm{M}}(t)=\sqrt{2}I\sin(\omega t)$$

$$i_{\mathrm{N}}(t)=\sqrt{2}I\sin(\omega t-\varphi)$$

式中：t 为采样时刻；ω 为工频角频率；φ 为两侧电流相角差。

对于矢量电流差动保护，则有

$$I_{\mathrm{op}}=|\dot{I}_{\mathrm{M}}+\dot{I}_{\mathrm{N}}|=|2\sqrt{2}I\cos(\varphi/2)|$$

$$I_{\mathrm{res}}=|\dot{I}_{\mathrm{M}}-\dot{I}_{\mathrm{N}}|=|2\sqrt{2}I\sin(\varphi/2)|$$

其制动比为

$$m_{\mathrm{res}}=I_{\mathrm{op}}/I_{\mathrm{res}}=|\cos(\varphi/2)/\sin(\varphi/2)|$$

可见矢量电流差动与采样时刻无关。

对于瞬时值电流差动保护有

$$i_{\mathrm{op}}=|2\sqrt{2}I\cos(\varphi/2)\sin(\omega t-\varphi/2)|$$ [1]

$$i_{\mathrm{res}}=|2\sqrt{2}I\cos(\omega t-\varphi/2)\sin(\varphi/2)|$$

其制动比为 $$m'_{\mathrm{res}}=i_{\mathrm{op}}/i_{\mathrm{res}}=\left|\frac{\sin(\omega t-\varphi/2)\cos(\varphi/2)}{\cos(\omega t-\varphi/2)\sin(\varphi/2)}\right|$$

当两个判据制动效果相同时有 $m'_{\mathrm{res}}=m_{\mathrm{res}}$。可以得到

$$|\tan(\omega t-\varphi/2)|=1$$

要求区外故障时瞬时值电流差动保护的制动特性优于矢量电流差动保护，则

$$|\tan(\omega t-\varphi/2)|>1$$

于是有 $$\varphi/2+\pi/4<\omega t<\varphi/2+3\pi/4$$

所以，数据窗应该大于 90°。

因为电流数据的采样是离散化的，采样初始时刻，也就是采样点位置的不同会在一定的程度上影响保护的动作性能，为了防止个别的采样点，尤其是接近过零点时的采样值的误判断而影响保护的正确动作，一般采用在连续 R 个采样值中有 S 个采样值满足保护判据时保护出口动作，R 值比 S 值大，考虑极端的情况，当过零点位于两个相邻采样点的中点时，有可能使两个采样点都不能满足判据，因此一般 R 比 S 大 2，但 R 值也不能取得过大，不能大于

---

[1] $i_{\mathrm{M}}(t)=\sqrt{2}I\sin(\omega t-\varphi/2+\varphi/2)=\sqrt{2}I[\sin(\omega t-\varphi/2)\cos(\varphi/2)+\cos(\omega t-\varphi/2)\sin(\varphi/2)]$

$i_{\mathrm{N}}(t)=\sqrt{2}I\sin(\omega t-\varphi/2-\varphi/2)=\sqrt{2}I[\sin(\omega t-\varphi/2)\cos(\varphi/2)-\cos(\omega t-\varphi/2)\sin(\varphi/2)]$

$(i_{\mathrm{M}}+i_{\mathrm{N}})=2\sqrt{2}I\sin(\omega t-\varphi/2)\cos(\varphi/2)$，$(i_{\mathrm{M}}-i_{\mathrm{N}})=2\sqrt{2}I\cos(\omega t-\varphi/2)\sin(\varphi/2)$

$N/2$，否则会影响保护的动作速度。

对于瞬时值电流差动保护，由于采样初始时刻的随机性存在动作的模糊区，即在某些情况下保护可能动作也可能不动作。影响瞬时值电流差动保护模糊区的因素很多，有采样初始时刻、采样频率、采样数据的同步精度、S 的奇偶性及脉冲干扰等，使动作模糊区变化较大，不易整定；加入辅助判据后又增加了算法复杂度，或延长了动作时间，失去了快速的优点，而且关于辅助判据的研究仅处于理论研究阶段。另外，线路电容充电电流对采样值电流差动的影响，尚无完善的补偿算法。对于习惯于精确整定各种定值的继电保护运行部门来说，采样值电流差动保护动作门槛或斜率随采样初始相角的变化，影响了这种保护原理的应用。

目前还没有将瞬时值电流差动保护投入使用，判据也只限于理论研究，可以认为目前的瞬时值电流差动保护的判据的可靠性还有待进一步的实验验证，所以不建议采用这种方式。

二、相电流纵联差动保护

相电流纵联差动保护的动作判据为：

仍设动作量 I_{op} 为

$$I_{op}=|\dot{I}_M+\dot{I}_N|$$

制动量 I_{res} 为

$$I_{res}=|\dot{I}_M-\dot{I}_N|$$

最小起动电流定值为 $I_{set.0}$。动作特性如图 6-53 中三段折线所示。

当 $I_{res}\leqslant I_{res.0}$ 时，没有制动，动作特性为一段水平线，可表示为

$$I_{op}=|\dot{I}_M+\dot{I}_N|>I_{set.0}$$

当 $I_{res.0}\leqslant I_{res}\leqslant I_{res.1}$ 时，动作特性为中间的一段直线，可表示为

$$I_{op}=|\dot{I}_M+\dot{I}_N|\geqslant I_{set.0}+K_{res.1}|I_{res}-I_{res.0}|$$

制动系数 $K_{res.1}$ 为第二段直线的斜率。

当 $I_{res}\geqslant I_{res.1}$，动作特性为第三段直线，动作判据可表示为

$$I_{op}=|\dot{I}_M+\dot{I}_N|\geqslant I_{set.0}+K_{res.1}|I_{res.1}-I_{res.0}|+K_{res.2}|I_{res}-I_{res.1}|$$

$K_{res.2}$ 为第二制动系数，是第三段直线的斜率。

$$K_{res.2}>K_{res.1}$$

一般情况下，最小制动电流 $I_{res.0}$ 应大于正常运行时，由于两侧电流互感器特性不同引起的不平衡电流和线路的分布电容电流。$I_{res.0}$ 可取为额定电流时的制动电流。$I_{res.1}$ 可取为负荷电流等于 4 倍额定电流时的制动电流。$K_{res.1}$ 可取为 0.5，$K_{res.2}$ 可取为 0.7。

以上只是参考数字，在具体整定时，还要根据被保护线路的具体情况而定。

微机保护先计算当前的制动电流 I_{res}，按其所在区间，选择相应的动作判据。

三、零序电流差动保护

零序电流差动保护对高阻接地故障起辅助保护作用，原理同相电流差动保护，比率制动系数 $K_{res.0}$ 固定为 0.8。如果其他保护已经判定故障，则不进行零序差动保护判定。其动作特性为两段折线，如图 6-54 所示。设 I_{set} 为保护的整定电流，即使保护刚能起动的动作量，则

当 $I_{0.res} \leqslant I_{0.res.0}$ 时为水平线，其动作判据为

$$I_{op} \geqslant I_{set.0}$$

当 $I_{0.res} \geqslant I_{0.res.0}$ 时

$$I_{op} = |I_{OM} + I_{ON}| \geqslant I_{act.0} + K_{res.0}|I_{0.res} - I_{0.res.0}|$$

制动系数 $K_{res.0}$ 为第二段直线的斜率。

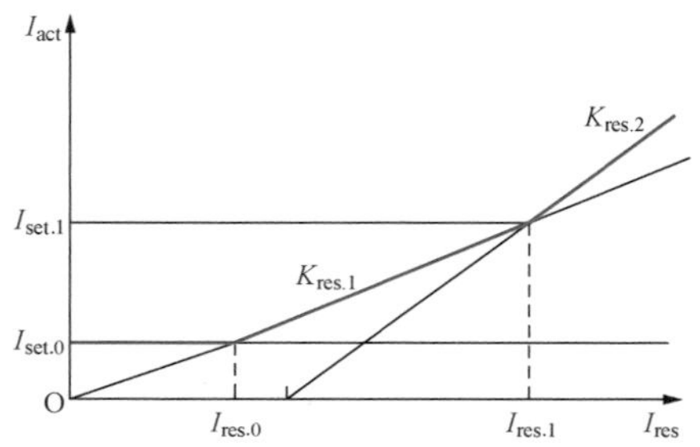

图 6-53　相电流纵联差动保护比率制动特性

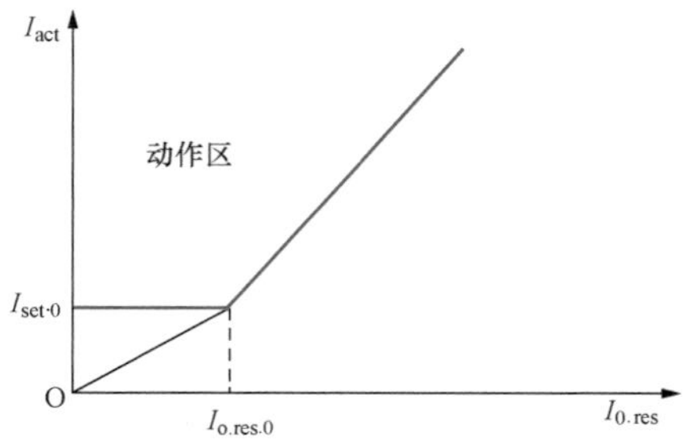

图 6-54　零序电流差动保护比率制动曲线

由于零序电流差动保护本身不具有选相能力，所以软件中配置专用于零序电流差动的差流选相元件。差流选相元件利用线路三相差流幅值的大小关系来确定故障相。首先将三相差流进行排序，以 $I_{diff.max} \geqslant I_{diff.mid} \geqslant I_{diff.min}$ 为例，找出三相差流的大小关系后再比较最大差流、中间差流与最小差流间是否满足

$$I_{diff.max} \geqslant K_d I_{diff.min} \tag{6-98}$$

$$I_{diff.mid} \geqslant K_d I_{diff.min} \tag{6-99}$$

$$I_{diff.max} \leqslant K_d I_{diff.mid} \tag{6-100}$$

式中：K_d 的取值范围为 1.5～2.0。

如果式（6-98）满足，而式（6-99）、式（6-100）中任一式不满足，则判为 $I_{diff.max}$ 所在相单相故障；如果以上三式同时满足，则 $I_{diff.max}$ 和 $I_{diff.mid}$ 所在相为故障相。

第十一节　对输电线路纵联保护的总结和评价

设计纵联保护首先是选定可以利用的通信通道，选择的原则前面已经提到。如果选定保护专用的载波通道，则只能应用闭锁式或解除闭锁式原理。相位差动和电流差动也属于闭锁式，因为在保护起动后，如果没有对端送来的电流相位或波形信号（即闭锁信号），保护就要

跳闸。用载波通道难以实现电流差动。电流差动原理可用数字微波最好用数字光纤通道实现。

利用方向比较原理的闭锁式的优点是，在内部短路伴随通道破坏时不影响保护动作。在外部故障伴随通道破坏时，保护将误动，但这种情况出现的概率极小。闭锁式的主要缺点是需要两套灵敏度和动作速度不同的起动元件，使保护总的灵敏度降低。保护跳闸要等待对端的闭锁信号，使保护动作时间加长。而长期发信闭锁式和解除闭锁式没有这个缺点。

如果对通信系统干扰不是问题，则应用长期发信闭锁方式最为简单可靠。正常运行时有闭锁，可防止由于保护装置中元件损坏或通道中干扰而误动，并能克服需要两套起动元件的缺点。但在外部故障伴随通道破坏时将误动，这种概率极小。

解除闭锁式兼有允许式的优点，抗干扰能力更强，因为要使保护动作跳闸，不但要闭锁信号消失，还要有解除闭锁的移频信号。同时，利用闭锁信号中断时自动改发解除闭锁信号150ms左右，以保证内部故障造成通道破坏时保护能够动作跳闸。但也带来一个缺点，即外部故障时的150ms时间内通道破坏时要造成保护误动。这个时间很短，同时出现通道破坏的概率极小。解除闭锁式和允许式要解决内部故障时弱电源端不能发出解除闭锁或允许信号问题。这可通过在弱电源端且只在弱电源端设置弱电源保护（反向的方向元件不动，且有关相低电压元件和低电流元件同时动作表示线路弱电源端的内部短路，此时应跳开弱电源端断路器）或“回声”回路，以保证两端跳闸。

用各种方向元件都可通过任何通道实现上述各种保护方案，但用距离元件不但可实现上述各种方案，还可实现远方直接跳闸式。远方跳闸式最好用微波通道或光纤通道实现受干扰的影响小（对于极短线路也可用导引线通道），允许式最好也用微波通道或光纤通道实现。

欠范围直接跳闸方式的优点是结构简单、动作速度快，但要求各端欠范围距离Ⅰ段动作范围要有交叉。这对于三端线路比较困难。为了防止通道干扰造成误动，也可在正常时使发信机发送闭锁信号，在内部故障时只要有一端欠范围1段动作，除立即跳开本端外，并用移频方式改发跳闸频率信号使其他端直接跳闸。要使保护动作，不但要使闭锁频率消失，还要接收到跳闸频率信号，因而抗通道干扰能力较强。此方案的缺点是距离元件受系统振荡或电压回路断线影响误动时，所有端都要跳闸。

欠范围允许式不但要收到对端发来的移频跳闸信号，还要本端正方向超范围距离Ⅱ段或Ⅲ段动作才能跳闸，因此具有更高的可靠性。因为即使某端欠范围距离Ⅰ段误动，发出了允许跳闸信号，其他端保护也不会误动。这种保护方式要解决内部故障时若弱电源端欠范围元件拒动，则其他端也要拒动的问题。因此在弱电端要设置弱电端保护或“回声”回路。

用微波和光纤通道实现的各种保护也要考虑在外部或内部故障伴随通道破坏时保护的动作情况。对于非常重要的超高压和特高压线路，除了要求要有两套不同原理的纵联保护外，还要求用两种不同原理的通信通道。

对于各种纵联保护最好都设置相间电流速断和零序电流速断作为辅助保护，以避免在保护安装处附近短路时方向元件和距离元件出现电压死区使保护拒动问题，也为了保证在线路出口处短路时能够快速切除，以缩短电压降低的时间。

纵联保护是高压输电线路的主要保护方式，到目前为止也是解决输电线路继电保护难题的最后手段。几乎各种基本保护原理都可应用于纵联保护，纵联保护也是各种保护原理的综合应用。此外，纵联保护的设计与运行也与电力系统的设计和运行、与通信系统的原理和特性有密切关系。因而对纵联保护系统成功的设计和运行必须熟悉电力系统和被保护线路的情况和要求，熟悉可利用的通信通道的特性，熟悉并且能灵活运用电流差动、电流相位差动、方向比较、距离等各种保护原理，才能构成性能完善、工作可靠的纵联保护方案。

应该指出，虽然纵联保护是高压输电线路的主要快速保护原理，但它必须与通信通道配合工作，因而受通信通道可靠性的影响，纵联保护的正确动作率总是低于其他保护。因此早在 20 世纪 60 年代就出现了无通道保护的设想[15]，但由于当时的技术条件未能实现，近年来国内、外学者在无通道快速保护的研究领域取得了重大的进展，相信无通道快速保护原理终将成为高压输电线路的主要保护原理。

复习思考题

1. 何谓闭锁信号？何谓允许信号？何谓跳闸信号？何谓解除闭锁信号？
2. 为什么应用载波（高频）通道时最好传送闭锁信号？
3. 载波通道是由哪些设备组成的？
4. 何谓地返波？何谓相间波？哪部分波中包含了有用信号？
5. 为什么利用载波通道不能实现电流差动保护而只能实现电流相位差动保护？
6. 与载波通道相比，微波通道有何优缺点？为什么在我国微波保护没有得到推广？
7. 光纤通道有何优缺点？光纤传输光波的基本原理是什么？
8. 什么是多模阶跃式、多模渐变式和单模阶跃式光纤，它们的传输性能有何区别？
9. 何谓环流式纵联差动保护和均压式纵联差动保护？
10. 线路纵联差动保护的动作特性有哪几种分析和表示方法？
11. 哪些因素影响输电线路纵联差动保护的正确工作？对线路纵联差动保护所用的电流互感器应提出哪些性能要求？
12. 纵联差动保护的不平衡电流是由哪些因素产生的？为什么不平衡电流随着短路电流的增大而增大？多段折线式制动特性设计的原则是什么？
13. 电流波在输电线路上传输的时间延迟如何影响保护工作的可靠性？
14. 线路纵联差动保护中常用的制动量有哪几种？
15. 在特高压长距离输电线路上实现分相电流差动保护的主要困难是什么？用什么方法可以较好的补偿输电线路的分布电容电流？
16. 简述方向比较式纵联保护的基本原理。

17. 为什么对方向比较式纵联保护要设置两套灵敏度不同的起动元件？两套起动元件之间如何配合？

18. 为什么对闭锁式方向纵联保护中要实现发信机的远方起动，它在什么情况下防止了保护的误动作？为什么在线路一端三相都断开时要取消发信机的远方起动功能？

19. 如果输电线路一端为弱电源端，如何保证方向纵联保护在区内故障时的正确动作？

20. 如何实现弱电源端保护？在强电源端是否应投入弱电源端保护功能？

21. 何谓“回声”功能？用于什么场合？

22. 与方向纵联保护比较，距离纵联保护有哪些优缺点？

23. 试述超范围闭锁式和超范围解除闭锁式距离纵联保护的区别和优缺点。

24. 试述欠范围直接跳闸式和欠范围允许跳闸式的区别和优缺点。

主要参考文献

[1] Zieler，G. Ed. Aplication guide on protection of complex transmission network configurations. CIGRE SC-34-WG 04，May，1991.

[2] 葛耀中. 利用各种通道继电保护的一般原理. 西安交通大学学报，1962（2）.

[3] P. M. Anderson，Power system protection. IEEE Press McGraw-Hill，New York，1998.

[4] 贺家李. 短距离输电线纵差动保护构成的新原理. 天津大学学报，1963（12）：47-60.

[5] 袁季修，等. 保护用电流互感器应用指南. 北京：中国电力出版社，2004.

[6] 葛耀中. 电流差动保护动作判据的分析和研究. 西安交通大学学报，1980（2）.

[7] 朱声石. 电网继电保护原理与技术. 北京：电力工业出版社，1981.

[8] 高厚磊. 新型数字式分相电流差动保护的研究. 天津大学博士论文，1997. 7.

[9] Working Group H-7. Synchronized Sampling and Phasor Measurement for Relaying and Control. IEEE Transaction on PWRD，Vol. 9 No. 1 Jan. 1994.

[10] 薛士敏，贺家李，郭征，等. 输电线微机自适应分相方向纵差保护. 电力系统自动化，2005（5）.

[11] 吴维韩，等. 电力系统过电压数值计算. 北京：科学出版社，1989.

[12] 郭征，贺家李. 输电线纵联差动保护的新原理. 电力系统自动化，2004（11）.

[13] 贺家李，李广铃. 利用高频发信机远方启动原理提高相差动高频保护性能的研究. 天津大学学报，1964（16）.

[14] V. M Ermolenko et al. Relay protection and disaster control automation for 750kV transmission lines. 1974 CIGRE：34-06.

[15] 贺家李，宋从矩，李永丽，董新洲. 电力系统继电保护原理（增订版）. 北京：中国电力出版社，2004.

[16] 贺家李，李永丽，李斌，郭征，董新洲. 特高压输电线继电保护配置方案（二）. 电力系统自动化，2002（24）.

[17] He Jiali，Zhang Yuanhui，Yang Nianci. New Type Power Line Carrier Relaying System With Directional Comparison For EHV Transmission Lines. IEEE Transaction PAS-103. No. 2 February 1984.

[18] IEEE Guide For Protective Relay. Std. C37. 113-199.

[19] Stanley H. Horowitz, Arun G. Phadke. Power. System Relaying. Research Studies, press Ltd. 1992.

[20] 沈国荣. 工频变化量方向继电器原理的研究. 电力系统自动化，1983（1）.

[21] 葛耀中. 新型继电保护与故障测距原理与技术. 西安：西安交通大学出版社，1996.

[22] 华中工学院. 电力系统继电保护原理与运行. 北京：电力工业出版社，1981.

[23] A. Apostolov, ALSTOM T&D. Implementation of a Transient Energy Method for Directional Detection in Numerical Relays. IEEE Transmission & Distribution Conference, 1999.

[24] 何奔腾，金华烽，李菊. 能量方向保护原理和性能研究. 中国电机工程学报，1997（3）.

[25] 薛士敏，贺家李，李永丽，等. 输电线路统一行波理论分析. 电力系统自动化，31（20）：1-5，2007.

[26] Z. Q. BO. A. New Non-Communication Protection Technique for Transmission Lines. IEEE Transaction on Power Delivery. 1998, Vol, 13, No. 4.

[27] 董杏丽. 基于小波变换的高压电网行波保护原理与技术的研究. 西安交通大学博士论文，2003.

[28] 贺家李，宋从矩．电力系统继电保护原理．3 版．北京：水利电力出版社，1996.

[29] 王梅义．四统一高压线路继电保护装置原理设计．北京：水利电力出版社，1981.

[30] 陈德树．计算机继电保护原理与技术．北京：水利电力出版社，1992.

[31] 王梅义，等．高压电网继电保护运行技术．北京：水利电力出版社，1992.

[32] 王英，等译．大学物理学．4 册．北京：人民教育出版社，1980.

[33] 范瑞卿．输电线路相位相关电流差动保护的研究．天津大学硕士论文．2010.

[34] Bin Li, Chao Li, Jiali He, etal. Novel Principle and Adaptine Scheme of Phase Correlation line Current Differential Protection. International Transactions on Electical. Energy System, 2013, 23（5）：733-750.

---

❶ 在上式中配平方，即

$$I_{\mathrm{m}}^2-2\frac{1+K^2}{1-K^2}I_{\mathrm{m}}I_{\mathrm{n}}+\left(\frac{1+K^2}{1-K^2}\right)^2I_{\mathrm{n}}^2-\left(\frac{1+K^2}{1-K^2}\right)^2I_{\mathrm{n}}^2+I_{\mathrm{n}}^2\geqslant 0$$

由此得

$$\left(I_{\mathrm{m}}-\frac{1+K^2}{1-K^2}I_{\mathrm{n}}\right)^2-\left(\frac{1+K^2}{1-K^2}\right)^2I_{\mathrm{n}}^2+I_{\mathrm{n}}^2\geqslant 0$$

上式中的后两项可化简为

$$I_{\mathrm{n}}^2\left[1-\left(\frac{1+K^2}{1-K^2}\right)^2\right]=I_{\mathrm{n}}^2\left[\left(1+\frac{1+K^2}{1-K^2}\right)\left(1-\frac{1+K^2}{1-K^2}\right)\right]=I_{\mathrm{n}}^2\left(\frac{1-K^2+1+K^2}{1-K^2}\ \frac{1-K^2-1-K^2}{1-K^2}\right)$$

$$=I_{\mathrm{n}}^2\left(\frac{2}{1-K^2}\ \frac{-2K^2}{1-K^2}\right)=-I_{\mathrm{n}}^2\left[\frac{4K^2}{(1-K^2)^2}\right]=-I_{\mathrm{n}}^2\left(\frac{2K}{1-K^2}\right)^2$$

代入上式得

$$\left(I_{\mathrm{m}}-\frac{1+K^2}{1-K^2}I_{\mathrm{n}}\right)^2=I_{\mathrm{n}}^2\left(\frac{2K}{1-K^2}\right)^2,\ \left(I_{\mathrm{m}}-\frac{1+K^2}{1-K^2}I_{\mathrm{n}}\right)=I_{\mathrm{n}}\left(\frac{2K}{1-K^2}\right),\ \left(I_{\mathrm{m}}-\frac{1+K^2}{1-K^2}I_{\mathrm{n}}\right)-I_{\mathrm{n}}\left(\frac{2K}{1-K^2}\right)=0$$

$$I_{\mathrm{m}}-I_{\mathrm{n}}\left(\frac{1+K^2}{1-K^2}+\frac{2K^2}{1-K^2}\right)=0,\ I_{\mathrm{m}}-I_{\mathrm{n}}\frac{(1+K)^2}{(1-K^2)}=0,\ I_{\mathrm{m}}-I_{\mathrm{n}}\frac{(1+K)^2}{(1-K)(1+K)}=0,$$

上式中忽略了最小起动电流，实际上动作方程

$$I_{\mathrm{m}}-I_{\mathrm{n}}\frac{(1+K)}{(1-K)}\geqslant I_{\mathrm{act0}}$$

这是一个直线线方程，直线的斜率为 $\frac{(1+K)}{(1-K)}$，截距为 I_{act0}，如图 6-13(b) 所示。

第七章　自动重合闸

第一节　自动重合闸的作用及对其要求

一、自动重合闸在电力系统中的作用

在电力系统的故障中，大多数是输电线路（特别是架空线路）的短路，因此如何提高输电线路工作的可靠性，就成为电力系统中的重要任务之一[1]。

电力系统的运行经验表明，架空线路故障大都是“瞬时性”的，例如由雷电引起的绝缘子表面闪络、大风引起的碰线、通过鸟类及树枝等物碰在导线上引起的弧光短路等，在线路被继电保护迅速断开以后，电弧即行熄灭，故障点的绝缘强度重新恢复，外界物体（如树枝、鸟类等）也被电弧烧掉而消失。此时，如果把断开的线路断路器再合上就能够恢复正常供电，这类故障称为瞬时性故障。除此之外，也有永久性故障，例如由于线路倒杆、断线并接地、绝缘子击穿或损坏等引起的故障，在线路被断开之后它们仍然存在。这时，即使再合上电源，由于故障依然存在，线路还要被继电保护再次断开，不能恢复正常供电。

由于输电线路上的故障大部分具有瞬时性质，因此，在线路被断开以后再进行一次合闸，就有可能大大提高供电的可靠性。为此在电力系统中广泛采用了自动重合闸，即当断路器跳闸之后，能够自动地将断路器重新合闸。

在线路上装设重合闸装置以后，由于它并不能够判断是瞬时性故障还是永久性故障，因此，在重合以后可能成功（指恢复供电不再断开），也可能不成功。根据运行资料的统计，自动重合闸的成功率（重合成功的次数与总重合次数之比）一般在60%～90%（主要取决于瞬时性故障占故障总数的比例）。在电力系统中采用重合闸的技术经济效果，主要可归纳如下。

（1）提高供电的可靠性，减少线路停电的次数，特别是对单侧电源的单回线路尤为显著。

（2）在高压输电线路上采用重合闸，还可以提高电力系统并列运行的稳定性。

（3）可以纠正断路器本身机构不良或继电保护误动作等原因引起的误跳闸。

对1kV及以上的架空线路和电缆与架空的混合线路，当其上有断路器时就应装设自动重合闸装置；在用高压熔断器保护的线路上，一般采用自动重合器；此外，在供电给

地区负荷的电力变压器上，以及发电厂和变电站的母线上，必要时也可以装设自动重合闸装置。

采用重合闸以后，当重合于永久性故障时，它也将带来一些不利的影响。

（1）重合不成功时使电力系统又一次受到故障的冲击，可能降低系统并列运行的稳定性。

（2）使断路器的工作条件变得更加严重，因为它可能在很短的时间内连续切断两次短路电流。这种情况对于油断路器必须加以考虑，因为它在第一次跳闸时，由于电弧的作用已使油的绝缘强度降低，重合后的第二次跳闸是在绝缘已经降低的不利条件下进行的。油断路器在采用了重合闸以后，其遮断容量也要有不同程度的降低（一般约降低到80％左右）。

因而，在短路容量比较大的电力系统中，上述不利条件往往限制了自动重合闸的使用。

对于重合闸的经济效益，应该用无重合闸时因停电而造成的国民经济损失来衡量。由于应用重合闸的投资很低，工作可靠，因此它在电力系统中获得了广泛的应用。近年来，自适应重合闸技术得到深入发展，即在重合之前预先判断是瞬时性故障还是永久性故障，从而决定是否重合，这样就大大提高了重合闸的成功率。目前这种新技术在微机保护中逐步得到应用。

二、 对自动重合闸的基本要求

1. 重合闸不应动作的情况

（1）手动跳闸或通过遥控装置将断路器断开时，重合闸不应动作。

（2）手动投入断路器，由于线路上有故障，而随即被继电保护将其断开时，重合闸不应动作。因为在这种情况下故障是属于永久性的，是由于检修质量不合格、隐患未消除或者保安的接地线忘记拆除等原因所产生，再重合一次也不可能成功。

除上述条件外，当断路器由继电保护动作或其他原因而跳闸后，重合闸均应动作，使断路器重新合闸。

2. 重合闸的起动方式

自动重合闸有以下两种起动方式。

（1）断路器控制开关把手的位置与断路器实际位置不对应起动方式（简称不对应起动），即当控制开关操作把手在合闸位置而断路器实际上在断开位置的情况下使断路器自动重合。而当运行人员用手动操作控制开关使断路器跳闸以后，控制开关与断路器的位置是对应的，因此重合闸不会起动。

这种起动方式简单可靠，还可以纠正断路器操作回路的接点被误碰而跳闸或断路器操动机构故障而偷跳，可提高供电可靠性和系统运行的稳定性，在各级电网中具有良好的运行效果，是所有重合闸的基本起动方式。

（2）保护起动方式。保护起动方式是上述不对应起动方式的补充。这种起动方式便于实现某些保护动作后需要闭锁重合闸的功能，以及保护逻辑与重合闸的配合等。但保护起动方式不能纠正断路器本身的误动。

3. 自动重合闸的动作次数

自动重合闸装置的动作次数应符合预先的规定。如一次式重合闸就应该只重合一次，当重合于永久性故障而再次跳闸以后，就不应该再重合；对二次式重合闸就应该能够重合两次，当第二次重合于永久性故障而跳闸以后，不应该再重合。在国外有采用与捕捉同期相结合的二次重合闸技术[2]，而我国广泛采用一次式重合闸。

4. 自动重合闸的复归方式

自动重合闸在动作以后应能经预先整定的时间后自动复归，准备好下一次再动作。

5. 重合闸与继电保护的配合

自动重合闸装置应有可能在重合闸以前或重合闸以后加速继电保护的动作（即取消保护预定的延时），以便更好地和继电保护相配合，加速故障的切除。

如用控制开关手动合闸并合于故障上时，也宜于采用加速继电保护动作的措施，因为这种故障一般是永久性的，应予以切除。当采用重合闸后加速保护时，如果合闸瞬间所产生的冲击电流或断路器三相触头不同时合闸所产生的零序电流有可能引起继电保护误动作，则应采取措施（如适当增加一延时）予以防止。

6. 对双侧电源线路上重合闸的要求

在双侧电源的线路上实现重合闸时，应考虑合闸时两侧电源间的同期问题，并满足所提出的要求（详见本章第二节）。

7. 闭锁重合闸

自动重合闸装置应具有接收外来闭锁信号的功能。当断路器处于不正常状态（例如操作机构中使用的气压、液压降低等）而不允许实现重合闸时，应将自动重合闸装置闭锁。

三、 自动重合闸的分类

按照重合闸的动作次数，自动重合闸可以分为一次重合闸和二次（多次）重合闸。

按照重合闸的应用场合，自动重合闸可以分为单侧电源重合闸和双侧电源重合闸。

按照重合闸作用于断路器的方式，自动重合闸可以分为三相重合闸、单相重合闸以及综合重合闸。

下面分别对不同重合闸的应用场合及方式加以详细介绍。

第二节　三相一次自动重合闸

一、 单侧电源线路的三相一次自动重合闸

三相一次自动重合闸的动作逻辑是：当线路上发生故障，继电保护断开故障线路的

三相断路器后，重合闸起动，并经过预定延时后发出重合命令，使三相断路器重新合闸。若在重合之前故障已经消失，即瞬时性故障，则自动重合闸重合成功；若自动重合闸重合于永久性故障，则继电保护装置会再次动作并断开三相断路器，自动重合闸不再重合。

单侧电源线路的电源侧一般采用三相一次自动重合闸。当所采用的断路器没有单相跳闸功能或线路所处环境不允许非全相运行时，只能采用三跳三合的三相重合闸。通常三相一次自动重合闸装置由重合闸起动元件、重合闸延时元件、一次合闸出口和放电元件、执行元件四部分组成，如图 7-1 所示。

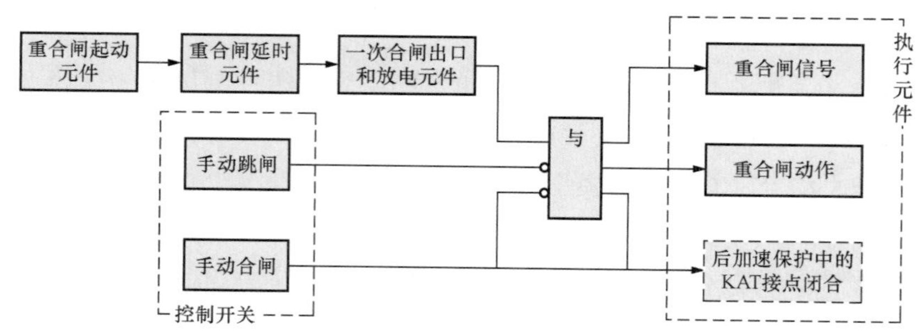

图 7-1　三相一次自动重合闸装置的组成

(1) 重合闸起动元件。当断路器控制开关把手的位置与断路器实际位置不对应时，或继电保护装置发出起动命令时，自动重合闸起动。

(2) 重合闸延时元件。因断路器跳闸后短路点电弧熄灭和绝缘强度恢复需要一定时间，同时断路器灭弧介质绝缘强度的恢复也需要一定时间，因此自动重合闸起动后，需经一个预定的时间再发出合闸命令。该延时可以根据灭弧时间等具体情况整定。

(3) 一次合闸出口和放电元件。所谓一次合闸出口和放电元件，是指发重合命令并保证只重合一次的回路。当重合闸起动并延时到后，重合闸发出合闸命令，使断路器重合。但发出一次合闸命令后，三相一次自动重合闸需要 15～25s 的时间才能复归。在未复归之前，自动重合闸不会再次发出合闸命令，这样也就保证了自动重合闸在一次故障切除后只重合一次。

因为在模拟式重合闸装置中，在重合一次后使一个充满电的电容器放电，下次重合要等到电容器再次充满电才能进行，这需要 15～25s 的时间，这样就保证了只能重合一次。在微机保护重合闸中，是利用计数器计数和清零代替电容器充放电。但这里仍沿用重合闸放电这个说法。

(4) 控制开关。控制开关是指手动操作把手和有关的控制回路（包括手动跳闸与手动合闸指令的发出，且手动合闸或手动跳闸时应闭锁重合闸）。这是因为当手动跳闸时，一般属于计划性跳闸操作，为避免不必要的重合闸，需要利用控制开关的手动跳闸辅助接点闭锁重合闸；当手动合闸时，为防止合闸于永久性故障时继电保护跳闸后自动重合闸再次重合于永久性故障，同样利用控制开关的手动合闸辅助接点闭锁重合闸。

（5）执行元件。由具体的重合闸操作回路构成的执行元件完成断路器的重合操作以及发信号。另外，为保证重合或手动合闸于永久性故障的情况下继电保护能够加速切除故障，在重合或手动合闸后短时闭合后加速保护中的 KAT 接点，以实现重合闸后加速保护（参见本章图 7-10）。

二、 双侧电源线路的三相一次自动重合闸

1. 双侧电源线路的自动重合闸的特点

在双侧电源的输电线路上实现重合闸时，除应满足在第一节中提出的各项要求以外，还必须考虑如下的特点：

（1）时间的配合。当线路上发生故障时，两侧的保护装置可能以不同的时限动作于跳闸，例如一侧为第Ⅰ段动作，而另一侧为第Ⅱ段动作。此时为了保证故障点电弧的熄灭和绝缘强度的恢复，以使重合闸尽可能成功，线路两侧的重合闸必须保证在两侧断路器均跳闸后，经过一定延时再进行重合。

（2）同期问题。当线路上发生故障跳闸以后，常常存在着重合闸时两侧系统是否同期，以及是否允许非同期合闸的问题。

因此，双侧电源线路上的重合闸应根据电网的接线方式和运行情况，采取一些附加的措施，以适应新的要求。

2. 双侧电源线路的自动重合闸方式

双侧电源线路的自动重合闸具有多种方式，保证了重合闸在不同应用场合具有更显著的效果。根据双侧电源线路的自动重合闸特点，大致可将其归纳为两类：一类是不检定同期和无电压的重合闸，如快速重合闸、非同期重合闸、解列重合闸及自同期重合闸等；另一类是检定同期或无电压的重合闸，如检定平行线路电流的重合闸，一侧检定线路无电压、另一侧检定同期的重合闸等。

（1）快速自动重合闸。所谓快速自动重合闸，是指保护断开两侧断路器后在 0.5～0.6s 内使之重合，在这样短的时间内，两侧电动势角摆开不大，重合后系统不会失去同步。即使两侧电动势角摆开较大，冲击电流对电力系统及其元件的冲击只要在可以耐受的范围之内时，线路重合后很快会拉入同步。因此，采用快速重合闸是提高系统并列运行稳定性和供电可靠性的有效措施。使用快速重合闸需要具备下列条件。

1）线路两侧均有全线瞬时动作的保护，如纵联保护跳闸。

2）线路两侧有快速动作的断路器，如快速空气断路器。

3）重合闸重合瞬间对电力系统及其设备的最大冲击电流小于允许值❶。

（2）非同期重合闸。所谓非同期重合闸是指在线路两侧断路器跳闸后，不管两侧电源是否同期，即进行合闸的重合闸方式。当符合下列条件且认为有必要时，可采用非同期重合闸。

1）非同期重合闸时，流过发电机、同步调相机或电力变压器的最大冲击电流不超过允许值❶。在计算时，应考虑实际上可能出现的对同步电机或电力变压器影响最为严重的运行方式。

2）在非同期合闸后所产生的振荡过程中，对重要负荷的影响较小，或者可以采取措施减小其影响时（例如尽量使电动机在电压恢复后能自起动，在同步电动机上装设再同期装置等）。

（3）解列重合闸与自同期重合闸。在双侧电源的单回线路上，当不能采用非同期重合闸时还可以根据具体情况采用下列重合闸方式。

1）自动解列重合闸。如图 7-2 所示，图中 AR 表示自动重合闸（以下同）。正常时由系统向小电源侧输送功率，当线路上（如 k 点）发生故障后，系统侧的保护跳开线路断路器，而小电源侧的保护跳开解列点断路器。小电源与系统解列后，其容量应基本上与所带的重要负荷相平衡，这样就可以保证地区重要负荷的连续供电并保证电能的质量。在两侧断路器跳闸后，系统侧的重合闸检查线路无电压，在确证对侧已跳闸后进行重合，如重合成功，则由系统恢复对地区非重要负荷的供电，然后，再在解列点处实行同期并列，即可恢复正常运行。如果重合不成功，则系统侧的保护再次动作跳闸，地区的非重要负荷将被迫中断供电。

---

❶ 参见《电力装置的继电保护和自动装置设计规范》（GB/T 50062—2008）中的规定：当非同期合闸时，最大冲击电流周期分量与额定电流之比，不应超过下表所列数值。

机组类型		允许倍数
汽轮发电机		$\frac{0.65}{X''_t}$
水轮发电机	有阻尼回路	$\frac{0.6}{X''_t}$
	无阻尼回路	$\frac{0.6}{X'_t}$
同步调相机		$\frac{0.84}{X''_t}$
电力变压器		$\frac{1}{X_k}$

注 1. 非同期合闸时的冲击电流周期分量可用式 $\Delta U=\frac{2U}{Z_\Sigma}\sin\frac{\delta}{2}$ 估算，其中 Z_Σ 为系统两侧电动势间总阻抗，δ 为两侧系统电动势相角差，U 为两侧发电机或系统的电动势。

2. 表中 X''_t 为同步电机的纵轴次暂态电抗，标幺值；X'_t 为同步电机的纵轴暂态电抗，标幺值；X_k 为电力变压器的短路电抗，标幺值。

3. 计算最大冲击电流时，应考虑实际上可能出现的对同步电机或电力变压器为最严重的运行方式，同步电机的次暂态电动势取 1.05 倍额定电压，两侧电源电动势的相角差取 180°，并可以不计及负荷的影响，但当计算结果接近或超过允许倍数时，可考虑负荷影响进行较精确计算。

4. 表中所列同步发电机的冲击电流允许倍数，是根据允许冲击力矩求得。汽轮发电机在两侧电动势相角差约为 120°时合闸冲击力矩最严重；水轮发电机约在 135°时合闸最严重。因此，当两侧电动势相角差可能大于120°～135°时，均应按注 3. 所述条件进行计算。其次瞬变电流周期分量不超过 $\frac{0.74}{X''_t}$ 倍额定电流。

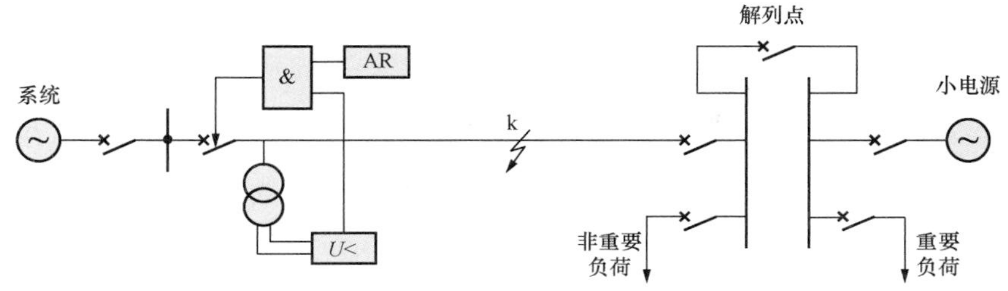

图 7-2　双侧电源单回线路上采用自动解列重合闸示意图

解列点的选择原则应尽量使发电厂的容量与其所带的负荷接近平衡，这是这种重合闸方式所必须考虑并加以解决的问题。

2）自同期重合闸。对水电厂，如条件许可时，可以采用自同期重合闸，如图 7-3 所示。线路上（如 k 点）发生故障后，系统侧的保护跳开线路断路器，水电厂侧的保护则动作于跳开发电机的断路器并灭磁而不跳故障线路的断路器。然后系统侧的重合闸检查线路无电压而重合，如重合成功，水电厂侧母线电压恢复正常，则水轮发电机再实现与系统的自同期并列，因此称为自同期重合闸。如重合不成功，则系统侧的保护再次动作跳闸，水电厂也被迫停机。

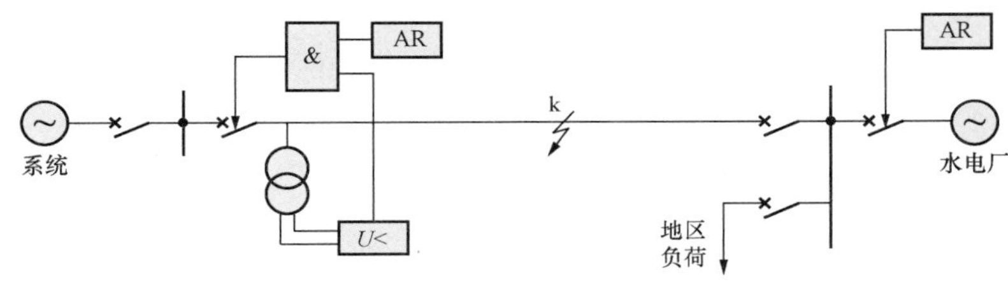

图 7-3　在水电厂采用自同期重合闸的示意图

采用自同期重合闸时，必须考虑对水电厂侧地区负荷供电的影响，因为，在自同期重合闸的过程中，如果不采取其他措施，地区负荷将被迫全部停电。当水电厂有两台以上的机组时，为了保证对地区负荷的供电，则应考虑使一部分机组与系统解列，继续向地区负荷供电，另一部分机组实行自同期重合闸。

（4）线路两侧电源联系紧密时的自动重合闸。并列运行的发电厂或电力系统之间，在电气上有紧密联系时（例如具有 3 条以上联系紧密的线路，如图 7-4 中电源 A 和 C 之间的关系），由于同时断开所有联系的可能性几乎不存在，因

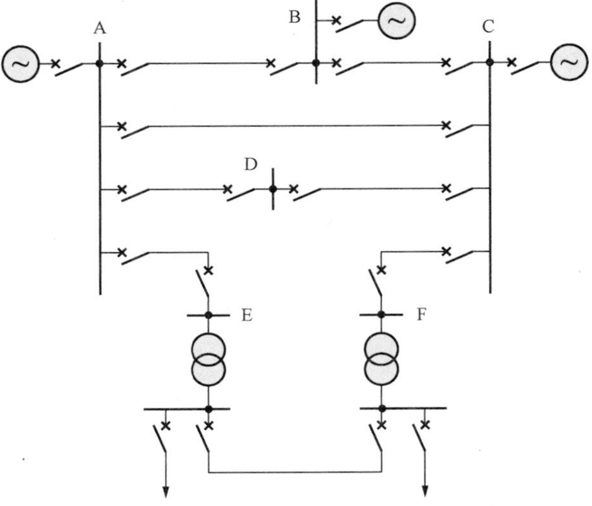

图 7-4　分析线路两侧电源联系紧密时所使用的网络接线

此，当任一条线路断开之后又进行重合闸时，都不会出现非同期合闸的问题，在这种情况下可以采用不检查同期的自动重合闸。

（5）检查双回线另一回线电流的重合闸。在双回线路上，如图 7-5 所示。当不能采用非同期重合闸时，可采用检定另一回线路上有电流的重合闸。因为当非故障的另一回线路上有电流时，即表示两侧电源仍保持同步运行，因此可以重合。采用这种重合闸方式的优点是电流检定比同期检定简单。

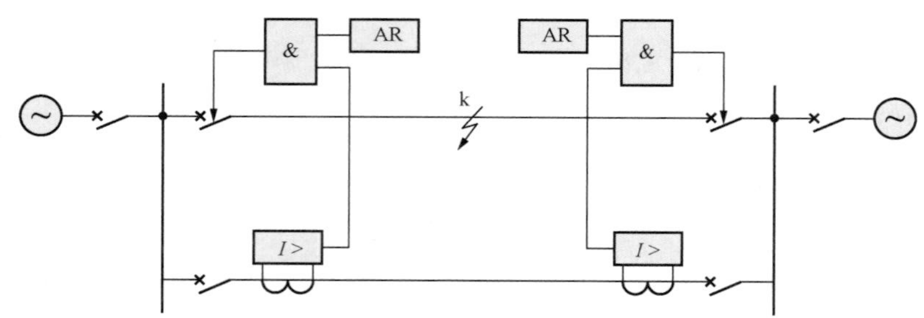

图 7-5　双回线路上采用检查另一回线路有电流的重合闸示意图

（6）具有同期检定和无电压检定的重合闸。当上述各种方式的重合闸难于实现，而同期检定重合闸确有一定效果时，例如当两个电源与两侧所带的负荷各自接近平衡，因而在单回联络线路上交换的功率较小，或者当线路断开以后，每个电源侧都有一定的备用容量可供调节，则可以采用同期检定和无电压检定的重合闸。

用模拟式保护装置和重合闸装置最容易说明其配合关系。具有同期检定和无电压检定的重合闸的工作示意图如图 7-6 所示，除在线路两侧均装设重合闸装置以外，在线路的一侧（M 侧）还装设有检定线路无电压的继电器 KV，当线路无电压时允许本端重合闸先重合；而在另一侧（N 侧）则装设检定同期或捕捉同期的继电器 KY，当检测母线电压与线路电压满足同期条件时进行重合。也就是说，先重合侧若检查出线路有电压时不能重合，而后重合侧若检查出两侧电源不同期时不能重合。

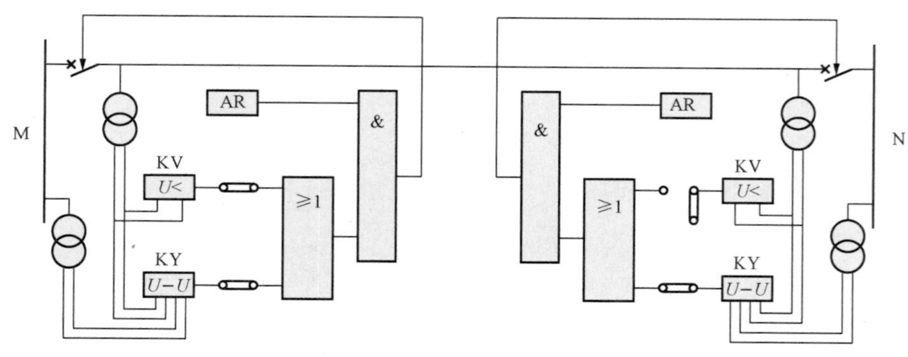

图 7-6　采用同期检定和无电压检定重合闸的原理与配置关系图

1）重合过程。当线路发生故障，两侧断路器跳闸，线路失去电压，检无电压侧（M 侧）的低电压继电器 KV 动作，表示对侧已跳闸，因此该侧（M 侧）重合闸 AR 动作使断路器合闸。

如果重合不成功，表示是永久性故障，则断路器再次跳闸。此时，由于线路检同期侧（N 侧）没有电压，同期检定继电器 KY 不动作，因此，该侧重合闸不会起动。

如果检无电压侧重合成功，则检同期侧（N 侧）在检定符合同期条件（δ<定值）时即重合断路器，线路即恢复正常供电。

2）自动重合闸的注意事项：①由上述重合过程可知，若检定线路无电压一侧（M 侧）的断路器重合于永久性故障，则 M 侧断路器就必须连续两次切断短路电流，因此该断路器工作条件比同期检定的 N 侧断路器的工作条件恶劣。为此，通常线路两侧都装设同期检定和无电压检定的继电器，利用连接片定期切换两种检定方式，以使两侧断路器工作的条件接近相同；②在正常工作情况下，由于某种原因（保护误动、误碰跳闸机构等）使检无电压侧（M 侧）误跳闸时，由于对侧并未动作，因此线路上仍有电压，无法进行重合。为此，在检无电压侧（M 侧）也同时投入同期检定继电器 KY，使两者的接点并联工作；此时如遇有上述情况，则同期检定继电器 KY 就能够起作用，当符合同期条件时，即可将误跳闸的断路器重新投入；③在使用同期检定的一侧（N 侧），绝对不允许同时投入无电压检定继电器。以防止出现非同期重合闸。

3）无电压检定与同期检定的实现。为了检定线路无电压和检定同期，就需要在断路器断开的情况下测量线路侧电压的大小和相位，因此需要在线路侧装设电压互感器或特殊的电压抽取装置。传统电磁式重合闸装置中在实现无电压检测时采用低电压继电器，其整定值的选择应保证只当对侧断路器确实跳闸之后，才允许重合闸动作，根据经验通常都是整定为 0.5 倍额定电压。

同期检定时采用继电器的原理接线如图 7-7（a）所示。中间电压变换器 TVM1 和 TVM2 分别从母线侧和线路侧电压互感器上接入同名相的电压，其二次绕组反极性相连接。则输出电压 ΔU 与两个电压的相位差 δ 有关，如图 7-7（b）所示。

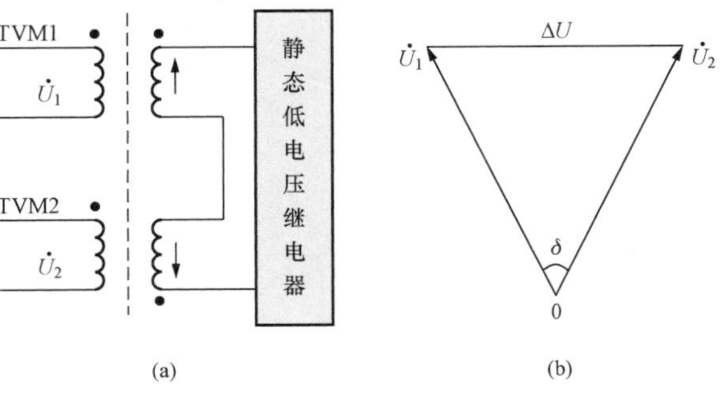

图 7-7　同期检定继电器接线及其原理图

（a）同期检定继电器的原理接线图；（b）加于同期检定继电器上合成电压 ΔU 与 δ 的关系

当 $U_1=U_2$ 时，ΔU 与 δ 的关系为

$$\Delta U = 2U_1 \sin\frac{\delta}{2} \qquad (7\text{-}1)$$

当 $\delta=0°$ 时，$\Delta U=0$，随着 δ 的增大，ΔU 也大约成正比增加，因此可以用一个低电压继电器来反应 ΔU 的变化而动作。当 ΔU 小于定值时，其动断接点

闭合，允许重合闸动作。而当 ΔU 大于定值时，其动断接点断开，将重合闸闭锁，使之不能动作。继电器定值范围一般为 $\delta=20°\sim40°$。在线路断开后，两侧系统逐渐失步，$\Delta\dot{U}$ 逐渐变化，从 0°到 360°旋转，捕捉同期的重合闸，根据测得的 $\Delta\dot{U}$ 的变化速度，在 $\Delta\dot{U}$ 接近 20°之前，发出合闸指令，使得 $\Delta\dot{U}$ 正好到达允许合闸的角度时断路器合上。

现代微机保护装置中，一般均集成了保护与重合闸功能。因此，利用微机强大的计算功能，可以更容易、更灵活地实现上述无电压检测与同期检定功能。

三、 重合闸动作时限的选择原则

1. 单侧电源线路的三相重合闸

为了尽可能缩短电源中断的时间，重合闸的动作时限原则上应越短越好。因为电源中断后，电动机的转速急剧下降，电动机被其负荷所制动，当重合闸成功恢复供电时，很多电动机要自起动。由于自起动电流很大，往往会引起电网内电压降低，因而又造成自起动困难或拖延其恢复正常工作的时间。电源中断的时间越长则影响越严重。

为了力争重合成功，重合闸动作时限必须按以下原则确定。

（1）断路器跳闸后，故障点的电弧熄灭及弧道介质绝缘强度的恢复需要一定的时间。考虑该时间时，还必须计及负荷电动机向故障点反馈电流所产生的影响，因为这是绝缘强度恢复变慢的因素。

（2）断路器跳闸后，其传动机构恢复原状、断路器触头间灭弧介质绝缘强度的恢复及消弧室重新充满油需要一定的时间。重合闸必须在这个时间以后才能向断路器发出合闸命令。否则如重合在永久性故障上，就可能发生断路器爆炸的严重事故。

（3）如果重合闸是利用继电保护起动，则其动作时限还应该加上断路器的跳闸时间。

因此，重合闸的动作时间应在满足以上要求的前提下，力求缩短。根据我国一些电力系统的运行经验，采用 1s 左右的重合时间较为合适。

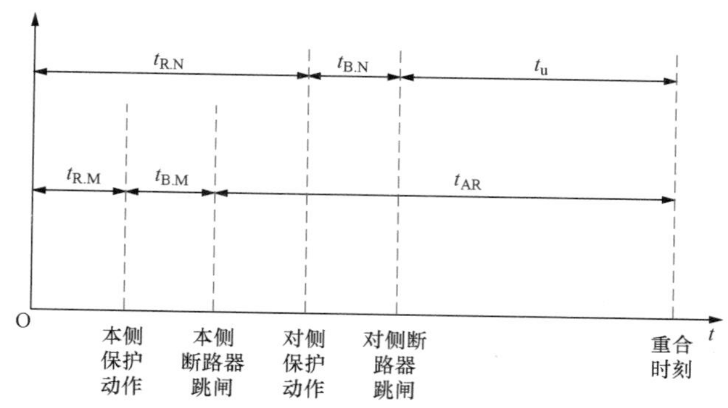

图 7-8 双侧电源线路重合闸动作时限配合的示意图

2. 双侧电源线路的三相重合闸

其时限除满足以上要求外，还应考虑线路两端继电保护切除故障时间不同的可能性。从最不利的情况出发，每一侧的重合闸都应该以本侧先跳闸而对侧后跳闸作为考虑整定时间的依据。

如图 7-8 所示，设本侧为 M 侧，对侧为 N 侧，为保证 M 侧重合成功，

考虑 M 侧先跳闸，待 N 侧跳闸后，再经过灭弧和周围介质去游离的时间后 M 侧才可以重合。

图 7-8 中，设 $t_{R.M}$为本侧（M 侧）保护动作时间，$t_{B.M}$为本侧（M 侧）断路器动作时间，$t_{R.N}$为对侧（N 侧）保护动作时间，$t_{B.N}$为对侧（N 侧）断路器动作时间。则在本侧（M 侧）跳闸以后，对侧还需要经过 $t_{R.N}+t_{B.N}-t_{R.M}-t_{B.M}$的时间才能跳闸。再考虑故障点灭弧和介质去游离的时间 t_u，则先跳闸一侧重合闸的动作时限应整定为

$$t_{AR}=t_{R.N}+t_{B.N}-t_{R.M}-t_{B.M}+t_u \tag{7-2}$$

当线路上装设三段式电流或距离保护时，$t_{R.M}$应采用本侧 I 段保护的动作时间，而 $t_{R.N}$一般采用对侧Ⅱ段（或Ⅲ段）保护的动作时间。

四、 重合闸与继电保护的配合

为了能尽量利用重合闸所提供的条件以加速切除故障，继电保护与之配合时一般采用如下两种方式。

1. 重合闸前加速保护

如图 7-9 所示，每条线路上均装设过电流保护 1～3，其动作时限按阶梯型原则来配合，即 $t_3>t_2>t_1$。显然，在靠近电源端的线路故障时，保护 3 切除故障的时间较长。

为了能使靠近电源端的故障得到快速切除，可在保护 3 处采用前加速的方式。即当任一段线路上发生故障（如 k1 点），如不考虑选择性原则，保护 3 瞬时动作将 QF3 断开，并继之以重合。若重合成功，则系统恢复正常供电；若重合于永久性故障，则过电流保护 1～3 按照时限配合关系，逐级有选择性地将故障切除。这种先无选择性地将故障切除，然后利用重合闸重合予以纠正保护无选择性动作的配合方式，称为重合闸前加速保护动作方式，简称重合闸前加速。前加速方式既能加速切除各段线路的瞬时性故障，又能在重合闸动作后有选择性断开永久性故障。为了使无选择性的动作范围不会扩展得太长，一般规定当变压器低压侧短路时，保护 3 不应动作。因此，其动作电流还应按躲开相邻变压器低压侧（如 k2 点）的短路电流来整定。当变压器装有差动保护时，如果其内部发生故障，差动保护与重合闸前加速可能同时动作，为了保证变压器可靠被切除，要求差动保护的跳闸脉冲必须能够自保持。这样当重合闸重合时，故障已经切除，重合成功。

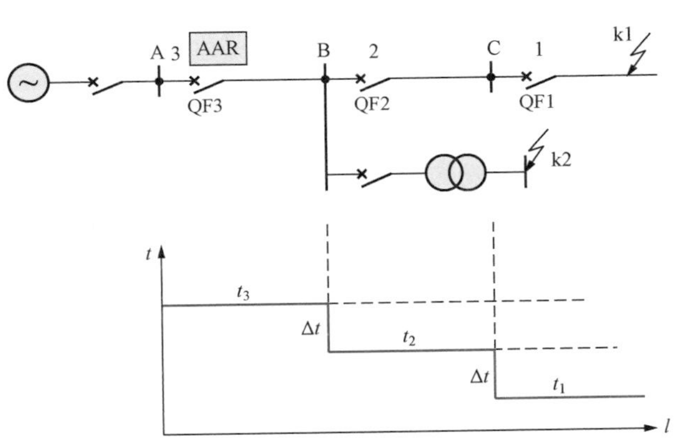

图 7-9　重合闸前加速保护的网络接线图

采用前加速的优点有以下四点。

（1）能够快速地切除各段线路上发生的瞬时性故障。

（2）可能使瞬时性故障来不及发展成为永久性故障，从而提高重合闸的成功率。

（3）能保证发电厂和重要变电站的母线电压在0.6～0.7倍额定电压以上，从而保证厂用电和重要用户的电能质量。

（4）使用设备少，只需装设一套重合闸装置，简单、经济。

采用前加速的缺点有如下三点。

（1）重合于永久性故障时，故障切除的时间可能较长。

（2）装有重合闸的断路器动作次数较多，工作条件恶劣。

（3）如果重合闸装置或断路器QF3拒绝合闸则将扩大停电范围，甚至在最末一级线路上故障时都会使连接在这条线路上的所有用户停电。

前加速方式主要用于35kV以下由发电厂或重要变电站引出的直配线路上，以便快速切除故障，保证母线电压降低的时间最短。

2. 重合闸后加速保护

所谓后加速就是当线路第一次故障时保护有选择性动作，然后进行重合。如果重合于永久性故障上，则在断路器合闸后再加速保护动作，瞬时切除故障，而与第一次动作是否带有时限无关。

“后加速”的配合方式广泛应用于35kV以上的网络及对重要负荷供电的输电线路上。因为，在这些线路上一般都装有性能比较完善的保护装置，例如，三段式电流保护、距离保护等，因此，第一次有选择性地切除故障的时间（瞬时动作或具有0.3～0.5s的延时）均为系统运行所允许，而在重合闸以后采取加速保护的动作（一般是加速第Ⅱ段的动作，有时也可以加速第Ⅲ段的动作）就可以更快地切除永久性故障。

后加速保护的优点有如下三点。

（1）第一次是有选择性地切除故障，不会扩大停电范围，特别是在重要的高压电网中一般不允许保护无选择性的动作而后以重合闸来纠正（前加速的方式）。

（2）保证了永久性故障能瞬时切除，并仍然是有选择性的。

（3）和前加速方式相比，使用中不受网络结构和负荷条件的限制，一般说来是有利而无害的。

后加速保护的缺点有以下两点。

（1）每个断路器上都需要装设一套重合闸，与前加速相比较为复杂。

（2）第一次切除故障可能带有延时。尤其是靠近电源端的故障，第一次切除故障的时间较长。

实现重合闸后加速过电流保护的原理接线如图7-10所示。图中KA为过电流继电器的接点，当线路发生故障时它起动时间继电器KT，然后经整定的时限后KT2接点闭合，起动出口继电器KCO而跳闸。

当重合闸重合后，后加速元件的KAT动合接点将闭合1s，如果重合于永久性故障上，则过电流继电器 KA 再次动作，此时即可由时间继电器的瞬时动合接点 KT1、连接片 XB 和 KAT 的接点串联而立即起动出口继电器 KCO 动作于跳闸，从而实现了重合闸重合后使过电流保护加速动作的要求。

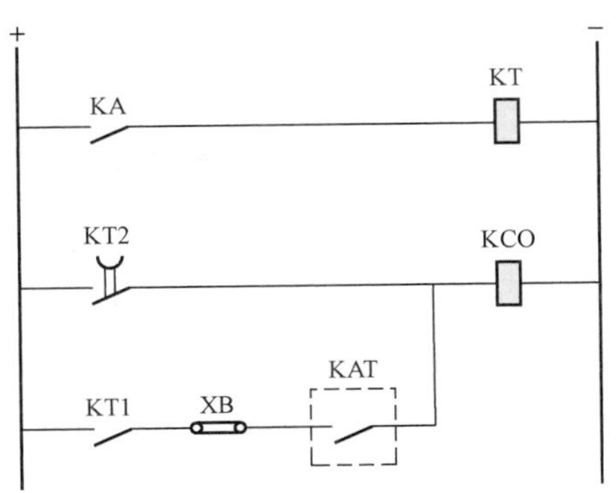

图 7-10　重合闸后加速过电流保护的原理接线图

需要说明的是，双端电源线路检定同期一侧的重合闸不采用后加速保护。因为检定同期重合闸是当线路检无电压一侧重合后，另一侧在两端的频率不超过一定允许值的情况下才进行重合的。若线路上有永久性故障，检无电压侧重合后再次断开，此时检定同期重合闸不重合，所以检定同期重合闸重合后加速也就没有意义了。若属于瞬时性故障，检无电压一侧重合后，若故障已消失则线路已重合成功，故检同期一侧的重合闸不必采用后加速，以免合闸冲击电流引起保护误动。

第三节　单相自动重合闸

以上所讨论的自动重合闸，都是三相式的，即不论输电线路上发生单相接地短路还是相间短路，继电保护动作后均使断路器三相断开，然后重合闸再将三相投入。

但是，在 220～1000kV 的架空线路上，由于线间距离大，运行经验表明其中绝大部分故障都是单相接地短路。在这种情况下，如果只把发生故障的一相断开，然后再进行单相重合，而未发生故障的两相仍然继续运行，就能够大大提高供电的可靠性和系统并列运行的稳定性。这种方式的重合闸就是单相自动重合闸。如果线路发生的是瞬时性故障，则单相重合成功，即恢复三相的正常运行。如果是永久性故障，单相重合不成功，一般均采用跳开三相并不再重合（允许系统非全相运行一段时间的个别情况下，也可再跳开单相并不再重合，即转入非全相运行状态）。只有当断路器是能够按相跳合闸操作才能实现单相自动重合闸。220kV 以上的断路器都是按相操作的。

一、 单相自动重合闸的特点

与三相重合闸相比，单相重合闸所带来的新问题主要表现在以下几个方面。

（1）需要设置故障选相元件，应该指出有些保护装置本身就具有选相功能。

（2）应考虑未断开两相的电压、电流通过相间分布电容和互感产生的潜供电流对熄弧和单相重合闸的影响。

（3）应考虑非全相运行对继电保护的影响，还需考虑非全相运行对通信系统和铁道号志系统的影响。

1. 故障选相元件

为实现单相重合闸，首先就必须有故障相的识别元件（简称选相元件）。对选相元件的基本要求如下。

（1）被保护线路范围内发生各种故障时，选相元件必须可靠选出故障相，且具有足够的灵敏度。

（2）被保护范围内发生单相接地故障以及在切除故障后的非全相运行状态中，非故障相选相元件不应误动作，或在非全相状态下将其退出。

（3）选相元件的灵敏度及动作时间都不应影响线路主保护的动作性能。

（4）选相元件的拒动决不能造成保护的拒动。

根据网络接线和运行的特点，常用的选相元件有如下几种。

（1）电流选相元件：其动作电流按照大于最大负荷电流的原则进行整定，以保证动作的选择性。这种选相元件适于装设在电源端，且短路电流比较大的情况。但该原理受系统运行方式影响较大，有时灵敏度不足。

（2）低电压选相元件：利用低电压继电器实现故障相判别，低电压继电器是根据故障相电压降低的原理而动作。它的动作电压按小于正常运行以及非全相运行时可能出现的最低电压整定。这种选相元件一般适于装设在小电源侧或单侧电源线路的受电侧，因为在这一侧用电流选相元件时往往不能满足选择性和灵敏性的要求。低电压选相元件的动作没有方向性，应配以过电流监视或闭锁，只有当本线路故障时才应该动作。

（3）阻抗选相元件：利用三个带零序电流补偿的接地阻抗继电器测量短路点到保护安装地点之间的正序阻抗。阻抗选相元件对于故障相与非故障相的测量阻抗差别大，易于区分。因此，阻抗选相元件比以上两种选相元件具有更高的选择性和灵敏性。

至于阻抗继电器的特性，根据需要可以采用圆特性阻抗继电器（全阻抗、方向阻抗、偏移特性），或考虑采用透镜特性或多边形特性的阻抗继电器。

对阻抗选相元件的整定值应考虑满足以下要求。

1）当本线路末端短路时，保证故障相选相元件具有足够的灵敏度。

2）当本线路上发生单相接地时，保证非故障相选相元件可靠不动作。

3）在单相接地经阻抗选相元件跳开单相后应快速返回，以免重合成功后又动作选相。

4）当本线路上发生单相接地短路而两侧的保护相继动作时，在一侧断开以后，另一侧将出现一相短路接地加同名相断线的复故障形式。此时仍要求故障相选相元件应正确动作，而非故障相的选相元件应可靠不动作。为此就需要计算在上述故障情况下故障相和非故障相选相元件的测量阻抗，然后加以验算。

5）在非全相运行时，如果需要选相元件能作为距离元件独立工作，则非断开相的选相元件应可靠不动作，而在非全相运行时又发生故障则应可靠动作。为此就需要计算在这种故障情况下选相元件的测量阻抗并加以验算。

6）在非全相运行时发生故障的情况下或进行重合之后，选相元件应防止在系统振荡情况下误选相动作。

7）因为阻抗选相元件是按零序电流补偿原理构成，即 $I_{\varphi}+3KI_0$，当一相断开时 $I_{\varphi}=0$，但 $I_0\neq0$，尤其是非全相振荡时 I_0 可能很大，应加以验算。如果可能误动应该加相电流闭锁，或将其退出，不允许其独立工作。

为了进行以上的整定，需要进行大量的分析和计算，本书从略[3]。

（4）相电流差突变量选相元件：利用每两相的相电流之差构成三个选相元件，它们是利用故障时电气量发生突变的原理构成的，见第五章或有关参考文献[3,7]。

（5）对称分量选相元件：以 $\dot{I}_0/\dot{I}_{2A}$ 的序分量比相关系构成的序分量选相原理在微机保护装置中得到广泛应用。见第五章或有关参考文献[3,7]。

2. 动作时限的选择

当采用单相重合闸时，其动作时限的选择除应满足三相重合闸时所提出的要求（大于故障点灭弧时间及周围介质去游离的时间，大于断路器及其传动机构复归原状准备好再次动作的时间）以外，还应考虑下列问题。

（1）不论是单侧电源还是双侧电源，均应考虑两侧选相元件与继电保护以不同时限切除故障的可能性。

（2）潜供电流对灭弧所产生的影响。如图 7-11 所示，设 A 相因单相接地故障而被切除，健全相 B、C 仍然通过负载电流。由于健全相与故障相之间存在的电磁感应（即相间互感 M）与电容耦合（即相间电容 C_m）联系，会使故障点电弧通道中在一定时间内仍然流有电流 I_f，称之为潜供电流。

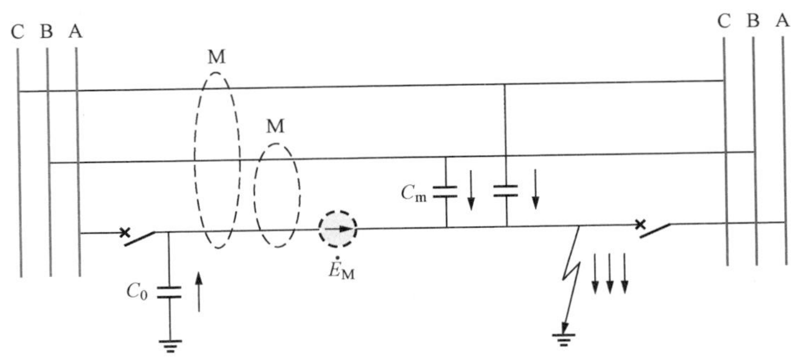

图 7-11 单相故障后潜供电流的示意图

潜供电流根据产生的原因不同可分为以下两种。

（1）电容耦合分量：健全相 B、C 的电压分别通过相间电容 C_m 给故障相供给的电流。

（2）电磁感应分量：健全相 B、C 的负荷电流通过相间互感 M 在故障相上耦合产生了互感电动势 $\dot{E}_M$，此电动势通过故障点及故障相对地电容产生了电流。

这些电流的总和就称为潜供电流。由于潜供电流的影响，将使短路时弧光通道的去游离受到严重阻碍，而自动重合闸只有在故障点电弧熄灭且绝缘强度恢复以后才有可能成功。因此，单相重合闸的时间还必须考虑潜供电流的影响。一般线路的电压越高、线路越长，则潜供电流就越大。潜供电流的持续时间不仅与其大小有关，而且也与故障电流的大小、故障切除的时间、弧光的长度以及故障点的风速等因素有关，具有明显的不确定性。因此，为了正确地整定单相重合闸的时间，国内外许多电力系统都是由实测来确定熄弧时间。如我国某电力系统中，在220kV的线路上，根据实测确定保证单相重合闸期间的熄弧时间应在0.6s以上。

3. 其他特殊问题

（1）非全相运行对保护的影响。采用单相重合闸后，要求在单相接地短路时只跳开故障相的断路器，这样在重合闸期间的断电时间内出现了只有两相运行的非全相不对称运行状态，从而在线路中出现负序以及零序的电压、电流分量，这就可能引起本线路某些保护以及系统中的其他保护误动作。

对于可能误动的保护，应在单相重合闸动作时予以闭锁，或在保护的动作值上躲开非全相运行或动作时限大于单相重合闸间歇时间。例如，非全相运行对零序电流保护的整定和配合产生了很大影响，为了考虑非全相运行，往往需要抬高零序电流Ⅰ、Ⅱ段的动作值，零序电流Ⅱ段的灵敏度也相应降低，动作时间也可能延长。也可装设两段零序电流保护：灵敏段（在单相跳闸后退出）和不灵敏段（在单相跳闸后不退出）。

（2）重合过电压的问题。当线路发生单相接地而采用三相重合闸时，会产生相当严重的重合过电压。这是由于三相跳闸时，在非故障相上保留有残余电压，且该电压在较短的重合闸间歇断电时间内衰减很小，因而在重合时与系统工频电压叠加会产生较大的重合过电压。而当使用单相重合闸时，由于故障断开相的残余电压已通过故障点对地放电，在故障电弧熄灭后，故障相恢复电压大小主要由相间及对地电容的分压产生，其值一般较低，因而没有严重的重合过电压问题。需要指出的是，在一般高压、超高压线路上，上述重合过电压问题并不突出，但对于特高压长线路来说，重合过电压是必须要考虑的问题[4-5]。

（3）系统稳定问题。应用三相重合闸时，在最不利的情况有可能重合于三相短路故障，有的线路经稳定计算认为必须避免这种情况时，此时可只采用单相重合闸，即单相故障时实现单相跳闸并单相重合，相间故障时三相跳闸不重合。

二、 继电保护与重合闸的配合关系

1. 保护装置、选相元件与重合闸回路的配合关系

图7-12所示为保护装置、选相元件与重合闸回路的配合结构示意图。

保护装置和选相元件动作后，经“与”门进行单相跳闸，并同时起动重合闸回路。对于单相接地故障，就进行单相跳闸和单相重合。对于相间短路则在保护和选相元件相配合进行

判断之后，跳开三相，然后进行三相重合闸或不进行重合闸。

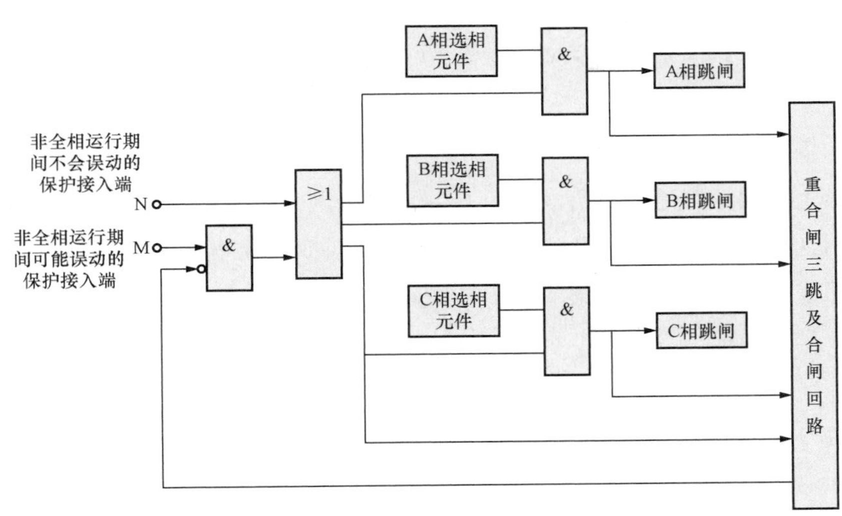

图 7-12 保护装置、选相元件与重合闸回路的配合结构示意图

前面已提到，在单相重合闸过程中，由于单相跳闸而出现纵向不对称，将产生负序分量和零序分量，这就可能引起本线路的一些保护以及系统中的其他保护误动作。对于可能误动作的保护，应在单相重合闸动作时予以闭锁或整定保护的动作时限大于单相重合闸的时间，以躲开之。

为了实现对误动作保护的闭锁，在单相重合闸与继电保护相连接的输入端都设有两个端子。一个端子接入在非全相运行中仍然能继续工作的保护，习惯上称为 N 端子；另一个端子则接入非全相运行中可能误动作的保护，称为 M 端子。在重合闸起动以后，利用“与”回路即可将接于 M 端的保护闭锁。当断路器被重合而恢复全相运行时，这些保护也立即恢复工作。微机保护装置中，利用软件很容易实现图 7-12 所示的配合逻辑，即自动将某些保护功能或其定值在非全相运行期间内予以闭锁或调整。

2. 对单相自动重合闸的评价

采用单相重合闸的主要优点有以下几点。

（1）能在绝大多数的故障情况下保证对用户的连续供电，从而提高供电的可靠性。当由单侧电源单回线路向重要负荷供电时，对保证不间断地供电更有显著的优越性。

（2）在双侧电源的联络线上采用单相重合闸，就可以在故障时使两个系统之间不失去联系，从而提高系统并列运行的动态稳定。对于联系比较薄弱的系统，当三相切除并继之以三相重合闸而很难再恢复同期时，采用单相重合闸就能避免两系统的解列。

采用单相重合闸的缺点有以下几点。

（1）需要有按相操作的断路器。

（2）需要专门的选相元件与继电保护相配合，再考虑一些特殊的要求后使重合闸的实现变得更加复杂。

（3）在单相重合闸过程中，由于非全相运行能引起本线路和电网中其他线路的一些保护误动作，因此就需要根据实际情况采取措施予以防止。这将使保护的接线、整定计算和调试工作复杂化。

由于单相重合闸具有以上特点，并在实践中证明了它的优越性。因此，已在 220～500kV 的线路上获得了广泛的应用。对于 110kV 的电网，断路器一般不具备按相操作功能，故一般不使用这种重合闸方式，只在由单侧电源向重要负荷供电的某些线路及根据系统运行需要装设单相重合闸的某些重要线路上，才考虑使用。

＊三、自适应单相重合闸的提出

根据对电力系统运行情况的统计，自动重合闸的成功率在 60%～90%。所以采用自动重合闸技术极大地提高了系统安全供电和稳定运行的可靠程度，有显著的经济效益。但是目前的自动重合闸装置都是在断路器跳闸后盲目进行重合的，当重合于永久性故障时，不仅不能恢复系统的正常供电，而且对系统稳定和电气设备所造成的危害将超过正常运行状态下发生短路时对系统的危害。为了解决这一问题，很早就提出了自适应重合闸的概念[6-7]，即在故障切除后，在线自动识别故障是瞬时性故障还是永久性故障，防止重合于永久性故障，只在瞬时性故障消除后发出重合命令，使线路重新投入运行。

统计结果表明，输电线路故障约有 70%～80%为单相接地故障，而这些故障大都是瞬时性的。在这种情况下应用单相重合闸，即跳开故障相后，由于健全相对故障断开相的电容耦合和电磁感应作用，使故障断开相仍有一定的电压，使故障点电流维持一定的大小和持续时间（潜供电流）。而故障断开相上的电压大小、故障点是否持续流有电流则与故障点是否继续存在直接相关。下面简要介绍基于断开相电压的自适应单相重合闸原理。

1. 基于断开相电压的自适应单相重合闸原理

（1）瞬时性故障时断开相两端的电压。如图 7-11 所示，如果为瞬时性故障，故障相两端断开后，短路点电弧很快熄灭，线路转入两相运行状态。设 $\dot{U}_A$、$\dot{U}_B$、$\dot{U}_C$ 为故障前三相电压。假设 A 相断开后，B、C 两相的电压和负荷电流保持不变，设 $\dot{U}_\varphi=\dot{U}_B+\dot{U}_C=-\dot{U}_A$。根据电路理论，故障断开相的电容耦合电压的等值电路如图 7-13 所示[7]。

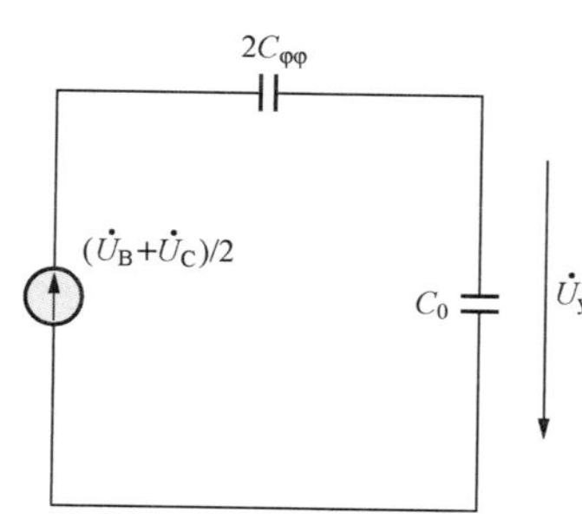

图 7-13　计算电容耦合电压的等值电路

则线路断开相上的电容耦合电压 $\dot{U}_y$ 为

$$\dot{U}_y=\dot{U}_\varphi\frac{C_{\varphi\varphi}}{2C_{\varphi\varphi}+C_0} \tag{7-3}$$

式中：$C_{\varphi\varphi}$、C_0 分别为单位长度线路的相间和相对地的电容。

由于健全相 B、C 有负荷电流 $\dot{I}_B$、$\dot{I}_C$，因此，B、C 相对故障断开相在单位长度上的互感电压 $\dot{U}_x$ 为

$$\dot{U}_x = (\dot{I}_B + \dot{I}_C)X_M = 3\dot{I}_0 X_M \tag{7-4}$$

式中：X_M 为单位长度线路的互感。

电容耦合电压 $\dot{U}_y$ 与线路长度无关，是相对地电压，而互感耦合电压 $\dot{U}_x$ 是在导线中感应的电压，其方向是沿导线的，与线路长度成正比。当线路以 T 型等效网络表示时，线路两端电压如图 7-14 所示。其大小为

$$|\dot{U}_{AM}| = \sqrt{U_y^2 + \left(\frac{L}{2}U_x\right)^2 - \frac{L}{2}U_y U_x \cos(90° + \theta)} \tag{7-5}$$

$$|\dot{U}_{AN}| = \sqrt{U_y^2 + \left(\frac{L}{2}U_x\right)^2 - \frac{L}{2}U_y U_x \cos(90° - \theta)} \tag{7-6}$$

式中：θ 为未断开相的功率因数角，以电流滞后电压为正。

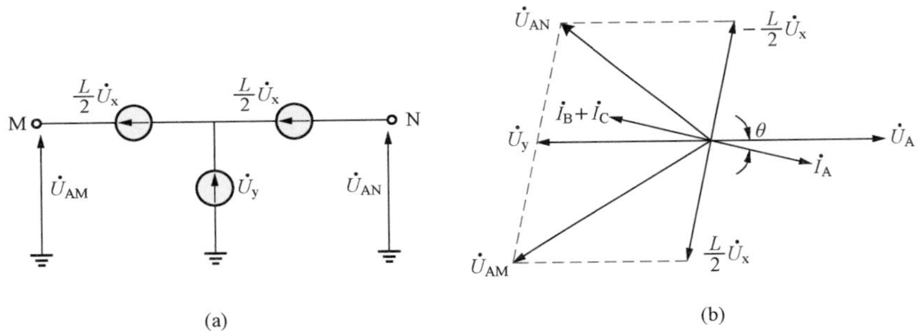

图 7-14　线路两端的电压

（a）系统接线图；（b）矢量图

当功率因数 $\cos\theta = 1$，即 $\theta = 0°$ 时，简化得

$$|\dot{U}_{AM}| = |\dot{U}_{AN}| = \sqrt{U_y^2 + \left(\frac{L}{2}U_x\right)^2} \tag{7-7}$$

（2）永久性故障时断开相两端的电压。当线路发生单相永久性接地故障时，线路断开相两端的电压由接地点位置、健全相负荷电流和过渡电阻 R_{tr} 决定。当金属性接地故障时线路对地电容 C_0 放电，在永久性接地短路的稳态情况下可以不考虑由电容产生的电压分量。这时断开相两端的电压由互感电压 $\dot{U}_x$ 和接地点位置决定。设线路全长为 L，故障接地点距重合闸安装处 M 端为 l，则

$$\dot{U}_{AM} = l\dot{U}_x \tag{7-8}$$

$$\dot{U}_{AN} = (L - l)\dot{U}_x \tag{7-9}$$

（3）瞬时性故障与永久性故障的电压判别方法。电压判据是以建立在测定单相自动重合闸过程中断开相两端电压的大小来区分瞬时性故障和永久性故障的。

由上述分析可知，为判别瞬时性和永久性故障，保证在永久性故障时不重合，考虑最严重条件（即接地点在线路末端时），基于故障断开相电压的故障性质识别的电压判据为

$$U_{\mathrm{M}} \geqslant K_{\mathrm{rel}} L U_{\mathrm{x}} \tag{7-10}$$

式中：可靠系数 $K_{\mathrm{rel}}=1.1\sim1.2$；$LU_{\mathrm{x}}$ 为最大负载条件下两相运行时的感应电压；U_{M} 是测量得到的故障断开相的线路端电压（500kV 及以上超特高压以及部分 220kV 输电线路断路器的线路侧一般装有电压互感器，无专门电压互感器情况下，也可利用结合电容器或断路器的电容式套管等来抽取线路侧电压）。

当式（7-10）满足条件时，判定为瞬时性故障，允许自动重合闸动作；当式（7-10）不满足时，判定为永久性故障，闭锁自动重合闸。

从上述分析可知，当线路空载时断开相两端电压值等于电容耦合电压 U_{y}，由此可得判据式（7-10）适用线路的长度为

$$l \leqslant \frac{U_{\mathrm{y}}}{K_{\mathrm{rel}} U_{\mathrm{x}}} \tag{7-11}$$

式（7-11）中 U_{x} 与未断开相的电流有关。当线路空载时，适用长度最大。适用长度还与负载电流成反比，在最大负载时可决定适用线路的最小长度。因此，对于重载长距离输电线路，判据式（7-10）可能误判。为此，还提出了补偿电压判据、组合补偿电压判据以及电压相位判据等[8]，在此不再赘述。

2. 其他几种自适应单相重合闸方法

（1）基于故障电弧特性的判别方法。当故障发生时，电弧的特性在永久性故障和瞬时性故障两种情况下的变化规律是存在差异的。在永久性故障情况下电弧会很快熄灭；而在瞬时性故障情况下，其电弧要经过燃烧、熄灭、重燃、熄灭的反复过程。由理论分析与实验可知，电弧电压、电流存在高频分量，且在较大电流值情况下，电弧上的电位梯度基本不随电流而变化，因此电弧上的电压随时间近似呈方波特性。因此通过计算提取电弧特征可识别瞬时性故障或永久性故障[9]。

（2）基于电流差动原理的判别方法。随着现代通信技术的发展，光纤纵差保护得到广泛应用。在永久性故障时，故障断开相上故障点始终流过健全相感应的电流；而瞬时性故障时，故障点熄弧后故障点无电流。因此，借助于纵差保护原理[10-11]，通过差动计算可判别故障性质。

自适应单相重合闸的原理各异，但对永久性故障的识别条件应该尽量严格，这样可保证与现有自动重合闸的原则相一致，即确保任何瞬时性故障情况下可实现重合。

除上述方法外，还有多种其他自适应单相重合原理[12-13]，以上原理均不同程度地受负荷电流、线路长度、线路是否带并联电抗器等各种因素的影响，但各种原理具有一定的互补性。近年来，自适应单相重合闸技术日趋成熟，也逐步获得实际应用。

第四节 综合重合闸简介

以上分别讨论了三相重合闸和单相重合闸的基本原理和实现中需要考虑的一些问题。在采用单相重合闸以后，如果发生各种相间故障时仍然需要切除三相，然后再进行三相重合闸，如重合不成功则再次断开三相而不再进行重合。因此，实际上在实现单相重合闸时，也总是把实现三相重合闸结合在一起考虑，故称之为综合重合闸。

综合重合闸（简称综重）有下列工作方式。

（1）综合重合闸方式：单相故障，跳单相，重合单相，重合于永久性故障时再跳三相；相间故障跳三相，重合三相，重合于永久性故障跳三相。

（2）三相重合闸方式：任何故障都跳三相，重合三相，重合于永久性故障再跳三相。

（3）单相重合闸方式：单相故障，跳单相，重合单相，重合于永久性故障时再跳三相；相间故障跳三相后不重合。

（4）停用重合闸方式：任何故障跳三相且不重合。

在实现综合重合闸功能时还应考虑以下基本原则[14]。

（1）当选相元件拒绝动作时，应能跳开三相并进行三相重合。如重合不成功，应再次跳开三相。

（2）对于非全相运行中可能误动作的保护，应进行可靠的闭锁，对于在单相接地时可能误动作的相间保护（如距离保护），应有防止单相接地误跳三相的措施。

（3）当一相跳开后重合闸拒绝动作时，为防止线路长期出现非全相运行，应用非全相保护将其他两相断开。

（4）任两相的分相跳闸继电器动作后，应联跳第三相，使三相断路器均跳闸。

（5）无论单相或三相重合闸，在重合不成功之后均应考虑能加速切除三相，即实现重合闸后加速。

（6）在非全相运行过程中，如又发生另一相或两相的故障，保护应能有选择性地予以切除，上述故障如发生在单相重合闸的重合令发出之前，则在故障切除后能进行三相重合。如发生在重合闸的重合令脉冲发出之后，则切除三相不再进行重合。

（7）对空气断路器或液压传动的油断路器，当气压或液压低至不允许实行重合闸时，应将重合闸回路自动闭锁；但如果在重合闸过程中下降到低于允许值时，则应保证重合闸动作的完成。

复习思考题

1. 电力系统对自动重合闸的具体要求有哪些？
2. 三相一次重合闸的组成部分包括哪些？

3. 双侧电源输电线路的自动重合闸特点是什么，都有哪些重合闸方式？

4. 具有同期检定和无电压检定的自动重合闸工作过程是怎样的？

5. 简述重合闸前加速和重合闸后加速的特点、动作过程及其应用场合。

6. 潜供电流的产生原因及其影响因素有哪些？

7. 保护装置、选相元件与重合闸回路的配合关系是怎样的？

8. 请思考自适应重合闸可能的实现方式有哪些？

主 要 参 考 文 献

[1] 贺家李，宋从矩. 电力系统继电保护原理. 增订版. 北京：中国电力出版社，2004.

[2] P. M. Anderson. Power System Protection. IEEE Press，1998.

[3] 朱声石. 高压电网继电保护原理与技术. 3 版. 北京：中国电力出版社，2005.

[4] 李斌，李永丽，贺家李，等. 750kV 输电线路保护与三相重合闸动作的研究. 电力系统自动化，2004，28 (12)：60-64.

[5] 李斌，李永丽，贺家李，等. 750kV 输电线路保护与单相重合闸动作的研究. 电力系统自动化，2004，28 (13)：73-76.

[6] Ge Yaozhong，Sui fenghai，Xiao yuan. Prediction methods for preventing single-phase reclosing on permanent fault [J]. IEEE Transactions on Power Delivery. 1989，4 (1)：114-121.

[7] 葛耀中. 新型继电保护和故障测距的原理与技术. 2 版. 西安：西安交通大学出版社，2007.

[8] 李斌，李永丽，黄强，等. 单相自适应重合闸相位判据的研究. 电力系统自动化，2003，27 (22)：41-44.

[9] 李斌，李永丽，曾治安，等. 基于电压谐波信号分析的单相自适应重合闸研究. 电网技术，2002，26 (10)：53-57.

[10] 索南加乐，宋国兵，邵文权，等. 两端带并联电抗器输电线路永久故障判别. 电力系统自动化，2007，31 (20)：56-60.

[11] Li Bin，Zhao Shuo，P. A. Crossley，Bo Zhiqian. The Scheme of Single-Phase Adaptive Reclosing on EHV/UHV Transmission Lines. The Ninth International Conference on Developments in Power System Protection. Glasgow，UK，17－20 March，2008.

[12] 李斌，李永丽，盛鹍，等. 带并联电抗器的超高压输电线单相自适应重合闸的研究. 中国电机工程学报，2004，24 (5)：52-56.

[13] 宋国兵，索南加乐，孙丹丹. 输电线路永久性故障判别方法综述. 电网技术，2006，30 (18)：75-80.

[14] GB/T 50062—2008 继电保护和自动装置设计技术规范.

第八章　电力变压器的继电保护

第一节　电力变压器的故障、不正常运行状态及其保护配置

一、变压器的故障和不正常运行状态

电力变压器（变压器）是电力系统中的重要电气设备，在发电、输电、配电环节中起着提高电压以便于远距离输送电能以及降低电压给负荷供电等关键作用。其故障给供电可靠性和系统安全运行带来严重影响，同时大容量的电力变压器本身也是十分贵重的设备。因此应根据变压器容量和电压等级及其重要程度，装设性能良好、动作可靠的继电保护装置[1]。

变压器主要由铁芯及绕在铁芯上的绕组构成。为保证各绕组之间的绝缘，以及铁芯、绕组的散热需要，将铁芯及绕组置于装有变压器油的油箱中。而变压器各绕组的两端则通过绝缘套管引到变压器的壳体之外。

1. 变压器的故障

变压器的故障可分为油箱内部故障和油箱外部故障两类。

油箱内部故障包括各相绕组之间发生的相间短路、单相绕组通过外壳发生的单相接地短路、单相绕组部分线匝之间发生的匝间短路以及铁芯烧损等故障。变压器油箱内部故障产生的电弧，将引起绝缘物质的剧烈汽化，从而可能引起油箱的爆炸，因此，这些故障应该尽快加以切除。油箱外部故障指的是绝缘套管及其引出线上发生的相间短路和接地短路故障等。

2. 变压器的不正常运行状态

变压器部不正常运行状态主要包括变压器外部短路故障引起的过电流、负荷长时间超过额定容量引起的过负荷、风扇故障或漏油等原因引起冷却能力的下降等。对于中性点非直接接地运行的变压器，外部接地短路时可能造成变压器中性点过电压，威胁变压器的绝缘。对于大容量变压器，因铁芯额定工作磁通密度与饱和磁通密度比较接近，所以当外部电压过高或频率降低时容易发生过励磁。

二、变压器的保护配置

根据上述故障类型和不正常运行状态，变压器应装设下列保护[2]。

1. 瓦斯保护（也称气体保护）

瓦斯保护反应于油箱内部所产生的气体或油流而动作，它可防御变压器油箱内的各种短

路故障和油面的降低，且具有很高的灵敏度。瓦斯保护有重、轻之分，一般重瓦斯保护动作于跳开变压器各电源侧的断路器，轻瓦斯保护动作于信号。

容量在800kVA及以上的油浸式变压器和400kVA及以上的车间内油浸式变压器应装设瓦斯保护。同样对带负荷调压的油浸式变压器的调压装置也应装设瓦斯保护。瓦斯保护的原理详见本章第五节。

2. 纵联差动保护和电流保护

纵联差动保护和电流保护可用于防御变压器绕组和引出线的各种相间短路故障、绕组的匝间短路故障以及中性点直接接地系统侧绕组和引出线的单相接地短路。

容量为10000kVA及以上的单独运行的变压器，容量为6300kVA及以上的并列运行变压器以及工业企业中的重要变压器，应装设纵差动保护。电流保护用于容量为10000kVA以下的变压器，当以电流保护作为主保护时，如果主保护（限时电流速断或过电流）的动作时限大于0.5s时，也应装设瞬时电流速断保护。对2000kVA及以上的变压器，当电流保护的灵敏度或动作时间不满足要求时，应装设纵差动保护。纵差动保护的原理详见本章第二节。

纵联差动保护不能反应绕组匝数很少的匝间短路故障，油面降低等，因此存在一定的保护死区。而瓦斯保护不能反应油箱外部的短路故障。因此，纵联差动保护和瓦斯保护共同构成变压器的主保护。当上述保护动作后，均应跳开变压器各电源侧断路器。

3. 反应外部相间短路故障的后备保护

对于外部相间短路引起的变压器过电流，同时作为变压器瓦斯保护、纵差动保护的后备保护，可采用的保护有过电流保护、低电压起动的过电流保护、复合电压起动的过电流保护、负序电流及单相式低电压起动的过电流保护以及阻抗保护等。详见本章第三节。

4. 反应外部接地短路故障的后备保护

在中性点直接接地电力网内，由外部接地短路引起过电流时，如变压器中性点接地运行应装设零序电流保护。零序电流保护可由两段组成，每段可各带两个时限，并均以较短的时限动作于缩小故障影响范围，或动作于本侧断路器，以较长的时限动作于断开变压器各侧断路器。

对自耦变压器和高、中压侧中性点都直接接地的三绕组变压器，当有选择性要求时应增设零序方向元件。

当电网中仅有部分变压器中性点接地运行时，为防止发生接地短路时，中性点接地的变压器跳开后，中性点不接地的变压器（低压侧有电源）仍可能带接地故障继续运行，从而产生过电压，威胁绝缘，因此应根据具体情况装设零序过电压保护、间隙零序电流保护等。详见本章第四节。

5. 过负荷保护

对400kVA以上的变压器，当数台变压器并列运行，或单独运行并作为其他负荷的备用电源时，应根据可能过负荷的情况装设过负荷保护。过负荷保护经延时作用于信号。对于无人值守的变电站，必要时过负荷保护可动作于自动减负荷或跳闸。

6. 过励磁保护

超高压大型变压器需要装设过励磁保护，由于变压器铁芯中的磁通密度（磁密）B 与电压和频率的比值 U/f 成正比，因此当电压升高和频率降低时会引起变压器过励磁，使得励磁电流增大，造成铁损耗增加，铁芯和绕组温度升高，严重时要造成局部变形和损伤周围的绝缘介质。过励磁保护反映于实际工作磁密和额定工作磁密之比（称为过励磁倍数）而动作。在变压器允许的过励磁范围内，过励磁保护作用于信号，当过励磁超过允许值时可动作于跳闸。详见本章第五节。

7. 其他非电量保护

除了上述反应电气量特征的保护之外，变压器通常还装设反应油箱内油、气、温度等特征的非电量保护，主要包括变压器本体和有载调压部分的油温保护、变压器的压力释放保护、变压器带负荷后起动风冷的保护、过载闭锁带负荷调压的保护等。

第二节　变压器的纵联差动保护

一、变压器纵联差动保护基本原理和接线方式

如第六章介绍，电流纵联差动保护原理基于基尔霍夫电流定律，反应于被保护元件的流入电流与流出电流之差而动作。电流纵差动保护不但能够正确区分区内外故障，而且不需要与其他元件的保护配合，可以无延时地切除区内各种短路故障，因而被广泛地用作变压器主保护。

1. 构成变压器纵联差动保护的基本原则

图 8-1 示出了双绕组和三绕组变压器实现纵联差动保护的原理接线图。

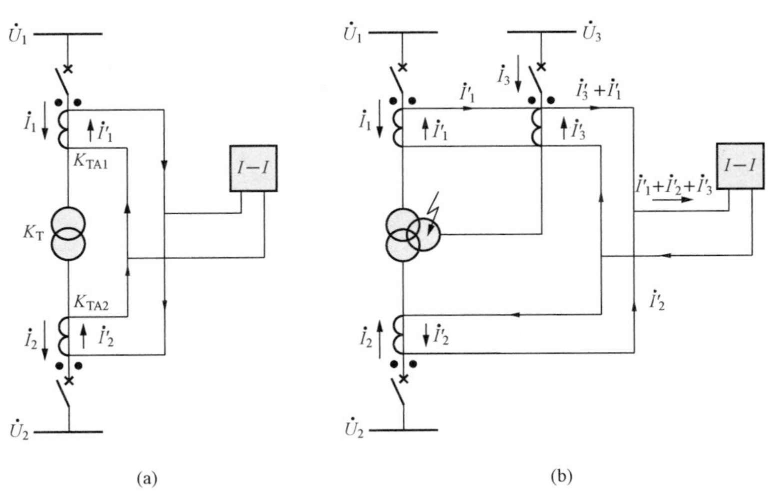

图 8-1　单相变压器纵联差动保护的原理接线

（a）双绕组变压器正常运行时的电流分布；（b）三绕组变压器区内故障时的电流分布

以单相双绕组变压器为例，变压器高、低压侧分别装设电流互感器 TA1 和 TA2，并按图中所示极性连接。设变压器变比为 $n_T=U_1/U_2$，n_{TA1}、n_{TA2}分别为两侧电流互感器变比。$\dot{I}_1$、$\dot{I}_2$ 分别为变压器高、低压侧的一次电流，正方向设为从母线流向变压器。在图 5-1（a）中 $\dot{I}_2$ 为负值。$\dot{I}'_1$、$\dot{I}'_2$ 分别为相应电流互感器二次电流。流入差动继电器的差流为

$$\dot{I}_d=\frac{\dot{I}_1}{n_{TA1}}+\frac{\dot{I}_2}{n_{TA2}}=\dot{I}'_1+\dot{I}'_2 \tag{8-1}$$

如图 8-1（a）所示极性关系，变压器正常运行或外部故障时，流过变压器两侧电流互感器的二次侧电流大小相等、相位相反，即 $\dot{I}'_1=-\dot{I}'_2$。为使得差动保护可靠不动作，应使得差流为零，即

$$\dot{I}_d=\frac{\dot{I}_1}{n_{TA1}}+\frac{\dot{I}_2}{n_{TA2}}=0$$

则

$$\frac{I_1}{n_{TA1}}=\frac{I_2}{n_{TA2}}$$

即变形为

$$\frac{n_{TA2}}{n_{TA1}}=\frac{I_2}{I_1}=\frac{U_1}{U_2}=n_T \tag{8-2}$$

式（8-2）是构成变压器纵差动保护的基本原则，变压器纵差动保护两侧的电流互感器变比配合关系应尽量满足式（8-2），以减小不平衡电流。

当变压器发生短路故障时，相当于变压器内部多了一个故障支路，流入差动继电器的差动电流等于故障点电流（变换到电流互感器二次侧），如图 8-1（b）所示，其值很大，差动保护动作。可以看出，纵差动保护的保护范围是 TA1、TA2 之间的电气回路。变压器正常运行或区外故障时，流入纵差动保护的差流为由于各侧电流互感器饱和和特性不一致、变比不能严格满足式（8-2），短路暂态过程的暂态分量或负荷下调整分接头等因素引起的不平衡电流。因此，为保证变压器纵差动保护的灵敏度，应采取相应措施减小或消除差流回路中不平衡电流的影响。

2. 变压器纵差动保护的接线

三相变压器常常采用 YNd11 的接线方式（亦即 $Y_0/\triangle$-11），正常运行时变压器三角形侧的相电流相位超前于星形侧相电流 30°。由于该电流相位差会使得变压器正常运行或区外故障时，式（8-1）所计算得到的差流不为零。因此，必须采用相应的接线方式以消除二次侧电流相位不同而引起的不平衡电流。

对于 YNd11 接线变压器的纵联差动保护，将星形侧的三个电流互感器接成三角形，而将变压器三角形侧的三个电流互感器接成星形，这样就可调整流入差动继电器的两侧电流相位，使之同相位，如图 8-2 所示。同时，考虑到星形侧电流互感器二次侧电流由于三角形接

线的缘故增大了$\sqrt{3}$倍，为保证正常运行及外部故障时差流为零，应使该侧电流互感器变比增大$\sqrt{3}$倍，即变压器两侧电流互感器变比的选择原则应满足

$$\frac{n_{\mathrm{TA2}}}{\dfrac{n_{\mathrm{TA1}}}{\sqrt{3}}}=n_{\mathrm{T}} \tag{8-3}$$

传统的模拟式纵差动保护均采取图 8-2 所示的接线方式。而对于数字式变压器纵差动保护，为简化现场接线，可将 YNd11 接线变压器的两侧电流互感器均采用星形接线，由软件实现电流互感器变比和相位的调整。例如在满足式（8-2）的情况下，差动保护的差流计算式为

$$\begin{cases}\dot{I}_{\mathrm{d.A}}=\dot{I}_{\mathrm{a2}}^{\triangle}+\dfrac{\dot{I}_{\mathrm{A2}}^{\mathrm{Y}}-\dot{I}_{\mathrm{B2}}^{\mathrm{Y}}}{\sqrt{3}}\\ \dot{I}_{\mathrm{d.B}}=\dot{I}_{\mathrm{b2}}^{\triangle}+\dfrac{\dot{I}_{\mathrm{B2}}^{\mathrm{Y}}-\dot{I}_{\mathrm{C2}}^{\mathrm{Y}}}{\sqrt{3}}\\ \dot{I}_{\mathrm{d.C}}=\dot{I}_{\mathrm{c2}}^{\triangle}+\dfrac{\dot{I}_{\mathrm{C2}}^{\mathrm{Y}}-\dot{I}_{\mathrm{A2}}^{\mathrm{Y}}}{\sqrt{3}}\end{cases} \tag{8-4}$$

按式（8-4）进行差动计算，可使变压器在正常运行或区外故障时，差动保护两侧电流相等，从而减小不平衡电流。

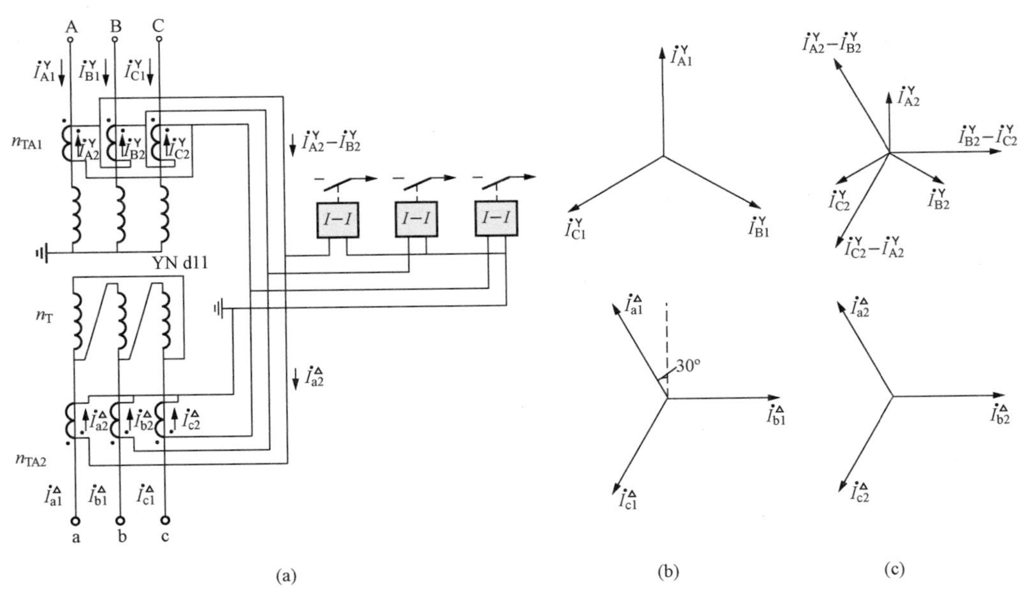

图 8-2　YNd11 接线变压器的纵差动保护接线和矢量图

（a）变压器及其纵差动保护的接线；（b）变压器正常运行时电流互感器一次侧电流矢量图；

（c）变压器正常运行时纵差流回路两侧的电流矢量图

同时应该注意到，对于 YNd11 接线变压器，当中性点接地侧的保护区外故障时，零序

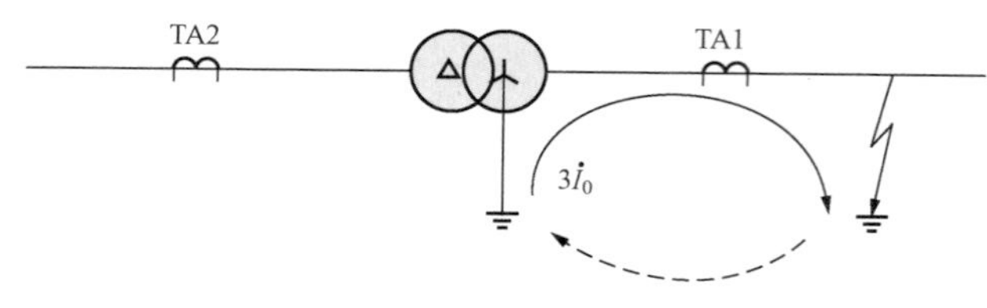

图 8-3　区外接地故障时零序电流分布

电流 $3\dot{I}_0$ 仅在变压器接地侧流通，而三角形侧无零序电流，如图 8-3 所示。因此，为保证星形侧保护区外发生接地故障时，变压器纵差动保护不误动，应使零序电流不进入差流回路[3]。而上述接线方式或软件相位调整方式均对星形侧电流采用相电流差后再与三角形侧电流进行差动计算，这就扣除了星形侧电流中的零序电流分量，保证区外接地故障时纵差动保护不误动。如果用软件将三角形侧二次侧电流移相，再与星形侧电流进行差动计算时，同样需要考虑去除零序电流的影响，因此差流的计算式为

$$\begin{cases}\dot{I}_{d.A}=\dot{I}_{a2}^{\triangle}e^{-j30^\circ}+(\dot{I}_{A2}^{Y}-\dot{I}_0)\\ \dot{I}_{d.B}=\dot{I}_{b2}^{\triangle}e^{-j30^\circ}+(\dot{I}_{B2}^{Y}-\dot{I}_0)\\ \dot{I}_{d.C}=\dot{I}_{a2}^{\triangle}e^{-j30^\circ}+(\dot{I}_{C2}^{Y}-\dot{I}_0)\end{cases} \tag{8-5}$$

其中

$$\dot{I}_0=\frac{1}{3}(\dot{I}_{A2}^{Y}+\dot{I}_{B2}^{Y}+\dot{I}_{C2}^{Y})$$

二、纵联差动保护的不平衡电流及减小不平衡电流的主要措施

为保证纵联差动保护的选择性，差动保护的动作电流必须躲过可能出现的最大不平衡电流。因此，最大不平衡电流越小，则保护的灵敏性就越好，故深入了解不平衡电流产生的原因，并设法减小不平衡电流就成为一切差动保护的核心问题。下面重点分析变压器纵差动保护的不平衡电流起因及减小不平衡电流的主要措施。

1. 由于实际的电流互感器变比和计算变比不同产生的不平衡电流

（1）不平衡电流产生的原因。由于电流互感器是按标准变比生产的，变压器变比也是固定的，因此式（8-2）或式（8-3）不能得到严格满足。由式（8-1）可知，在正常运行或区外故障时，因 $\dot{I}_1=-\dot{I}_2$，由于计算变比与实际变比不一致引起的变压器纵联差动保护的不平衡电流为

$$\dot{I}_{unb}=\frac{\dot{I}_1}{n_{TA1}}+\frac{\dot{I}_2}{n_{TA2}}=\left(\frac{n_T\dot{I}_1}{n_{TA2}}+\frac{\dot{I}_2}{n_{TA2}}\right)+\left(1-\frac{n_{TA1}}{n_{TA2}}n_T\right)\frac{\dot{I}_1}{n_{TA1}}=\Delta f_d\frac{\dot{I}_1}{n_{TA1}} \tag{8-6}$$

$$\Delta f_d=1-\frac{n_{TA1}}{n_{TA2}}n_T$$

式中：Δf_d 为变比差系数。

显然，在正常运行或区外故障时，式（8-6）所示不平衡电流随外部穿越性电流的增大而增大。因此，以 $I_{k.max}$ 表示折算到电流互感器二次侧的变压器区外故障时通过纵联差动保护的最大穿越性电流，则由电流互感器和变压器变比不一致产生的最大不平衡电流 $I_{unb.max}$ 为

$$I_{\text{unb.max}} = \Delta f_{\text{d}} I_{\text{k.max}} \tag{8-7}$$

式中：$I_{\text{k.max}}$为折算到电流互感器二次侧的变压器区外故障时通过纵联差动保护的最大穿越性电流。

（2）减小由于变比不匹配产生的不平衡电流的主要措施。传统模拟式差动继电器（BCH-1、BCH-2 型）广泛采用平衡线圈的方式减小不平衡电流。以双绕组变压器为例，假设在区外故障时 $I'_1 > I'_2$，如图 8-4 所示。

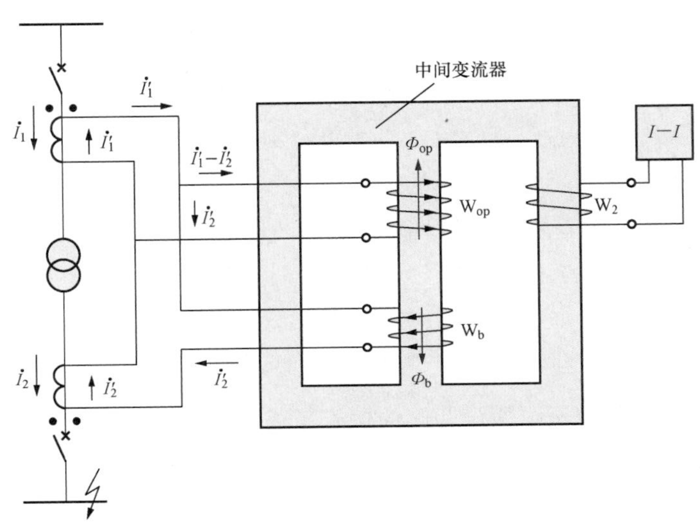

图 8-4　利用平衡线圈消除不平衡电流

为补偿不平衡电流在差动绕组 W_{op} 中产生的磁动势（$I'_1 - I'_2$）W_{op}，将平衡绕组 W_b 接入二次电流较小的一侧，只要满足 $W_b I'_2 = (I'_1 - I'_2) W_{op}$，即消除了不平衡电流。然而，平衡线圈匝数 W_b 的选择必须取整数，不能平滑调节，因此即使采用平衡线圈后仍要考虑残留的不平衡电流。对于变压器微机纵联差动保护，可由软件实现电流幅值精确的平衡调整。

2. 由于改变变压器调压分接头产生的不平衡电流

带负荷调整变压器的分接头，是电力系统中采用带负荷调压的变压器来调整电压的一种常用方法，实际上改变分接头就是改变变压器的变比 n_{T}。变压器两侧电流互感器变比以及差动继电器的平衡线圈等不可能根据变压器调压分接头而随时改变，而保护一般按中心分接头（额定变比）整定。因此，在正常运行或区外故障时，改变变压器分接头位置必将产生不平衡电流，且该不平衡电流同样随外部穿越性电流的增大而增大，其最大值为

$$I_{\text{unb.max}} = \Delta U I_{\text{k.max}} \tag{8-8}$$

式中：ΔU 为由变压器分接头改变引起的相对误差，一般取调压范围的一半。如变压器有载调压范围一般为±5%，则 ΔU=0.05。

对由于改变分接头位置而产生的不平衡电流，应在纵联差动保护的整定中予以考虑。

3. 由于变压器各侧电流互感器型号不同，即各侧电流互感器的励磁电流和饱和特性不同而产生的不平衡电流

（1）稳态情况下不平衡电流产生的原因。电流互感器在稳态下的不平衡电流在第六章中做了初步分析。由于用于变压器差动保护时又有一些特殊问题，必须对其做进一步的详细分析。电流互感器二次侧是通过负载而短路的，其负载阻抗主要为传输二次电流的二次电缆，其阻抗主要呈电阻性。等值电路如图 8-5 所示。图中 $\dot{I}$ 为电流互感器一次侧电流，$\dot{I}'$ 为其折合到二次侧的电流，$\dot{I}_e$ 为励磁电流，Z'_L 为折合到一次侧的负荷阻抗。Z'_2 为折合到一次侧的二次绕组总阻抗。

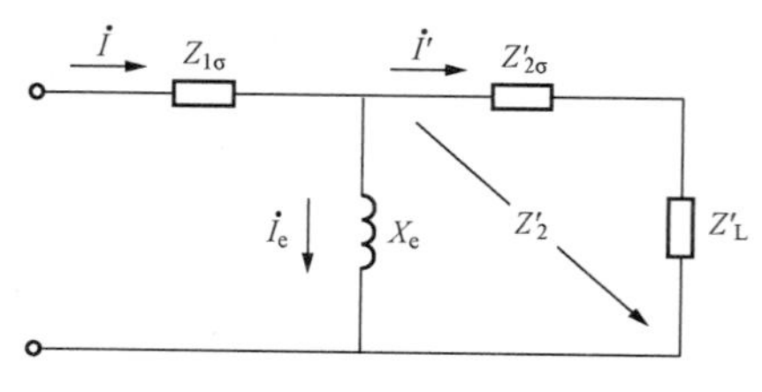

图 8-5　折合到一次侧的电流互感器等效电路

由等效电路图可知电流互感器的励磁电流为

$$\dot{I}_e = \dot{I}\frac{Z'_{2\sigma}+Z'_L}{Z'_{2\sigma}+Z'_L+X_e} = \dot{I}\frac{Z'_2}{Z'_2+X_e} \tag{8-9}$$

变压器两侧电流互感器的励磁特性不会完全相同，其二次侧电流分别为 $\dot{I}'_1=\dot{I}_1-\dot{I}_{e1}$、$\dot{I}'_2=\dot{I}_2-\dot{I}_{e2}$。作为原理性分析可假设两侧的电流互感器都接成 Y 形，变压器也是 Yy 接线。以下标 1、2 分别表示变压器两侧的电流互感器。因而，在正常运行或保护范围外部故障时 $\dot{I}_1=-\dot{I}_2$，即使电流互感器变比选择理想化，变压器差动保护中仍有不平衡电流 $\dot{I}_{unb}$ 为

$$\dot{I}_{unb}=\dot{I}'_1+\dot{I}'_2=-(\dot{I}_{e1}+\dot{I}_{e2}) \tag{8-10}$$

若近似认为两侧电流互感器的励磁电流滞后于各自一次侧电流的相角差一致，可知 I_{unb} 实际上是两个电流互感器励磁电流之差。因此，导致励磁电流增加的各种因素，以及两个电流互感器励磁特性的差别，是使不平衡电流增大的主要原因。

从电流互感器等效电路看，励磁电流 I_e 的大小取决于励磁回路电感 L_e 的大小。前已提到励磁电感 L_e 是一个非线性参数，其值随着铁磁材料磁化曲线的工作点而变化。这是因为电流互感器铁芯材料的特性及截面积决定了励磁电流 I_e 与铁芯磁通链（$\psi=N\phi$）之间的关系，即磁滞回线，如图 8-6 中的曲线 1，近似分析时可用铁芯的基本磁化曲线 2 来定性分析 ψ 与 i_e 之间的关系。由电流互感器的等效电路可知，励磁支路上的电压 $u=L_e\frac{di_e}{dt}$，而由励磁电流、励磁电感和磁链的关系，u 又可写成一、二次绕组互感磁链的导数，即 $u=\frac{d\psi}{dt}$，则励磁电感 $L_e=\frac{d\psi}{di_e}$，即图 8-6 中磁化曲线 2 各点的斜率就代表了励磁电感 L_e 的大小，其值是变化的。

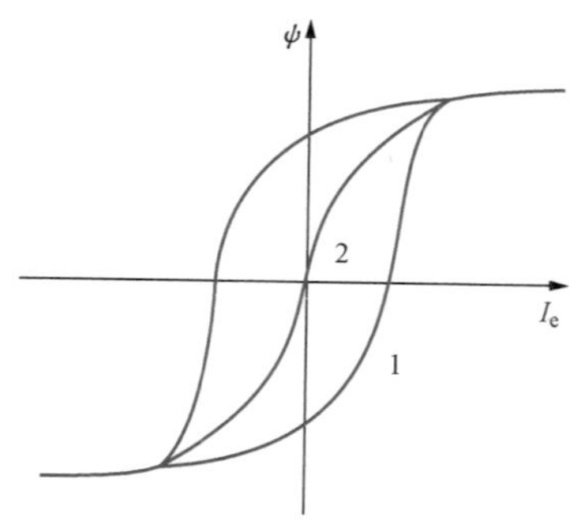

图 8-6　电流互感器铁芯的磁化曲线

显然，当电流互感器的一次电流在铁芯不饱和范围内时，电流互感器工作在磁化曲线的线性段。由图 8-6 可知此时励磁电感 L_e 很大且基本不变，因此励磁电流很小，此时可认为一、二次侧电流成正比且误差很小。当电流互感器的一次侧电流增大后，铁芯开始呈现饱和，则 L_e 迅速下降，励磁电流增大，因而二次侧电流的误差也随之迅速增大，铁芯越饱和则误差越大，其关系如图8-7 所示。由于铁芯的饱和程度主要取决于铁芯中的磁通密度，因此，对于已经做成的电流互感器而言，影响其误差的主要因素包括以下几点。

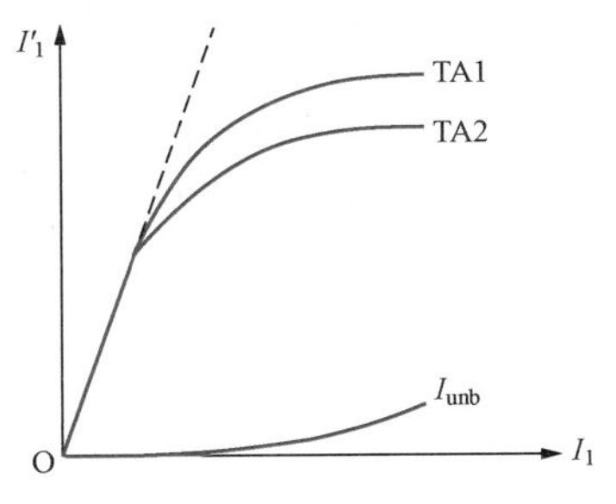

图 8-7　电流互感器 $I'=f(I)$ 的特性曲线和不平衡电流

1）当一次侧电流 $\dot{I}_1$ 一定时，二次侧的负载 Z'_L 越大，则要求二次侧的感应电动势越大，因而要求铁芯中的磁通密度越大，铁芯就容易饱和。

2）当二次侧负载已确定后，则一次侧电流的升高也将引起铁芯中磁通密度增大，因此，一次侧电流越大时，二次侧电流的误差也越大。

前已提到为了保证继电保护的正确工作，一般要求电流互感器的二次负载满足 10%误差曲线，此曲线表示电流互感器的误差与短路电流大小和二次负载大小的关系，选取二次电缆截面时应保证在外部最大短路电流下，误差不超过 10%。此曲线由实验或厂家给出，因而在稳态情况下其二次侧电流的最大误差小于 10%。除考虑此误差之外，利用同型系数 K_{ss}来考虑电流互感器励磁特性差异带来的不平衡电流的影响，可得变压器正常运行与区外故障时的最大不平衡电流为

$$I_{unb.max} = K_{ss} K_{er} I_{k.max} \tag{8-11}$$

式中：K_{ss}为电流互感器的同型系数；K_{er}为电流互感器的比误差，计算最大不平衡电流时该值可取为 10%。

当两侧电流互感器的型号、容量均相同时，可取为 $K_{ss}=0.5$（也就是认为两个互感器之间具有 5%的相对误差）；当两侧电流互感器不同型时，$K_{ss}=1$。

（2）暂态过程中不平衡电流产生的原因。由于差动保护是瞬时动作的，因此，还需要进一步考虑在外部短路的暂态过程中，差回路出现的不平衡电流。这时在一次侧短路电流中包含有非周期分量，如图 8-8（a）所示。由于非周期分量对时间的变化率$\frac{di}{dt}$远小于周期分量的变化率，很难变换到二次侧，而大部分成为电流互感器的励磁电流。另外，由于互感器绕组中的磁通和电流不能突变，也会产生二次非周期分量。因此，在暂态过程中励磁电流含有大量缓慢衰减的非周期分量，这将使差动保护的不平衡电流大为增加。图 8-8（b）、（c）、（d）分别示出了外部短路暂态过程中两个电流互感器的励磁电流以及两个励磁电流之差（即 I_{unb}）。图 8-8（e）所示为通过实验录取的电流波形。显然，暂态不平衡电流大于稳态不平衡电流。当考虑这种暂态过程中非周期分量的影响时，应在式（8-11）中再引入一个非周期分

量影响系数 K_{ap}，一般可取 1.5～2。此时，最大不平衡电流为

$$I_{unb.max}=K_{ap}K_{ss}K_{er}I_{k.max} \tag{8-12}$$

（3）减小该不平衡电流影响的措施。针对该不平衡电流的起因，可采取的减小不平衡电流的措施有以下几点。

1）保证电流互感器在外部最大短路电流流过时能满足10%误差曲线的要求。

2）减小电流互感器二次回路负载阻抗以降低稳态不平衡电流。常用办法有减小控制电缆的电阻（适当增大导线截面、尽量缩短控制电缆长度），增大电流互感器变比（采用二次侧额定电流为1A的电流互感器，则在同样的二次侧负载阻抗情况下，折算到一次侧的等效阻抗只有额定电流为5A时的1/25）。

3）可在差流回路中接入具有速饱和特性的中间变流器以降低暂态不平衡电流。在差流回路中接入中间变流器是传统模拟式差动继电器常用形式（可参见图8-4所示的差流回路），如果该中间变流器具有速饱和特性，则可以有效降低暂态不平衡电流（非周期分量）的影响，其原理接线如图8-9（a）所示。图8-9（b）中的曲线1为中间变流器铁芯的磁化曲线，当其一次绕组中只流过周期分量时，电流沿曲线2变化，铁芯中的磁通 Φ 沿磁滞回线3变化，此时 Φ 的变化（$\Delta\Phi$）很大，因此在二次绕组中感应的电动势也很大（正比于$\frac{d\Phi}{dt}$），故周期分量容易通过速饱和变流器而变换到二次侧，使继电器动作。当一次绕组中通过暂态不平衡电流时，由于它含有很大的非周期分量，电流曲线短时完全偏于时间轴一侧，如图8-9（c）中曲线2′所示，因而使 Φ 沿着局部磁滞回线3′变化。此时 $\Delta\Phi'$ 的变化很小，因此在二次侧感应的电动势也很小，故非周期分量不易通过速饱和变流器而变换到二次侧，此时继电器不动作。

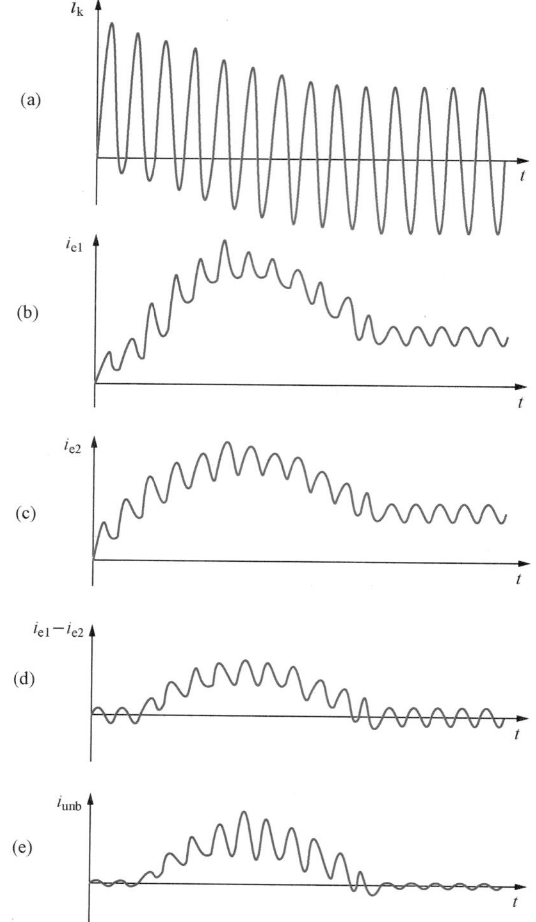

图8-8　外部短路暂态过程中电流互感器的励磁电流及不平衡电流波形图

（a）外部短路电流；（b）、（c）两侧电流互感器的励磁电流；（d）两个励磁电流之差；（e）实验录取的不平衡电流

由以上分析可知，被保护元件外部故障的暂态过程中，差动保护回路中可能含有非周期分量，电流曲线完全偏于时间轴一侧，中间变流器迅速饱和，保证纵差动保护不动作。但是，当被保护元件内部故障的暂态过程中，短路电流同样可能含有非周期分量，此时差动保

护需待非周期分量大量衰减后，保护才能动作将故障切除，延长了保护的动作时间。这是带速饱和中间变流器的传统差动保护（BCH-1、BCH-2 型）的缺点。

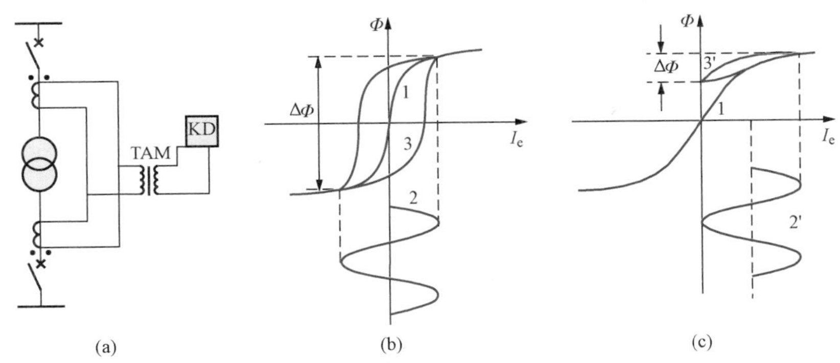

图 8-9　带有速饱和中间变流器的差动保护

（a）原理接线图；（b）通过周期分量的励磁电流；（c）通过非周期分量的励磁电流

4. 最大不平衡电流的计算

综上所述，以上各项不平衡电流的产生均有其内在的客观原因以及相应减小不平衡电流的措施，但是不可能完全消除不平衡电流。通常在考虑变压器正常运行以及外部故障时，可能出现的最大不平衡电流 $I_{unb.max}$ 应该是式（8-7）、式（8-8）、式（8-12）所表示的各种不平衡电流之和，则有

$$I_{unb.max}=(\Delta f_{za}+\Delta U+K_{ap}K_{ss}K_{er})I_{k.max} \tag{8-13}$$

式中：Δf_{za} 为计算变比与实际变比不一致时引起的相对误差，在微机保护中采取电流平衡调整已经使得该误差接近于零，但为可靠考虑，一般仍沿用常规取值 $\Delta f_{za}=0.05$；ΔU 为由带负荷调压所引起的相对误差，考虑到变压器有载调压分接头可能调节至正或负的最大位置，因此 ΔU 取电压调整范围的一半；K_{ap} 为非周期分量系数，可取 1.5～2.0，对于有速饱和变流器的保护可取 1.3；K_{ss} 为电流互感器的同型系数，当两侧电流互感器的型号、容量均相同时可取为 $K_{ss}=0.5$，当两侧电流互感器不同时 $K_{ss}=1$；K_{er} 为电流互感器的比误差，计算最大不平衡电流时该值可取为 10%；$I_{k.max}$ 为保护范围外部最大短路电流归算到二次侧的数值。

三、变压器励磁涌流的影响及其对策

1. 励磁涌流的产生原因及其影响

图 8-10 所示为单相变压器示意图及其折算到一次侧的等值电路，如图所示，变压器具有励磁支路，且变压器的励磁电流 i_e 仅流经变压器合闸投入的一侧，故该电流通过电流互感器反应到纵差动保护中不能被平衡。因此，变压器的励磁电流是纵差动保护不平衡电流产生原因之一。在正常运行情况下此电流很小，一般不超过额定电流的 2%～5%；在外部故障时，由于电压降低，励磁电流将减小。因此，变压器励磁电流在正常运行与外部故障情况下对纵联差动保护的影响往往可以忽略不计。

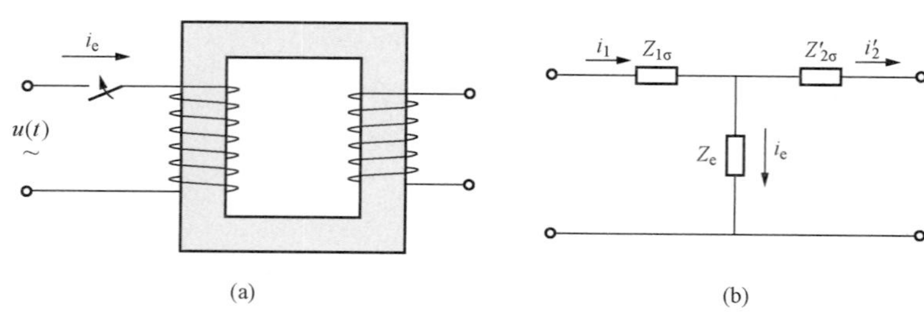

图 8-10　单相变压器等值电路

（a）单相变压器示意图；（b）折算到一次侧的等值电路

但是当变压器空载投入或外部故障切除后电压恢复时，则可能出现数值很大的励磁电流（称为励磁涌流）。变压器稳态运行情况下，设绕组端电压为 $u(t)=U_m\sin(\omega t+\theta)$，忽略变压器的漏抗和绕组电阻，设匝数 $N=1$，则用标幺值表示的电压 u 与磁通 Φ 之间的关系为 $u(t)=\frac{d\Phi}{dt}$，如图 8-11（a）所示。

当变压器空载合闸时，由电压 u 与磁通 Φ 之间的微分方程求解可得

$$\Phi=\int u(t)dt=-\Phi_m\cos(\omega t+\theta)+C \tag{8-14}$$

$$\Phi_m=\frac{U_m}{\omega}$$

式中：C 为积分常数。由于铁芯中的磁通不能突变，设变压器空载投入瞬间（$t=0$）时铁芯的剩磁为 Φ_r，则积分常数 $C=\Phi_r+\Phi_m\cos\theta$。于是空载合闸时变压器铁芯中的磁通为

$$\Phi=-\Phi_m\cos(\omega t+\theta)+\Phi_m\cos\theta+\Phi_r \tag{8-15}$$

式（8-15）中第一项为稳态磁通，后两项为暂态磁通，若计及变压器损耗，暂态磁通将是随时间衰减的。假设 $\Phi_m\cos\theta$ 与 Φ_r 同相，则在空载合闸半个周期后，铁芯磁通 $\Phi=2\Phi_m\cos\theta+\Phi_r$ 达到最大值。显然，在电压过零点（$\theta=0°$）空载合闸时将产生最大磁通 $\Phi_p=2\Phi_m+\Phi_r$，该值远大于变压器的饱和磁通 Φ_s，如图 8-11（b）所示。

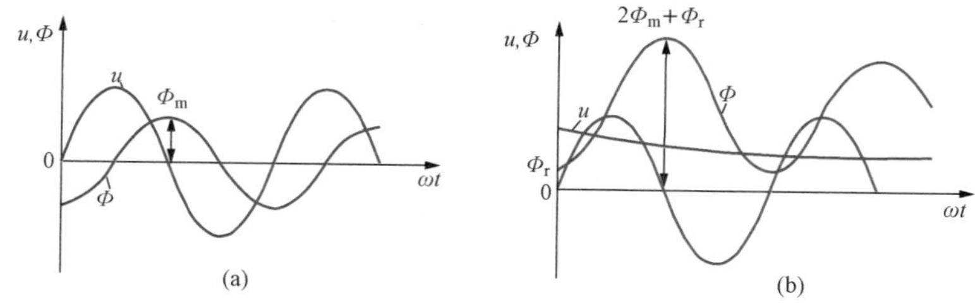

图 8-11　磁通与电压的关系

（a）稳态运行时；（b）在 $u=0$ 瞬间空载合闸时

变压器空载合闸时磁通随时间的变化轨迹如图 8-12（a）所示。求得磁通 Φ 后就可以通过磁化曲线得到相应的励磁电流 i_e 的大小，简化的磁化曲线如图 8-12（b）所示。显然，在铁芯未饱和前（$\Phi<\Phi_s$），励磁电流 i_e 小于 i_s，其值可以忽略不计；当铁芯饱和后（$\Phi>\Phi_s$），励磁电流将

急剧增大，幅值最大可达 i_p，此种励磁电流就称为变压器的励磁涌流，其数值最大可达额定电流的 6～8 倍，如图 8-12（c）所示。励磁涌流的大小和衰减时间，与合闸瞬间电压的初相角、铁芯中剩磁的大小和方向、电源容量的大小、回路的阻抗以及变压器容量的大小和铁芯材料的性质等都有关系。例如，正好在电压瞬时值为最大时合闸就不会出现励磁涌流，只有正常时的励磁电流。

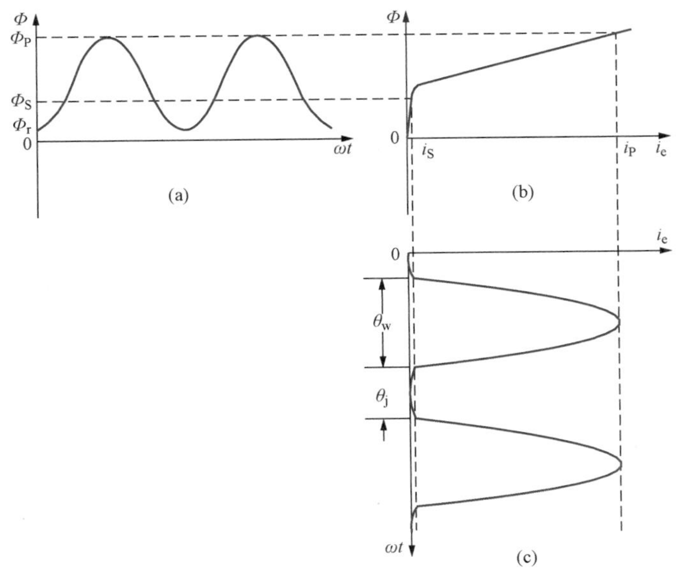

图 8-12 单相变压器励磁涌流的产生机理

（a）空载合闸时的磁通变化轨迹；（b）磁化曲线；（c）励磁涌流

由于励磁涌流幅值 i_p 很大且仅流经变压器一侧，将引起变压器纵差动保护产生很大的差流，导致差动保护误动作跳闸。因此，在励磁涌流情况下必须采取有效措施闭锁差动保护，防止误动。

变压器励磁涌流具有以下特点。

（1）励磁涌流往往含有大量非周期分量，使涌流波形偏于时间轴的一侧。

（2）由励磁涌流的频谱分析可知，涌流中包含大量的高次谐波，并且以二次谐波为主。表 8-1 所示为励磁涌流试验数据的谐波分析举例。

表 8-1 励磁涌流试验数据的谐波分析举例

励磁涌流（%）	例 1	例 2	例 3	例 4
基　　波	100	100	100	100
二次谐波	36	31	50	23
三次谐波	7	6.9	9.4	10
四次谐波	9	6.2	5.4	—
五次谐波	5	—	—	—
直流分量	66	80	62	73

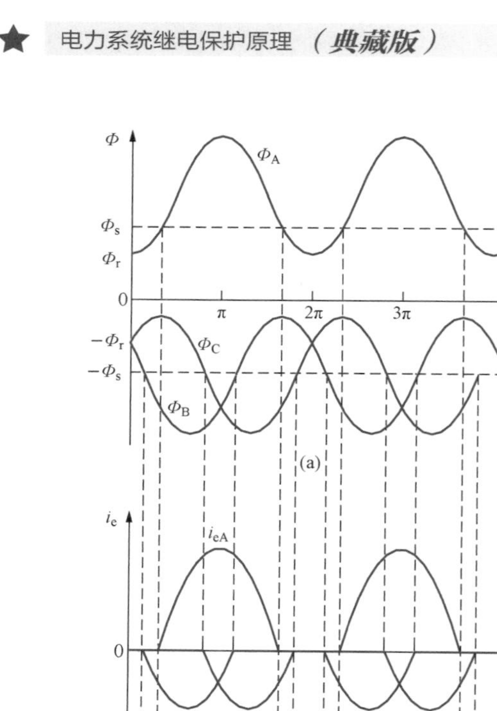

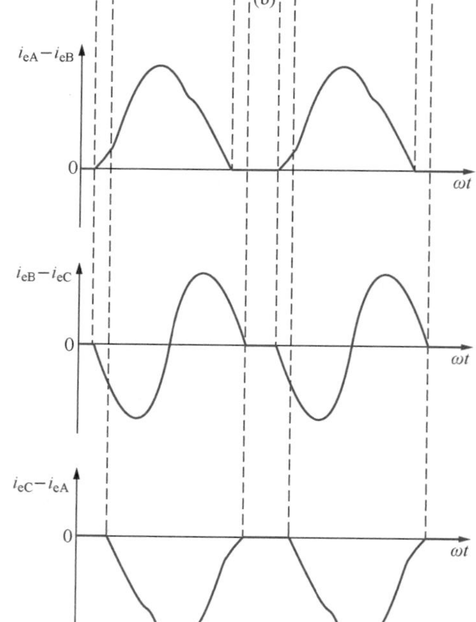

图 8-13　三相变压器励磁涌流特征

（a）三相暂态磁通；（b）三相励磁涌流；（c）差流回路中的涌流

（3）波形出现间断，在一个周期中间断角为 θ_j。由图 8-12 分析可知，铁芯饱和度越高，涌流越大，间断角越大。

以上分析都是针对单相变压器励磁涌流的分析，三相变压器励磁涌流比单相变压器复杂得多。如假设三相变压器铁芯剩磁分别为 $\Phi_{rA}=\Phi_r$、$\Phi_{rB}=\Phi_{rC}=-\Phi_r$，且在 A 相电压过零点时（$\theta=0°$）空载合闸，则变压器三相暂态磁通及各相的励磁涌流波形分别如图 8-13（a）、（b）所示。

由图 8-13 可见，三相变压器励磁涌流除前文所述特点之外还具有其他特征。

（1）由于三相电压相位相差 120°，无论任何时刻空载投入变压器，至少有两相要出现程度不同的励磁涌流。

（2）对称性涌流波形的出现。对于 YNd11 接线的三相变压器，由图 8-2 所示变压器接线可知，Y 侧引入每相差动保护的电流为两相绕组电流的差值。因此，变压器从 Y 侧空载合闸时，励磁涌流在差流回路中的电流将是两相绕组励磁涌流的差值，可能形成对称性涌流，如图 8-13（c）所示。对称性涌流波形情况下，二次谐波含量与间断角均减小，使得励磁涌流的识别与差动保护的可靠闭锁更加困难。

2. 防止涌流引起纵联差动保护误动的方法

如何防止励磁涌流引起变压器纵差动保护误动，以及区分励磁涌流与内部故障是一个固有的、不可回避的难题。目前较为成熟且应用广泛的有如下几种方法。

（1）在差流回路中接入具有铁芯截面积较小，容易饱和的速饱和中间变流器。传统模拟式差动继电器广泛采用带速饱和铁芯的中间变流器，因非周期分量使铁芯快速饱和，电流难以感应到中间变流器二次侧，以减少励磁涌流进入继电器使保护误动，如图 8-9 的分析。由于励磁涌流中含有大量非周期分量，因此速饱和变流器具有防止励磁涌流引起差动保护误动的能力。

（2）二次谐波判别方法。通过检测三相差流中二次谐波含量的大小来判断是否为励磁涌流，从而达到及时闭锁纵联差动保护、防止保护误动的目的[2]。这被称为变压器纵联差动保护的二次谐波制动元件，励磁涌流的判据为

$$I_{d2} > K_2 I_{d1} \tag{8-16}$$

式中：I_{d2}为差流中的二次谐波电流；I_{d1}为差流中的基波电流；K_2 为二次谐波制动系数，根据经验二次谐波的制动系数一般可取为 0.15～0.2。

由前文分析可知，三相变压器励磁涌流严重程度不同，其二次谐波含量也各异[4]。为了在励磁涌流情况下可靠闭锁差动保护，三相或门制动方案得到广泛应用，即任一相差流满足式（8-16）时，判为励磁涌流，闭锁三相纵联差动保护；反之，开放三相纵联差动保护。

（3）间断角原理识别励磁涌流。对于变压器励磁涌流，无论是偏于时间轴一侧的非对称性涌流，还是对称性涌流（如图 8-12、图 8-13），都会呈现明显的间断特征，而内部故障时的电流是正弦波，波形没有明显的间断。通过检测差流间断角的大小就构成了间断角原理[5]，其判据式一般为

$$\theta_j > 65^\circ,\ \text{或}\ \theta_w < 140^\circ \tag{8-17}$$

式中：θ_j 为励磁涌流的间断角；θ_w 为励磁涌流正半周、负半周的波宽。

对于非对称性涌流，间断角 θ_j 较大，一般满足 $\theta_j > 65^\circ$，故判定为励磁涌流，闭锁差动保护。对于对称性涌流，其间断角 θ_j 可能小于 65°，但考虑到其波宽 θ_w 一般约等于 120°，即 $\theta_w < 140^\circ$，同样也能可靠闭锁纵联差动保护。因此，间断角原理能够识别各相励磁涌流，即可以采用分相闭锁纵联差动保护的方式，从而保证在合闸于变压器内部故障时能够可靠快速跳闸。

（4）其他防止涌流引起纵联差动保护误动的方法。波形对称原理[6-7]是在一个周波数据窗内，分析计算差流前、后半个周波的对称性来判断变压器是否发生了内部故障。反之，若是励磁涌流，则不具有这种对称的特征。波形对称方法有微分波形对称法、积分波形对称法和基于波形相关性的判别方法等。所谓微分波形对称法是将流入差动继电器的差流进行微分，将微分后差流的前半周波与后半周波做对称比较，以判断是否发生涌流。类似的，积分波形对称法则是计算一个周期内波形的前半周和后半周的面积积分，根据波形对称系数的大小来识别涌流。波形对称法可以认为是间断角原理的推广，具有间断角原理的优点，可以采用分相制动方案。

虚拟三次谐波制动原理[8]是将涌流波形中以尖脉冲为中心的半个周波作为拟合波形的前半周，同时利用“平移”“变号”原则拟合波形的后半周。在此基础上，通过半周傅里叶算法计算拟合波形中基波以及三次谐波含量，即可构成虚拟三次谐波制动原理。对于对称性与非对称性涌流，该原理计算均可得到丰富的三次谐波含量，从而可以较准确地识别出励磁涌流。

除此之外，利用小波理论、数学形态学理论等还提出了许多其他鉴别励磁涌流的方法[9-10]，在此不再一一介绍。

四、变压器纵联差动保护的整定原则

1. 纵联差动保护动作电流的整定原则

（1）在正常运行情况下，为防止电流互感器二次回路断线时引起差动保护误动作，保护装置的整定电流 I_{set} 应大于等于变压器的最大负荷电流 $I_{L.max}$，有

$$I_{set} = K_{rel} I_{L.max} \tag{8-18}$$

式中：K_{rel} 为可靠系数，一般取 1.3。

目前微机差动保护一般可以判断电流互感器是否断线，并且在断线情况下将差动保护闭锁，此时定值整定可不用考虑断线影响，因此定值可以小于额定电流。目前，有些地区认为电流互感器二次回路断线会出现高电压，危及人身安全，是一种严重故障，因此允许变压器切除，故整定时可不考虑二次回路断线问题。

（2）躲过保护范围外部短路时的最大不平衡电流，起动电流整定为

$$I_{set} = K_{rel} I_{unb.max} \tag{8-19}$$

式中：可靠系数 K_{rel} 一般取 1.3；$I_{unb.max}$ 为保护外部短路时的最大不平衡电流，可由式(8-13)计算得到。

（3）无论按上述哪一个原则整定变压器纵联差动保护的动作电流，都还必须能够不受变压器励磁涌流的影响。当变压器纵联差动保护采用前文中所述二次谐波制动、间断角等原理识别励磁涌流时，它本身就具有躲开励磁涌流的性能，定值一般无须再另作考虑。而当采用具有速饱和铁芯的差动继电器时（BCH-1、BCH-2 型差动继电器），虽然可以利用励磁涌流中的非周期分量使铁芯饱和来避越励磁涌流的影响，但根据运行经验[11]，差动继电器的起动电流仍需整定为 $I_{set} \geqslant 1.3\dfrac{I_{NT}}{n_{TA}}$ 时才能躲过励磁涌流的影响。对于各种原理的差动保护，其躲过励磁涌流影响的性能和保护定值，最后还应经过现场的多次空载合闸试验加以检验。

2. 纵联差动保护灵敏系数的校验

变压器纵联差动保护的灵敏系数可按下式校验

$$K_{sen} = \frac{I_{K.min.k}}{I_{set}} \tag{8-20}$$

式中：$I_{K.min.k}$ 为保护范围内部故障时流过差动继电器的最小差流（一般是单侧电源情况下内部故障的短路电流）。

按照要求，灵敏系数 K_{sen} 一般不应低于 2。当不能满足要求时，则需要采用具有比率制动特性的差动继电器，详见下一节。

必须指出，即使灵敏系数的校验能够满足要求，但对变压器内部的匝间短路，轻微故障等情况，纵联差动保护往往也不能动作。运行经验表明，在此情况下常常都是瓦斯保护首先动作（轻瓦斯保护动作时发信号，重瓦斯保护时跳闸），如果相间短路没有产生大量气体，差动保护

可动作跳闸。显然，差动保护的整定值越大，则对变压器内部故障的反应能力也就越低。

五、具有制动特性的变压器纵联差动保护

当变压器差动保护的动作电流按前文所述整定原则整定时，为了能够可靠地躲开外部故障时的不平衡电流和励磁涌流，同时又能提高变压器内部故障时的灵敏性，广泛采用具有制动特性的变压器比率差动保护。下面分别以机电式和数字式变压器纵联差动保护为例，说明具有制动特性的变压器纵联差动保护的特点。

*1. 具有磁力制动的差动继电器

当外部短路时的不平衡电流主要是由电流互感器的变比不匹配或由于在负荷下调节变压器分接头引起的，这种不平衡电流中非周期分量很小，难以用非周期分量使铁芯饱和，只能用短路电流的工频分量使铁芯饱和以减小不平衡电流。图 8-14 所示的继电器（BCH-1 型差动继电器）利用外部故障时的短路电流来实现制动[11]，使差动继电器的动作电流随制动电流的增加而增加，它能够可靠地躲过外部故障时的不平衡电流，并提高内部故障时的灵敏性。

现以实现双绕组变压器差动保护为例说明，其单相式原理接线如图 8-14 所示。

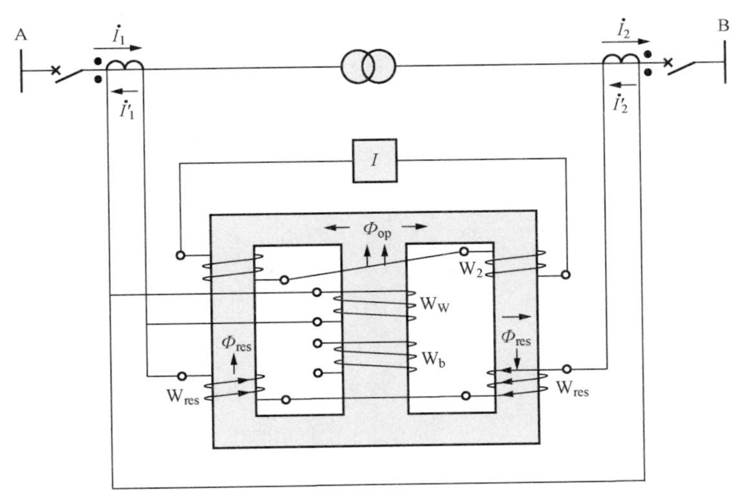

图 8-14 单相式具有磁力制动差动继电器（BCH-1）的变压器纵联差动保护原理接线图

（1）继电器主要组成部分。继电器的主要元件是一个三铁芯柱的速饱和变流器。速饱和变流器上绕有六个线圈。

1）制动线圈 W_{res}：分成相等的两部分，分别接在两边柱上。线圈中流过差流回路中一侧的电流 $\dot{I}_2$。

2）工作线圈 W_W：接在差流回路中。

3）二次线圈 W_2：分成相等的两部分，分别接在两边柱上。其输出接于执行元件（电流

继电器）上。

4）平衡线圈 W_b：其作用与图 8-4 相同，根据正常运行情况下电流平衡情况，可接入也可不接入。

两个制动线圈 W_{res} 的极性连接，应保证所产生的磁通 Φ_{res} 只在两个边柱上成回路而不流入中间铁芯。两个二次线圈 W_2 的连接应保证制动线圈 W_{res} 产生的磁通在线圈 W_2 上所感应的电动势互相抵消，不影响执行元件的工作。这样当工作线圈 W_W 中流有电流时，它所产生的磁通 Φ_{op} 在二次线圈 W_2 中感应的电动势是相加的，因而在达到整定值之后就能够使继电器动作。

（2）继电器工作原理。假设不考虑制动线圈的作用，则工作线圈和二次线圈之间就相当于一个速饱和变流器，因此它可以消除不平衡电流和励磁涌流中非周期分量的影响。

如图 8-14 所示，当制动线圈 W_{res} 中没有电流时，为使差动继电器起动，需在工作线圈 W_W 中加入一个电流 $I_{set.min}$，由此电流产生的磁通在二次线圈 W_2 中感应一定的电动势 E_{set}，它刚好能使执行元件（电流继电器）动作，此 $I_{set.min}$ 称为继电器的最小动作电流。差动保护中，用 I_{op} 表示差动保护的动作量，而 I_{set} 表示差动保护的动作定值，即使保护刚能动作的动作量。以下同。

当制动线圈 W_{res} 中有电流以后，它将在铁芯的两个边柱上产生磁通 Φ_{res}，使铁芯饱和，致使导磁率下降。此时必须增大工作线圈 W_W 中的电流才能在二次线圈 W_2 中产生电动势 E_{op}，使执行元件动作，也就是说，继电器的动作电流随着制动电流的增大而增大。由实验所得出的继电器动作电流 I_{op} 与制动电流 I_{res}（这里的制动电流就是 I_2'）的关系，即 $I_{op}=f(I_{res})$，称为制动特性曲线，如图 8-15 中曲线 1 所示。

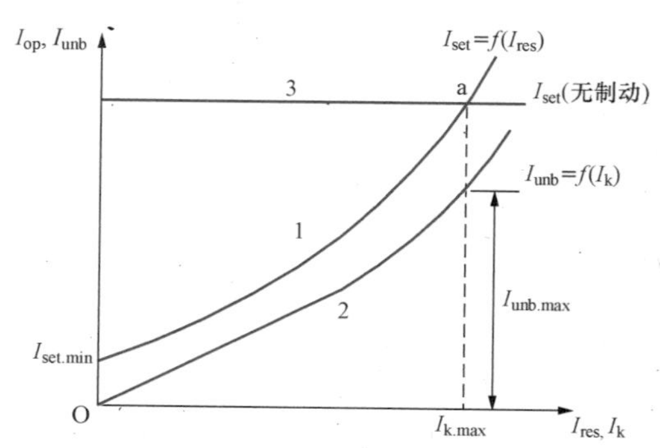

图 8-15　继电器的制动特性曲线及其整定方法

当制动电流比较小时，铁芯中磁通还没有饱和，因此，动作电流变化不大，制动特性曲线的起始部分比较平缓。而当制动电流很大时，铁芯出现严重饱和，继电器的动作电流迅速增加，制动曲线上翘。

（3）具有制动特性的差动继电器的整定。由式（8-13）可知，不平衡电流 I_{unb} 随外部短路电流 I_k（折算到二次侧）的增大而增大，且考虑到电流互感器 TA 饱和的影响，I_{unb} 与 I_k 之间的关系如图 8-15 中曲线 2 表示。设外部最大短路电流（归算到二次侧）为 $I_{k.max}$，则可对应求出最大不平衡电流 $I_{unb.max}$。如果采用无制动特性的差动继电器，则动作电流按式（8-19）整定，则差动继电器的动作定值 I_{set} 是一个常数，如图 8-15 中的水平直线 3 所示。

如果采用具有制动特性的差动继电器，应该选择当制动电流 $I_{res.max}=I_{k.max}$ 时，使继电器的动作定值为 $K_{rel}I_{unb.max}$，也就是使继电器的制动特性曲线通过 a 点。只要选择一条适当的制动特性曲线，使它通过 a 点的同时保证位于曲线 2 的上面，即如图 8-15 所示的曲线 1，则在任何大小的外部短路电流作用下继电器的实际动作定值均大于相应的不平衡电流，继电器都不会误动作。

上述介绍的这种差动继电器的动作电流是随着制动电流的不同而改变的。而制动电流是变压器纵联差动保护中一侧的电流，在外部故障情况下，该电流实际上就是穿越变压器的电流。将差流与穿越性故障电流相比较，在外部故障时，差流仅仅是不平衡电流，明显小于变压器的穿越性电流；而在内部故障时，差流等于流向故障点的总的短路电流。这种利用穿越电流实现制动使保护的动作电流随着短路电流的增大成比例的增大的变压器纵联差动保护，故称为比率制动的差动保护。

（4）具有制动特性的差动继电器的动作分析。

1）变压器外部故障时，制动线圈 W_{res} 中的电流 I_{res} 即为短路电流 $\dot{I}'_2$；I_{set} 与 I_{res} 的关系如图 8-16 中的曲线 1 所示。由于不平衡电流曲线（未示出）在曲线 1 之下，而工作线圈 W_W 中无电流，继电器不会动作。

2）当单侧电源变压器内部故障，B 侧无电源时，制动线圈 W_{res} 中无电流，工作线圈 W_W 中为 A 侧电源供给的短路电流（变换到二次侧的数值），由于 $I_{res}=0$，因此，继电器的动作定值为 $I_{set.min}$，如图 8-16 所示。

3）变压器内部故障，A 侧无电源时，制动线圈 W_{res} 中流过的电流与工作线圈 W_W 中相同，即 $I_{op}=I_{res}$，为继电器最不利的工作情况，关系曲线如图 8-16 直线 4 所示，它与横轴夹角为 45°，与制动特性曲线 1 交于 c 点。同上分析，继电器的实际动作定值为 $I_{set.min.2}$，并在 c 点以上时继电器均能动作。

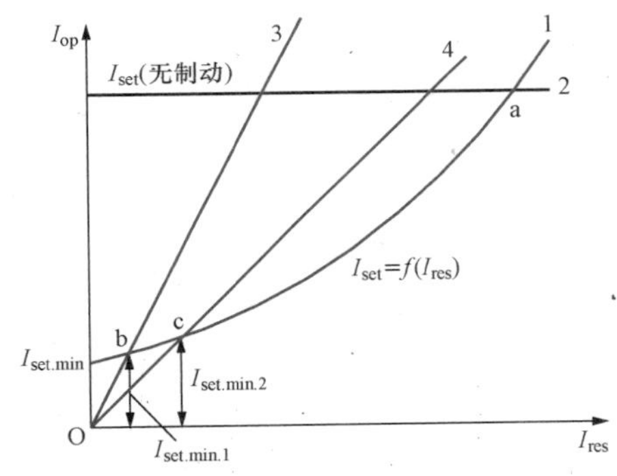

图 8-16　区内外故障时，具有磁力制动特性的差动继电器动作分析

4）变压器内部故障，如果 A、B 两侧供给的短路电流相等，制动线圈 W_{res} 中的电流为工作线圈 W_W 中电流的一半，即 $I_{op}=2I_{res}$，此关系如图 8-16 直线 3 所示。它与制动特性曲线 1 交于 b 点，此交点就是继电器实际需要的动作电流定值 $I_{set.min.1}$。在 b 点以后，虽然动作电流随着制动电流的增加而增加，但由于工作线圈 W_W 的电流关系曲线（直线 3）始终位于制动特性曲线 1 之上，因此继电器均能动作，并且有较好的灵敏度。

由以上三种内部短路的典型情况的分析可见，在各种可能的运行方式下变压器发生内部故障时，这种继电器的动作电流定值均在 $I_{set.min}\sim I_{set.min.2}$ 之间变化。由于制动特性曲线的起始部分变化平缓，因此，$I_{set.min}$、$I_{set.min.1}$、$I_{set.min.2}$ 的数值实际相差不大，但却比无制动差动继电器的动作电流定值（图中的直线 2）小得多，显然它比无制动的差动保护的灵敏度数值高。

2. 微机比率制动特性的纵联差动保护

（1）比率制动特性的纵联差动保护原理。与传统机电式纵联差动保护相比，微机变压器纵联差动保护采用微处理器，可将差动量与制动量改为数字量计算。与此同时，前文中所述的变压器两侧电流相位调整、励磁涌流鉴别以及计算变比与实际变比不同产生的不平衡电流补偿系数等，均可利用微机保护强大的计算与存储功能加以实现。

通常微机比率制动特性采用折线段代替图 8-15 中 $I_{set}=f(I_{res})$ 特性，一般有两折线、三折线、变斜率等各种比率制动特性。下面以两折线比率制动特性为例阐述其工作原理。

以双绕组变压器为例，类似于第六章中提到的线路差动保护，定义纵联差动保护的动作量和制动量分别为

$$\begin{cases} I_{op}=|\dot{I}_1+\dot{I}_2| \\ I_{res}=\dfrac{1}{2}|\dot{I}_1-\dot{I}_2| \end{cases} \tag{8-21}$$

不论是双绕组变压器还是三绕组变压器，纵联差动保护的动作量均是流入变压器电流之和；对于制动量，则还有其他多种形式，如取 $I_{res}=\dfrac{|\dot{I}_1|+|\dot{I}_2|}{2}$，或取差动臂幅值最大的一侧电流整定值 $I_{res}=\max\{I_1,I_2\}$ 等（图 8-17 所示差动继电器的制动量 I_{res}取为差动继电器某一侧的电流值）。但各种制动量的选择均应满足在外部故障时制动量等于或正比于穿越性短路电流。

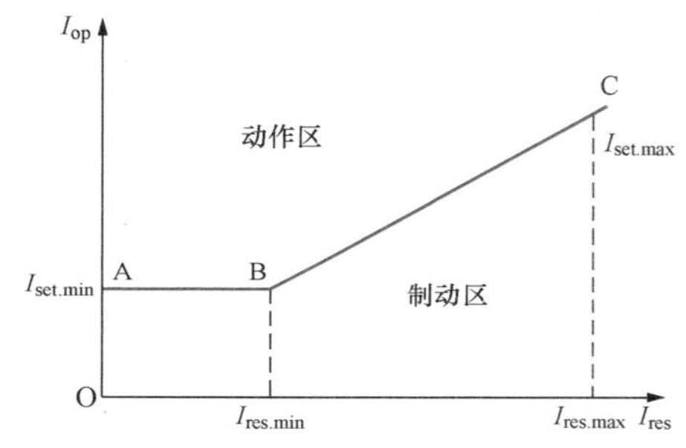

图 8-17　两折线比率制动特性

图 8-17 所示的两折线比率制动特性由折线段 AB、BC 组成。在变压器外部短路，当短路电流较小时，不平衡电流也很小，可以不要制动作用。为此，制动特性的起始部分可以是一段水平线。水平线的动作电流定值称为最小动作电流整定值 $I_{set.min}$，差动保护开始具有制动作用的最小制动电流称为拐点电流 $I_{res.min}$。动作判据可表示为

$$\begin{cases} I_{op}\geqslant I_{set.min} & I_{res}<I_{res.min} \\ I_{op}\geqslant I_{set.min}+m(I_{res}-I_{res.min}) & I_{res}>I_{res.min} \end{cases} \tag{8-22}$$

其中，有制动段直线的斜率 $m=\dfrac{I_{set.max}-I_{set.min}}{I_{res}-I_{res.min}}$。定义制动特性曲线的制动系数 $K_{res}=\dfrac{I_{set.max}}{I_{res.max}}$。为防止区外故障时误动，必须保证制动特性折线各点必须在不平衡电流曲线之上。K_{res}值应满足可靠性和选择性的要求；与此同时，为保证差动保护在区内故障时的灵敏性，制动系数 K_{res}又不宜过大。

（2）整定方法。图 8-17 所示的制动特性曲线有三个定值需要整定，即最小动作电流定值 $I_{set.min}$、拐点电流 $I_{res.min}$、折线斜率 m 或比率制动系数 K_{res}。

1）最小整定电流值 $I_{set.min}$。$I_{set.min}$应躲过变压器额定负载时的不平衡电流，即

$$I_{set.min}=K_{rel}I_{unb.load}=K_{rel}(K_{er}+\Delta f_{za}+\Delta U)\frac{I_N}{n_{TA}} \tag{8-23}$$

式中：$I_{unb.load}$为正常运行时最大不平衡电流；I_N 为变压器的额定电流。

根据经验，可靠系数 $K_{rel}=1.3\sim1.5$；可整定 $K_{er}=0.05$，$\Delta f_{za}=0.05$，ΔU 取调压范围中偏离额定值的最大百分值。在工程实用整定计算中可选取 $I_{set.min}=(0.2\sim0.5)\dfrac{I_N}{n_{TA}}$。

2）最小制动电流 $I_{res.min}$。$I_{res.min}$一般整定为（0.8～1）倍的变压器额定电流，在微机保护中往往整定为变压器的额定电流。

3）折线斜率 m。按躲过区外短路故障时差电流回路中最大不平衡电流整定，即

$$m=\frac{K_{rel}I_{unb.max}-I_{set.min}}{I_{res.max}-I_{res.min}} \tag{8-24}$$

式中：$I_{unb.max}$为外部故障时最大不平衡电流，可由式（8-13）求得。

$I_{res.max}$的选取因差动保护制动原理（制动量的选取）的不同而不同，在实际工程计算时应根据差动保护的制动原理而定。若按照式（8-21）的制动方程，$I_{res.max}$即为外部故障的最大短路电流。

六、变压器差动速断保护

在变压器差动保护中，常常配有二次谐波等制动元件以防止励磁涌流引起保护误动。但是在纵差保护区内发生严重短路故障时，如果电流互感器出现饱和而使其二次侧电流波形发生畸变，则二次侧电流中含有大量谐波分量，从而使涌流判别元件误判为励磁涌流，致使差动保护拒动或延迟动作，严重损坏变压器。因此，为了保证与加快大型变压器内部故障时动作的可靠性与故障切除速度，需要设置差动速断保护。差动速断保护只反应差流中工频分量的大小，不考虑差流中谐波及波形畸变的影响。

差动速断保护的整定值应按躲过变压器最大励磁涌流或外部短路最大不平衡电流整定，其值可达 4～10 倍额定电流。当区内（特别是变压器绕组端部）故障时差流达到差动速断整定值时，速断元件快速动作出口，跳开变压器各侧断路器。

综上所述，微机变压器纵联差动保护的逻辑构成如图 8-18 所示（以二次谐波涌流闭锁原理为例）。由图可见，变压器任一相差动速断保护动作即可出口跳开变压器。而对于变压器比率差动保护，需经过各相二次谐波的或门制动，各相五次谐波制动（对于超高压大型变压器，考虑变压器过励磁对差动保护的影响，可采用该闭锁功能，详见本章第五节），以及 TA 断线的闭锁（TA 断线时是否闭锁比率差动保护可根据具体情况和各地区的运行经验，通过对 KG 控制字的设置来更改）。

七、变压器的零序电流差动保护

超高压大型变压器绕组的短路类型主要是绕组对铁芯（即地）的绝缘损坏，造成单相接地短路，相间短路可能性较小。因此实现可靠的变压器绕组单相短路保护十分必要。运行经

验表明，超高压系统中大容量变压器中性点接地侧的单相接地故障是常见故障类型之一。

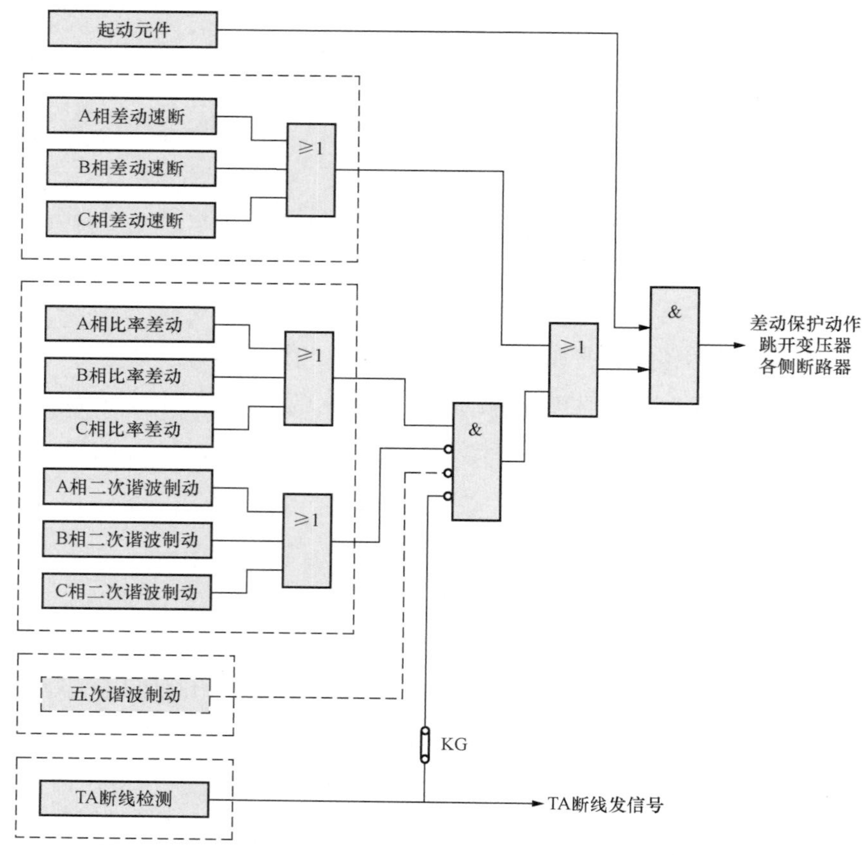

图 8-18　微机变压器纵联差动保护逻辑图

变压器纵联差动保护对于变压器内部的单相接地故障具有保护作用，但是纵联差动保护为了防止区外接地故障时保护误动，在差流的计算中消除了接地侧零序电流的影响，如图8-3的说明。因此，纵联差动保护对于变压器内部的单相接地故障灵敏度较低。为了获得较高的灵敏度，可以装设零序电流差动保护。以 YNynd 接线的三绕组变压器为例，中性点接地的某一侧发生外部接地故障时，三绕组变压器的三相零序电流分布如图 8-19（b）所示，变压器零序电流差动保护的原理接线如图 8-19（c）所示，也可在中性点接地两侧，分别装设一套独立的零序差动保护。

设中压侧网络中另有中性点接地的变压器。图 8-19（b）中，$\dot{I}_{0.H}$、$\dot{I}_{0.M}$ 分别为流过变压器高、中压侧的零序电流，$\dot{I}_{0.L}$ 为变压器低压△接线绕组中环流的零序电流，$3\dot{I}_{0.NH}$ 为流过变压器高压侧接地中性线上的电流，$3\dot{I}_{0.NM}$ 为流过变压器中压侧接地中性线上的电流。各电流均以指向变压器的方向为正方向。零序电流差流回路由变压器两侧中性线上的零序电流互感

器滤出的零序电流与变压器各接地侧三相电流互感器中性线滤出的零序电流进行差动而构成，电流互感器极性接法如图 8-19（c）所示。由图可知，外部接地短路时零序电流差动继电器的差流 $3\dot{I}_{d.0}$ 为

$$3\dot{I}_{d.0}=\frac{3\dot{I}_{0.H}-3\dot{I}_{0.M}+3\dot{I}_{0.NH}-3\dot{I}_{0.NM}}{n_{TA}}<I_{0.set} \tag{8-25}$$

式中：n_{TA}为电流互感器变比。

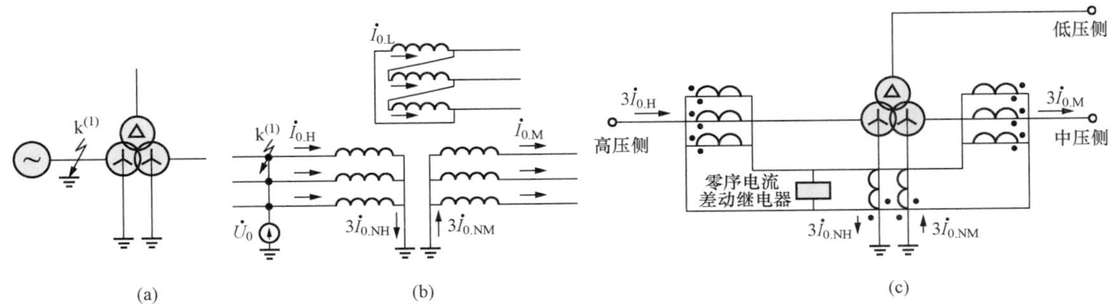

图 8-19 三绕组变压器的零序电流差动保护

（a）外部单相接地示意图；（b）外部单相接地的零序电流的实际分布；（c）零序电流差动保护原理接线图

零序电流差动保护要求各个电流互感器具有相同变比 n_{TA}。当变比不等时，必须采取相应的电流平衡调整方法以消除不平衡电流。由图分析可知，变压器正常运行或区外故障时流入零序电流差动继电器的差流为零；而当变压器内部接地故障时，零序差流为折算到电流互感器二次侧、从变压器各端和接地线流入变压器的零序电流之和，读者可自行分析。

超高压系统中大容量自耦变压器得到广泛应用，自耦变压器的高压绕组和中压绕组具有电气上的联系和共同的接地中性点。关于自耦变压器的零序电流差动保护的原理接线请见本章第四节。

变压器星形接线侧绕组的单相匝间短路故障可以等效为短路匝数相同的绕组某位置对中性点的短路故障，即单相接地故障。因此，零序电流差动保护可以反应保护区内的单相接地故障和变压器星形绕组侧的单相匝间短路故障。

零序电流差动保护同样广泛采用比率制动特性，其整定原则应躲过正常运行或外部相间故障情况下的最大不平衡电流，具体计算方法与前文所述方法类似。值得注意的是，零序电流差动保护的保护范围只包含有电路连接的变压器绕组部分，不包含无电路连接的由铁芯磁路耦合的其他绕组。当变压器空载合闸时，励磁涌流中的零序分量对零序电流差动保护而言，纯属穿越性电流。因此，零序纵差动保护不受励磁涌流的影响，灵敏度较高。

由于在正常运行状态下零序电流为零，零序电流差动保护的各电流互感器极性的试验检查不易实现，故投运零序电流差动保护时应加以注意[12]。

第三节　变压器相间短路的后备保护

为反映变压器外部相间短路故障引起的过电流以及作为纵联差动保护和瓦斯保护的后备保护，变压器应装设反映相间短路故障的后备保护。根据变压器容量和保护灵敏度要求，后备保护的实现方式有过电流保护、低电压起动的过电流保护、复合电压起动的过电流保护、负序过电流保护以及阻抗保护等。

一、变压器的过电流保护

该保护装置的原理接线如图 8-20 所示，其工作原理与线路定时限过电流保护相同。保护动作后，应跳开变压器两侧的断路器。

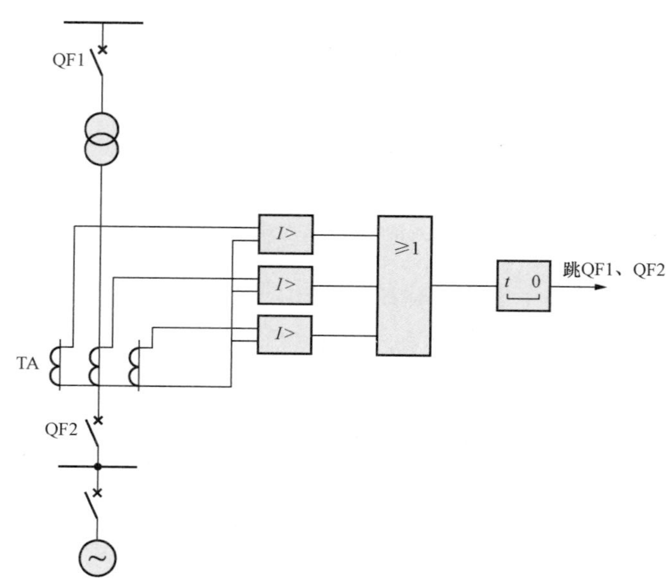

图 8-20　变压器过电流保护装置的原理接线图

保护装置的起动电流整定值应按照躲过变压器可能出现的最大负荷电流 $I_{L.max}$ 来整定，即

$$I_{set}=\frac{K_{rel}}{K_{re}}I_{L.max} \tag{8-26}$$

式中：K_{rel} 为可靠系数，一般取 1.2～1.3；K_{re} 为返回系数，其值小于 1，一般取 0.85～0.95，对于微机保护而言，该值可取得较大一些。

最大负荷电流 $I_{L.max}$ 的取值具体应考虑以下几点。

（1）对并列运行的变压器，应考虑突然切除一台时由于负荷转移而出现的过负荷，当各台变压器容量相同时可计算为

$$I_{L.max}=\frac{n}{n-1}I_{NT} \tag{8-27}$$

式中：n 为并列运行变压器的最少台数；I_{NT} 为每台变压器的额定电流。

（2）对降压变压器，应考虑低压侧负荷电动机自起动时的最大电流，可计算为

$$I_{L.max} = K_{MS} I_{NT} \tag{8-28}$$

式中：K_{MS}为电动机自起动系数，其值与负荷的性质及其与电源间的电气距离有关，应视保护范围内是否接有大型电动机负荷，负荷电动机的台数、型式，有多少电动机装设有低电压保护，不参加自起动以及动力负荷占总负荷的比重等具体情况而定。

保护装置动作时限的选择以及灵敏系数的校验与线路定时限过电流保护相同，不再赘述。按以上条件选择的动作电流，其值一般较大，往往不能满足作为相邻元件后备保护的要求，为此需要采取低电压起动或复合电压起动等措施以提高其灵敏性。

二、低电压起动的过电流保护

低电压起动的过电流保护装置的原理接线如图 8-21 所示，只有当电流元件和电压元件都动作后，才能起动时间继电器，经过预定的延时后，起动出口中间继电器动作于跳闸。

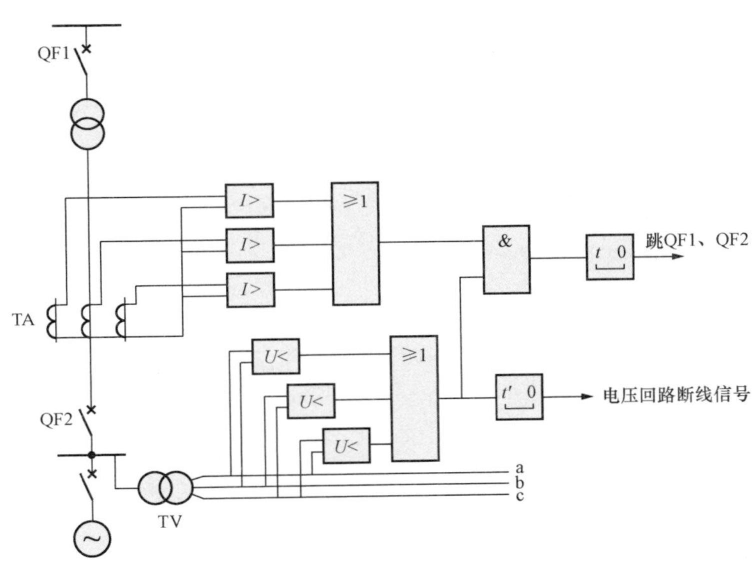

图 8-21　低电压起动过电流保护装置的原理接线图

低电压元件的作用是保证在上述一台变压器突然切除或电动机自起动时不动作，因而电流元件的整定值就可以不再考虑由于各种原因可能出现的最大过负荷电流，而是按大于变压器的额定电流整定，即

$$I_{set} = \frac{K_{rel}}{K_{re}} I_{NT} \tag{8-29}$$

其中可靠系数 K_{rel}和返回系数 K_{re}的取值与式（8-26）相同。

低电压元件的起动值应小于在正常运行情况下母线上可能出现的最低工作电压，同时，外部故障切除后，电动机自起动的过程中它必须返回。根据运行经验，U_{set}通常采用计算式为

$$U_{set} = 0.7U_{NT} \tag{8-30}$$

式中：U_{set}为低电压继电器的线电压定值；U_{NT}为变压器额定线电压。

某些特定情况下低电压定值可能取得更低，如对于发电厂的升压变压器，当低压继电器由发电机侧电压互感器供电时，还应躲过发电机失磁运行时出现的低电压（详见第九章分析）；另一种情况，当低压元件安装于变压器低压侧时，电动机自起动时或电机堵转时可能使得变压器低压侧母线电压有较大降落。在上述情况下，低电压元件的起动值可取为

$$U_{set} = (0.5 \sim 0.6)U_{NT} \tag{8-31}$$

对电流继电器灵敏度的校验方法与不带低电压起动的过电流保护相同。低电压元件灵敏系数的校验为

$$K_{sen} = \frac{U_{set}}{U_{k.max}} \tag{8-32}$$

式中：$U_{k.max}$为在最大运行方式下，相邻元件末端三相金属性短路时保护安装处的最大线电压。

对 Yd 接线的变压器，如果低电压元件只接于某一侧的电压互感器上，则当另一侧故障时，往往不能满足灵敏系数的要求。此时可考虑在变压器各侧电压互感器上装设低电压继电器，其接点采用并联的连接方式。

当电压互感器回路发生断线时，低电压继电器将误动作。因过电流继电器不会动作，保护不会误动，但应及时处理。因此，低电压闭锁的过电流保护应该在电压回路断线的情况下发出信号，由运行人员加以处理。

三、复合电压起动的过电流保护

这种保护是低电压起动过电流保护的发展，其原理接线如图 8-22 所示。它将原来的三个低电压继电器改由一个负序过电压继电器，与一个接于线电压上的低电压继电器组成。

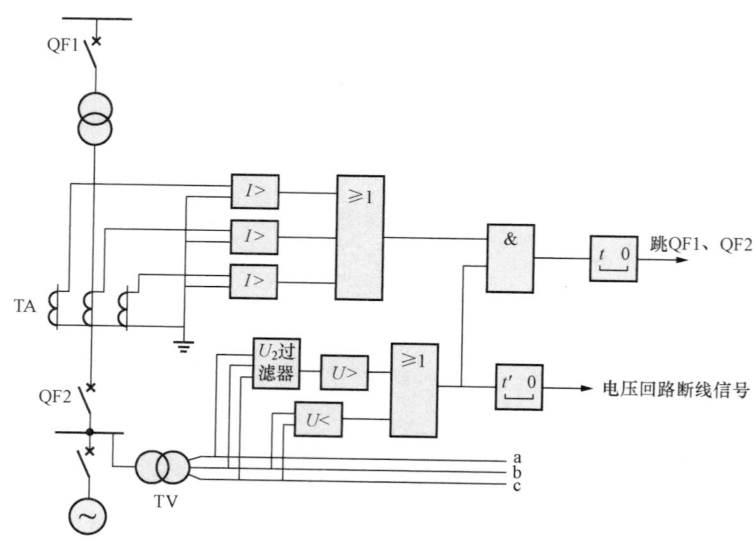

图 8-22　复合电压起动的过电流保护原理接线图

当发生各种不对称短路时由于出现负序电压，负序过电压继电器一定动作，与过电流继电器配合可作为不对称故障的保护；当发生三相短路时，可由低电压继电器与过电流继电器配合，作为三相短路故障的保护。

保护装置中过电流元件和相间低电压元件的整定原则与低电压起动过电流保护相同。负序电压元件的起动电压按躲过正常运行方式下负序过滤器出现的最大不平衡负序电压来整定，根据运行经验，其起动电压 $U_{2.set}$ 可取为

$$U_{2.set}=(0.06\sim 0.12)U_{NT} \tag{8-33}$$

与低电压起动的过电流保护相比，复合电压起动的过电流保护具有以下优点。

（1）由于负序电压继电器的整定值小，在不对称短路时电压元件的灵敏系数高。

（2）当变压器另一侧发生不对称短路时，负序电压元件的工作情况与变压器采用的接线方式无关。

在微机变压器保护中，实现负序电压的计算与判定都更为简单，因此，对于大容量变压器复合电压起动的过电流保护已代替了低电压起动的过电流保护，而得到广泛的应用。

四、负序过电流保护和阻抗保护的应用

对于大容量的变压器和发电机组，由于其额定电流很大，而在相邻元件末端两相短路时的短路电流可能较小，因此采用复合电压起动的过电流保护可能不能满足作为相邻元件后备保护时对灵敏系数的要求，在这种情况下应采用负序过电流保护，以提高不对称短路时的灵敏性。与复合电压起动的过电流保护相比，负序电流保护无须引入负序电压，自身具有更高的灵敏度。负序过电流保护原理将在发电机保护中讨论。

当电流、电压保护不能满足灵敏度要求或网络保护互相配合的要求时，变压器相间故障后备保护可采用阻抗保护。阻抗保护通常应用在超、特高压系统的大型升压变压器、联络变压器以及大容量降压变压器上，作为变压器引线、母线、相邻线路相间故障的后备保护。阻抗特性通常采用全阻抗或偏移圆特性。

变压器相间短路后备保护的配置原则为：对于单侧电源的变压器，后备保护装设在电源侧，作为纵差动保护、瓦斯保护的后备或相邻元件的后备；对于多侧电源的变压器，主电源侧后备保护应当作为纵差动保护和瓦斯保护的后备，且能对变压器各侧的故障满足灵敏度要求，动作后应按预定的顺序跳开各侧断路器；除主电源侧外，其他各侧后备保护只作为各侧母线和线路的后备保护，动作后跳开本侧断路器。

第四节　变压器接地短路故障的后备保护

变压器高压侧接于中性点直接接地系统时，一般要求在变压器高压侧装设接地保护，作为变压器高压绕组和相邻元件接地故障的后备保护。

一、中性点直接接地运行的变压器的接地保护

中性点直接接地运行的变压器应装设零序电流保护作为变压器接地后备保护，零序电流一般取自变压器中性点引出线上的零序电流互感器。以双绕组变压器为例，如图 8-23 所示，配置两段式零序过电流保护。以尽量减小切除故障后的影响范围为原则，每段零序电流保护各带两级时限，并均以较短的时限（$t_{0\mathrm{I}1}$、$t_{0\mathrm{II}1}$）断开母线联络断路器或分段断路器，以缩小故障影响范围；以较长的时限（$t_{0\mathrm{I}2}$、$t_{0\mathrm{II}2}$）有选择性的动作于断开变压器各侧断路器。

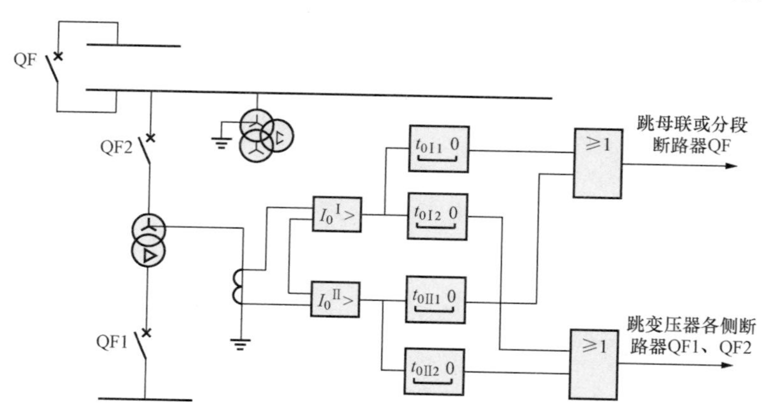

图 8-23　中性点直接接地运行变压器的零序电流保护原理接线图

变压器接地零序电流保护作为后备保护，零序电流的Ⅰ、Ⅱ段分别与下级相邻元件（一般是相邻的线路）的接地零序电流Ⅰ段和零序过电流保护的后备段在灵敏度和动作时间上相配合，可整定为

$$I_{0.\mathrm{set}} = K_{\mathrm{rel}} C_{0\mathrm{I}} I_{0.\mathrm{set}.1} \tag{8-34}$$

式中：$I_{0.\mathrm{set}}$为Ⅰ段（或Ⅱ段）零序电流保护整定电流；K_{rel}为可靠系数，可取 1.1～1.2；$C_{0\mathrm{I}}$为零序电流分支系数，其值等于相邻元件零序电流Ⅰ段（或后备段）保护范围末端发生接地短路时，流过本保护的零序电流与流过被配合的下级相邻元件的零序电流之比，取各种运行方式的最大值；$I_{0.\mathrm{set}.1}$为与之相配合的下级相邻元件零序电流Ⅰ段（或后备段）的动作电流。

零序电流保护Ⅰ段的较短动作时限 $t_{0\mathrm{I}1}=t_0+\Delta t$（$t_0$ 为下级相邻元件零序电流保护被配合段的动作时间），Ⅰ段的较长动作时限 $t_{0\mathrm{I}2}=t_{0\mathrm{I}1}+\Delta t$；零序电流保护Ⅱ段的较短动作时限 $t_{0\mathrm{II}1}=t_{0.\mathrm{max}}+\Delta t$（$t_{0.\mathrm{max}}$为下级相邻元件零序电流保护被配合段的动作时间的最大值），Ⅱ段的较长动作时限 $t_{0\mathrm{II}2}=t_{0\mathrm{II}1}+\Delta t$。

对于高、中压侧中性点均直接接地的自耦变压器和三绕组变压器，为保证保护的选择性要求，应当在高、中压侧均装设两段式零序电流保护的基础上分别增设零序功率方向元件，方向指向本侧母线，即分别作为变压器高、中压侧绕组和相邻元件接地故障的后备保护。需要说明的是，自耦变压器的零序电流保护不能取自中性线上的电流互感器，因流过中性线上的零序电流与两侧系统的阻抗有关，其值是不确定的。

另外，零序电流保护的零序电流也可由三相套管式电流互感器的中性线上取得。此时应增设零序功率方向元件。当零序电流保护作为变压器的接地故障后备保护时，方向指向变压器；当其作为相邻线路的接地后备保护时，方向指向相邻线路。

二、中性点可能接地或不接地运行的变压器的接地保护

当变电站有两台及以上的变压器并列运行时，为了尽量保持零序网络的阻抗和零序电流的分布不变，从而保证零序保护的灵敏度不变、并且限制短路电流水平，以及防止系统失去接地中性点等原因，通常仅将一部分变压器中性点接地运行，而另一部分变压器中性点不接地运行。对于这种情况应配置两种接地保护：一种接地保护用于中性点接地运行的变压器，通常采用两段式零序电流保护，其整定方法等与前文所述内容相同；另一种接地保护用于中性点不接地运行的变压器，这种保护的配置、整定等问题与变压器中性点绝缘水平、过电压保护方式以及并联运行的变压器台数有关。

1. 中性点全绝缘的变压器

全绝缘变压器中性点附近绕组的绝缘水平和绕组端部的绝缘水平相同，当系统中有其他变压器中性点接地时，这种变压器中性点可以不接地运行，但在需要时，也可改为中性点直接接地运行。这种变压器应装设零序电流保护作为中性点接地运行时的接地保护，还应装设零序电压保护（零序电压取自电压互感器二次侧的开口三角绕组），作为变压器中性点不接地运行时的接地保护。

以图 8-24 中一段母线带有两台变压器的典型变电站为例说明保护的工作情况。当发生接地故障时，先由中性点接地运行的变压器的零序电流保护动作于断开母联断路器和切除中性点接地运行的变压器，其工作原理与图 8-23 相同。而零序电压保护作为中性点不接地运行时的接地保护，即若故障仍然存在，再由零序电压保护切除中性点不接地运行的变压器。因此，中性点可能接地或不接地运行的全绝缘变压器接地保护原理接线如图 8-24 所示。

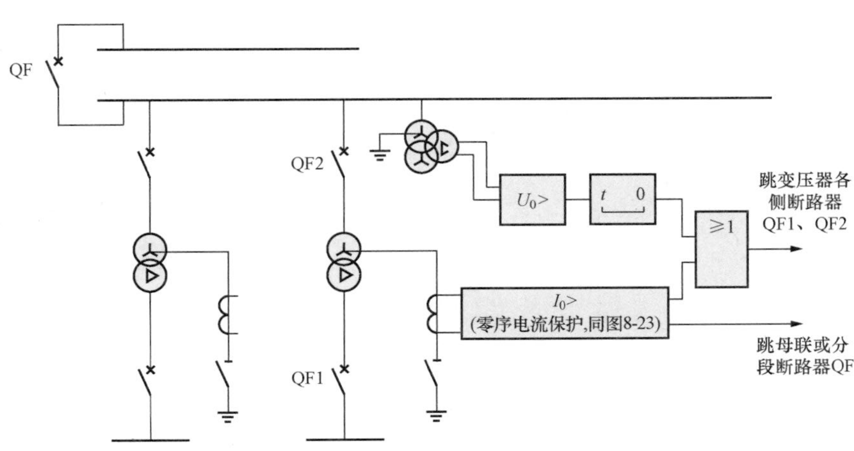

图 8-24　中性点可能接地或不接地运行的全绝缘变压器接地保护原理接线图

零序电压保护的整定值应躲过在部分中性点接地的电网中发生接地故障时，保护安装处可能出现的最大零序电压，即存在中性点接地运行的情况下发生接地故障，零序电压保护不会动作；同时，考虑到中性点直接接地系统在失去接地中性点时，零序电压保护能够灵敏动作，一般零序电压的整定值取 $3U_{0.set}=180V$。在电网发生单相接地，中性点接地的变压器已全部断开的情况下，零序过电压保护不需要再与其他接地保护相配合，因此其动作时间只需躲过暂态过电压的时间，一般可取 0.3～0.5s。

2. 分级绝缘且中性点装设放电间隙的变压器

为了降低变压器造价，高压、超高压等级的大型变压器高压绕组往往采用分级绝缘方式。分级绝缘的变压器中性点可直接接地，也可经间隙接地。所谓经间隙接地是指在变压器中性点与地线之间装设放电间隙，当发生接地故障造成中性点电压过高时放电间隙击穿，形成中性点对地短路，从而保证变压器绝缘不受损坏。

当变电站内多台分级绝缘变压器并列运行时，可能同时存在接地和经间隙接地两种运行方式。为此，应装设零序电流保护作为变压器中性点直接接地运行时的接地保护，还应装设零序电压保护，其工作原理与图 8-23 相同。另外，对于中性点经间隙接地的变压器，为避免间隙放电时间过长，应装设反应间隙放电电流的间隙零序电流保护。因为正常情况下放电间隙回路无电流，所以允许保护有较低的零序电流动作值。但是间隙放电电流大小与变压器零序阻抗、放电电弧电阻等因素有关，难以准确计算。一般根据经验，间隙零序电流保护的一次动作电流取为 100A[13]。然而，放电间隙是一种较粗糙设施，因其放电电压受气象条件、调整精度以及连续放电次数的影响可能出现该动作而不能动作的情况。为此还应装设零序电压保护，作为放电间隙拒动时的后备保护，其整定值与全绝缘变压器的零序电压保护相同。

如图 8-25 所示，中性点有放电间隙的分级绝缘变压器接地保护采用间隙零序电流保护和零序电压保护并联构成，并带有 0.3s 的短延时，以躲过暂态过电压的影响，动作于断开变压器各侧断路器。

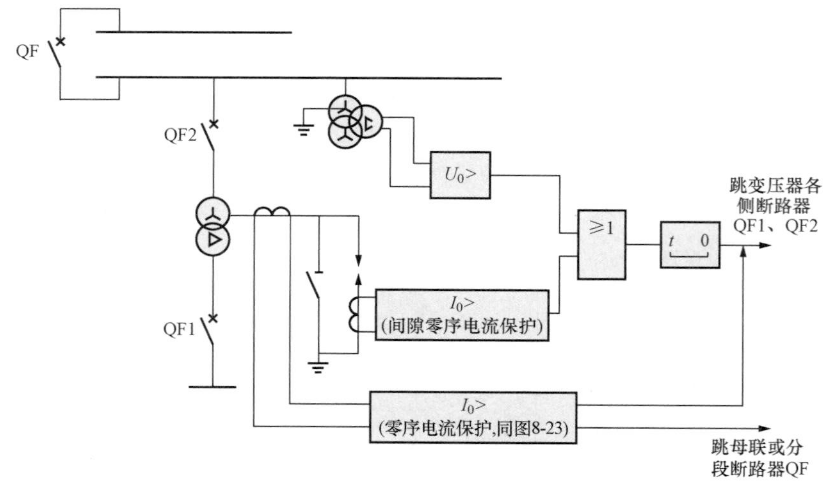

图 8-25 中性点有放电间隙的分级绝缘变压器接地保护原理接线图

三、自耦变压器零序电流保护的特点

随着高压、超高压电网和大容量机组的发展，对大容量电力变压器的需求也日益增多。合理地采用自耦变压器对减少投资、降低损耗、节省能源、提高经济效益都极为有利。我国超高压电力系统中广泛采用了自耦变压器。

自耦变压器保护与普通变压器保护相比，其纵联差动保护和相间后备保护等都相同。但由于自耦变压器的高压绕组和中压绕组具有电气上的联系和共同的接地中性点，并要求直接接地，因此自耦变压器的零序电流保护存在一些特点。

在接地短路时，自耦变压器中零序电流的分布可利用图 8-26（a）所示系统来说明。当高压侧 k 点发生单相接地时，自耦变压器的三相零序电流分布以及整个系统的零序等效网络分别如图 8-26（b）、（c）所示，自耦变压器高、中、低压侧分别表示为 A、B、C 侧。

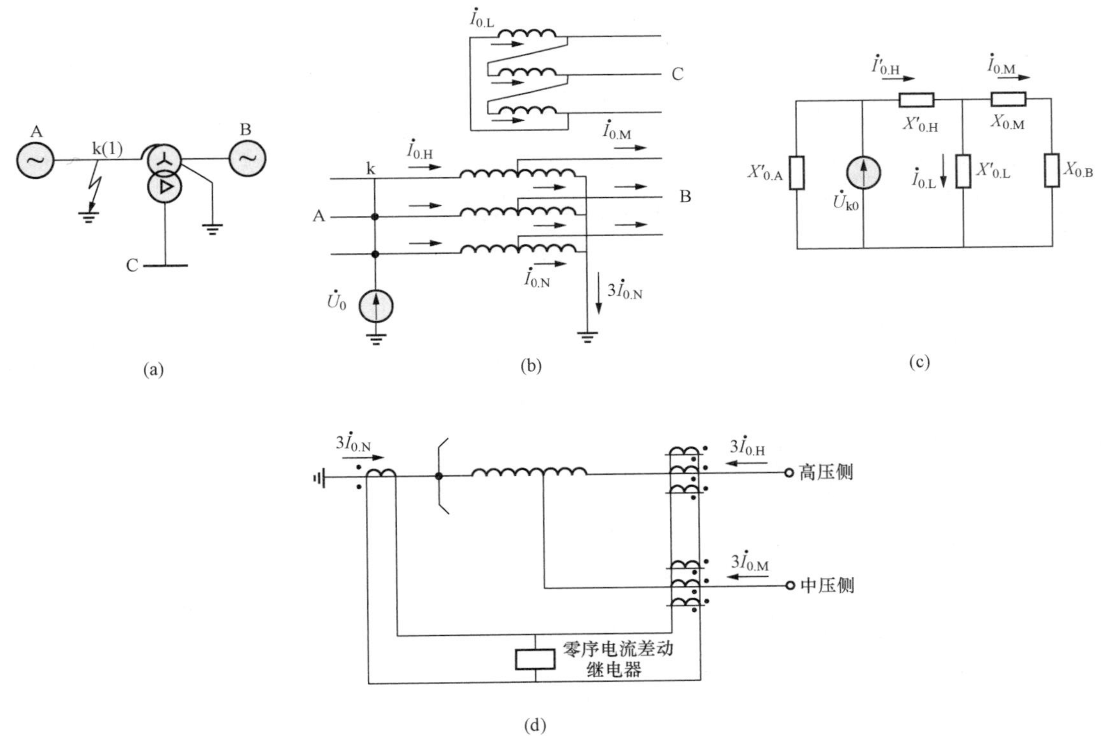

图 8-26　自耦变压器的零序电流保护特点

（a）网络图；（b）自耦变压器三相零序电流分布；（c）零序等效网络；（d）零序电流差动保护原理接线

图 8-26（b）中，$\dot{I}_{0.H}$、$\dot{I}_{0.M}$ 分别为自耦变压器高、中压侧零序电流，$\dot{I}_{0.L}$ 为在自耦变压器接成△的低压绕组中环流的零序电流。$\dot{I}_{0.N}$ 为流过自耦变压器公共绕组上的零序电流，$3\dot{I}_{0.N}$ 为流过自耦变压器接地中性线的电流，可得

$$3\dot{I}_{0.N} = 3(\dot{I}_{0.H} - \dot{I}_{0.M}) \tag{8-35}$$

图 8-26（c）中，$X'_{0.A}$、$X_{0.B}$分别为折算到自耦变压器中压侧的系统 A、B 的零序电抗；$X'_{0.H}$、$X_{0.M}$、$X'_{0.L}$分别为折算到自耦变压器中压侧的高、中、低压侧等值零序电抗。$\dot{I}'_{0.H}$、$\dot{I}'_{0.L}$ 分别为折算至自耦变压器中压侧的高压侧零序电流和低压绕组中的零序电流。公共绕组的电流未在图中示出。由图 8-26（c）可求得

$$\dot{I}_{0.M} = \dot{I}'_{0.H}\frac{X'_{0.L}}{X'_{0.L} + X_{0.M} + X_{0.B}} = \dot{I}_{0.H}\cdot n_{Hm}\cdot\frac{X'_{0.L}}{X'_{0.L} + X_{0.M} + X_{0.B}} \tag{8-36}$$

式中：n_{Hm}为自耦变压器高、中压侧之间的变比。

将式（8-36）代入式（8-35）可得

$$3\dot{I}_{0.N} = 3\dot{I}_{0.H}\left[\frac{X_{0.M} + X_{0.B} - X'_{0.L}(n_{Hm} - 1)}{X'_{0.L} + X_{0.M} + X_{0.B}}\right] \tag{8-37}$$

由式（8-37）可以看出，当自耦变压器高压侧接地短路时，中性线电流 $3\dot{I}_{0.N}$ 的大小将随中压侧系统（B 侧）的零序阻抗 $X_{0.B}$的变化而改变。当 $X_{0.M} + X_{0.B} = X'_{0.L}(n_{Hm} - 1)$ 时，$3\dot{I}_{0.N} = 0$，即中性线零序电流为零；当电抗参数由 $X_{0.M} + X_{0.B} < X'_{0.L}(n_{Hm} - 1)$ 变为 $X_{0.M} + X_{0.B} > X'_{0.L}(n_{Hm} - 1)$ 时，中性线电流 $3\dot{I}_{0.N}$ 的相位变化 180°。

以上分析表明，自耦变压器中性点回路的零序电流大小和流向都随电网的运行方式和短路点位置有较大变化。因此，自耦变压器高压侧和中压侧零序电流保护不能取用接地中性点回路电流，而应取用高压侧和中压侧套管电流互感器中性线上的零序电流，以保证可靠的动作。如果作为相邻元件的接地后备保护，为了满足选择性的要求，高、中压侧零序过电流保护应设置零序方向元件，动作方向由变压器指向该侧母线，即指向本侧系统，其零序电流的整定计算原则与式（8-34）相同。

以上介绍的是自耦变压器的零序电流保护。除此之外，由于自耦变压器的高压绕组和中压绕组具有共同的接地中性点，因此其零序电流差流回路由自耦变压器中性线上的零序电流互感器滤出的零序电流与变压器高、中压侧三相电流互感器中性线滤出的零序电流进行差动而构成，其原理接线及正方向定义如图 8-26（d）所示。

第五节　变压器的其他保护

一、变压器的过励磁保护

变压器的感应电动势表达式为

$$E = 4.44fNSB\times 10^{-8} \tag{8-38}$$

式中：E 为公共磁通感应的电动势，V；f 为频率，Hz；N 为绕组匝数；S 为铁芯截面积，

m^2；B 为磁通密度（磁感应强度），T。

当不计绕组漏阻抗上的压降时，可认为 $E \approx U$，于是磁通密度 B 可写成

$$B = \frac{10^8}{4.44NS} \frac{U}{f} = K \frac{U}{f} \tag{8-39}$$

对于给定的变压器，K 为一常数，$K = \frac{10^8}{4.44NS}$。

由式（8-39）可以看出，电压升高或频率下降都会使得磁通密度 B 增加，使变压器励磁电流增加，特别是在铁心饱和之后，励磁电流要急剧增大，造成变压器过励磁。变压器过励磁会使铁芯损耗增加，铁芯温度升高；同时还会使漏磁通增多，使靠近铁芯的绕组导线、油箱壁和其他金属构件产生涡流损耗，发热并引起高温，严重时要造成局部变形和损伤周围的绝缘介质。尤其对于现代大型电力变压器，为节省材料并减小重量其额定磁通密度 B_N 与饱和磁通密度 B_S 相差无几，应该装设过励磁保护。另外，变压器过励磁会导致纵联差动保护不平衡电流增大，鉴于过励磁情况下励磁电流含有较大的五次谐波，因此，对于有可能产生过励磁的大型变压器，通常还应增设五次谐波制动用以预防纵联差动保护在过励磁情况下的误动。

变压器过励磁倍数可以表示为

$$n = \frac{B}{B_N} = \frac{U}{U_N} \frac{f_N}{f} = \frac{U_*}{f_*} \tag{8-40}$$

式中：B_N 为额定磁感应强度；U_N 为变压器额定电压；f_N 为系统额定频率；U_*、f_* 分别为变压器电压 U 与系统频率 f 的标幺值。

变压器有一定的过励磁能力，过励磁倍数越高时允许持续的时间越短，即过励磁倍数与允许时间具有反时限特性。图 8-27 中的实线 1 表示出了某种变压器允许的过励磁能力曲线。

对于模拟式继电保护，一种反应电压和频率比值（U/f）的继电器构成的过励磁保护得到较广泛应用。对于微机保护，可方便地按式（8-40）计算得到变压器的过励磁倍数 n，从而构成变压器的过励磁保护。在整定变压器过励磁保护时，必须有变压器制造厂提供的变压器允许的过励磁能力曲线。通常变压器过励磁保护特性采用反时限特性，其特性曲线应与变压器允许的过励磁能力曲线相配合，即在曲线 1 之下，如图 8-27 中曲线 2 所示。

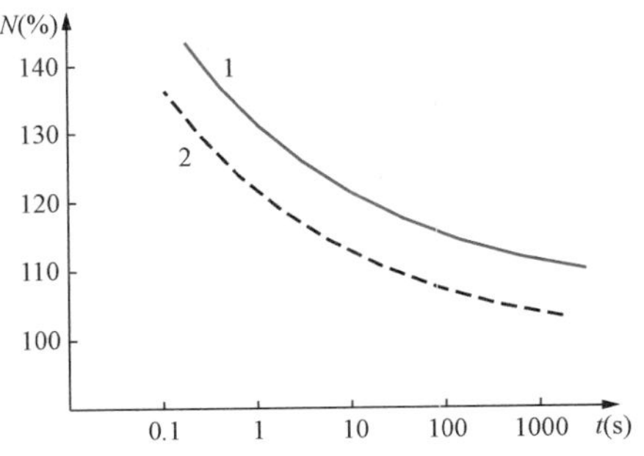

图 8-27　反时限变压器过励磁保护整定图例

1—制造厂给出的变压器允许过励磁能力曲线；

2—过励磁保护整定的动作特性曲线

二、变压器的瓦斯保护

瓦斯保护是反应变压器油箱内部气体和油流数量及流动速度而动作的保护。当变压器油箱内发生故障时，在故障电流和故障点电弧的作用下变压器油和绝缘材料因局部受热分解产

生气体，因为气体比油轻，这些气体将从油箱流向油枕上部。气体产生的多少和流速的大小与故障的程度有关。当故障严重时，油迅速膨胀和分解并产生大量气体，此时将有剧烈的气体夹杂着油流冲向油枕的上部。利用这一特点实现的气体保护装置称为瓦斯保护。瓦斯保护能反映变压器油箱内的各种短路故障，包括一些轻微的故障如绕组轻微的匝间短路、铁芯烧损等。容量在800kVA及以上的油浸式变压器和400kVA及以上的车间内油浸式变压器应装设瓦斯保护。同样，对带负荷调压的油浸式变压器的调压装置也应装设瓦斯保护。

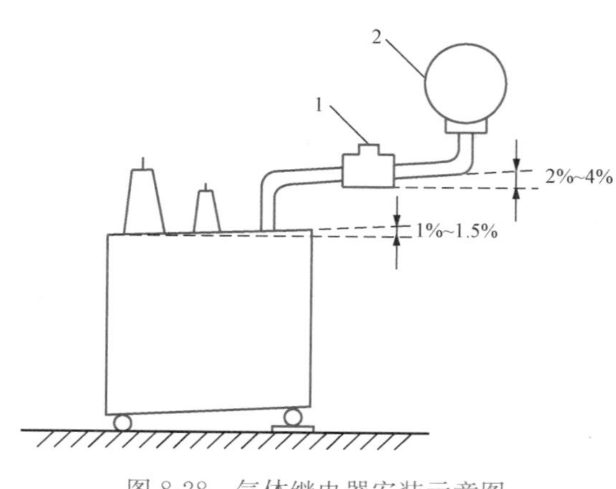

图 8-28　气体继电器安装示意图
1—气体继电器；2—油枕

气体继电器是构成瓦斯保护的主要元件，它安装在油箱与油枕之间的连接管道上，如图8-28所示，这样油箱内产生的气体必须通过气体继电器才能流向油枕。为了不妨碍气体的流通，变压器安装时应使顶盖沿气体继电器的方向与水平面具有1%～1.5%的升高坡度，通往继电器的连接管具有2%～4%的升高坡度。

瓦斯保护有重、轻之分，一般重瓦斯保护动作于跳开变压器各电源侧的断路器，轻瓦斯保护动作于信号。瓦斯保护装置二次原理接线图如图8-29所示。气体继电器KG的接点KG.1为重瓦斯触点，动作于跳闸；接点KG.2为轻瓦斯接点，动作于信号。

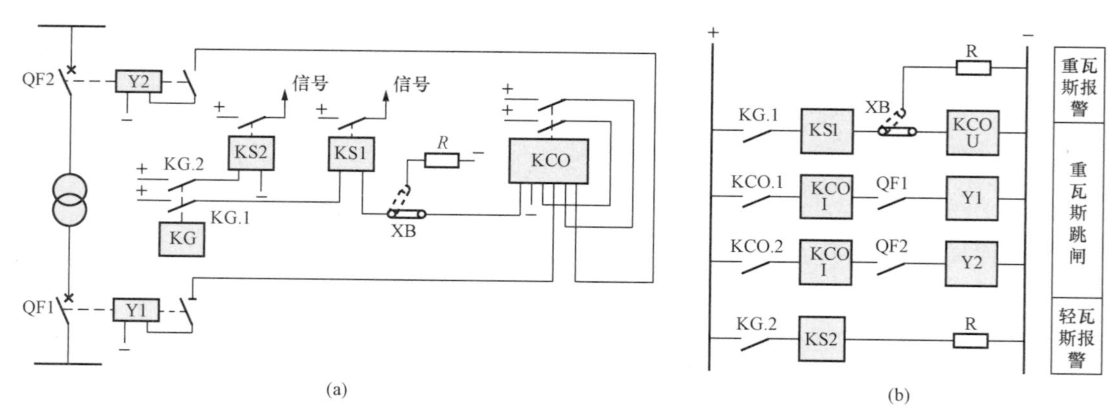

图 8-29　瓦斯保护的二次原理图
（a）原理接线图；（b）直流二次回路展开图

当变压器油箱内部发生严重故障时，由于油流的不稳定可能造成干簧继电器接点的抖动，此时为使断路器可靠跳闸，接点KG.1闭合后应经信号继电器KS1起动具有电流自保持线圈的出口中间继电器KCO，其动合接点KCO.1和KCO.2闭合并由其电流自保持线圈保持闭合状态，于是变压器两侧断路器的跳闸线圈Y1、Y2接通，即可靠跳开变压器两侧断路

器 QF1、QF2。两侧断路器跳闸后由回路中断路器辅助接点 QF1、QF2 来自动解除出口回路的自保持。此外，为防止变压器换油或进行试验时引起重瓦斯保护误动作跳闸，可利用切换片 XB 将跳闸回路切换到信号回路。应注意气体继电器到控制室的距离很长，其二次控制电缆的对地分布电容电流很大，可能引起保护误动，故其执行元件 KS1、KS2 与 KCO 应采用动作功率较大的继电器[10]。

瓦斯保护的主要优点是动作迅速、灵敏度高、安装接线简单、能反应油箱内部发生的各种故障，包括变压器绕组轻微的匝间短路和局部放电等。其缺点则是不能反应油箱以外的套管及引出线等部位上发生的故障。因此瓦斯保护可作为变压器的主保护之一，与纵差动保护相互配合、相互补充，实现快速而灵敏地切除变压器油箱内外及引出线上发生的各种故障。

复习思考题

1. 变压器的保护配置中包括哪些原理的保护？

2. 变压器差动保护的基本原理？YNd11 接线的变压器差动保护接线是怎样的？

3. 影响变压器差动保护的不平衡电流大小的因素有哪些？相应地有哪些减小不平衡电流的具体措施？

4. 变压器励磁涌流产生的原因是什么？影响变压器励磁涌流大小的因素有哪些？

5. 单相、三相变压器励磁涌流的特征有哪些异同？识别励磁涌流的方法有哪些？有哪些方法可用来识别励磁涌流？

6. 掌握变压器微机比率制动特性的差动保护的整定计算方法。

7. 变压器相间短路的后备保护原理有哪些？并掌握变压器复合电压闭锁的过电流保护整定原则及方法。

8. 变压器中性点接地方式不同时接地保护是怎样配置的？

9. 自耦变压器零序电流保护的特点是什么？

主 要 参 考 文 献

[1] 贺家李，宋从矩. 电力系统继电保护原理. 增订版. 北京：中国电力出版社，2004.

[2] 王维俭. 电气主设备继电保护原理与应用. 2 版. 北京：中国电力出版社，2002.

[3] 许正亚. 变压器及中低压网络数字式保护. 北京：中国电力出版社，2003.

[4] 李斌，马超，商汉军，等. 内桥接线主变压器差动保护误动原因分析. 电力系统自动化，2009，33（1）：43-46.

[5] 王祖光. 间断角原理的变压器差动保护. 电力系统自动化，1979，3（1）：18-30.

[6] 苗友忠，贺家李，孙雅明. 变压器波形对称原理差动保护不对称度 K 的分析和整定. 电力系统自动化，2001，25（16）：26-29.

[7] 焦邵华，刘万顺．区分变压器励磁涌流和内部短路的积分型波形对称原理．中国电机工程学报，1999，19（8）：35-38.

[8] 陈德树，尹项根，张哲，等．虚拟三次谐波制动式变压器差动保护．中国电机工程学报，2001，21（8）：19-23.

[9] 林湘宁，刘沛，陈时杰．基于小波包变换的变压器励磁涌流识别新方法．中国电机工程学报，1999，19（8）：14-19，38.

[10] Sun P，Zhang J F，Zhang D J，Wu Q H. Morphological identification of transformer magnetizing inrush current. Electronics Letters，2002，38（9）：437-438.

[11] 国家电力调度通信中心．电力系统继电保护实用技术问答．北京：中国电力出版社，2000.

[12] 朱声石．高压电网继电保护原理与技术．3 版．北京：中国电力出版社，2005.

[13] 王梅义．高压电网继电保护运行与设计．北京：中国电力出版社，2007.

第九章　发电机的继电保护

第一节　发电机的故障、不正常运行状态和保护配置

一、发电机的故障和不正常运行状态

发电机的安全运行对保证电力系统的正常运行和电能质量起着决定性的作用，同时发电机本身也是一个十分贵重的电气元件，因此应该针对各种不同的故障和不正常运行状态装设性能完善的继电保护装置[1]。

1. 发电机的故障

发电机的故障类型主要有定子绕组相间短路、定子绕组一相同一支路和不同支路的匝间短路、定子绕组绝缘破坏引起的单相接地、转子绕组（励磁回路）一点和两点接地、发电机的低励磁（励磁电流低于静稳极限所对应的励磁电流）和失磁。

2. 发电机的不正常运行状态

发电机的不正常运行状态主要有由于外部短路引起的定子绕组过电流，由于负荷超过发电机额定容量而引起的三相对称过负荷，由于外部不对称短路或不对称负荷（如单相负荷，非全相运行等）而引起的发电机负序过电流和过负荷，由于突然甩负荷而引起的定子绕组过电压，由于励磁回路故障或强励时间过长而引起的转子绕组过负荷，由于汽轮机主汽门突然关闭而引起的发电机逆功率等。

二、发电机的保护配置

1. 完全纵联差动和不完全纵联差动保护

完全纵联差动和不完全纵联差动保护可防御发电机的定子绕组及其引出线的相间短路故障。

2. 完全横差动和不完全横差动保护

完全横差动和不完全横差动保护可作为定子绕组一相匝间短路的保护。只有当一相定子绕组有两个及以上并联分支而构成两个或两个以上中性点引出端时才能装设横差动保护。

3. 单相接地保护

对直接接于母线的发电机定子绕组单相接地故障，对于中小型机组当发电机电压网络的

接地电容电流大于或等于 5A 时（不考虑消弧线圈的补偿作用），应装设动作于跳闸的零序电流保护；当接地电容电流小于 5A 时，则装设作用于信号的单相接地保护。对于大型机组按运行规程和厂家规定设计（见表 9-1）。

对于发电机变压器组，一般在发电机电压侧装设作用于信号的单相接地保护；当发电机电压侧接地电容电流大于 5A 时，应装设消弧线圈。容量在 100MW 及以上的发电机，应装设保护区为 100%的定子接地保护。

4. 励磁回路接地保护

作为励磁回路接地故障保护，分为一点接地保护（作用于信号）和两点接地保护（作用于跳闸）两种。水轮发电机一般装设一点接地保护，动作于信号，而不装设两点接地保护；对于汽轮发电机，当检查出励磁回路一点接地后再投入两点接地保护。

5. 低励磁和失磁保护

作为防止大型发电机低励磁（励磁电流低于静稳极限所对应的励磁电流）或失去励磁（励磁电流为零）后，从系统中吸收大量无功功率而对系统产生不利影响，100MW 及以上容量的发电机都装设低励磁和失磁保护。

6. 过负荷保护

过负荷保护为发电机长时间超过额定负荷运行时作用于信号的保护。中小型发电机只装设定子过负荷保护；大型发电机应分别装设定子过负荷和励磁绕组过负荷保护。

7. 定子绕组过电流保护

当发电机纵联差动保护范围外发生短路，而短路元件的保护或断路器拒绝动作，为了可靠切除故障，则应装设反应外部短路的定子绕组过电流保护。这种保护兼作纵联差动保护的后备。一般都带有延时。

8. 定子绕组过电压保护

中小型汽轮发电机的危急保安器可用于防止由于机组转速升高而引起的过电压，因此中小型汽轮发电机通常不装设定子绕组过电压保护。

水轮发电机和大型汽轮发电机的调速系统和自动调整装置都是由惯性环节组成，动作缓慢，因此在突然甩去负荷时转速将超过额定值，这时机端电压大大超过额定电压。发电机出现的过电压可能危及定子绕组的绝缘，烧坏定子铁芯，同时也将使变压器励磁电流剧增，引起变压器的过励磁等。所以水轮发电机和大型汽轮发电机都应装设定子绕组过电压保护。

9. 负序电流保护

电力系统发生不对称短路或者三相负荷不对称（如电气机车、电弧炉等单相负荷的比重太大）时，发电机定子绕组中就有负序电流。该负序电流产生反向旋转磁场，相对于转子为两倍同步转速，因此在转子中出现 100Hz 的二倍频电流。它会使转子端部、护环内表面等电流密度很大的部位过热，造成转子的局部灼伤，因此应装设负序电流保护。

中小型发电机多装设负序定时限电流保护；大型发电机多装设负序反时限电流保护，其动

作时限完全由发电机转子对负序电流引起发热的承受能力决定，不考虑与系统保护配合。

10. 失步保护

大型发电机应装设反应系统振荡和失步过程的失步保护。中小型发电机不装设失步保护，当系统发生振荡时，由运行人员判断，根据情况用人工增加励磁电流、增加或减少原动机输出功率、局部解列等方法来处理。

11. 逆功率保护

当汽轮发电机主汽门误关闭，或机炉保护动作关闭主汽门而发电机出口断路器未跳闸时，发电机失去原动力变成电动机运行，从电力系统吸收有功功率。这种工况对发电机并无危险，但由于鼓风损失，汽轮机尾部叶片与蒸汽摩擦会使叶片过热，所以逆功率运行不能超过约 3min，故大型机组需装设逆功率保护。

第二节　发电机纵差动保护

一、比率制动式纵差动保护基本原理

纵差动保护是发电机内部相间短路故障的主保护。如图 9-1（a）所示为无制动特性的发电机纵联差动保护原理接线。它应能快速而灵敏地切除内部所发生的故障。同时，在正常运行及外部故障时，又应保证动作的选择性和工作的可靠性。满足这些要求是确定纵联差动保护整定值的原则。无制动特性的纵联差动保护整定电流要躲过电流互感器（TA）断线及外部故障时的最大不平衡电流整定，其值较高，保护灵敏度较低。这种保护一般用于中小型发电机，而对于 100MW 及以上的发电机，广泛采用具有比率制动特性的纵联差动保护。其原理接线如图 9-1（b）所示。

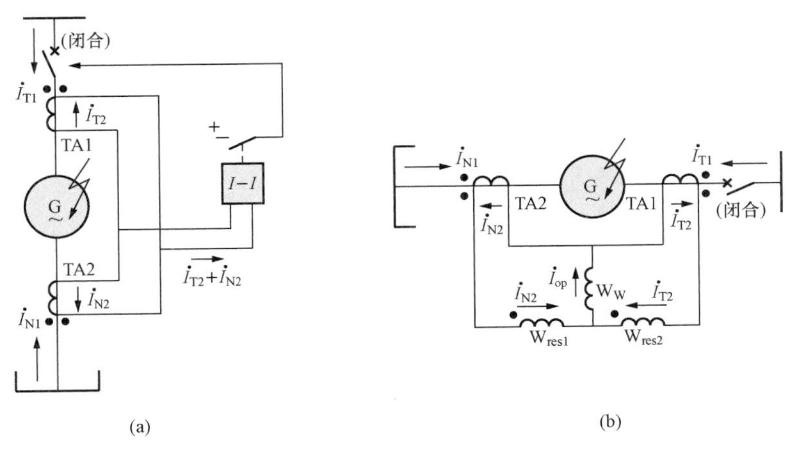

图 9-1　发电机纵联差动保护原理接线

（a）无制动特性；（b）比率制动特性

当纵联差动保护区外部发生短路故障时，按照图中所示极性关系可知，流入制动线圈 W_{res1}、W_{res2} 的两个电流矢量大小相等、方向相同，制动回路有输出；而流入工作线圈 W_W 的电流为零，差动回路无输出。因此，纵联差动保护不动作。

当纵联差动保护区内部发生短路故障时，如果流入制动线圈 W_{res1}、W_{res2} 的两侧短路电流矢量大小相等、方向相反，则两侧制动线圈的制动作用相抵消；而流入工作线圈 W_W 的电流为两侧电流之和，差动回路有输出；因此，纵联差动保护动作于跳闸。

当工作线圈匝数 N_W 与制动线圈匝数 N_{res1}、N_{res2} 的关系为 $N_{res1}=N_{res2}=N_W/2$ 时，保护的动作量 I_{op} 与制动量 I_{res} 分别为

$$I_{op}=\frac{|\dot{I}_{N1}+\dot{I}_{T1}|}{n_{TA}}=|\dot{I}_{N2}+\dot{I}_{T2}| \tag{9-1}$$

$$I_{res}=\frac{1}{2}\frac{|\dot{I}_{N1}-\dot{I}_{T1}|}{n_{TA}}=\frac{1}{2}|\dot{I}_{N2}-\dot{I}_{T2}| \tag{9-2}$$

式中：$\dot{I}_{N1}$、$\dot{I}_{T1}$ 分别为发电机两侧一次电流；$\dot{I}_{N2}$、$\dot{I}_{T2}$ 分别为二次电流；n_{TA} 为电流互感器的变比。

如果发电机纵联差动保护用 10P 级（P 代表继电器保护专用）电流互感器，在额定一次电流和额定二次负荷阻抗条件下的比误差为±3%。因此，纵差保护在正常负荷状态下的最大不平衡电流不大于 6%。但随着外部短路电流的增大和非周期暂态电流的影响，电流互感器饱和，不平衡电流将急剧增大，实际的不平衡电流与短路电流的关系曲线如图 9-2 中的曲线 OED 所示。因此，一般纵联差动保护采用二折线比率制动特性，如图 9-2 中的折线 ABC 所示。此折线表示使保护刚能起动的动作电流 I_{act} 随制动电流变化的曲线。

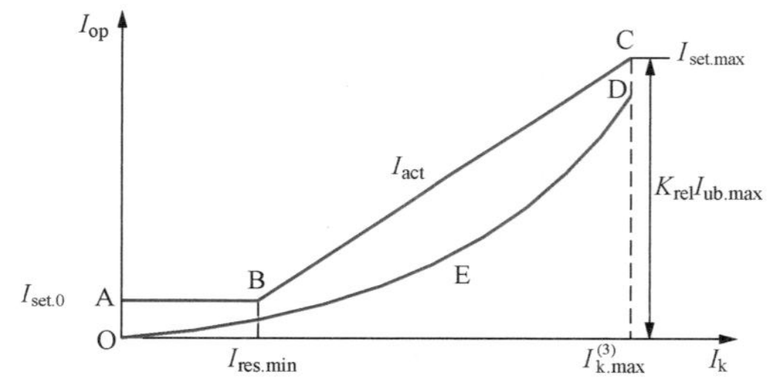

图 9-2　比率制动式差动保护的制动特性

考虑发电机在外部故障时，差动保护的最大不平衡电流（D 点的位置）由式（9-3）计算为

$$I_{unb.max}=\frac{K_{ap}K_{ss}K_{er}I_{k.max}^{(3)}}{n_{TA}} \tag{9-3}$$

式中：K_{ap} 为考虑非周期分量影响的系数，视继电器的类型不同，可取 1.5～2.0；K_{ss} 为电流互感器的同型系数，型号相同时可取为 $K_{ss}=0.5$；K_{er} 为电流互感器本身的比误差，可取为 10%；$I_{k.max}^{(3)}$ 为外部三相短路的最大短路电流。

二、比率制动特性的纵联差动保护整定

制动特性曲线有下述三个定值需要整定。

1. 差动保护的最小整定电流 $I_{set.0}$

差动保护的最小整定电流 $I_{set.0}$ 即为图 9-2 中比率制动特性的 A 点纵坐标，一般取

$$I_{set.0}=\frac{(0.1\sim0.3)I_{NG}}{n_{TA}} \tag{9-4}$$

式中：I_{NG}为发电机的额定电流。

2. 制动特性的拐点电流 $I_{res.min}$

制动特性的拐点电流 $I_{res.min}$即为图 9-2 中比率制动特性的 B 点横坐标，应取为约等于或小于额定电流，一般取

$$I_{res.min}=\frac{(0.8\sim1.0)I_{NG}}{n_{TA}} \tag{9-5}$$

3. 制动系数和折线斜率

最大制动系数 $K_{res.max}$和折线斜率 m 应按照最大外部短路电流情况下差动保护不误动的条件整定。先确定图 9-2 中比率制动特性的 C 点的位置，并计算得到最大制动系数 $K_{res.max}$。设 C 点对应的最大整定电流为 $I_{set.max}$，其值为

$$I_{set.max}=K_{rel}I_{unb.max}=\frac{K_{rel}K_{ap}K_{ss}K_{er}I_{k.max}^{(3)}}{n_{TA}} \tag{9-6}$$

由式（9-2）可知，按图 9-1（b）的接线，外部故障最大短路电流情况下的最大制动电流 $I_{res.max}=\frac{I_{k.max}^{(3)}}{n_{TA}}$。因此，可得对应 C 点的最大制动系数，即原点与 C 点连线的斜率 $K_{res.max}$为

$$K_{res.max}=\frac{I_{set.max}}{I_{res.max}}=K_{rel}K_{ap}K_{ss}K_{er},I_{res,max}=I_{k\cdot max}^{(3)} \tag{9-7}$$

一般制动系数 $K_{res}=0.2\sim0.4$，可考虑选择 $K_{res.max}\approx0.3$。K_{rel}为可靠系数，按规程规定选取。图 9-2 中比率制动特性 BC 段的斜率 m 为

$$m=\frac{I_{set.max}-I_{set.0}}{\left(\frac{I_{k.max}^{(3)}}{n_{TA}}\right)-I_{res.min}} \tag{9-8}$$

根据以上计算确定的比率制动特性折线 ABC 可确保在负荷状态和最大外部短路暂态过程中可靠不误动。

根据发电机内部短路时的最小短路电流 $I_{k.min}$，在动作特性折线上查得对应的动作电流 I_{act}，则灵敏系数为

$$K_{sen}=\frac{I_{k.min}}{I_{act}} \tag{9-9}$$

要求 $K_{sen}\geqslant2.0$。

三、发电机的不完全纵联差动保护

大容量发电机额定电流很大，定子绕组每相往往由两个（或更多个）并联的分支组成。在这种情况下还可构成不完全纵联差动保护，图 9-3 所示为发电机不完全纵联差动保护原理接线。图 9-3（a）为单相原理接线图，图 9-3（b）、（c）为三相原理接线。图 9-3（b）、（c）

的区别是所用的支路不同，作用一样。图中也画出了发电机—变压器组的不完全纵联差动保护接线，将在后面详述。

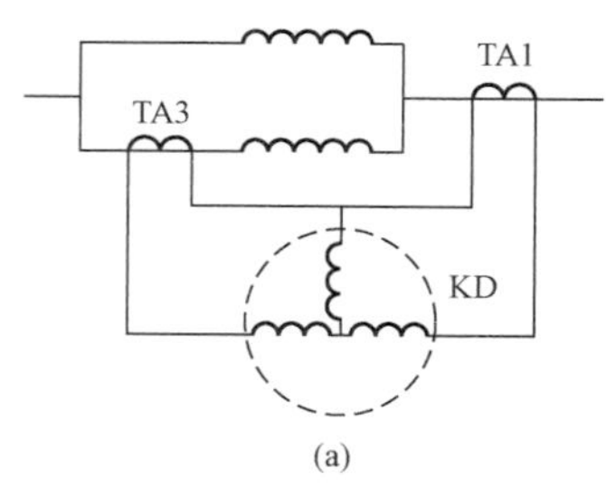

(a)

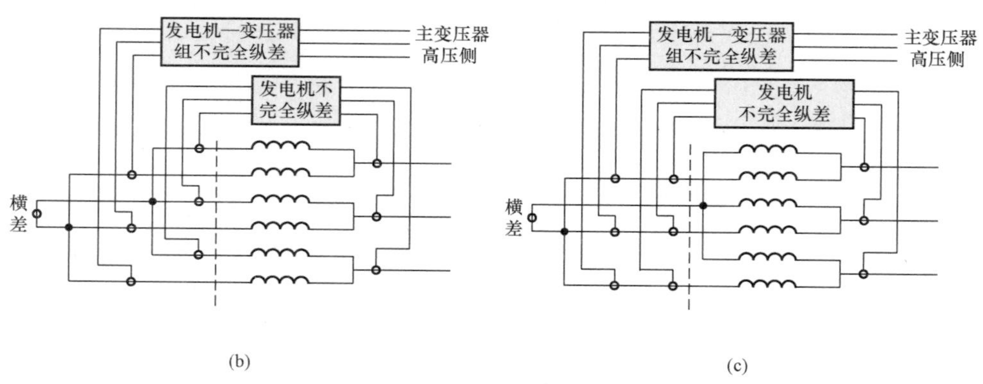

(b) (c)

图 9-3　发电机不完全纵联差动保护原理接线图

（a）单相原理接线图；（b）、（c）三相原理接线（小圆圈代表电流互感器）

图 9-3（a）中 KD 代表比率制动的差动继电器。TA1、TA3 分别为机端和定子绕组分支电流互感器，其中 TA1 的变比按$\frac{I_{NG}}{I_{2n}}$条件选择，TA3 的变比按$\frac{I_{NG}}{2}/I_{2n}$条件选择。I_{2n}为电流互感器的二次额定电流，是 5A 或 1A。对于并联分支数大于 2 的发电机也可按类似方法实现不完全纵联差动保护。对于微机保护，TA1、TA3 可取相同变比，由软件调平衡。

发电机不完全纵联差动保护与完全纵联差动保护可组成发电机相间短路的双重化主保护。而且，不完全纵联差动保护能对匝间短路及分支绕组的开焊故障提供保护。

第三节　发电机横差动保护

一、横差动保护基本原理

发电机的完全纵联差动保护的原理决定了它不能反应一相绕组的匝间短路故障。针对大容量发电机定子绕组每相由两个（或更多个）并联绕组的情况，可构成横差动匝间短路保护，如图9-4所示。

如图 9-4 所示，定子绕组每相有两个并联分支，每一分支装设电流互感器，一相两分支互感器二次绕组的异极性端相接，然后引至差动电流继电器。考虑以下三种情况。

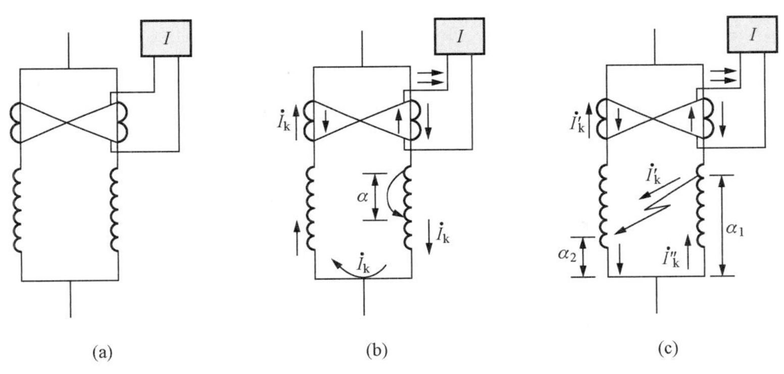

图 9-4　发电机横差动保护基本原理

（a）正常情况；（b）在某一绕组内部匝间短路；（c）在同相不同绕组匝间短路

（1）在正常情况下，图 9-4（a）中两个绕组中的电动势相等，各供出一半的负荷电流。

（2）在某一个绕组内部发生匝间短路，如图 9-4（b）所示。此时由于故障支路和非故障支路的电动势不相等，因此，有一个一次环流 I_k 产生，这时在差动回路中将流有电流 $I_d=\frac{2I_k}{n_{TA}}$。当此电流大于继电器的整定电流时，保护即可动作于跳闸。短路匝数 N 越多时，则环流越大，而当 N 较小时，保护就不能动作。

（3）在同相的两个绕组间发生匝间短路。如图 9-4（c）所示，当 $N_1 \neq N_2$ 时，由于两个支路的电动势差，将分别产生环流 I'_k 和 I''_k，此时流经差动继电器中的电流为 $I_d=\frac{2I'_k}{n_{TA}}$。当 N_1-N_2 之差值很小时，也将出现保护的死区。例如当 $N_1=N_2$ 时，即表示在电动势等位点上短路。此时实际上是没有环流的，即差动继电器无电流，保护不能动作。

由上述分析可知，利用反应定子绕组两个支路电流之差的原理，即可实现对发电机定子绕组匝间短路的保护，此即横差动保护。当发电机每相有四个以上并联分支时，可将所有支路分成两组，每组分支数相同，用两组分支电流之和构成横差动保护，称为裂相横差动保护。如果分支数为奇数，不能把所有支路包括在两组之内时，称为不完全裂相横差动保护。

二、单元件横差动保护和裂相横差动保护

1. 基本原理

（1）单元件横差动保护。在定子绕组每相分裂成两部分的情况下，可以只用一个电流互感器装于发电机两组绕组的星形中性点的连线上，如图 9-5（a）所示。由于一台发电机只装一个电流互感器 TA 和电流继电器（虚线框所示，包括三次谐波过滤器 2 及执行元件 3），所以该保护称为“单元件横差动保护”。

单元件横差动保护的实质是把一半绕组的三相电流之和与另一半绕组三相电流之和进行比较，当发生前述各种匝间短路时此中性点连线上照样有环流流过，因此，差动继电器可以动作。因通过这种保护的是三相电流之和，是零序，故又称零序横差动保护。需要带延时动

作时，可将 XB 的右接点接在下面，通过时间继电器 KT 跳闸。

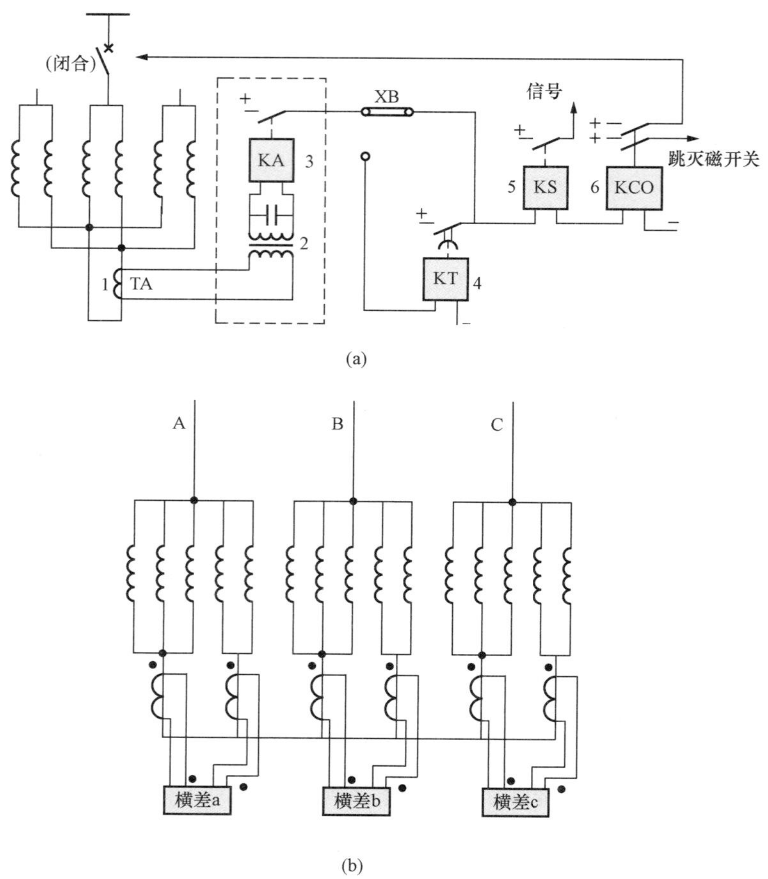

图 9-5 发电机的横差动保护原理接线

（a）单元件横差动保护；（b）裂相横差动保护

1—电流互感器；2—三次谐波过滤器；3—执行元件；4—时间继电器；5—信号继电器；6—出口继电器

单元件横差动保护接线简单，但功能并不比三元件横差动保护差，同样对相间短路、匝间短路及分支开焊等故障有保护作用。单元件横差动保护的接线中只用一个电流互感器，没有由于互感器的误差所产生的不平衡电流，因而其整定电流较三相各有一横差动的三元件横差动保护更小，灵敏度较高。根据运行经验，单元件横差动保护的整定电流（一次值）可选为

$$I_{act}=(0.2\sim0.3)I_{NG} \tag{9-10}$$

横差动保护的电流互感器 TA 的变比一般可选为$\dfrac{(0.2\sim0.3)\ I_{NG}}{5A}$。

（2）裂相横差动保护。对于每相具有三个以上（偶数或奇数个）分支的发电机还可以实现裂相横差动保护，如图 9-5（b）所示。即将每相一部分分支电流之和与另一部分分支电流之和进行比较。如果所有的分支都包括在内，称保护为完全裂相横差动保护，否则称为不完

全裂相横差动保护。裂相横差动保护的工作原理和图 9-4 所示的传统的横差动保护原理相同，其区别在于电流互感器的变比选择不同。仔细分析可知，裂相横差动保护可反应几乎发电机内部的所有故障，是大型多分支发电机的有效保护方式。

2. 影响单元件横差动保护正确工作的因素

（1）三次谐波的影响。在发电机正常运行时，单元件横差动保护中的不平衡电流主要是基波分量。然而在外部短路故障时，发电机的三次谐波电动势（用 $\dot{E}_3$ 表示）在三相中相位相同，因此，如果任一支路的 $\dot{E}_3$ 与其他支路的 $\dot{E}_3$ 不相等时，都会在两组星形中性点的连线上出现三次谐波的环流，相当于零序差电流，并通过互感器反应到保护中去。根据理论分析及发电机短路故障的实测数据，三次谐波不平衡电流在幅值上大于基波分量的不平衡电流，而且随着外部短路电流的增大而迅速增大。因此，横差动保护应装设专用的三次谐波滤波器，从而降低不平衡电流，提高单元件横差动保护的灵敏度。

当三次谐波滤波比 $K_3 \geqslant 10$（K_3＝滤波前的三次谐波电流/滤波后的三次谐波电流）时，动作电流取发电机额定电流的 15%～20%。

当三次谐波滤波比 $K_3 > 80$ 时，动作电流取发电机额定电流的 10%。

（2）转子接地故障的影响。当转子回路两点接地时，横差动保护可能误动作。这是因为当励磁回路两点接地后，转子磁极的磁通平衡遭到破坏，而定子同一相的两个绕组并不是完全位于相同的定子槽中，其感应的电动势就不相等，这样就会产生环流，使横差动保护误动作。

运行经验表明，当励磁回路发生永久性的两点接地时，由于发电机励磁磁动势的畸变而引起空气隙磁通发生较大的畸变，发电机将产生异常的振动，此时励磁回路两点接地保护应动作于跳闸。在此情况下，虽然按照横差动保护的工作原理看，它不应该动作，但由于发电机必须切除，因此横差动保护动作于跳闸也是允许的。基于上述考虑，目前已不采用励磁回路两点接地保护动作时闭锁横差动保护的措施。为了防止在励磁回路中发生偶然性的瞬间两点接地时引起横差动保护的误动作，因此，当励磁回路发生一点接地后，在投入两点接地保护的同时，也应将横差动保护切换至带 0.5～1s 的延时动作于跳闸。

在图 9-5（a）中，当励磁回路未发生接地故障时，切换片 XB 接通直接起动出口继电器 6 的回路，而当励磁回路发生一点接地后，则切换到起动时间继电器 4 的回路，此时需经延时后才动作于跳闸，即满足了以上所提的要求，按以上原理构成的横差动保护，也能反应定子绕组上可能出现的分支开焊故障。

鉴于高灵敏单元件横差动保护原理接线简单，对相间、匝间短路、开焊故障等都有保护作用，且灵敏度较高，因此该保护是发电机定子绕组内部故障的主保护之一。与前文中所述的不完全纵联差动保护相比，单元件横差动保护不仅所需的电流互感器和差动电流继电器少，而且其匝间短路保护灵敏度较高。但横差动保护对机端外部引线短路无保护作用，而不完全纵联差动保护对引出线短路有保护作用。

第四节　发电机的单相接地保护

发电机中性点接地方式主要有不接地、经消弧线圈接地、经配电变压器高阻接地三种。考虑到安全因素，发电机的外壳都是接地的。由于发电机定子绕组与铁芯间绝缘破坏而引起的定子单相接地故障比较普遍。当接地电流较大时，能在故障点引起电弧，使定子绕组的绝缘和定子铁芯烧坏，并且也容易发展成相间或匝间短路，造成更大的危害。对于发电机中性点不同的接地方式，发生发电机定子单相接地后的接地电流、过电压及保护方式有所不同。

当机端单相金属性接地电容电流，亦即三相总的电容电流 I_C 小于允许值时，发电机中性点可不接地，单相接地保护带延时动作于信号；若电容电流 I_C 大于允许值，宜采用消弧线圈（欠补偿）接地，补偿后的接地电流（容性）小于允许值时保护仍带延时动作于信号；但当消弧线圈退出运行或由于其他原因使残余电流大于允许值时，保护应切换为动作于停机。发电机中性点经配电变压器高阻接地时，接地故障电流一般情况下都将大于允许值，单相接地保护应带延时动作于停机，其时限应与系统保护相配合。

一、发电机定子绕组单相接地的特点

1. 零序电压的特点

发电机中性点一般是不接地或经消弧线圈接地的，以中性点不接地的发电机为例，当发电机 A 相在 k 点发生单相接地故障，如图 9-6（a）所示，其中 α 表示由中性点到故障点的匝数占全部绕组匝数的百分数，则故障点各相电动势为 $\alpha\dot{E}_A$、$\alpha\dot{E}_B$、$\alpha\dot{E}_C$，因此故障点的各相对地电压为

$$\begin{cases}\dot{U}_{kA(\alpha)}=0\\ \dot{U}_{kB(\alpha)}=\alpha\dot{E}_B-\alpha\dot{E}_A\\ \dot{U}_{kC(\alpha)}=\alpha\dot{E}_C-\alpha\dot{E}_A\end{cases}\tag{9-11}$$

因 $\alpha\dot{E}_A+\alpha\dot{E}_B+\alpha\dot{E}_C=0$，因此故障点的零序电压为

$$\dot{U}_{k0(\alpha)}=\frac{1}{3}(\dot{U}_{kA(\alpha)}+\dot{U}_{kB(\alpha)}+\dot{U}_{kC(\alpha)})=-\alpha\dot{E}_A\tag{9-12}$$

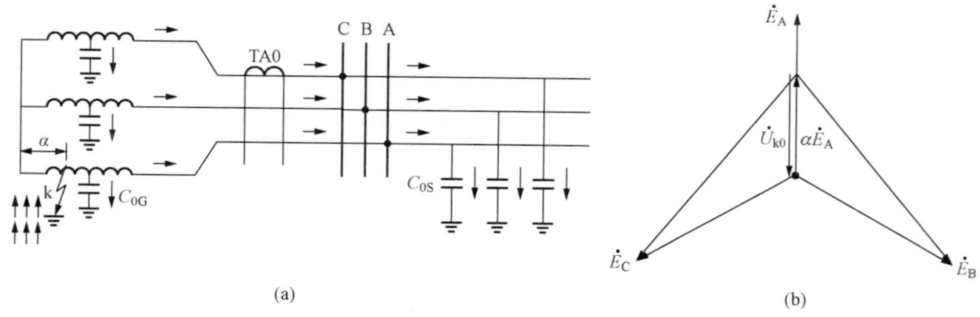

图 9-6　发电机内部单相接地故障时电容电流分布图

（a）三相网络接线；（b）机端电压矢量图

实际上当发电机内部故障时，故障点零序电压 $\dot{U}_{k0(\alpha)}$ 是无法直接获得的，而只能借助于机端的电压互感器来测量。当忽略各相电流在发电机内阻抗上的压降时，机端各相的对地电压应分别为

$$\begin{cases}\dot{U}_{kA}=(1-\alpha)\dot{E}_{A}\\ \dot{U}_{kB}=\dot{E}_{B}-\alpha\dot{E}_{A}\\ \dot{U}_{kC}=\dot{E}_{C}-\alpha\dot{E}_{A}\end{cases}\tag{9-13}$$

机端故障相电压下降，健全相电压升高，如图 9-6（b）所示。则机端零序电压为

$$\dot{U}_{k0}=\frac{1}{3}(\dot{U}_{kA}+\dot{U}_{kB}+\dot{U}_{kC})=-\alpha\dot{E}_{A}=\dot{U}_{k0(\alpha)}\tag{9-14}$$

可见从机端测到的零序电压就是接地短路点的零序电压。由式（9-12）、式（9-14）可知，故障点和机端的零序电压将随着故障点位置的不同而改变，而发电机机端零序电压与故障点零序电压相等。

2. 定子单相接地时零序电流的特点

发电机定子绕组某一相任意点单相接地时，因绕组感抗远小于容抗，可以忽略不计，故流过接地点的电流是在零序电压作用下经各相对地电容产生的容性零序电流。由此可作出发电机内部单相接地的零序等效网络，如图9-7（a）所示。图中发电机本身对地电容为 C_{0G}，发电机以外发电机电压网络每相对地的等效电容为 C_{0S}，则全系统每相零序电容电流为

$$\dot{I}_{k0(\alpha)}=\frac{\dot{U}_{k0(\alpha)}}{X_{C\Sigma}}=-\mathrm{j}\alpha\dot{E}_{A}\omega(C_{0G}+C_{0S})\tag{9-15}$$

因此发电机内部故障时故障点总的接地电流，即零序电流为

$$3\dot{I}_{k0(\alpha)}=-\mathrm{j}3\alpha\dot{E}_{A}\omega(C_{0G}+C_{0S})\tag{9-16}$$

当发电机外部单相接地时，流过发电机零序电流互感器 TA0 的零序电流为发电机本身的总对地电容电流，如图 9-7（b）所示。要使发电机零序电流保护在外部单相接地时不动作，其动作电流定值必须按大于发电机本身的三相电容电流之和整定。

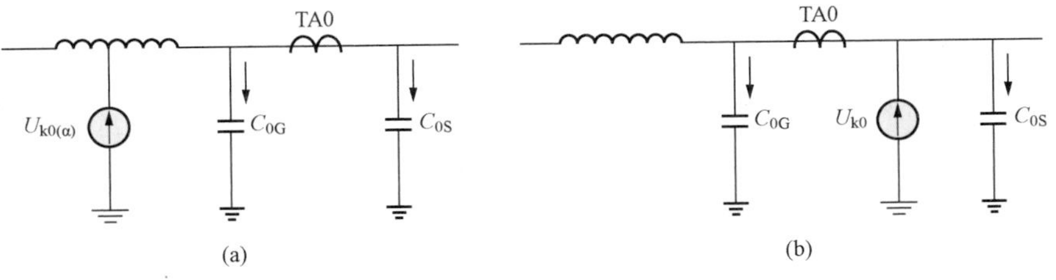

图 9-7　单相接地故障时的零序等效网络

（a）发电机内部故障；（b）发电机外部故障

由式（9-16）可知，发电机内部故障时，流经故障点的接地电流也与 α 成正比，因此当故障点位于发电机出线端子附近时，$\alpha\approx1$，接地电流最大。发电机定子绕组单相接地故障电流的允许值，可参照表 9-1。当发电机单相接地电流超过允许值时，应装设动作于跳闸的接地保护；反之，应装设带延时的动作于信号的接地保护。

表 9-1　　发电机定子绕组单相接地电流允许值

发电机额定电压（kV）	发电机额定容量（MW）	接地电流允许值（A）
6.3	≤50	4
10.5	50～100	3
13.8～15.75	125～200	2①
18～20	300	1

① 对于氢冷发电机允许值为 2.5A。

二、利用零序电流、电压构成的定子接地保护

1. 定子接地的零序电流保护

利用发电机定子绕组接地故障时的零序电流，可构成零序电流保护。由式（9-16）可知，当发电机定子绕组在中性点附近接地时，α 很小，因而通过 TA0 的系统的接地电容电流也很小，保护将不能起动，因此零序电流保护不可避免地存在一定的死区。为了减小死区的范围，应在满足发电机外部接地时动作选择性的前提下尽量降低保护的起动电流。

换言之，发电机定子绕组接地故障时通过保护的零序电流与系统对地电容 C_{0S} 成正比。因此，当系统对地电容较小时（如发电机变压器组），零序电流也很小，则基于零序电流的定子接地保护灵敏度较低，甚至不能动作。

2. 定子接地的基波零序电压保护

一般大、中型发电机在电力系统中大都采用发电机—变压器组（简称发变组）的接线方式，此时在发电机电压网络中，只有发电机本身、连接发电机与变压器的电缆及变压器低压侧绕组的对地电容（分别以 C_{0G}、C_{0X}、C_{0T} 表示），如图 9-8 所示。因此，当发电机单相接地后，接地电容电流一般较小，只能用零序电压反映单相接地故障，动作于信号或跳闸。

零序电压取自发电机中性点电压互感器的电压或消弧线圈的二次侧电压或机端三相电压互感器的开口三角形绕组。利用基波零序电压构成的定子接地保护，如图 9-9 所示。

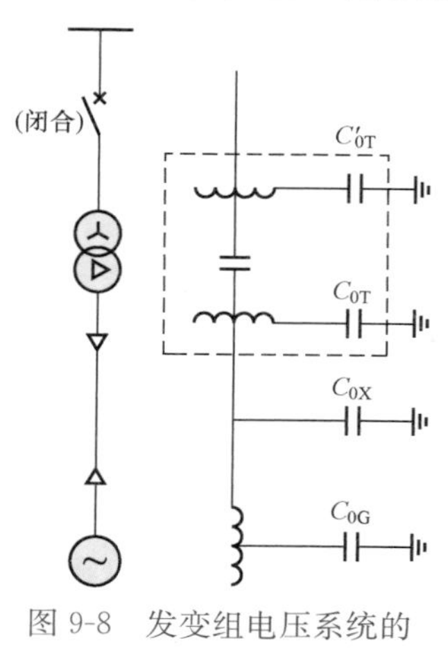

图 9-8　发变组电压系统的对地电容分布

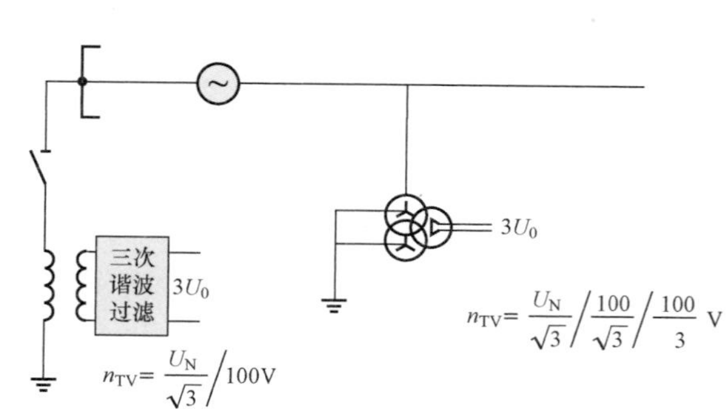

图 9-9　基波零序电压的定子接地保护

U_N—发电机的额定相间电压

基波零序电压保护的整定电压 U_{set} 应按躲过正常运行时中性点单相电压互感器或机端三相电压互感器开口三角形绕组的最大不平衡电压 $U_{unb.max}$ 整定，即

$$U_{set}=K_{rel}U_{unb.max} \tag{9-17}$$

式中：K_{rel} 为可靠系数，取1.2～1.3。

正常运行时，不平衡电压 $U_{unb.max}$ 有基波和三次谐波，且三次谐波电压是主要成分。此外，当发电机变压器组高压侧发生接地故障时，由于变压器高、低压绕组之间有电容存在，因此在发电机端也会产生零序电压。为了保证动作的选择性，零序电压保护的整定值应躲过三次谐波引起的不平衡电压，以及变压器高压侧接地时在发电机端所产生的零序电压。根据运行经验，基波零序电压保护的动作电压可取为15V（发电机母线单相接地时的开口三角侧电压为100V），保护范围可达85%，死区为15%。

由式（9-14）可知，发电机定子绕组单相接地故障时基波零序电压的大小与故障点位置有关。当中性点附近发生接地故障时，α 很小，零序电压很小，因此保护将不能动作。所以与零序电流保护一样，基波零序电压保护对于定子绕组的接地故障存在一定的死区，同样不能达到100%的保护范围。一般可采取如下措施来降低动作电压，减小死区范围。

如图9-9所示，加装三次谐波带阻过滤器。此时定子接地的基波零序电压保护动作电压可取5～10V，保护范围可达90%～95%，死区为5%～10%。

对于高压侧中性点直接接地的电网，单相接地时零序电压很大，由于高低压绕组间的电容耦合，在发电机侧会产生很大的零序电压，因为其值很大，难以从定值躲过，只能利用保护装置的延时来躲开高压侧的接地故障。一般高压侧接地保护的动作时间小于1.5s，故基波零序电压保护动作时间可取为2s。

在高压侧中性点非直接接地电网中，为防止高压侧发生接地故障时使发电机零序电压保护误动，可利用高压侧的零序电压将发电机基波零序电压接地保护闭锁或用其对保护实现制动。

以上方法并不能从根本上解决零序电压保护对定子绕组接地故障的死区问题。对于100MW以下发电机，应装设保护范围不小于90%的定子接地保护；对于100MW及以上的发电机，应装设下面将要介绍的保护范围为100%的定子接地保护。

大容量机组可能由于振动较大而产生的机械损伤或发生漏水（指水内冷的发电机）等现象，因而中性点附近就有可能使绝缘破坏而发生接地故障。另外，尽管发电机定子绕组是全绝缘的，但是在中性点附近绝缘水平下降时，一旦在机端发生一点接地故障，使中性点电位骤增至相电压，则中性点附近绝缘水平已经下降的部位有可能使绝缘破坏而发生击穿，从而使得故障转变为严重的相间或匝间故障，致使发电机严重损坏。因此，鉴于大型发电机的重要性及其制造的复杂性等，要求装设100%的定子接地保护。

三、100%定子接地保护

1. 利用三次谐波电压构成的定子接地保护的原理

由于发电机气隙磁通密度的非正弦分布和铁芯饱和的影响，在定子绕组中感应的电动势除基波分量外，还含有高次谐波分量。其中三次谐波电动势属于零序，虽然在相间电动势中由于两相相减被消除，但在相电动势中依然存在。因此，每台发电机总有约百分之几的三次谐波电动势，设以 E_3 表示。

如果把发电机的对地电容等效地看作集中在发电机的中性点 N 和机端 S，每端为 $C_{0G}/2$，并将发电机端引出线、机端网络、升压变压器、厂用变压器以及电压互感器等设备的每相对地电容 C_{0S} 也等效地放在机端。正常运行情况下的等效电路如图 9-10 所示，由于中性点侧的容抗和机端的容抗流过同一个三次谐波电流，因此机端三次谐波电压与中性点侧三次谐波电压之比为

$$\frac{U_{S3}}{U_{N3}}=\frac{C_{0G}}{C_{0G}+2C_{0S}}<1 \tag{9-18}$$

由式（9-18）可见，在正常运行时，发电机中性点侧的三次谐波电压 U_{N3} 总是大于发电机端的三次谐波电压 U_{S3}。极限情况是，当发电机出线端开路（$C_{0S}=0$）时，$U_{N3}=U_{S3}$。

当发电机中性点经消弧线圈接地时，其等值电路如图 9-11 所示，假设基波电容电流得到完全补偿，即 $\omega L=\frac{1}{3\omega(C_{0G}+C_{0S})}$。理论推导可得发电机端三次谐波电压和中性点三次谐波电压之比为[1]

$$\frac{U_{S3}}{U_{N3}}=\frac{7C_{0G}-2C_{0S}}{9(C_{0G}+2C_{0S})} \tag{9-19}$$

---

[1] 对于三次谐波 ω 应乘以 3，机端的三次谐波电抗为

$$X_{S3}=-\mathrm{j}\frac{1}{3\omega(C_{0S}+C_{0G}/2)}=-\mathrm{j}\frac{2}{3\omega(C_{0G}+2C_{0S})}$$

中性点侧的三次谐波电抗为

$$\begin{aligned}X_{N3}&=\frac{\mathrm{j}3\omega(3L)\cdot\left(-\mathrm{j}\frac{1}{3\omega C_{0G}/2}\right)}{\mathrm{j}3\omega(3L)-\mathrm{j}\frac{2}{3\omega C_{0G}}}=-\mathrm{j}\frac{18\omega L/3\omega C_{0G}}{(27\omega^2LC_{0G}-2)/3\omega C_{0G}}=-\mathrm{j}\frac{18\omega L}{27\omega^2LC_{0G}-2}\\&=-\mathrm{j}\frac{18}{27\omega C_{0G}-2/\omega L}=-\mathrm{j}\frac{18}{27\omega C_{0G}-6\omega(C_{0G}+C_{0S})}=-\mathrm{j}\frac{6}{9\omega C_{0G}-2\omega C_{0G}-2\omega C_{0S}}\\&=-\mathrm{j}\frac{6}{7\omega C_{0G}-2\omega C_{0S}}\end{aligned}$$

机端三次谐波电压与中性点侧三次谐波电压之比等于其三次谐波电抗之比，故

$$\frac{U_{S3}}{U_{N3}}=\frac{X_{S3}}{X_{N3}}=\frac{7C_{0G}-2C_{0S}}{9(C_{0G}+2C_{0S})}$$

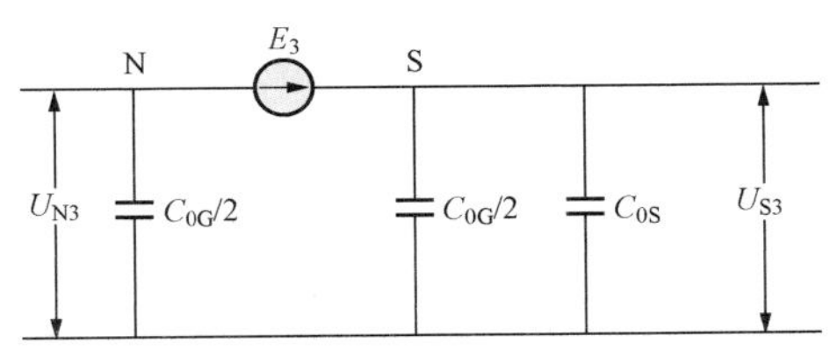

图 9-10　发电机三次谐波电动势和对地电容的等值电路图

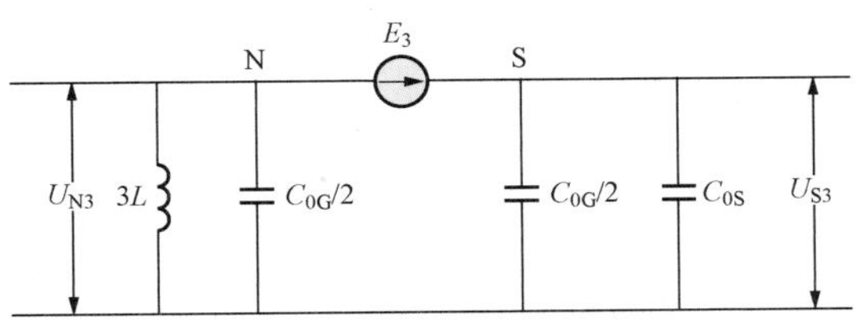

图 9-11　发电机中性点接有消弧线圈时三次谐波电动势及对地电容的等值电路图

式（9-19）表明，接入消弧线圈以后，中性点的三次谐波电压 U_{N3} 在正常运行时比机端三次谐波电压 U_{S3} 更大。在发电机出线端开路（$C_{0S}=0$）时，$U_{S3}/U_{N3}=7/9$。

在正常运行情况下，尽管发电机的三次谐波电动势 E_3 随着发电机的结构及运行状况而改变，但是其机端三次谐波电压与中性点三次谐波电压的比值总是符合以上关系的。

发电机定子绕组发生金属性单相接地时，设接地发生在距中性点 α 处，其等值电路如图 9-12 所示。

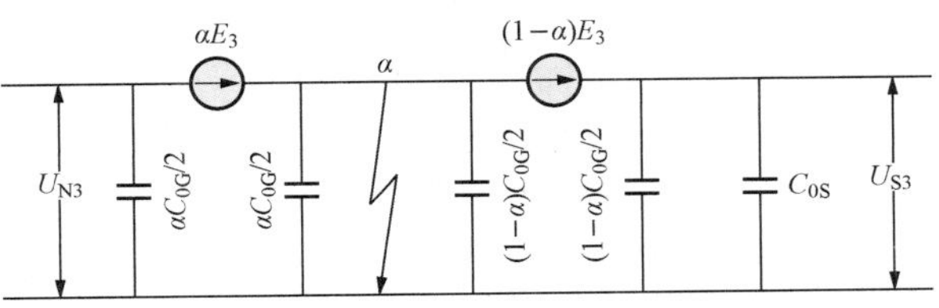

图 9-12　发电机内部单相接地时三次谐波电动势分布的等值电路图

此时不管发电机中性点是否接有消弧线圈，恒有

$$U_{N3}=-\alpha E_3$$

$$U_{S3}=(1-\alpha)E_3$$

则就其绝对值而言

$$\frac{|U_{S3}|}{|U_{N3}|}=\frac{1-\alpha}{\alpha} \tag{9-20}$$

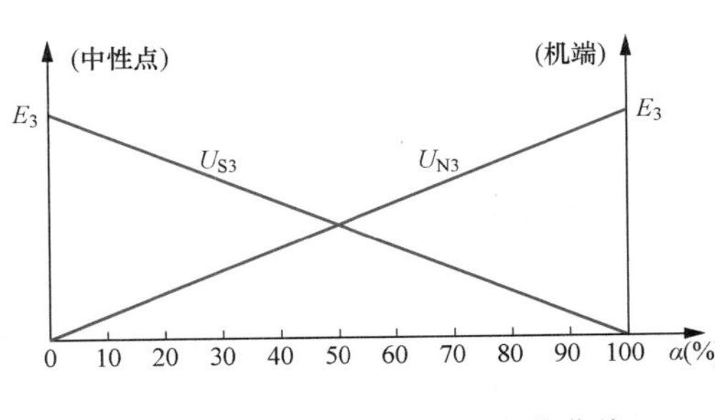

图 9-13　U_{N3}、U_{S3} 随 α 的变化曲线

U_{N3}、U_{S3} 随 α 变化的关系如图 9-13 所示。当 $\alpha<50\%$ 时，恒有 $U_{S3}>U_{N3}$。

因此，如果利用机端三次谐波电压 U_{S3} 作为动作量，而用中性点侧三次谐波电压 U_{N3} 作为制动量来构成接地保护，且以 $U_{S3}\geqslant U_{N3}$ 作为保护的动作条件，则在正常运行时保护不可能动作，而当中性点附近发生接地时，则具有很高的灵敏度。利用这种原理构成的接地保护，可以反应定子绕组中性点侧约 50%范围以内的接地故障。

2. 利用三次谐波电压构成的定子接地保护的判据

（1）利用三次谐波电压构成的定子接地保护的动作判据 1 为

$$\frac{|\dot{U}_{S3}|}{|\dot{U}_{N3}|}>\rho \tag{9-21}$$

实测发电机正常运行时的最大三次谐波电压比值设为 ρ_0，则取阈值 $\rho=$（1.05 ～

1.15)ρ_0。该判据实现简单，但灵敏度较低。

（2）利用三次谐波电压构成的定子接地保护的动作判据 2 为

$$\frac{|\dot{U}_{S3}-\dot{K}_P\dot{U}_{N3}|}{\beta|\dot{U}_{N3}|}>1 \tag{9-22}$$

式中分子为动作量，调整系数 $\dot{K}_P$，使发电机正常运行时动作量最小。然后调整系数 β，使制动量 $\beta|\dot{U}_{N3}|$ 在正常运行时恒大于动作量，一般取 $\beta\approx0.2\sim0.3$。

或为了更清楚起见，写成一般的制动方程形式为

$$|\dot{U}_{S3}-\dot{K}_P\dot{U}_{N3}|>\beta|\dot{U}_{N3}|$$

左端为动作量，右端为制动量，根据正常运行时实测的 $\dot{U}_{S3}$ 和 $\dot{U}_{N3}$ 值调整 $\dot{K}_P$，使动作量接近零，保证在正常运行状态下不误动。选择适当的制动系数 β，使得在故障时能可靠动作。

动作判据 1 实现简单，但灵敏度较低。动作判据 2 较复杂，但灵敏度高。

3. 100%定子接地保护装置的构成

100%定子接地保护装置一般由两部分组成。

（1）第一部分是零序电压保护，一般它能保护定子绕组的 85%以上。也就是说，基波零序电压保护可反应 $\alpha>15\%$以上范围内的单相接地故障，且当故障点越接近于发电机出线端时保护的灵敏度越高。

（2）第二部分为利用三次谐波电压比值构成定子绕组接地保护，可以反应发电机绕组中 $\alpha<50\%$范围以内的单相接地故障，且当故障点越接近中性点时保护的灵敏度越高。

可见，利用三次谐波电压比值和基波零序电压的组合，这两部分保护范围有一段重叠，可构成 100%的定子绕组单相接地保护。

大型水轮发电机极对数多、定子绕组每相并联支路数多，因而各匝三次谐波电动势的分布与汽轮发电机不同，需要仔细分析[2]。

第五节　发电机励磁回路接地保护

一、励磁回路的接地故障

发电机正常运行时，励磁回路对地之间有一定的绝缘电阻和分布电容，它们的大小与发电机转子的结构、冷却方式等因素有关。当转子绝缘损坏时，就有可能引起励磁回路接地，常见的是一点接地故障，如不及时处理，还可能接着发生两点接地故障。

励磁回路的一点接地故障由于构不成电流通路，对发电机不会构成直接的危害。而励磁回路一点接地故障的危害主要是可能再发生第二点接地，因为在一点接地后励磁回路对地电压将有所升高，就有可能引起再发生第二个点接地故障。发电机励磁回路发生两点接地故障的危害表现为以下三方面。

（1）转子绕组的一部分被短路，另一部分绕组的电流增加，这就破坏了发电机气隙磁场的对称性和均匀性，引起发电机的剧烈振动，同时无功输出功率降低。

（2）转子绕组两点接地时就有电流通过转子主体，如果此电流比较大（通常以 1500A 为界线）就可能烧损转子铁芯，还会造成转子和汽轮机叶片等部件被磁化。

（3）由于转子本体局部通过电流，引起局部发热，使转子发生缓慢变形而形成偏心，进一步加剧振动。

二、励磁回路一点接地保护

为反应励磁回路一点接地故障，常采用切换式一点接地保护，如图 9-14 所示。图中标出了电压表 PV 和串联电阻 R。

电子开关 S1、S2 由微机控制轮流接通和断开，同时对电流 I_1 和 I_2 进行采样：S1 闭合时 S2 打开，S1 打开时 S2 闭合，两者像打乒乓球一样循环交替的闭合又打开，因此也称为乒乓式转子一点接地保护。

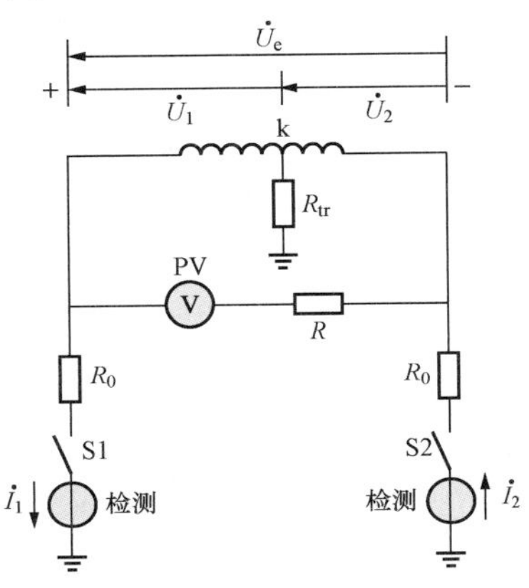

图 9-14 励磁回路切换式一点接地保护原理接线（乒乓式）

设发电机励磁绕组任意点 k 经过渡电阻 R_{tr} 一点接地，U_e 为励磁电压，U_1 为转子正极与 k 点之间的电压，U_2 为 k 点与转子负极之间的电压，R_0 是保护装置中的固定电阻。设电压表串联的电阻很大，通过电压表的电流可以忽略不计，电流表的内阻也可忽略不计，则：

S1 闭合、S2 打开时

$$I_1 = \frac{U_1}{R_0 + R_{tr}} \tag{9-23}$$

S1 打开、S2 闭合时

$$I_2 = \frac{U_2}{R_0 + R_{tr}} \tag{9-24}$$

以 U_e 为参考，设 G_1 和 G_2 为两个电导，定义为

$$G_1 = \frac{I_1}{U_e} = \frac{\dfrac{U_1}{U_e}}{R_0 + R_{tr}} = \frac{K_1}{R_0 + R_{tr}}, \quad K_1 = \frac{U_1}{U_e} \tag{9-25}$$

$$G_2 = \frac{I_2}{U_e} = \frac{\dfrac{U_2}{U_e}}{R_0 + R_{tr}} = \frac{K_2}{R_0 + R_{tr}}, \quad K_2 = \frac{U_2}{U_e} \tag{9-26}$$

因 S1、S2 切换前后接地点 k 为同一点，故

$$K_1 + K_2 = 1 \tag{9-27}$$

$$G_1 + G_2 = \frac{1}{R_0 + R_{tr}} \tag{9-28}$$

设定当绝缘电阻 R_{tr} 降低到定值 R_{set} 以下时保护动作（对应的电导定值 $G_{set}=\frac{1}{R_0+R_{set}}$），$G_1+G_2$ 可通过测量 I_1 和 I_2 算出，则保护的动作判据为

$$G_1+G_2\geqslant G_{set} \text{ 即 } R_{tr}\leqslant R_{set} \tag{9-29}$$

三、励磁回路两点接地保护

在一点接地保护装置动作发出信号后，投入两点接地保护装置，此时保护继续测量接地电阻和接地位置，此后若再发生励磁绕组另一点接地故障，则接地电阻和接地位置会发生变化，当其变化值超过整定值时转子两点接地保护动作于停机。为了使转子绕组在瞬时发生两点接地时保护不误动作，保护应带 0.5～1.0s 的延时。

第六节　发电机相间短路的后备保护

大机组所在电厂的 220kV 及以上电压等级的出线，要求配置双套快速主保护，并有比较完善的近后备保护，不再要求对发变组提供远后备保护。大型发变组本身配备双重或更多的主保护（例如，发电机纵差、变压器纵差、发变组纵差、高灵敏单元件横差等）。尽管如此，大机组装设简化的后备保护仍是必要的。对于中小型机组，不装设双重主保护，应配置常规后备保护，并使其对所连接高压母线和相邻线路的相间短路故障具有必要的灵敏度。

一、复合电压起动的过电流保护

发电机的相间短路后备保护中低电压起动的过电流保护、复合电压起动的过电流保护的原理与第八章所述内容相同。其中复合电压起动是指负序电压及单个低电压元件共同起动的过电流保护。

低电压元件接在发电机出口端电压互感器的一个相间电压上，其整定值取为

$$U_{set}=(0.6\sim0.7)U_N \tag{9-30}$$

负序电压元件的整定电压应躲过正常运行时的最大不平衡负序电压，一般取为

$$U_{2.set}=0.06U_N \tag{9-31}$$

过电流元件的整定电流为

$$I_{set}=K_{rel}I_N \tag{9-32}$$

式中：K_{rel} 为可靠系数，可取 1.2。

二、发电机的负序过电流保护

1. 负序过电流保护的作用

除了设置预防定子绕组相间故障时短路电流过大损坏定子的后备保护外，对于大型发电

机还应装设专门预防转子过热的负序过电流保护。

当电力系统中发生不对称短路或在正常运行情况下三相负荷不平衡时，在发电机定子绕组中将出现负序电流，此电流在发电机空气隙中建立的负序旋转磁场相对于转子为两倍的同步转速，因此将在转子绕组、阻尼绕组以及转子铁芯上感应产生 100Hz 的 2 倍频电流，该电流使得转子上某些部位（如转子表层、端部、护环等）可能出现局部灼伤，甚至使护环受热松脱，从而导致发电机的重大事故。此外，负序气隙旋转磁场与转子电流之间以及正序气隙旋转磁场与定子负序电流之间所产生的 100Hz 交变电磁转矩，将同时作用在转子大轴和定子机座上，引起 100Hz 的振动。

负序电流在转子中所引起的发热量，正比于负序电流的平方和所持续的时间的乘积。在最严重的情况下，假设发电机转子为绝热体（不向周围散热），则不使转子过热所允许的负序电流和持续时间的关系可表示为

$$\int_0^t i_2^2 \mathrm{d}t = I_{2*}^2 t = A \tag{9-33}$$

式中：i_2 为流经发电机的负序电流瞬时值；t 为 i_2 所持续的时间；I_2^2 为在时间 t 内负序电流平方的平均值，应采用以发电机额定电流为基准的标幺值，I_2^2 正比于在 t 时间内负序电流产生的热量；A 为与发电机形式和冷却方式有关的常数。

关于 A 的数值，应采用制造厂所提供的数据。其参考值为：对凸极式发电机或调相机，可取 $A=40$；对于空气或氢气表面冷却的隐极式发电机，可取 $A=30$；对于导线直接冷却的 100～300MW 汽轮发电机，可取 $A=6$～15 等。

随着发电机组容量的不断增大，它所允许的承受负序过负荷的能力也随之下降（A 值减小）。例如 600MW 汽轮发电机 A 的设计值为 4，其允许负序电流与持续时间的关系如图 9-15 中的曲线 abcde 所示。负序电流保护的动作特性必须满足这个电流和切除时间关系的要求。

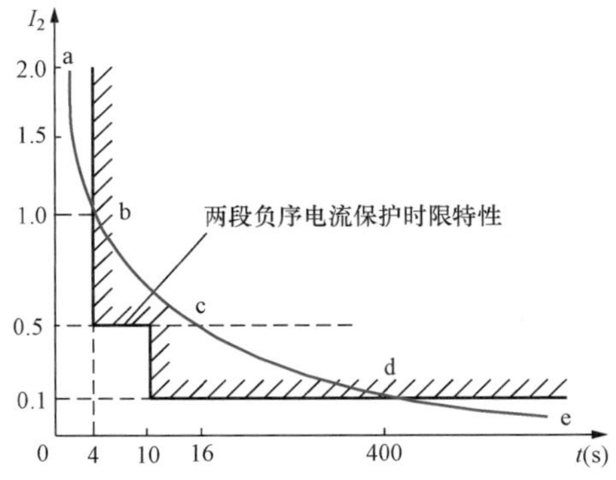

图 9-15　发电机允许负序电流曲线与两段负序定时限过电流保护动作特性

针对上述情况而装设的发电机负序过电流保护是对定子绕组电流不平衡而引起转子过热的一种保护，应作为发电机的主保护之一。此外，由于大容量机组的额定电流很大，而在相邻元件末端发生两相短路时的短路电流可能较小，此时采用复合电压起动的过电流保护往往不能满足作为相邻元件后备保护时对灵敏系数的要求。在这种情况下，采用负序电流作为后备保护，就可以提高不对称短路时的灵敏性。由于负序过电流保护不能反应于三相短路，因此，当用它作为后备保护时还需要附加装设一个单相式的低电压起动过电流保护，以专门反应三相短路。

2. 定时限负序过电流保护

目前对表面冷却的汽轮发电机和水轮发电机，大都采用两段式负序定时限过电流保护。一段定值较大，延时动作于发电机跳闸，以作为防止转子过热和后备保护之用。另一段定值较低，延时发出不对称过负荷信号。其动作特性如图 9-15 所示。

由图 9-15 可见，两段式负序定时限过电流保护的动作特性与发电机允许的负序电流和动作时间曲线不能很好配合。此外，它也不能反应负序电流变化时发电机转子的热量积累过程，例如当出现负序电流忽升忽降或在较大的负序电流下持续一段时间后又降低到比较小的数值等情况时，保护中的时间继电器却来不及动作，都可能使转子遭受损坏。

因此，为防止发电机转子遭受负序电流的损坏，在 100MW 及以上 $A<10$ 的发电机上应装设能够模拟发电机允许负序电流曲线的负序反时限过电流保护。

3. 反时限负序过电流保护

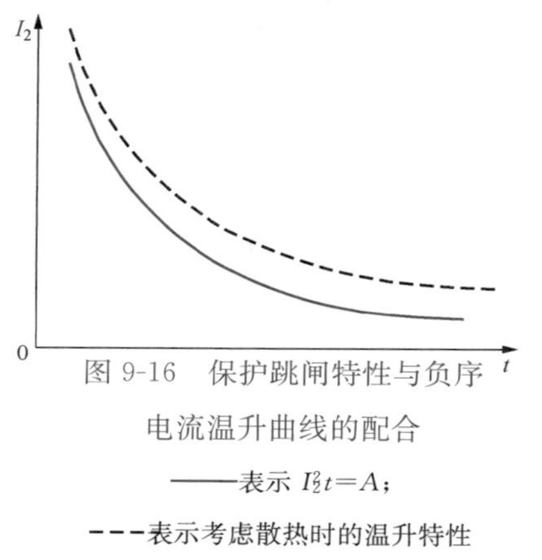

图 9-16　保护跳闸特性与负序电流温升曲线的配合
——表示 $I_2^2t=A$；
---表示考虑散热时的温升特性

发电机允许的负序电流和持续时间关系曲线如图 9-16 所示，可表示为

$$I_2^2t = A + at \tag{9-34}$$

式中 $I_2^2t=A$ 是在绝热条件下，即假设转子不散热情况下的允许 I_2 值，如图 9-16 中实线所示。在考虑散热时加上 at 项，如虚线所示，即考虑了散热条件后对于同样的 I_2 可承受的时间略长一些。可配置一负序反时限特性和虚线一致。这符合发电机转子实际的温升过程，在到达允许极限值时将发电机切除。为安全起见可选择一反时限特性曲线在虚线之下，大致平行于虚线，在发热量到达极限值之前将发电机切除，这可根据对发电机转子温升裕度了解的程度而定。

第七节　发电机的失磁保护

一、发电机的失磁运行及其产生的影响

发电机失磁故障是指发电机的励磁突然全部消失或部分消失。引起失磁的原因有转子绕组故障、励磁机故障、自动灭磁开关误跳闸、半导体励磁系统中某些元件损坏或回路发生故障以及误操作等。

当发电机完全失去励磁时，励磁电流将逐渐衰减至零。由于发电机的同步电动势 E_d 随着励磁电流的减小而减小，因此，其电磁转矩也将小于原动机的转矩，因而引起转子加速，使发电机的功角 δ 增大。当 δ 超过静态稳定极限角时，发电机与系统失去同步。此外，发电

机失磁后将从并列运行的电力系统中吸取感性无功功率供给转子励磁电流，在定子绕组中感应电动势。在发电机超过同步转速后，转子回路中将感应出频率为 f_G-f_S（此处 f_G 为对应发电机转速的频率，f_S 为系统的频率）的电流，此电流产生异步制动转矩，当异步转矩与原动机转矩达到新的平衡时，即进入稳定的异步运行。

当发电机失磁后而异步运行时，将对电力系统和发电机产生以下影响。

（1）需要从电网中吸收很大的无功功率以建立发电机的磁场。所需无功功率的大小，主要取决于发电机的参数以及实际运行时的转差率。汽轮发电机与水轮发电机相比，前者的同步电抗较大（定子绕组和转子绕组之间的互感较大），则所需无功功率较小。但当转差率 s 增大时，其所需的无功功率也要增加。假设失磁前发电机向系统送出无功功率 Q_1，而在失磁后从系统吸收无功功率 Q_2，则系统中将出现 Q_1+Q_2 的无功功率差额。

（2）由于从电力系统中吸收无功功率将引起电力系统的电压下降，如果电力系统的容量较小或无功功率的储备不足，则可能使失磁发电机的机端电压、升压变压器高压侧的母线电压或其他邻近点的电压低于允许值，从而破坏了负荷与各电源间的稳定运行，甚至可能引起电压崩溃而使系统瓦解。

（3）由于失磁发电机吸收了大量的无功功率，因此为了防止其定子绕组过电流，发电机所能发出的有功功率将较同步运行时有不同程度的降低，吸收的无功功率越大，则能够输出的有功功率降低的越多。

（4）失磁后发电机的转速超过同步转速，因此，在转子及励磁回路中将产生频率为f_G-f_S 的交流电流，因而形成附加的损耗，使发电机转子和励磁回路过热。显然，当转差率越大时所引起的过热也越严重。

（5）低励磁或失磁运行时定子端部漏磁增加，将使端部铁芯过热。由于汽轮发电机异步功率较大，调速器也比较灵敏，因此当超速运行后调速器立即关小汽门，使汽轮机的输出功率与发电机的异步功率很快达到平衡，在转差率小于 0.5%的情况下即可稳定运行。故汽轮发电机在很小的转差率下异步运行一段时间，原则上是完全允许的。此时，是否需要并允许其异步运行，则主要取决于电力系统的具体情况。例如，当电力系统的有功功率供应比较紧张，同时，一台发电机失磁后，系统能够供给它所需要的无功功率，并能保证电网的电压水平时，则失磁后就应该继续运行；反之，如系统中有功功率有足够的储备，或者系统没有能力供给它所需要的无功功率，则失磁以后就不应该继续运行。

对水轮发电机而言，考虑到：①其异步功率较小，必须在较大的转差下（一般达到 1%～2%）运行，才能发出较大的功率；②由于水轮机的调速器不够灵敏，时滞较大，甚至可能在功率尚未达到平衡以前就大大超速，从而应使发电机与系统解列；③由于水轮机的同步电抗较小，如果异步运行，则需要从电网吸收大量的无功功率；④其直轴和交轴很不对称，异步运行时，机组振动较大等。由于这些因素的影响，因此水轮发电机一般不允许在失磁以后继续运行。

在发电机上，尤其是在大型发电机上应装设失磁保护，以便及时发现失磁故障，并采取必要的措施，如发信号、自动减负荷、动作于跳闸等，以保证电力系统和发电机的安全。

二、发电机失磁后的机端测量阻抗

首先分析发电机经一联络线与无穷大系统并列运行的情况，其等值电路和矢量图如图 9-17 所示。图中 $\dot{E}_d$ 为发电机的同步电动势；$\dot{U}_G$ 为发电机端的相电压；$\dot{U}_S$ 为无穷大系统的相电压；$\dot{I}$ 为发电机的定子电流；X_d 为发电机的同步电抗，X_S 为发电机与系统之间的联系电抗，$X_\Sigma=X_d+X_S$；φ 为受端的功率因数角；δ 为 $\dot{E}_d$ 和 $\dot{U}_S$ 之间的夹角（即功角）。

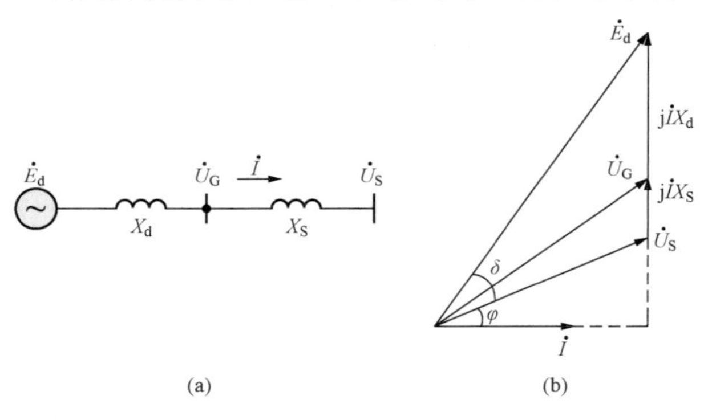

图 9-17 发电机与无穷大系统的并列运行

（a）等值电路；（b）矢量图

根据电机学中的分析，发电机送到受端的功率 $\dot{S}=P-jQ$（视在功率 $\dot{S}$ 有不同的表示方法，本书采取当发电机送出感性无功功率时，即电流落后于电压的角度 φ 为正，$Q=U_sI\sin\varphi$ 本身为正值，视在功率表示为 $\dot{S}=P-jQ$），则有

$$P=\frac{E_dU_S}{X_\Sigma}\sin\delta \tag{9-35}$$

$$Q=\frac{E_dU_S}{X_\Sigma}\cos\delta-\frac{U_S^2}{X_\Sigma} \tag{9-36}$$

受端的功率因数角为

$$\varphi=\arctan\frac{Q}{P} \tag{9-37}$$

这是对隐极发电机亦即当 $X_d=X_q$ 时的表示式。当 $X_d\neq X_q$ 时可参考有关文献［3］。

在正常运行时，$\delta<90°$。一般当不考虑励磁调节器的影响时，$\delta=90°$为稳定运行的极限，$\delta>90°$后发电机失步。

发电机在不同的运行状态和不同的系统故障时，其机端测量阻抗是不同的。因此为了构成有效的发电机失磁保护，常利用发电机的机端测量阻抗变化的特点，一般可分以下三个阶段。

1. 失磁后到失步前

在此阶段中，转子电流逐渐衰减，发电机的电磁功率 P 开始减小，由于原动机所供给的机械功率还来不及减小，于是转子逐渐加速，使 $\dot{E}_d$ 与 $\dot{U}_S$ 之间的功角 δ 随之增大，P 又要回升。在这一阶段中，$\sin\delta$ 的增大与 E_d 的减小相补偿，基本上保持了电磁功率 P 不变。

与此同时，无功功率 Q 将随着 E_d 的减小和 δ 的增大而迅速减小，$\delta=90°$时，$\cos\delta=0$；$\delta>90°$时，$\cos\delta$ 变负，按式（9-36）计算的 Q 值将由正变为负，即发电机变为吸收感性无功功率。

在这一阶段，发电机端的测量阻抗为[1]

$$Z_G=\frac{\dot{U}_G}{\dot{I}}=\frac{\dot{U}_S+j\dot{I}X_S}{\dot{I}}=\frac{U_S^2}{\dot{S}}+jX_S$$

给上式右端第一项的分子分母各乘以 $2P$ 得

$$Z_G=\frac{U_S^2}{2P}\frac{P-jQ+P+jQ}{P-jQ}+jX_S=\frac{U_S^2}{2P}\left(1+\frac{P+jQ}{P-jQ}\right)+jX_S$$

$$=\frac{U_S^2}{2P}\left(1+\frac{Se^{j\varphi}}{Se^{-j\varphi}}\right)+jX_S=\left(\frac{U_S^2}{2P}+jX_S\right)+\frac{U_S^2}{2P}e^{j2\varphi} \tag{9-38}$$

式中的 U_S、X_S 和 P 为常数，而 φ 为变数，因此它是一个圆的方程式，表示在复数阻抗平面上如图 9-18 所示，其圆心 O′的坐标为 $\left(\frac{U_S^2}{2P},\ X_S\right)$，半径为 $\frac{U_S^2}{2P}$。

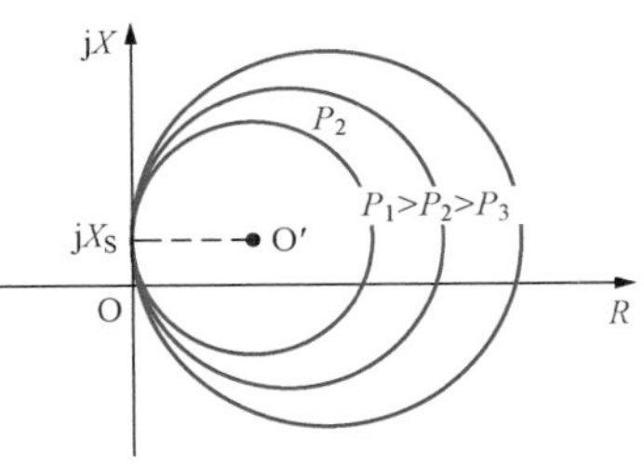

图 9-18　等有功阻抗圆

由于这个圆是在失磁前有功功率 P 不变的条件下作出的，因此称为等有功阻抗圆。由式（9-38）可见，机端测量阻抗的轨迹与 P 有密切关系，对应不同的 P 值有不同的阻抗圆，且 P 越大时圆的直径越小。

发电机失磁以前，向系统送出无功功率，φ 角为正，测量阻抗位于第一象限。失磁以后，随着无功功率的变化，φ 角由正值变为负值，因此测量阻抗也沿着圆周随之由第一象限过渡到第四象限，如图 9-21 和图 9-22 所示。

2. 临界失步点

对汽轮发电机组，当 $\delta=90°$ 时，发电机处于失去静稳定的临界状态，故称为临界失步点。由式（9-36）可得此时输送到受端的无功功率为

$$Q=-\frac{U_S^2}{X_\Sigma} \tag{9-39}$$

式中 Q 为负值，表明临界失步时，发电机自系统吸收无功功率，且为一常数，故临界失步点也称为等无功点。此时机端的测量阻抗为

$$Z_G=\frac{\dot{U}_G}{\dot{I}}=\frac{\dot{U}_S+j\dot{I}X_S}{\dot{I}}=\frac{U_S^2}{\dot{S}}+jX_S \tag{9-40}$$

给式（9-40）右端第一项的分子分母各乘以 $-j2Q$ 得

$$Z_G=\frac{U_S^2}{-j2Q}\frac{P-jQ-(P+jQ)}{P-jQ}+jX_S=\frac{U_S^2}{-j2Q}\left(1-\frac{P+jQ}{P-jQ}\right)+jX_S$$

$$=\frac{U_S^2}{-j2Q}(1-e^{j2\varphi})+jX_S$$

---

[1] 设 $\overset{*}{\dot{U}}_S$ 为 $\dot{U}_S$ 的共轭矢量，则如图 9-17 所示，以 $\dot{I}$ 为基准，与横轴一致，即 $\dot{I}=I$，$\dot{U}_S=U_Se^{j\varphi}=U_S(\cos\varphi+j\sin\varphi)$，$\overset{*}{\dot{U}}_S=U_Se^{-j\varphi}=U_S[\cos(-\varphi)+j\sin(-\varphi)]=U_S(\cos\varphi-j\sin\varphi)$ 则 $\frac{\dot{U}_S}{\dot{I}}=\frac{\dot{U}_S\overset{*}{\dot{U}}_S}{\dot{I}\overset{*}{\dot{U}}_S}=\frac{U_S^2}{U_SI(\cos\varphi-j\sin\varphi)}=\frac{U_S^2}{P-jQ}=\frac{U_S^2}{\dot{S}}$。

代入式（9-39），可得

$$Z_{G}=\frac{X_{d}+X_{S}}{j2}(1-e^{j2\varphi})+jX_{S}=-j\frac{X_{d}-X_{S}}{2}+j\frac{X_{d}+X_{S}}{2}e^{j2\varphi} \tag{9-41}$$

由式（9-39）可知，发电机在输出不同的有功功率 P 而临界失步时，其无功功率 Q 为一常数。因此，在式（9-41）中 φ 为变数，也是一个圆的方程，如图 9-19 所示，其圆心 O′的坐标为 $\left(0, -\frac{X_{d}-X_{S}}{2}\right)$，圆的半径为$\frac{X_{d}+X_{S}}{2}$。这个圆称为临界失步阻抗圆，也称等无功阻抗圆。其圆周为发电机以不同的有功功率 P 临界失步时，机端测量阻抗的轨迹，圆内为失步区。

3. 失步后的异步运行阶段

失步后处于异步运行的发电机，其等效电路如图 9-20 所示。按图 9-17 所规定的电流正方向，机端测量阻抗应为

$$Z_{G}=-\left[jX_{1}+\frac{jX_{ad}\left(\frac{R_{2}}{s}+jX_{2}\right)}{\frac{R_{2}}{s}+j(X_{ad}+X_{2})}\right] \tag{9-42}$$

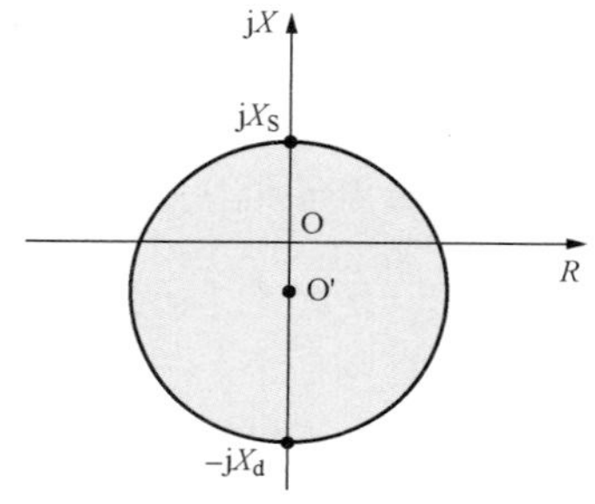

图 9-19 临界失步阻抗圆

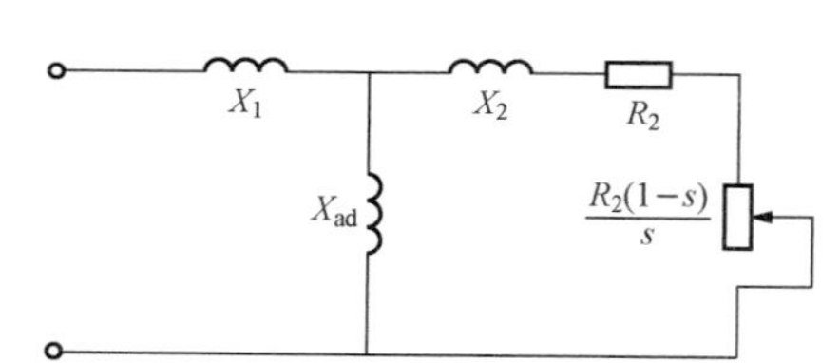

图 9-20 异步电机等效电路图

发电机空载运行中失磁时，转差率 $s\approx0$，$\frac{R_{2}}{s}\approx\infty$，式（9-42）中与$\frac{R_{2}}{S}$相加的项 jX_{2}、$j(X_{ad}+X_{2})$ 皆可忽略不计，此时机端的测量阻抗为最大，即

$$Z_{G}=-jX_{1}-jX_{ad}=-jX_{d} \tag{9-43}$$

发电机在其他运行方式下失磁时，Z_{G} 将随着转差率的增大而减小，并位于第四象限内。极限情况是当 $f_{G}\to\infty$时，$s\to-\infty$，$\frac{R_{2}}{s}$趋近于零，Z_{G} 的数值为最小，等于暂态电抗$-jX''_{d}$。当有阻尼绕组时为次暂态电抗$-jX''_{d}$，如图 9-21 所示。即

$$Z_{G}=-j\left(X_{1}+\frac{X_{2}X_{ad}}{X_{ad}+X_{2}}\right)=-jX'_{d} \tag{9-44}$$

综上所述，当一台发电机失磁前带有功和感性无功状态下运行时，其机端测量阻抗位于复数平面的第一象限（如图 9-21 中的 a 或 a′点），失磁以后，测量阻抗沿等有功阻抗圆向第四象限移动。当它与临界失步圆相交时（b 或 b′点），表明机组运行处于静稳定的极限。越

过 b（或 b′）点以后，转入异步运行，最后稳定运行于 c（或 c′）点，机端测量阻抗在 $-jX''_d$ 和 $-jX_d$ 之间。此时，平均异步功率与调节后的原动机输入功率相平衡。

三、发电机在其他运行方式下的机端测量阻抗

为了便于和失磁情况下的机端测量阻抗（如图 9-22 中的 4 点）进行鉴别和比较，现对发电机在下列几种运行情况下的机端测量阻抗简要说明如下。

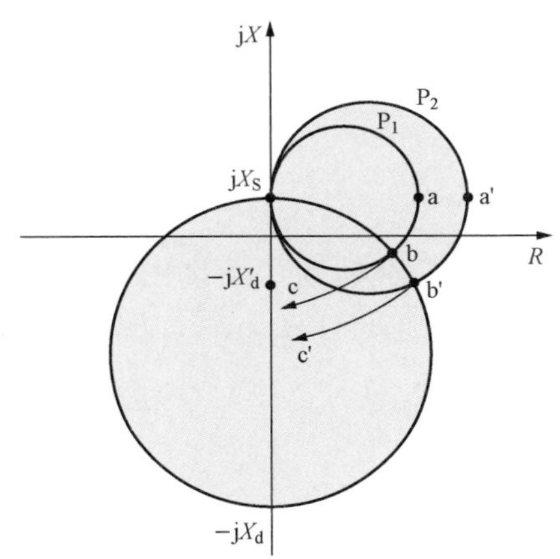

图 9-21 发电机机端测量阻抗在失磁后的变化轨迹

a→b→c 为 P_1 较大时的轨迹；

a′→b′→c′为 P_2 较小时的轨迹

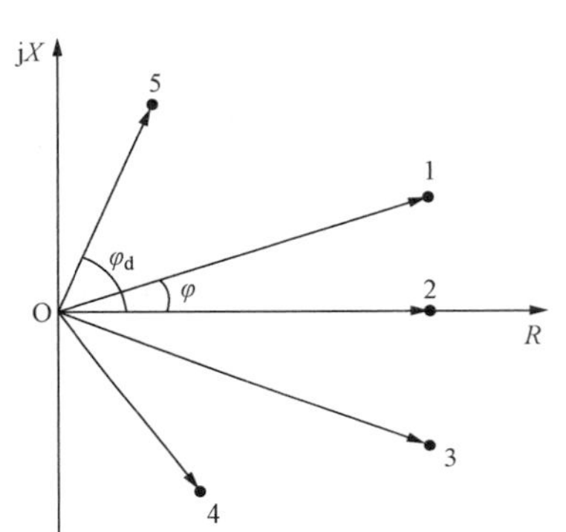

图 9-22 发电机在各种运行情况下的机端测量阻抗

1. 发电机正常运行时的机端测量阻抗

当发电机向外输送有功和感性无功功率时，其机端测量阻抗 Z_G 位于第一象限，如图 9-22中的 1 点所示，它与 R 轴的夹角 φ 为发电机运行时的功率因数角。当设输出电流与 R 轴一致时，此点代表发电机电压的位置。

当发电机只输出有功功率时，测量阻抗位于 R 轴上的 2 点，电压与电流同相。

当发电机向外输送有功，同时从电网吸收一部分感性无功功率（输出的 Q 值变为负），但仍保持同步并列运行，此时测量阻抗位于第四象限的 3 点。

2. 发电机外部故障时的机端测量阻抗

当采用 0°接线方式时，故障相测量阻抗位于第一象限，其大小和相位正比于短路点到保护安装地点之间的阻抗，如图 9-22 中的 5 点。如为非 0°接线时，如继电器接于非故障相电压，则测量阻抗的大小和相位需经具体分析后确定。

3. 发电机与系统间发生振荡时的机端测量阻抗

根据图 9-17（a）的等值电路和振荡对保护影响的分析，当认为系统电压 U_S 所在母线为

无穷大母线，且电压幅值相等（$E_d \approx U_S$）时，振荡中心位于$\frac{1}{2}X_\Sigma$处。当$X_S \approx 0$时，在振荡的暂态情况下发电机的电抗是X'_d，振荡中心即位于$\frac{1}{2}X'_d$处，此时机端测量阻抗的轨迹沿直线OO′变化。如图9-23所示。当$\delta = 180°$时，测量阻抗的最小值为$Z_G = -j\frac{1}{2}X'_d$。

4．发电机自同步并列时的机端测量阻抗

在发电机接近于额定转速，不加励磁而投入断路器的瞬间，与发电机空载运行时发生失磁的情况实质上是一样的。但由于自同步并列的方式是在断路器投入后立即给发电机加上励磁，因此发电机无励磁运行的时间极短。对此情况，应该采取措施防止失磁保护的误动作。

四、失磁保护的构成方式

失磁保护的主要判据是根据失磁后发电机机端测量阻抗的变化轨迹，可采用最大灵敏角为$-90°$的具有偏移特性的阻抗继电器构成发电机的失磁保护，其动作特性如图9-24所示。圆的直径在$-jX_A$和$-jX_B$之间，圆心为O′。为躲开振荡的影响，取$X_A = 0.5X'_d$。考虑到保护在不同转差率下异步运行时能可靠工作，取$X_B = 1.2X_d$。

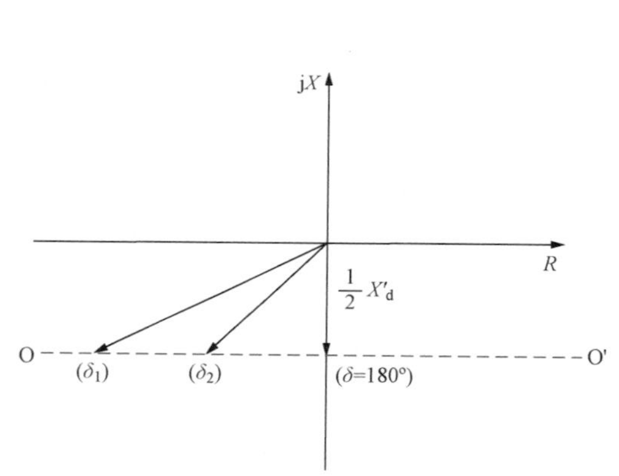

图9-23　系统振荡时机端测量阻抗的变化轨迹

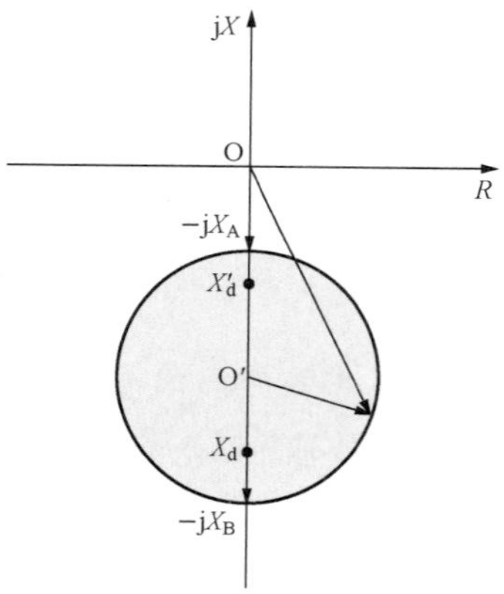

图9-24　失磁保护用阻抗元件特性曲线

通常采用无功功率改变方向、机端测量阻抗是否落在动作圆区内等方法来检测失磁故障。但是仅用以上主要判据来判断失磁故障是不安全的，而且可能判断错误。例如：有时发电机欠励磁运行或励磁调节器调差特性配合不妥，无功功率分配不合理，可能出现无功反向；当系统振荡或有某些短路故障时，测量阻抗也可能进入临界失步圆。因此，为了保证保护动作的选择性，还需要用非正常运行状态下的某些特征作为失磁保护的辅助判据。

根据发电机容量和励磁方式的不同，失磁保护的整体构成方式有如下两种。

1．利用自动灭磁开关连锁跳开发电机断路器

过去发电机失磁保护都是采用这种方式。但实际上发电机失磁并不都是由于自动灭磁开

关跳开而引起的，特别是当采用半导体励磁系统时。由于半导体元件或回路的故障而引起发电机失磁是可能的，而在这种情况下保护将不能动作。因此这种保护方式一般用于容量在100MW以下带直流励磁机的水轮发电机，以及不允许失磁运行的汽轮发电机上。

2. 利用失磁后发电机定子各参数变化的特点构成失磁保护

这种方式的保护所反应的发电机定子参数的变化如机端测量阻抗由第一象限进入第四象限和无功功率改变方向、机端电压下降、功角 δ 增大、励磁电压降低等。目前对容量在100MW及以上的发电机和采用半导体励磁的发电机，普遍增设了这种方式的保护。

（1）图9-25所示为汽轮发电机失磁保护（动作于跳闸）的一种构成方式。图中阻抗元件 Z 是失磁故障的主要判别元件，可按临界失步阻抗圆进行整定；母线低电压元件“$U_G<$”用以监视母线电压，按保证电力系统安全运行所允许的最低电压整定，是失磁故障的另一个主要判别元件。励磁低电压元件“$U_{ed}<$”用作闭锁元件，一般按躲开空载运行时的最低励磁电压整定。

当发电机失磁时，阻抗元件和励磁低电压元件动作，起动“与2”门，立即发出发电机已失步的信号，并经 t_2 延时后，通过或门动作于跳闸。延时 t_2 用以躲开系统振荡或自同步并列时的影响，一般取为1～1.5s。

如果失磁后，机端电压下降到低于安全运行的允许值，则母线低电压元件动作，此时“与1”门起动，经 t_1 后，通过“或”门动作于跳闸。延时 t_1 用以躲开振荡过程中的短时间电压降低或自同步并列时的影响，一般取为0.5～1s。

由于有“$U_{ed}<$”元件的闭锁，因此在短路故障以及电压互感器回路断线时，“与1”门和“与2”门都不可能起动，因而保护装置不会误动作。当电压互感器回路断线时，“$U_G<$”或 Z 误动作后，均可发出电压回路断线信号。当励磁回路电压降低时“$U_{ed}<$”动作发出信号。

（2）图9-26所示为一种新型的、整定值能自动随有功功率 P 变化的转子低电压失磁继电器[4]（简称 U_L-P 继电器）作主要判据而构成失磁保护的方案[4]。

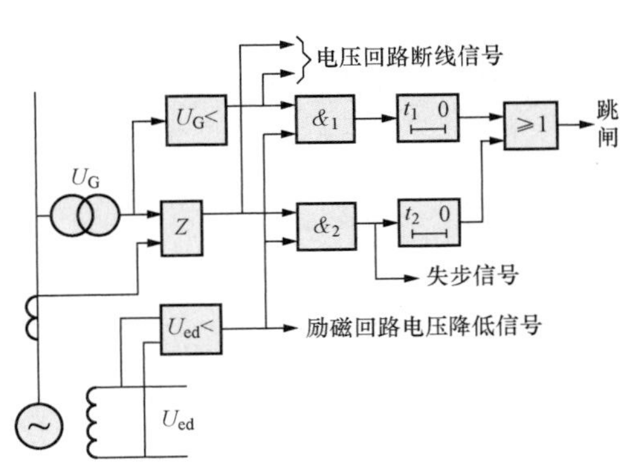

图9-25　汽轮发电机失磁保护原理方框图

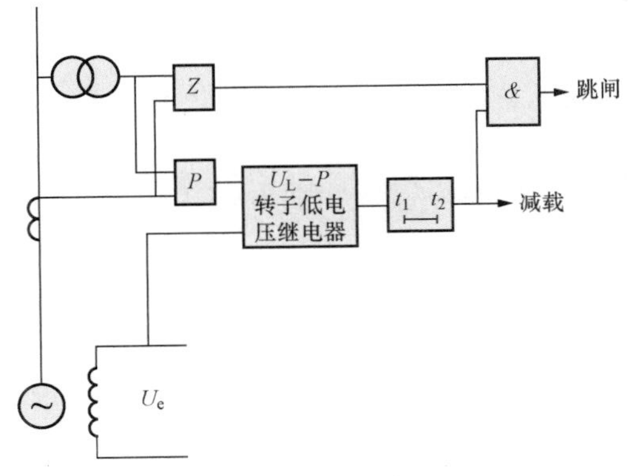

图9-26　以 U_L-P 继电器为主要判据构成失磁保护的方案框图

U_L-P 继电器的主要特点是它的整定值随着发电机有功功率的增大而增大，从而可以灵敏地反应发电机在各种负荷状态下的失磁故障，当失磁后励磁电压降低到整定值时（此时尚未失步，而是预告了必然要失步），它可以比静稳边界提前约 1s 的时间动作，使发电机减载，从而更容易获得减载的效益，例如恢复同步或者进入较小转差率下的异步运行。

该继电器动作后，经 t_1 延时 0.2s 使发电机减载。当达到静稳边界时，反应定子判据的阻抗元件 Z 动作，两者通过与门后可使发电机跳闸。在发电机失磁且 δ 越过 180°之后，转差率 s、功率 P、励磁电压 U_e 等均将出现较大的波动，此时由于 U_L-P 继电器定值的变化，可能出现无规则地动作和返回，为了保证 δ 越过 180°之后，保护装置可靠动作，增设了 t_2 延时返回（或记忆）的电路。

对于用其他方式构成的失磁保护，以及水轮发电机失磁保护的特点，本书从略，可参阅参考文献［3］。

第八节　发电机—变压器组继电保护

随着大容量机组和大型发电厂的出现，发电机—变压器组的单元式接线方式在电力系统中获得了广泛的应用。在发电机和变压器上可能出现的故障和不正常运行状态，在发电机—变压器组上也都可能发生，因此，其继电保护装置也应能反应发电机和变压器单独运行时所应该反应的那些故障和不正常运行状态。例如，在一般情况下，应装设纵联差动保护、横差动保护（当发电机的每相有并联的支路时）、瓦斯保护、定子绕组单相接地保护、后备保护、过负荷保护以及励磁回路故障的保护等。

但由于发电机和变压器的成组连接，相当于一个工作元件，因此，就能够把发电机和变压器中某些性能相同的保护合并成一个对全组公用的保护。例如，装设公共的纵联差动保护、后备（过电流）保护、过负荷保护等。这样的结合，可使发电机—变压器组的继电保护变得较为简单和可靠。

现将发电机—变压器组纵联差动保护及发电机电压侧单相接地保护的特点说明如下。

一、发电机—变压器纵联差动保护的特点

（1）当发电机和变压器之间无断路器时，容量在 100MW 及以下者一般只装设整组共用的纵联差动保护，如图 9-27（a）所示。但对容量在 100MW 以上的发电机组，除公共差动保护外，发电机还应装设单独的纵联差动保护，如图 9-27（b）所示。对 200MW 及以上大型机组要求发电机、变压器的纵联差动保护按双重化原则配置，除公共差动保护外，发电机和变压还应装设单独的纵联差动保护，与公共的纵联差动保护一起实现快速保护的双重化。

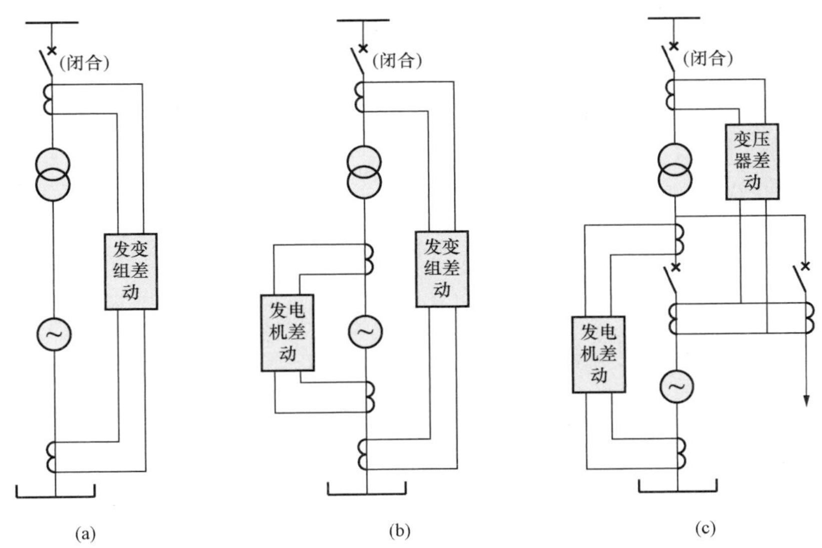

图 9-27　发电机变压器组纵联差动保护单相原理图

（2）当发电机与变压器之间有断路器时，发电机和变压器应分别装设纵联差动保护，如图 9-27（c）所示。

（3）当发电机与变压器之间有分支线时（如厂用电出线）应把分支线也包括在差动保护范围以内，其接线如图 9-27（c）所示。这时分支线上电流互感器的变比应与发电机回路的相同。

二、发电机—变压器组的单相接地保护

1. 发电机侧单相接地保护

对于发电机—变压器组，由于发电机与系统之间没有电的联系，因此发电机定子接地保护可以简化。

对发电机—变压器组，其发电机的中性点一般不接地或经消弧线圈接地。发生单相接地时的接地电容电流（或补偿后的接地电流）通常小于表 9-1 的允许值，故接地保护可以采用零序电压保护，作用于信号。对大容量的发电机也应装设保护范围为 100%的定子接地保护。

发电机侧单相接地保护由接于机端电压互感器开口三角侧的零序过电压继电器（或元件）、时间继电器（或元件）组成，动作后发出信号。

2. 变压器高压侧接地短路的零序保护

（1）变压器高压侧零序过电流保护由装于变压器中性点侧的电流互感器、电流继电器和时间继电器组成。当变压器的中性点接地运行时，发生接地故障后，中性点将流过三倍零序电流，因此保护装置动作，经预定延时后直接跳开高压侧断路器。

（2）当有两个变压器的变电站中有变压器的中性点不接地运行时，为防止系统发生接地故障（如图 9-28 的 k 点）中性点接地的变压器 T1 跳开后，变压器 T2 变为带有一点接地故

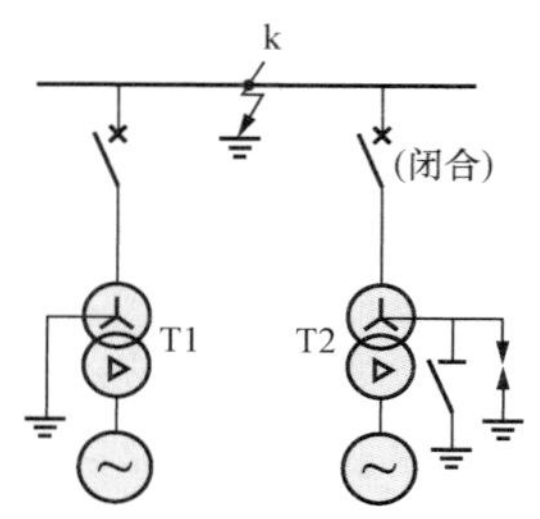

图 9-28 变压器中性点不接地运行时的过电压保护和零序电流保护

障的不接地系统运行，从而使中性点产生过电压，因此在变压器中性点还应装设带放电间隙的过电压保护和零序电流保护，如图 9-28 所示，以便在中性点直接接地的变压器跳开时保护中性点未直接接地的变压器。

三、反应相间故障的后备保护

在设置发电机—变压器组后备保护时，将发电机—变压器组作为一个整体考虑，其后备保护既作为发电机—变压器组的后备，又作为高压母线相间故障的后备。其电流元件接在发电机中性点侧的电流互感器上，电压元件接在机端的电压互感器上。其原理和整定方法和发电机、变压器单独的后备保护相似。

1. 复合电压起动的过电流保护

复合电压起动的过电流保护由负序电压继电器、一个相间低电压继电器、电流继电器和时间继电器组成。电压继电器接于发电机出线侧电压互感器的二次侧，电流继电器接于发电机中性点侧的电流互感器上。

当发生相间短路时，低电压继电器反应三相短路时的电压降低，因此只需要一个低电压继电器接在一个线电压上，动作后开放电流保护，使其动作时能够跳闸。

如果只有低电压继电器动作而过电流继电器并未动作，则可能是故障较远，也可能是电压互感器二次回路故障，应检查电压回路。

负序电压继电器用于反应不对称故障。因为正常运行时无负序电压，其整定值只须躲过三相短路或系统振荡时的不平衡负序电压，因而灵敏度很高。

2. 对称过负荷保护

对称过负荷保护由接于一相上的电流继电器和时间继电器组成，动作后发出信号；也可以设置两个时限。短时限用于发信号，长时限用于跳闸。

四、大型发电机—变压器组主保护配置举例[2]

在图 9-29 中给出了一个大型发电机—变压器组主保护配置的例子。图中互感器 TA1 与 TA2 构成发电机不完全纵联差动保护。TA5 与 TA6 构成发变组不完全纵联差动保护，而 TA3 与 TA4 构成变压器的完全纵联差动保护。TA0 为发电机的单元件零序横差动保护。

设 I_{NG} 为发电机的一次额定电流；I_{2n} 为发电机的二次额定电流；α 为发电机每相的支路数；N 为 TA1 所包括的支路数。则 TA1 的变比按 $n_{TA}=\frac{I_{NG}}{a}N/I_{2n}$ 条件选择；TA2 的变比按 I_{NG}/I_{2n} 条件选择，因此 TA1 的变比一定不同于 TA2 的变比。对于微机保护，TA1、TA2 可取相同变比，由软件调平衡。其他电流互感器的变比也按同样的原理选择。包括变压器在内的差动保护电流互感器变比选择要考虑到变压器的变比和 Yd 接线的电流相位移。

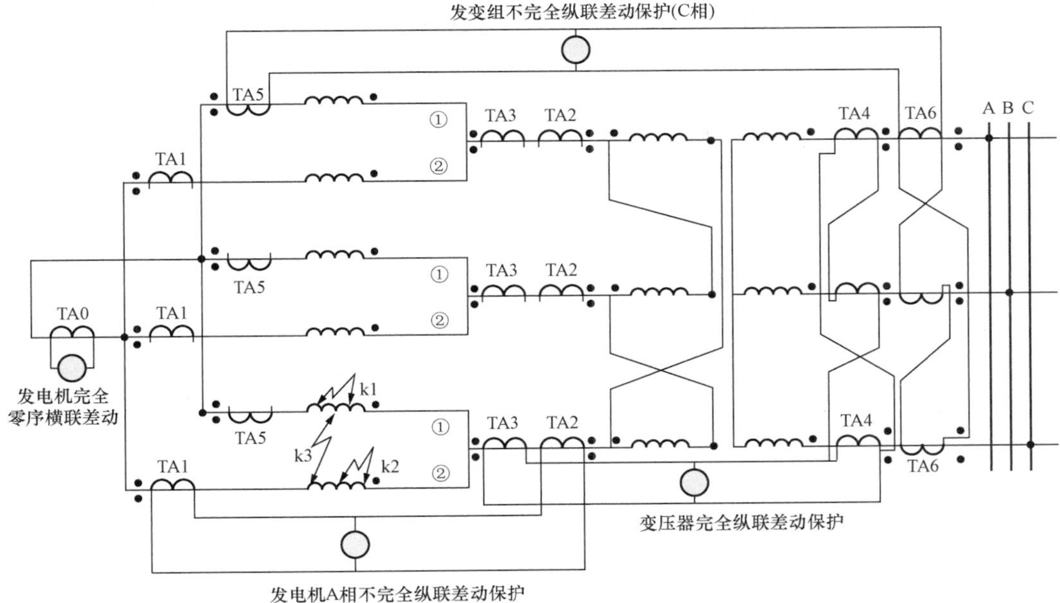

图 9-29　大型发电机—变压器组主保护配置举例

前面已讨论过图中所示的几种匝间短路和未示出的相间短路都可由完全纵联差动、不完全纵联差动和横差动保护动作切除。

第九节　微机发电机差动保护

一、采样值纵联差动保护

设发电机中性点侧和机端相电流的正方向都是指向发电机内部，不考虑电流互感器误差时，电流瞬时采样值在每一时刻都满足基尔霍夫定律。其绝对值比较的动作方程为

$$|i_{op}(k)| > |i_{res}(k)|$$

$$i_{op}(k) = i_N(k) + i_T(k)$$

$$i_{res}(k) = i_N(k) - i_T(k)$$

式中：$i_{op}(k)$ 为采样值差动保护的动作量亦即差动电流；$i_N(k)$ 为中性点侧电流采样值；$i_T(k)$为机端电流采样值；$i_{res}(k)$ 为采样值差动保护的制动量；k 为采样次数的顺序号。

为防止短时干扰和电流过零点的影响，应重复判定多次再发出跳闸命令。当流过的电流很大且包含有很大的非周期分量时，电流互感器只在短路后最初的 1/4～1/2 周期以前有良好的线性传变特性，因此，要求采样值纵联差动保护必须在半周期内作出判断，之后闭锁保

护。但为了保证制动特性，要求有 1/4 周波以上时间满足动作条件才可出口，即要求重复判定时间在 1/4 周期以上。

二、基波相电流纵差动保护

基波相量纵差保护动作方程主要有以下两种。

动作方程 1 为

$$|\dot{I}_{\rm N}+\dot{I}_{\rm T}|>K|\dot{I}_{\rm N}-\dot{I}_{\rm T}|$$

动作方程 2 为

$$|\dot{I}_{\rm N}+\dot{I}_{\rm T}|^2>SI_{\rm N}I_{\rm T}\cos\theta$$

式中：$\dot{I}_{\rm N}$ 为发电机中性点基波电流；$\dot{I}_{\rm T}$ 为发电机机端基波电流；θ 为 $\dot{I}_{\rm N}$ 和 $\dot{I}_{\rm T}$ 间的相角差。

其中 K 值要求小于 1，以保证单侧电源内部短路时不拒动。动作方程 2 称为标积制动特性。根据动作方程 1 和 2 可以推导出系数 K 和 S 之间的关系为

$$S=\frac{4K^2}{1-K^2}$$

微机发电机差动保护的功能包括差动速断部分、比率制动部分、电流互感器二次断线及差流越线告警部分，如图 9-30 所示。

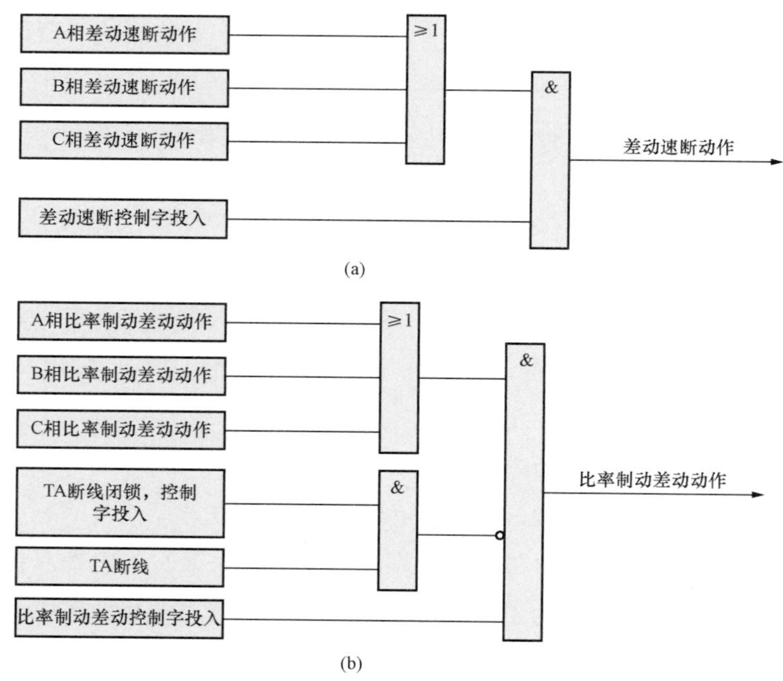

图 9-30 微机发电机差动保护的功能框图（一）

（a）差动速断；（b）比率制动差动

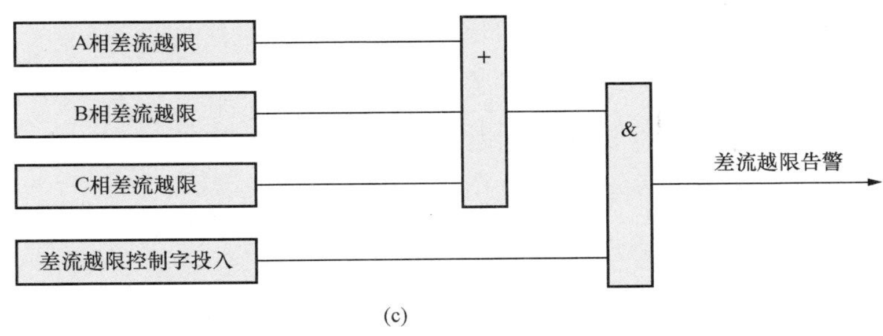

(c)

图 9-30　微机发电机差动保护的功能框图（二）
(c) 差流越限告警

差动速断部分主要是为了快速切除严重内部故障，其整定值一般取发电机额定电流的3～12倍。视非周期分量的大小和电流互感器的饱和情况而定。差动速断部分整定值很大，不受电流互感器TA二次断线的影响。

发电机差动保护从原理上不能反应单相接地与匝间短路故障，而只反应相间故障，因此，对于大型每相有两个以上分支的发电机的微机保护还应设置不完全纵联差动保护（接地保护）和横差动保护，此处从略。

当差流越限时发出告警信息，差流越限告警可检查差动保护的接线是否有错误。

复习思考题

1. 大型每相有多分支的汽轮发电机的保护装置应采用哪些保护原理？

2. 大型每相有多分支的水轮发电机的保护配置和汽轮发电机有何不同？

3. 大型发电机的不完全纵联差动保护如何构成？它能反应哪些故障？

4. 何谓完全和不完全裂相横差动保护？如何构成？它能反应哪些故障？

5. 何谓零序横差动保护？如何构成？它和裂相横差动保护有何区别？

6. 发电机定子单相接地时接地点的电流是怎么产生的？300MW发电机允许的最大接地点电流是多大？单相接地电流对发电机有何危害？

7. 在什么条件下对发电机定子单相接地可以实现零序电流保护？为什么单相接地的零序电流保护和零序电压保护在中性点附近都有死区？

8. 如何构成100%的发电机单相接地保护？动作的判据是什么？发电机中三次谐波电势是如何产生的？为什么说三次及其整倍数的电压电流都具有零序的性质？

9. 在什么条件下允许大型汽轮发电机短时失磁运行？

10. 为什么不允许大型水轮发电机失磁运行？

11. 试简述发电机从失磁到进入稳定异步运行的过程和机端测量阻抗变化的过程。等有功圆和等无功圆各代表哪个阶段？

12. 试列举发电机失磁保护的主判据和辅助判据。

13. 为什么发电机转子绕组两点接地时零序横差动保护会误动？是否允许其误动跳闸？

14. 设置负序反时限过电流保护的目的是什么？应如何整定？

15. 发电机应设哪些相间短路的后备保护？

16. 对大型发电机—变压器组应设哪些保护？

17. 发电机的逆功率保护是针对什么情况而设置的？

主要参考文献

[1] 电力工程电气设计手册．第2册．北京：中国电力出版社，1999.

[2] 王维俭．电气主设备继电保护原理与应用．2版．北京：中国电力出版社，1996.

[3] 姚晴林．同步发电机失磁及其保护．北京：机械工业出版社，1981.

[4] 赵建国，姚晴林．整定值随有功功率自动变化的新型转子低电压失磁继电器的研究．电力系统自动化，1984（7）．47-55.

第十章　母线保护

第一节　母线的故障与保护方法

一、母线的故障

母线为电能集中和供应的枢纽，是电力系统中的一个重要组成元件。运行经验表明，母线可能发生各种相间短路故障和单相接地短路故障。

引起母线短路故障的主要原因有断路器套管及母线绝缘子的闪络、母线电压互感器的故障、运行人员的误碰和误操作（如带负荷拉隔离开关、带接地线合断路器等[1]）。

当母线发生故障时，将使连接在故障母线上的所有支路短时停电。在故障母线修复期间，或转换到另一组无故障的母线上运行，或被迫停电。此外，在电力系统中枢纽变电站的母线上故障时，还可能引起系统稳定的破坏，造成大面积停电事故，因此必须采取相应的措施消除或减小母线故障所造成的后果。

二、母线故障的保护方法

1. 利用相邻元件保护装置切除母线故障

由于母线故障概率较低，而实现母线保护需要将所有接于母线支路的保护的二次回路和跳闸回路聚集在一起，结构复杂，极容易由于一个元器件或回路的故障，尤其是人为的误碰、误操作使母线保护误动作，使大量电源和线路被切除，造成巨大损失。35kV 及以下电压的母线，对保护快速性要求不太高时一般不采用专门的母线保护[2]，可以利用母线上其他供电支路的保护装置以较小的延时切除母线故障。

（1）如图 10-1 所示的发电厂采用单侧电源单母线接线，此时母线上的故障就可以利用发电机的过电流保护使发电机的断路器跳闸予以切除。

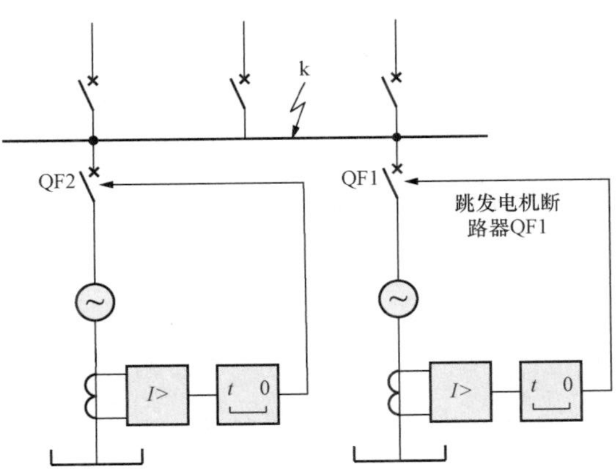

图 10-1　利用发电机的过电流保护切除母线故障

（2）如图 10-2 所示的降压变电站，低压母线上的故障就可以由相应变压器的过电流保护先跳开低压母线分段断路器。如果故障不消失，保护不复归时再跳开变压器两侧断路器。

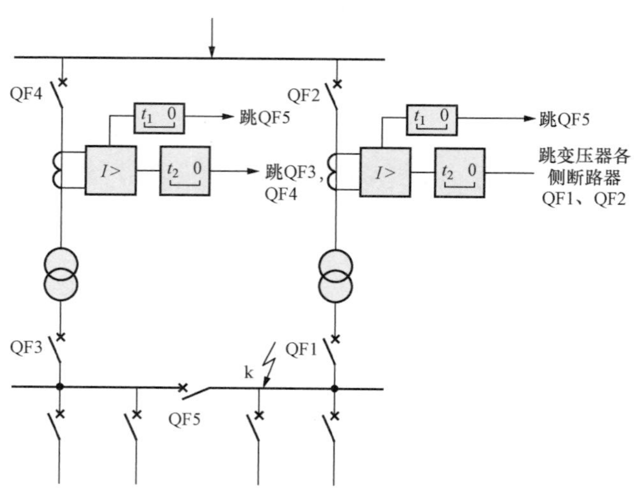

图 10-2　利用变压器的过电流保护切除低压母线故障

（3）如图 10-3 所示的双侧电源网络（或环形网络），当变电站 B 母线上 k 点短路时，则可以由保护 1 和 4 的第Ⅱ段动作予以切除等。

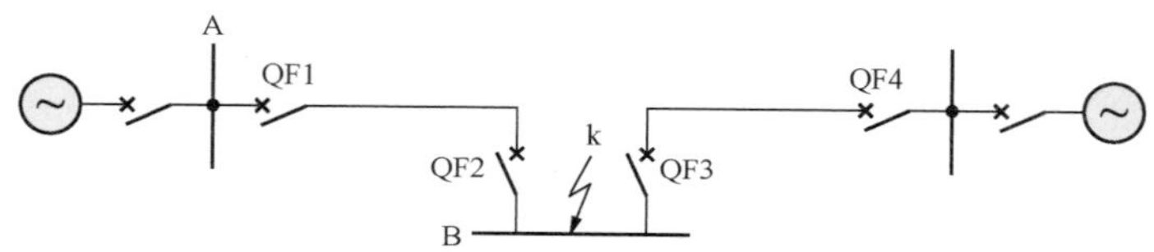

图 10-3　在双侧电源网络上利用电源侧的保护切除母线故障

2. 装设专门的母线保护

若母线故障时电压降低影响全系统的供电质量和系统稳定运行，必须快速切除，用所连接元件的后备保护切除母线故障，时间较长，使系统电压长时间降低，不能保证安全连续供电，甚至造成系统稳定的破坏。此外，当双母线同时运行或母线为单母线分段时，利用相邻元件后备保护不能保证快速地有选择性地切除故障母线。此时应装设专门的母线保护，具体原则为：

（1）在 110kV 及以上的双母线和分段的单母线上，为保证有选择性地切除任一组（或段）母线上发生的故障，而另一组（或段）无故障的母线仍能继续运行，应装设专用的母线保护。

（2）110kV 及以上的单母线，重要发电厂的 35kV 母线或高压侧为 110kV 及以上的重要降压变电站的 35kV 母线，按照装设全线速动保护的要求必须快速切除母线上的故障时应装设专用的母线保护。

第二节　母线保护的基本原理

为满足速动性、选择性的要求，母线保护都是按差动原理构成的。由于母线上一般连接着较多的电气元件（如线路、变压器、发电机等），因此其差动保护基本原则有如下几项：

（1）当正常运行以及母线范围以外故障时，在母线上所有连接支路中流入的电流和流出的电流相等，或表示为 $\sum\dot{I}=0$。

（2）当母线上发生故障时，所有与电源连接的支路都向故障点供给短路电流，而在供电给负荷的连接支路中电流几乎等于零，因此 $\sum\dot{I}=\dot{I}_k$（短路点的总电流）。

（3）如从每个连接支路中电流的相位来看，则在正常运行以及外部故障时，至少有一个支路中的电流相位和其余支路中的电流相位是相反的。具体来说，就是电流流入的支路和流出的支路的电流相位相反。而当母线故障时，除电流几乎等于零的负荷支路以外，其他支路中的电流都是流向母线上的故障点，因此基本上是同相位的。

现结合以上原则，举例说明如下。

一、母线电流差动保护

母线电流差动保护原理简单可靠，应用最广。该保护的原理按其保护范围可分为完全差动保护和不完全差动保护两种。

母线完全差动保护是将母线上所有的各连接支路的电流互感器按同名相、同极性接到差流回路；各支路应采用具有相同变比和特性的电流互感器，若电流互感器变比不相同时可采用中间变流器等方式进行补偿，在微机保护中可采用平衡系数平衡以保证在母线无故障情况下满足 $\sum\dot{I}=0$。该保护的原理接线如图 10-4 所示。

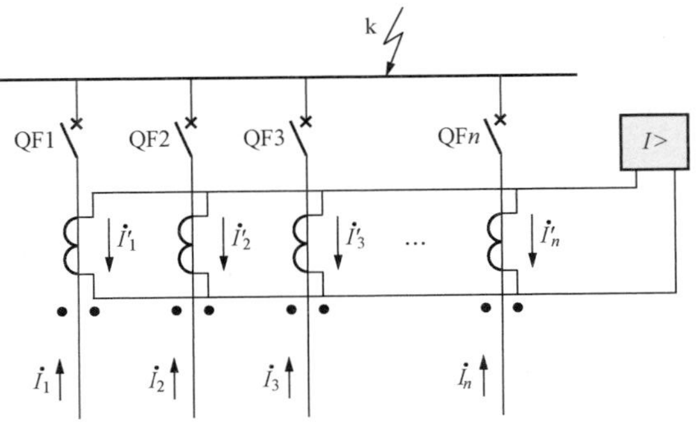

图 10-4　完全电流差动保护的原理接线图

在正常运行及外部故障时，母线的流入流出电流之矢量和 $\sum\dot{I}=0$。因此，母线差流回路中的电流是由于各电流互感器特性不同而引起的不平衡电流 I_{unb}，其值相对较小。当母线上 k 点发生故障时，所有与电源连接的支路都向 k 点供给短路电流。此时母线差流回路中的电流为

$$\dot{I}_d=\dot{I}'_1+\dot{I}'_2+\dot{I}'_3=\frac{1}{n_{TA}}(\dot{I}_1+\dot{I}_2+\dot{I}_3)=\frac{1}{n_{TA}}\dot{I}_k \tag{10-1}$$

$\dot{I}_k$ 为故障点的全部短路电流，其值很大。因此，母线差动保护动作，使所有连接支路的断路器跳闸。母线完全电流差动保护的动作电流按下述条件整定，并取其最大值。

（1）躲过外部短路故障时产生的最大不平衡电流。当所有电流互感器的二次负载阻抗均按 10％误差曲线选择，且差动继电器采用具有速饱和铁芯的继电器时，其起动电流整定值 I_{set} 可计算为

$$I_{set}=\frac{K_{rel}K_{er}I_{k.max}}{n_{TA}} \tag{10-2}$$

式中：K_{rel} 为可靠系数，取 1.5；K_{er} 为电流互感器的 10％误差，取 0.1；n_{TA} 为母线保护用电流互感器的变比；$I_{k.max}$ 为在母线范围外任一连接支路上短路时，流过差动保护电流互感器的最大短路电流幅值。

（2）由于母线差动保护电流回路中连接的支路较多，接线复杂，因此电流互感器二次回路断线的概率比较大。为了防止在正常运行情况下，任一电流互感器二次回路断线时引起保护装置误动作，起动电流整定值 I_{set} 应大于任一连接支路中的最大负荷电流 $I_{L.max}$，即

$$I_{set}=\frac{K_{rel}I_{L.max}}{n_{TA}} \tag{10-3}$$

式中：K_{rel} 为可靠系数，取 1.3；$I_{L.max}$ 为最大负荷电流。

当母线保护范围内发生故障时，应采用下式校验灵敏系数

$$K_{sen}=\frac{I_{k.min}}{I_{set}n_{TA}} \tag{10-4}$$

其值一般应不低于 2。

其中 $I_{k.min}$ 应采用实际运行中可能出现的连接支路最少时，在母线上发生故障的最小短路电流值。

需要说明的是，在实际应用中，为了提高母线完全电流差动保护的灵敏度，仍需要采取措施解决外部故障时差流回路的不平衡电流问题。目前，普遍采用的是具有各种制动特性的母线电流差动保护。母线的完全电流差动保护原理简单，适用于单母线或双母线经常只有一组母线运行的情况。

所谓母线不完全电流差动保护，是只将连接于母线的各有电源支路的电流接入差流回路，而无电源支路的电流不接入差流回路[3]。因而在无电源支路上发生的故障将被认为是母线差动保护范围内的故障。此时差动保护的定值应大于所有这种线路的最大负荷电流之和，这样在正常运行情况下差动保护才不会误动作。

二、电流相位比较式母线保护

电流相位比较式母线保护的基本原理是根据母线在内部故障和外部故障时各连接支路电流相位的变化来实现的。

为简单说明保护工作的基本特点，假设母线上只有两个连接支路，如图 10-5 所示。当母线正常运行及外部故障时（如 k1 点），电流 $\dot{I}_{\mathrm{I}}$ 流入母线，电流 $\dot{I}_{\mathrm{II}}$ 由母线流出，按规定的电流正方向，$\dot{I}_{\mathrm{I}}$ 和 $\dot{I}_{\mathrm{II}}$ 大小相等相位相差 180°，如图 10-5（a）所示。而当母线内部故障时（k2

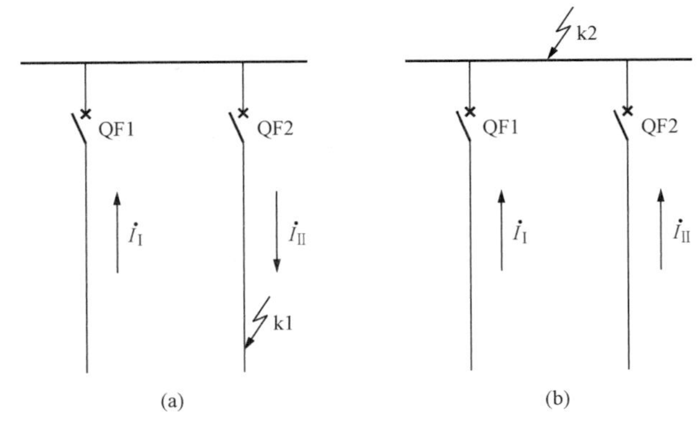

图 10-5 母线外部与内部故障时电流流向

（a）外部故障；（b）内部故障

点)，$\dot{I}_{\mathrm{I}}$ 和 $\dot{I}_{\mathrm{II}}$ 都流向母线，在理想情况下两者相位相同，如图 10-5（b）所示。显然，对母线上各支路电流进行相位比较，便可判断内部或外部故障。

采用电流比相式母线保护的特点是：

（1）保护装置的工作原理是基于相位的比较，而与幅值无关；因此在采用正确的相位比较方法时，无须考虑电流互感器饱和引起的电流幅值误差，提高了保护的灵敏性。

（2）当母线连接支路的电流互感器型号不同或变比不一致时，仍然可以使用，此种保护放宽了母线保护的使用条件。

三、母线差动保护的分类

母线保护按照其实现原理来说，包含上述电流差动原理、电流相位比较原理以及母联电流相位比较（见本章第三节）等。另外，母线差动保护常根据差流回路的电阻大小，亦分为低阻抗型、中阻抗型和高阻抗型母线差动保护。

所谓低阻抗型母线差动保护是指接于差流回路的电流继电器阻抗很小，只有数欧姆。因此，母线上各连接支路的电流互感器二次侧负载小，二次侧电压很低，故电流互感器饱和度小。当保护范围内部故障时，全部故障电流流经阻抗很低的差流回路时，差流回路上的电压不会很大，且不会增大电流互感器的负担而使电流互感器饱和产生很大误差。但是，当外部故障时，全部故障电流将流过故障支路，使其电流互感器出现饱和时，母线差流回路中由于阻抗很小会通过很大的不平衡电流。因此，低阻抗型母线差动保护必须抬高定值，或采取复杂的制动措施，或采取可靠的电流互感器 TA 饱和判别，以防止母线差动保护误动。低阻抗型母线保护差流回路中的差动继电器一般采用内阻很低的电流差动继电器，故又被称为电流型母线差动保护。常规低阻抗型母线差动保护如图 10-4 所示。微机母线差动保护是用计算的方法获得差流，与整定电流直接比较。差流不通过任何继电器的阻抗，因此无所谓低阻抗、中阻抗或高阻抗，但其原理与低阻抗式母线电流差动保护相似。鉴于微机母线保护强大的计算分析能力，可实现电流互感器饱和的识别及保护的可靠闭锁，因此目前微机母线差动保护在我国电力系统应用很广。

为克服低阻抗母线差动保护在区外故障时，由于电流互感器 TA 饱和可能造成的保护误动问题，可在差流回路中串入一高阻抗，或将电流差动继电器改为内阻很大的电压继电器，其值可达数千欧姆，如图 10-6（a）所示，即高阻抗型母线差动保护，又称为电压型母线差动保护[4]。

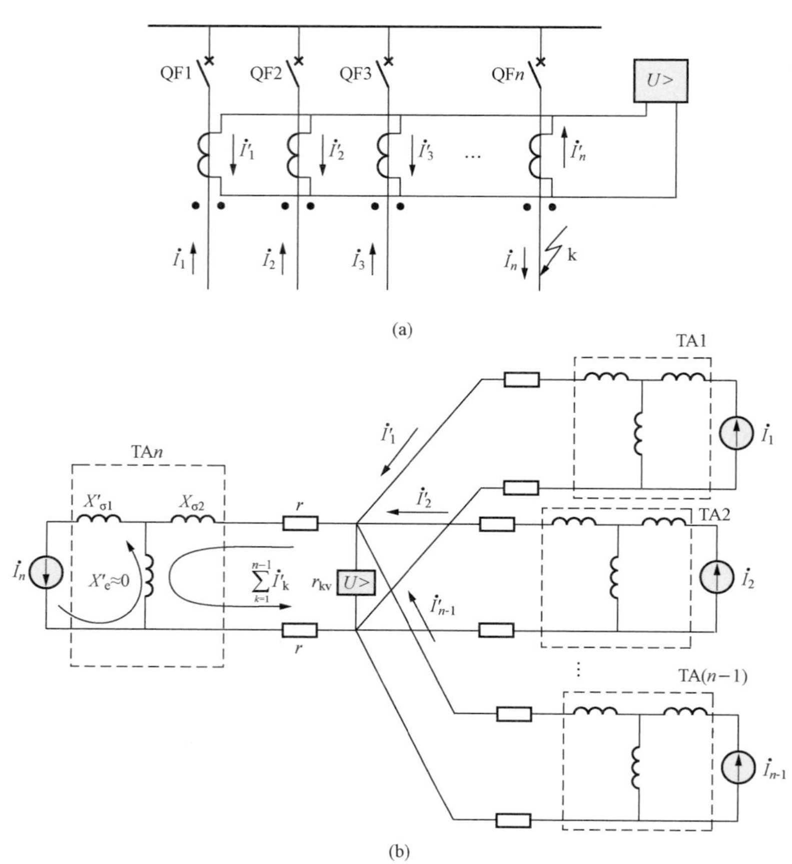

图 10-6 高阻抗型母线差动保护

（a）原理接线图；（b）母线外部故障且故障支路电流互感器 TA 饱和时的等效电路

假设母线外部故障，故障点在第 n 条支路上，此时高阻抗型母线差动保护的等效电路如图 10-6（b）所示。图中虚线框对应各支路电流互感器 TA 的等效电路，$X'_{\sigma1}$、$X_{\sigma2}$ 分别为相应电流互感器 TA 的一、二次绕组折合到二次侧的漏抗；X'_{e} 为相应电流互感器 TA 的折合到二次侧的励磁阻抗。r 为故障支路电流互感器 TA 至电压继电器的二次回路连线的阻抗值，r_{kv} 为电压差动继电器的内阻。

外部短路时，若包括故障支路在内的各支路的电流互感器 TA 都不饱和，则电压差动继电器回路中电流为零，母线保护不误动。若故障支路电流互感器 TA 深度饱和，即其励磁电抗 $X'_{e}\approx0$，故障支路的一次电流全部流入其励磁支路，其二次支路无电流输出。然而，由于电压差动继电器内阻 r_{kv} 很高，而此时各条非故障支路的二次电流之和不为零，产生很大的不平衡电流。该不平衡电流将难以进入高阻抗差动继电器，而被迫通过故障支路电流互感器 TA 的二次绕组流通。因此，电压差动继电器中的电流仍然基本为零，母线保护不误动。而当内部故障时，各支路二次电流均流入电压差动继电器，电流较大，电压继电器两端出现高电压，使母线保护动作。

可见，高阻抗型母线差流回路阻抗很大，因此可减小外部故障时故障支路电流互感器TA饱和时差流回路的不平衡电流，不需要制动。但在内部故障时，差流回路可产生危险的过电压，必须用过电压保护回路减小此过电压，以保证既能使继电器动作，又不会因过电压而引起设备损坏和人身安全问题。

中阻抗型母线差动保护实际上是上述两种母线差动保护的折中方案。差流回路接入一定的阻抗，约300Ω，采用特殊的制动回路既能减小不平衡电流的影响，又不产生危险的过电压，不需要专门的过电压保护回路。中阻抗型母线差动保护将高阻抗特性与低阻抗比率制动特性两者有效结合，在处理电流互感器TA饱和方面具有独特的优势，因此在我国电力系统中得到广泛的应用。本书不再详述，参见参考文献[5]。

第三节　双母线同时运行时的母线差动保护

前文所述母线差动保护一般仅适用于单母线或双母线经常只有一组母线运行或不并列运行的情况。对于双母线以一组母线运行的方式，在母线上发生故障后，将造成连接于母线的所有支路停电，需要把其所连接的支路倒换到另一组母线上才能供电，这是该运行方式的一个缺点。因此，对于发电厂和重要变电站的高压母线，一般采用双母线同时运行，母线联络断路器处于投入状态。为此，要求母线保护具有选择故障母线的能力，现就几种实现方法说明如下。

一、双母线固定连接方式的完全电流差动保护

双母线同时运行时按照一定的要求，每组母线上都固定连接约二分之一的供电电源和输电线路。这种母线运行方式称为固定连接式母线。这种母线的差动保护称为固定连接式母线电流差动保护。对于双母线按固定连接方式同时运行时，就必须要求母线差动保护具有选择故障母线的能力。

1. 基本工作原理

双母线同时运行时支路固定连接的电流差动保护单相原理接线如图10-7所示。

（1）保护功能组成部分。保护功能组成部分主要由三组差动保护组成。

第一组由电流互感器TA1、TA2、TA6，以及差动继电器KD1组成。该部分可构成选择母线Ⅰ故障的保护，故也被称为母线Ⅰ的小差动。母线Ⅰ故障时，差动继电器KD1起动后使中间继电器KM1动作，利用KM1触点将母线Ⅰ上连接支路的断路器QF1、QF2跳开。

第二组由电流互感器TA3、TA4、TA5，以及差动继电器KD2组成。该部分构成选择母线Ⅱ故障的保护，故也被称为母线Ⅱ的小差动。母线Ⅱ故障时，KD2起动KM2，跳开母线Ⅱ上连接支路的断路器QF3、QF4。这样连接可将母联断路器QF5附近区域置于保护范围之内。

第三组由电流互感器TA1～TA4，以及差动继电器KD3组成。该部分可构成包括母线Ⅰ、Ⅱ故障均在内的保护，故也被称为母线Ⅰ、Ⅱ的大差动，实际上是整套母线保护的起动

元件，任一母线故障时差动继电器 KD3 动作，首先断开母联断路器使非故障母线正常运行，同时给两个小差动（选择元件）继电器的接点接通直流电源。在 KD1 或 KD2 动作而 KD3 不动作的情况下，母线保护不能跳闸，从而有效保证了双母线固定连接方式破坏情况下母线保护不会误动。

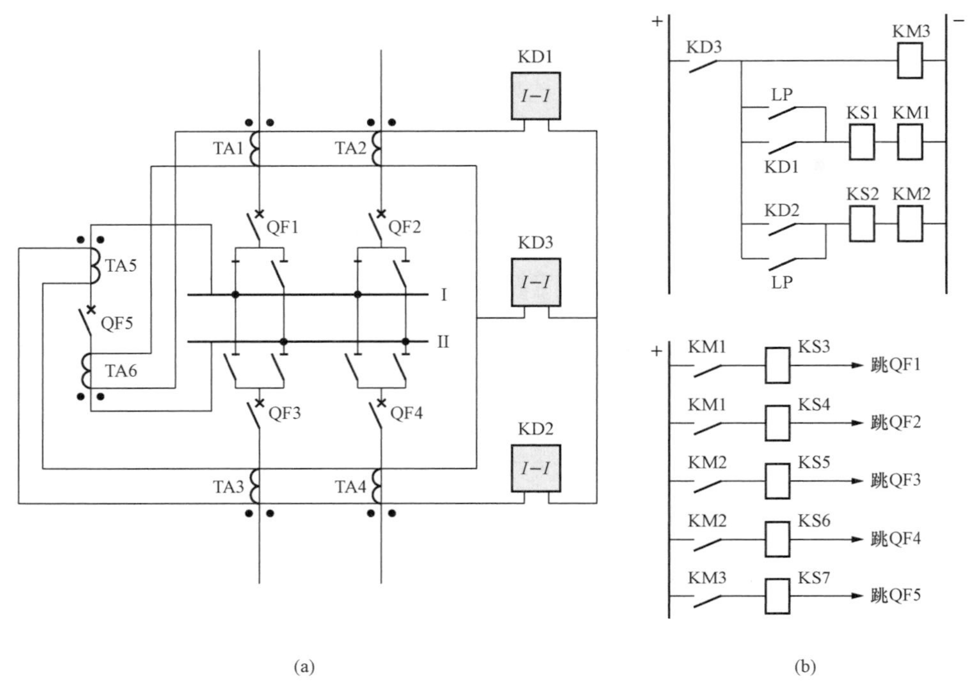

图 10-7　双母线同时运行时支路固定连接的电流差动保护单相原理接线图

（a）交流回路接线图；（b）直流回路展开图

（2）正常运行或区外故障时母线差动保护动作情况。对于如图 10-7 所示的支路固定连接方式，当母线正常运行或保护区外（k1 点）故障时，可知差动保护二次电流分布如图 10-8（a）所示。由图可见，流经差动继电器 KD1、KD2、KD3 的电流均为不平衡电流，而差动保护的动作电流是按躲过外部故障时最大不平衡电流来整定的，因此差动保护不会动作。

（3）区内故障时母线差动保护动作情况。保护区内故障时，如母线 Ⅰ 的 k2 点发生故障，差动保护二次电流分布如图 10-8（b）所示。

母线Ⅰ故障时，由二次电流分布来看，流经差动继电器 KD1、KD3 的电流为全部故障二次电流，而差动继电器 KD2 中仅有不平衡电流流过。因此，KD1、KD3 动作，KD2 不动作。

实际应用中，母线差动保护的动作逻辑是差动继电器 KD3 首先动作并跳开母线联络断路器 QF5，之后差动继电器 KD1 仍有二次故障电流流过，即对母线 Ⅰ 的故障具有选择性，动作于跳开母线Ⅰ上连接支路的断路器 QF1、QF2；而差动继电器 KD2 无二次故障电流流过，因此，无故障的母线Ⅱ继续保持运行，提高了电力系统供电的可靠性。读者可自行分析。

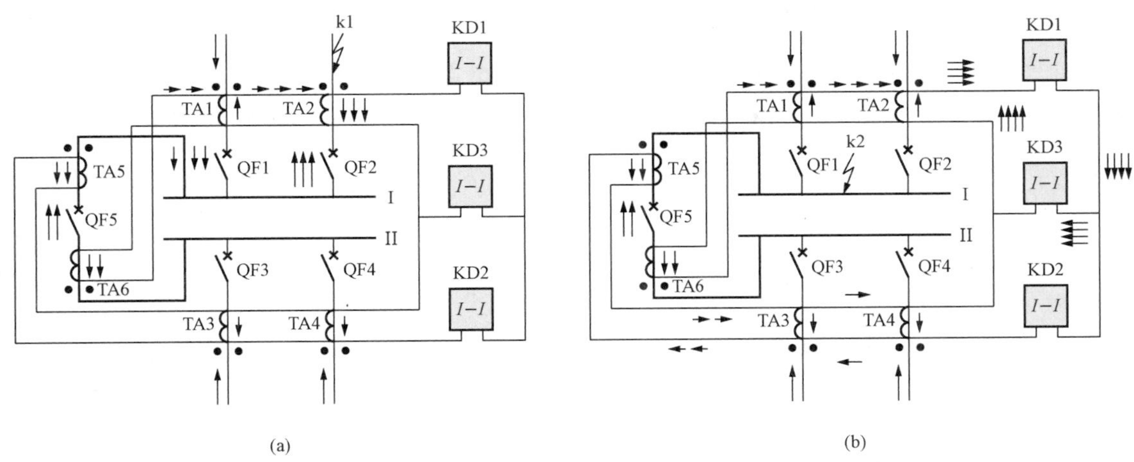

图 10-8　按正常连接方式运行时母线保护在区外、区内故障时的电流分布图

（a）外部故障；（b）母线Ⅰ故障

⟶ 为一次电流；➤ 为二次电流

同理，当母线Ⅱ故障时，只有差动继电器 KD2、KD3 动作，使断路器 QF3、QF4、QF5 跳闸，切除故障母线Ⅱ；而无故障母线Ⅰ可以继续运行。

综上所述，差动继电器 KD1、KD2 分别只反应母线Ⅰ、母线Ⅱ的故障，也称之为小差动，或故障母线选择元件。差动继电器 KD3 反应于两个母线中任一母线上的故障，作为母线保护的起动元件，称为大差动。

2. 双母线固定连接方式破坏后母线差动保护的工作情况

双母线固定连接方式的优点是完全电流差动保护可有选择性地、迅速地切除故障母线，没有故障的母线继续照常运行，从而提高了电力系统运行的可靠性。但在实际运行过程中，由于设备检修、支路故障等原因，母线固定连接很可能被破坏。

如图 10-9 所示，若Ⅰ母线上其中一条线路切换到Ⅱ母线时，由于电流差动保护的二次回路不能跟着切换，从而失去了构成差动保护的基本原则，即按固定连接方式工作的两母线各自的差电流回路都不能客观准确地反应该两组母线上实际的流入流出值。

（1）正常运行或区外故障时母线差动保护动作情况。当保护区外 k1 点发生故障时，差动保护二次电流分布如图 10-9（a）所示。由图可见，差动继电器 KD1、KD2 都将流过一定的差流而误动作；而差动继电器 KD3 仅流过不平衡电流，不会动作。由图 10-7 可知，KD1、KD2 接点的正电源受 KD3 接点所控制，而此时差动继电器 KD3 不动作，就保证了电流差动保护不会误跳闸。因此，在双母线固定连接被破坏的时候，作为起动元件的大差动继电器 KD3 能够防止外部故障时小差动保护的误动作。

（2）区内故障时母线差动保护动作情况。保护区内故障时，如母线Ⅰ的 k2 点发生故障，如图 10-9（b）所示。由图可见，差动继电器 KD1、KD2、KD3 都有故障电流流过，因此，它们都将动作并切除两组母线。

在此情况下，母线差动保护的动作逻辑是差动继电器 KD3 首先动作于跳开母联断路器，之后差动继电器 KD1、KD2 上仍有二次故障电流流过，因此，差动继电器 KD1 和 KD2 不能起到选择故障母线的作用，两者均动作并切除母线Ⅰ与母线Ⅱ，失去了选择性。读者可参考图 10-9（b）自行分析。

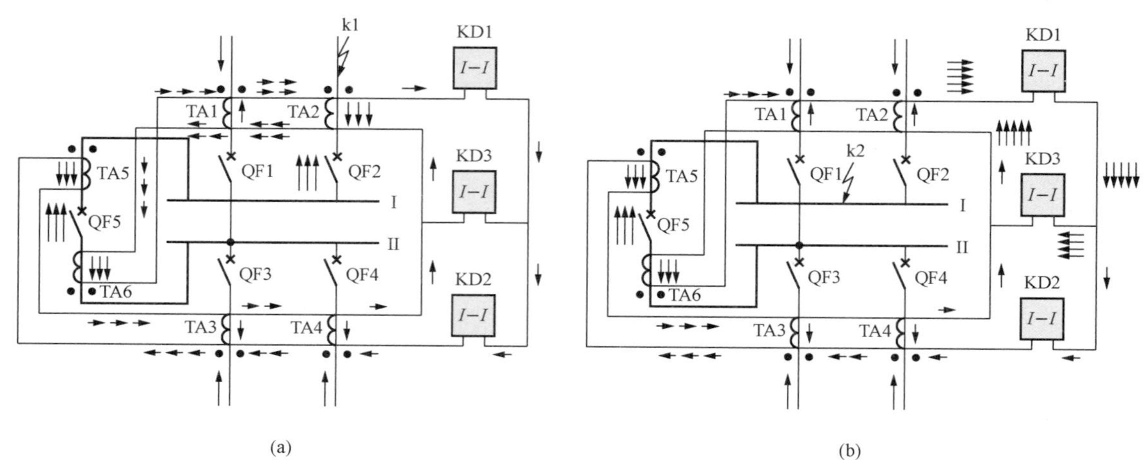

图 10-9 双母线固定连接方式破坏后母线保护在区外、区内故障时的电流分布图

（a）外部故障；（b）母线Ⅰ故障

双母线固定连接方式的完全电流差动保护接线简单、调试方便，在母联断路器断开和闭合情况下保护都具有选择故障母线的能力。但是，该保护希望尽量保证固定连接的运行方式不被破坏，这就必然限制了电力系统运行调度的灵活性，这是该保护的主要缺点。

二、母联电流相位比较式差动保护

双母线固定连接方式运行的完全差动保护的缺点在于缺乏灵活性。为克服该缺点，目前在双母线同时运行的系统中母联电流相位比较式差动保护也得到了广泛应用，它尤其适用于双母线连接支路运行方式经常改变的母线上。

母联电流相位差动保护的原理接线图及母线故障时的电流分布如图 10-10 所示。

母联电流相位差动保护主要由以下两部分组成。

第一部分由电流互感器 TA1～TA4，以及总电流差动继电器 KA 组成。该部分中，总电流差动继电器 KA 的输入回路由母线上所有连接支路的电流互感器的二次回路同极性并联组成。总电流差动继电器 KA 仅在母线范围内故障时才动作，它是母联电流相位差动保护的起动元件。总电流差动继电器 KA 在正常运行或外部故障时不动作，起闭锁保护的作用。

第二部分由电流互感器 TA1～TA4 的总差流、母联断路器的电流互感器 TA5 和相位比较继电器 KP 组成。其中，相位比较继电器 KP 比较总差流与母联互感器 TA5 二次电流的相

位，实现对故障母线的选择。

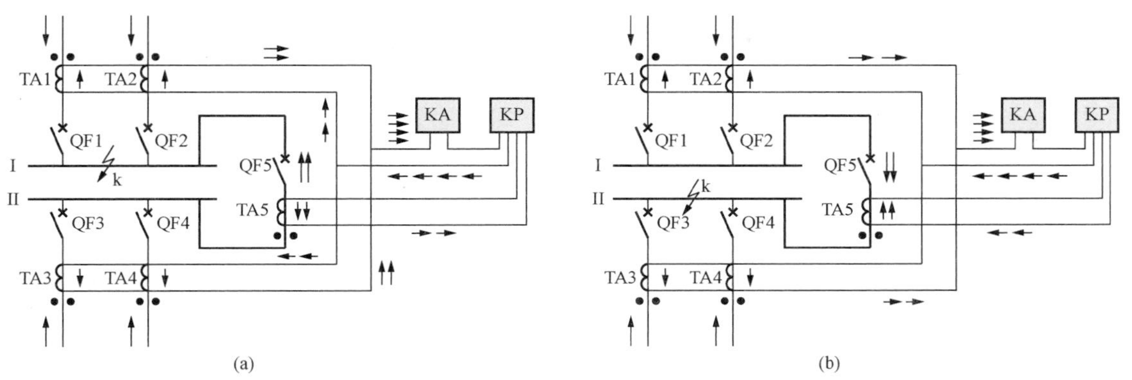

图 10-10　母联电流相位差动保护的原理接线图及母线故障时的电流分布图

（a）母线Ⅰ故障；（b）母线Ⅱ故障

在正常运行或区外故障时，母联相位差动保护中的总电流差动继电器 KA 不起动，因此母联保护不会误动作。图 10-10（a）、（b）分别表示母线Ⅰ、Ⅱ故障时电流的方向。由图可见，任一母线故障时，流入 KA 的总差动电流的相位是不变的。而流过母联的电流方向取决于故障的母线，即在母线Ⅰ和母线Ⅱ上故障时母联电流相位相差 180°。因此，利用总差流和母联电流进行相位比较，就可以选择出故障母线。

母联相位差动保护要求正常运行时母联断路器必须投入运行，但不要求各支路固定连接于两组母线，可大大提高母线运行方式的灵活性。其缺点是当单母线运行时，母线失去保护。为此，必须配置另一套单母线运行的保护。

第四节　一个半断路器接线的母线保护的特点

双母线具有设备投资少、一次回路的操作比较灵活、继电保护接线比较简单等优点，但在运行实践中也遇到了一些问题。通常在双母线的变电站中，母联断路器是处于合闸状态，亦即按分段的单母线方式运行。如其中一组母线上发生短路时，变电站中约有一半的连接元件将停电；并且当一组母线发生短路并伴随母联断路器失灵，将使整个变电站停电。

电力系统的发展，对连续供电提出更为严格的要求。目前对于 500kV 变电站和 220kV 枢纽变电站，要求在母线发生短路时不影响变电站的连续供电，在母线发生短路并伴随断路器失灵时，也要求将停电的范围缩减到最小。为满足上述要求，对于 220kV 及以上的重要变电站，推荐采用一个半断路器的母线连接方式，亦即两个支路用三个断路器，又称 $\frac{3}{2}$ 断路器接线。

一个半断路器的母线接线方式有一系列的优点。例如当一组母线发生短路时，母线保护动

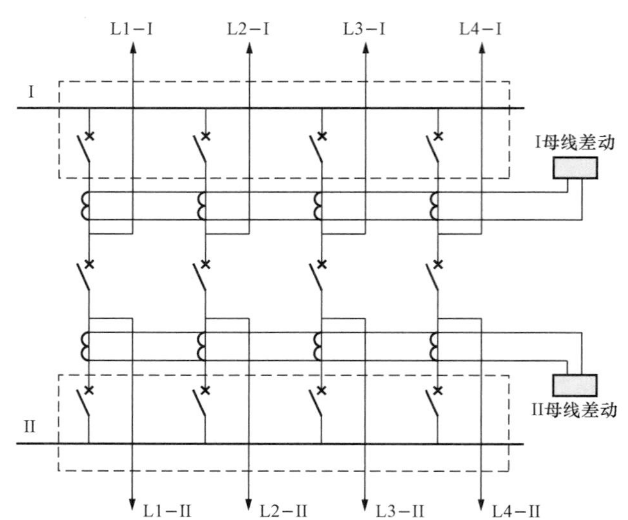

图 10-11　一个半断路器母线保护的接线方式

作后只跳开与该组母线相连接的所有断路器，不会使任何连接元件停电；而在任一断路器检修时也不影响连接元件的连续供电，不需要复杂的倒闸操作，减少了一次回路发生误操作的机会。但一个半断路器的母线接线方式所需断路器以及电流互感器增多，一次设备投资较大，具体请参考文献［2］。一个半断路器的母线保护的接线示意图如图 10-11 所示。

为防止电流互感器发生故障时酿成母线短路，必须将用于母线保护的电流互感器安装在母线断路器的外侧，即靠近引出线路的一侧（断路器的非接于母线的一侧），如图 10-11 所示。

此外，为了判别断路器的失灵，在每个断路器的串联回路中应接入一组电流互感器 TA1～TA3，以便接入失灵保护的电流判别元件（断路器失灵保护请见本章第六节的介绍），如图 10-12 所示。通常，线路保护的电流可以取自两组电流互感器的二次电流之和（线路 L1 取自 TA1 和 TA2，线路 L2 取自 TA2 和 TA3）。在引出线路上再装设一组电流互感器（分别为 TA4 和 TA5），直接取该电流互感器的二次电流作为测量之用。当线路保护的电流也取自引出线路本身的电流互感器时，可以注意到当三组电流互感器 TA1～TA3 之间的连接线故障时，母线保护以及线路保护本身都不能反应该故障，则没有快速保护切除该故障。为此，必须另外装设两组小的纵联差动保护作为连接线的快速保护，如图 10-12 所示。

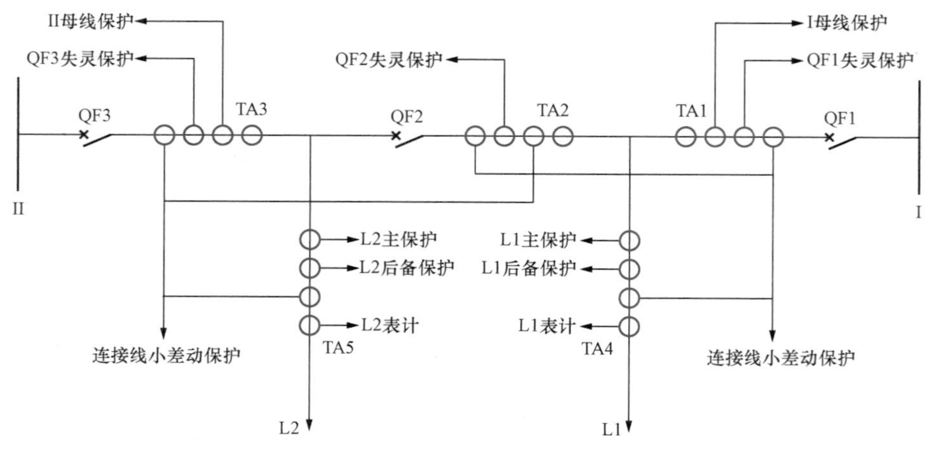

图 10-12　一个半断路器接线方式的母线及连接线的差动保护

当线路保护的电流取自一个半断路器接线的两组电流互感器二次电流之和时，虽然线路主保护可以作为连接线短路的快速保护，但是考虑到线路停用情况下连接线将失去保护，还是应该装设专门的连接线纵联差动保护[3]。

当线路保护应用母线上两个电流互感器二次电流之和时，发生母线短路时将有很大短路电流从一个方向穿越这两个电流互感器，从而产生很大的不平衡电流使线路保护误动，必须采取措施加以预防。

第五节　微机母线差动保护

微处理器强大的计算、存储、逻辑判断等能力使得微机母线保护迅速发展起来。微机母线差动保护主要采用电流差动保护原理。将母线上所有单元（包括母联或分段）的三相电流，通过各自的模拟量输入通道、数据采集变换，形成相应的数字量，按各相别实现分相式微机母线差动保护。母线差动保护要求各支路的电流互感器变比相同、极性一致。若变比不一致时，微机母线差动保护可在差动判据中，将各支路电流乘以各自相应的平衡系数，使所有支路的传变变比相同。

微机母线保护装置在制动特性、电流互感器饱和检测、运行方式的自动识别以及网络化等方面作出了重要的改进。

一、比率制动特性的微机母线电流差动保护

与其他元件的差动保护原理相同，为了能够可靠躲开母线外部故障时由于电流互感器饱和等因素引起的不平衡电流，同时又能可靠保证母线内部故障时的灵敏度，微机母线保护通常采用分相式比率制动特性的母线电流差动保护。下面介绍几种比率制动特性的母线差动保护。

1. 普通比率制动特性的母线差动保护

对于母线每相的差动判据，其差动保护动作量和制动量分别为

$$\begin{cases} I_{\mathrm{op}} = \left| \sum_{j=1}^{N} \dot{I}_{\mathrm{j}} \right| \\ I_{\mathrm{res}} = \sum_{j=1}^{N} \left| \dot{I}_{\mathrm{j}} \right| \end{cases} \tag{10-5}$$

式中：$\dot{I}_{\mathrm{j}}$ 为第 j 条支路电流的矢量；N 为参与差动计算的支路数；I_{op} 为差动保护动作量，其值等于各支路电流的矢量和的绝对值；I_{res} 为差动保护制动量，其值等于各支路电流绝对值之和。

显然，在正常运行和外部故障情况下，$I_{\mathrm{op}} \leqslant I_{\mathrm{res}}$。

由此，母线差动保护的动作判据为

$$\begin{cases} I_{\mathrm{op}} \geqslant I_{\mathrm{set.min}} \\ I_{\mathrm{op}} - K_{\mathrm{res}} I_{\mathrm{res}} \geqslant 0 \end{cases} \tag{10-6}$$

式中：I_{op}为差动保护的动作量；$I_{set.min}$为差动保护的最小动作电流；K_{res}为比率制动系数。

由式（10-6）所示的动作判据可知母线差动保护的制动特性曲线如图 10-13 所示。当任一相的差动判据满足式（10-6）时，即位于图 10-13 中阴影部分内，母线差动保护可动作于出口跳闸。当各支路电流相位都相同时，式（10-5）中的动作量最大，等于制动量，如图 10-13 中的与横轴成 45°的斜线，这是动作区上面的边界。

由图 10-13 可见，母线差动保护的动作范围与最小动作电流整定值 $I_{set.min}$及制动系数 K_{res}有关。这种比率制动特性母线差动保护的 $I_{set.min}$值应可靠躲过正常工况下差动保护的最大不平衡电流及任一电流互感器 TA 二次断线时由于负载电流引起的最大差流。工程上，其值一般可取 $I_{set.min}=(0.4\sim0.5)I_N$。比率制动系数 K_{res}应按能可靠躲过区外故障产生的最大不平衡电流来整定，且应保证内部故障时差动保护有足够的灵敏度。通常其值可取 $K_{res}=0.3\sim0.7$。

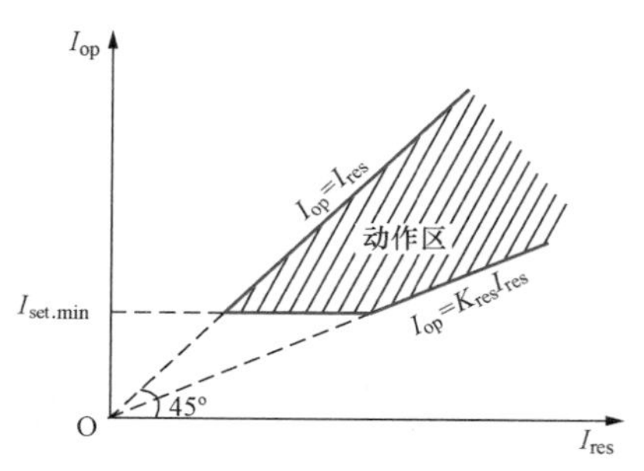

图 10-13　母线差动保护的制动特性曲线

为了实现保护的快速动作，式（10-6）所表示的比率制动特性的母线差动保护还可采用瞬时值算法，即差动保护的动作量 I_{op}取各支路电流的采样值之和的绝对值，制动量 I_{res}取各支路电流采样值的绝对值之和。最终利用上述瞬时值计算结果来进行差动计算和比较判断。通过提高采样率实现多次计算的方式，可以提高保护的可靠性和抗干扰能力。采样值差动只能在故障后电流互感器 TA 饱和之前的几个毫秒内投入[6-7]。

2. 复式比率制动特性的母线差动保护

普通比率制动特性的母线差动保护原理采用穿越性故障电流作为制动量，以克服差流回路不平衡电流的影响，防止在外部短路时差动保护误动作。但是在母线区外故障时，若电流互感器饱和，产生较大的不平衡电流，保护仍难免要失去选择性；在母线内部故障时，在被保护母线外部电路某种接线情况下可能有电流流出母线[2]，流出的电流使进入差动回路的电流减小，使保护的灵敏度下降。为了提高比率制动特性母线差动保护在内部故障时的灵敏性，提出了在制动量的计算中引入差流，称为复式比率制动特性的母线差动保护，动作判据为[8]

$$\begin{cases} I_{op} > I_{set.min} \\ I_{op} > K'_{res}(I_{res} - I_{op}) \end{cases} \tag{10-7}$$

式中：$I_{set.min}$为差动保护的最小动作电流；K'_{res}为复式比率制动系数。

式（10-7）中两式都要满足才能跳闸，式中的差动保护动作量 I_{op}与制动电流 I_{res}的表达式与式（10-5）完全相同。

若忽略电流互感器误差及流出电流的影响，当区外故障时，$I_{op}=0$，$I_{set.min}>0$，式（10-7）的第一式不能满足，保护不会误动；当区内故障时，$I_{op}\neq0$，假设各支路电流相位相同时有 $I_{op}=I_{res}$，因此式（10-7）的第二式右边为零，保护可靠动作。

由此可见，复式比率差动判据在制动量的计算中引入差流后，能非常明确地区分区内和区外故障，而且复式比率制动系数 K'_{res} 的取值范围在上述假设的特殊情况下理论上可以达到 [0，∞]。

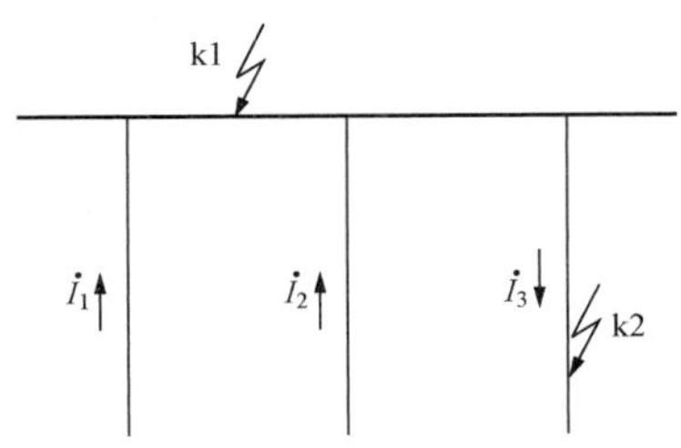

图 10-14 母线故障有电流流出的示意图

如图 10-14 所示，若假设母线区内 k1 点故障时，各支路的电流相位都相同，流入母线的故障电流为 $I_{in}=I_1+I_2$，由于某种原因有电流流出母线，且流出母线的电流占流入母线的故障电流的百分数为 δ_1，即 $I_3=\delta_1 I_{in}$。

仍按式（10-5）得到母线差动保护的动作量为

$$I_{op}=I_{in}-I_3$$

制动量为

$$I_{res}=I_{in}+I_3$$

因而

$$I_{op}=(1-\delta_1)I_{in},\quad I_{res}=(1+\delta_1)I_{in}$$

为了要保证在此种情况下复式比率制动特性的母线差动保护能够动作，由式（10-7）可知，复式比率制动系数 K'_{res} 必须满足

$$K'_{res}\leqslant\frac{I_{op}}{I_{res}-I_{op}}=\frac{1-\delta_1}{2\delta_1} \tag{10-8}$$

同理，若考虑图 10-14 中母线区外 k2 点故障时，故障支路的电流互感器误差达到 δ_2，即 $I_3=(1-\delta_2)I_{in}$，而其余支路的电流互感器误差可忽略不计，则

$$I_{op}=I_{in}-(1-\delta_2)I_{in}=\delta_2 I_{in}$$

$$I_{res}=I_{in}+(1-\delta_2)I_{in}=(2-\delta_2)I_{in}$$

因此，要保证母线差动保护不误动，K'_{res} 必须满足

$$K'_{res}>\frac{I_{op}}{I_{res}-I_{op}}=\frac{\delta_2}{2-2\delta_2} \tag{10-9}$$

由式（10-8）、式（10-9）可计算得到 K'_{res} 与 δ_1、δ_2 之间的关系见表 10-1。

表 10-1 复式比率制动系数 K'_{res} 与 δ_1、δ_2 之间的关系

复式比率制动系数 K'_{res}	母线区内故障时电流流出占流入电流的百分比 δ_1（%）	母线区外故障时故障支路电流互感器误差百分比 δ_2（%）
1	33.3	66.7
1.3	27.8	72.2
2	20	80

由表 10-1 可见，当设置复式比率制动系数 $K'_{res}=2$，若区内故障时，允许有 20%以下的流入母线的电流流出母线，此时母线差动保护可靠动作；若区外故障时，允许故障支路电流

互感器的最大误差为80%，此时母线差动保护可靠不误动。

综上所述可见，复式比率制动特性母线差动保护较普通比率制动特性的母线差动保护有更好的选择性与灵敏性。

3. 工频故障分量比率制动特性的母线差动保护

为提高保护抗过渡电阻的能力，减小保护性能受故障前系统功角关系的影响，还可采用工频故障分量构成比率差动母线保护[9]，其动作判据为

$$\left.\begin{array}{l}\left|\Delta\sum_{j=1}^{N}I_{\mathrm{j}}\right|>\Delta DI_{\mathrm{f}}+DI_{\mathrm{g}}\\ \left|\Delta\sum_{j=1}^{N}I_{\mathrm{j}}\right|>K''_{\mathrm{res}}\sum_{j=1}^{N}\left|\Delta I_{\mathrm{j}}\right|\end{array}\right\}\tag{10-10}$$

式中：K''_{res}为工频故障分量比例制动系数；ΔI_{j}为第j个支路的工频故障分量电流；ΔDI_{f}为保护起动的浮动门槛；DI_{g}为保护起动的固定门槛。工频故障分量的形成原理见第五章。

二、母线保护的特殊问题及其解决措施

1. 复合电压闭锁元件

为了防止由于差动保护或开关失灵保护出口回路被误碰或出口继电器损坏等原因而导致母线保护误动作，母线差动保护中一般还设有复合电压闭锁元件。

复合电压闭锁元件的动作判据为

$$U_{\varphi}<U_{\mathrm{b}}\quad \text{或}\quad 3U_0>U_{0.\mathrm{b}}\quad \text{或}\,U_2>U_{2.\mathrm{b}}\tag{10-11}$$

式中：U_{φ}、$3U_0$、U_2分别为相电压、三倍零序电压以及负序电压；U_{b}、$U_{0.\mathrm{b}}$、$U_{2.\mathrm{b}}$分别为相电压闭锁定值、三倍零序电压闭锁定值以及负序电压闭锁定值。

式（10-11）中任一判据满足条件，则复合电压闭锁元件开放，使保护可以出口跳闸。因此，复合电压闭锁元件必须保证母线在各种故障情况下其电压闭锁的开放有足够的灵敏度。

每一段母线都相应的设有一个复合电压闭锁元件，只有当母线差动保护判断出某段母线故障，同时该母线的复合电压元件动作，才认为该母线发生故障并予以切除。

2. 电流互感器饱和的检测

当母线近端区外故障时，故障支路的电流互感器TA通过各支路电流之和，故可能饱和。电流互感器TA饱和时，其二次侧电流畸变（严重时可能接近于零），不能正确反应一次侧电流。为防止区外故障时电流互感器TA饱和而引起保护误动，在母线差动保护中应设置电流互感器TA饱和检测元件或相应的功能。

图10-15为电流互感器的饱和波形。电流互感器TA饱和时二次侧电流及其内阻变化的特点如下。

（1）在故障发生瞬间，由于铁芯中的磁通不能突变，电流互感器TA不可能立即饱和，从故障发生到电流互感器TA饱和需要一段时间，在此期间内电流互感器TA二次侧电流与

一次侧电流成正比变化。

（2）电流互感器 TA 饱和时，在每个周期内一次侧电流过零点附近存在不饱和时段，在此时段内电流互感器 TA 二次电流与一次电流成正比变化。

（3）电流互感器 TA 饱和时其励磁阻抗大大减小，使其内阻大大降低。

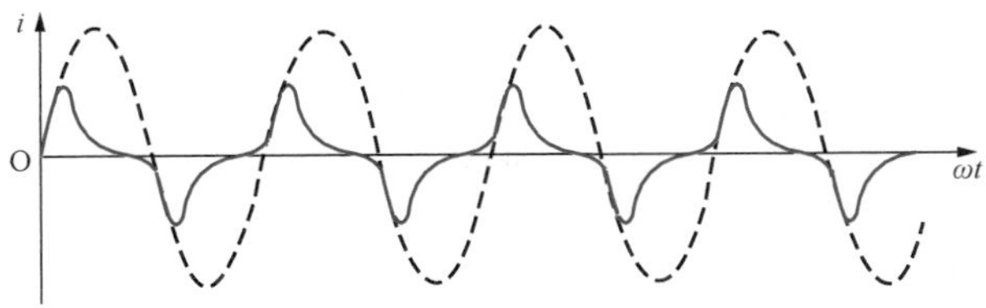

图 10-15　电流互感器的饱和波形

----- 饱和电流互感器 TA 的一次电流；

—— 饱和电流互感器 TA 的二次电流

（4）电流互感器 TA 饱和时二次侧电流中含有大量二次、三次谐波分量。

根据上述特性，提出了各种不同的电流互感器饱和检测方法并在实践中得到应用。下面对国内外微机母线保护中的几种用于电流互感器饱和检测的实现方法给予简单介绍。

（1）同步识别法。在区外故障时，故障发生的初始瞬间存在一个不饱和的线性传变区。在这线性传变区内差动保护不会误动，在电流互感器饱和后保护才可能误动。这就说明，差动保护误动作与实际故障在时间上是不同步的，差动保护误动作迟后一段时间。在区内故障时，因为差动电流是故障电流的实际反映，所以差动保护动作与实际故障是同步发生的。由此可见，同步识别法的实质是通过判别差动元件动作与故障发生是否同步来识别是区内故障，还是电流互感器饱和使保护误动[10]。

（2）自适应阻抗加权抗饱和方法。该方法采用了工频变化量阻抗元件 ΔZ，ΔZ 是母线电压变化量与差回路中电流变化量的比值。母线区外发生故障时出现工频电压变化量，若经过一段时间后电流互感器 TA 饱和，则出现差流变化量，则可计算出工频变化量阻抗 ΔZ。而当母线区内故障时，母线电压的变化、差流的变化以及阻抗的变化将同时出现。因此，利用工频变化量差动元件、工频变化量阻抗元件 ΔZ 以及工频变化量电压元件动作的相对时序的特点，得到抗电流互感器饱和的自适应阻抗加权判据[11]。

（3）谐波制动原理。这种原理利用了电流互感器饱和时差流波形畸变和每周波存在线性传变区等特点，根据差流中谐波分量的波形特征检测电流互感器是否发生饱和[12]。

3. 母线运行方式的切换与自动识别

母线的各种运行方式中以双母线运行最为复杂。根据电力系统运行方式变化的需要，母线上各连接支路需要经常在两条母线间切换，因此正确识别母线运行方式直接影响到母线差动保护动作的正确性和选择性。为了使母线差动保护能自适应每一次系统支路切换和倒闸操作，可引入母线所有连接支路（包括母联断路器）的隔离开关辅助接点的位置信号来判别母线运行方式。但该方法常因隔离开关辅助接点不可靠造成误判。

为此，微机母线差动保护利用其计算、自检与逻辑处理能力，对隔离开关的辅助接点进行定时自检。只有当对应支路有隔离开关的辅助接点的位置信号，且该支路有电流时，才确认辅助接点的实际位置；若辅助接点位置与支路有无电流不对应，则发出报警信号，供运行人员检查。为可靠起见，还可在正常运行状态下计算两段母线各自的小差流，如无差流则更加证实了运行方式识别的正确性[9]。

4. 微机母线差动保护的逻辑框图

微机母线差动保护由分相式比率差动原理构成。对于单母线分段或双母线的情况，为保证母线保护的选择性，类似于图 10-7，微机母线差动保护回路除包括母线大差回路之外，还需要有各段母线小差回路。所谓母线大差是指利用除母联断路器和分段断路器外所有支路电流所构成的比率差动元件；母线小差是指各段母线上所连接的所有支路（包括母联和分段断路器）电流所构成的比率差动元件。母线大差比率差动用于判别母线区内和区外故障，小差比率差动用于故障母线的选择。

双母线或单母线分段的微机母线差动保护逻辑框图如图 10-16 所示。

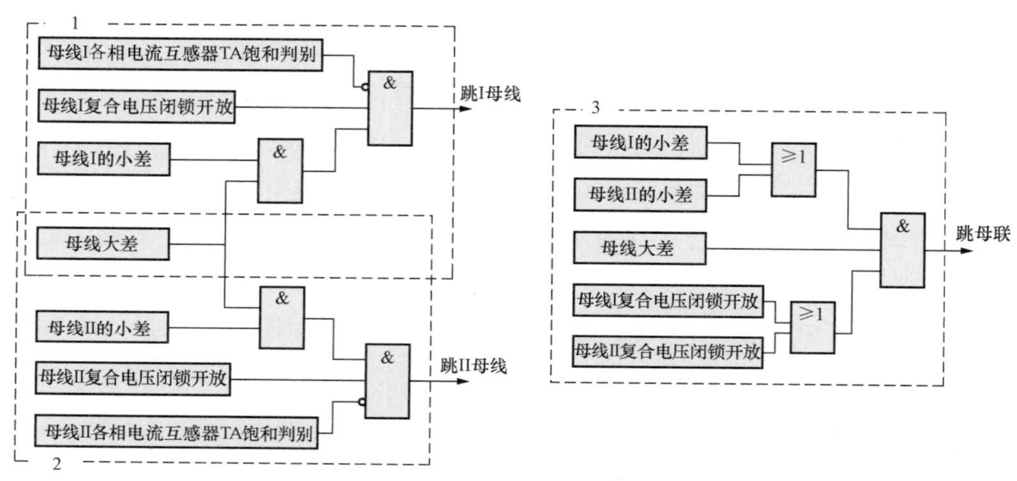

图 10-16　双母线或单母线分段的微机母线差动保护逻辑框图

为清晰表示，图 10-16 分为三部分。第 1、2 部分分别为母线Ⅰ、Ⅱ段各自的保护动作逻辑。当母线大差动作，某段母线小差动作，相应段母线的复合电压闭锁元件开放，且无电流互感器 TA 饱和判定的条件下跳相应段母线的各支路断路器。第 3 部分为母联断路器的跳闸逻辑关系。当母线大差动作，且母线Ⅰ、Ⅱ任一小差元件动作，以及任一母线段的复合电压闭锁元件开放时，跳开母联断路器。

综上所述，微机母线保护的主要特点有：

（1）微机母线保护不需要公共的差流回路，不需要将各回路的电流互感器二次绕组并联在一起引至保护盘，而是通过软件计算来合成动作电流和制动电流，简化了交流二次回路，提高了保护的可靠性。

（2）可以用软件来平衡各回路电流互感器变比的不同，不需要设置辅助电流互感器。

（3）利用微机的计算能力和智能作用可实现更复杂但更可靠的动作判据，创造各种检测电流互感器饱和的新方法。

（4）可利用微机的智能作用自动识别各回路所连接的母线组别，更好地保证了保护的可靠性与选择性。

※三、分布式母线保护的提出

1. 分布式母线保护的构成原理

微机母线保护虽然有一系列优点，但目前仍是照搬常规的集中式保护的构成模式，不能彻底解决母线保护的接线复杂和可靠性低的问题。虽然微机母线差动保护不需要把所有电流互感器二次回路并联，但仍要将各回路电流送入保护装置，故交流二次电缆并不节约；因干扰、保护回路故障、人员误碰或其他原因使保护误动时，将使整个母线被切除；另外，为了识别各回路所处的位置，还要将各隔离开关位置信号引到保护装置，也增加了复杂性。

从国内外变电站综合自动化系统结构的发展来看，分层分布式的系统结构已成为主流，现场总线和工业以太网的应用提升了变电站自动化技术水平。如果将保护装置分散下放到室外变电站的开关站，应用网络构成分布式母线保护，实现保护、测量、控制、数据通信的一体化和网络化，成为变电站分布式综合自动化系统的组成部分，将大大显示其优越性[13]。分布式母线保护接线及通信网络示意如图 10-17 所示。

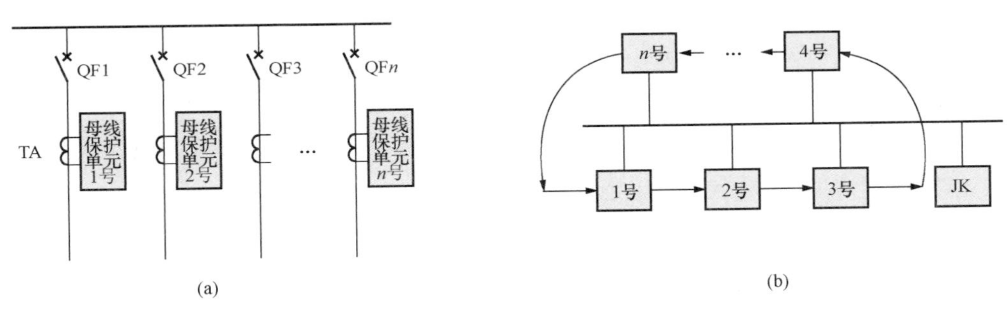

图 10-17　分布式母线保护示意图

（a）接线示意图；（b）通信网络示意图

分布式微机母线保护的构成原理和应解决的主要问题如下[14]。

如图 10-17 所示，将整个母线保护系统按照母线上回路数分成相同数目的保护单元，另设一个监控单元。所有的单元都通过数据通信网络连接起来，每个保护单元都能将其所保护的变压器或线路的电流、电压、工作状态信息（如该回路所在的母线段号及其断路器是否闭合等）不断地进行采集并传送给其他各单元，也接收其他各保护单元传来的同样信息。因此，每个保护单元都占有所在母线上所有回路的电流数据和状态信息，根据这些数据和信息都能够独立地计算出母线差动保护的差流和制动电流，并按照动作判据决定是否应该动作跳闸。如果故障发生在被保护的母线段上，则在此段母线上的每个回路的保护单元都将动作跳闸，清除故障。假如某个单元受到电磁干扰或硬件发生故障而误动，则只跳开本回路而不影响其他单元。另外这种情况可通过与其他单元的判断结果进行校验，如果判断为误动，立即用自动重合闸纠正。

监控单元用于同步各单元的采样时钟，同步信号可每隔一秒发送一次。保护单元在故障处理期间停止接收同步信号，因此监控单元偶尔失效也不影响保护在故障时的工作。另外，监控单元可在正常运行的情况下连续监视各保护单元的完好性和通信网络的完好性。某个保护单元故障时也可由监控单元恢复其正常工作或报警。在监控单元中，可用全球定位系统产生同步信号。

值得注意的是，目前随着光电互感器的研发与应用、智能化一次设备的应用以及光纤通信技术和网络技术的发展，国际电工委员会（IEC）在充分考虑未来变电站自动化系统的功能和要求下，制定了数字化变电站自动化系统和通信网络的国际标准 IEC61850。该标准将变电站逻辑结构分为 3 个层次：过程层、间隔层和变电站层，并且定义了层与层之间的通信接口，如图 10-18 所示，图中各数字标号为 IEC61850 标准所定义的各种通信逻辑接口，此处从略[15-16]。

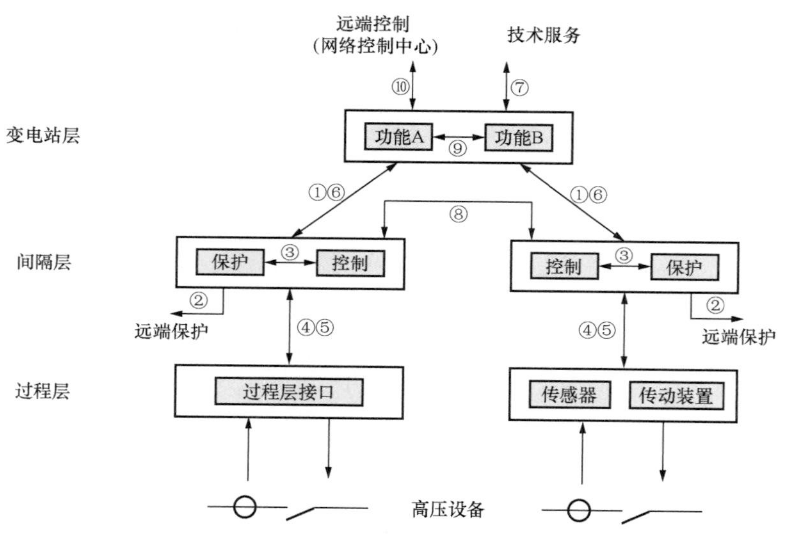

图 10-18　数字化变电站自动化系统结构模型

变电站各个层次之间的联系都建立在串行通信的基础上：过程层与间隔层之间基于交换式以太网的串行通信方式在标准中称为过程总线通信；间隔层与变电站层之间串行通信方式称为站级通信。随着光纤通信技术的发展，可将过程总线与站级总线合二为一，在站内形成强大的数字高速公路，实现所有一、二次设备信息在光纤信息网上交换。在 IEC61850 标准的基础上，将分布式母线保护原理与变电站通信网络紧密结合，实现分布式母线保护将大大提高母线保护的可靠性与选择性，并提升变电站综合自动化水平[17]。

2. 分布式母线保护的特点与优势

(1) 分布式母线保护与变电站综合自动化分层分布式的结构相适应，便于扩展，具有较好的灵活性。分布式母线保护可分散地装设在高压室外变电站被保护设备的电流互感器、电压互感器附近，直接接受电流互感器和电压互感器的信号，进行母线保护的运算、判断和跳合闸，符合继电保护“下放”的技术发展趋势。对于将来光电流互感器和光电压互感器的应用也创造了有利条件。

（2）分布式母线保护将保护分成若干个保护单元，每个保护单元根据母线上各回路保护单元传送来的电流值进行保护的运算，判为母线内部故障时只跳开本回路，并将判断结果通知其他保护单元。这样在因干扰或其他原因造成某个保护单元误动时，不至于使整个母线停电。在由于某种原因使母线保护拒动时只会使一回路拒跳，不会影响其他回路跳闸。拒跳回路可由后备保护或对端保护Ⅱ段延时跳闸。这样，不会使整个母线不能切除故障。因而提高了保护的安全性和可依赖性。

（3）分布式母线保护原理不要求所有回路的电流互感器二次电缆引到一块母线保护屏上，也不要求将其并联以形成差回路，更不要求各电流互感器具有相同的变比或加装辅助电流互感器，大大简化了电流互感器二次回路接线（因为保护装置可下放到室外变电站因而节约了二次电缆），从而降低了变电站工程造价。

（4）分布式母线保护借助于通信网络，能够自适应于母线的各种运行方式；分布式母线保护能分享全系统的数据和信息，从而提高整体保护的自适应性能，这符合电力系统的广域保护与综合控制的发展趋势。

（5）分布式母线的每个保护单元可与对应支路（如线路或变压器）的保护合并或单独设置（合并的情况下，母线保护功能集成在相应支路的保护中，便于实现双重化；单独设置的情况下，母线保护与相应支路的保护还可互为备用）。

第六节　断路器失灵保护

一、断路器失灵保护的作用及其基本原理

所谓断路器失灵保护是指当故障线路的继电保护动作发出跳闸令后，断路器拒绝动作时，能够以较短的时限切除同一母线上其他所有支路的断路器，将故障部分隔离，并使停电范围限制为最小的一种近后备保护。造成断路器失灵的原因是多方面的，如断路器跳闸线圈断线，断路器操动机构失灵等。

断路器失灵保护的基本原理可利用图 10-19 所示的原理接线予以说明。所有连接至一组（或一段）母线上的支路的保护装置，当其出口继电器（如 KM1、KM2）动作于跳开本身断路器（Y1、Y2 分别为断路器 QF1、QF2 的跳闸线圈）的同时，经过拒动判别元件的判断起动断路器失灵保护的公用时间继电器，此时间继电器的延时应大于故障线路的断路器跳闸时间及保护装置返回时间之和，因此，并不妨碍正常地切除故障。如果故障线路的断路器拒动时（例如 k 点短路，KM1 动作后 QF1 拒动），则此时间继电器动作，起动失灵保护的出口继电器，使连接至该组母线上的所有其他有电源的断路器（如 QF2、QF3）跳闸，从而切除了

k点的故障，起到了QF1拒动时的后备保护作用。实际上，对于图10-19所示单母线分段或双母线的情况，断路器失灵保护应以较短时间动作于断开母联断路器或分段断路器，此后若相邻元件保护已能以相继动作切除故障时，则失灵保护仅动作于母联或分段断路器；若故障仍未切除，则经较长时限动作于连接在同一母线上的所有有电源支路的断路器。

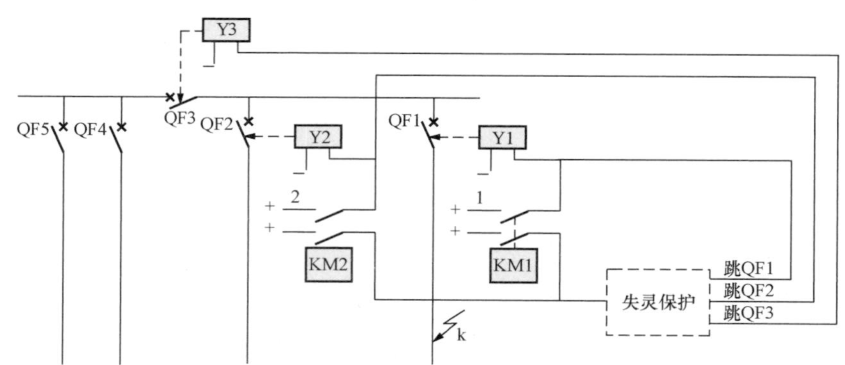

图10-19　断路器失灵保护的基本原理接线图

断路器失灵保护一般由连接于母线的各支路（线路或变压器）的保护起动。由于断路器失灵保护要动作于跳开一组母线上的所有断路器，因此应注意提高失灵保护动作的可靠性，以防止由于人员误碰或误动而造成严重的事故。

二、断路器失灵保护功能的实现

如图10-19所示，断路器失灵保护由各连接支路的保护装置提供的保护跳闸接点起动。但为保证断路器失灵保护动作的可靠性，实际应用中失灵保护的动作必须有其他附加条件。

（1）故障线路（或设备）的保护装置出口继电器（如图10-19中的KM1、KM2）动作后不返回（即故障支路的断路器跳闸触点在失灵保护起动后的延时期间内始终闭合）。

（2）通过故障鉴别元件判断在被保护范围内仍然存在着故障。一般故障鉴别元件是通过检查故障支路各相电流是否持续存在来确认故障尚未切除。如果相电流元件的灵敏度不够时（如对于超高压母线上所连接的长距离输电线路末端发生短路故障而始端断路器拒跳的情况），还要用多种方式检查，如负序电流、零序电流以及阻抗元件等。

（3）为了防止失灵保护误动作、提高其可靠性，还应增设跳闸闭锁元件，一般采用复合电压闭锁元件，即检查故障支路所在母线段的相电压、零序电压以及负序电压来判断故障是否仍未切除，当任一电压元件动作时复合电压闭锁元件开放失灵保护。

综上所述，断路器失灵保护的逻辑功能框图如图10-20所示。

如图10-20所示，断路器失灵保护起动后的动作包括三级（或两级）延时：再跳延时t_{gt}，再次对故障支路的断路器发出跳闸令（也可不设置该功能）；跳母联延时t_{ml}，动作于跳开母联断路器（延时t_{ml}应大于故障线路的断路器跳闸时间及保护装置返回时间之和，再考虑

一定的时间裕度）；失灵延时 t_{sl}，切除故障支路所在母线的各个连接支路的断路器（延时 t_{sl} 应在先跳母联的前提下，加上母联断路器的动作时间和保护返回时间之和，再考虑一定的时间裕度）。

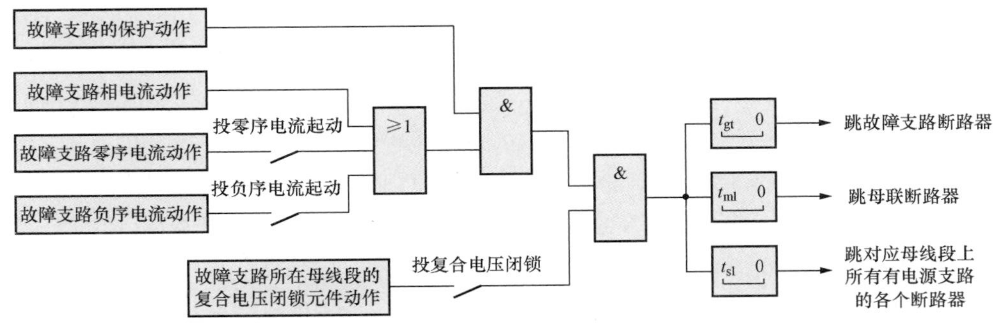

图 10-20　断路器失灵保护的逻辑功能框图

对于个别特殊场合，断路器失灵保护还应具有远跳功能。如图 10-21 所示，对于一个半断路器接线的母线，如果一串断路器的中间一个断路器 QF2 的两侧都是长距离输电线路，当其中一条线路 L1 末端短路时（如图中 k 点），中间断路器 QF2 拒跳，而另一条长线路 L2 末端保护的灵敏度不足以使保护动作于跳开断路器 QF5。在此情况下，需要由失灵保护发出远方跳闸信号跳开长线路 L2 对侧的断路器 QF5。

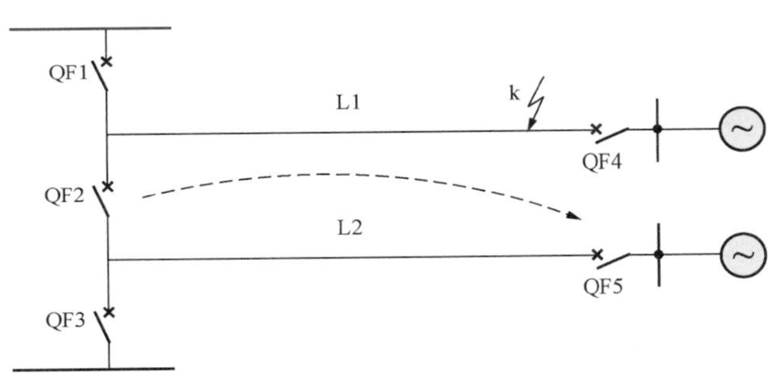

图 10-21　断路器失灵保护的远跳功能

复习思考题

1. 哪些保护方法可以作为母线故障的保护？

2. 母线电流差动保护的基本原理及其整定原则是什么？

3. 双母线的电流差动保护功能有哪些主要组成部分？当双母线在固定连接方式下时，电流差动保护在母线区内外故障情况下的动作情况是怎样的？当双母线的固定连接方式被破坏后，其电流差动保护在母线区内外故障情况下的动作情况是怎样的？

4. 母联电流相位差动保护的基本原理是什么？与母线电流差动保护相比，其优缺点有哪些？

5. 一个半断路器接线的母线连接方式应用在什么场合？

6. 微机型比率制动特性的母线差动保护原理是怎样的？其制动特性曲线是怎样的？

7. 微机型复式比率制动特性的母线差动保护原理是什么？它有何特点？

8. 双母线或单母线分段的微机型母线差动保护包含哪些保护功能？其动作逻辑是怎样的？

9. 什么是断路器失灵保护，其基本原理是怎样的？

主要参考文献

[1] IEEE Guide For Protective Relay. Application to Power System Buses C37. 97—1979.

[2] 贺家李，宋从矩．电力系统继电保护原理．增订版．北京：中国电力出版社．2004.

[3] 国家电力调度通信中心．电力系统继电保护实用技术问答．北京：中国电力出版社，2000.

[4] 张保会，尹项根．电力系统继电保护．北京：中国电力出版社．2005.

[5] 陈利军，杨奇逊．中阻抗母线保护原理、整定及运行的探讨．电网技术，2000，24（6）．

[6] 陈德树，尹项根，等．采样值电流差动微机保护的一些问题．电力自动化设备，1994，4.

[7] 胡玉峰，陈德树，尹项根．采样值差动及其应用．电力系统自动化，2000，10：40-44.

[8] BP-2A 微机母线保护装置技术和使用说明书．深圳南瑞科技有限公司．

[9] RCS-915 系列微机母线保护装置技术和使用说明书．南瑞继保电气有限公司．

[10] 罗姗姗，贺家李．母线保护中电流互感器饱和检测新判据．电力系统及其自动化学报，1996，8（3）：29-36.

[11] 李力，吕航，沈国荣，郑玉平．LFP-915A 微机型母线保护装置．电力系统自动化，2000，24（1）：60-63.

[12] 王志鸿，郑玉平，贺家李．通过计算谐波比确定母线保护中电流互感器的饱和．电力系统及其自动化学报，2000，5.

[13] 焦彦军．微机保护与控制的综合研究．天津大学博士论文．1996.

[14] He Jiali，Luo Shanshan，et al. Implementation of a distributed digital bus protection. IEEE Transactions on Power Delivery，1997，vol. 12，No. 4.

[15] 谭文恕．变电站通信网络和系统协议 IEC61850 介绍．电网技术，2001，25（9）：8-11.

[16] 任雁铭，秦立军，杨奇逊．IEC61850 通信协议体系介绍和分析．电力系统自动化，2000，24（8）：62-64.

[17] 李斌，马超，贺家李．基于 IEC61850 的分布式母线保护．电力系统自动化，2010，34（20）：16-17.

第十一章　电动机的继电保护

第一节　电动机的故障、不正常运行状态及其保护配置

一、电动机的故障和不正常运行状态

电动机分为异步电动机与同步电动机。

所谓异步电动机，是利用电磁感应原理，通过定子三相电流产生旋转磁场，并与转子绕组中的感应电流相互作用产生的电磁转矩使其转动，以进行能量转换的设备，因此又称为感应电动机。在正常情况下，异步电动机的转子转速总是略低于旋转磁场的转速（同步转速），其转速随负载的变动而变化。同步电动机转子上设有励磁绕组，加以励磁电流产生转子磁场，当同步电动机定子绕组中通过对称的三相电流时，定子将产生一个同步转速的旋转磁场。于是，定子旋转磁场与直流励磁的转子产生的磁场保持相对静止（同步），它们之间相互作用，产生电磁转矩，使转子转动。

同步电动机一般容量较大，多用于特殊场合。例如作为无功补偿的同步调相机，要求转速不随负载变化的负荷，抽水蓄能水电站的发电机在低谷负荷时转为同步电动机运行等。同步电动机的故障和不正常运行状态与异步电动机基本相同。因此，异步电动机的保护也适用于同步电动机，只是同步电动机还需考虑失步、失磁、非同期冲击，以及同步电动机在起动过程中发生故障时的保护等。

工业应用中大部分电动机属异步电动机，因此本章着重介绍异步电动机的继电保护。

1. 电动机的故障

运行中的电动机，其主要故障包括定子绕组的相间短路、单相绕组的接地短路、一相绕组的匝间短路及鼠笼式转子断条等。

定子绕组的相间短路故障会引起电动机绝缘与铁芯的严重损坏，造成供电网络内的电压降低，并破坏其他用户的正常工作，因此必须尽快切除故障的电动机。

定子绕组单相接地故障对电动机的危害程度取决于电动机所在供电网络中性点的接地方式以及单相接地电流的大小。一般高压电动机供电网络的中性点不接地，因此单相接地后只有全网络的对地电容电流流过故障点，其危害性一般较小。只有当接地电流大于 5A 时，考虑到对定子铁芯的危害作用，需要考虑装设专门的接地保护并动作于跳闸。

定子一相绕组的匝间短路将使磁场不对称，引起振动破坏电动机的稳定运行并使相电流增

大，电流增大的程度与短路的匝数有关。由匝间短路引起的非对称运行使得电动机空气隙中产生负序旋转磁场，使电动机出现制动转矩。该制动转矩不仅使转子转速下降，定子电流增大，也使得电动机更加发热。同时，绕组匝间短路引起的故障电弧会损坏绝缘甚至烧坏铁芯。长期以来，定子绕组的匝间短路一直没有简单完善的保护方法，这是电动机保护的难点之一。

2. 电动机的不正常运行状态

电动机的不正常运行状态主要包括电动机起动时间过长、电动机堵转、电动机过负荷及电动机过热等。上述不正常运行状态都将使电动机温升超过容许的数值，使绝缘迅速老化甚至引起故障，因此应该根据电动机的重要程度及不正常运行发生的条件而装设相应的保护，使之动作于信号、自动减负荷或跳闸。所谓重要的电动机，是指断开它们之后就会引起工艺过程的破坏或带来严重经济损失的那些电动机；例如发电厂中，主要厂用机械的电动机（如各种水泵，风机等）非常重要；再如炼钢厂、矿井、某些化工厂、医院等单位的电动机都属于重要电动机。

另外，电动机的电源电压因某种原因降低时电动机的转速将下降，当电压恢复时，由于电动机自起动将从系统吸取很大的无功功率，造成电源电压不能恢复，因此，为保证重要电动机的自起动，对于不重要的电动机应装设低电压保护，在电压降低时自动将其断开。

由于运行中的电动机，大部分都是中小型的，因此不论是根据经济条件或是根据运行的要求，它们的保护装置都应该力求简单和可靠。

二、电动机的保护配置

根据上述故障类型和不正常运行状态，电动机应装设下列保护[2-4]。

1. 电流速断和反时限过电流保护

电流速断和反时限过电流保护是电动机传统的保护方式。短路电流较小时按反时限动作特性，短路电流大时电流速断动作，瞬时切除电动机。

2. 快速过电流保护

对于容量在2MW以下的电动机，可装设瞬时动作或带很短延时动作的过电流保护作为电动机定子绕组及其供电电缆的相间短路故障的保护，动作于断路器跳闸。详见本章第二节。

3. 纵联差动保护与磁平衡式差动保护

对于容量在2MW以上的电动机，或者容量在2MW以下但快速过电流保护灵敏度不足时，可应用纵联差动保护作为电动机定子绕组及其供电电缆的相间短路故障的保护，动作于断路器跳闸。

除上述传统的纵联差动保护外，近年来一种电动机磁平衡式差动保护逐渐得到应用，其原理详见本章第二节。

4. 零序电流保护（零序方向电流保护）

在中性点非直接接地电网中的高压电动机，当电网对地电容很大，电动机内部接地时，接地电容电流较大，若危及电动机的绝缘与安全运行时，则应装设反应接地故障的零序电流保护（或零序方向电流保护），并动作于断路器跳闸。详见本章第二节。

5. 负序电流保护

负序电流保护反应电动机的不对称故障、匝间短路故障、断相、相序接反以及供电电压的不平衡，动作于断路器跳闸。详见本章第三节。

6. 起动时间过长保护

为防止电动机起动时间过长造成电动机过热，甚至烧毁，应根据实际起动时间设置电动机的起动时间过长保护，动作于断路器跳闸。详见本章第四节。

7. 堵转保护（正序电流保护）

当电动机在起动过程中或运行过程中发生堵转，将使得电流急剧增大，可能造成电动机烧毁，应装设反应电动机堵转的过电流保护，动作于断路器跳闸。详见本章第四节。

8. 过热保护

考虑到在电动机正常运行或区内外故障时，电动机正、负序电流对电动机引起的热效应不容忽视，应装设能够综合反应正、负序电流热效应的过热保护，动作于告警和跳闸。详见本章第四节。

9. 低电压保护

当供电电压降低或外部故障切除后电压恢复时，电动机自起动时使供电电压更加降低，从而造成重要电动机自起动困难。为此可以在不重要或次重要的电动机上装设低电压保护，在电压降低时，延时将电动机断开。详见本章第四节。

第二节　电动机相间短路和单相接地短路的保护

一、电动机相间短路故障的保护

在一切电动机上都必须装设相间短路的保护作为电动机的主保护。

1. 快速过电流保护

电压在500V及以下的电动机，照例是用熔断器保护；如果熔断器能够断开短路电流的话，它也可以应用在高压电动机上。

当不能利用熔断器时，则可采用瞬时动作的快速过电流保护。保护装置应装设在靠近断路器的地方，以使其保护范围能包括断路器与电动机间的电缆引线在内。由于电动机的供电网络属于小电流接地系统（500V以上电压的网络），因此一般采用两相式保护的接线，如图11-1所示。

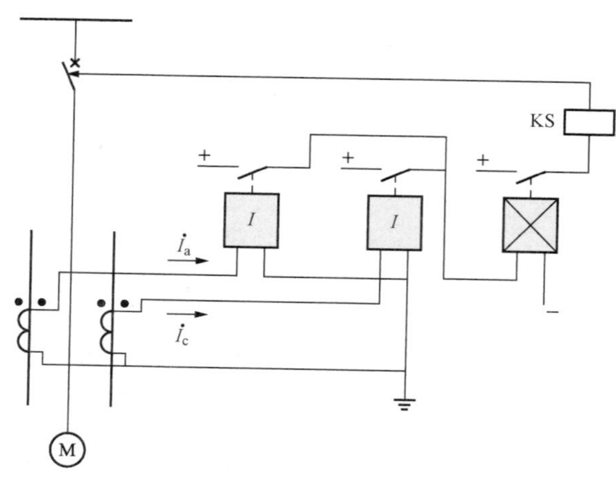

图 11-1　电动机快速过电流保护原理接线图

电动机快速过电流保护的起动电流，应按照下列原则整定。

（1）躲开供电网络为全电压时电动机的起动电流。

（2）躲开在供电网络三相短路时，由电动机供给短路点的反馈电流。

异步电动机的正序等值电路如图 11-2 所示。图中 $Z_e=R_e+X_e$ 为励磁阻抗；$R_{1\sigma}$ 和 $X_{1\sigma}$ 分别为定子绕组的正序电阻与漏抗；$R'_{2\sigma}$ 和 $X'_{2\sigma}$ 分别为折算到定子侧的转子绕组的正序电阻与漏抗；$s=(n_1-n)/n_1$ 为转差率。

当电动机刚起动时，$n=0$，即 $s=1$，考虑到励磁阻抗远大于转子绕组阻抗，故电动机在起动时的正序阻抗为

$$Z_{st}=(R_{1\sigma}+R'_{2\sigma})+j(X_{1\sigma}+X'_{2\sigma}) \tag{11-1}$$

电动机起动电流为

$$I_{st.max}=\frac{\dot{U}_1}{(R_{1\sigma}+R'_{2\sigma})+j(X_{1\sigma}+X'_{2\sigma})} \tag{11-2}$$

可见，电动机的起动电流大小类似于变压器二次侧短路电流，因此起动电流幅值很大，图 11-3 示出了异步电动机的起动特性。图中 I_s 为起动瞬间的冲击峰值电流，$I_{st.max}$ 为最大起动电流，t_{st} 为异步电动机的起动时间。

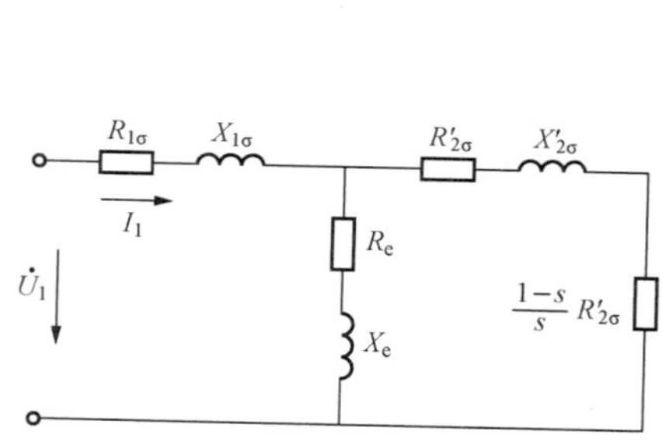

图 11-2　异步电动机的正序等值电路

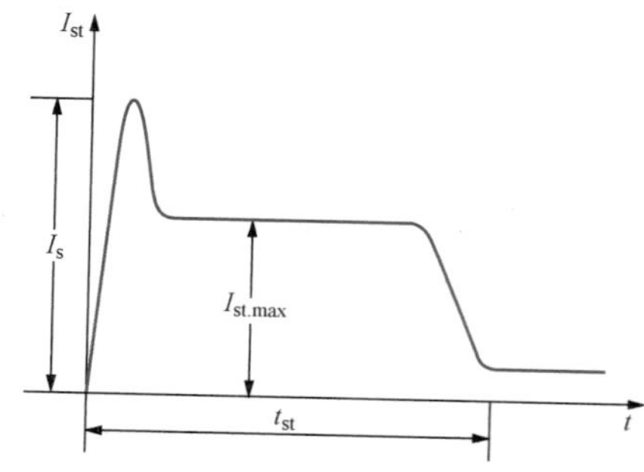

图 11-3　异步电动机的起动特性

异步电动机的反馈电流幅值也很高，但一般远小于起动电流，且衰减很快。因此，电动机快速过电流保护的整定原则中的第一条是决定性的。

电动机快速过电流保护的整定电流 $I_{K.set}$ 可计算为

$$I_{K.set}=\frac{K_{rel}}{n_{TA}}I_{st.max} \tag{11-3}$$

式中：K_{rel}为可靠系数，对电磁型继电器取 1.4～1.6；对感应型继电器取 1.8～2；$I_{st.max}$为电动机最大起动电流，应由制造厂提供或由实验方法实测决定，如无实测值，通常取 $4I_N$～$8I_N$；n_{TA}为电流互感器的变比。

快速过电流保护的灵敏系数检验为

$$K_{sen}=\frac{I_{M.min}^{(2)}}{n_{TA}I_{K.set}} \tag{11-4}$$

式中：$I_{M.min}^{(2)}$为最小运行方式下，电动机绕组两相短路电流。

式（11-4）要求灵敏系数 $K_{sen}\geqslant 2$。在满足灵敏度要求的前提下，允许适当提高保护的动作值。

为了保证过电流保护在电动机起动时不误动，同时满足保护灵敏度，微机电动机电流速断保护可以设置高、低两个定值 $I_{K.set.H}$、$I_{K.set.L}$。$I_{K.set.H}$仍按躲开最大起动电流整定，与式（11-3）相同，如无实测值一般可认为 $I_{st.max}=7I_N$；$I_{K.set.L}$可按躲开厂用电切换或母线故障切除后电压恢复过程中电动机的自起动电流整定，如无实测值一般可认为起动电流 $I_{st.max}=5I_N$。

2. 纵联差动保护

在具有六个引出端的大容量电动机上（2MW 以上），应采用纵联差动保护作为电动机的主保护[2]，此时可获得更高的灵敏度。

电动机纵联差动保护原理接线如图 11-4 所示，机端电流互感器与中性点侧电流互感器型号相同，具有相同变比。在中性点非直接接地的电网中可采用两相式接线，保护装置动作于断路器跳闸。

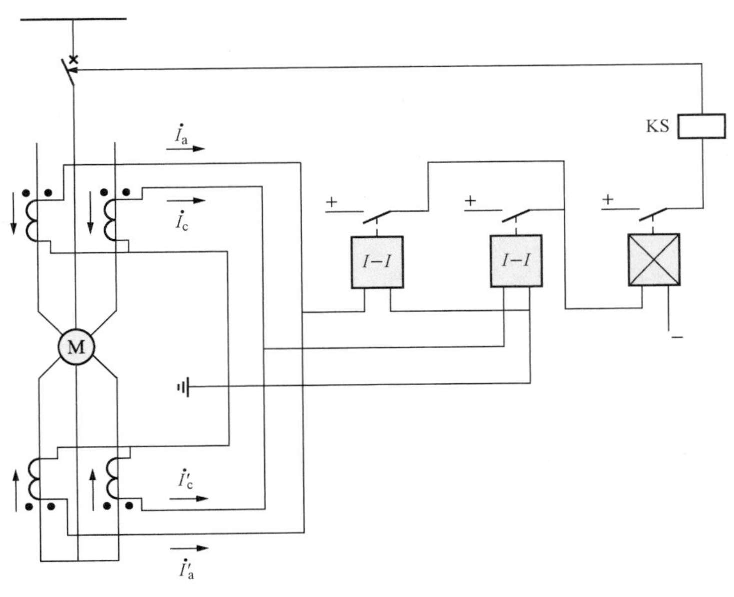

图 11-4　电动机纵联差动保护原理接线图

类似于其他电气主设备的纵联差动保护，在保证可靠性的前提下尽量提高保护的灵敏度，电动机微机纵联差动保护同样采用比率制动特性，如图 8-17 所示。定义图 11-4 中机端电流和中性点电流的电流正方向为流入电动机，$\dot{I}_a$、$\dot{I}_b$、$\dot{I}_c$ 为机端二次侧电流，$\dot{I}'_a$、$\dot{I}'_b$、$\dot{I}'_c$ 为中性点侧的二次侧电流，则电动机纵联差动保护的动作量和制动量分别为

$$\begin{cases} I_{op} = |\dot{I}_\varphi + \dot{I}'_\varphi| \\ I_{res} = \dfrac{1}{2}|\dot{I}_\varphi - \dot{I}'_\varphi| \end{cases} \tag{11-5}$$

其中，下角 φ=a、b、c。

电动机纵联差动保护的最大不平衡电流按电动机最大起动电流考虑，为

$$I_{unb.max} = K_{ap}K_{ss}K_{er}I_{st.max} \tag{11-6}$$

式中：K_{ap}、K_{ss}、K_{er}的意义与取值与式（8-12）相同。

电动机比率制动特性的纵联差动保护各项定值的整定方法与式（8-22）～式（8-23）相同。

保护装置灵敏系数按式（11-4）检验，要求灵敏系数 $K_{sen} \geqslant 2$。

3. 磁平衡式差动保护

所谓磁平衡式差动保护（也称为自平衡式差动保护），是将电动机每相定子绕组始端和中性点端的引线分别进、出磁平衡电流互感器的环形铁芯窗口一次，如图 11-5 所示[1]。

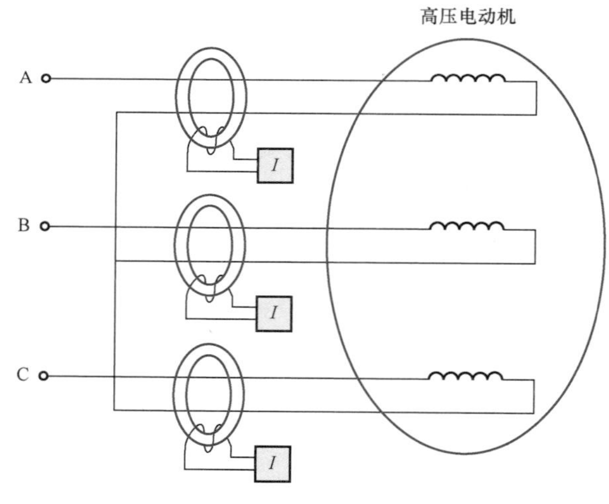

图 11-5　电动机磁平衡式差动保护原理接线图

在电动机正常运行或起动过程中，流入各相始端的电流与流入中性点端的电流为同一电流，对于磁平衡电流互感器而言，该电流一进一出，相当于互感器一次绕组电流为零，即产生励磁作用的一次绕组处于磁平衡状态，则二次侧不产生电流，保护不动作。当电动机内部出现相间短路或接地故障时，故障电流破坏了电流互感器的磁通平衡，二次侧产生电流，当电流达到规定值时起动电流继电器，继电器使电动机配电柜内的断路器跳闸，切除电动机电源，达到保护电动机的目的。

显然，磁平衡式差动保护可以反应电动机定子绕组的相间短路故障、接地短路故障，不反应定子绕组每相自身的匝间短路故障。电动机所在供电网一般为不接地系统，其相间短路电流较大，而接地短路电流很小，若要可靠反应这两种故障，磁平衡式差动保护的整定原则应为：

（1）躲过磁平衡式差动保护的最大不平衡电流。

（2）躲过供电系统中其他线路或设备发生单相接地故障时，电动机各相的最大电容电流

(不应包括保护范围以外的电动机供电电缆的电容电流，因为磁平衡电流互感器一般装设在电动机入口处，供电电缆的对地电容电流不通过互感器的环形铁芯窗口)。

在电动机没有发生短路故障的情况下，电流互感器一次励磁绕组内磁平衡，因此可以忽略磁平衡式差动保护的不平衡电流。而当变压器中性点不接地的电网发生单相接地故障时，电动机非故障相的最大电容电流为$\sqrt{3}U_{\mathrm{N}}\omega C_{\mathrm{m}}$（其中$U_{\mathrm{N}}$为电动机供电额定相电压、$C_{\mathrm{m}}$为电动机相对地电容）。因此，磁平衡式差动保护的整定电流为[5]

$$I_{\mathrm{K.set}} = K_{\mathrm{rel}} \frac{\sqrt{3}U_{\mathrm{N}}\omega C_{\mathrm{m}}}{n_{\mathrm{TA}}} \tag{11-7}$$

式中：K_{rel}为可靠系数；n_{TA}为磁平衡式电流互感器变比，通常为50A/5A。

前文所述的普通电流纵联差动保护需要六个电流互感器实现三相差动保护，现场运行经验表明，由于该差动继电器两臂的电流互感器在电动机自起动过程中的暂态特性往往难以完全一致，导致不平衡电流增大，从而可能引起纵联差动保护误动。而磁平衡式差动保护只需三个电流互感器，且无须考虑电流互感器的特性差异问题，因此磁平衡式差动保护灵敏度更高。而且由于利用磁平衡原理，磁平衡式电流互感器二次侧断线也不会出现过电压现象，这些都是普通的电流纵联差动保护无法做到的。

需要指出的是，磁平衡式差动保护的电流互感器装设在电动机入口处，保护范围仅仅是电动机本体内部。而普通的电流纵联差动保护的电流互感器可以安装在供电电缆的开关柜出口处，因此其保护范围可以包含电动机以及供电电缆。

二、电动机的单相接地保护

在中性点非直接接地电网中的高压电动机，当容量小于2MW、而电网的接地电容电流大于10A，或容量等于2MW及其以上、而接地电容电流大于5A时，应装设接地保护，并瞬时动作于断路器跳闸。

电动机零序电流保护原理接线如图11-6所示，为了检测比较低的零序电流，一般需要采用专门的零序电流互感器[2]。由于电缆两端的电缆头都应接地，当发生外部接地故障时，接地的零序电流可能从地流入某一端电缆头并通过电缆外皮流向另一端电缆头再入地。这就意味着此时有电流通过了非故障线路的零序电流互感器的一次侧，从而造成零序电流保护误动作。为此，必须保证电缆头的接地线也通过零序电流互感器的一次侧，这样就使得外部接地故障时通过电缆头接地线上的零序电流与电缆外皮上的零序电流相抵

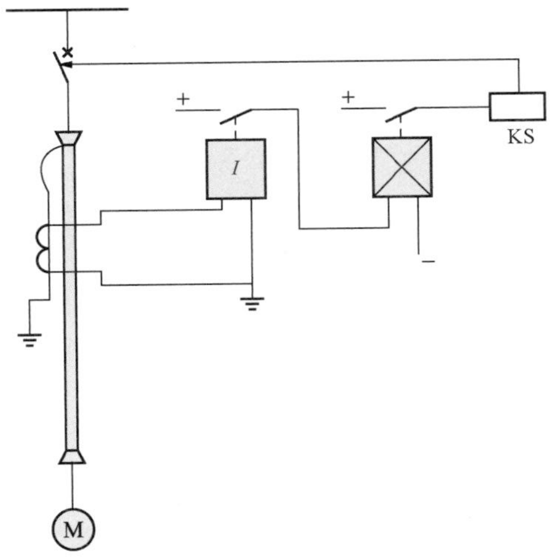

图11-6 电动机零序电流保护原理接线图

消，从而保证本线路的零序电流保护不会误动作。零序电流保护的起动电流按照大于电动机本身的电容电流整定，即

$$I_{K.set}=\frac{K_{rel}}{n_{TA}}3I'_0 \tag{11-8}$$

式中：K_{rel}为可靠系数，取4～5；$3I'_0$为外部发生接地故障时，被保护电动机的对地电容电流。

保护装置的灵敏系数可校验为

$$K_{sen}=\frac{3I_{0f.min}}{n_{TA}I_{K.set}} \tag{11-9}$$

式中：$3I_{0f.min}$为被保护电动机发生单相接地故障时，流过保护装置电流互感器一次侧的最小接地电容电流。

当K_{sen}不能满足要求时，应考虑增加保护的动作时间，以躲开故障瞬间过渡过程的影响，而将K_{rel}降低至1.5～2。

如果电动机的供电电网较小，发生单相接地故障时的零序电流大小往往不足以区分电动机的内部接地或外部电网接地故障，即单纯的零序电流保护难以同时满足选择性和灵敏性的要求，则可考虑采用零序方向电流保护，即除接入零序电流$3\dot{I}_0$外还应接入零序电压$3\dot{U}_0$。其原理如下。

设零序电流以流入电动机的方向为正，则在中性点不接地或经高、中电阻接地的中性点非直接接地网络中，当电动机区外单相接地故障时，流过电动机保护安装处的零序电流$3\dot{I}_0$，即为电动机本身的对地电容电流，其相位超前零序电压90°，即$\arg\frac{3\dot{U}_0}{3\dot{I}'_0}=-90°$；而当电动机内部单相接地时，流过电动机保护安装处的零序电流$3\dot{I}''_0$，为系统对地等效电容电流（不含电动机本身）及中性点接地电阻电流之矢量和，它与零序电压之间的相位关系为$\arg\frac{3\dot{U}_0}{3\dot{I}''_0}=(90°\sim180°)$之间。

零序方向电流保护中的零序电流元件的起动电流按躲开相间短路时零序电流互感器的不平衡电流整定，与电动机本身的电容电流无关，这样即简化了整定计算，又极大地提高了保护的灵敏度。零序功率方向元件的最大灵敏角设计为$\varphi_{sen}=135°$，可以同时满足中性点不接地及经高、中电阻接地网络的需要，同时能保证区外单相接地故障时不会误动作。为防止单相接地瞬间的过渡过程对功率方向元件的影响，应该采用零序电流元件动作后延时50～100ms后再开放零序功率方向元件，经延时判别区内故障后动作出口。

第三节　电动机的负序电流保护

一、负序电流保护的应用

负序电流保护可以反应电动机的不对称故障、匝间短路故障、断相、相序接反和由于负

序电流引起的过热以及供电电压的不平衡等。

当定子绕组中通过负序电流时，将建立负序旋转磁场，与正序旋转磁场的旋转方向相反，但同样以同步转速旋转，近似认为电动机定子、转子绕组的负序阻抗与正序阻抗相等，可得异步电动机的负序等值电路如图 11-7 所示。

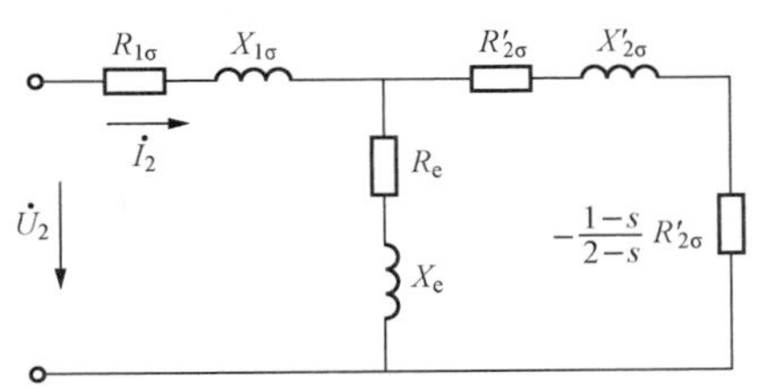

图 11-7　异步电动机的负序等值电路

由图 11-7 可知，电动机在额定转速情况下，s 很小（可近似认为 $s\approx0$）。因电动机的定子和转子绕组的电阻分量都远小于漏抗分量，因此在忽略电阻分量的情况下，由式（11-1）可知电动机在额定转速情况下的负序阻抗值与电动机起动时的正序阻抗值 Z_{st} 近似相等，则有

$$Z_2=\left(R_1+\frac{R'_2}{2-s}\right)+\mathrm{j}(X_1+X'_2)\approx Z_{st} \tag{11-10}$$

因此，电动机在正常运行过程中如出现负序电压，则必然出现负序电流

$$I_2=\frac{U_2}{Z_2}\approx\frac{U_2}{Z_{st}}=\frac{U_2}{U_N}\frac{U_N}{Z_{st}}=U_{2*}K_{st}I_N \tag{11-11}$$

式中：K_{st} 为电动机在额定电压下起动时的起动电流倍数；I_N 为电动机的额定电流；U_{2*} 为以额定电压为基准的负序电压的标幺值。

因此，若电动机起动电流倍数 $K_{st}=6$，则在不同的负序不平衡电压情况下，负序电流大小见表 11-1。

表 11-1　　负序电流与负序不平衡电压的大小关系

$(U_2/U_N)\times100\%$	5%	8%	10%	17%
I_2/I_N	0.3	0.48	0.6	1.02

可见，在电动机可能出现的各种不平衡条件下（不对称故障、匝间短路、断相等），均会产生较大的负序电流。

负序电流保护的实现形式可以是定时限的负序过电流保护，也可以是反时限特性的负序电流保护，亦或是定时限与反时限相结合的负序过电流保护，如Ⅰ段为负序定时限保护，Ⅱ段为负序反时限保护等。无论是定时限特性还是反时限特性，为了尽量提高保护的灵敏度，应力求降低负序电流保护的起动定值，原则上可按躲开由供电三相电压不平衡（相差为 10%时）所产生的不平衡电流 I_{umb2} 来整定。同时，考虑到正常运行的电动机区外高压母线上发生两相短路时 $U_2=\frac{1}{2}U_N$，因此负序电流可达电动机起动

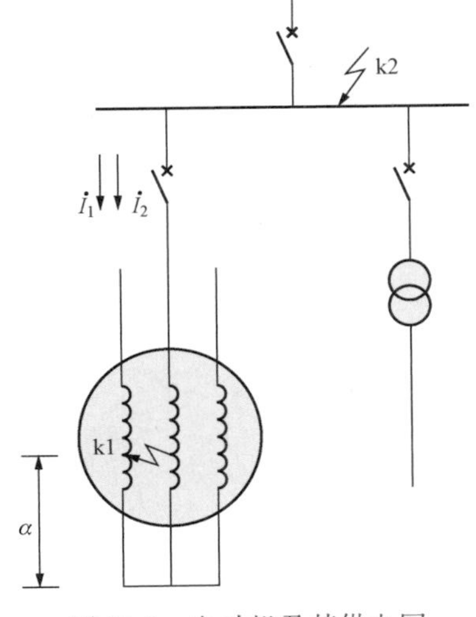

图 11-8　电动机及其供电网

电流的一半，即 $I_2=\frac{1}{2}K_{st}I_N$，其值很大，按照不平衡电流整定的负序电流保护在这种情况下往往会误动跳闸，因此负序电流保护不得不采用提高定值和增加延时的方法来避免误动作。

为此，也可以利用故障序分量的幅值比较实现电动机区内外故障的判定。

二、 区分电动机区内外两相短路故障的负序电流保护

如图 11-8 所示的电动机及其供电网，当电动机区内 k1 点 BC 两相短路时，故障复合序网图如图 11-9 所示。图中 Z_{S1}、Z_{S2} 为供电网络的正、负序阻抗，一般 $Z_{S1}=Z_{S2}$；Z'_{M1}、Z'_{M2} 为故障点到电动机机端的绕组正序、负序阻抗；Z''_{M1}、Z''_{M2} 为故障点到电动机中性点端的绕组正序、负序阻抗；α 为短路匝数百分比，Z_{M1}、Z_{M2} 为电动机绕组的正序、负序阻抗。对于运行中的电动机，由于正、负序电流产生的旋转磁场的旋转方向不同，转差率的影响也不同，由图 11-2、图 11-7 可见，总是 $Z_{M2}<Z_{M1}$。由图 11-9 可知，电动机区内两相短路时，流过电动机保护安装处的电流 I_1 和 I_2 受供电网的正、负序阻抗 Z_{S1}、Z_{S2} 的影响很大，其大小关系为

$$\frac{I_2}{I_1}=\left|\frac{Z''_{M2}}{Z''_{M1}}\frac{Z_{S1}+Z_{M1}}{Z_{S2}+Z_{M2}}\right|=\left|\frac{Z_{M2}}{Z_{M1}}\frac{Z_{S1}+Z_{M1}}{Z_{S2}+Z_{M2}}\right|<1 \tag{11-12}$$

即电动机区内相间短路时 $I_2<I_1$，在实际系统参数条件下一般 $I_2\approx I_1$。

当电动机区外 k2 点 BC 两相短路时，故障序网图如图 11-10 所示。

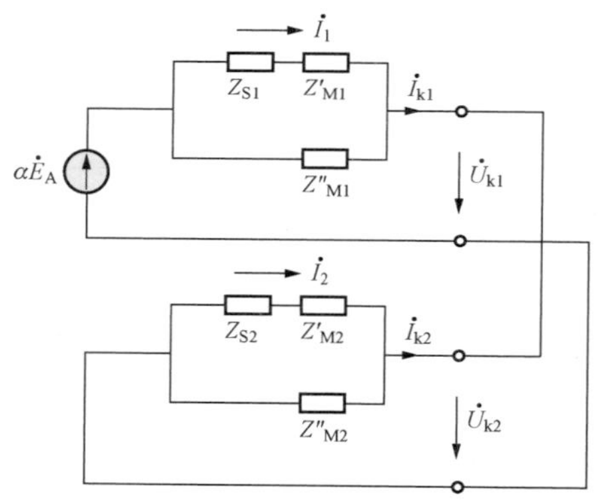

图 11-9 电动机区内两相短路的故障复合序网图

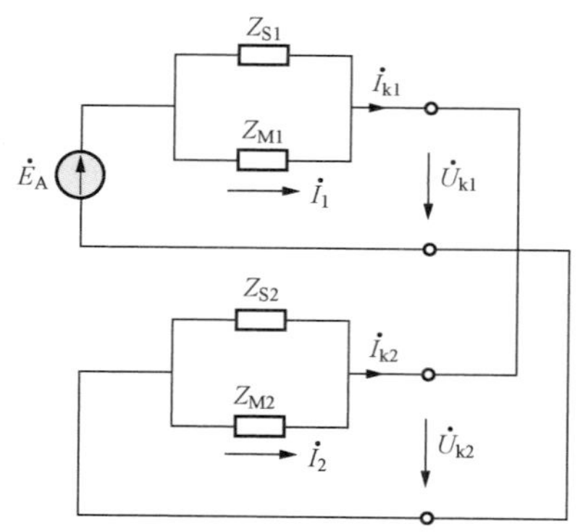

图 11-10 电动机区外两相短路的故障复合序网图

由图 11-10 可知，电动机区外两相短路时，流过保护安装处的 I_1 和 I_2 则主要取决于电动机的正、负序阻抗 Z_{M1}、Z_{M2}，其大小关系为

$$\frac{I_2}{I_1}=\left|\frac{Z_{S1}+Z_{M1}}{Z_{S2}+Z_{M2}}\right|>1 \tag{11-13}$$

即电动机区外相间短路时 $I_2>I_1$。

因此，利用电动机保护安装处测量得到的 $\frac{I_2}{I_1}$ 的比值大小，就可以得到区分电动机区内、

区外故障的简单而有效的判据，即当流过保护安装处的 $I_2 \geqslant 1.2I_1$ 时立即将负序电流保护闭锁。经动模试验多次考核证明这一措施是有效的[6]。

当电动机由于相序接反而合闸后，由于电动机的反转，将会出现很大的 I_2，且 $I_2 \gg I_1$，此时应要求负序电流保护快速动作而不应该被闭锁。为此在实际保护装置中的判据应是满足下列条件时才将保护闭锁，即

$$5I_1 \geqslant I_2 \geqslant 1.2I_1 \tag{11-14}$$

区分电动机区内、区外两相短路的负序电流保护原理框图如图 11-11 所示[6]。

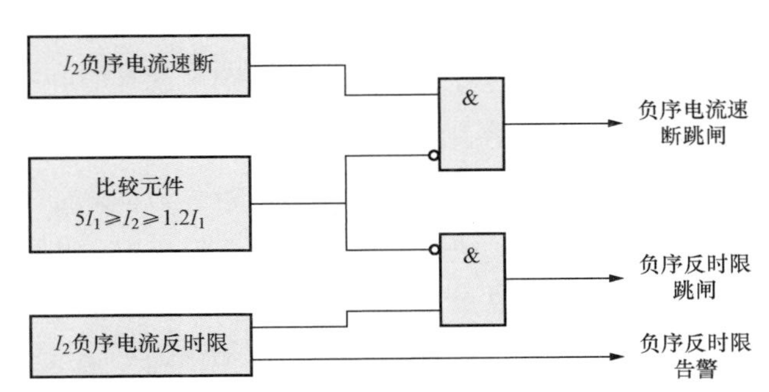

图 11-11　区分电动机区内、外两相短路的负序电流保护原理框图

对负序电流速断的整定，应按照可靠躲开电动机自起动过程中负序电流 I_2 过滤器的最大不平衡电流来考虑，并通过实验予以检验。采取上述闭锁措施之后就可以放心地提高保护的灵敏度，以期对电动机的匝间短路、转子开焊、轻负荷状态下的断相等不对称故障提供有效的保护。

第四节　电动机的其他保护

一、电动机的起动时间过长保护

电动机起动时间过长会造成电动机过热甚至烧毁、使电动机绝缘层老化，应装设电动机起动时间过长保护。

实现电动机的起动时间过长保护，可以通过检测电动机起动电流持续大于定值超过所允许的时间时断开电动机，以保证电动机的安全。该电流定值应大于最大负荷电流，而小于电动机起动电流。该时间定值应大于电动机所允许的最长起动时间。

一般国内电动机微机保护装置中计算起动时间的方法是当电动机三相电流从零突变并大于 $10\%I_N$（I_N 为电动机额定电流）时开始计时，直到起动电流过峰值后下降到 $120\%I_N$ 时为止，其间的历时被认为是电动机的起动时间 t_{st}。因此，当判定电动机起动时，若其起动电流在经过允许时间限值 $t_{st.set}$ 仍持续大于 $120\%I_N$，起动时间过长保护动作于跳闸[7]。

起动允许时间限制 $t_{st.set}$ 为

$$t_{st.set} = \left(\frac{I_{st.N}}{I_{st.max}}\right)^2 t_{dz} \tag{11-15}$$

式中：$I_{st.N}$ 为额定起动电流有效值，一般为 $6\sim7I_N$；$I_{st.max}$ 为实际的最大起动电流有效值，为

一衰减电流；t_{dz}为允许堵转时间，由制造厂提供，无此值时可取 $1.2t_{st.max}$。

额定起动电流和最大起动电流都是随时间衰减的，电动机起动结束后，该起动时间过长保护自动退出。

二、电动机的堵转保护和正序电流保护

电动机在起动过程或正常运行中可能发生堵转，堵转造成电动机转差率 $s=1$，由图11-2可知电动机电流将急剧增大，造成电动机过热甚至烧毁。

电动机在起动过程中发生堵转，则由起动时间过长保护提供堵转保护功能。当运行过程中发生堵转，则可利用正序过电流为堵转提供保护。此时正序过电流定值可取为 $I_{1.set}=(1.3\sim1.5)I_N$，允许堵转时间可取为 $t_{dz}=1.2t_{st.max}$。

需要说明的是，正序电流保护也可反应电动机的三相短路和对称性过负荷。由于电动机允许的过负荷特性呈现反时限特性，因此良好的电动机保护应能与其过负荷特性相匹配。故正序电流保护可采用反时限特性，如采用 IEC 标准中的常规反时限特性（参见第三章），其基本动作方程为

$$t_{set}=\frac{0.14}{\left(\dfrac{I}{I_{set}}\right)^{0.02}-1}K \tag{11-16}$$

式中：t_{set}为保护的整定动作时间；K 为延时整定系数，由 0.1～0.99 可调，级差为 0.1，在微机保护中可连续调节；I_{set}为保护的起动电流；I 为保护测量得到的实际电流值。

为了区分电动机的正常过负荷、自起动、堵转和三相短路，并在允许的低倍过负荷时只发报警信号而不动作跳闸，在发生严重故障时能瞬时切除故障，正序反时限电流保护设起动元件、延时跳闸元件和速断元件，其逻辑配合关系如图 11-12 所示[2]。

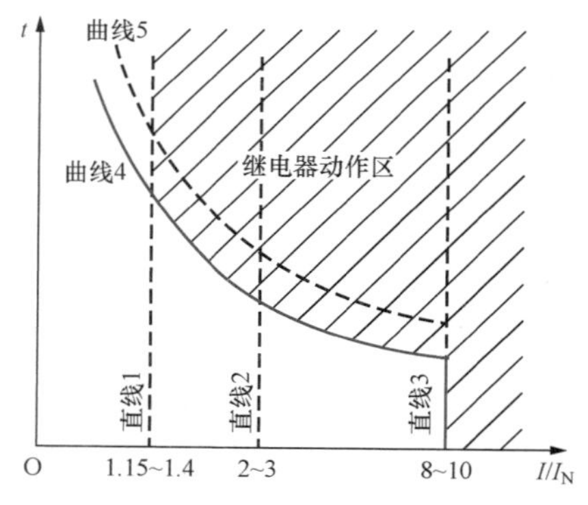

图 11-12　电动机允许的电流与时间的关系

图 11-12 中虚线表示的曲线 5 为电动机允许的过负荷电流与时间的关系，以实线表示的曲线 4 表示保护的动作特性。在直线 1 与 2 之间，按曲线 4 的时限动作于发信号；在直线 2 与 3 之间，按曲线 4 的时限动作于跳闸；在直线 3 右侧保护瞬时跳闸切除故障。各参数的选择原则为反时限过电流元件的起动电流整定为 $1.15\sim1.4I_N$；跳闸元件整定为 $2\sim3I_N$；速断元件整定为 $8\sim10I_N$。

三、电动机的过热保护

电动机的过热保护为电动机的过热提供保护，也作为电动机短路、起动时间过长、堵转等保护的后备。

幅值相同的定子正序电流 I_1 和负序电流 I_2 在电动机内产生的热量并不相同。对定子绕组而言，I_1 和 I_2 产生的正、负旋转磁场均为同步转速，只是方向相反，因此在定子上产生的铜损耗基本相等。但对于正常运行的转子（滑差很小，近似假定 $s\approx0$），正序旋转磁场对转子近似相对静止，而负序旋转磁场相对于转子接近二倍同步速率，这两种情况下转子上感应的电流大小不同，由于频率不同转子铁芯呈现的电阻也不同。因此，与正序电流大小相同的负序电流产生的损耗往往达到正序电流损耗的 3～12 倍。因此一般用以下的等效电流 I_{eq}来模拟电动机的发热效应[8]，有

$$I_{eq}=\sqrt{K_1I_1^2+K_2I_2^2} \tag{11-17}$$

式中：K_1 为正序电流发热系数，在起动过程中取 0.5，起动结束后取为 1；K_2 为负序电流发热系数，取 3～10。

电动机允许的运行时间与电流的关系为

$$t=\frac{\tau}{\left(\frac{I_{eq}}{I_N}\right)^2-1.05^2} \tag{11-18}$$

式中：τ 为电动机的发热时间常数，反映电动机的过负荷能力，整定的范围是 150～2400s。

这种过热保护综合地考虑了 I_1 和 I_2 对发热的不同影响，对电动机定子、转子的过热提供保护，并考虑了起动状态和正常状态下不同的热积累效应。从而将电动机所允许的发热特性转化为 t 与 I_{eq}的反时限特性。

如果电动机的生产厂家能够提供出 K_1、K_2 和 τ 的数据，那么这种保护的特性就能很好地与发热的特性相匹配，达到预期的良好效果。但是如果没有这些数据，而是根据经验提出一些参考数据，那么就很可能出现不匹配的结果。例如 τ 选得较大或 K_2 选得较小，就会造成动作的时间过长，可能使电动机损坏。反之，如果 τ 选择较小或 K_2 选择过大，就会使保护动作的时间短于发热允许的时间，造成不必要的切除。仅就国内对 K_2 的选择来看，一般建议取 6。

电动机的微机保护在实现式（11-18）所表示的过热保护时，计算热积累值为

$$Q(t)=\int_0^t[I_{eq}^2-(1.05I_N)^2]dt=\sum[I_{eq}^2-(1.05I_N)^2]\Delta t \tag{11-19}$$

式中：$Q(t)$为 t 时刻热积累值；Δt 为热积累的计算步长。

电动机允许的过热量 $Q_T=I_N^2\tau$ 。因此，电动机热积累程度 $q=\frac{Q(t)}{Q_T}$。当电动机的热积累程度 q 达到 70%～80%时可以发过热告警信号；当 q 达到 1 时，过热保护动作于跳闸。

四、电动机的低电压保护

1. 电动机低电压保护装设的主要原则

首先应该明确，在电动机上装设的低电压保护，并不是为了反应其内部发生的故障，而

是具有如下的功能。

（1）保证重要电动机的自起动。当电压消失或降低时，网络中所有异步电动机的转速都要减小，同步电动机则可能失去同步；而当电压恢复时，在电动机中就会流过超过其额定电流好几倍的自起动电流，因此供电网络中的电压降加大，增加了电动机自起动的时间，甚至起动不起来。在上述情况下，为了首先保证重要电动机的自起动，可以将一部分不重要的电动机切除，使网络电压尽快恢复；为此可以在不重要或次重要的电动机上装设低电压保护，在失去电压或短路时电压降低的情况下，通常以 0.5s 的时间将电动机断开。在某些工艺过程中，对于不允许电动机转速有变化的用户电动机来说，也应装设低电压保护。

例如在发电厂厂用电的每段母线上，给水泵、复水泵、循环水泵的电动机以及引风机、送风机和给粉机的电动机，都属于重要的电动机；而磨煤电动机（当电厂具有中间煤仓时）、排灰泵的电动机等则属于不重要电动机，低电压保护就可以装设在后面这些电动机上。

（2）防止在电动机起动时，由于制动转矩大于起动转矩而使电动机过热。这类电动机往往是带有恒定制动转矩的机械负荷的电动机。利用低电压保护切除这类电动机时，其动作电压和时限的整定原则是：电动机在此电压和时限内，即使电压恢复也已不可能再起动起来。

（3）按照安全技术条件或工艺过程的特点，切除那些在电压恢复时不允许自起动的电动机。此任务通常由具有 10s 延时的低电压保护来实现，因为一般电网电压下降所持续的时间是小于 10s 的。

2. 对高压电动机低电压保护接线的基本要求及其原理接线图

（1）能够反应于对称或不对称的电压下降。提出这个要求是因为在不对称短路时，电动机也可能被制动，因而当电压恢复时也会出现自起动的现象。

（2）当电压互感器回路断线时，不应该误动作。

实际上广泛采用的是利用两个（或甚至是一个）单元件式继电器来构成低电压保护，其原理接线如图 11-13 所示。低电压保护往往动作于切除一组电动机。

低电压保护的起动电压按照保证重要电动机的自起动来选择，这个电压用计算方法或根据专门的实验来决定。通常低电压保护的起动电压可取为 $60\%U_N$～$70\%U_N$。

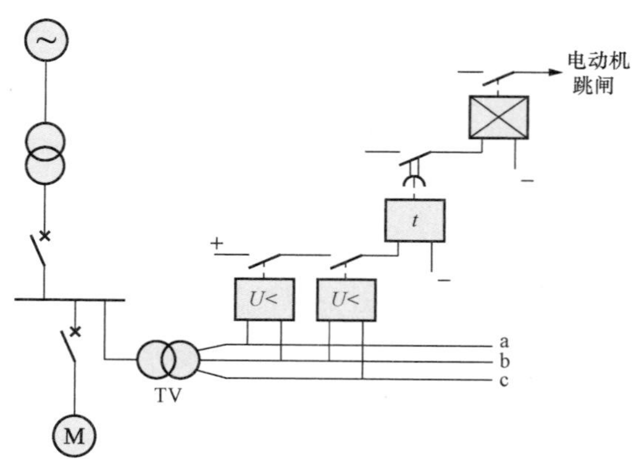

图 11-13　具有两个低电压继电器的低电压保护原理接线

必要时低电压保护也可具有不同的时限，来分别断开某些电动机，此时在接线图内应有相应数量的时间继电器。例如，以第一个时限 0.5～0.7s 断开一组电动机，以保证该段上重要电动机的自起动，以第二个时限约 6～10s 切除按生产的工艺条件，保安技术或为了起动备用电源自动投入装置，而必须断开的电动机。

复习思考题

1. 电动机保护配置中包括哪些保护功能？

2. 异步电动机的起动电流有何特点？电动机的快速过电流保护和纵联差动保护整定原则是怎样的？

3. 电动机磁平衡式差动保护的基本原理及其整定原则是怎样的？

4. 什么情况下应装设电动机接地保护，其接地保护的基本原理是什么？

5. 电动机负序电流保护的重要性以及电动机区内外故障情况下负序电流的大小是怎样的？

6. 电动机起动时间过长、堵转带来的危害是什么？相应的起动时间过长保护和堵转保护是如何实现的？

7. 电动机低电压保护的配置原则及其原理接线是什么？

主要参考文献

[1] 王维俭. 电气主设备继电保护原理与应用. 2版. 北京：中国电力出版社. 2002.

[2] 贺家李，宋从矩. 电力系统继电保护原理. 增订版. 北京：中国电力出版社. 2004.

[3] Stanley H. Horowitz, Arun G. Phadke. Power System Relaying. 3th Edition. John Wiley & Sons Press, 2008.

[4] 能源部西北电力设计院. 电力工程电气设计手册. 第二册. 北京：水利电力出版社，1991.

[5] 李斌，范瑞卿，贺家李. 大型电动机磁平衡式差动保护的整定计算. 电力系统保护与控制，2010，38（13）：79-82.

[6] 宋从矩，王钢，唐宇，宁景云. 用I1，I2，I0构成具有绝对选择性的电动机保护. 电力自动化设备，1999，19（2）.

[7] 孙孜平，卢克刚，高春如，吕东颖. 高压电动机综合保护整定计算的探讨. 电力系统自动化，2002，26（24）：48-52.

[8] 孙嘉宁. 大中型异步电动机综合保护理论及实现. 继电器，2000，28（12）：20-23.

第十二章　直流输电和配电系统的保护

第一节　高压直流输电系统的保护

由于我国能源分布的不均衡，水力资源主要集中在西南数省，煤炭资源主要集中在山西、陕西和内蒙古西部，而电力负荷则集中在东部沿海地区，因此西电东送是我国电网发展的重要策略。远距离、大功率输电联网势在必行。目前我国电网正在构建坚强的超/特高压交直流混联的主干网架，已形成了大区域电网间的全国性联网。

但是若只用传统的交流输电方式联网将形成同步运行的大电网，不仅会带来如低频振荡、大面积停电、短路电流水平超限等大电网存在的问题，而且交流同步联网的效益也会随着同步电网的扩大而减小。

而直流输电在远距离大容量输电、海底电缆输电和不同频率联网方面显示了其独特的优势，利用直流输电异步联网既可以提高联网效益，又能避免大同步电网带来的问题，还可以改善原交流电网的运行性能。

随着电力电子技术、计算机技术和控制理论的迅速发展，直流输电的建设费用和运行能耗也不断下降，可靠性逐步提高，越来越显示出其优越性。

我国从 20 世纪 50 年代起就开始研究高压直流输电技术。1987 年，我国自行研制建设的浙江舟山直流输电试验工程投入运行。直流输电技术经历了从高压到特高压，从依赖国外技术到全面实现国产化的快速发展阶段。目前，高压直流输电技术在远距离大容量输电、海底电缆输电、交流系统的互联、大城市地下输电、减小短路容量、提高新能源接入电网的消纳能力等方面都得到了广泛的应用。

一、直流输电系统的典型接线方式

1. 直流输电的接线方式

直流输电与交流输电若有互联，则主要有两种接线方式，即直流输电线与交流输电线并联，直流输电线路与交流输电线路串联，如图 12-1、图 12-2 所示。直流输电亦可构成闭环网络，例如我国的张北柔性直流网络，见图 12-3 所示。

2. 直流输电系统运行方式

目前实际投运的直流工程的直流运行接线方式主要有单极大地回线方式（简称 GR）、单极金属回线方式（简称 MR）、双极两端中性点接地方式（简称 BP）。在设计中还有单极双导线并联回线方式，但在实际运行中很少投入使用。

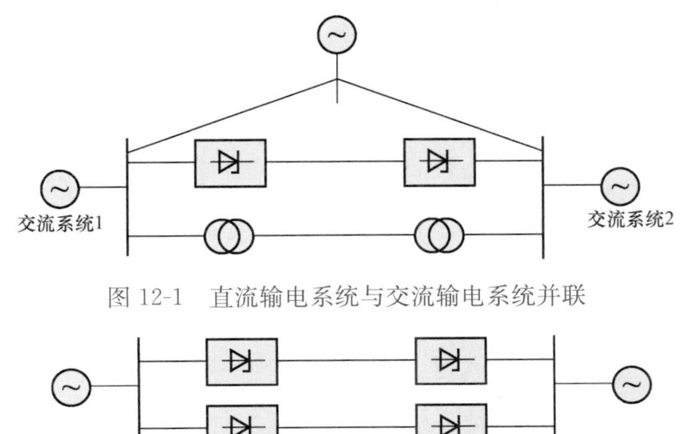

图 12-1 直流输电系统与交流输电系统并联

交流系统1
交流系统2

图 12-2 直流输电系统与交流输电系统串联

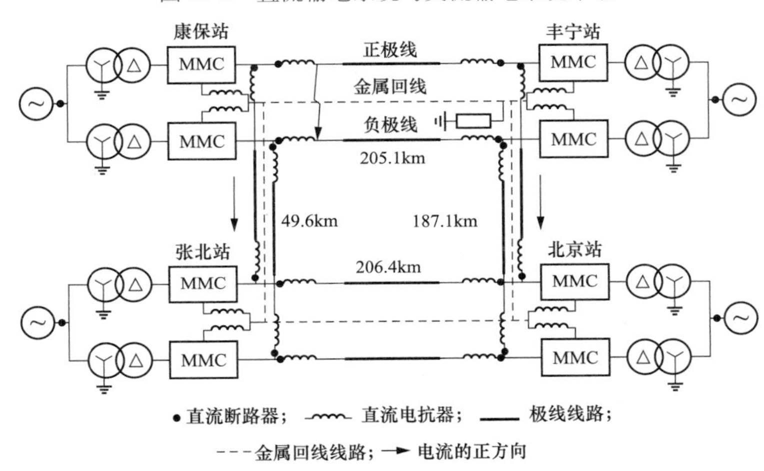

图 12-3 张北柔性直流网络

单极大地回线方式是利用一根导线与大地构成直流系统的单极回路，整流站和逆变站中性点均需接地，见图 12-4（a）；单极金属回线方式是利用两根导线构成直流系统的单极回路，利用停运极线路作为运行极的回流线路，逆变站中性点接地限制电位，见图 12-4（b）；双极两端中性点接地方式是正负两极对地，整流站和逆变站中性点接地的双极运行方式，大地中仅流过两极不平衡电流，见图 12-4（c），这是直流输电系统最常见的运行方式。

二、直流输电系统的构成

目前，电力系统中发电和用电单元的绝大部分为交流电，如采用直流输电，须进行交—直—交的电能变换。即在送电端需将交流电变换为直流电（整流），经过直流输电线路将电能传送到受电端；在受电端，又必须将直流电变换为交流电（即逆变），然后才能送到受电端的交流系统中去。这就是直流输电的基本原理。进行整流和逆变的场所分别被称为整流站和逆变站，统称为换流站；实现的装置分别称为整流器和逆变器，统称为换流器。

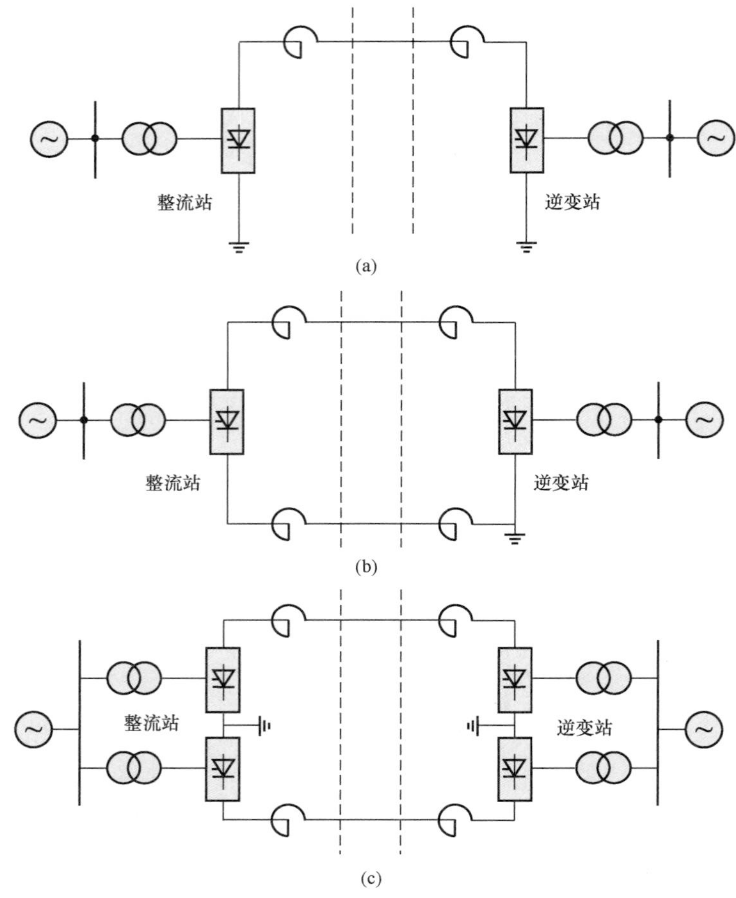

图 12-4 高压直流系统接线方式

（a）单极大地回线方式；（b）单极金属回线方式；（c）双极两端中性点接地方式

一般高压直流输电（HVDC）系统包括换流器、直流输电线路和换流站的交流设备等，如图 12-5 所示。

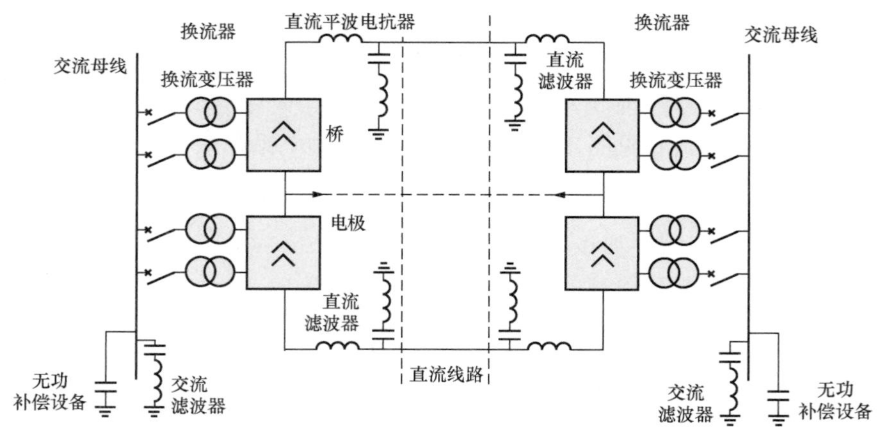

图 12-5 双极 HVDC 系统的构成图

三、直流输电系统的主要元件

1. 换流设备

换流设备的功能是实现交流—直流和直流—交流的变换。它是直流输电系统的关键设备。换流设备的主要元件是换流器（阀桥）和换流变压器。

（1）换流器。换流器包含 6 脉动或 12 脉动的高压阀，它们依次将三相交流电压连接到直流端，实现相应的变换。

图 12-5 为电网换相换流器（LCC，Line Commutated Converter）。

换流阀通常由多个晶闸管串联而成。阀具有从阳极到阴极的单向导电性。为了使阀导通，需要在阀的阳极和阴极之间加正向电压，并且在门极加上足够的负电压（汞弧阀）或者在门极上加正电压（晶闸管）触发导通。一旦阀开始导通，当通过阀的电流减小到零并且加在阀两端的电压为反向时，阀不再导通。阀关断时，有能力承受加在阀两端的正向或者反向电压。在正向电压作用下，只有再次对门极触发，才会重新导通。绝大部分直流输电系统采用普通的晶闸管换流阀（自关断能力低，频率低）来进行换流。晶闸管阀的电路符号和伏安特性如图 12-6 所示，图中为带缓冲电路的晶闸管。

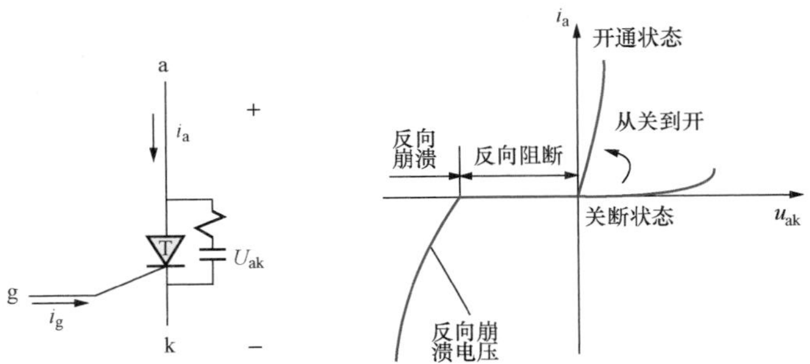

图 12-6　晶闸管符号和伏安特性

（2）换流变压器。换流变压器实现交流系统和直流系统之间的变换连接。它向阀桥提供适当电压等级的不接地三相电压源。由于变压器的阀侧不接地，直流系统能建立自己的对地参考点，通常将阀换流器的正端或负端接地。

2. 谐波滤波器

换流器在运行中会在交流侧和直流侧产生谐波电流和谐波电压。6 脉动换流器在交流侧和直流侧分别产生 $6k \pm 1$ 次和 $6k$ 次的特征谐波（k 为正整数）。12 脉动换流器在交流侧和直流侧分别产生 $12k \pm 1$ 和 $12k$ 次的特征谐波。这些谐波会导致电容器和附近的电机过热，并干扰通信系统。为了减少流入交流系统和直流系统的谐波电压和谐波电流，在交流侧和直流侧都装有滤波装置。

3. 平波电抗器

由于换流器是一种谐波源，故直流侧除了要安装直流滤波器外，还需要有平波电抗器。平波电抗器的电感较大，可以降低直流线路中的谐波电压和电流，防止逆变器换相失败，限制直流线路短路期间整流器中的峰值电流。

4. 无功补偿装置

直流线路本身在运行中不需要无功功率，但是两端换流器在运行中会消耗大量的无功功率。在稳态条件下，其所消耗无功是传输功率的50%左右，在暂态情况下，无功的消耗将会更大。因此，必须在换流器附近提供无功补偿设备。对于强交流系统，通常采用并联电容器补偿的形式。而且交流滤波器中的电容同样可以提供部分无功功率，当交流滤波器所提供的无功功率不能满足无功补偿的要求时，需装设静态电容补偿。

5. 直流输电线路

直流输电线路可以是架空线，也可以是电缆。除了导体数和间距的要求有差异外，直流线路与交流线路的建模基本相同。

6. 换流站的交流部分

送电端和受电端的交流系统与直流输电系统有着密切的关系，它们给整流器和逆变器提供换相电压，同时送电端电力系统作为直流输电的电源，提供传输的功率；而受电端系统则相当于负荷，接受和消耗由直流输电传输的功率。

四、直流系统故障类型及特征

直流系统由于其构成设备较为复杂，因此，故障类型也相应较多，消除每种故障或异常状态的方法也有所区别，且大多数直流保护动作都配合控制系统来进行故障隔离和消除。

直流系统主要故障类型按照发生故障的设备区域分为换流器故障、直流开关场设备故障、接地极故障、换流站交流设备故障、直流线路故障等；此外直流系统还配备了针对交流系统扰动的有关控制保护，如次同步谐振、稳定控制功能等。

1. 换流器故障类型及特征

（1）换流器阀短路故障。阀短路是换流器阀内部或外部绝缘损坏或被短接造成的故障，这是换流器最为严重的一种故障。

整流器的阀在阻断状态时大部分时间承受反向电压，当承受反向电压峰值大幅度跃变或阀内冷水系统故障等造成绝缘损坏时，将会造成阀短路。整流器阀短路的特征是：

1）交流侧交替发生两相短路和三相短路。

2）通过故障阀的电流反向，并急剧增大。

3）交流侧电流激增，比正常工作电流大许多倍。直流侧由于平波电抗器的作用，直流电流短时间内变化不大。

4）换流桥直流母线电压下降。

逆变器的阀在阻断状态时大部分时间承受着正向电压，当电压过高或电压上升率过大时易造成绝缘损坏导致阀短路。逆变器阀短路的特征有：①开始阶段与逆变器阀误开通故障相同；②当故障阀与下一阀换相时故障仍未消除，其特征与换相失败相同。

发生换流器阀短路时故障控制策略为投入旁通对、停发触发脉冲、跳开交流断路器。

（2）换相失败。由于换流器阀导通后在承受反向电压一定时间的前提下才能顺利实现关断，如果在承受反向电压的时间内，阀未能恢复阻断能力，或换相过程一直未能完成，当加在该阀上的电压为正时，立即重新导通，则发生了倒换相，使预计开通的阀重新关断，造成换相失败。由于整流器大多时间内承受反向电压不易造成换相失败，但是逆变器大多时间内承受正向电压容易造成换相失败。如逆变器换流阀短路、丢失触发脉冲、交流系统故障等均会引起换相失败。

换相失败的特征有：

1）换相的两个阀发生倒换相。

2）在一次换相失败中使得接在交流同一相上的一对阀同时导通形成直流短路。

3）两次连续换相失败将有工频交流电压加到直流线路上。

预防或抑制换相失败的措施可通过调节换流器控制方法、增加无功补偿设备或采用新型换流器（电压源换流器 Voltage Source Converter，VSC 或模块化多电平换流器 Modular Multilevel Converter，MMC）来实现。

（3）控制系统故障导致阀误开通、阀不开通故障。由于直流控制系统故障导致触发脉冲异常，造成换流器工作异常，出现阀误开通或阀不开通故障。

阀误开通的特征是：整流侧误开通时，因直流电压上升，使直流电流增大；逆变侧误开通时，直流电压下降或换相失败，而直流电流增加。

阀不开通的特征是：整流侧发生不开通故障时，直流电压和电流下降；逆变侧发生不开通故障时直流电压下降，直流电流上升。

对于误开通和不开通的控制策略均同换相失败的控制。

2. 直流开关场设备故障

直流开关场设备故障主要包括高压直流极母线故障、中性母线故障、直流滤波器故障、直流接线方式转换开关故障及平波电抗器本体故障等。

由于这部分设备较为复杂，其不同设备的故障机理和特征均有所不同，在具体配置其保护时需要根据不同的设备进行具体分析，其故障控制策略也根据其故障对直流系统影响的严重程度亦有所不同。例如：高压极母线差动保护动作后应将换流器闭锁、禁止投旁通对；中性母线差动保护动作后应跳开换流变交流侧断路器，起动极紧急停运顺序等。

3. 接地极故障

接地极故障主要包括接地极母线故障、接地极线路故障、站内接地网故障等。

4. 换流站交流设备故障

换流站交流设备包括换流变压器、交流开关场设备、交流母线、交流滤波器、交流出线、交流馈线等。不同交流设备的故障特征均有所不同，其保护配置与交流系统中对应的设备保护配置基本相同。不过在此保护配置基础上需要考虑保护原理在交直流混联系统中的适用性，及与直流系统控制保护的配合。

5. 直流线路故障

由于高压直流线路均较长，一般都在800km以上，在此线路上任意一点发生故障都会导致直流系统故障，故直流线路故障在直流系统故障中出现的概率是最大的。在直流线路对地短路的瞬间，一般从整流侧检测到直流电压下降和直流电流上升，从逆变侧检测到直流电压和直流电流均下降。

通常直流线路配备有行波保护、低电压保护、纵差保护、横差保护、交直流碰线保护等。当直流线路发生故障后，直流线路保护检测到线路故障后起动直流线路故障重启功能，即整流器变为逆变器运行，将直流线路上的能量转移到交流系统中，经过一段无电压时间（大约0.2～0.5s，可根据实际系统需要现场整定）使换流阀充分去游离，绝缘性能恢复到能够承受正电压，再重新起动直流系统。可见此直流线路故障重启功能类似于交流线路故障跳闸后的自动重合闸功能，根据需要直流线路故障重启的次数和电压均可进行整定。

五、直流系统保护的配置

1. 直流系统保护的配置原则

（1）满足可靠性、灵敏性、选择性、速动性的基本要求。

（2）合理的冗余。

（3）单一元件故障，不应导致保护误动或拒动。

（4）在直流系统任何运行工况下，任何设备都不应失去保护。

其中，满足可靠性的要求应注意以下几点。

1）保护装置完全冗余或三取二配置，每套冗余配置的保护完全一样，有自己独立的硬件设备，包括专用电源、主机、输入、输出电路和直流保护全部功能软件，避免保护装置本身故障引起主设备或系统停运。

2）每个可以独立运行的换流系统（例如极）的所有保护功能集中放置在本极的保护装置中，采用集中冗余配置。

3）双极部分的保护功能也应配置在每个极保护装置中，并有自己的测量回路。

4）随着微机及通信技术的发展，直流系统的一些主设备保护逐渐演变成在一定区域集中配置。

满足灵敏性的要求应注意以下几点。

1）保护的配置应该能够检测到所有可能的，危及系统运行或设备安全的故障和异常运行情况。

2）直流保护采用分区重叠，没有保护死区，每一区域或设备至少采用相同原理的双主双备保护或不同原理的一主一备保护配置。

满足选择性的要求应注意以下几点。

1）直流系统保护分区配置，每个区域或设备至少有一个选择性强的主保护，便于故障

识别。

2）可以根据需要退出和投入部分保护功能，而不影响系统安全运行。

3）单极部分的故障引起保护动作，不应造成双极停运（仅在站内直接接地双极运行方式时，某一极故障才必须停运双极，以避免较大的电流流过站接地网）。

4）保护尽量不依赖于两端换流站之间的通信。

满足速动性的要求应注意以下几点。

1）充分利用直流输电控制系统，以尽可能快的速度停运、隔离故障系统或设备，保证系统和设备安全。

2）快速切除故障的措施包括紧急移相、投旁通对、封锁触发脉冲、跳交、直流侧断路器等。

2. 直流系统保护的配置

直流系统保护采取分区配置，保护范围及功能如下。

（1）换流器保护区：包括换流器及其连线等辅助设备；配置有电流差动保护组（阀短路保护、换相失败保护、换流器差动保护），过电流保护组（直流侧过电流保护、交流侧过电流保护），触发保护组（阀触发异常保护），电压保护组（电压应力保护、直流过电压保护），阀检测组（晶闸管监测、大触发角监视）等。

（2）直流极线及中性母线保护区：包括平波电抗器和直流滤波器、单极中性母线和双极中性母线，及其相关的设备和连线；配置有直流极线电流差动保护组（直流极母线差动保护、直流中性母线差动保护、直流极差动保护），直流滤波器保护组（直流滤波器电抗器过载保护、直流滤波电容器不平衡保护、直流滤波器差动保护），平波电抗器保护组（干式平波电抗器的故障由直流系统保护兼顾。油浸式平波电抗器除了直流系统保护外，还有非电量保护继电器，主要有瓦斯保护、油泵和风扇电机保护，油位监测，气体监测，油温检测，压力释放，油流指示，绕组温度等）。

（3）接地极引线和接地极保护区：配置有双极中性线保护组（双极中性母线差动保护、站内接地过电流保护），转换开关保护组（中性母线断路器保护、中性母线接地开关保护、大地回线转换开关保护、金属回线转换断路器保护），金属回线保护组（金属回线横差保护、金属回线纵差保护、金属回线接地故障保护），接地极引线保护组（接地极引线断线保护、接地极引线过载保护、接地极引线阻抗监测、接地极引线不平衡监测、接地极引线脉冲回波监测）等。

（4）换流站交流开关场保护区：包括换流变压器及其阀侧连线、交流滤波器和并联电容器及其连线、换流母线；配置有换流变压器差动保护组（换流器交流母线和换流变差动保护、换流变差动保护、换流变绕组差动保护），换流变压器过应力保护组（换流变过流保护、换流器交流母线和换流变过电流保护、换流变热过负荷保护、换流变过励磁保护），换流变压器不平衡保护组（换流变中性点偏移保护、换流变零序电流保护、换流变饱和保护），换流变压器本体保护（瓦斯保护、压力释放、气体检测、油泵和风扇电机保护、油温、油位检测、绕组温度等），交流开关场和交流滤波器保护（换流器交流母线差动保护、换流器交流母线过电压保护、交流滤波器保护、最后断路器保护）等。

（5）直流线路保护区：配置有直流线路故障保护组（直流线路行波保护、微分欠电压保护、直流线路纵差保护、再起动逻辑），直流系统保护组（直流欠电压保护、功率反向保护、直流谐波保护等）。

六、直流线路故障过程

直流架空线路发生故障时，从故障电流的特征而论，短路故障的过程可以分为行波、暂态和稳态三个阶段。

1. 初始行波阶段

和第四、六章所述交流输电线路故障时的波过程相似，直流输电线故障后，沿线路的电场和磁场所储存的能量相互转化形成故障电流行波和相应的电压行波。其中电流行波幅值取决于线路波阻抗和故障前瞬间故障点的直流电压值。线路对地故障点弧道电流为两侧流向故障点的行波电流之和，此电流在行波第一次反射或折射之前，不受两端换流站控制系统的控制。电压、电流行波的波动方程分别为

$$\frac{\partial^2 u}{\partial x^2} = LC\frac{\partial^2 u}{\partial t^2}$$

$$\frac{\partial^2 i}{\partial x^2} = LC\frac{\partial^2 i}{\partial t^2}$$

微分方程的解为

$$u = u_{\mathrm{f}}\left(t - \frac{x}{v}\right) + u_{\mathrm{b}}\left(t + \frac{x}{v}\right)$$

$$i = \frac{1}{Z_{\mathrm{c}}}\left[u_{\mathrm{f}}\left(t - \frac{x}{v}\right) - u_{\mathrm{b}}\left(t + \frac{x}{v}\right)\right]$$

$$Z_{\mathrm{c}} = \sqrt{\frac{L}{C}};\quad v = \frac{1}{\sqrt{LC}}$$

式中：Z_{c} 是波阻抗；v 为波速；$u_{\mathrm{f}}\left(t-\frac{x}{v}\right)$是指前行电压行波（forward wave）；$u_{\mathrm{b}}\left(t+\frac{x}{v}\right)$则是指反向电压行波（backward wave）。

2. 暂态阶段

经过初始行波的来回反射和折射后，故障电流转入暂态阶段。直流线路故障电流主要分量有：带有脉动而且幅值变化的直流分量（强迫分量）和由直流主回路参数所决定的暂态振荡分量（自由分量）。整流侧和逆变侧分别调节使滞后触发角增大，抑制了线路两端流向故障点的电流。

3. 稳态阶段

最终，故障电流进入稳态，整流侧和逆变侧故障电流电压的稳态值由各自控制策略所

决定。

七、高压直流线路保护的原理与配置

直流线路发生故障时，一方面可以利用桥阀控制极的控制来快速地限制和消除故障电流；一方面由于定电流调节器的作用，故障电流与交流线路相比要小得多。因此，对直流线路故障的检测不能依靠故障电流大小来判别，而需要通过电流或电压的暂态分量来识别。

目前，世界上广泛采用行波保护作为高压直流线路保护的主保护，它是利用故障瞬间所传递的电流、电压行波来构成超高速的线路保护。由于暂态电流、电压行波的幅值和方向皆能准确反映原始的故障特征，同基于工频电气量的传统保护相比，行波保护具有超高速及高可靠性的动作性能，且其保护性能不受电流互感器饱和、系统振荡和长线分布电容等的影响。

另一方面，相比于交流系统，在直流系统中行波保护具有更明显的优越性。首先，在交流系统中，如果在电压过零时刻（初相角为 0°）发生故障，则故障线路上没有故障行波出现，保护存在动作死区；直流系统中不存在电压相角，则无此缺点。其次，交流系统中电压、电流行波的传输受母线结构变化的影响，并且需要区分故障点传播的行波和各母线的反射波以及透射波，难度较大；由于高压直流线路结构简单，也不存在上述问题。

行波保护动作后，将起动直流线路故障恢复顺序控制（整流侧），即按预先设定的次数，考虑故障后去游离时间，实行全压起动或降压起动故障的直流极；若经重起动后仍不成功，将闭锁两端阀组。

同时，高压直流线路保护还采用低电压保护（low voltage protection）、斜率保护（derivative and level protection）、纵联差动保护（longitudinal differential protection）等作为行波保护的后备保护。

图 12-7 为直流线路接线图。直流线路保护所使用的电压、电流采样值来自线路上的直流分压器和直流分流器。直流分压器通过阻容分压的原理，经过光电转换模块将模拟量转换为光信号量，通过光纤送入直流线路保护（即图 12-7 中 U_{dL}）。直流分流器通过分流器内部的高精度电阻将电流信号转换为电压信号，经过光电转换模块将模拟量转换为光信号量，通过光纤送入直流线路保护（即图 12-7 中 I_{dL}）。直流线路电压 U_{dL}、直流线路电流 I_{dL} 送入直流线路保护内部后，由相应的软件功能模块进行微分计算，从而得出 du/dt、di/dt 等。

直流线路保护通常采取“三取二”原则，每套配置行波保护、低电压保护、线路横差保护和线路纵差保护，如图 12-8 所示。继电器选择参见附录三。

行波保护（WFPDL）的判据为

$$\frac{du}{dt} > \Delta; \Delta U > \Delta; \Delta I > \Delta$$

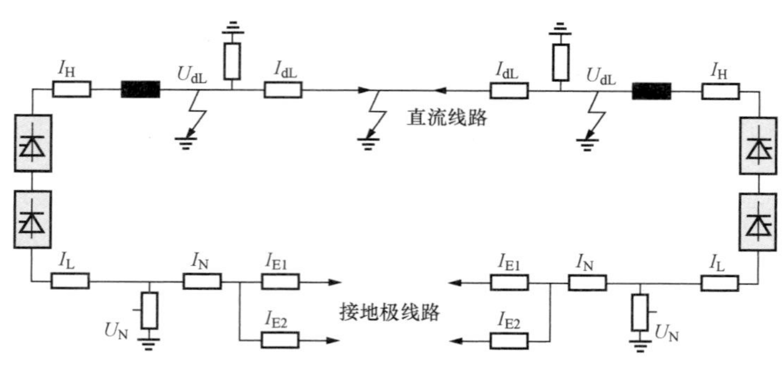

图 12-7 直流线路接线图

I_H—高压侧电流；I_L—低压侧电流；I_N—中性母线电流；I_{dL}—直流线路电流；I_{E1}—接地极 1 电流；I_{E2}—接地极 2 电流；U_N—中性母线电压；U_{dL}—直流线路电压

Δ 为预设的整定值，行波保护整定原理是如果直流线路发生接地故障，故障时行波会由故障点向两端换流站传播。通过整定直流线路电压和电流的变化率，行波保护可以对这种故障进行监测。如果电压的变化率和电压变化的幅值超过了整定值，保护系统计算电流变化的幅值，如果也超过了设定值，发出线路跳闸信号并在整流站的极控中起动直流线路故障恢复顺序。整流站延迟触发角以去电离，并在去电离后重启系统。低电压保护、直流线路差动保护是行波保护的后备保护。行波保护在两站失去通信的情况下仍能正常工作。

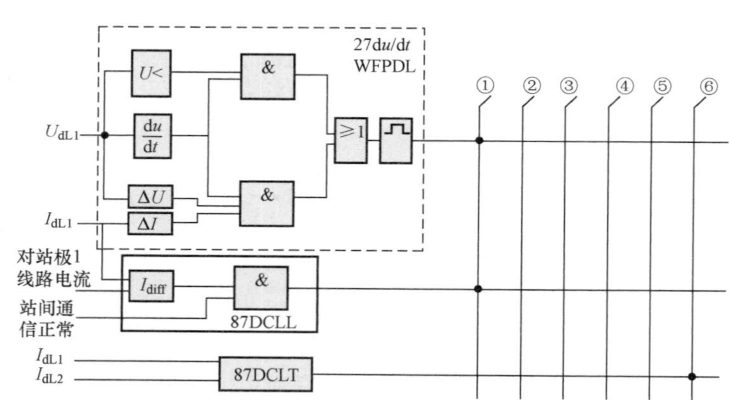

图 12-8 直流线路保护配置

U_{dL1}、I_{dL1}—极 1 线路电压、电流；I_{dL2}—极 2 线路电流；WFPDL—行波保护；①—直流线路故障恢复顺序（整流站）；②—紧急停运；③—闭锁触发脉冲（整流站）；④—跳开交流侧断路器；⑤—禁止换流器解锁；⑥—闭锁换流器

低电压保护（27du/dt）的判据为

$$\frac{du}{dt} > \Delta; U_{dL} < \Delta$$

式中：U_{dL} 为直流线路电压。

低电压保护整定原理是通过整定一个低电压和直流线路电压的变化率来对线路故障进行

监测。如果电压的变化率超过设定值并且线路电压值低于设定值，发出线路跳闸信号并在整流站的极控中起动直流线路故障恢复顺序。整流站延迟触发角以去电离，并在去电离后重启系统。低电压保护属于后备保护，在两站失去通信的情况仍能正常工作。

纵联差动保护（87DCLL）的判据为

$$|I_{dL}-I_{dL.oth}|>\Delta$$

式中：I_{dL}为直流线路电流（如整流侧电流）；$I_{dL.oth}$为对站直流线路电流（如逆变侧电流）。

纵联差动保护整定原理是比较来自整流站和逆变站的直流电流，如果两站电流差值超过了设定值，线路跳闸信号就会在整流站的极控中起动直流线路故障恢复顺序。整流站延迟触发角以去电离，并在去电离后重启系统。纵联差动电流保护属于后备保护，主要反应高阻线路接地故障。由于其所需的电流通过远程控制在两站之间传输，失去通信时该保护被闭锁。

横差动保护（87DCLT）的判据为

$$|I_{dL1}-I_{dL2}|>\Delta$$

式中：I_{dL1}为极 1 线路电流；I_{dL2}为极 2 线路电流。

横差动保护整定原理是比较来自一个站内两极的直流线路电流，如果两站电流差值超过了设定值，就会在整流站起动直流线路故障恢复顺序。整流站延迟触发角来去游离，并在去游离后重启系统。横差动电流保护属于后备保护，只适用于单极金属回线方式。

八、直流系统控制和保护

直流输电系统在大电网互联中有独特的优势，如区域互联、快速调节、功率支援等，直流输电系统也配备了一些有利于系统稳定的控制保护功能，如次同步振荡保护、系统频率限制控制、功率摇摆阻尼等稳定控制功能。

直流输电系统控制功能较为复杂，为使直流系统稳定运行，其控制和保护需要紧密结合，缺一不可。

1. 保护动作后起动控制系统消除故障

直流系统保护动作后，通过起动直流控制功能后才能最终消除故障，如某保护动作出口后跳开本站换流变压器交流侧断路器，同时由保护起动换流器闭锁顺序控制：

（1）整流站降低直流功率，发闭锁请求至逆变站，移相，停发触发脉冲。

（2）逆变站投旁通对降低直流电压，移相，闭锁触发脉冲。

从而最终停运整个直流系统。

2. 控制系统中嵌入了保护功能

在直流输电的控制系统中由于直流设备构成的特殊性及满足不同的运行方式的需要，控制系统中嵌入了部分后备保护功能。如直流低电压监视、分接头监视、阀冷系统跳闸、直流线路空载加压试验保护、触发角过大保护、直流线路永久故障判断、阀避雷器过电压保护、现场总线故障保护、控制系统切换逻辑保护等。

※第二节　直流配电系统的保护

面对社会发展对配电系统提出的更加绿色环保、更加安全可靠、更加优质经济等要求，传统的交流配电系统面临诸多变革：能源需求和环境保护的双重压力推动着分布式发电快速发展，越来越多的可再生能源、储能装置以及电动汽车以分布或集中的方式接入配电系统；同时配电负载的组成变化明显，直流负荷、敏感性负荷不断增多；电力电子器件和变流技术的长足发展，使得交直流电能形式和电压等级的相互转换已成为现实，并逐步在电力系统中得到了应用。

新能源和新负荷的接入需求及新技术的快速发展，使得人们重新开始审视直流配电模式的技术经济可行性。相比于交流配电，直流配电模式在以下方面有着显著优势：

（1）电能变换环节减少，供电效率提高。直流配电模式节省了分布式电源和直流负载接入所需的换流环节，降低了设备成本和换流损耗，也更好地支持了分布式电源的接入。

（2）线路损耗降低。直流配电模式不存在涡流损耗以及线路无功损耗，相同电压等级和电流密度条件下线路损耗仅为交流配电的15%～50%。

（3）输电容量与供电半径提高。直流配电模式不存在无功传输所引起的功率损耗和电压降落，且在同等绝缘水平下，双极直流配电架构的传输功率可达到交流配电的1.5倍。

（4）电能质量改善。理论上直流配电系统没有频率偏差、三相电压不平衡和无功补偿等问题，能够有效地改善供电电能质量。

直流配电系统是包含中压配电网（$\pm1500\text{V}<U_{dc}\leqslant\pm35\text{kV}$）和用户侧低压配电网（$U_{dc}\leqslant\pm1500\text{V}$）的公共配电系统，是多种分布式能源的理想接口，同时也是提升供电可靠性、服务不同用户需求的有效手段。虽然公共直流配电系统还较少，但直流系统在数据中心、航空舰船、轨道牵引等多个领域已经有了成功的应用。鉴于当前配电系统的发展趋势与直流配电模式的优势特点，在充分研究并解决了低压直流系统在常规领域应用中的问题后，未来直流配电系统有望在更大范围内得以应用和发展。

一、直流配电系统的构成

直流配电系统就网络层次而言与交流配电类似，同样包含多个电压等级的配电网。各级配电网功能不尽相同、互相配合补充，以灵活多变的方式共同完成向用户安全可靠供电的任务。其中，中压直流配电网主要通过换流站与交流系统互联，低压直流配电网可经直流变压器接入中压直流母线或是通过换流器由中压交流配电网供电。

1. 直流配电系统的拓扑结构

直流配电系统的拓扑结构主要有放射状、两端配电与环状3种，如图12-9所示。放射状系统具有结构简单、保护控制要求低的特点，但供电可靠性较差。两端配电系统在一侧电源故障时，非故障区域失电负荷可由另一侧电源继续供电，可靠性较高；但电流双向流动对保护配置要求较高。环状系统在环线任意点发生故障时，可通过快速故障隔离转变为两端配电结构继续供电，因此供电可靠性更高，但也面临着保护配置复杂、建设成本昂贵的问题。直流配电系统可根据供电可靠性、供电范围及投资等实际工程需求，结合不同拓扑的特点来进行网络设计。

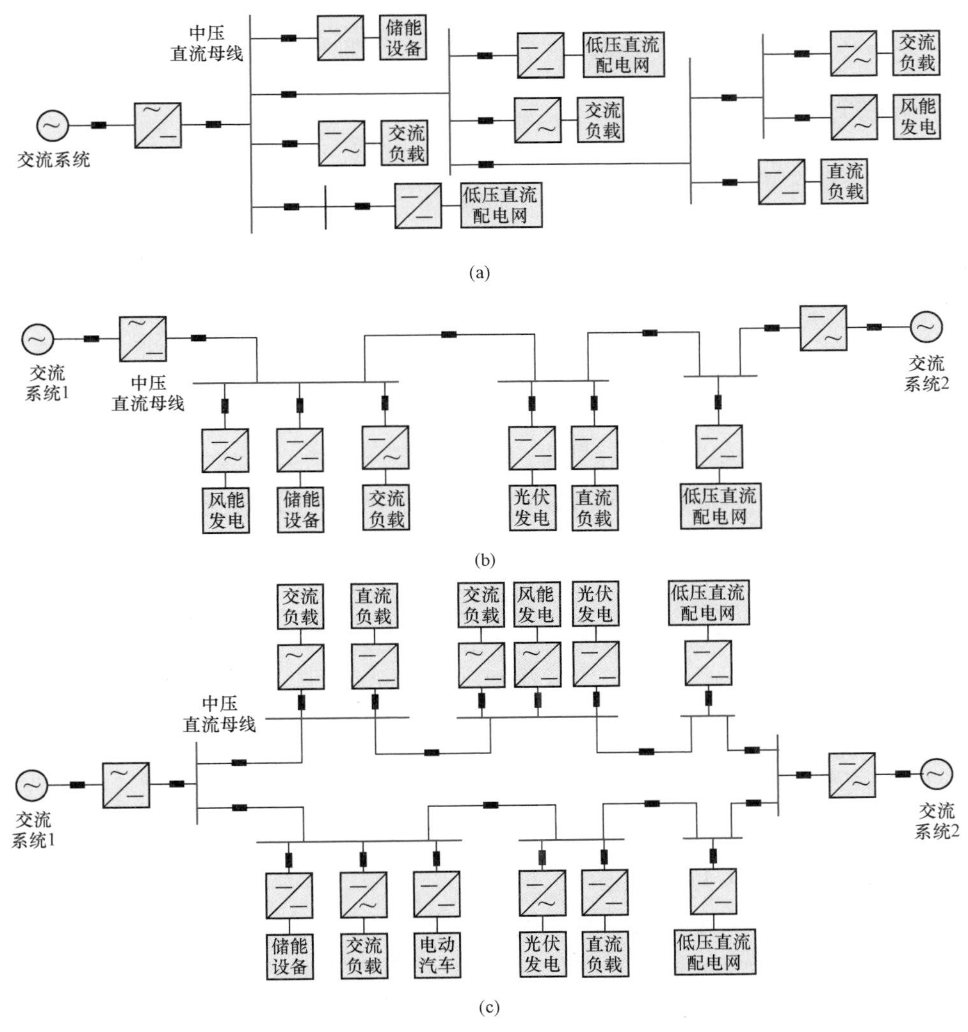

图 12-9　直流配电系统的拓扑结构

(a) 放射状结构；(b) 两端配电结构；(c) 环状结构

2. 直流配电系统的接线方式

直流配电系统的接线方式可分为单极型和双极型。单极型接线一般用于造价较低、供电可靠性要求不高的系统。双极型接线能够提供更为多样的供电电压等级，并且在一极发生故障退出运行后仍可转为单极模式持续运行一段时间，因此具有更高的供电可靠性。

3．直流配电系统的接地方式

直流配电系统的接地方式对接地故障检测、人员与设备的电气安全等有很大影响。直流配电系统根据接地点的位置可分为交流侧接地和直流侧接地两类。交流侧接地方式中，当连接变压器阀侧绕组存在中性点时采用中性点经电阻接地，当连接变压器不存在中性点时采用星型电抗经电阻接地。直流侧接地方式中，当直流侧存在集中电容时利用直流侧电容中点引出接地，当直流侧没有集中电容时利用箱式大电阻代替集中电容引出接地。

二、直流配电系统的关键设备

直流配电系统的关键设备包括直流断路器、换流器、直流变压器、故障限流装置等。

1．直流断路器

直流断路器作为承载和开断直流电流的设备，对保护方法的实现和故障隔离有着直接影响。根据拓扑结构和灭弧原理的不同，直流断路器大体可以分为全固态断路器、混合式断路器、机械式有源或无源共振断路器。

2．换流器

交直流换流装置分为电压源型换流器（voltage source converter，VSC）和电流源型换流器。VSC具有潮流反转简便、有功无功独立控制和交流侧电能质量更优等优点，更适合于构建直流配电系统。

3．直流变压器

直流电压变换可以通过直流型电力电子变压器、交直流混合型电力电子变压器及电力电子换流器等不同设备来实现，可统称为直流变压器。相比于传统交流变压器，直流变压器除了具有电压等级变换与电位隔离作用，还可配置潮流控制、故障监控与保护等功能，且有调控灵活、动态响应快等特点。

4．故障限流装置

目前中高压直流断路器仍处于研发阶段，现有可商用直流断路器容量有限且成本较高。故障电流限流装置用于限制故障电流的上升率或幅值，能在一定程度上弥补直流断路器容量的不足。限流装置的实现主要有在变换电路控制器中设置限流环节和加装实体故障电流限制器两种方式。

三、直流配电系统的故障类型及特征

直流配电系统具有多分布式电源、多设备类型、多电压等级、多负载单元的特点，因此其故障特性十分复杂。直流配电系统的故障类型可根据关键设备位置，按区域划分为换流器交流侧故障、换流器故障、直流线路故障和用户侧故障。

1．换流器交流侧故障

交流侧故障可能发生的地点有换流器交流侧入口处、换流变压器及连接线路，故障类型

包括单相接地故障、两相接地/不接地故障和三相故障。换流器交流侧故障会导致交流侧端口电压降低和直流侧电压波动，尤其是不对称故障的负序分量还会引起交直流侧分别出现奇次和偶次谐波，进而影响到换流器的正常控制，严重时甚至会威胁整个系统的直流电压稳定。

2. 换流器故障

换流器的主要故障类型有开关器件短路/开路、开关器件过电压/过电流、桥臂短路、脉冲触发系统故障、直流侧电容击穿短路、换流器交流侧或直流侧出口短路等。

3. 直流线路故障

直流线路故障类型包括单极接地短路故障、极间短路故障和断线故障。

单极接地故障指直流线路的正极或负极与大地发生短路，其故障特征与系统接地方式密切相关。不接地系统中发生单点单极接地故障时，故障极电压会趋向于零，健全极电压抬升为正常值的两倍；在接地系统中发生单极接地故障时，则会出现显著的故障电流和电压暂变现象。

直流线路极间短路故障特征主要为：①多换流器直流侧电容均开始快速放电，故障电流在短时间内迅速增大，造成瞬时严重过电流；②电容放电使得直流侧电压失去支撑，引起直流母线电压出现显著跌落，下降程度取决于故障电阻、线路阻抗等因素；③由于换流器内部并联二极管的交替导通，换流器交流侧故障电流会迅速增大，系统交流侧近似为发生三相短路故障。

4. 用户侧故障

用户类型依据功率流动方向可分为负荷、分布式电源和储能单元。负荷包含交流负荷和直流负荷，除极间短路和接地故障外还可能发生过载情况。分布式电源的故障特征与电源类型有关，可按故障位置分为网侧接口故障和电源内部故障。储能单元故障与分布式电源类似，需注意的是故障引起储能电池快速放电会导致电池严重损耗，甚至使得电池组烧毁。

四、直流配电系统的保护配置

1. 直流配电系统的保护配置原则

目前直流配电系统保护仍缺乏相应的标准规范、执行准则和实际运行经验。通过借鉴已有工程的保护配置经验，如直流输电（特别是柔性直流输电）、交流配电网、交流微电网等，结合继电保护的根本任务和直流配电网的运行特点，直流配电系统的保护方案设计一般应满足：①基本要求，选择性、速动性、灵敏性和可靠性；②适应性要求，保护功能配置应能满足直流配电系统不同运行方式、拓扑结构变化、不同功率水平下的保护需求；③经济性要求，在满足保护要求的前提下应考虑合理的设备投资和安装维护成本；④简洁性要求，在满足保护功能要求的基础上应尽量采用易于实现的保护配置方案。

根据上述故障类型分析与保护要求，直流配电系统保护配置可遵循如下总体原则：

（1）保护分区配置。保护分区配置划分为换流器交流侧、换流器、直流线路和用户侧 4 个区域，各区域内根据故障类型设置不同的保护等级，分区之间部分保护范围重叠以消除保护死区。

（2）各保护分区协调配合。换流器区保护主要保障其内部换流设备的安全，避免其自身或外部故障而致使设备损坏，因此外部系统保护配置需要计及换流器保护动作特性；配电系统交流侧与直流侧是通过换流器紧密联系的，任意一侧发生故障时都会对另一侧产生影响，因而两侧的保护配置应当协调配合，以确保保护动作的选择性与可靠性。

（3）配置集成化保护装置作为后备保护。传统后备保护受运行方式和网络拓扑的影响较大，为保证其可靠性不得不按照最严苛的情况进行配置整定，为了保证其选择性而不得不牺牲后备保护的快速性和灵敏性。仅利用本地信息并考虑相互配合实现直流配电系统后备保护功能的设计理念，难以良好应对网络拓扑和运行方式多变的问题，采用多信息的集成保护方式能够在一定程度上避免上述问题。

2. 直流配电系统的保护配置

（1）换流器交流侧可配置的保护有交流母线的差动保护、过/欠电压保护，换流变压器的差动保护、过电流保护、零序保护、热保护，交流滤波器保护。鉴于交流侧不对称故障引发直流暂态过程出现的谐波特征，还可配置基于 100Hz 分量的保护。

（2）换流器区一般采用基于差动原理的主保护，如直流差动保护、桥差动保护、阀组差动保护等。换流器区可采用其他原理保护作为后备保护，如基频保护、交流过电流保护、交流过/欠电压保护、直流过/欠电压保护等，能够改善主保护动作选择性。

（3）直流线路保护主要包括直流母线保护与直流线路保护。直流母线保护对象包括直流滤波器、单极母线/双极母线以及相关的设备和连线，可配置直流母线电流差动保护、直流滤波器差动保护、不平衡保护及过载保护等。直流线路保护可配置线路纵差保护、微分欠电压保护及直流谐波保护等。但应注意，换流器交流侧故障引发的直流暂态过程中，直流电压和电流的突变有可能满足微分欠电压保护的判据，因此，微分欠电压保护需要靠定值的整定躲开交流侧故障。

（4）用户侧保护可依据类型进行划分。负载保护通常根据负载类型与负载线路保护共同配置。分布式电源的保护范围包括并网换流器、电源设备及相应连线，可配置换流器电源侧过电流保护、功率反向保护，电源内部短路保护、热保护、低电压保护等。储能单元的保护与分布式电源类似，但还应配置储能电池模块电压保护、电池过电流保护、电池电流变化率保护等。

五、直流线路的故障过程

1. 极间短路故障

基于 VSC 的直流配电系统中直流线路上任意位置发生极间短路故障都可用图 12-10

所示的等效电路进行分析。其中，VSC 采用基于全控型电力电子器件（如 IGBT）的三相两电平拓扑结构，直流电缆线路采用 π 型等值模型，L 和 R 分别为故障点到换流器直流侧出口处的线路电阻和电抗。考虑 VSC 直流侧有滤波大电容 C，分析中忽略线路对地电容的影响。

直流线路极间短路瞬间，经过 VSC 的故障电流急剧上升，使得其自身保护动作从而闭锁 IGBT，但与 IGBT 反向并联的续流二极管仍连接在故障回路中。故障初始时刻，由于直流母线电压 u_{dc} 高于交流侧线电压 u_{ac}，交流侧向直流侧提供的短路电流只是限流电抗器 L_s 的续流，直流侧的短路电流以电容快速放电为主。然后，直流电压 u_{dc} 不断下降直至低于交流线电压峰值时，VSC 进入不控整流状态，交流侧通过续流二极管向直流侧提供的短路电流随着直流电压 u_{dc} 的下降而逐渐增大。

根据上述直流线路极间短路的故障响应，将故障过程分为 3 个阶段：直流侧电容放电阶段、不控整流初始阶段和不控整流稳态阶段。依次对各阶段进行详细分析，其中假定 IGBT 在故障瞬间闭锁。

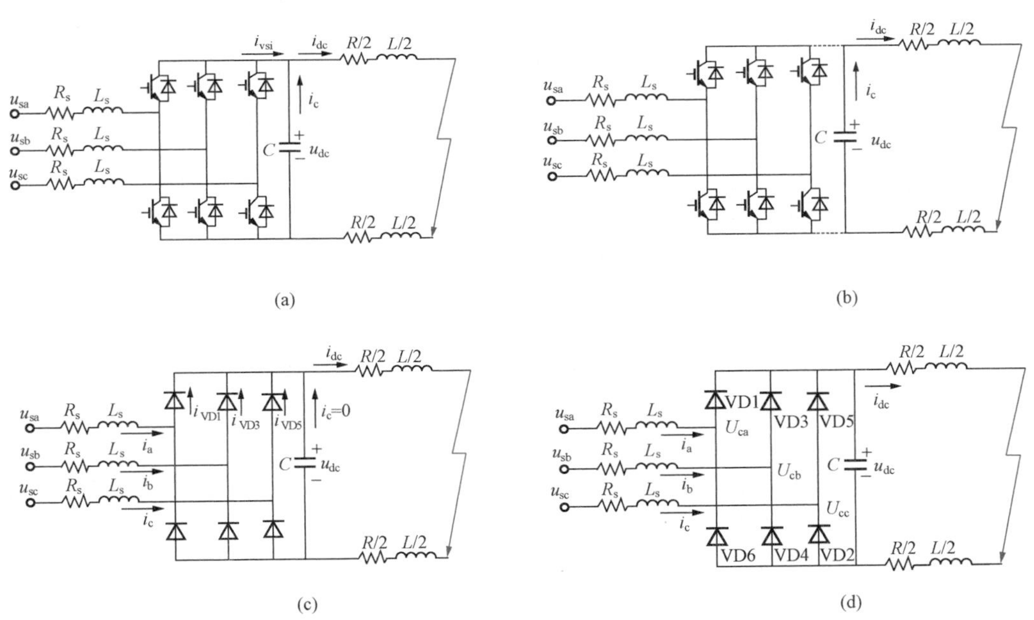

图 12-10　直流线路极间短路时等效电路

（a）正常稳态；（b）直流侧电容放电阶段；（c）不控整流初始阶段；（d）不控整流稳态阶段

（1）直流侧电容放电阶段。故障初始阶段，交流侧提供的短路电流远小于电容放电电流，忽略交流侧续流，直流侧的电容 C、电感 L 和电阻 R 组成 RLC 二阶放电电路。假设故障发生在 t_0 时刻，此时电容电压即直流线路电压为 U_{dc0}，直流线路电流为 I_{dc0}。故障后，对 RLC 振荡回路有

$$LC\frac{\mathrm{d}^2 u_{\mathrm{dc}}}{\mathrm{d}t^2}+RC\frac{\mathrm{d}u_{\mathrm{dc}}}{\mathrm{d}t}+u_{\mathrm{dc}}=0 \tag{12-1}$$

$R<2\sqrt{L/C}$ 时二阶电路响应会产生振荡。求解式（12-1）可得直流电容电压和线路电流为

$$u_{\mathrm{dc}}=\frac{U_{\mathrm{dc0}}\omega_0}{\omega}\mathrm{e}^{-\delta t}\sin(\omega t+\beta)-\frac{I_{\mathrm{dc0}}}{\omega C}\mathrm{e}^{-\delta t}\sin\omega t \tag{12-2}$$

$$i_{\mathrm{dc}}=C\frac{\mathrm{d}u_{\mathrm{dc}}}{\mathrm{d}t}=-\frac{I_{\mathrm{dc0}}\omega_0}{\omega}\mathrm{e}^{-\delta t}\sin(\omega t-\beta)+\frac{U_{\mathrm{dc0}}}{\omega L}\mathrm{e}^{-\delta t}\sin\omega t \tag{12-3}$$

其中

$$\begin{cases}\delta=R/2L\\ \omega^2=1/LC-(R/2L)^2\\ \omega_0=\sqrt{\delta^2+\omega^2}\\ \beta=\arctan(\omega/\delta)\end{cases} \tag{12-4}$$

$R>2\sqrt{L/C}$ 时，电容放电阶段为二阶过阻尼衰减过程，求解同上。

（2）不控整流初始阶段。当直流电压 u_{dc} 减小至小于交流线电压峰值时，故障电路进入不控整流阶段，此时交流电源和电容同时向故障点放电。当短路阻抗较大时，电容放电电流上升较缓，则交流侧电流助增作用较为显著，整个电路在交流电源的作用下逐渐进入稳态。由于暂态过渡较为平缓，因此系统不会受到电流尖峰和电压骤降的严重威胁。当短路阻抗较小时，交流侧所提供的短路电流增长速度低于电容放电速度，直流侧电容将持续放电直至电压为零，该时刻记为

$$t_1=t_0+(\pi-\theta)/\omega \tag{12-5}$$

式中

$$\theta=\arctan\left(\frac{C\omega_0 U_{\mathrm{dc0}}}{C\delta U_{\mathrm{dc0}}-I_{\mathrm{dc0}}}\right) \tag{12-6}$$

t_1 时刻，直流侧短路电抗 L 已积蓄了大量能量，其反电动势在电容电压降为零瞬间会使得 VSC 续流二极管同时导通，在直流侧形成 RL 一阶自由放电电路。与此同时，电容电压 U_{dc} 被二极管钳位保持为零且电容电流 I_{c} 也为零，交流侧相当于发生三相短路。交流侧和直流侧可以分解为两个相对独立的电路，等效电路如图 12-11 所示。

直流侧等效电路分析：直流侧短路电抗通过续流二极管形成 RL 放电电路，短路电流持续衰减。由于三相桥臂续流二极管对于直流侧放电回路而言完全等效，故三相桥臂二极管各流过 1/3 的直流侧自由放电电流。设 t_1 时刻直流侧电流为 I_{dc1}，直流侧短路电流为

$$i_{\mathrm{dc}}=I_{\mathrm{dc1}}\mathrm{e}^{-(R/L)t} \tag{12-7}$$

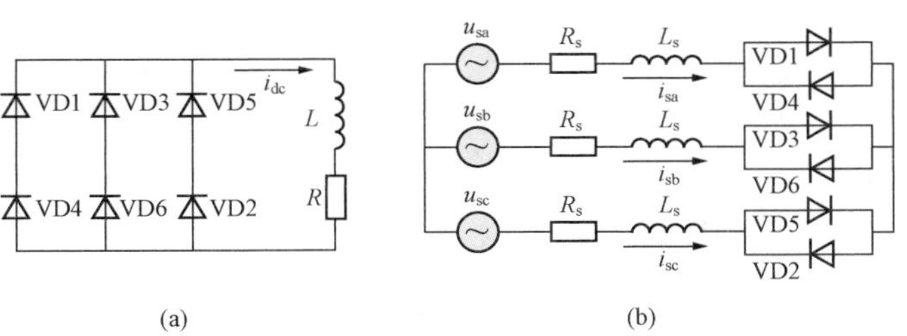

图 12-11　续流二极管同时导通阶段等效电路图

（a）直流侧等效电路；（b）交流侧等效电路

交流侧等效电路分析：由于电容电压和电流都为零，换流器出口处直流线路的正负极电位相等，交流侧相当于发生三相短路。由于每一相反并联的两个续流二极管完全相同，故各流过 1/2 的一相短路电流。设 t_1 时刻 A 相电压的相角为 α，则交流侧 A 相电压和电流可由式（12-8）表示。可知，交流侧短路电流由周期分量和非周期衰减分量组成。同理可以推导其他两相短路电流表达式为

$$\begin{cases} u_{sa}=Ri_{sa}+L\dfrac{di_{sa}}{dt}=U_{sm}\sin(\omega_s t+\alpha) \\ i_{sa}=I_{sm}\sin(\omega_s t+\alpha-\varphi)+[I_{sm|0|}\sin(\alpha-\varphi_0)-I_{sm}\sin(\alpha-\varphi)]e^{-t/\tau} \\ \quad =I_{sm}\sin(\omega_s t+\alpha-\varphi)+I_{smn}e^{-t/\tau} \end{cases} \tag{12-8}$$

式中：ω_s为交流系统的角频率；$I_{sm|0|}$ 和 φ_0分别为电流的初始幅值和相位；L_s和 R_s分别为交流电网侧的电感和电阻；其他变量如式（12-9）所示，如下表示

$$\begin{cases} I_{sm}=U_{sm}/\sqrt{R_s^2+\omega_s L_s^2} \\ \varphi=\arctan(\omega_s L_s/R_s) \\ \tau=L_s/R_s \\ I_{smn}=I_{sm|0|}\sin(\alpha-\varphi_0)-I_{sm}\sin(\alpha-\varphi) \end{cases} \tag{12-9}$$

续流二极管过电流分析：对于冲击电流承受能力差的续流二极管，同时导通后可能会受到严重冲击，甚至由此损坏。可知，二极管受到的冲击电流一部分为直流侧自由放电电流，另一部分为交流侧短路电流，但各个二极管中流过的短路电流并不相等。以 A 相上桥臂续流二极管 VD1 为例，其受到的冲击电流可由式（12-10）表示。为可靠保护换流器续流二极管，必须在电容电压降为零（即 t_1时刻）之前断开故障线路。

$$i_{VD1}(t)=i_{sa}(t)/2+i_{dc}(t)/3 \tag{12-10}$$

（3）不控整流稳态阶段。无论故障回路在不控整流初始阶段是否经历续流二极管同时导通的过程，最终都会在交流电源的作用下逐渐达到稳定状态。稳态时，直流侧电容和线路电感组成滤波电路，直流电压为固定值，短路电流几乎为恒定的直流电流。直流线路电感在稳态时对交流侧短路电流计算的影响较小，可近似忽略。

稳态时各相上下桥臂的二极管分别导通半个周期，换流器交流侧出口电压近似为方波。定义 A 相开关函数：A 相上桥臂导通时，$S_a=1$；A 相下桥臂导通时，$S_a=0$。B 相、C 相分别滞后 A 相 1/3 周期、2/3 周期。以 A 相为例，换流器 A 相出口电压 u_{ca} 为

$$u_{ca}=\begin{cases}u_{dc}/2, S_a=1\\-u_{dc}/2, S_a=0\end{cases} \tag{12-11}$$

将 u_{ca} 按傅里叶级数展开，忽略高频分量时，其可用基波分量表示为

$$u_{ca1}=\frac{2u_{dc}}{\pi}\sin\omega_s t \tag{12-12}$$

忽略交流侧电阻 R_s，交流侧相电压与相电流近似关系如下

$$U_s=U_c+j\omega_s L_s I_s \tag{12-13}$$

可求得故障稳态时的交流侧相电流的最大值 I_{sm}。

三相桥臂开关函数是与换流器输出电压 U_{ca}、U_{cb}、U_{cc} 及交流侧电流 i_{sa}、i_{sb}、i_{sc} 对应相相位相同的方波。对开关函数按傅里叶级数展开，忽略高频分量时可用基波分量表示为

$$\begin{cases}S_{a1}=\dfrac{1}{2}+\dfrac{2}{\pi}\sin\omega_s t\\S_{b1}=\dfrac{1}{2}+\dfrac{2}{\pi}\sin\left(\omega_s t-\dfrac{2\pi}{3}\right)\\S_{c1}=\dfrac{1}{2}+\dfrac{2}{\pi}\sin\left(\omega_s t+\dfrac{2\pi}{3}\right)\end{cases} \tag{12-14}$$

设交流侧三相电流为

$$\begin{cases}i_{sa}=I_{sm}\sin\omega_s t\\i_{sb}=I_{sm}\sin(\omega_s t-2\pi/3)\\i_{sc}=I_{sm}\sin(\omega_s t+2\pi/3)\end{cases} \tag{12-15}$$

则换流器向直流侧提供的短路电流为

$$i_{dc}=S_{a1}i_{sa}+S_{b1}i_{sb}+S_{c1}i_{sc} \tag{12-16}$$

将式（12-14）、式（12-15）代入式（12-16），可得

$$i_{dc}=3I_{sm}/\pi \tag{12-17}$$

由式（12-12）和式（12-17）可知，交流侧电压电流和直流侧电压电流之间存在一定的函数关系，可通过监测交流侧电压电流来得到直流侧电压电流的变化趋势，实现直流线路短路故障的后备保护。

图 12-12 为直流线路上极间故障电阻较小时的电压电流变化情况，其中 u_{dc} 代表直流母线电压，i_{dc} 代表直流侧短路电流，i_{ac} 代表交流侧短路电流，1 表示直流侧电容放电阶段，2 表示不控整流初始阶段，3 表示不控整流稳态阶段。

2. 接地短路故障

中性点有效接地系统中直流线路上发生接地短路后，故障点与系统接地点可通过大

地形成放电回路，会引起显著的故障电流和电压暂变。故障响应过程与极间短路类似，同样可分为电容放电阶段、二极管导通初始阶段和稳态阶段，推导计算过程在此不作详述，仅以正极接地故障为例进行定性分析。故障发生后正极电容通过故障线路与接地电阻形成 RLC 二阶放电回路；而故障极电容电压随着放电过程进行而逐渐下降，当其低于交流侧任一相的电压时反向并联二极管导通，交流侧电源开始向直流侧注入电流，此时故障回路为三阶放电电路；正极电容放电完毕进入故障稳态阶段，故障电流即为交流侧注入的电流。

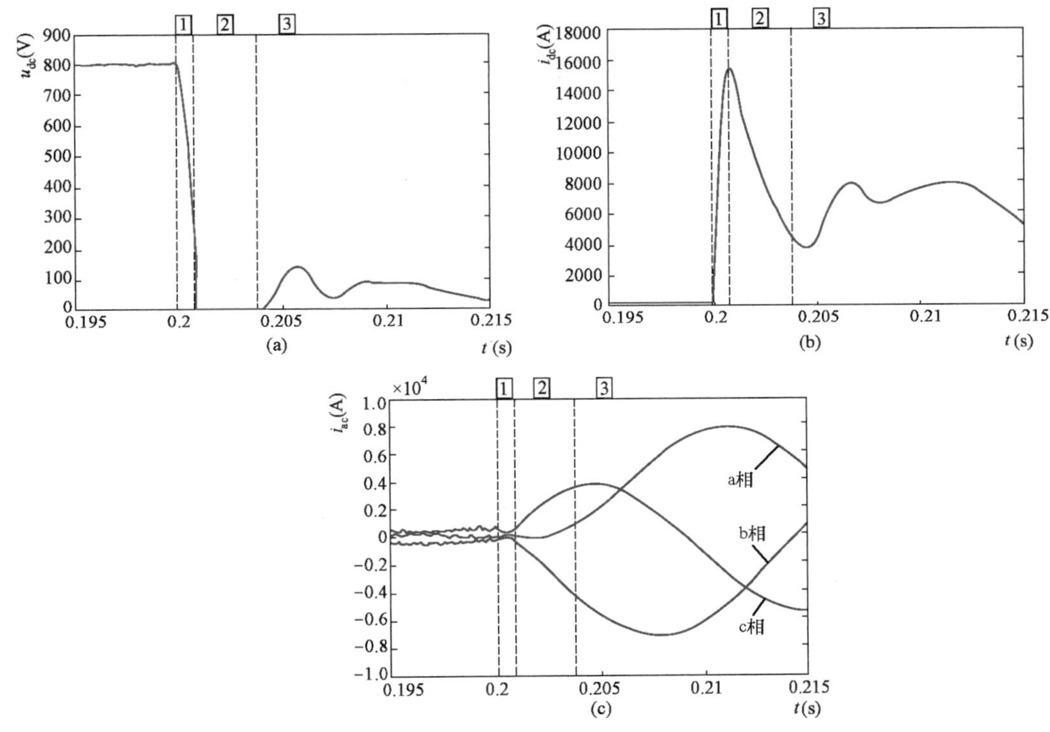

图 12-12　直流线路极间故障不同阶段的交直流侧电气量变化

（a）u_{dc}波形；（b）i_{dc}波形；（c）i_{ac}波形

六、直流线路的保护原理

直流配电系统的保护原理还处于探索研究阶段，在地铁、舰船等直流系统中成功应用的技术应用案例，直流配电线路可考虑采用的保护原理如下。

1. 基于差动原理的电压电流保护

差动保护利用双端电气量的比较作为保护判据可有效识别故障。根据直流配电线路的故障特征，在传统电流差动的基础上增加了不平衡电压作为保护启动判据，以差动电流作为动作判据，可靠性更高，可作为直流配电线路的主保护。针对单极故障和极间故障，保护算法略有差别。

（1）单极故障保护。由于交流侧接地大电阻的钳位作用，单极故障只改变了直流系统电位参考点的位置，直流极间电压保持不变，故障极电位降为零，非故障极电压上升一倍。根据单极故障特征，保护判据设置与保护动作判据设置如下

$$\begin{cases} |U_{dp}+U_{dn}|>U_{set \cdot B} \\ U_{set.B}=0.5U_{DCBase} \end{cases} \tag{12-18}$$

式中：U_{dp}为直流线路正极电压；U_{dn}为直流线路负极电压；$U_{set.B}$为直流电压不平衡保护门槛值；U_{DCBase}为直流线路额定电压。

（2）双极故障保护。直流线路正负极短接时，换流器电容将快速放电，直流电压立即降到零。根据双极故障特征，保护启动判据设置与保护动作判据设置如下（任意一极电压电流测量值超过阈值时保护即可动作）

$$|U_{dp}-U_{dn}|<U_{set.C}\ \&\ |I_{dp}|>I_{set.C}\ \&\ |I_{dn}|>I_{set.C} \tag{12-19}$$

$$\begin{cases} |I_{dp}-I_{dp0}|>\max(I_{set.C},\ k_{set}I_{res}) \\ |I_{dn}-I_{dn0}|>\max(I_{set.C},\ k_{set}I_{res}) \end{cases} \tag{12-20}$$

式中：$U_{set.C}$为电压不平衡保护门槛值；$I_{set.C}$为电流动作门槛值；I_{dp}、I_{dp0}分别为正极线路两端电流测量值；I_{dn}和I_{dn0}分别为负极线路两端电流测量值；$I_{set.C}$为差动电流门槛值；I_{res}为制动电流；k_{set}为制动系数。

2. 大电流脱扣保护

考虑差动保护需要获取线路双端信息，线路长度超过一定范围时需依赖通信系统，可增设基于单端电气量的保护作为补充，以提高保护的可靠性。大电流脱扣保护是直流断路器固有的本体保护，本质为无延时电流速断保护。线路极间短路的电容快速度电阶段，故障电流短时间内即可达到一个非常大的值，如图 12-12（b）所示。因此，大电流脱扣保护能够快速切除线路极间短路故障，可作为主保护用于线路近端的极间短路故障。

3. 电流变化率及增量保护

线路故障引起的电容放电也使得短路电流上升十分迅速，因此可采用基于电流变化率特征量的保护。若直流系统中负荷变化频繁、波动剧烈，仅利用电流变化率作为保护判据易受干扰发生误动，可采用综合电流变化率 di/dt 与电流增量 ΔI 两种电流特征量的电流变化率及增量保护，以 di/dt 作为保护启动与返回的判据参考量，再配合 ΔI 作为保护动作判据：当 di/dt 达到启动值 S 后，保护启动并进入电流增量 ΔI 判断逻辑；若启动后任意时刻 di/dt 跌落至返回值 R 以下，则保护返回。电流变化率及增量保护可用于短路电流稳态值较小的线路中、远端极间短路故障，原理如图 12-13 所示。

（1）如图 12-13（a）所示，从保护起动时刻起，电流增量 ΔI 达到参数 ΔI_{max}后，一旦延时达到参数 $t_{\Delta Imax}$则保护动作，可用于直流线路中远距离短路故障。由于中远距离短路故障电流较大，电流增量大且迅速，因此采用先判断电流增量值后延时的逻辑来快速切除故障。

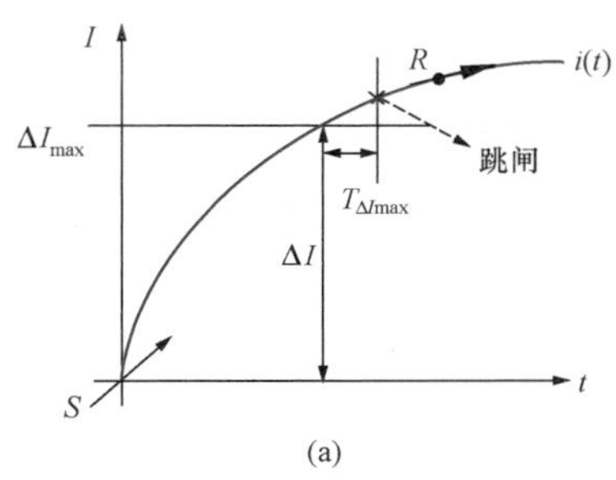

(a)

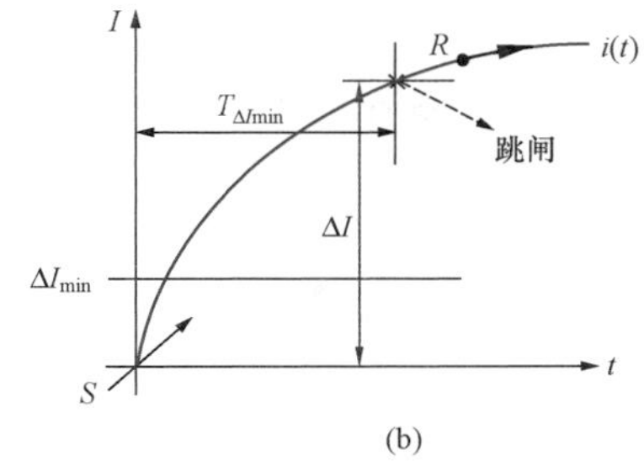

(b)

图 12-13　电流变化及增量保护原理图

（a）针对中远距离短路故障保护原理图；（b）针对远端短路故障保护原理图

（2）如图 12-13（b）所示，保护起动后计时达到 $T_{\Delta I min}$，若 ΔI 的测量值仍高于参数 ΔI_{min} 则保护动作，用于直流线路远端短路故障。由于远端短路故障电流较小，电流增量小且缓慢，因此采用先延时后判断电流增量的逻辑，以有效识别远端短路故障。

直流线路中远距离发生短路故障，短路电流稳态值 I 不足以引起大电流脱扣保护动作，可利用电容放电过程中 di/dt 与 ΔI 的变化特征，通过 $di/dt+\Delta I$ 保护快速切除线路故障。需要说明的是，电流增量原理上属于延时保护，无形中延长了系统故障恶化的时间，在对保护快速性要求很高的直流配电系统中可能造成更严重的后果，因此一般不单独把电流增量 ΔI 作为一种保护。

4. 微分欠电压保护

直流配电线路发生极间故障或是单极接地故障时系统电压变化均非常明显，如发生单极接地故障时，接地极电压为零且非接地极电压抬高 1 倍。配置以电压幅值和变化率为判据的微分欠电压保护可有效快速识别线路故障，则判据为

$$\left|\frac{du}{dt}\right| > K_{rate}\ ;\ U_{dL} < U_{set} \tag{12-21}$$

式中：U_{dL} 为直流线路电压；K_{rate} 为直流线路电压变化率整定值；U_{set} 为直流线路电压幅值整定值。

5. 接地点电流保护

直流配电系统的接地点在正常运行时没有电流流过，一旦线路发生接地故障，系统将与大地形成故障回路，则会有短路电流流过接地点。据此可相应配置接地点过电流保护。

综上，直流线路可配置的主保护包括基于差动原理的电压电流保护、大电流脱扣保护、电流变化率及增量保护；可配置的后备保护包括接地点过电流保护、微分欠电压保护等，如图 12-14 所示。不同于交流配电线路，应注意直流线路发生故障很可能会影响整个配电系统。为了保证非故障线路的持续供电，每条线路两端出口位置可考虑装设断路器。当任一直流线路故障时，故障线路由两端断路器隔离，非故障区域可转至另一正常电源供电。此外，也需要注意直流侧大电容快速放电引起的瞬时极端大电流，可能导致相关设备损坏或是故障电流开断失败。依据实际工程要求，可考虑配合使用故障限流装置或装设电容直流断路器，用以限制故障电流峰值或是限制电流上升速率以便在电流达到峰值前可切除故障。

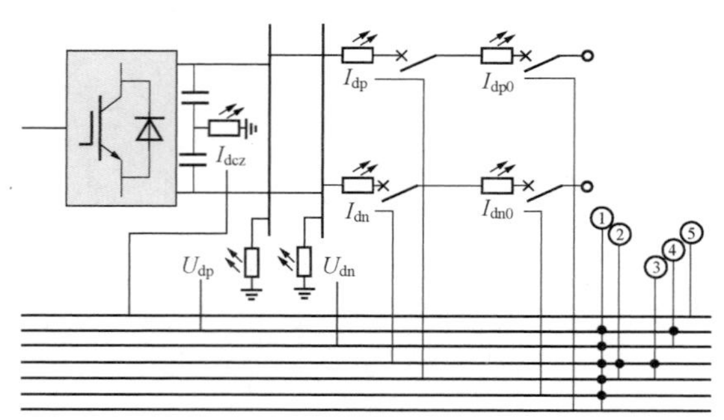

图 12-14　直流线路保护原理配置示意图

七、系统控制对保护的影响

直流配电系统含有大量的换流器接口，如连接直流配电网与交流系统的换流站、DG 并网换流器、负荷侧的换流器、直流变压器等，换流器控制策略在一定程度上影响着系统的故障响应特性。因此，系统保护方法选取和方案配置应当充分考虑换流器控制策略的影响，同时也应注重与换流器控制的协调配合来实现故障的检测、定位和隔离。例如，采用全桥子模块或钳位双子模块的换流器即可通过控制实现闭锁从而达到有效隔离故障的目的。

采用保护、通信、控制集成一体化的保护方案，有效整合电力电子器件保护功能、减少分散保护设备数量，能够降低保护系统的复杂性、降低系统成本、大大缩短保护动作时间，是未来直流配电系统保护研究的重要方向之一。

复习思考题

1. 直流配电系统中的关键设备包含哪些？
2. 直流配电系统的保护分区包括什么？
3. 直流配电系统的故障类型都有哪些？
4. 直流配电系统保护配置的原则是什么？
5. 请描述直流配电系统中直流线路发生极间短路故障的故障过程。
6. 直流配电系统中常见的直流线路保护原理分别有哪些？

主 要 参 考 文 献

[1] 赵畹君．高压直流输电工程技术．北京：中国电力出版社，2004.
[2] 浙江大学发电教研组．直流输电．北京：电力工业出版社，1982.
[3] 李兴源．高压直流输电系统的运行和控制．北京：科学出版社，1998.
[4] 常浩．我国高压直流输电工程国产化回顾及现状．高电压技术，2004，30（11）：3-4，36.
[5] 夏道止，沈赞．高压直流输电系统的谐波分析及滤波．北京：水利电力出版社，1994.

[6] 陈潜，张尧，钟庆，等. ±800kV 特高压直流输电系统运行方式的仿真研究. 继电器，2007，35（16）：27-32.

[7] 张保会，尹项根，等. 电力系统继电保护，北京：中国电力出版社，2005.

[8] 高锡明，张鹏，贺智. 直流输电线路保护行为分析. 电力系统自动化，2005，29（14）：96-99.

[9] 周翔胜，林睿. 高压直流输电线路保护动作分析及校验方法. 高电压技术，2006，32（9）：33-37.

[10] 翟永昌 . 实用高压直流输电线路故障测距方法 . 电力系统及其自动化学报 .2008，20（5）：70-73.

[11] 喻乐，和敬涵，王小君，等. 基于 Mexh 小波变换的直流馈线保护方法 [J]. 电力系统保护与控制，2012，40（11）：42-54.

[12] Jinghan He，Le Yu，Xiaojun Wang，et al. Simulation of transient skin effect of DC railway system based on MATLAB/Simulink [J]. IEEE Transactions on Power Delivery，2013，28（1）：145-152.

[13] 宋强，赵彪，刘文华，等. 智能直流配电网研究综述. 中国电机工程学报，2013，33（25）：9-19.

[14] 薛士敏，陈超超，金毅，等. 直流配电系统保护技术研究综述. 中国电机工程学报，2014，19：3114-3122.

[15] 胡竞竞，徐习东，裘鹏，等. 直流配电系统保护技术研究综述. 电网技术，2014，38（04）：844-851.

[16] 李斌，何佳伟. 柔性直流配电系统故障分析及限流方法. 中国电机工程学报，2015，35（12）：3026-3036.

[17] 李佳曼，蔡泽祥，李晓华，等. 直流系统保护对交流故障的响应机理与交流故障引发的直流系统保护误动分析. 电网技术，2015，39（04）：953-960.

[18] Jinghan He，Yiping Luo，Meng Li，et al. A high-performance and economical multiport hybrid direct current circuit breaker [J] . IEEE Transaction on Industrial Electronics. 2020，67（10）：8921-8930.

附录一　继电保护装置的测试方法

由于电力系统及其故障暂态的复杂性，在进行理论分析的同时必须进行试验研究，二者缺一不可。电力系统的试验方法可以在原型上进行，也可以在模型上进行。利用模拟方法可以在有限设备和投资基础上实现复杂、大型电力系统的分析研究。例如进行电力系统的稳定性分析，各种新装置、新设备投入运行前的试验，复杂故障的重新再现等。

1. 模拟的基本概念

模拟也称仿真，是一种专门用来进行试验研究的方法。它不是直接对某一实际系统或实际过程进行研究，而是利用模拟理论建立一个对被研究对象进行研究的物理模型，求得对模型试验的结果，由此而得到适用于原型系统的结论。

模拟研究通常采用两种模型，即数学模型和物理模型。数学模型是建立在数学方程式的基础上，用一组数学方程式来描述原型系统的运行和故障过程。它用数学的方法对真实系统的物理特征在计算机上实现实时动态模拟。而物理模型则是根据相似原理建立的一种忠实于原系统的物理本质，各项参数按一定比例缩小的模型。利用数学模型进行研究称为数学模拟，利用物理模型进行研究称为物理模拟。电力系统动态模拟实验室就是专门为电力系统物理模拟而服务的。

2. 电力系统动态模拟

电力系统动态模型（简称动模）是根据相似原理对电力系统中各元件实现物理模拟，它把实际电力系统的各个部分，如发电机、变压器、输电线路、负荷等按照相似理论进行设计，建造并组成一个电力系统模型，用这种模型代替实际系统进行各种正常与故障状态的试验研究。它能复制电力系统的各种运行和故障情况。

电力系统动态模拟对象及设计特点如下。

(1) 同步发电机的模拟，要求模型和原型发电机具有相似的机电过渡过程。

(2) 电力变压器的模拟，将变压器看做一个集中参数元件来模拟，要求模型变压器的参数和特性在一定范围内可调节。

(3) 负荷的模拟，采用近似模拟的方法，即用相对集中和比较固定的负荷去等效模拟分散和经常变化的负荷。

(4) 输电线路的模拟，用集中参数的等值 T 型或 π 型电路分段模拟实际线路的分布参数。

(5) 同步发电机励磁系统的模拟，要求模型和原型发电机励磁回路标幺值参数及有关时间常数相等，励磁调节装置特性相同。

(6) 原动机的模拟，一般采用数学模拟的方法实现对水轮机和汽轮机的模拟，即采用直流电动机代替的方案。

（7）原动机调节系统的模拟，通常采用数学方法模拟。

在电力系统动态模拟实验室里实现真实电力系统的模拟时，要根据实验室已有的设备恰当选择模拟方案，即通常所说的“建模”。建模时，一方面要使模型系统的参数特性与原型尽量一致；一方面也必须把原型系统作一定的简化和假设，以便于研究。由于实验室的模型设备有限，而要研究解决的实际系统却是多种多样的，所以在每一具体情况下要使模拟的所有参数都和原型的一致是不可能的，也是不必要的。因此，首先要保证主要研究对象的参数和特性能得到合理的模拟，对其他部分可以给予适当近似模拟。实际中动模的一次设备和装置不能做成固定的连接，而应能随时方便灵活地进行改接。

3. 电力系统实时数字仿真系统

（1）电力系统实时数字仿真的必要性。随着超、特高压电力系统的建设以及灵活交流输电技术的应用，需要对复杂电力系统如交直流混合系统，线性与非线性混合系统中的电磁暂态过程进行深入的研究，研究结果对于发展电力系统设计、运行的相关理论基础，以及新型电力设备和保护控制设备的研制与技术开发都具有重要意义。建立一个功能完备、性能先进、具备良好扩展能力的电力系统硬件仿真平台，对开展上述研究工作是非常必要的。美、加等国相继发生的大停电事故使电力系统的故障仿真越来越引起了人们的重视，希望利用仿真重现相继停电的全过程。动模实验具有系统规模小、灵活性差、准备时间长以及实验花费高等缺点，更为不利的是筹建动模实验室投资巨大，目前国内拥有动模实验室的单位并不多。

电力系统的数字仿真通常分为离线仿真和实时仿真。离线仿真主要应用于系统的规划和设计以及系统的稳态和动态行为分析。离线仿真用于系统规划时，可以分析系统未来的性能和可能存在的瓶颈。这也是对未来电力系统项目进行可行性分析的基本步骤。利用仿真对系统进行优化，可以极大地提高系统运行的经济性和可靠性。然而，随着电厂及网络控制系统的不断完善以及电力电子设备在电力系统中的广泛运用，系统的动态行为日益复杂。因此，对系统暂态条件下的动态行为的研究也越来越重要。实时仿真则主要应用于控制和保护装置的实时测试，其目的是在装置设计过程中或安装、投运之前验证其性能是否满足设计要求。

针对动模实验的现状，加拿大的 RTDS 公司首先开发出一套基于并行数字信号处理器 DSP 的实时数字仿真器以取代动模实验室。

（2）电力系统实时数字仿真系统介绍。如附图 1-1 所示，RTDS（Real Time Digital Simulator）是目前世界上最先进的电力系统实时数字仿真系统，可以对复杂电力系统进行比较全面的实时仿真。其最大的优点是硬件实时性和可扩展性，可以全面监视仿真系统中各个参数的变化，并允许继电保护设备、控制设备等参与实时仿真过程。根据研究对象的规模和复杂程度，仿真系统还可以进一步扩展。其实时性是基于多 DSP 系统并行运算来实现，而可扩展性是基于并行计算的软件仿真与硬件仿真相结合实现的。RTDS 仿真系统所进行的是电磁暂态的仿真（典型的仿真步长是 50μs）。而且 RTDS 仿真系统具有友好的图形用户界面及文件管理，电路输入、输出定义，数据分析等功能。

RTDS 仿真系统可以仿真的设备有三相交流母线、直流节点、换流阀、直流控制系统、发电机组、发电机控制器、变压器、负荷、三相输电线、断路器、SVC、SVG 滤波器等。另外，用户可以引入自行设计的电力系统和控制系统元件，通过适当的 C 语言接口到 RTDS 仿真系统中。

RTDS 仿真系统可用于继电保护与自动控制装置的测试，电力系统运行相关的控制系统（如 HVDC、SVC、FACT、AVR 和 PSS）的仿真测试，一般的 AC 和 DC 系统的运行、故障的仿真特性分析，AC 和 DC 系统的相互作用等多方面。

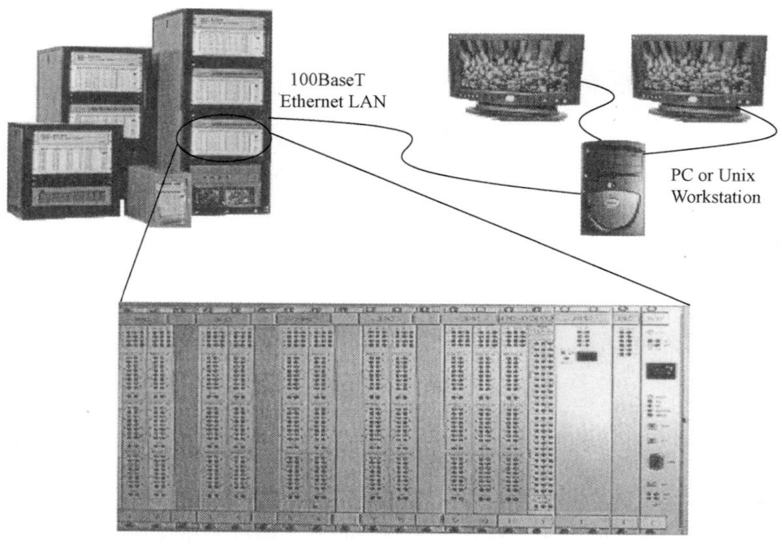

附图 1-1　电力系统实时数字 RTDS 仿真系统示意图

附录二　各种保护整定配合的可靠系数和灵敏系数

附表 2-1　　　　各种保护整定配合可靠系数表

保护类型	保护段	整定配合条件		可靠系数	
				定时限保护	感应型反时限保护
电流（电压）速动保护	瞬时段	按不伸出变压器差动保护范围整定		1.3～1.4	1.8～2
		按躲线路末端短路或躲背后短路整定		1.25～1.3	1.5～1.6
		与相邻电流速动保护配合（前加速）整定		1.1～1.15	1.2～1.3
		按躲振荡电流或残压整定		1.1～1.2	
电流（电压）时限速动保护	延时段	按不伸出变压器差动保护范围整定		1.2～1.3	
		与相邻同类型电流（电压）保护配合整定		1.1～1.15	
		与相邻不同类型电流（电压）保护配合整定		1.2～1.3	
		与相邻距离保护配合整定		1.2～1.3	
电流闭锁电压保护	瞬时段	按电流元件灵敏度整定，或按电流电压两元件灵敏度相等整定，均取同一系数		1.25～1.3	
	延时段	与相邻同类型电流（电压）保护配合整定，不论按电流元件或电压元件配合整定，均取同一系数		1.1～1.2	
		与相邻不同类型电流（电压）保护配合整定，不论按电流元件或电压元件配合整定，均取同一系数			
过电流保护	延时段	带低电压（复合电压）闭锁，按额定（负荷）电流整定	电流元件	1.15～1.25	
			电压元件	1.1～1.15	
		不带低电压闭锁，按自起动电流整定		1.2～1.3	
		与相邻保护（同类或不同类）配合整定		1.1～1.2	
距离保护	Ⅰ段	按躲线路末端短路整定	相间保护	0.8～0.85	
			接地保护	0.7	
		按不伸出变压器差动保护范围整定	相间保护	0.7～0.75	
			接地保护	0.7	
	Ⅱ段	与相邻距离保护Ⅰ、Ⅱ段配合整定	本线路部分	0.85	
			相邻线路部分	0.8	
		与相邻电流（电压）保护配合整定	本线路部分	0.85	
			相邻线路部分	0.7～0.75	
		按不伸出变压器差动保护范围整定	本线路部分	0.85	
			相邻线路部分	0.7～0.75	
	Ⅲ段	与相邻距离保护Ⅱ、Ⅲ段配合整定	本线路部分	0.85	
			相邻线路部分	0.8	
		与相邻电流（电压）保护配合整定	本线路部分	0.85	
			相邻线路部分	0.75～0.8	
		按躲负荷阻抗整定		0.7～0.8	

续表

<table>
<tr><th rowspan="2">保护类型</th><th rowspan="2">保护段</th><th rowspan="2" colspan="2">整 定 配 合 条 件</th><th colspan="2">可 靠 系 数</th></tr>
<tr><th>定时限保护</th><th>感应型反时限保护</th></tr>
<tr><td rowspan="4">元件（设备）差动保护</td><td rowspan="4">瞬时段</td><td colspan="2">按躲电流互感器二次断线时的额定电流整定</td><td>1.3</td><td></td></tr>
<tr><td rowspan="2">按躲励磁涌流整定（对额定电流倍数）</td><td>有躲非周期分量特征</td><td>1.3</td><td></td></tr>
<tr><td>无躲非周期分量特征</td><td>3～5</td><td></td></tr>
<tr><td colspan="2">按躲外部故障的不平衡电流整定</td><td>1.3</td><td></td></tr>
<tr><td rowspan="2">母线差动保护</td><td rowspan="2">瞬时段</td><td colspan="2">按躲电流互感器二次断线时的额定电流整定</td><td>1.3～1.5</td><td></td></tr>
<tr><td colspan="2">按躲外部故障的不平衡电流整定</td><td>1.3～1.5</td><td></td></tr>
</table>

注 1. 可靠系数除距离保护Ⅲ段按负荷阻抗整定时已包括返回系数外，其余均未计入其他任何系数（如返回系数、分支系数等），须在计算公式中另计。

2. 可靠系数按计算条件的准确程度有上下限。距离保护用的可靠系数小于1，与大于1的系数用法相反。

附表 2-2　　各种短路保护的灵敏系数

<table>
<tr><th>保护分类</th><th>保护类型</th><th colspan="2">组成元件</th><th>灵敏系数</th><th>备　注</th></tr>
<tr><td rowspan="16">主保护</td><td rowspan="2">带方向和不带方向的电流保护或电压保护</td><td colspan="2">电流元件和电压元件</td><td>1.3～1.5</td><td>200km 以上线路，不小于 1.3；50～200km 线路，不小于 1.4；50km 以下线路，不小于 1.5</td></tr>
<tr><td colspan="2">零序或负序方向元件</td><td>2.0</td><td></td></tr>
<tr><td rowspan="3">距离保护</td><td rowspan="2">起动元件</td><td>负序和零序增量或负序分量元件</td><td>4</td><td>距离保护Ⅲ段动作区末端故障，大于 2</td></tr>
<tr><td>电流和阻抗元件</td><td>1.5</td><td rowspan="2">线路末端短路电流应为阻抗元件精确工作电流 2 倍以上。200km 以上线路，不小于 1.3；50～200km 线路，不小于 1.4；50km 以下线路，不小于 1.5</td></tr>
<tr><td colspan="2">距离元件</td><td>1.3～1.5</td></tr>
<tr><td rowspan="4">平行线路的横联差动方向保护和电流平衡保护</td><td rowspan="2" colspan="2">电流和电压起动元件</td><td>2.0</td><td>线路两侧均未断开前，其中一侧保护按线路中点短路计算</td></tr>
<tr><td>1.5</td><td>线路一侧断开后，另一侧保护按对侧短路计算</td></tr>
<tr><td rowspan="2" colspan="2">零序方向元件</td><td>4.0</td><td>线路两侧均未断开前，其中一侧保护按线路中点短路计算</td></tr>
<tr><td>2.5</td><td>线路一侧断开后，另一侧保护按对侧短路计算</td></tr>
<tr><td rowspan="3">方向比较式纵联保护</td><td colspan="2">跳闸回路中的方向元件</td><td>3.0</td><td rowspan="2"></td></tr>
<tr><td colspan="2">跳闸回路中的电流元件和电压元件</td><td>2.0</td></tr>
<tr><td colspan="2">跳闸回路中的阻抗元件</td><td>1.5</td><td>个别情况下，为 1.3</td></tr>
<tr><td rowspan="2">相位比较式纵联保护</td><td colspan="2">跳闸回路中的电流元件和电压元件</td><td>2.0</td><td rowspan="2"></td></tr>
<tr><td colspan="2">跳闸回路中的阻抗元件</td><td>1.5</td></tr>
</table>

续表

<table>
<tr><th>保护分类</th><th>保护类型</th><th>组成元件</th><th>灵敏系数</th><th>备　　注</th></tr>
<tr><td rowspan="4">主保护</td><td>发电机、变压器、线路和电动机纵差保护</td><td>差流元件</td><td>2.0</td><td rowspan="3"></td></tr>
<tr><td>母线的完全电流差动保护</td><td>差流元件</td><td>2.0</td></tr>
<tr><td>母线的不完全电流差动保护</td><td>差流元件</td><td>1.5</td></tr>
<tr><td>发电机、变压器、线路和电动机的电流速断保护</td><td>电流元件</td><td>2.0</td><td>按保护安装处短路计算</td></tr>
<tr><td rowspan="4">后备保护</td><td rowspan="2">远后备保护</td><td>电流、电压元件和阻抗元件</td><td>1.2</td><td rowspan="2">按相邻电力设备和线路末端短路计算(短路电流应为阻抗元件精确工作电流2倍以上)，可考虑相继动作</td></tr>
<tr><td>零序或负序方向元件</td><td>1.5</td></tr>
<tr><td rowspan="2">近后备保护</td><td rowspan="2">电流、电压元件和阻抗元件，负序或零序方向元件</td><td>1.3</td><td rowspan="2">按线路末端短路计算</td></tr>
<tr><td>2.0</td></tr>
<tr><td>辅助保护</td><td>电流速断保护</td><td></td><td>1.2</td><td>按正常运行方式保护安装处短路计算</td></tr>
</table>

注　1. 根据GB/T 14285—2006《继电保护和安全自动装置技术规程》规定保护的灵敏系数不宜低于表中所列数值。
2. 主保护的灵敏系数除表中注出者外，均按被保护线路（设备）末端短路计算。
3. 保护装置如反应故障时增长的量，其灵敏系数为金属性短路计算值与保护整定值之比；如反应故障时减少的量，则为保护整定值与金属性短路计算值之比。
4. 各种类型的保护中，接于全电流和全电压的方向元件的灵敏系数不作规定。
5. 本表内未包括的其他类型的保护，其灵敏系数另作规定。

附录三　继电器的分类、型号、表示方法和 IEEE 的设备编号

在 20 世纪 70 年代之前，机电式继电器是所有继电保护装置和一些控制系统的基本组成元件。在现代继电保护技术中所使用的继电器（在静态继电保护电路中，有时又称为元件，例如电流继电器称为电流元件，阻抗继电器称为阻抗元件等）是指一个能自动动作的电器。当作为控制它的物理量达到一定数值或进入某一定的物理量时，它能够使被控制的物理量发生突然的变化，在上述两个物理量中应至少有一个是电气量。

继电器的工作原理与测量表计有很多相似之处，例如反应于电流的继电器与电流表相似，电压继电器与电压表相似，功率方向继电器与功率表相似。其主要的区别在于，测量表计是随着被测量的变化而指出不同的数值，而继电器则是预先调好一个定值，当作为控制的电量超过（或低于）这个数值时才突然动作。

对反应于物理量增大而动作的继电器称为过量继电器（例如过电流继电器），反应于物理量降低而动作的继电器称为低量继电器（例如低电压继电器、低阻抗继电器等）。

继电器可以按照五种不同方法来分类。

1. 按接入的方法

按照继电器接入被保护元件的方法可以分为两种。

（1）一次式继电器。其线圈直接接入一次回路，如附图 3-1（a）所示。

（2）二次式继电器。其线圈通过电流互感器 TA 而接于它的二次侧，如附图 3-1（b）所示。目前广泛采用的都是这种型式的继电器，因为它与一次回路没有直接的联系，运行检修方便，也没有高压的危险，此外它的灵敏度高、体积小，还可以按统一标准型式由继电器制造厂大规模生产。

2. 按作用于断路器的跳闸方法

按照作用于断路器跳闸的方法可以分为两种。

（1）直接作用式继电器，如附图 3-2 所示。它动作后直接作用于断路器的跳闸机构，因此，需要消耗很大的功率，体积笨重不够灵敏。

（2）间接作用式继电器，如附图 3-3 所示。它动作后利用接点闭合一个辅助操作回路（接通断路器的跳闸线圈 Y），然后由操动机构使断路器跳闸，其优点是精确性较高和功率消耗小。在继电保护装置中二次式间接作用式继电器获得了最广泛的应用。

3. 按工作原理分

按照继电器的工作原理可以分为五种：

（1）电磁型继电器。

（2）感应型继电器。

（3）电动型继电器。

（4）整流型继电器。

（5）静态型继电器，是晶体管型、集成电路型和微机型继电器的统称。

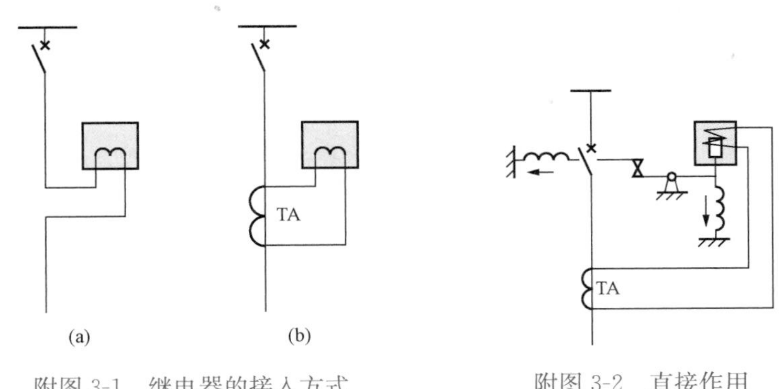

附图 3-1　继电器的接入方式

（a）一次式继电器；（b）二次式继电器

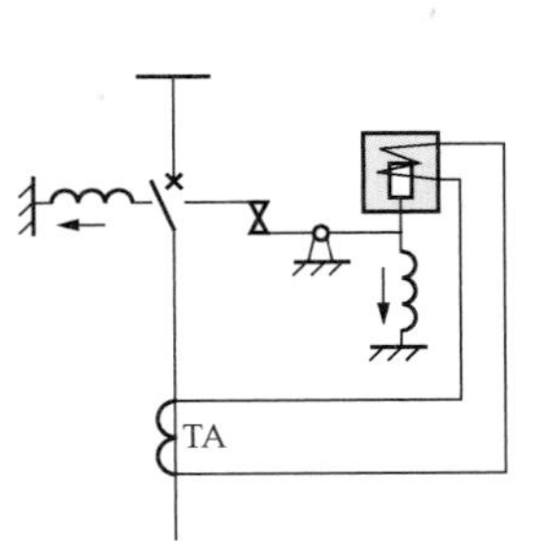

附图 3-2　直接作用式继电器

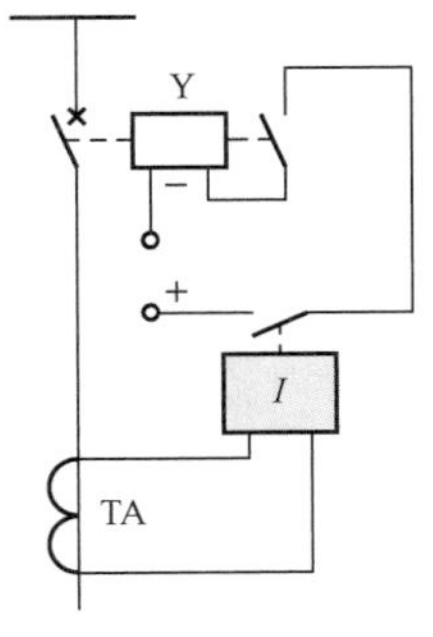

附图 3-3　间接作用式继电器

关于继电器的表示方法，现在都采用一个方框上面带有接点的图形，设想在方框里放有它的线圈，继电器所反应的参数在方框里用一个在电工中通用的字母表示，如电流用 I，电压用 U，时间用 t，阻抗用 Z 等，常用继电器及接点的表示方法见附表 3-1。

附表 3-1　　常用继电器及接点的表示方法

继电器名称	表示方法	接点型号	表示方法
电流继电器	I	动合接点（动作时接点闭合）	
低电压和过电压继电器	$U<$　$U>$	动断接点（动作时接点断开）	
功率方向继电器		具有延时闭合的动合接点	
阻抗继电器	Z	具有延时打开的动合接点	
带时限的电流继电器	I / t	具有延时闭合的动断接点	
时间继电器	t	具有延时打开的动断接点	
中间继电器		自第一回路（动断）切换至第二回路（动合）并且有公共端的接点	
带掉牌的信号继电器		具有手动复归的动合接点	
差动继电器	$I-I$		

4. 与继电保护有关的 IEEE 标准设备编号

在国外文献和继电保护说明书中常常使用 IEEE 标准（C37.2—1987）规定的设备统一编号。为帮助读者阅读国外文献，下面给出一些与继电保护有关的编号的含义。

2 延时起动或延时闭合继电器
12 过速控制装置
13 同步速度控制装置
14 低速控制装置
25 同步化或同步检测装置
27 低电压继电器
32 功率方向继电器
33 位置开关
37 低电流或低功率继电器
46 逆相序继电器
49 电动机或变压器的热继电器
50 瞬时过电流或电流变率继电器
51 交流反时限过电流继电器
52 交流断路器
55 功率因数继电器
57 短路或接地装置
59 过电压继电器
60 电压或电流平衡继电器
17 旁路或放电开关
21 距离继电器
23 温度控制装置
24 电压频率比继电器
64 接地检测继电器
67 交流方向性过电流继电器
68 闭锁继电器
70 可变电阻
72 直流断路器
74 报警
76 直流过电流
78 失步保护继电器
81 频率继电器
82 重合闸继电器
85 载波或导引线信号接收继电器
87 差动保护（继电器）
91 方向性电压继电器
92 电压和功率方向继电器

附录四　继电保护常用名词术语中英文对照

A

安全性	security
按半周傅里叶算法计算	computation by half cycle Fourier Algorithm
按末端短路不动作整定	set the relay for reliably no operate at line end fault
按全周傅里叶算法计算	computation by one cycle Fourier Algorithm
按周波减载	load schedule according to frequency change
按最严重情况考虑	the most severe case is under consideration

B

半导体，半导体二极管，三极管	semiconductor，semiconductor diode，transistor
半正交小波	semi-orthogonal wavelet
半周积分算法	half-cycle integral algorithm
饱和，饱和检测，饱和曲线	saturation，saturation detection，saturation curve
保护安装处	relay locations，relaying Point
保护的整定配合	coordination of relay settings
保护范围（定值）	reach (setting) of protection
保护配合时间阶段	coordination time interval
保护配置	relay system configuration
保护配置的冗余度	redundancy of relaying system
保护设计的基本概念	basic concept (philosophy) of relay system design
保护装置	protection devices，protection equipment
保护装置的起动电流和返回电流	starting current and returning current of protection device
报警	alarm
逼近分量	approximation component
比率差动继电器	percentage differential relay
闭锁	blocking
闭锁继电器	blocking relay
闭锁角	blocking angle
闭锁信号	blocking signal
闭锁元件	blocking organ，unit
闭锁重合闸	block auto reclosing

B样条函数	B sampling function
变电站监控系统	monitoring system of substation
变换矩阵	transformation matrix
变压器带负荷调压	transformer tap change under load
变压器的故障类型	fault type of transformer
波克尔斯效应	Pockels effect
波速	wave propagation velocity
波形识别法	waveform identification
波阻抗	wave impedance，surge impedance
补偿电压	compensating voltage
补偿原理	compensation theorem，compensation principle
不可用率，失效率	unavailability，failure rate
不平衡电流	unbalance current
不受电磁干扰	immune to electromagnetic interference
不正常运行状态	abnormal operating condition

C

采样保持	sampling and holding
采样频率	sampling frequency
采样时刻调整	sample clock adjustment
采样时刻修正	sample clock modification
采样同步	synchronized sampling
采样值	sampled values
采样中断服务程序	sampling interruption service program
参数矢量同步法	synchronizing by reference parameter vector
操作（内部）过电压	operational (internal) overvoltage
操作元件	manipulating organ
测量，测量元件	measurement，measuring unit
测量阻抗	measured impedance
测量阻抗轨迹	locus of measured impedance
差动继电器	differential relay
差模干扰	differential mode interference
长线分布电容	distributed capacitance of long line
动断接点	normally closed contacts
动合接点	normally open contacts

超范围闭锁式	over reach blocking scheme
超范围允许式	permissive over reach transfer trip scheme
超高压输电	extra-high-voltage（EHV）transmission line
持续性故障	sustained faults
尺度参数	scale parameter
尺度函数	scale function
尺度因子	scale factor
出口（执行）元件	output（executive）organ
触点，接点	contact
传递函数	transfer function
串补电容	capacitor of series compensation
串联补偿度	degree of series compensation
窗函数	window function
磁化曲线	magnetizing curve
磁路，磁通，磁制动	magnetic circuit，magnetic flux，magnetic restraining

D

带有速饱和变流器的差动继电器	differential relay with fast saturated current transformer
单端电气量	one-terminal electrical quantities
单片机	single-chip microcontroller
单相（三相）输电线路	single-phase（three phase）transmission line
单相无损输电线路	single phase lossless transmission line
单相自动重合闸	single-phase auto-reclosing
单元式保护	unit protection
导纳圆	admittance circle
导引线通道	pilot wire channel
等效电路，等效阻抗	equivalent circuit，equivalent impedance
等效感抗	equivalent inductive reactance
低电压，低阻抗，过电流选相元件	（fault phase selection by using undervoltage，underimpedance，overcurrent）relay
低电压起动的过电流保护	overcurrent relay with undervoltage supervision
低频分量，低次谐波	low frequency component，subharmonic
低阻抗母线保护	low impedance busbar protection
电磁型继电器	electromagnetic relay
电动机自起动系数	self starting coefficient of motor

电弧，电弧电阻	electrical arc，arc resistance
电弧重燃	arc reignition
电抗互感器	transreactor
电抗型继电器	reactance relay
电流保护的接线方式	connection scheme of overcurrent protection
电流比相式母线保护	current phase comparison busbar protection
电流闭锁的电压速断保护	instantaneous undervoltage protection with current supervision
电流变换器，电压变换器	current transducer，voltage transducer
电流差动保护	current differential protection
电流复数比分析法	analysis by using complex current ratio
电流互感器二次回路断线报警	open circuit alarm of TA
电流互感器极性标识	polarity marking of TA
电流互感器准确度等级	TA accuracy class
电流速断保护	instantaneous overcurrent protection
电流行波	current traveling wave
电气设备	electrical apparatus，equipments
电容式电压互感器	capacitive voltage transformer（CVT）
电网	electrical network，power network
电压波形畸变	voltage waveform distortion
电压抽取装置	voltage tapping device
电压互感器断线闭锁	TV secondary circuit fault blocking
电压行波	voltage traveling wave
定子（转子）保护	stator（rotor）protection
定子绕组单相接地故障	single phase ground fault of stator winding
动态模拟试验	test on dynamic analog model of power system
动作方程（判据）	operating equation（criterion）
动作时间	operating time
动作时间曲线	graph of operating time
动作特性	operating characteristic
动作值	operating value
陡度	gradient
断路器的操动机构	circuit breaker operating mechanism
断路器的控制回路	control circuit of circuit breaker

断路器失灵保护	breaker failure protection
对端母线反射波	reflection wave from remote end
对偶电路	dual circuit
多端线路	multiterminal line
多分辨分析	multi-resolution analysis
多路转换开关	multiplier switch
多相补偿式阻抗继电器	multiphase compensated impedance relay
	E
额定电流（电压）	rated current（voltage）
二次侧回路	secondary circuit
二次谐波分量	second harmonic
二次谐波制动的差动继电器	differential protection with second harmonic restraining
二进对偶	dyadic dual
二进膨胀	dyadic dilation
二进平移	dyadic shift
二进小波	dyadic wavelet
二进小波变换	dyadic wavelet transform
	F
发电机，发电机—变压器组	generator，generator-transformer set
发电机—变压器组保护	protection of generator-transformer set
发电机的失磁保护	field failure protection of generator
法拉第定理（效应）	Faraday theorem（effect）
反击电流，恢复电压	restrike current，recovery voltage
反时限电流保护	inverse time overcurrent protection
返回系数，返回值	return ratio，return value
方向比较式保护	protection with directional comparison
方向继电器	directional relay
方向性电流保护	directional current protection
方向性零序电流保护	directional zero-sequence-current protection
方向阻抗继电器	directional impedance relay，MHO type relay
防止误动作的措施	measures preventing relay from maloperation
非同步重合闸	asynchronous reclosing
非正交小波	non-orthogonal wavelet
非周期分量	aperiodic component

非周期分量初值	initial DC component
分辨率	resolution
分布式微机母线保护	distributed digital bus protection
分解	decomposition
分相电流差动保护	segregated current differential protection
分支系数	branch coefficient
伏安特性	volt ample characteristic
幅度调制	amplitude modulation
幅值（相位）比较器，幅值特性	amplitude（phase）comparator，magnitude characteristic
辅助变流器，线性耦合器，辅助继电器	auxiliary TA，linear coupler，auxiliary relay
负担，负荷阻抗	burden，load impedance
负荷转移和恢复供电	load shedding and restoration
负序电流（电压）继电器	negative-sequence-current（voltage）relay
负序电压（电流）过滤器	negative sequence voltage（current）filter
负序定时限过电流保护	negative sequence overcurrent protection with definite time delay
负序反时限电流保护	negative sequence inverse time overcurrent protection
负序方向继电器	negative sequence directional relay
负序和零序电流增量	negative sequence and zero sequence current increments
复归	reset
复合波导纳	composite surge admittance
复合电压起动的过电流保护	overcurrent protection with combined negative and line voltage supervision
复合过滤器	complex filter of symmetric components
傅里叶算法，傅里叶变换	Fourier algorithm，Fourier transform

G

概述	overview
干扰	interference
感应圆盘式继电器	induction disk type relay
感应圆筒式继电器	induction cub type relay
感应型继电器	induction relay
高电压	high voltage
高频	high frequency

高频保护	protection with power line carrier channel（PLC）
高频闭锁负序方向保护	negative sequence power line carrier protection with directional comparison
高频分量	high frequency component
高频通道	power line carrier channel（PLC）
高频暂态行波	high frequency transient wave traveling
高速数字信号采集系统	high speed signal acquisition system
高压直流输电	high voltage direct current transmission（HVDC）
高阻抗母线差动保护	high impedance busbar differential protection
工频变化量方向继电器	incremental power frequency type directional relay
工频分量	power frequency component
功率消耗（功耗）	power consumption
共轭	conjugate
共模干扰	common mode interference
固定连接式母线保护	busbar protection with fixed circuit connection
故障，故障分析	fault，fault analysis
故障检测，故障录波器	fault detection，fault recorder
故障清除时间	fault clearing time
故障扰动	fault disturbance
故障树分析法	fault tree analysis
故障统计	fault statistics
故障选相	fault phase selection
光电流互感器（OCT）	optical current transformer
光电耦合器件	optoelectronic coupler
光电压互感器（OPT）	optical potential transformer
光纤通道	optical fiber channel
过补偿，欠补偿	overcompensation，undercompensation
过电流保护装置，过电流继电器	overcurrent protection，overcurrent relay
过电压继电器，低电压继电器	overvoltage relay，undervoltage relay
过渡电阻	fault resistance
过负荷保护	overload protection
过负荷停转	stalling due to excessive load
过励磁	overexcitation

H

合闸，手合于故障线路	switch on，switch onto faulted line
横联差动继电器	transverse differential relay
后备保护	backup protection
电流互感器的同型系数	identity coefficient of current transformers
环境对保护的影响	environmental effect on protection
环流式接线	protection with circulating current
环形母线	ring bus
缓冲器	buffer
换流变压器	converter transformer
换位线路	transposed transmission line
恢复电压	recovery voltage

J

基函数	base function
极化电压	polarizing voltage
极化继电器	polarized relay
极性	polarity
集成电路型继电器	integrated circuit type relay
集成电路型距离继电器	distance relay based on integrated circuit
计划检修	planned remedy
记忆回路	memory circuit
继电器视在阻抗	impedance seen by relay
继电器算法	relay algorithm
加速转矩	accelerating torque
架空地线	overhead ground wire
架空线路	overhead transmission line
间断点	discontinuous point
键控信号	on-off signal
交流回路原理接线图	functional diagram of AC circuit
角度特性	angular characteristic
阶梯型特性距离保护	stepped distance protection
阶跃信号	step signal
接地，接地变压器	grounding，grounding transformer
接地距离保护	distance protection for ground faults

接点的图形符号	graphic symbol for contacts
接通电流，动作电流	making current, operating current
结合电容器	coupling capacitor
解除闭锁信号	unblocking signal
解列重合闸	power system splitting and reclosing
金属性故障	metallic fault
紧密联系的电力系统	closely linked system
紧支集	compact support
近后备	local backup
晶体管型继电器	transistor type relay
静态继电器	static relay
纠错	debugging
90°接线	connection with 90 degree
拒动	failure to trip
具有“回声”的方向高频保护	directional comparison protection with “echo” circuit
具有比率制动的差动继电器	differential protection with percentage restraining
具有磁力制动的差动继电器	differential protection with magnetic restraining
距离纵联保护	pilot protection using distance relay
绝对的选择性	absolute selectivity
绝缘监视	insulation supervision device
均压式接线	circuit with voltage comparison
	K
卡尔曼滤波	Kalman filter
开关量输入（输出）	digital value input (output)
开关量输入（输出）接口	digital value input (output) interface
凯伦贝尔变换	Kailunbuer transform
可靠性，可靠系数	reliability, reliability coefficient
可靠性评估	reliability evaluation
可用率	availability
克拉克变换	Clarke transform
空气断路器	air circuit breaker
控制回路接线	control circuitry
快速傅里叶变换	fast Fourier transform
快速重合闸	high speed reclosing

L

离散时间序列	discrete time sequence
离散小波变换	discrete wavelet transform
离散信号	discrete signal
励磁涌流	inrush exciting current of transformer
连接滤波器	connection filter
连接片	connector
连续式相位比较回路	continuous phase comparing circuit
连续小波	continuous wavelet
两相星形接线方式	two star connection scheme
两相运行	two phase operation
灵敏继电器	relay with high sensitivity
灵敏系数，灵敏性	sensitivity coefficient，sensitivity
灵敏系数（可靠系数）配合	coordination of sensitivity (reliability)
零模行波	zero mode component of traveling wave
零序电流Ⅰ、Ⅱ、Ⅲ段保护	first，second，third zone zero sequence overcurrent protection
零序电流构成的定子接地保护	stator ground protection based on zero sequence current
零序电流互感器	zero sequence TA
零序电流继电器	zero sequence current relay
零序互感的影响	mutual induction of zero sequence

M

埋入电镀钢管	embedded in galvanized steel tube
脉冲干扰	pulse interference
Mallat 算法	Mallat algorithm
模变换矩阵	matrix of model transformation
模分量	modal component
模极大值	modulus maxima
模量行波	modal components of traveling wave
模拟低通滤波器	analog low-pass filter
模拟信号	analog signal
模数转换器（A/D）	analog-digital convener
模—相变换	modal-phase value transformation
母线保护	busbar protection

母线和变压器共用保护	combined bus and transformer protection
	N
内部故障	inner fault，fault in protected zone
内过电压	internal overvoltage
内部损坏	inner damage
奈奎斯特采样定理	Nyquist sampling theorem
能量方向继电器	energy directional relay
能量函数	energy function
逆功率保护	inverse power protection
逆相序保护	inverse phase sequence protection
年检	yearly checking and maintaining
	O
偶发事件	accidental events
耦合	coupling
	P
配电变压器	distribution transformer
配电线	distribution feeder
配电线路的分段器	sectionalizer of distribution feeder
膨胀因子	dilation factor
偏移特性阻抗继电器	offset impedance relay
频窗	frequency window
频带，移频信号	frequency band，frequency shift signal
频率调制	frequency modulation
频率分量	frequency component
频率响应	frequency response
平衡线图	balancing coil
平滑函数	smoothing function
平移参数	shift parameter
	Q
奇异点，奇异性，奇异信号	singularity point，singularity，singular signal
起动断路器跳闸	activate the breaker trip coil
起动元件	starting organ，unit
起始值电压（电流）	initial voltage（current）
潜供电流	secondary arc current

欠范围允许跳闸式	permissive under reaching transfer trip scheme
轻瓦斯与重瓦斯保护	slight gas protection，severe gas protection
全球定位系统（GPS）的同步法	synchronization by GPS
	R
R 小波	R wavelet
绕组	winding
热传导，对流，辐射	heat conduction，convection，radiation
人机对话接口	man-machine interface
任意圆，直线	arbitrary circle，straight line
熔断器保护	fusing
冗余性	redundancy
软件	software
弱电源端保护	weak power end protection
	S
三次谐波电压的 100%定子接地保护	100% stator ground protection using third harmonic voltage
三端输电线保护	three terminal line protection
三段式电流保护装置	three step current protection
三相一次重合闸	three phase one shot reclosure
上一级保护	upstream relay protection
设备的功能编号	function numbers of devices
失步阻抗圆	impedance circle near out-of-step
失磁保护	excitation-loss protection
失效控制，失效模型	failure control，failure model
时窗	time window
时间频率信号	time-frequency signal
时频局域化性能	time-frequency localization performance
时限函数	time limit function
时限阶段 Δt	coordination time interval Δt
时限特性	time-current characteristic
时钟同步	clock synchronization
时钟校正法	clock correction
视在阻抗，功率	apparent impedance，power
手动操作	manual operation

手动合闸加速保护动作	accelerating protection for switching onto fault
输电线贝瑞隆模型	Bergeron model of transmission line
输电线的波动方程	wave propagation equation of transmission line
数据采集单元	data acquisition unit
数据处理单元	data processing unit
数据窗	data window
数据压缩	data compression
数值加法，减法，乘法，除法	numeric addition，subtraction，multiplication，division
数字式保护	digital protection
数字信号处理器（DSP）	digital signal processor（DSP）
双侧电源重合闸	auto-reclosing of two source transmission line
双端口网络	2-port network
双母线保护	double busbar protection
双正交小波	biorthogonal wavelet
双重复故障	double complex faults
瞬间动作	instantaneous action
死区	dead zone
四边形特性的阻抗继电器	impedance relay with quadrilateral characteristic

T

套管型电流互感器	bushing type TA
特高频无线通道	ultra-high frequency radio channel
特高压输电	ultra-high voltage transmission
跳闸继电器	trip relay
跳闸令	trip command
跳闸门槛，信号	trip threshold，signal
铁磁谐振	ferromagnetic resonance
铁芯	iron core
通信接口	communication interface
通信通道	communication channel
同步发电机	synchronous generator
同步检定（无电压检定）重合闸	auto-reclosing with synchronism（no voltage）supervision
同步通信	synchronous communication
透镜形继电器（苹果型）继电器	impedance relay with lens form（apple form）characteristic
突变信号分析	abrupt signal analysis

退出运行	out of service
	V
VFC 变换式 A/D	voltage-frequency converter type A/D
	W
外部损坏，故障	external hazards, faults
外汲电流	out flowing current
微波通道	microwave channel
微处理器	microprocessor
微分方程算法	differential equation algorithm
微机保护	microprocessor-based protective relaying
维护	maintenance
稳定性过负荷	steady overload
沃尔士函数	Walsh function
无损线路	lossless transmission line
误动	false tripping, maloperation
	X
系统扰动（故障）的分类	classification of system disturbances (faults)
系统扰动的概率分布	probability distribution of system disturbance
系统扰动的概率模型	probabilistic model of system disturbance
系统扰动的联合概率密度	joint probability density of system disturbance
系统振荡，失步	power system swing, out of step
线路参数	line parameters
线性变换	linear transformation
相电压补偿式方向元件	phase compensator type directional relay
相关法	correlation algorithm
相继跳闸	sequential tripping
相灵敏电路	phase sensitive (detecting) circuit
相—模变换	phase-modal transformation
线—模行波	line-mode traveling wave
相位差动保护	phase comparison protection
相位特性	phase characteristic
消弧线圈	Petersen coil
小波包	wavelet packet
小波包变换	wavelet packet transform

小波变换	wavelet transform
小波分量	wavelet component
小波规范正交基	wavelet standard orthogonal basis
小波空间	wavelet space
信号流图	signal flow diagram
星形接法，三角形接法	wye connection，delta connection
行波保护	traveling wave based protection
行波波头	front of traveling wave
行波方向保护	directional traveling wave protection
行波方向元件	directional relay based on traveling wave
行波故障测距	fault location based on traveling wave
行波距离保护	distance protection based on traveling wave
修复率	repair rate
选相元件	fault-phase selector
选择性	selectivity

Y

压缩空气	compressed air
延时，延时跳闸	time delay，tripping with time delay
延时继电器	time relay，timer
样条函数	sampling function
一次式继电器	primary relay
一次系统	primary power system
$\frac{3}{2}$断路器接线	breaker-and-half bus connection
移频解除闭锁式	frequency shift unblocking system
异步通信	asynchronous communication
异或门比相	exclusive-OR gate phase comparison
用不对应的原则起动重合闸	auto-reclosing started by uncorresponding principle
用电压（电流）极化	distance relay using voltage（current）polarization
优化设计	optimization design
油面降低	oil level fall
油箱内（外）故障	fault inner（outside）oil tank
油（空气）断路器	oil（air）breaker
有互感线路	mutually coupled lines

预期的故障和修理次数	expected number of failures and repairs
远后备	remote backup

Z

Z平面表示法	Z-plan plots
匝间短路	turn to turn fault, inter turn faults
暂态保护	relay based on transient component
暂态过电压	transient overvoltage
暂态能量方向元件	directional relay based on transient energy flow
增量（突变量）继电器	relay based on incremental quantity
真空断路器	vacuum circuit breaker
振荡（失步）闭锁	power swing (out of step) blocking
整定，调试	setting and regulation
整定阻抗	setting impedance
整流器，逆变器	rectifier, inverter
正交函数	orthogonal function
正交小波	orthogonal wavelet
正交小波包	orthogonal wavelet packet
正序故障分量方向元件	directional relay using positive sequence incremental component
直流电流分量	DC current component
直流展开图	DC distribution circuit
直线和圆的反演	line and circle inversion
指数分量	exponential component
制动特性	restraining characteristic
中性点非直接接地电网	power network with ungrounded neutral
中性点经小电阻接地网络	power network with grounded neutral through small resistance
中性点直接接地电网	power network with direct grounded neutral
中阻抗母线差动保护	moderately high-impedance-type busbar differential protection
重负荷	heavy load
重构	reconstruction
重构电压电流	voltage current reconstruction
重合过电压	overvoltage during auto-reclosing

重合闸后加速保护	relay acceleration after auto-reclosing
重合闸前加速保护	relay acceleration before auto-reclosing
周期分量	periodical component
周期时间序列	periodic time sequence
逐次逼近式 A/D	successive approximation Type A/D
主保护	main protection
主程序	main program
助增电流	infeed current
自动复归	self reset
自动跟踪	automatic tracking
自动重合熔断器	auto-reclosable fuse
自动重合闸	automatic reclosure
自对偶	self-dual
自恢复电路	self-repairing circuit
自检	self-checking
自励磁	self-excitation
自适应分相方向纵差保护	adaptive segregated directional current differential protection
自适应继电保护	adaptive relay protection
自适应重合闸	adaptive auto-reclosure
自同步重合闸	auto-reclosing with self synchronization
综合重合闸装置	combined single and three phase auto-reclosure device
综合自动化	integrated automation system
纵联保护	pilot protection
纵联差动继电器	longitudinal differential relay
阻波器	high frequency trap coil
阻抗变换器	impedance converter
阻抗继电器的精确工作电流	accurate working current of impedance relay
阻抗矩阵	impedance matrix
阻抗圆	impedance circle
最大灵敏角	angle of maximum sensitivity
最大相似法	maximal similarity method
最小负荷阻抗	minimum load impedance
最小割集	minimal cut set